内容全面　道理实用　故事精彩　分类系统

学会生存——年轻人一定要懂的处世哲学大全集

陈　静　主编

外文出版社
FOREIGN LANGUAGES PRESS

图书在版编目（CIP）数据

年轻人一定要懂的处世哲学大全集 / 陈静主编 . — 北京：外文出版社，2012
（学会生存）
ISBN 978-7-119-07517-4

Ⅰ.①年… Ⅱ.①陈… Ⅲ.①人生哲学—青年读物 Ⅳ.① B821-49

中国版本图书馆 CIP 数据核字 (2012) 第 034697 号

总 策 划：杨建峰
责任编辑：孙乙鑫
装帧设计：松雪图文
印刷监制：高 峰 + 苏画眉

敬启

本书在编写过程中，参阅和使用了一些报刊、著述和图片。由于联系上的困难，我们未能和部分作品的作者(或译者)取得联系，对此谨致深深的歉意。敬请原作者(或译者)见到本书后，及时与本书编者联系，以便我们按照国家有关规定支付稿酬并赠送样书。联系电话：010－84853028 联系人：松雪

学会生存——年轻人一定要懂的处世哲学大全集

主　　编：陈 静
出版发行：外文出版社有限责任公司
地　　址：北京市西城区百万庄大街 24 号　　邮政编码：100037
网　　址：http://www.flp.com.cn
电　　话：008610-68320579（总编室）008610-68990283（编辑部）
008610-68995852（发行部）008610-68996183（投稿电话）
印　　刷：北京鹏润伟业印刷有限公司
经　　销：新华书店 / 外文书店
开　　本：889mm × 1194mm 1/16
装　　别：平
印　　张：27.5
字　　数：700 千
版　　次：2012 年 4 月第 1 版第 1 次印刷
书　　号：ISBN 978-7-119-07517-4
定　　价：59.00 元

前　言

年轻人要想立足社会,想在人际圈中吃得开,就要掌握为人处世的本领。这样才能把事情办得圆满,做人可以做得练达,才能掌握成功的金钥匙,拥有美满而精彩的人生。

俗话说:“三分做事,七分做人。”人的一生无非在用自己的实际行动回答两个问题:一是如何处世,二是如何做人。人的价值体现在做人,不懂做人,不会做人者,到头来仿佛竹篮打水——一场空。而处世是做人的前提,年轻人不懂得处世哲学,必然不会做人。而懂得处世哲学的年轻人,人财两旺是水到渠成的事。

会处世的年轻人善于处理问题,从而赢得他人的尊重和社会的认可,同时也发展和提升了自己。不会处世的年轻人不会处理问题,事业上一败涂地,生活也处于一片茫然之中。年轻人学会处世,就要从自身开始,从提升个人的修养和素质开始。“处世”对于每一个人都是最重要的。年轻人只有学会了处世,才能通过自己的实践成为真正的“人”。

会处世是大难事,也是高深的境界。从普通平凡到不普通不平凡、从不普通不平凡上升到超凡脱俗,再从超凡脱俗上升到鹤立鸡群,这就达到了“做人”的最高艺术境界。

在现实生活中,有些年轻人虽然有想法、有头脑、做事也有效率,但是却不能得到上司的赏识和同事们的拥戴;有些年轻人即使没有太强的能力和聪明的头脑,也能够得到大家的认同与拥护,并在自己的事业上一帆风顺。这是为什么呢? 究其原因在于是否懂得“处世哲学”。懂得处世哲学的年轻人能够使自己在人际交往中左右逢源,在事业上平步青云。

面对浩瀚的人海、激烈的竞争、人际交往的纠葛,年轻人只要以完美的处世哲学为指导,拥有讨人喜欢的本领,学会处世的本事,便可以赢得知心的好友、甜美的爱情、幸福的婚姻、成功的事业……

本书是迄今为止故事精彩、文字优美、内容全面、道理实用、分类系统的关于年轻人处世的经典之作。本书以实用、方便为原则,将日常生活中最有效、使用率最高的处世哲学介绍给广大年轻人,使年轻人在短时间内掌握能言善道、精明处世、完美做人的本领;让年轻人懂得如何在处世时做到“到什么山唱什么歌,见什么人说什么话,遇到什么事办什么事”。

希望广大年轻人从本书中学好“处世”这门课,不断培养良好的交际素质,苦练与人交际的基本功,从而快速走向成功,为自己创造更大的辉煌! 衷心祝福每一位年轻人看完本书后能够学习一些处世哲学,能够有所长进,都能够得到幸福的生活,在人生道路上潇洒畅游。

——每一篇文章都是一泓甜美的清泉,浇灌每一位年轻人的心田。

——每一条处世哲学都是一道营养的火锅,滋补每一位年轻人的心灵。

目　录

第一篇　年轻人修身策略

第二篇 年轻人齐家方略

第三篇 年轻人入世技能修炼

第四篇　年轻人职场智慧攻略

第一篇 年轻人修身策略

第一章 年轻人不可以做错人

年轻人要学会用忍面对不利

在现实生活中，很多人或事都需要我们用忍让的态度来对待。在处于不利地位的时候，我们都应该学会先忍一步，别违背中庸之道而选择走极端，因为这往往会使情况向对自己更不利的一面转变。我们所说的“忍”并非不反抗，更不是不讲原则，亦不是低声下气、任人摆布，而是要在忍耐中等待机会，成功是要靠明智的思考来获取的。也许初入社会，你经常会做错事，这不要紧。假如你不懂得一点隐忍之道，事事急躁、火暴，那一定会成事不足，败事有余。那这样的人就会招人厌恶，也就是说，这样的人实际是做错了人。

做人做事必须讲原则，可是，在不违背自己本性和社会道德准则的范围内，我们首先要学会的便是忍耐。能做到忍住小事，忍住激愤，忍住困苦，忍住别人眼中的蔑视，这样，你成功的概率也会大很多。

有句话说得好：“忍人之不能忍，方能为人上之人。”忍，不但是修身养性的表现，更是一种高深的处世之道。每个成功者，在人生最痛苦的阶段都是靠着惊人的耐力，才走上成功之路的。

陈程是一个名牌大学的高才生，大学毕业后，他来到上海。这时的他，内心有无数憧憬，早就渴望大展宏图。可是，在这个人才遍地的大城市里，他所学的东西好像根本没有用武之地。于是，他变得整日抱怨不已，说自己怀才不遇，认为自己的理想无法实现。王刚是陈程的朋友，在一家大型商场做销售总监，看到陈程每日苦痛郁闷的样子，于是，决定帮他一下。

一天，王刚约了几个同是从流水线上渐渐发展成为朋友的人，还特意叫上陈程，大家一起去一家饭店吃饭。因为他们是事先商量好的，所以，在餐桌上，几位朋友都对自己创业的艰辛过程侃侃而谈，其中有两个人虽然只有初中学历，可现在他们的事业都蒸蒸日上。陈程受到了大家的感染，第二天就打电话给王刚说他有工作了，他在一家饭店当服务生。这样的工作虽然听着不太体面，可是，王刚依然替他高兴，庆幸陈程迈出了人生的第一步。

一个月以后，陈程打电话给王刚说自己升职了，因为老板认为他善于交际，所以，就让他做了大堂领班。过了半年时间，陈程被提升为了总经理助理。由于老板十分欣赏他的才华，没用一年的时间就提拔他做了副总经理。

陈程非常高兴，他没有忘记帮过他的王刚。于是，他约请王刚一起去吃饭。席间，陈程感慨地说，假如不是当时王刚摆下的那个用心良苦的饭局，他现在还不知道在哪里漂泊呢。王刚对他说：“假如你无法放下架子，始终以一个大学生的身份自居，我再怎么做也是无济于事啊！”

现实正是如此，一步登天很难，只有“高人”才可能有这样的奇迹。所以，慢慢忍耐，等我们长成“高人”的时候再说，只有先忍耐才能有以后的成就。而有些人不屑于做小事，总是好高骛远，心浮气躁，如此一来，所谓的大事就会变成诸多空想，结果一事无成。因此，只有忍住浮躁之气，认清自己的位置，一步一个脚印地向前，才会有所成就。放下自己的身份，也是一种忍耐。假如你有真才实学，自然不必担心没有人发现。因此，我们只有先放下心中的那杆秤，才能取得一定的成就。

一位推销员来到一家大公司，他想跟总经理谈一笔生意。按照惯例，他首先要顺利拿下秘书。在秘书恭恭敬敬地将名片递到总经理手上后，一如既往，总经理非常不耐烦地把名片丢回去，说：“又是推销的，赶快让他走！”秘书很无可奈何地将名片退回，还给了站在门外目睹了一切的推销员。可推销员不肯罢休地又把名片递给了秘书，对秘书说：“没关系，我下次还会再来拜访，所以还是把名片留给总经理吧。”最终，秘书没能抵抗住推销员的坚持，无奈之下只有硬着头皮再次走到总经理办公室。

总经理当时就火冒三丈，他撕碎了名片，丢到秘书脸上。秘书开始后悔进来了，她没想到会是这样的场景，愣在原地不知所措。总经理叹了口气，从包里拿出20元钱说：“20元买他一张名片，总可以了吧！”

然而，推销员看到那撕成两半的名片和20元钱时，却异常开心，他大声说：“请你跟总经理说一声，20元能买两张名片，这么说来，我还欠他一张。”接着，推销员又递出一张名片交到秘书手中。此时，从办公室里传出了笑声，总经理出来说：“你是位优秀的推销者，相信雇佣你的公司也是优秀的，现在，我们可以签约了。”

忍天下难忍之事，成常人难成之事。当我们不能摆脱阻碍时，不要急着往前冲，不妨先后退两步。正所谓，退一步海阔天空，它能让我们把前面的路看得更清楚，从而做出正确的判断。能够忍耐，我们便可勇敢向前。如果忍耐是通向成功的路，那么，在这条路上诱惑和坎坷是不可避免的。我们只有敢于挑战这些阻碍我们的因素，才有可能有所转机，在劣势中取得成功。当然，在大是大非面前不能一味地委曲求全，因为只有真正软弱无能、任人欺凌的无用之人才会那样做。

处世小秘笈

忍耐本身就是一种能力的体现，它是每个成功人士必须具备的素质。要能忍住一时的委屈，才可能为以后的人生打下基础。同时，要保持冷静的头脑，智慧地运用忍，把它作为成功路上的垫脚石而不是绊脚石。

要感激批评自己的人

一位哲人说：“大多数人都不喜欢被批评，最需要批评的人往往是最不喜欢批评的人。”事实确实如此，当我们在受到别人的批评时，第一反应常常是不以为然，而不是诚恳接受。即使是善意的批评，我们也会因怒火而忽视其中的善意。而事实上，静下心来想想，批评其实是种关心，人生在世能有人去批评你，只能说明他对你还没有彻底丧失信心。批评你的人是在及时地为你扫除“灰尘”，要想少犯错误、少走弯路，就必须要接受批评。有句话叫“揭短短变长，护短长变短”，说的就是这个意思。

有些人非常喜欢被溜须拍马，乐意让人戴高帽子，尽管表面上装出一副“欢迎批评”的样子，可是心中对批评却是极为排斥的，甚至反对别人“揭短”。假如有人“冒犯”了他们，他们就会使用手中的权力或者各种手段找那些人的麻烦。这样的人把自己的尊严看得比真理还重要，所以这种人的结局常常是周围的朋友都是拍马溜须之人，没有一个坦诚相待的。长此以往，难免脱离群众，成了孤家寡人，这种事情确实可悲。

正所谓“一样米养百样人”。人分很多类，因而也有不同的处世方法。你也许发现了，有许多人喜欢天天和你说好听的话；有的人看到你不对就批评和指责你；有些人非常热情；也有的人非常冷漠，只考虑自己的利益。在这么多种人里，分辨好坏是很难的，你是不是也常常草率地把挑自己毛病的人归为“拒绝来往户”呢?

再有，自己的人生会在很大程度上受到周围人的影响。许多人因为朋友而成功，也有许多人因为朋友而失败，更有甚者因朋友而倾家荡产。也许你会说，既然“朋友”如此可怕，那么，不如不交朋友。这种想法则更是错得离谱，在社会上，没有朋友几乎寸步难行。所以，你总是要面对“交朋友”这个问题。交到好朋友，你不会受到伤害，甚至能受益一生，否则损失是相当严重的。当你发现一个朋友不好时，常常已经为时晚矣。虽然很难分辨朋友的好坏，但有一类朋友一定是值得交往的，那就是会批评和指责你的人。

和那种只会说好话的人比起来，你或许会讨厌那些喜欢挑你毛病的人，因为你喜欢听好话。也许在你正得意的事上，他会泼你冷水；在你有满腹的计划时，他会毫不犹豫地指出其中的问题。于是，你知道他不会说好听的话，便开始慢慢远离他。

生活在二战时期的乔治，在维也纳曾是一位小有名气的律师。可是因为战争的原因他被迫逃去瑞典，从那时起，他开始了默默无闻的生活。

乔治知道，除非他能找到一份工作，否则自己的生存都成问题。庆幸的是，乔治的外语不错，能熟练地说好几个国家的语言。于是，他想如果在一家进出口公司担任秘书工作应该不是问题。可是，他拜访的公司都回信告诉他，由于战争原因他们不需要这个职位，不过他们会在档案中保留乔治的名字，在需要的时候会联系他。

本来就很沮丧的乔治在看到其中一家公司的回信后变得非常气愤，信中这样写道：你对公司生意几乎不了解，而且你对这项工作的性质完全不懂，你连用瑞典文写求职信都是错误百出，语法也不通顺，不要说我们现在根本不需要秘书，即使是需要，也不会录用你。

乔治当时就拿起笔来准备反驳并痛骂那个发信人，但在写到一半时，他停了下来，心想：这个人或许说的有道理。我的确学过瑞典文，但这并不是我的母语，我真的没有意识到自己的错误。如果事实真是这样，要想得到一份类似的工作，我就一定要再努力学习。虽然这个人是用这种难听的话来表达他的意思，可是，对我来说却是一个警钟。我怎么能谩骂帮助自己的人呢，相反，我还要感谢他。

于是，乔治又拿出一张稿纸写道：“非常感谢您能在百忙之中看到并回复我的信，而且还指出了我许多错误和不足的地方，这对我很有帮助。对于我对贵公司生意不甚了解的问题，我在此表示歉意。我之所以写信给你，是因为我知道你是这一行的领导人物。我并不知道我的信上有很多文法上的错误，对此我表示惭愧，现在我准备重新开始努力学习瑞典文，并对以前的错误进行改正。希望我下一封瑞典文求职信会非常准确。”

出乎意料的是，乔治居然在几天之后收到了那家公司的来信，信上说让乔治去他们公司面试。乔治不解地前去面试，最后竟获得了一份梦寐以求的工作。

乔治就是因为接受了他人的批评才获得了理想的工作，你如果能做到这一点，收益也许比他更大。因为赞美虽然会让你风光无限，但批评则会让你变得更冷静。

在社会上行走的人，都会尽量做到不得罪人，所以很多朋友宁愿说一些令人高兴的赞美话，也不说让你厌烦的话。当然，并不是说所有赞美你的人都是“坏人”，但站在朋友的立场上，如果他只会说好话，那么，他就不清楚朋友之间的义务，或者根本算不上是朋友。比如，他明知道你在做一件不正确的事情却不提醒你，这算是什么朋友？不仅不指责，还进一步“赞美”的人则更是居心叵测了。即使这种人不害你，他对你的成功也起不到促进作用，与这样的人交往无异于浪费时间。

此外，很多人在遇到说好话的人时会不知对错，只感觉快乐了，而这些只说好话的朋友则可能是顺着你的意思让你高兴，但实际上，他们是在利用你，许多人就是因为这个原因而被朋友所拖累。相反，那些让你讨厌的“乌鸦”朋友就比较实在，至少他不会拖累你，他的出发点是为你好。就像美国总统杰克逊说的：“批评你的人是你最好的朋友，因为他让我们更加小心谨慎地做事。”

对于批评你的人不管他是出于恶意还是善意，不管他的批评让你恼羞成怒还是幡然醒悟，不能因此而怨恨他，而且应该感谢他们，恶意的批评虽然让你痛苦，可是你把心态调整好，就会发现，批评无所谓善恶，因为在这个竞争无处不在的时代，批评是一种激发你改正错误和积极向上的力量。

所以，对那些批评你的领导要持一种感激的心理，不管他的脾气多么刁钻古怪，无论他是平易近人还是严厉待人，他都是你认识性格差异的启蒙老师。不管你是不是做过职场规划，领导的高标准永远在逼迫你进步。感谢批评你的朋友，无论你们的价值观是不是类同，朋友的指责甚至是谩骂都有可能让你变得智慧且包容。感谢所有批评你的人，因为不管他们是在老生常谈还是花样翻新，且不说批评会让你更加完美，起码前者能锻炼你的耐力，而后者是锻炼你的适应能力。

处世小秘笈

对于那些批评你的人，也许你做得更多的是愤怒和反驳，可是你忽略了指出你错误的人恰恰是你最应该感谢的对象，因为他给你提供了一次改掉缺点、完善自我的好机会。

学会告别"隐形人"

张强是个内向的人，他进一家公司5个月之后，感觉自己被遗忘了。当初他是被大老板亲自招聘到公司的，可是自从进来以后，他和大老板说话的机会就再也没有了。由于对人际关系不擅长，顶头上司对他不闻不问，不过倒是经常找他的搭档——一个活跃的女孩聊天。张强感觉自己在上司眼中好像是多余的，虽然他想多参与一些工作，可是每次都是出力不少，但是到了论功行赏的时候却没他的份。张强当然明白，如果不把自己展现给上司，即使闷头做得再好也没用。

在生活中，经常会发生这种事情，比如，当你进入某个场合一段时间后，做了很多努力却没有任何人关注你和认可你。毋庸置疑，此时你可能已经陷入了"隐形人"的尴尬境地。在社会中处于"隐形"地位的人常常是孤独和寂寞的。让他们痛苦的不是他人的排斥，而是看不到自己存在的价值。同时，这种"隐形"的状态会阻碍他们自身的发展，被"隐形"会让很多机遇与之失之交臂。而对于这类人本身，他们也会在"隐形"的尴尬中越陷越深，走不出来。

社会中的"隐形人"是一步一步形成的。刚进入某种场合，他们表现得很沉默，从来都不主动与别人交流。作为一个初来乍到者，如果不主动去和别人打招呼，自然会被人逐渐遗忘，就像上文中提到的张强一样。所以，你一定要明白究竟谁该先主动。比如在平时，多主动向人问好或者请教一些问题，并且不要忘记说声谢谢。这些很普通的一句话能为双方的沟通奠定基础。如果你连主动向别人表示重视都做不到，那么，别人怎么可能去重视你呢？

小敏是个性格内向的人，她默默地做了很多工作。可是让她苦恼的是，尽管自己工作很尽心、很努力，但总得不到晋升的机会，而且她也得不到上司的青睐。让她伤心的是，上司曾不止一次把她的成绩归功给别人；还有一件更让她伤心的事，有一次上司过来，居然根本想不起她的名字。

故事中小敏的"隐形人"算是做到极致了，付出很多，但顶头上司对她的名字都不了解。在这个社会中，究竟还有多少默默无闻埋头苦干、数年甚至数十年如一日的"隐形人"呢？事实上，这些"隐形人"大多是老实人，他们始终坚信：只要努力了，就一定会得到应有的回报。他们自以为每个人都在别人的视野中，别人一定会看到自己的努力。值得一说的是，这类人的想法太过简单了。有这种想法的人实在应该反思一下了。不是故意泼你冷水，事实上，很多人都容易患"眼疾"，即使你再努力，如果一直在不声不响地工作，对方也可能视而不见。客观说来，这有一部分原因在于你自身。通常，那些高调的人和事会更多地吸引人们的注意力，而那些规规矩矩、踏踏实实的"隐形人"反而容易被忽视，甚至是有意被忽视，"隐形人"在现实中基本和吃亏画上了等号。

李飞是一名室内设计师，他有创意、有头脑、肯努力，唯独缺乏毛遂自荐的做法。他觉得只要自己努力了，老板总会看到的，如果主动向老板推销自己，肯定会被他看不起。

抱着这样的想法，他每天都辛苦工作，常常为了一张图的设计而几天几夜泡在工作室内，直到最后交出完美的成果。因为李飞是一个不善于表达自己的人，虽然他能从自己的设计图中得到足够的自我肯定和满足，但是，老板并不知道他背后的付出，因此，李飞没给老板留下特别的印象。所以，当老板看到一张完美的设计图时，总认为是整个设计部一起努力的结果，从来没有因为李飞是总设计师而对他刮目相看。于是，李飞付出比其他人多几倍的辛苦，薪水却和别人拿的一样多。每次一想到自己付出的辛苦和老板的漠不关心，他都觉得委屈。在这种强烈的不平衡下，李飞提出了辞职。最后，老板平日的视而不见在此时变成了心如明镜，他以高薪挽留住了李飞。李飞此时才明白，要在恰当的时机适当高调一下，过于低调反而把自己变成了隐形人。

在现代社会中，做“无名英雄”可能会导致真的无名，想在“江湖”飘的人最好避开做“无名英雄”的尴尬。千万别抱着“付出总有回报”的想法不放，因为你的付出可能回报的是别人。所以，你应该让别人知道你的存在，知道你的能力，这样，才能顺利实现自己的目标。除非你想继续坐冷板凳，在角落中顾影自怜，不然，每做完一件自认为圆满的事情，都要让别人知道，让别人了解你的能力。要知道，无声无息的人永远只有白白奉献的份。所以，从现在开始告别社会“隐形人”的身份，策略如下：

1. 表现自我不是错

促成“隐形人”产生主要是一种认知的错误。“隐形人”担心别人批评自己好大喜功。在惯性的思想深处，“隐形人”一直以“谦虚”为美德，不喜欢张扬，但同时对别人的“争功”行为存在非议和嫉妒心理。事实上，想改变“隐形人”的现状，扭转观念是关键，表现自我绝对不是可耻的，这个世界上假如没有表现的人，那么，天才和蠢材之间也就没有区别了。

你可以看看在短期内成功的人是怎样回答如何成功这个问题的，相信他们大多数说的都是“靠能力”。然而，这个能力并不是通常意义上的“真材实料”，能力的种类有很多，拥有能力的人也很多，但却只有那么几个人被器重。生活就像接连不断的走秀，一个人作秀的能力决定了他在社会舞台上的号召力。

2. 张扬，但不要过分张扬

一个人在名片的职称上印上一个“副总”，这事很正常，可笑的是，他在“副总”后还加有解释——本公司没有老总。结果大家都为他的过分张扬而窃笑。

人在社会飘，仅仅“敢于表现”是不够的，还要表现得有技巧，不能让人感觉自己的表现欲太强。假如你过分张扬，别人反而会觉得你没什么本事，认为你在弄虚作假，结果往往会适得其反。所以，当有机会时，要以一种恰当的方式来表现自己。比如：请别人从客观的角度助你一臂之力等——这样就可以在不知不觉间让人注意到你的才干及成绩，这比敲锣打鼓自夸的效果要好得多。

3. 必要的时候做点大话训练

缺少足够的信心和胆魄，也是很多人不敢表现自我的重要原因。敢吹牛的人至少有两个优势：首先他比较自信，起码对自己的未来充满信心；其次他不担心失败，有较好的心理承受能力，不担心失败后的冷嘲热讽。

心理学的研究表明，适度的吹牛能平衡人的心理，增加自信心，有利于身心健康。其道理非常简单：因为人是有欲望、有追求的动物，在竞争如此激烈的社会中遭遇失败和挫折很正常，所以，满足不了受尊重被肯定的心理需求，这样累积下来，就会产生自卑的情绪。这时，作为一种心理的自救方法，说大话就可以张扬一下自己，为自己加油，同时也会将别人的注意力吸引过来。当然，也要注意大话不要过度。

处世小秘笈

敢说大话的人自我感觉和心理素质较好，而自卑的人则不敢说大话。

自己不喜欢的事也不要强加于别人

人好像磁铁一样，吸引思想相近、志同道合的人，排斥异己的人。假如你喜欢结交慷慨大方、乐于助人的人，首先自己要做好表率。毕竟种什么因，收什么果。你所有的思想，最终都会回到你自己的身上。

早在春秋时期，孔子就已经告诉世人："己所不欲，勿施于人。"这句话道出了做人的真谛。"己所不欲，勿施于人"是让我们用一种换位思考的态度去处世。你希望过什么样的生活，就会想到别人也希望过同样的生活；你不希望别人那样对待你，就不要那样对待别人。

某杂志社做了一项调查：你最赞赏他人的什么品质？调查结果显示，排在第一位的是"乐于助人"。这家杂志社又对很多人做了一次匿名调查，结果却显示，很多人认为自己在别人陷入困境时会"安静地走开"。人们在自己遇到难题的时候希望得到别人的帮助，可是在他人遇到麻烦时自己却置若罔闻。难怪很多人感慨世风日下，这也许便是原因所在。在社会上打拼，如果你真的是这种人或者正在学习这种人，甚至自以为这才是为人的首选，那就大错特错了。

正所谓"己所不欲，勿施于人"，你要别人来承担你不愿承担的事情，换位思考一下，别人又怎么能喜欢你呢？即使本无利益冲突，当别人了解到你是这样一个人，又怎能不对你怀有戒心呢？一旦你给周围的人留下这种印象，再想让人喜欢和帮助你恐怕就很难了。

"己所不欲，勿施于人"虽然只有八个字，但寓意深刻。作为国家来说，被侵略和剥削是任何国家都不希望看到的，所以，你就不要去侵略和剥削别的国家；作为个人来说，你当然不乐意损害自己的利益，那如果你做了伤害别人的事，又怎么能让别人不记恨你呢？

马辉工作了几年之后有了些积蓄，于是回老家自己开了工厂生产食品。虽然厂子不大，可是对于他的老家来说算得上是大名鼎鼎了，他的腰包也鼓了起来。因为马辉不甘于现状，一心想扩大自己的经营规模，所以更加努力。刚开始的时候，附近的商店或者超市都会及时付款，毕竟他也是刚刚起步的小厂子，可随着经营规模的扩大，有很多人看他发起来了，就产生了忌妒心理。于是，有些超市或商店的经营者开始赊账，只付少量订金便要取货，等到拖不下去的时候，就采取不讲理的手段——我这儿实在没现钱，家里倒是有些粮食或其他东西，你看着好就拿去。

马辉当然不能按他们说的办，毕竟大家都是熟人，所以，对赖账的人也无计可施。时间一长，他开始琢磨：我要不要对我的上家也采取同样的措施？于是，他在支付了一点儿订金的情况下，进了很多原料，即使是在食品卖出后，他依然赊欠上家。这样一来，他自己便有了大笔钱可以挥霍，即使允许部分商户赊账，也能有很多结余，于是，他把钱存起来，准备给自己买辆新车。

不过，欠债还钱天经地义，原料也不是白捡的。于是，马辉家每到过年过节的时候都有债主上门讨债，他在拖不过去的时候，也说只有拿生产的食品抵债，或者干脆把债主领到欠自己钱的商户那里，让商户拿粮食之类的抵账。马辉游走在这两头之间，甚至会有额外的好处落到自己身上。

只是好事不出门，坏事传千里。马辉很快就臭名远扬，没有人愿意再和他做买卖了，他只好自己辛辛苦苦地跑到很远的地方购买原料。不知内情的人以为他生意越来越好，知情人却明白他因为进货渠道远了，成本增加，生意每况愈下。可悲的是马辉依然恶习不改，反而继续坚持那种错误的行为，这导致他的资金和原材料流通不畅，最后马辉又回到了贫困落魄的起点。

初入社会，更应及早明白"己所不欲，勿施于人"的道理，以免惹祸上身，伤害自己。假如背其道而行之，其结局往往是让自己身败名裂，而且以这样的方式入世，最终不会有什么好的结果。事实上，很多人会友善地想到其他人的一个重要原因就在于他们明白——种瓜得瓜，种豆得豆。我们当然可以对待他人不公平，然而，这种非公平的待遇终究也会跑到自己身上。更明确地说，这并不属于因果报应，这种反应是必然的，你对别人的所作所为，都会让人对你产生一种评价。正如上文所说，好事不出门，坏事传千里。有个“自私自利”的坏名声，这样是没有人愿意接近你的，而你所想吸引的人也往往与你所希望的相背离，毕竟物以类聚，人以群分，自私的人只会拥有自私的朋友。

“己所不欲，勿施于人”是实现“人和”的润滑剂。你可能做不到像大禹治水一样以推己及人的想法去做人做事，但至少你要真诚对待周围的人。

处世小秘笈

当你不想在某事上失利时，也不要试图让他人在这件事上失去利益。假如一味地想以这种不体面的想法去发家致富，最终只能落得鸡飞蛋打的下场。

做人做事不要较真

以游戏人生的心态玩世不恭地做人，当然不可取；可是太认死理，喜欢钻牛角尖同样不可取。要知道“人至察则无友”了，过于钻牛角尖，就会看不惯别人的行为，这样的人最终都容不下朋友的存在，将自己与世隔绝。

赵朴初先生在《宽心谣》中曾说：“日出东海落西山，愁也一天，喜也一天。遇事不钻牛角尖，人也舒坦，心也舒坦。”的确如此，没必要钻牛角尖让自己和大家都不舒服。你可以看看我们平时看到的镜子，它是很光滑的，可是在高倍放大镜下，就会出现凹凸不平的样子；肉眼看上去干净的东西，用显微镜观察，就是细菌遍布了。想一下，假如我们总是戴着显微镜看别人，恐怕有的人就是罪不容诛、不可救药了。我们毕竟是凡人，长的是肉眼，人非圣贤孰能无过？要想和人相处得好，就应该互相谅解，经常以“难得糊涂”自勉，求同存异。宽容大度会为你赢得很多的朋友，使你左右逢源，诸事遂愿。若我们真要“明察秋毫”，眼里揉不进一粒沙子，任何琐碎小事都要弄个究竟，那么，结果就是你容不得别人，别人也会躲你远远的。最终，你只能成为让人“敬而远之”的孤家寡人。

爱钻牛角尖的人总有自己的道理，觉得这体现出了自己的认真。事实上，这两者不是一码事。认真是对自己应负的责任或所做的事情认真，是正面的。而较真儿则是对多变的微妙人际关系等“认死理儿”，是负面的。这种态度常常出现在无依据可循而瞬息万变的事情上，这样会导致身边的人际关系不和谐。谁都不可能总是“够意思”，对于这些事不能较真儿，毕竟它对我们做人做事的原则并没有影响。

李丽在家人和同事的眼中是个性情孤僻的女孩。在单位，她人际关系处理得不好，吃不开；在生活中，她朋友很少，甚至连一个能陪她一起逛街的人都没有。她也曾尝试去多认识一些人，多与他人交往，但常常是因为她对别人某个地方“看不惯”就较真儿，结果每一段新的人际关系都不能持久。

就拿她们办公室来说，新来的小姑娘雪梅，人非常开朗大方，一口一个大哥、大姐地叫着。看到李丽和自己大小差不多，雪梅更显得亲切了，开始的时候每天中午她们都一起吃饭、聊天。

有人和自己交朋友，李丽自然非常高兴，很快她们就成了好朋友，无话不谈，经常会互相帮助，给彼此带些东西之类的。按理说，即便她们不能成为知心好友，起码也会成为关系很融洽的同事。

可最终的结果却不是这样，她们相处一段时间后，李丽就对雪梅拖沓懒散的作风有看法了。有一次，雪梅向李丽借了一张非常珍贵的影碟，说是下周上班时还给她。李丽非常珍惜这张影碟，这可是她花了好多钱托朋友从签售会上买到的，一般不外借。可是，为了不伤害两个人刚刚建立起来的关系，她忍痛借了出去。在这之前，她还一直对雪梅强调下周上班一定要还回来。

但是，周一时雪梅却忘带了，她一直向李丽道歉，并保证第二天带过来。这时李丽就不高兴了，不过还没说什么。可是在第二天，雪梅居然又忘带了，只能周三再还了。

李丽这次真生气了，她怀疑雪梅的不守约是故意的，目的是多看两天影碟。另外，她认为雪梅这种马马虎虎的性格其实是源于她对自己的东西不珍惜，甚至认为这是不尊重自己的表现。后来，李丽对雪梅的看法越来越不好，开始有意识地发掘她身上的其他缺点。慢慢地，李丽和雪梅的关系越来越僵，李丽又回到了没有朋友的困境中。

一个人假如把什么事都要分辨得一清二楚，一点儿都不通融，那么，他交朋友是非常困难的。我们在人际关系中，要对别人无伤大雅的缺点睁只眼闭只眼。他太唠叨，他很邋遢，他因为一句话没说对得罪了你……这是可饶恕的缺点或错误，你也不应该因为对方的一点错误或缺点，就对他小题大作，使双方关系疏远。有意模糊别人的缺点或错误，并不是姑息纵容，也不是认可他们的缺点或错误，而是因为这样的错误或缺点仅是你自己看不惯的，而不是原则性问题。戴眼镜的人都有过这样的经验：戴上眼镜的时候，非常容易看到别人脸上的缺陷，比如，能看到青春痘或者皱纹。也许对方本身是个美女或帅哥，可是，在他们的眼中美貌会因这些小细节而大打折扣。可是当摘掉眼镜时，看同一个人就可能觉得他比平时漂亮。事实上，对方的脸还是那张脸，可是因为模糊，人们不会把注意力放在这些小细节上，自然就觉得他漂亮了。在处理人际关系的时候，模糊原则放在这里依然适用，因为每个人都存在缺点，只是缺点多少的问题，有的人不懂得隐藏，有的人隐藏得好一点儿。这样的话，我们在和他人打交道时就不必“以偏概全”，死钻牛角尖了。

虽然人们都知道这些话说起来很有理，但往往听起来容易做起来难，可是，也不能因为做起来难就不做，若是一味地钻牛角尖，最终的下场只能是鱼死网破。如果一味地钻牛角尖，也无碍于他人一丝一毫，只是枉费了大好的人际关系，影响自己的前途。仔细想想，时间能够治愈一切，小事儿过几秒就忘了，有些本身就说不清楚的事儿就更没必要去较真儿了。

处世小秘笈

人生这套马车假如安上方方正正的轮子，那一定会寸步难行！做人事事都较真儿肯定不行，凡事只认死理、“钻牛角尖”，于人于己都是不利的。

工作中要多动脑，切忌耍小性子

田华是新到单位的大学生，有一次单位开会，领导希望每个员工结合自己的工作提出一些意见和建议。田华心想：这次该自己表现了。因为，他学的就是管理专业，于是，他非常积极地响应了领导的号召，在不到一个月的时间内，就结合自己所学的专业对公司提出了详细的建议，从工作流程、部门设置等许多方面，提出了不少问题，并提出了改进意见。

当他把建议书交上去以后，领导并没有对他的建议大加赞赏，而是把田华叫到了办公室并向他指出了几点建议中的问题。田华听着心里特别不舒服，没等领导说完任性的田华便夺门而去，结果可想而知。

切记与周围的人建立良好关系，在社会上多长几个心眼是必需的，想要拿捏好和别人的距离，首先要尊重别人。当然，应记住与人搞好关系：别人不是你的家人，你在别人面前使不得小性子，不能随意发脾气。如果与人发生冲突，没有人有义务包容你，最终，吃亏的是你自己。

阿雪是家里的独生女，很受家人的宠爱。小时候，她要什么，父母就给什么，从小到大，她都没学会如何独立地做事。刚入大学的时候，她看见父母走了，居然还哭鼻子。大学四年，她轻轻松松、稀里糊涂地混到毕业，自然没学到什么本领。

在阿雪上班的第一天，公司给她配的电脑出了点故障，她不知所措，就细声细气地问身边那个戴眼镜的同事能不能帮忙。可她的声音太小，恰巧这位同事也在忙着工作，没有听见她的请求。她见第一次请同事帮忙，就吃了闭门羹，于是她悲从中来，怄了半天气，并决定不再和那个同事说话。

公司里分给阿雪任务，但她在规定时间内没完成，于是，领导就让同事小雨帮她的忙。小雨帮忙做了。人家帮了一两次也就行了，可她总是麻烦人家。当小雨后来不愿意再帮她，让她自己完成时，她又哭了："你们这些人一点同情心都没有，都是铁石心肠啊，看到我做不完也不愿帮我。"小雨无奈，哄着她说："我再帮你最后一次吧。"后来，小雨觉得自己成了"冤大头"，因而对阿雪总是绕着走。

还有一次，主管让阿雪整理一份资料，由于她不知道其中一份的分类，于是她就去问主管。恰巧主管那时遇到了烦心事，不爱搭理人，便要她回去查完之后再来问。阿雪以前可从没受过这样的对待，于是眼泪哗地就流出来了，主管也没有处理这种问题的经验，哄了半天她才不哭。

阿雪就像长不大的孩子，心里总觉得别人应理所当然地帮她。

公司业绩考核，阿雪由于业绩很差，按照公司规定应被辞退。她知道后连忙向同事求情，希望博得大家的帮助，可同事摊摊手，都说无能为力，于是，她又哭着说："你们这些人，心怎么这么狠啊，我被炒鱿鱼你们也不帮我。"

由此可见千万不要给别人留下任性的印象，在任何场合，任性的人都是不招人待见的。多动动脑筋，想方设法让别人觉得你有主见、有思想、头脑灵活，而不要让人觉得你是个任性的孩子。

处世小秘笈

年轻人初入社会，总是不懂得谦虚待人，反而以为要得到他人尊重就须表现自己。于是，有很多年轻人喜欢耍个性，总是意气用事，根本不考虑后果，最终吃了不少亏。

做事要谨慎，切忌冲动

年轻人初入社会，难免浮躁冲动。有句话叫："冲动是魔鬼。"事实确实如此，冲动常常让人不分青红皂白，意气用事，不经思考就行事，从而伤人伤己，造成不必要的损失，甚至是弥天大错。

很多年轻人常常会因为冲动而做出许多后悔的事情来，如果我们事事都做到三思而后行，就会避免许多错误和损失。所以，不管在什么情绪下，都应三思而行，保持冷静的头脑。无论是在愤怒时，还是在悲伤凄苦时，都要理智思考、冷静判断。我们处理问题时要时刻谨慎、冷静，以免因冲动而犯错。

一位客人在一家商店里买了3支牙刷，回家后发现其中一支有问题，于是就拿去换。"您好，上午我在您的商店里买了3支牙刷，有一支是有问题的，您看……"客人对店主说。

店主非常热情地说："没关系，我们立刻给您换一支新的。小张，你赶紧换一个新牙刷过来。"然后店主对客人说："不好意思，请您稍等一下。"

客人拿到新的牙刷后，临走时非常客气地说："你们的服务态度真好，真会做生意。谢谢你们，再见了。"

如果事情到此为止也就好了，可是，正当顾客要往外走的时候，店员小李又把他叫住了："喂，你等一下。我告诉你，今天算你走运，碰上我们店主高兴，今后可没这样的好事了。如果我们天天都为顾客换牙刷，那我们的生意怎么做啊？谁知道你买的牙刷是不是你家孩子给弄坏的？你怎么不在买的时候好好检查？"

这位客人本来心怀感激，听了小李的话可恼火了，他指着店员喊道："你的意思是我无理取闹、专贪小便宜了？你以为你是在施舍我吗？你以为我想在这大热天，乐意跑这一趟啊？你们卖的东西不好还不想认账，生意怎么可以这样做……"

在这场纠纷中，主客双方公说公有理，婆说婆有理，而且双方都是冲动之人，都是为逞一时口舌之快，说了一些不负责任的"过头"话。现在分析一下这件事，导火索就是小李脱口而出的一句话，且不说小李的一句话挑起了事端，仅就这种相互挖苦的后果来说，损失最大的还是商店一方。这位店员不但遭到了顾客"有力"的还击，同时他也赶走了一位客户。假如这件事传扬开来，那么，商店失掉的就不仅仅是一个客户了。店主当然明白这个道理，即使小李平时再怎么得人心，店主从自身利益出发，也会认为小李是不对的。这样看来，小李的冲动于人于己都是不利的。

所以，要学会控制自己的脾气，冲动损人不利己。冲动之下的言语大多具有很浓的挖苦意味，这是伤害别人自尊心的行为。特别是与不熟识的人打交道时，更要注意自己的言行，不要因冲动去伤害别人的自尊。否则很难弥补这种错误造成的后果。

在日常交往中，懂得克制自己浮躁情绪的人，一定让人感觉平易近人，这十分有利于他的交际。即使是在对方发火的时候，我们也应保持冷静，应为自己找台阶下，不再增加火药气氛，以防关系进一步恶化。

假如真的有人惹你生气了，可以用别的方法发泄，但千万不要火上浇油，因为在气头上做出的事往往使你后悔莫及，造成尴尬。如果实在控制不住，那些绝情的话还是要少说，以免激起对方的反抗之心。与人发生冲突时，不如说“我们私下再谈谈，之后再决定要怎么做”。在这期间，你应该考虑对方是故意而为还是无心的。如果是无心的，尽量不要得罪人；如果是有意的，则需要明白他为什么这样做。这种方法要绝对优于那种冲动地与人对峙的做法，要知道气头上做的决定多半会引起反作用，双方都撕破脸于你而言是不利的，冲动只会给你造成负担。

不妨每天问问自己，什么事情是应当预防的，习惯便成了自然，不至于旧错重犯。可以每天回忆一下，这一天内都发生了什么事，这些问题都是如何解决的，并从中总结经验和吸取教训。当发现自己到了要发火的边缘时，要用自我暗示的方法，放松心情。也许有人会激起你强烈的反抗情绪，这时千万不要采取针尖对麦芒的态度，而是应该回避，这样才能不卷进对抗的旋涡。

当然，言语仅是冲动表现的一个方面，有时候，冲动的性子也是极易被有心人利用的，这较言语来说更危险。

孙鹏最近陷入了困境，他刚从一家知名单位跳槽到另一家更有实力的单位。为了能够尽早融入新团队，孙鹏极其注重与上司的人际关系，对新上司的要求几乎有求必应，即使是一些私事，他也会赴汤蹈火，尽力做好。

结果他觉得上司很器重自己，私下里总是跟自己称兄道弟的，而且还时常将一些更重要的任务交给他。孙鹏顿生知遇之感，于是他抱着“为朋友两肋插刀”的态度，尽力完成上司所交代的各项任务。虽然有时他甚至会因为上司的任务太难而与其他人发生冲突，但是，他仍然不遗余力地为上司做事。

慢慢地，他发现原来上司给他的任务都是一些吃力不讨好的活儿，很多任务直接关系到多个部门的利益。后来一好朋友向他透露，原来上司都把单位里难啃的骨头交给孙鹏来完成，公司里的“老油条”对这类任务都是避之唯恐不及的，能推则推。可是孙鹏的上司不同，他懂得明哲保身、善于玩弄权术。遇到类似的任务，他总会找到一个“替罪羊”去处理。“替罪羊”成功了，他便成功了；“替罪羊”失败了，替罪羊只得替罪了。孙鹏听后恍然大悟，没想到自己的“好心”，居然成了老板手中的工具。

也许在小时候我们就知道可为朋友两肋插刀，与朋友有福同享、有难同当。可是这话用在复杂的社会中却未必可行，起码在某些场合并不合适。还要注意对方是不是你的朋友，别因为他的一两句好话就乱了阵脚。不要冲动，克制住你的“豪情万丈”，对他人的动机要冷静分析。千万不要白白被“插了刀”，才明白自己被利用了。

生活中确实存在一类龌龊小人，他们总是披着“朋友”的外衣，闲时跟人称兄道弟，战时让你牺牲阵地。为了自己的利益，在面临重大问题的时候，他们会毫不犹豫地把“弟兄们，跟我上”变成了“弟兄们，给我上”。所以，面对那些“豪情万丈”的人，一定要理性思考，不要冲动地替人上战场，这样才能避免自己身上插满的全是“朋友”的“刀”，而朋友却毫发无损。

处世小秘笈

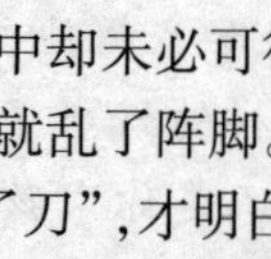

在和他人交往的时候，说话行事都要尊重别人，说话要有分寸，不要伤害别人。礼让一点，谦虚一点，忍耐一点，这不是怯懦的表现，而是为了避免无谓的攻击。

适当的让步有助于成功

年轻人血气方刚，可能你常常表现得锋芒毕露，时时处处体现一种谁与争锋的架势，这只能说明你还很幼稚。成熟的人都深知让步蕴含的哲学道理，他们知道，如果拒绝让步，同时也是对成功的拒绝。就像一位哲人说的："不要把痰吐在井里，哪天你口渴的时候，也要来井边喝水的。"

一对夫妻到一家服装店买衣服，在一条裤子的价格上与老板开始了争论，老板坚持要100元，妻子坚持只给80元。讲了半天，老板也不卖，最后妻子拉着丈夫要走。老板不愿意了，他脸色一沉，说："小气鬼不要出来浪费别人的时间，100元钱还讲价钱，太没出息了，没钱就别出来丢人。"

这话相当刺耳，这对夫妻听后当然是火冒三丈，结果老板还火上浇油地说了一句："像你这样胖的身材，以后很难买到合适的衣服。"

妻子听了这句话，由生气变成伤心了，她的丈夫可不罢休，冲过去就给了老板一拳。

这位老板因为一条裤子，居然说出如此伤人的话，而原因不过是客人跟他讲价了又没买。为了这点小事而争执不休，结果招来一顿痛打，非常不值得。有句俗话叫"买卖不成仁义在"，和气生财的道理每个人都懂，即使别人做事不顺你心，宽容一些也就过去了。待人留有余地，适当地让步才能维护良好的人际关系，做事懂得让步，才可以在困难之时寻求到帮助。

驴和牛同在一个槽子里吃东西。牛非常稳重，平常虽然很沉默，但做起事来很勤劳，它觉得驴非常多事，干活也比较毛躁，不过它不愿意得罪驴，驴的行为它看不惯，顶多在心中骂几句。但是，它不说则已，一说就把人气得发火；驴性子急，但是很正直，只要它觉得是对的，对对方的看法就不在乎。

有一天，由于农夫给他们分的任务不是很多，它们就开始各有打算了。牛想：我天天和主人翻地，重活都让我干了，可是身边这个蠢东西却吃得比我多，干的比我少，太不公平了。此时，驴也在想：我天天帮主人往家拉草，现在还要让身边的蠢货一起吃，凭什么把我的劳动成果让给他。想到这里，驴大声说："喂，这草料是我拉回家的，你怎么就好意思吃下去那么多？"牛本身正在生气，听到这句话当然更生气了："行，你说草是你的，那草料里面这些豆子和玉米都是我劳动生产出来的，甚至连肥料都是我的。以后咱们各吃各的吧！"

驴听了这话非常生气，直接蹬了牛一蹄子，牛积攒多年的委屈就像山洪暴发一样了，对着驴冲了过去。它们谁也不服输，最后弄得两败俱伤。

主人回来时，对它们以后的工作做了重新分配，并做了疏导工作，对它们讲了它们的不足和长处，然后说："本来很简单的事情，为何要闹到如此地步呢？"牛和驴听后都感觉羞愧。

不愿意让步的人，只能说明他心胸不够宽广。如果连一点小事都不肯让步的话，又怎么会有朋友。一个没朋友的人能做什么大事呢？没有谁能够在社会上单打独斗，要知道，让步是成功必需的因素之一，如果心胸不够宽阔，成功便无从谈起。毕竟，谁都不喜欢那些斤斤计较的自私鬼，更不会帮助这种人。

不管遇到什么样的事都要记住，害人之心不能有。如果常常把事做"绝"，无疑是为自己树敌。不仅会破坏你和对方的人际关系，对方很可能也会想办法阻碍你的成功。俗话说："人情留一线，日后好见面。"退一步海阔天空。

一个成熟老练的人做事都会留有一定余地。细想一下，生活中的许多尴尬都是由自己制造的，比如，不肯让步、把事情做得太绝，都会为自己的成功增加阻力。所以，在做事时，要从大局出发，让几步也是为自己留些余地、留条后路。

即使是别人在提高声音与你理论时，你也要保持心平气和，这会很容易超过原本沟通的性质。不妨告诉自己别意气用事，退避三舍。你首先保持心平气和的态度，才能降低双方都要燃烧的怒火。你做出了让步，并不表示你就是失败者，恰恰相反，你会从让步中得到更多。你赢得的是人心，是密切的关系、融洽的感情，这比争一时之气、逞一时之能来说，是更大的胜利。

在人际交往中，人与人之间肯定会有发生矛盾的时候，这时如果能够给别人让开一条路，矛盾就会消失，对方会对你充满感恩，别人会佩服你的度量，这些对你今后的发展是非常有利的。所以，有人说：“让步是一种智慧，是一种胸怀和修养。毕竟，这世间的事并不是件件都要争出个谁胜谁负来，虽然冠军只能有一个，可是你在度量上不能输给对方，这才是棋高一招的赢家。因为这样的人虽然可能失去一部分利益，却会让更多人敬佩你，这对于你更好的处理人际关系是十分有利的。让步，何乐而不为？

处世小秘笈

“老江湖”们在久历“江湖”之后，对“退”字的含意会有更深层次的领悟。退，并不等于懦弱，而是一种成功的谋略。退是一种境界，更是一种在江湖上生存的手段。

第二章　摆正自己的心态

心态是成功的关键因素

别人对你的评价往往是众说纷纭的，最好的办法就是对自己满意。如果连自己都不满意自己，就是被别人吹上天也无济于事。所以，我们不能委屈自己去迎合他人。我们常常摆脱不了生活的无奈，常常做一些自己不喜欢又不得不做的事，因为能使别人高兴。比如，有一个女孩选择了自己不喜欢的专业，因为爸爸喜欢；嫁给了自己不喜欢的男人，因为爸爸喜欢。一个人应当自己决定自己的命运，不要把这个权力毫不在乎地给予别人，哪怕是那些真心爱你、衷心祝你幸福的人。

树立积极的心态，积极的心态就是从正面看问题，乐观地对待人生，乐观地应对困难接受挑战，这对一个人的为人处世至关重要。

在我们的日常生活中，经常会碰到许多困扰和麻烦：工作不称心、事情处理不公平、经济条件不宽裕、身体欠佳、期望的事情不能实现、好心未得好报、受冤枉挨批评。对这类事情，如能持积极心态，心里就会想得开，心胸也就会豁达，就能妥善对待、处理好这些事情，心情也会愉快。如果总是想不开，越想越气，自控能力减退，情绪失去控制，便会出现一些反常的行为。甚至为了一点小事，大闹一场，出言不逊，开口伤人，让你大大降低了人品，人际关系严重受损。事后冷静下来想一想，为一点小事，大发脾气，根本不值得。

消极的态度在看问题时往往看到阴暗面：看社会，一片黑暗；看同事，没一个好人；看工作，一塌糊涂。也就是看到什么都不舒服，遇见谁都不高兴。这是消极心态者的典型特征，有的消极心态者，一谈到领导就有气，认为领导都是坏人。要认识到建立忠诚心态的作用及意义，“诚能动人，真诚可以胜天。”理解了这一点，也就明白了真诚的效用。

刘备三顾茅庐请诸葛亮，就是一个典型的例子。诸葛亮为刘备的真诚所感染，鞠躬尽瘁，为辅佐刘备成就大业付出了一生的心血。诸葛亮之所以会这样，当然是刘备的真诚所致。有一次宋太祖派兵打仗，接纳了许多降兵，降兵怀疑宋太祖不能善待他们。宋太祖为了打消他们的疑虑，便从中挑选了一些勇士当做自己的近卫军，让他们环绕在自己的营盘周围，然后安然而睡。结果，降兵大为感动，成为了一支劲旅。可见你对别人真诚，他人必将用真诚待你。

所以，一个具有高智商的人未必就能完全掌控自己的命运，缺少良好心态的帮助，智商再高的人也只会受到生活的嘲弄。

处世小秘笈

心态是横在人生路上的双向门，大家能够把它转向一边，走向成功；也可以把它转到另一边，走向失败。高智商比不上好心态，只有好的心态才能成功引领智商的发展。

心态决定命运

明朝有一个叫袁了凡的人,他母亲家世代行医。因自己不得不承担母亲家业的责任,袁了凡一直立志于医学。有这么一天,一位白发老翁出现在袁了凡面前,说:"我乃是中国演算精准的易家,百说百中。现在,我就帮你推算一下将来。"袁了凡听了半信半疑。老翁从他的出生年龄、母亲的年龄、父亲的年龄到家族的人数都算得一丝不差。而且哪一年他曾生过病,性情上有哪些特性,都推算得丝毫不差。于是,袁了凡告诉这位老翁自己正在苦读医学。谁知老翁说:"你命中注定要做官,尽快放弃医术吧。"袁了凡很是烦恼地对老翁说:"母亲祖上的家业我不能不继承,如果现在要让我改变志向,必须得到母亲同意才可以。既然您这么有信心,那就请帮我说服母亲吧。"老翁见了袁了凡的母亲之后,母亲也惊叹于老翁的易术,答应了袁了凡让他去做官。当时中国有着非常严格的科举制度,老翁算到了袁了凡在科试中能得几点,能考第几名,并且不光这次,下次的考试中能得几点,能做到什么官,都算到了。还有,袁了凡的寿命是57岁,一生无子,等等。

袁了凡听从老翁的话去考试,结果,考分都得到了验证,不仅第一次,第二次的考试分数都与老翁的话没有丝毫误差。袁了凡不仅为老翁高超的易术所惊叹,也认为自己的一辈子必定同老翁说的一样。就这样,袁了凡成了一个不折不扣的命运论者。

一天,袁了凡去庙里参禅。当时,庙里有一位禅师非常有名,法号云谷。袁了凡与云谷禅师三天三夜一起打坐参禅,心里没有任何迷惘和杂念。三日坐禅完后,云谷禅师感叹:"施主是在哪里修炼而来?我当禅主许多年了,像施主这般心无二念,把不静之心扔得这么干净的还是第一次见到。"袁了凡说:"我这一生乃是定数,所以,烦恼对我毫无作用。能像这样,我已经很满足了。"云谷禅师听了袁了凡的话后,忍俊不禁。袁了凡很吃惊,疑惑地看着禅师。云谷禅师说:"施主真乃愚者。真如此,人活着有什么意义?"于是,云谷禅师把古今的圣贤、仁者的例子一一道给袁听,原来积德积善能改变天的命数。袁对禅师的话很有感触。就这样,袁了凡每天都在想怎么使自身的功德善举越积越多,每天都不会放过积德的机会。结果,那白发老翁的卦开始乱了,一个一个的卦随之破灭。袁了凡的运命开始改变,当然都是朝着好的方向变。本来命中无子,结果生了儿子。57岁寿命终尽,可最终却活到了86岁。

袁了凡的故事证明,大多数人不能创造奇迹,这并不是自身原因造成的,而是因为他不能除去自己身上存在的人性弱点。

每个人的内心都有一些顽固的东西阻碍着自己潜能的发挥,像虚荣、猜疑、刚愎、嫉妒、自卑、懦弱、贪婪、恐惧。所以,我们通往成功的路是不断除去各种障碍的过程,实际上也就是一个不断通过调整心态来调整自我定位的过程,并不断释放潜能,一个克服自己弱点、自己战胜自己、改变命运的过程。

处世小秘笈

改变心态就能正视自己,能正视自己就可以合理地规划人生。这样一来,就会改变自己的命运,这就是心态决定命运。

平平淡淡才是真

爱有很多种,伟大的爱、真诚的爱、平凡的爱……然而,伟大的爱毕竟有限,更多的是平平淡淡之爱,而平淡的爱与爱得平平淡淡又是不相同的。

这年秋天,李频旅美的父亲归来。在各种礼物中,有一枚金戒指十分特殊,只是样子很老式，这是送给母亲的。她戴在手上来回抚弄，喃喃地说："真是一模一样啊。"

原来在她父亲母亲结婚时，祖母把一枚金戒指作为他们唯一的结婚礼物送给了母亲，它是父母当时唯一值钱的一件结婚纪念品。

"文化大革命"中，父亲被批斗。心好的邻居悄悄告知母亲："马上就要抄家了，快把值钱的东西扔掉，否则抄出来就要被打成反革命。"那时候那枚戒指是家里最有价值的东西。母亲十分惊恐，不知道该放在哪里。后来，不得不丢到很远的地方。随后，家被抄了，自然他们什么也没找到。

母亲为此哭了一次。祖母多次问及这只戒指，他们都不敢直说，只说还收在柜子里。

"文化大革命"后，父亲一直说要为母亲再买一枚结婚戒指，却因为没有闲钱，便一直拖了下来。这一拖就是20年。

父亲说："在美国这么多年，这枚戒指是他时时想起的。美国林林总总的店铺里，竟找不出这样的一枚样式古老的戒指。最后，我只能根据自己记忆中的样子，画个纸样，请商店依样打造。结果，花的手工费比这金子还贵。"

这一刻，李频内心非常感动，想父母在这失落了戒指的20年中，不是已经找到了那一份比戒指更为珍贵的感情吗？

冬天，全家请了假回乡看望年迈的祖母。祖父早已过世，祖母也将近90岁了，两眼昏花，耳朵也不灵了。那一天，母亲坐在祖母身旁，将戒指给祖母看，说："妈，您看，这不是您送我的结婚戒指吗？"

老眼昏花的祖母拉了母亲的手摸了又摸，看了又看，竟没有看出这戒指并非当年的戒指。祖母流着泪，对父亲说："这戒指是1925年我结婚时，你父亲送给我的结婚戒指，你们一定要好好地收藏啊。"

整整60年，60年人生坎坷，60年风云变幻，虽然戒指不是原来的戒指，但是，这一份情感，地老天荒，都不曾改变。这一刻，泪水已悄悄将李频的双眼占据。

只要爱得执著，爱得兢兢业业，这样的爱就非常伟大，就是一种伟大的爱。爱与被爱，同样是一种幸福。

与其为失败找借口，不如为成功找方法

二十几岁的年轻人，总是觉得自身之外的因素是导致失败的最终原因。有人就因为生存环境差、个人起点低，便认定自己一辈子无所作为。于是，在有意无意间，把自己所有的潜能都封存起来，并振振有词地把自己的一事无成归咎于环境的原因。实际上，这是由消极的心态所造成的。

不管你身陷顺境还是逆境，消极被动的心态都会使你慢慢丧失活力与创造力。

小张又失业了，她向朋友讲述自己的工作遭遇：第一个老板是个严肃的中年人，那时她刚毕业，老板却安排给她一大堆工作，还总看她不顺眼，拼命地找她碴。终于，千方百计在试用期满之后让她走人。她遇到的第二个老板是"海归"，开始的时候，她在那里工作十分顺利。可时间一长，这个老板也开始变得爱找碴。后来，竟由于一个很小很小的失误，炒了她鱿鱼！接着遇到的第三个老板……

所谓当局者迷，旁观者清。她的朋友听了她的陈述，给她做了分析：做第一份工作时，她没有经验，工作做得漏洞百出。但真正让老板生气的不是她的失误，而是她的工作态度——交代一样做一样，从不主动去学习，得过且过，遇到困难就放弃；做第二份工作时，老板最初很看好她，因为交给她的工作都做得很好。可一段时间后，她开始盲目满足，工作对她来说成了"混"饭吃的工具。她根本就不想再付出努力，老板盛怒之下就炒了她。她还有着很多这样的工作

经历，她就这样带着消极的工作情绪，工作一份一份地换，这就是她很难找到合适自己工作的原因所在。

这个女孩以为自己倒霉透了，但却没有找到令她“倒霉”的真正原因。消极被动的员工永远得不到老板的青睐，她真正该做的是改掉毛病，立志进步。一个人一旦养成了消极被动的工作习惯，就会变得不思进取，目光狭窄，最后跌入好吃懒做、一事无成的深渊。所以，无论你面对的是怎样的环境，积极进取的劲头都是必须有的。

A 和 B 在师范院校毕业后，一个被分配到某个山里的小学当老师，另一个却幸运地分到了城市小学任教。被分配到山村小学的 A 抱怨自己的命不好，开始将课余时间消磨在麻将桌上，上课之前懒得备课，就想着往城里调。一次，教育局局长突然来听课，没有任何准备的他被开除了。他难过地想：假如当初我留在城里，那我一定会努力的，说不定现在已经是教学骨干了。而 B 呢，自从来到了城里以后，他与领导同事相处得不错，工作轻松，他很满足当前的生活。他对教学方法不再钻研，不再认真备课，很多孩子都把他叫做“催眠大师”。一段时间后，学校引进竞争机制，B 被淘汰了。他想：如果当初我被分到农村，那我肯定要好好上进，争取早日进城，而现在……

你了解这两个人问题的根源了吗？是他们自己把消极被动的种子种在了心中。其实，环境是不能成为他们消极被动的借口的。一个人一旦形成了消极的心态，那么，处于顺境便盲目满足、放弃努力，遇到成功便自我满足、停滞不前；处于逆境便丧失信心、轻易退缩，遇到困难便轻言放弃，怨天尤人。消极的种子最容易在这种环境中破土发芽。

无论身处什么样的环境，都不要有消极的生活态度。工作上的绝望和消极，必然会对人的其他方面产生非常可怕的负面影响。想想看，一个人悲观看待世界，满眼的灰色，为周围的朋友、同事所不屑，该是多么的可悲啊！

环境的好坏改变不了事情的本质，人如何看待自己才是事情的本质。保持积极主动的态度，身处困境，仍坚持做自己，这样的环境再“坏”也是好环境。反之，再“好”的环境也是坏环境。总之，顺境或逆境都不能成为失败的借口。

处世小秘笈

二十几岁时，应该要为成功找方法，不为失败找借口！

学会寻找通往生活的另一条道

二十几岁时，假如你认不清自己的能力，只因耻为人后，就放弃学习，自己又找不到适当的方向，到头来什么都落空了。其实，幸福生活的道路有很多条。

在现实生活中，也许你是一个始终与“第一名”无缘的人。目睹着别人的出色表现，自己却总是居于人后，心里会不会觉得有些自卑呢？其实你的烦恼是完全没必要的。一个人成功与否有很多不同的判断标准，只要你愿意换个角度思考，你也可以位列第一。

浑寿平在清代是很有名的画家，他早期是画山水的，从见到王石谷之后，便自以为山水画不能超过他，于是改为专攻花卉，成为海内人们崇拜的对象。张南本是唐代以画火闻名的画家，据说原来是与画家孙位一起学画山水，也因为自认无法超越孙位而改学画火，终于独得其妙。

艺术家追求完美，难免有傲骨之气，耻为天下第二名手，不愿落人之后。似前二者若有真才实学，舍他人既行的道路，自辟蹊径，独创一家，固然最好。

夏农这个小伙子幽默活泼，很得朋友的喜爱。知道他有了女朋友后，关系要好的一个朋友开玩笑问他:“在你的心目中我排第几?”他想也不想回答:“第一。”朋友不相信地看着他,问:“你真会说假话,应该是你女朋友排第一还差不多。”夏农狡黠地一笑,然后说:“你当然排第一,只不过是另一行而已。”

夏农的话说得实在棒极了!生活中,在各行各业中,每个人都对第一的位置十分渴望。其实,要拿到第一也容易,就看你能否站在别的角度——只要“另起一行”,也许你就成第一了。而这个世界,自然少了许多地位纷争,这不是很好吗?

海俊青从小就想做一名记者。然而,大学毕业后,几经波折,他却成了教师。看着昔日同窗的得意样子,他心里极不平衡。聪慧的妻子看到他这个样子,就劝他说:“你又何必拿自己的短处去比人家的长处呢。你自身的优点也很多啊!”妻子的话点醒了海俊青,他决定凭着自己流畅的文笔闯出一片天地。海俊青选择了当地一家颇有影响力的报社,然后,便向那家报社大量投稿,丝毫不计较稿费的高低。这家报社办了很多副刊,海俊青悉心加以研究后,专门为它们量身定做写文章,作品几乎篇篇都被采用。

这家报社的编辑竞相争抢海俊青的作品,终于有一天,该报社的领导联系了海俊青:只要你海俊青愿意,随时可以来上班。

海俊青的梦想实现了。

我们可以从海俊青的经历中获得一个十分重要的启发:生活的路不只一条,如果你不甘于平庸,你完全可以另起一行,得到你想要的成功。

古今中外,还有很多名人的成就就是在重新定位后取得的。

阿西莫夫是一个科普作家,自然科学家也是他的身份。一天上午,他坐在打字机前打字的时候,突然意识到:我不能成为一个了不起的科学家,却能够成为一个第一流的科普作家。于是,他把全部精力放在科普创作上,终于成就了一番事业。

在现实生活中,每个人都想将自己的能力最大限度地发挥。但是,由于种种原因,你无法在自己从事的行业里取得令人满意的成就。还有许多人是在自己毫无兴趣甚至讨厌的岗位上,心不甘情不愿地做着各项工作。在这种情况下,千万不要感到着急。要把工作当成是一种乐趣。这样一来,工作兴趣提高了,才能把自己的能力全部发挥出来,直至走出精彩的人生。

处世小秘笈

其实生活就如走路,当你发现此路不通或者不是你最理想的道路时,你就可以停下来,甚至可以尝试走另外一条路,直至走出精彩的人生。

缺憾也是一种美

人生并非事事十全十美,各种遗憾存在于每个人身上。伟大的音乐家贝多芬双耳失聪,杰出的物理学家霍金身患肌肉萎缩症……这些伟大的人物尚且如此,更何况是凡夫俗子的我们。诸多遗憾存在于人的一生,可正是这些缺憾才体现出世界的精彩,才能显示人性的坚强。空气稀薄、生存困难的高原不就美在它空旷的荒漠和纯净的环境?断臂的维纳斯不就美在残臂让人获得的残缺美吗?失去听力和视力的海伦不就美在处于黑暗寂寞中仍然对美好执著追求的生命力?

也正是这些缺憾才体现出不同的生命个体,让每个人都具有独一无二的性格,反而因为这些缺憾变得真实、可爱,充满生机和活力,更具吸引力,让这个世界呈现各种精彩。

人无完人,每个人都存在缺陷:外貌上的,性格上的,经历上的……当一个人懂得承认自己的不完美时,他也就真正地开始成熟起来了。

人有缺陷并不可怕,故意掩盖缺陷自欺欺人才是最可怕的。在对方面前大胆袒露自己的缺陷,往往是出自于内心的诚恳和对别人的信任。那透明的真诚理所当然也换来了对方的信赖。把自己的缺陷袒露人前，也就同时把自己的真诚献给了对方。在日常生活中往往有这样的情况，把自己的缺陷越是刻意掩饰，就活得越累，甚至有时还会感到尴尬。这是因为缺陷是客观存在的，掩饰只会弄巧成拙。真实袒露自己的缺陷，会使对方理解缺陷、容纳缺陷，还能有意识地弥补缺陷，这正是生活幸福和谐的基础。

缺陷或大或小、或多或少，人人都有。掩饰缺陷也许是人的天性，毕竟只有少数人能面向很多人袒露自己的缺陷。因此，袒露缺陷确实需要勇气，要战胜自己的懦弱，战胜自己的虚荣，更要战胜他人的偏见。所有这些，没有超人的勇气是万万做不到的。

在国画课上，黄教授经常发现有些学生尽力掩盖自己作品的不足，有时画得差，干脆就不拿出来了。遇到这种情况，黄教授就会对他们说："刚开始学画总会有许多不足，否则你们也就不必学了！这就好比去找医生看病，原因是自身感到不舒服，看医生时每个病人总是尽量把自己的症状说出来，以便医生诊断。学画交作业给老师，是希望老师找到错误，加以指正，你们对自己的缺点又何须掩饰呢？"

老王40多岁了才结婚。他的新娘和他的年纪不相上下，是个过气歌星，还离过两次婚，朋友都觉得他有点亏。

一天，老王驾着新买的二手车，跟朋友出去。路上，他调侃道："年轻的时候，我就盼望着能开宝马，买不起啊；现在还买不起，其实买辆三手车也挺不错。"

朋友左右看看说："是三手啊，性能还挺好的。"

"是的呀！"他大笑了起来，"旧车也非常不错啊，就像我太太，经过生活的磨炼，现在已没有了以前的娇气、浮华气了，而且做得一手好菜，又懂得做家务。说老实话，当前正是她十分完美的时候，反而被我遇上了，我真是幸运呀！"

"你的话很有道理！"朋友陷入了沉思。

他拍着方向盘，继续说："其实，反思一下自己，我完美吗？我还不是千疮百孔，做过许多荒唐事。正因为我们都经历过很多，因而两人都慢慢变成熟，都懂得忍让，都彼此珍惜。这种不完美，正是一种完美啊！"

正因为这位男士能够承认自己的不完美，他对爱人才不苛求完美。结果，两个有瑕疵的人才能凑到一起，组成一个幸福的家庭。从某种意义上看，人一辈子都活在对与错、善与恶、完美与缺陷的现实中。我们既然能从自己非常完美与优秀的实际中获益，同样也可以从自己的缺陷中受益。

我们应该明白，存在缺点并非什么坏事。那些自认为自身条件已经足够好以至于无可挑剔、不必改变现状的人往往缺乏进取心，缺少挑战自我争取更大成功的动力。相反，承认自己的缺陷，正确认识自己的长处与短处，可以使我们处在一种相对清醒的状态，遇事也容易做出最理智的判断。

二十几岁时，要知道人是注定要与缺陷相伴，与完美存在一定距离的。所以，不完美也是一种完美。把自己定位为一个不完美的人是一种豁达、成熟，更是一种智慧。

承认自己的不完美可以让你保持一种内心的平和，这是成熟心态的体现。拥有了这种心态，就能正视自己和别人身上的缺陷。在评价或定位自己的各方面时，也就更加客观、切合实际。

心态对于决策者来说非常重要

大家一定对世界有名的通用电气公司（GE）有所了解吧。杰克·韦尔奇是世界上最受称道的首席执行官，担任通用电气公司的首席执行官董事长长达17年，韦尔奇亲手为美国企业界的重组画下了一张极具价值的蓝图。

20世纪80年代,通货膨胀成为制约全美公司发展的巨大阻力。通货膨胀使那些二流产品与服务供应商的生意难以继续。

通用电气公司要求各业务部门主管都思考一个问题:怎样做才能在当前市场上占据统治地位。随后,他们必须做出果断的决策:哪些业务可以培育,哪些应该放弃。通用电气执行官们并不认可韦尔奇的策略,他们认为毫无必要仅仅因为一项业务处于该领域第三或第四的位置就放弃。然而,他们的反对不能使杰克·韦尔奇改变决策。就这样,韦尔奇在短短的5年间就砍掉了25%的企业,裁减了10多万个工作岗位。

在韦尔奇担任GE最高负责人之前,大多数的公司企业负责人要对一个群部负责人负责,群部负责人又向高一级部门负责人汇报,直到最高的公司负责人。而且,每一级都有自己的一套班子,负责财务、推销计划以及检查每一个企业的情况。韦尔奇把这些"群"和"部"解散,把公司的行政人员从1700人减少到1000人,使公司组织上的障碍得以扫清。现在,企业负责人与业务最高负责人办公室之间没有任何阻隔,可以直接沟通。

他觉得有必要将现有的管理层次减少,以促使高级管理人员最大限度地发挥其潜能。他称这项策略行动为"减少层次",旨在创立一种形式不拘泥,组织开放的机构。

经裁员,大大减小了公司行政对员工的干预。过去,企业每月都向总部提出一份财务报告——虽然人们不怎么使用它。现在,公司财务主任丹尼斯·戴默曼让各企业把两个月的数字留在他们自己手里,如存货、应收账款、现金流动状况等。财务班子不用一天只关注财务数字,这样可以在可能做成的生意上使用更多的时间来评估。

杰克·韦尔奇的积极行动、善于进取、不屈服于压力和不满足于现状的积极心态,成就了他无人可以与之匹敌的首席执行官的位置,他用非凡的意志和毅力造就了今日的通用。

在决策过程中,男人也许有更多的优势,但也有不少女性以积极创新的思维模式,果敢、稳重的心态特征成就了自己的伟大事业。

1989年,靳羽西做出惊人决策:投资中国,开办属于自己的美容事业。

靳羽西当电视节目主持人的时候,许多世界著名品牌的化妆品和护肤品她都使用过,但她觉得必须经过认真挑选、细致搭配才能使自己真正漂亮起来。当时,中国大部分年轻的女孩子们不会把自己真正收拾得漂漂亮亮,而且那些舶来品的价格也非常高,超出了大多数中国人的消费能力,中老年女性也找不到能让自己变得美丽的东西。靳羽西说:"当我的尝试失败过很多次后,当时我只是想为亚洲女性配制一些能将她们的特点发挥出来的产品。这些产品不但能够迅速配色,在使用上也十分便利,价格也符合中国内地的消费水平。销售这些产品的过程中,还可以指导她们如何使用这些产品,让她们美得独一无二。"一切看起来都很偶然,似乎充满了随意性。靳羽西是在一种良好愿望的促使下无意中发掘到这个商机无限的市场空间中存在一种这样的商机,没有人知晓最终的结果会怎样。开始的一段时间里,事情并不顺利,因为靳羽西不像许多成功的商人那样有丰富的从商经验,甚至可以说她从来没有经商过。

她不断在美国和中国、市场上和研究所之间忙碌,不断调查、分析、研究,甚至在自己脸上做试验。她在中国的知名度和良好的个人形象,给她的生意十分有益的帮助。很快,她的羽西品牌在中国内地就像她的脸一样家喻户晓了。靳羽西的决策非常英明,她的化妆品在内地赢得了广泛的市场。

良好的心态对于决策者来说非常重要,一丝慌乱、急躁都可能造成决策的严重失误。因此,一个成功的决策者必定拥有沉稳的心态。

处世小秘笈

在决策过程中,特别是在危机时刻,只有持有沉稳的心态,才能正确分析利弊,进而制定出最正确的决策。

过去不等于未来

美国有一个故事很有名，故事的主人公曾经担任美国田纳西州州长，卸任后从商，成为世界500家最大企业之一的公司总裁。可是，她小时候的遭遇却非常坎坷。

1920年，她出生在美国田纳西州的一个小镇上，是一个私生女，小奇奇是母亲给她取的名字——按照习惯，一个人不仅要有名，还必须有姓，可她没有父亲，所以只有小名。奇奇慢慢懂事了，感觉自己与其他小孩有些不同，因为她没有爸爸。

奇奇不知道自己的父亲是谁，一直和妈妈生活，母女俩相依为命。上小学以后，她受到了更多的歧视，很多人都用冰冷、鄙夷的眼光来看她，以为她是缺乏教养的孩子。

在他人的心理暗示中，她自己也不断地对自己进行心理暗示，因而变得越来越懦弱，自我封闭，逃避现实，不愿意与人接触，变得越来越孤独。

奇奇最不愿意同妈妈到市场上购物，因为她总能感到别人对她的指指点点，窃窃私语："那是个没有父亲，没有教养的孩子！"

13岁那年，镇上来了一个牧师，这使她的一生发生了变化。

奇奇总是听母亲说这个牧师是个好人，她眼见别的孩子和父母一起，手牵手地走进教堂去时，很羡慕，就多朝教堂的远处躲避。当这些人从教堂里高高兴兴走出来时，她只能通过聆听教堂庄严神圣的钟声和偷看人们面部表情去想象教堂里发生的神圣的事情。

一天，等其他人都进入教堂以后，她终于鼓起勇气，偷偷地溜了进去，在最后一排坐下听讲。

这位牧师正在说："过去不等于未来。如果过去成功了，未来不一定会成功；如果过去失败了，也不等于未来还要失败。过去的成功或失败，都只是过去的事情，未来只能靠现在来决定。每个人都应该面对现实，重视现在。现在选择什么，做什么，对我们的未来起决定作用！失败了不要气馁，要挣扎着再向成功冲刺。成功了也不能傲慢，要想想后面还有更多的困难在等待自己。失败和成功并非最终的结果，都只是人生过程的一个事件，一段经历，一朵浪花。在这个世界上，不会有永恒的成功，因此失败也不是永远的。"

奇奇的悟性很强，她渴望情感，她被牧师的话深深震撼，她感到一股暖流在温暖着她那冷漠、孤寂的心。但是，她马上提醒自己："我必须马上离开，趁自己还没有被别人发现之前。"

有了第一次，就会有第二次、第三次、第四次、第n次去教堂聆听牧师讲话，这就是她最喜欢干的事情。

她每次都是偷听，尽管牧师的话是很激动人心的，但还是很难阻止别人的冷眼，因为她懦弱、胆怯、自卑，以为自己缺少进教堂的资格，认为自己不同于别人。

有一次，她又偷偷地溜进了教堂，听得入了迷，居然忘记了时间，结果就无法回避他人的冷眼相待。直到教堂的钟声清脆地敲响，她才惊醒过来。可是，已经来不及抢先"逃"走了。

先离开教堂的人们堵住了她迅速出逃的路。她低着头，尾随人群，慢慢朝门外移动。眼看快到门口时，一只手搭在她的肩上，她惊惶地沿着这只手向上望，此人正是牧师。牧师温和地问："你是谁家的孩子？"奇奇最不愿听到这句话，这句话就像通红的烙铁，直直地戳在她流着血的幼小心灵上。

牧师的声音不大，但却极具穿透力。这是作为一位牧师多年锻炼出来的。人们停止了走动，几百双眼睛一齐注视着奇奇，教堂里变得十分安静。

奇奇惊呆了，不知所措，眼里的泪水马上就要掉下来了。这个牧师目睹此景，脸上立即浮起慈祥的笑容，说："噢！我知道了，我已经知晓你是哪家的孩子，你是上帝的孩子。"

牧师的话激起了教堂里热烈的掌声。虽然那些平时瞧不起奇奇的人未曾跟奇奇讲过一句抱歉的话，但掌声就是理解，就是认可，就是歉意，压抑在奇奇心灵上整整13年的陈年冰封被"博爱"瞬间融化了……她内心狂喜，眼泪夺眶而出。

奇奇的心态从此发生了巨大的变化。

奇奇60多岁时，她的回忆录出版了，在书的扉页上她写下了这样一句话：过去不等于未来！

是的，站在现在，只能回忆过去，展望未来，却能够立足于长远的将来。“过去不等于未来”，就是要求我们用发展的眼光去看待自己，面对失败和成功，自己目前的心态不能被这些主宰。过去的已经过去了，未来的还没有到来，只有现在是最现实的。过去决定了现在，而不能决定未来，只有现在的作为及选择才能决定未来。

二十几岁时，要明白人生最重要的不是你从哪里来，而是你要前往何处。只要你对未来充满希望，力量就会降临到你的身上。不管你过去怎样，那都已经过去了。只要你调整好心态，明确自己的目标，积极地去行动，那么成功就是属于你的。

处世小秘笈

年轻人要学会用长远的眼光来看待自己，看待成功与失败。过去的成功与失败都已经过去，是不能主宰我们目前的状态的。我们应从过去的束缚中挣脱出来，从现在出发来思索我们的未来。

不要让自卑和缺陷影响你的发展

“假如我能站起来吻你，这个世界该有多美啊！”

这是张海迪对自己的丈夫说过的一句话。可是，张海迪却无法站起来，命运让她坐在轮椅上过她的一生。那么，在张海迪眼里，难道这个世界就很丑恶吗？显然不是。她有一个爱她的丈夫，有一个令许多健全人都羡慕的温馨的家。她没有对他人的目光躲避，相反，她更注重与人的沟通。她会让别人给她倒水、会让人帮她取她够不到的东西、会让人推着她出席各种活动。做这些的时候，她丝毫不会觉得害羞，感到自卑。所以，她活得洒脱、活得幸福。

5岁那年，她被确诊为脊髓血管瘤，脊椎穿刺过很多次，病情仍旧严重。

1973年，全家人从农村返回莘县县城，那时的她最渴望的就是有份工作。但由于身体条件所限，张海迪一直待业在家。为此，她很痛苦。

后来，在家人的开导和帮助下，她学起了针灸、诊断并为周围的人治病。在不断学习和帮助他人的过程中，她看到了自己的价值，并从自卑的阴影中走了出来，结果使自己活得光彩自信。

美国的国会议员爱尔默·托马斯曾说：

“我15岁时，经常困扰于自卑和恐惧忧虑之中。比起同龄的少年，我长得实在太高了，而且瘦得像支竹竿。我有6.2英尺高，体重却只有118磅。我不仅身体比别人高，在棒球比赛或赛跑各方面都不如别人。他们常取笑我，并给我取了‘马脸’的外号。我的自卑感特强，不喜欢见任何人，又由于居住在农庄里，离公路远，也碰不到几个陌生人。我们的农庄离公路还有半英里远，平常我只见到父母及兄弟姐妹。

“如果我任凭烦恼与自卑占据我的心灵，恐怕我一辈子将一事无成。一天24小时，我随时为自己的身材而自怜，无法做任何事情。我的尴尬与惧怕实在难以用文字形容。我的母亲了解我的感受，她曾当过学校教师，因而告诉我：‘儿子，你得去接受教育。你的体能状况既然这样，你只有靠智力谋生。’

“可是，父母没钱支付我的学费，我要靠自己想办法。我在冬季捉到一些貂、浣熊、鼬鼠类的小动物，春天来时出售得了4美元。再买回两头猪，养大后，第二年秋天挣得40美元。用这笔钱，我到了印第安纳州去上师范学校。住宿费一周1.4美元，房租每周0.5美元。我的衬衫很破旧，是我妈妈做的（为了不显脏，她有意用咖啡色的布），外套也是父母以前的，他的旧外套、旧皮鞋都不合我用，皮鞋旁边有条松紧带，已经没有任何弹性了。我穿着走路时，鞋子会随时滑落。我没有脸去同其他同学交往，只有成天在房间里温习功课。我内心深处最大的愿望是有一天我能在服装店买件合身而体面的衣服。”

想想当时爱尔默·托马斯面临的处境是多么悲惨，他所面对的是生活的困窘和生理的缺陷。但托马斯没有消沉，在克服了自卑之后，他十分乐观地走上了未来的人生道路。50岁那年，托马斯成为了俄克拉荷马州的国会议员。

越是研究那些有成就者的事业，你就会越深刻地认识到，他们之中有非常多的人之所以成功，是因为他们开始的时候有一些会阻碍他们的缺陷，促使他们付出更多的努力而得到更多的回报。正如威廉·詹姆斯所说的：“我们能从自己的缺陷中得到意外的帮助。”

不错，很可能弥尔顿就是因为眼睛看不见了，才决定要创作更好的诗篇，而贝多芬也是因为耳朵聋了，才发誓作出更好的曲子。海伦·凯勒的成就之所以会如此辉煌，很大程度上是因为她无法听、无法看，这迫使她奋斗。

在现实之中，我们必须要承认自己在许多方面“确不如人”，这是很自然的事。

但是，这种现实的差距并不代表我们就是一个缺乏能力的“弱者”，更不应以这种差距为借口来降低自己的定位。

在成功与失败之间，在自信与自卑之间，实际上仅有寸许区别。任何选择上的错误都有可能造成一种无法弥补的事实——永远失败。

缺陷并不可怕，可怕的是自卑。所以，我们要超越自卑，不要让自己的未来丧失在自卑中。我们每个人都不是十分完美的，我们有各自的缺陷，但我们也有自己突出的优点。突出你的优点，正视你的缺陷，超越自卑吧！

处世小秘笈

没有人是十全十美的，对于每一个人来讲，有缺陷确实是非常残酷的，可你不能因此就自卑消沉。既然缺陷无法改变，那么你就要正视它，将它当做前进的助推器。这样一来，缺陷也就有了价值，不会对你的自我定位造成影响。

心态影响人的选择

二十几岁时，无论有何种人生际遇，都会有两个机会。一个是好机会，一个是坏机会。在好机会中，藏匿着坏机会，而坏机会中，又隐含着好机会。关键在于我们用什么样的目光看待，什么样的心态、什么样的视角去对待它。

美国加州有位刚刚大学毕业的年轻人，在冬季的征兵中被选中，即将到最艰苦也最危险的海军陆战队去服役。

获悉这一消息后，他忧心忡忡。祖父面对孙子的寝食难安，便开导他说：“哦！这没什么好担心的。到了海军陆战队，你会面临两个机会，一个是留在内勤部门，一个是分配到外勤部门。如果你分配到内勤部门，就根本没有必要害怕了。”

年轻人问爷爷：“那如果是外勤部门呢？”

爷爷说：“那同样会有两个机会，一个是留在美国本土，另一个是被分配到海外的军事基地。如果你被分配在美国本土，那也根本不用担心呢。”

年轻人问：“那么，若是被分配到国外的基地呢？”

爷爷说：“那也还有两个机会，一个是被分配到友善并且和平的国家；另一个是被分配到海湾地区。如果把你分配到和平友好的国家，那么担心也是多余的。”

年轻人问：“爷爷，那要是我不幸被分配到海湾地区呢？”

爷爷说：“你同样面临着两个机会，一个是留在总部；另一个是被派到前线去参加作战。如果你被分配到总部，那又有什么需要担心的呢？”

年轻人问："那么，若是我不幸被派往前线作战呢？"

爷爷说："那同样有两个机会，一个是安全归来；另一种是不幸受伤。如果你能够安全归来，那担心岂不多余？"

年轻人问："如果不幸负伤呢？"

爷爷说："也有两个机会，一个是只负了点轻伤，根本没有什么生命危险；另一个是身受重伤，会危及生命安全。如果只是负点轻伤，那有什么担心的必要呢？"

年轻人又问："那要是不幸身负重伤呢？"

爷爷说："你同样拥有两个机会，一个是仍然活着，保全了性命；另一个是完全救治无效。如果尚能保全性命，还担心它干什么呢？"

年轻人再问："那如果救治无效呢？"

爷爷听后哈哈大笑："那你人都死了，又有什么好担心的呢？"

这位爷爷一定是位智者，他已经深深地领悟了人生的真谛。

一个人在一生之中要做出的选择有很多。尤其是面对那些"未知"的抉择，我们常常会因为"未知"而感到害怕、感到担忧、感到难以把握。这是因为，我们首先便不自觉地运用了那种消极颓废、悲观沮丧的心态，先入为主地去看待那"未知"的一切。我们太害怕失败，我们太看重得失，我们把那"未知"的一切，都看成了坏机会。假如一味担忧得失，有了失败的担忧，便样样无所适从，便事事瞻前顾后。结果，反倒丧失了许多好的机会。所以说，心态是左右人生的机会。

处世小秘笈

假如一味担忧得失，有了失败的担忧，便样样无所适从，便事事瞻前顾后。结果，反倒丧失了许多好的机会。所以说，心态是左右人生的机会。

保持好的心态能进退自如

人们要找到合适的位子需要良好的心态。但很多人都抱怨自己想要的位置未必能得到，能得到的位置却不适合。因此用进退两难来形容他们的处境，进又有心无力，退又不服气。怎么办？用比尔·盖茨的话说，就是："改变你能改变的，接受你不能改变的。"

一个清晨，在花园中散步的国王突然发现所有的花草树木都早已枯死了。他非常诧异，就问花园门口的一颗橡树，一夜之间发生了什么。原来，橡树觉得自己不像松树那样高大俊秀，所以，不想活了；松树则憎恶自己不能像葡萄那样硕果累累；而葡萄藤也感觉活着无望，因为它终年匍匐在别的树干上，不能挺起胸膛……就这样，园中所有的树木花草都在自怨自艾。

如今，只剩下一株心安草有着旺盛的生命力。国王见状，很高兴地对它说："早啊，心安草。当别的花草树木都已对自己气馁的时候，只有你还顽强地生活着，真让我欣慰。但你为什么能这样快乐？"

"是啊，我很快乐。虽然我身上没有什么值得骄傲的地方，但我却从来不曾沮丧。因为我知道，如果你需要一棵树，你肯定会去种植它。而且我还知道，你希望我只做一株小小的心安草。"

处在地球另一端的加拿大魁北克省，有一条奇异的山谷。它南北走向，有东西两个坡面，特别之处就在于它的西坡长满女贞、柏、杨等各种树，而东坡只有雪松一种树。为什么同一座山脉的两个坡面，植被覆盖会有如此巨大的差异呢？许多人都对这一景象感到迷惑，植物学家和地理学家的考察也并不能解开这个谜。一直到 1993 年，有一对婚姻濒于破裂边缘的夫妇，来到魁北克准备做一次浪漫之旅，希望找回往日的爱。他们来到这个山谷的时候，天空下起了大雪。他们支起帐篷，望着漫天飞舞的大雪，发现了特殊的风向，东坡的雪总比西坡的大且密。

不一会儿，雪松上就落了厚厚的一层雪。不过，当雪积到一定程度，雪松那富有弹性的枝丫就会向下弯曲，一直到雪从枝上落下。这样反复地积，反复地弯，反复地落，雪松完好无损。可其他的树，却因为没有这个本领，树枝被压断了。妻子注意到这一情况，对丈夫说，杂树也在东坡生长过，只是不会弯曲才被大雪摧毁了。少顷，两人都突然感到顿悟，紧紧地拥抱在了一起。

处世小秘笈

世界是多样的，人生也是如此。不要用别人的生活来规划自己。只有一直有好的心态，才能在生活中进退自如。

过分谨慎只会错失良机

心态太过浮躁不利于个人的生存、发展，但一味求稳的心态也不利于人的生存、发展。一味求稳的人往往谨慎、周密、务实，但惧怕冒险、考虑过多，常会在无形中降低自己的定位点，从而错失良机。

诸葛亮在《出师表》中说："先帝知臣谨慎，故临崩寄臣以大事也。"将自己谨慎的性格展示出来。他是中国人心目中智慧的化身，如果分析他的性格的话，他是失败的。过于谨慎的个性使他的战略定位失误，并失去了仅存的成功北伐的机会。

《三国演义》中"一出祁山"一节写到：

诸葛亮用马谡的反间计使曹睿解除了司马懿的兵权后，开始北伐中原，曹睿派驸马夏侯惇为大都督来迎战诸葛亮。于是，魏延献策给诸葛亮说："夏侯惇乃无用之人，懦弱无谋。延愿得精兵五千，取路出褒中，循秦岭以东，当子午谷而投北，不出十日，可抵长安。夏侯惇若闻某骤至，必然弃城尔后望横门邸阁遁走。某却从东方而来，丞相可大驱士马，自斜谷而进，如此行之，则成阳以西，一举可定也。"

孔明笑曰："此非万全之计也。你认为中原没有智勇的人才，倘有人进言，于山僻中以兵截杀，非惟五千人受害，亦大伤锐气。决不可用。"魏延又曰："丞相可从大路行走，彼必尽起关中之兵，于路迎敌，则旷日持久，何时而得中原？"孔明曰："吾从陇右取平坦大路；依法进兵，何忧不胜！"遂不用魏延之计。

其实，魏延的奇袭之计是非常完美的，妙不可言。后来，司马懿重掌兵权之后，分析说："如果是我进兵，我一定要从子午谷进攻，奇袭长安，这样夺得长安就如囊中取物。"魏延与司马懿可谓英雄所见略同，可过于谨慎的诸葛亮却未用此计，十分可惜。

再看后来，邓艾率五千精兵，偷渡阴平，逢山开路，遇水搭桥，奇袭成都，一举成功，他在攻打成都时没有按照正规路线来进行，躲开了剑门关大军，灭了蜀汉政权。此计与魏延之计如出一辙。

诸葛亮北伐中原能够成功的仅有的机遇就出现在这儿，因为魏主曹睿连续犯了两个错误：一是中了马谡的反间计，将司马懿的兵权解除；二是派不谙战事的夏侯惇为帅来拒蜀。这正好给了诸葛亮天赐之机，如果把握住这两个机会的话，按魏延之计，率五千精兵直取长安，自己再率军出斜谷，那么，成功就在咫尺之间了。再加之其他兵马呼应，谁能定天下就难说了。

古往今来成功之人，全都如此。不管是谁，只要机会闪现，他们就一定会把握住。

孔明虽是一个聪明之人，但他失去了一个千载难逢的一统天下的机会。他博古通今，智慧超群，但却性格谨慎，不敢冒险，使他一辈子都徒劳无功。

诸葛亮个性谨慎细微还使他有了错误的角色定位。唐代赵蕤的《长短经》上说："知人，是君道；知事，是臣道。无形的东西，才是有形的万物的主宰，源头不可见的东西，才是世事人情的根本。"这是警示我们应发挥人才的功用，不要细大不择，事无巨细都由一个人去完成。所以说，会办具体事的人只是办事的人，而领导者还要会用人。刘邵在《人物志》中也说："一个官员的责任是以一味协调五味，一个国家的统治者是以无味调和五味。大臣们凭借自己能做好某种工作为有才能，帝王却是因用人而有才；大臣们以出谋划策、能言善辩为有才能，帝王以善于听取臣民们的意见为有才能；大臣们以能身体力行为有才能，帝王以懂得赏罚得当为有才能。最高统治者正是因为不必事事精通，不必事事躬亲，才可以领导众多有才之人。"

有着谨慎精细性格的人常常会关注一些细小之事，诸葛亮便是这样。他什么事都不分大小地自己去做，结果落个好名声，累死五丈原。他诱司马懿出战，就将他性格上的弱点暴露出来了。诸葛亮无论是作为历史人物还是文学形象，其贤相楷模的形象应该是千古不变的。然而，作为一个政治家，他做得是否成功，却仍有商量的余地。

做事稳重是应该肯定的，但凡事不能太过，太过了就站到事情的对面去了。因此，做事不能用过于求稳的心态来指导自己，以免导致定位错误。成大事者要三思而后行，但还要有锐气和冒险精神，一味求稳只能一事无成。

处世小秘笈

机会是均等的，也是短暂的，成功者的素质就在于可能抓住稍纵即逝的机遇，哪怕是在瞬间也不错过。只有如此，才能成功。

做人不要太追逐名利

人生在世，谁都想名利双收。可假如过分看重名利得失，期望自己位高权重，希望可以腰缠万贯，这样通常会备受名利折磨，轻者身心劳累，重者害人害己。实际上，如此一来，定位的起点就偏离了正确的方向。

四大吝啬鬼之一的严监生，都快死了，甚至连话都说不出来了，还是瞪着两眼，直竖着两根指头不肯咽气。这样的人费尽脑汁，辛苦经营了一辈子，挣下了万贯的家财，本来是可以带着"成就感"心满意足地去了，可他就是不愿咽气。旁边的族人皆不明白严监生直竖的两根指头到底是什么意思，还是他的小儿媳妇比较机灵，因为她发现严监生的两眼死死地瞪着桌旁的油灯。油灯里燃着两根灯草，严监生伸着两根指头不就是不满意燃着的两根灯草吗？按照严家的规矩，本着"节俭"的原则，只点一根灯草就可以了。于是，小儿媳妇赶紧跑过去熄掉了一根灯草。这招真是灵验，一根灯草刚熄，严监生就咽气了。

世上类似于严监生这样临死了还被自己无尽的贪欲摧残的人虽然很少，但为了名、为了利，整日处心积虑，乃至绞尽脑汁的人却比比皆是。生命这种旅行对每个人来讲都是单程的，没有回头路可走。所以，尽量使自己的灵魂沉浸在轻松、自在的状态，这就是最好的。

严监生毕竟只存在于小说中，现实生活中的胡长清却是被名利二字引向了不归路。

胡长清身居副省长的要职，是要名有名、要利有利之人，但却仍旧感到十分不满足。他嫌副省长之名太过严肃，他也想附庸风雅，来个青史留名。他身为一个重要领导，处处留名题词，这可是留下墨宝、青史留名的好机会。于是，在这方面他开始下起功夫。社会上不少善于钻营溜须拍马之人摸透了胡长清的心思，在付出了极大的代价讨得胡副省长的"手迹"之后赞扬之声不绝，搞得胡长清飘飘然，还真以为他胡长清除了当副省长之外还应该冠以书法家协会副理事长的名号。更为可笑的是，痴于虚名到了极点的胡长清，在锒铛入狱之后，知道自己罪不可赦，民怨沸腾，要不了多久就会被执行死刑，就跪在狱警面前，痛哭流涕地对狱警说他不想死，他愿意坐牢，在牢中他会给狱警们写书法，让狱警们拿着他的"墨宝"去卖个好价钱。他未曾可知，从他东窗事发之日起，他以前所有留下的"墨宝"，早不知让别人扔到哪个垃圾堆里去了。可叹一个胡长清，要钱不怕多，要名嫌名小，最终落得个遭万人唾弃的悲剧结局。

每个人不可避免地都有名利之心，但一个人要求富贵，必须取之有道、符合国法。荣华富贵生不带来，死不带走。假如我们对这一点看破，对于世间的荣华富贵不执著、不贪恋，则我们的心胸自然就会平静如水。

当代人很多都很浮躁，对名利地位总是费尽心机去追逐。一旦愿望实现不了，便口出怨言，甚至怀有不良之心，采用不义手段来为自己谋利，结果只会使自己遭难。庄子曾说过："不为轩冕肆志，不为穷约趋俗，其乐彼与此同，故无忧而已矣。"这句话大意是说，那些不慕荣利的人，不会沾沾自喜于高官厚禄，也不会因生活窘困、前途无望而趋炎附势、随波逐流，在荣辱面前一样达观，也就没有什么忧愁。庄子主张"至誉无誉"。在他看来，最大的荣誉就是没有荣誉。他把荣誉看得很淡，认为名誉、声望、地位都不算什么。尽管庄子的"无欲""无誉"观有许多偏激之处，但当我们为官爵所累、为金钱所累的时候，可以从庄子的训哲中找到一定的借鉴。

处世小秘笈

金钱的多少跟快乐成不了正比关系。在生活中，很多人有很多钱，但却不开心。对金钱垂涎欲滴，整日挖空心思、绞尽脑汁想得到它的人，永远都与快乐无缘，而且身心劳累。

活着就是幸福

在休斯敦的住宅区里，如果住的是平房的话，通常前后有两个院子。喜欢养花弄草的人都会把前院收拾得清新自然，尽管花不多，但草会修剪得有模有样。黄昏散步，路过不同的花和一样的草，会让人感到心情愉悦。特别是在夏天，草长得很快，剪草机的声音此起彼伏，草香四溢。剪草通常得用电动剪草机，而像贝蒂太太一样，用割草机割过后，再用剪刀一下一下细细地修剪，却极其罕见。路过的人，总会被这片草地的美所折服，贝蒂太太干干瘦瘦，却有着一双有神的眼睛。只要天气不坏，她就戴着一顶大草帽，不厌其烦地在那片草地上忙碌。

贝蒂太太退休多年，现在70多岁了，儿女都未曾和她生活在一起。贝蒂先生身体不好，他动得不多，常常看见他坐在临窗的椅子上，苍老的脸上流露出满足的笑容。

贝蒂太太极其健谈、热情。见到年轻人，她会走上去和他们聊天，问问近来好不好，学校忙不忙，有没有想家，甚至会亲切地拥抱他们。

有时候，邻居的中国留学生做了中国炒面，会端一盘过去。贝蒂太太看见了，会向姑娘活泼地眨眨眼睛，也不去接，直直地走到屋子旁，敲敲开着的门，朝着贝蒂先生大声地讲："打扰一下，贝蒂先生，有美女来访。"然后，自己却先笑出来。姑娘笑着放下炒面，走过去拉拉贝蒂先生的手。他用有些呆滞的眼神看着，问："怎么，还没有恋爱?"

"没有啊，贝蒂先生，我忙得一塌糊涂，根本没时间谈恋爱呢。""我们还恋爱呢，你说是不是，老头子?"她拥着贝蒂先生那瘦得见了骨头的肩膀，给他一个亲切的吻。贝蒂先生回过头，四目对视，温馨柔情在静静地流淌。那时，贝蒂先生差不多已经走到生命的尽头了。

九月下旬，街上还有人薄衣飘飘地沉浸在夏日的余温中。在第一阵凉风里，秋天不可抗拒地来临。那时候，贝蒂先生病逝了。

整整一个星期，草坪上没有了贝蒂太太的影子，几株杂草也长得很高了。她家的窗子放下了薄纱帘子。邻居很担心，前去叩门，那常开的大门紧紧闭着，上面贴着一张贝蒂太太手写的字条：亲爱的邻居，我很好，我很好，请放心，时间会帮我走出去的，谢谢。

贝蒂太太再出现的时候，已经要穿风衣了。草仍然碧绿，只是贝蒂太太瘦了些，精神还可以。见到送中国炒面的姑娘，她脸上浮上一抹虚弱的微笑，走上前将她紧紧地拥住。姑娘心一酸，眼睛就不禁红了。

"Are you OK?"姑娘叹叹气，然后问道。"I am fine."贝蒂太太笑笑说，"你看，"贝蒂太太指着自己的花圃，"你看，花开花落，草长草枯，这就是生命。"她又叹口气，将头抬起望望天空，眼睛斜斜地望向贝蒂先生常坐的那个窗子，像是对贝蒂先生说："亲爱的，我还活着，就会好好地生活下去。你说是不是，亲爱的？"

贝蒂太太很早就起来了，看见姑娘过来就远远地向她招手。"早上好！"贝蒂太太挥手喊道，姑娘笑着回她一个飞吻。贝蒂太太作倾心状接住飞吻，握在胸前。"呵呵，呵呵。"她笑得很大声，将早起觅食的鸟儿惊飞。

因为活着，所以幸福！

处世小秘笈

生活并不是拥有财富才有价值，才幸福，而是拥有生命才算真正的幸福。

第三章　修正自己的性格

性格决定命运

人们通过改变自己的性格，进而改变了自己的命运。这个发现关系到每个人的成长，它告诉我们人人都可以获得幸福和快乐，人人都会拥抱成功，获得的途径就是从改变自己的性格开始。

自然状态下的铁矿石几乎没有用处，但是，假如将它投入熔炉煅烧，然后进一步提纯，再进行锤炼和高温锻冶，放入一个流筒模型之中，它就能变成精细的器皿。

性格也一样。只有不停地打磨，改变不良的性格，使其转化为好的性格，才能发挥它的作用，才能帮助自己获得成功。

成功一定程度上意味着获得尊敬，成功意味着胜利，成功意味着最大限度地实现自我价值。但成功不是某些人的专利。只要你的成功意识很强，只要你坚忍不拔、态度上进，只要你信心十足、拥有坚定而崇高的信念，只要你能够发挥你的性格优势，即使你是一个小人物，你也能成功。成功并不偏爱某一特殊人群，成功之于任何人都是平等的。

"平民首相"詹姆斯·梅杰是一位杂技师的儿子，16岁时就被迫辍学。他曾因算术不及格没有当成公共汽车售票员，饱尝了失业之苦。但梅杰并没有因此被打垮，这位能力非凡、具有坚定信心的小伙子终于依靠自身的奋斗走出了困境。经过外交大臣、财政大臣等8个政府职务的锻炼，他最终成为了首相，登上了英国的权力之巅。有趣的是，他是英国历史上唯一领取过失业救济金的首相。

也许有人自卑于自己过低的文凭，哀叹生不逢时。但每个人都应有一颗坚持的心，只要意志不倒，我们就会成功。

高尔基说得好，社会是一所大学。当我们融入社会，当我们积极对社会思考时，当我们为自己在这个社会找到坐标之后，我们就有可能成功。

每个人都是一座金矿，每个人的潜能都是巨大的，而发掘者只有我们自己。人生的命运就掌握在自己的手中，人生成功与否由自己来决定。假如深谙这些道理，我们就不会因为自己是一个穷人、是一个下层人物而怨天尤人、牢骚满腹或愤愤不平，因而就能摆脱自身的束缚，采取行动而不会坐以待毙。下定决心，勇往直前，拼搏奋斗，我们终究能够获得成功。

每个人的性格都存在优点和不足。如果整天抓着自己的弱点不放，那么，你将会越来越弱。不要总是在意自己的缺陷。多数有自卑性格的人总是把注意力放到自己身上，喜欢放大自己的缺点，总以为自己处处低人一等，因而看不到成功的希望。接受自己，放大自己的优点。这样才可以变得自信和成功。

很多人把自己性格上的弱点用作自己失败的理由，拒绝跳出自己编织的网，这样的话走出失败的沼泽也是不可能的。

实际上，性格完全可用自我完善来修养。所谓性格的自我修养，是指个人为了培养优良性格而进行的自觉的性格转变以及控制行为的活动。自我修养不仅对培养优良性格十分必要，又是个人掌握自己、控制自己的必备能力。

所有美好都来自于修饰。世上的每个人，无论他多伟大、多有名……都不过是一棵需要不断修补的树，任何性格，都要依靠日后的修补；任何人，都是在不断的打磨中锤炼成才的。

使用同一种材料，一个人也许会盖成宫殿，一个人可能会筑成茅舍；一个人可能会建成仓库，一个人可能会建成别墅。人的良好性格也在于自我创造。不经过一番努力，不会自发形成良好的性格。它需要经过不断的自我审视、自我约束、自我节制的训练。正是因为这种不断的付出，才会使人感到振奋。

著名科学家富兰克林年轻的时候下决心克服一切坏的习惯、他人的诱惑及性格弱点。为此，他给自己制订了一份性格修养计划，即节制、静默、守秩序、果断、勤劳、真诚、节俭、公平、稳健、整洁、宁静、坚贞和谦逊。同时，为使这些项目得到较好的落实，他把这 13 项内容记录在小本子上，画出 7 行空格，每晚都做一番自省，如果白天犯了某一种过失，就在相应的空格里记上一个黑点。

就这样，富兰克林持之以恒，每晚都花一些时间自省，终于让这些代表性格缺陷的黑点符号逐渐消失了。富兰克林晚年撰写自传时，还特别谈起青年时代训练良好性格的付出，认为自我节制造就了自己的成绩。

玉不琢，不成器。自我修养在个人性格的发展过程中发挥着重大作用，它是教育的补充力量，也是良好性格的发展方向。一个人的性格，未经过精心的自我完善，不可能自然而然地达到优良高尚的境界。伟人也好，平凡人也好，任何人的优良性格都是在后天实践活动过程中不断修补而形成的。

处世小秘笈

我们每个人的命运都不是先天注定的，我们的性格并非天生的。良好性格的形成需要后天的锤炼与打磨。

人的性格和气质类型

［性格的类型］

人的心理可分为四种根本机能：思考——事物概念化，是以逻辑的方式判断理解的知性机能；感情——属于主观判断，主要用于评价事物；感觉——透过感觉器官，直接并具体地认知事物的机能；直觉——通过无意识的管道，将知觉传达给我们的机能。

人一般有两种性格：外向或者内向。外向型的人，心理活动多倾向于外部，活泼开朗、活动能力强，容易适应环境的变化。内向型的人，遇事沉着、处事慎重、交际面窄、适应环境能力差。

综合两种性格与四种根本机能，便形成了八种不同类型的人格：外向思考型、外向感情型、外向感觉型、外向直觉型、内向思考型、内向感情型、内向感觉型、内向直觉型。

［外向思考型］

这种人具有通情达理的特征，不独断、不任性，行事比较理智，通常会在进行客观的分析和仔细考虑之后，再作出结论。他们压抑感情、崇尚思考，对艺术活动、兴趣培养、朋友交际等，不是排斥就是阻止。

这一类型的人，以相同的基准来要求自己和他人，不管是与人相处，还是区分美丑善恶，都会以这个基准为优先。他们会根据自己的分析和观察制订一套模式，关于时代潮流他们只觉敏感。但他们深信，这种理性的生活方式是最好的，反之则是错误的。他们对原则过度追求，所以，有时反而显得目光短浅、缺乏弹性。

模式舒缓有余的人，懂得生存之道、组织能力强、激奋人心，对环境气氛尝试改变，在经营事业上具有统率能力；模式刻板缺乏思想的人，强迫别人向自己学习，好争辩。

以上是两个极端，而外向思考型的许多人介于两者之间。

男性中外向性思考的人所占比例大，具有较为发达的思考机能。

[外向感情型]

女性在这种类型的人中居多。以感情第一，思考其次。但她们的思考机能并没有停滞运作，有时反而十分活跃，但始终都只是感情的附属品。

她们太注重感情，会有一定的顺应性，没有对理性坚定的主见。比如，美术馆中某位著名画家的作品，只因世人都说有价值，她们就认为有价值。又比如择偶，只要身份、年龄、职业、收入、背景等常规性的要求合适，虽然二者相处并不愉快，也在幸福地生活着。

因过于顺应，有时会给人肤浅、矫饰、忸怩作态之感。她们看起来总是时时沉醉于感情中，但转眼间又投入一种完全不同的感情，给人浮躁、善变的印象。

这种类型的人适于做中介人，知识修养良好，生活方式健康。她们一般拥有良好的人际关系，社交频繁，能与人和谐相处。

[外向感觉型]

这一类型的人能敏感地洞察客观事实，注重事实。当他们凭感觉具体地享受某种事物时，必定能体会出生命的喜悦。

他们乐观愉快，最关心的事情就是诸如晚餐吃什么好菜，什么电视节目好看之类的。只要每天生活得快乐，他们就能满足，是典型的快乐主义者。拜感觉所赐，他们业务资料或人际资源会相当庞大，因而业绩显著。

这一类型的人和外向思考型类似，缺乏理想，不能律己，只重现实，喜好交友，约会时绝对不会令对方觉得无聊。他们穿着打扮不差，过于在意眼前的事物，给人虚荣的印象。他们如果过度注重感觉，就会变得喜欢追根究底，猜疑心重，气量狭小。

一般而言，这种人不愿意受道德的束缚，想要过毫无束缚的生活。

[外向直觉型]

这一类型的人，能有效洞察客观事实背后的可能性。他们看重的不是实际，而是可能性，并且对可能性不懈地追求。安定的生活环境对他们而言，就像地狱一般令人窒息。

当他们开始追逐可能性时，基于对自身直觉的自信，会表现得非常热衷，勇往直前，简直可以称为冒险家。但是，一旦遇到瓶颈无法突破，热情会因此而衰减，甚至干脆放弃。

他们具有很强的把握机会的能力，而对新的可能性出现时，他们能立即将过去的一切抛开，全身心地投入进去。

这类人的生活规则，完全依照自己的直觉。他们并不热衷一般的道德、法律、宗教等，也不懂得尊重他人的主张、信仰和生活习惯，常被评为目中无人、冷酷残忍、缺乏道德。企业家、商人、政治家等，有不少是这一类型的人。

这一类型的人，男性似乎不及女性多。

[内向思考型]

这一类型的人和外向思考型一样崇尚理性，只不过方向是对内而非对外。他们的内心相当理性，绝不因麻烦、危险、他人评价、情感等原因而放弃追求。因为不在乎客观的东西，对别人的意见也不接受，单纯地为理性而理性，其方式就显得主观、顽固和倔强。

他们不关心旁人，旁人对他们而言就像一种累赘，他们常给人自我、冷淡、旁若无人的印象。有些时候，他们也会显得恭敬、亲切、和蔼，但表现得却不合时宜，因为这并不是发自他们的内心，而是担心害怕被他人坑害，采取了“防患于未然”的对策。所以，他们特意表现出来的恭敬态度，反而更像一种讽刺，显得轻浮又不高明。

因此，人们会经常误解这一类型的人，由于他们社交能力差，又不懂得如何博取别人的好感。了解他们的人，会对他们的随和充实的内心赋予很高的评价；不了解的人，则认为他们冷漠、孤僻、夜郎自大。

他们的优点是具有抽象的思维模式，过于主观而无法与现实相容则是其缺点。他们不愿意与周遭事物和人际关系妥协，摩擦在所难免。同时，对别人的评价他们也不在意，也不爱好自我宣传。只有遇到知音，才能展现其深沉的魅力。

［内向感情型］

女性多为内向感情型的人。她们的感情受主观、内在的因素控制，不易为人觉察，因而常成为他人眼中“沉默、孤僻、厌恶粗俗的人”。

对于了解不深的人，她们显得彬彬有礼、捉摸不定，对他人有些无动于衷。但事实上，她们只是对相交不深的人很难表现得亲切、热诚，因此拒绝、冷漠的姿态便会显现出来。

她们对外界事物的确不太关心，多半会用善意的中立态度来评判，时不时地也会显出自我优越、批判的态度，因而易给人骄傲自大的印象。

但她们并不冷淡。一旦她们内在的情感倾泄出来，会有非常大的能量。比如，当她们对某人产生同情时，绝不会是泛泛的，而是非常深刻的同情。就是由于过度深刻，她们甚至会陷入身临其境的悲哀中，无法说出安慰、鼓励这些矫饰的话。所以，她们会被周围的人，特别是外向型的人视为冷淡。

［内向感觉型］

这一类型的人，能准确把握自己的内在感觉和思想，且对此非常看重。他们的内在非常丰富，感觉细腻而敏锐，但又不像外向感觉型那样容易将感觉和情绪形之于外。他们习惯将细腻丰富的感情藏在心底，自我欣赏，或通过音乐、艺术等形式传递出来。但结果往往是，他们的表达不能够被人们所理解。

对于他们而言，内心感觉的变化和愉悦值得细细品尝，人生最大的幸福便在于这种愉悦。他们对人性非常了解，对于社会人文也有独到看法，因而天赋都非常高。一旦这一类型的人取得成功，往往能成为某一领域的大师。在音乐家、影视人、画家这些人中，这一类人比较多。

但对于外人来说，这类人往往有些古怪、疯狂，难以理解。特别是初次见面的人，会对他们产生较差的印象。而一旦更为深入地了解他们后，就会被其美好的内在所深深吸引，为之折服。

［内向直觉型］

这类型的人可能成为预言家或艺术家，因为他们面对不断变幻的内部条件，能够敏锐地抓住自己内心的感觉，不会受其他事物的迷惑。

他们给人的印象是讨厌和现实接触，甚至要逃避现实，一副“现实生活怎么样都无所谓”的吊儿郎当相。其实，他们只是对“作为社会的一部分，对周围的人多少会发生联系和影响”的意识相当薄弱，对外界事物没什么反应，才被外向型的人认为是故意轻视世俗。

这一类型的人对人生的道理思考较少，或为此而苦恼。他们讲话主观性强，难以被人理解，又缺乏令人心服口服的论据。

一般他们为人腼腆、太过客气、缺乏自信、犹豫不决，他们既不善于人际关系，也不太会表现，显得毫无内涵，极为无趣。其实，他们同内向感觉型的人相同，内在非常丰富，只是不善于表现罢了。

法国著名作家司汤达说：“做一个杰出的人，光有一个合乎逻辑的脑袋远远不够，还要有一种强烈的气质。”

气质这个概念非常古老。早在古希腊时期，有一个叫希波克拉底的医生就提出，人的体内含有四种体液，它们是血液、黏液、黄胆汁和黑胆汁，这四种体液构成了人体的性质。其他的古代医学家为了说明人体的性质和他们存在的区别，气质这一术语产生了，并且根据这四种体液中哪一种在人体内占优势，划分了四种气质类型：血液在体内所占比重大的称为多血质；黏液占优势的称为黏液质；黄胆汁占优势的称为胆汁质；黑胆汁占优势的称为抑郁质。

古代人对气质分类依据纵然不太科学，但这种分类方法一直沿用到现在。现代心理学家认为，气质是个体心理活动和行为活动的典型的、稳固的动力特征。人的心理活动的动力特征不同，气质特征就会有不同的表现。气质特征会使一个人身上彰显独特的色彩，从而使其内心反应和行为表现具有不同于其他人的特点。

在现实生活中，我们会经常遇到气质迥异的人。俄国生理学家巴甫洛夫根据长期的观察和研究，指出气质是人的高级神经活动的外部表现。他根据神经活动的基本特征，将神经活动分成四种类型，分别与四种气质类型相对应。

一是活泼型。神经活动强、平衡、灵活。反应灵敏是这种类型的特点，外表活泼，能很快地适应迅速变化的外界环境，相当于多血质。

二是安静型。神经活动强、平衡、不灵活。这种类型类似于黏液质。他们不太灵活，难以兴奋，反应迟缓。

三是不平衡型。这种人处在较强的神经负担下，容易造成神经活动的分裂，容易形成好战、放荡不羁的性格，相当于胆汁质。

四是弱型。弱型的人经常表现得行为忙乱，注意力分散，对刺激的承受力较差，相当于抑郁质。

了解了这几种气质类型的特点，你或许会急于判断一下自己以及亲朋好友属于哪一种气质类型的人。但是，你可能会发现很难将自己简单地归于哪一类。比如，你比较直率热情，同时自制力也很强，或者稳定安静而又具有灵活性，这是很正常的。上面我们说的只是四种典型的气质类型及其特点，大多数人可能具有这种或那种类型的特征，也可能某种类型是主要偏向的，或者是具有几种气质特征混合而成的。所以，不能单纯地把一个人归入某一种气质类型。在现实生活中，以某一种气质类型为主和混合型气质类型的人居多。

我们经常听到有人说："你就不能改改你这个脾气？真是江山易改，禀性难移！"人的脾气难改，实际上指的是人的气质不容易改变。

一个人的气质为何不易改变呢？这是因为气质与遗传因素特别是和大脑高级神经系统的特性密切联系，具有先天性。在后天的生活中，气质就形成了一个人心理活动的稳定的、典型的动力特征。这种动力特征首先表现在人的心理活动的速度、灵活性和强度方面，如感知的速度、灵敏性及注意力集中时间的长短、反应的快慢等。另外，在心理变化过程的速度方面也有表现，包括情绪、情感的强弱，意志力的程度以及一个人内心活动的倾向等方面。例如，有的人倾向于外部事物，对人热情，乐于交际；有的人倾向于内部，不能很好地与别人交往，比较喜欢独处。若是一样面对生病的朋友，外倾的人可能拉着朋友的手，问寒问暖，同情之心溢于言表；内倾的人可能只是用眼神给予朋友以安慰，并默默地为朋友端水倒茶。

正是因为人的神经类型是由遗传决定的，是相对稳定的，所以说人的气质是相对稳定的。这就是"禀性难移"的原因所在。但是，人的神经类型也是可以随时改变的。人生活在社会环境中，必然要受到环境的影响。在教育环境和生活环境的作用下，一个人的高级神经活动也会不断得到塑造和改变。因此，本性难移是不完全的，一定程度上可以改变人的气质。

林则徐曾经脾气很暴躁，经常被小事激怒。后来，他意识到自己的这个毛病，下决心要改掉它。于是，他手书"制怒"二字挂在书房里，时时提醒自己。终于，他靠着坚强的意志让自己改掉了这个毛病。

我们每个人都具有气质这种宝贵的先天禀赋，既有遗传的色彩，又有生活的印记。它使我们每个人在行动中表现出独特的性格。各种气质都与众不同，因而无所谓优劣之分。多血质的人不必沾沾自喜，抑郁质的人也不必怨天尤人。具有多血质气质倾向的人不一定会成功，具有抑郁质气质也不会注定失败。不管属于何种气质，明智的人都能利用自己的禀赋，丰富自己的生活，使自己的事业乘风破浪。没有完美的人，自然没有完美的气质。我们要善于发现自己气质中的弱点，并努力去克服它，从而不断完善自己的气质。若你是抑郁质的人，就要注意增强自信心；若你是黏液质的人，就要练习提升反应的速率；若你是胆汁质的人，就要努力克服急躁、易冲动的缺点。对于我们每个人来说，重要的是认清自己，对自己进行正确客观的评价，在实践中逐步地完善和丰富自己。我们应该意识到："江山易改，禀性也能移。"

每一个人至少具有一种性格类型，完全没有一项的情况是不存在的。

把性格作为自己人生规划的依据

二十几岁的年轻人要知道：每个人的性格都有缺点和优点。一味去改正自己性格缺点的人，只会使自己停滞不前；而发挥自己性格优点的人，却可以使自己出类拔萃。

一个人的性格特征将决定其婚姻选择、交际关系、生活状态、职业选择以及创业成败等，从而对一生的命运产生影响。如果将一个人比作一栋大厦，那么性格就是这座大厦的钢筋骨架，而知识和学问等则是融于骨架间的混凝土。钢筋骨架决定你是高耸入云的摩天大楼还是低矮的简易楼房，性格则决定着你的一生是平平常常、悲剧不断还是建功立业、让人敬仰。

既然性格影响着一个人的命运，我们就要正视自己的性格缺点，合理地利用自己的性格优点，这样才能达到成功的顶峰。无法正视自己的性格缺陷的人，只能在成功的脚下徘徊。我们可以列举出自己身上诸多性格的优点，也可以列举出一系列性格的缺点。然而，性格的优点和缺点，就像一个硬币的两面，它们相辅相成、相互依存，谁也不可能离开谁。最大的长处所在，往往也是最大短处的根源；最大优势的发挥，经常显露最大的弱势。每个人对自己的缺点有清晰的认知，明白自己的缺点，善待自己，不断地使自己完善，才可能获得成功。

知道了性格优劣及价值悬殊之后，我们就应将目光投向自己的性格深处。

人类一方面贵为"万物之灵"，是大自然的主宰者；另一方面，人类也是有弱点的。19 世纪，墨西哥版画家阿·波萨特创作过一幅题为《七种不应有的恶习》的版画，画面上有 7 只魔鬼般的动物，行动飘忽地向一个人扑去。这 7 只动物分别代表懒惰、妒忌、谗言、骄傲、酗酒、发怒、吝啬七种恶习。其实，还有其他的人类恶习，常见的还有粗暴、愚蠢、懈怠、粗心、轻佻、胆怯等。

人的性格总会表现出两重性——既有优点，又有不足。人性的组合总会表现出许多矛盾，性格中相反的两极总是在互相抗争。积极因素假如击败了消极因素，这个人便表现为良好的性格；反之，就会呈现出恶劣的性格。每个人都有丰富和复杂的性格，一个人对世界的认识很大程度上是从自我认识开始的。及时给自己的性格做出分析，将有助于你张扬性格中的优点，舍弃或弥补性格中的缺憾。认清自己，弥补缺陷，才会拥有更圆满的人性和人生。

不同的性格优点不同，同样，不同的性格中弱点也是不同的。每一个热爱生活的人都应该使性格中积极的一面处于上风，并努力消去性格中的不良因素。只有这样，才能使生活呈现无限的亮色。

每个人的人生道路都不可能是一帆风顺的。外部环境处于逆境时，要学会充分地调节内在自我的情感，及时调整好情绪。经常掌握利用性格的强项，改正性格的缺点，你会拥有不一样的人生。

把性格作为选择工作的依据

每个人都有自己的个性，找工作时就要根据自己的性格来选择工作。不可否认的是，一个人的工作成就与其学历、努力程度都有关系，但是这些关系不起决定作用。有着更大关系的是性格特点与所从事工作的契合程度。试想，一个喜欢思考，文静沉默而不擅长与人打交道的人，如果从事推销工作，即使施尽全身能力恐怕也难尽人意。所以，先对自己的性格进行定位，根据这一定位的指导来选择工作，终生受益无穷。

人的任一种性格不可能完美无缺，总会有这样那样的毛病。因此，及时为自己的性格会诊、定位显得非常重要。这个世界上的人没有最好的性格，只有更好的性格。你只有不断地优化自己的性格，才会获得理想的人生。进行性格定位，可以确切地知道自己喜欢什么，从而能去做与自身性格吻合、自己喜欢的事情。

一位工程师不喜欢现在的工作想跳槽，却一直下不了决心，因为他已经从事了很多年现在的工作了。如果突然换一份其他工作，他害怕会非常不适应。尽管不喜欢现在的工作，却已经很熟悉了。

想要改变现状，可是又抛不下过去的包袱，必然不能有所突破。

这是一个矛盾，既然知道自己再继续做下去也不会有兴趣，就要果决地下决心：转行。做自己喜欢的事情毕竟是令人兴奋的，也更容易激发自身的创造力和想象力，并最终取得卓越的成就。

每个人都必须当机立断去从事自己热爱的事情。当知道自己的方向不正确时，就要及时地掉转头，朝正确的方向走，这样才能达到理想的目的地。假如明知走错还要向前，最终必定会一败涂地。

要改变自己目前的状况，要使自己更加自信，要更有效地完成各项工作，我们就必须做出更好的决定，采取更好的行动。

从事你热爱的事情其实是很困难的。大多数的人都在做他们讨厌的工作，却又必须逼着自己把讨厌的事情做到最好。

他们常常丧失动力，经常处于事业瓶颈期，而没有办法突破。他们不断地征求别人的意见，却还是照着以往的方式生活，凡事没有进展，原地踏步，这些肯定不是他们渴望的。但是，由于种种原因，他们当中却很少有人尝试改变自身的现状。其实，要找出自己真正喜欢的工作，只需要列出自己认为理想和完美的工作条件就可以了。

你的能力就是你的资本。你能做什么？这是你对自己最好的质问。如果一个人位置不当，用他的短处而非长处进行工作，他就会在永久的卑微和失意中沉沦。反之，如果选择自己的长处来工作的话，就会无限发挥自己的潜力。以下就有几个典型故事验证了这一点：

多年前，有一位男孩愿意牺牲一切，只想实现自己的歌剧演员梦。他的父母花钱让他上课，就像如今的父母花钱让小孩上音乐课、舞蹈课一样。但几年的练习下来，他的老师对他是否能成为职业演员充满疑问。“孩子，”老师告诉他，“你的声音听起来就像风吹着百叶窗！”

然而，男孩的母亲对她的孩子却十分信任，因为她曾经热切地参与他的演唱会，每天在房间里倾听他认真练习。因此，她送他到另一位更有经验的老师那儿学习。为了给儿子交学费，她没钱买新鞋，有时甚至挨饿。这个男孩名叫卡罗素，后来成为那个时代最伟大的男高音——因为他的心声得到母亲的倾听，引导他发展天赋。

英国著名将领兼政治家威灵顿小的时候，连他母亲都以为他是弱智。他几乎是学校里最差的学生，别人都说他迟钝、呆笨又懒散，什么都不行。他没有任何特长，而且想都没想过要入伍参军。在老师和父母看来，他的刻苦和毅力是唯一的优点。但在46岁时，他打败了当时世界上除了他以外最伟大的将军拿破仑。

伽利略是被迫去学医的。在他学习解剖学和生理不的同时，他还学着欧几里得几何学和阿基米德数学，他偷偷地思考研究很难的数学问题，当他从比萨教堂的钟摆上发现钟摆原理的时候，他才18岁。

一个人的事业会对其有较大的益处。事业增强其体质，锻炼其肌体，促进其血液循环，敏锐其心智，纠正其判断，将其潜能唤醒，开发其智慧，使其投入生活的竞赛中。

二十几岁的人在选择职业时，首先应该思考的并非赚钱多少，而是应该选择最能让你全心全意地工作，应该选择能使你的品格发展得最坚强和最善于团结人的工作，应该选择符合你个性的工作，应该选择最能使你无限发挥潜能的工作。

处世小秘笈

成就一般都出自那些自己喜欢的工作中。但实际上，很多人在寻找工作的时候，都不知道自己适合做什么，或总是做一些自己不喜欢做的事。

用他人作为定位自己的参照

如果没有参照，我们就无法对自身有正确的了解，也不懂得自己究竟拥有什么样的才能。直到某一天，我们看见有个人因为某项才能而取得了成就，而自己也恰好有这些才能时，我们才会恍然大悟：哦，原来这也是项本事，那我能够做得比他更好。

这称作自我的觉醒，也就是能力的觉醒。事实上，很多人的人生定位就是因此而找到的。

克里夫·杨是澳大利亚的一个普通农民，他的生活十分困难，他甚至没钱买匹马或摩托车用来牧羊。在暴风雨到来前，他必须将他的羊群全弄回来，有时候要夜以继日地跑两三天。这是一件又苦又累的活，但他必须这样做。

事情常常有利有弊，反之亦然。他这样做的结果是提高了身体素质，锻炼了自己的腿脚。

澳大利亚每年都会举行从悉尼到墨尔本的耐力长跑比赛，全程875千米，要跑上五天（每18小时可以休息6小时），有150人报名参赛，他们都经过良好的训练。

这一年，克里夫·杨已经61岁了，他也报了名。

“他行吗？”“能跑下来吗？”人们对他毫无信心，许多人甚至劝他不要参赛。可他却信心十足地说：“我能行！在追赶羊群时经常跑上两三天，这次只是再多跑两三天，没问题！”

参赛的选手通通是30岁以下的青年，比赛一开始就把克里夫·杨远远甩在后面。但他闷不作声，只用均匀的速度不停地向前跑。同龟兔赛跑一样，在其他选手休息的间隙他稍稍休息一会儿又接着向前跑。于是，跑到晚上时，他已把多名选手抛在脑后。跑到第二天，大部分选手被他甩到了后面。最后，他以5天15小时4分的好成绩取得了第一名，比以前的纪录整整提前了9个小时。

1997年，76岁的克里夫·杨再次崭露头角，力图成为年龄最长的环澳长跑参赛者，为无家可归的儿童募集资金。整个赛程16000千米，他已完成了6520千米，后因母亲生病而被迫退出比赛。

此后，他丝毫没有削减对长跑的热爱。2000年，他在一项1600千米的比赛中跑完了921千米，一星期后，他在盖里布兰德的家中病倒，从此以后就没有跑的力气了。轻度中风结束了他英雄般的长跑生涯。

2003年11月2日，久病之后的克里夫·杨，这位世界长跑运动史上的传奇人物以81岁高龄离开了人世。

“杨氏碎步”因被认为更符合空气动力学、更省力而被一些超级马拉松选手纷纷效法。据悉，在墨尔本长跑的优胜者中，至少有3名是凭“杨氏碎步”取胜的。而如今有上进心的选手再也不能花大量时间睡觉了，他们必须像克里夫·杨那样日夜不停地奔跑，这样才有超过其他人的机会。

克里夫·杨本来可能在墨尔本郊外的农场做一辈子牧羊人，根本未曾意识到自身有长跑的才能。但是，他在得知有这样一项耗时5天的马拉松比赛后，发觉自己也可以完成，便来碰碰运气，证实一下自己。这一证实，就一发不可收拾——他以神话般的身份存在于人类长跑史上，成为了一个传奇。

而这一切的转变，只因为他发现自己也能像长跑选手那样跑得很远，很久。

其实，我们每个人都可能具有某种特别的才能，但自己没有发现。这时候，参照他人来定位自己，就显得更加重要。这样的例子数不胜数。比如，自从观看莫奈的《日出印象》后，凡·高得到了启示，发现颜色是自己最喜欢的东西，并运用印象画派技法开创了“表现主义”的风格，又一位艺术巨匠就此诞生。

参考他人来定位自己，是了解自己、挖掘自身特质最实用的方法，也是最简便、最好操作的方法。

处世小秘笈

如果你是一颗藏在贝壳中的珍珠，看到鹅卵石因其圆润细腻的质地而受宠，一定会有其他想法产生出来的。

成功人的特点

以下就是你在每一位成功人士身上都会发现的技能、天赋和特征：

1. 成功的人心怀梦想

他们存在十分明确的任务感，显著的目的性。他们对自己想要的有清楚定位。他们不会轻易地被别人的想法和观点所左右。他们的意志力非常坚定，头脑睿智而富有思想。对于成功的渴求，为他人带来的收获是出人意料的。他们总是能完成一些其他人认为不可能完成的任务。

获得成功必须要有合理的想法。所有杰出人士关注的都是事情的结果，从不为自己寻找借口。很多人都会为自己没能办好事情而找借口，想尽办法去解释。但是，渴望成功的人是不会找借口来开脱的。

2. 成功的人有野心

他们渴望完成工作，拥有高度的热情、使命感和自信心，他们非常自律。他们对工作非常拼命，甚至加班加点。对于成功，他们的欲望非常强烈。为了完成工作，他们愿意付出任何代价。

成功源自于工作努力，而生命中的快乐也来源于工作和因此而获得的成功。

3. 成功的人始终不断向成功奋进

完成一项使命后，巨大的成就感会随之而来。

4. 成功的人是专注的

他们专注于最为重要的目标。他们不会受到其他事物的干扰，他们一定不办事拖沓。对于他们准备的重大方案，不到最后一刻，他们不会让方案就此搁笔。他们能繁忙而有成效地完成各项任务。

5. 成功的人知道如何将事情办好

他们能够在最大限度内运用自己的知识、技能、精力和天赋。他们做那些必须做的事情，而不仅仅是那些喜欢做的事情。他们努力上进，并高效地完成工作。

快乐在于工作的进展和完成之中，最终的结果也很重要。

6. 成功的人敢于对他们的行为负责

借口不是他们的挡箭牌。他们不埋怨别人，也从不抱怨生活。

7. 成功的人总是不断地在寻求解决问题的方案

他们拥有可以识破机遇的头脑。当机遇被他们发现时，他们能够很好地利用这些机遇。

8. 成功的人具有决断力

他们仔细研究各种相关的因素和事实，充足地思考和讨论，然后果断地做出决定，不会有一丝迟延，一定是当机立断的。成功的小技巧：当你做出决定以前，请多花一些时间去思考和制订周密的计划，这样做出的决定会更好。

9. 成功的人勇于承认错误

当你犯错误的时候，承认它、改正它，然后继续前进。绝不可浪费精力、时间、金钱或者其他的东西去为一个错误或错误的决定而辩解。

当人们做错了事情的时候，他们也许会向你坦白。如果这些错误他们能解决得很好，他们就会向他人承认自己犯了错，甚至因自己的率直和宽广胸怀而自豪。但当别人对自己的错误不敢正视、藏藏掖掖的时候，人们往往会变得更有戒心和更为愤怒。

10. 他们具备成功所需要的技能、天赋和严格的培训经历

成功的人拥有的培训经历、技能或天赋都是与众不同的。

他们明白成功需要什么。如果他们还不具备这些，他们就会努力去寻找具备这些东西的人。

11. 成功的人知道如何与他人共事和合作

他们的性格偏向外向。在他们的周围聚集着许多为他们提供帮助与支持的人，而他们则是领袖。

12. 成功的人是狂热的

他们会因自己正在做的事情而激动，并向别人传递这种激动。他们能将人们笼络在他们的周围，因为人们愿意与他们一起工作，从而成为生意上的搭档。

性格不分好坏，我们每个人的性格都有好的一面，也有不好的一面，关键是我们怎么去运用性格。我们应该努力学习，和成功人士多取经，努力向成功型性格靠拢。这样一来，每一种性格的人就都可以成功了。

处世小秘笈

成功在于你的想法。为了成功，你首先必须相信你会成功。

找寻属于自己的特质

每个人的特质都与众不同。如同世上没有相同的两片树叶一样，上天不会重复造人。然而，很多时候，我们会羡慕别人的特质，觉得他们的优点是那样突出，我们又是那样平凡。

其实，我们大可不必羡慕别人。与其花费那个时间，不如好好地正视一下自己，进行自我剖析，挖掘出属于自身真正的特质来。天生我材必有用，我们每个人命运的不同是由个人特质所决定的。

但是，我们有多少人真正去发挥和找寻过自己的魅力和特质呢？聪明的人，在羡慕别人的精细；善良的人，在无比崇拜别人的气度；坚强的人，在赞赏别人的灵慧；努力的人，在嫉妒别人的天分。很多人忽视了，自己钦佩的那些人，也是一点点培养、积累自己的特质，才成长为现在这个样子。当然，他们也许模仿过自己所钦佩的人，但他们从来都没有放弃自己的天分和本质，最终走上了真正属于自己的路。

央视著名主播王小丫，刚刚进入央视做主持人时，非常想学习崔永元说话的方式。但后来她却发现，自己始终学不会。于是，王小丫最终选定了自己的路，坚持自己的风格，挖掘自己的特质，最终也取得了成功。

我们所具备的特质远远比学过什么东西更重要。每个人都不一样，能找到自己合适位置的人，就可以过得流光溢彩，在与自己不搭调的环境中左冲右突的人，却可能碰得头破血流。

有人问了：那我们怎样发现自己合适的位置呢？要知道，这样的幸运只会降临到少数人的头上。对此，回答有二：首先，这不是幸运，而是可以由自己来改变和规划的东西；其次，最大限度地挖掘自己的特质，对人生定位进行准确把握。

处世小秘笈

做回你自己。只有这样,你才会走出自己独一无二的人生。

只有善于利用自己的特质,才能谋得更好的发展

一个人的特质如何,决定了他可以发挥到何种程度。就像一个努力想要成为作家的人,不管他再怎么勤奋写作,如果没有良好的文字感觉,也始终写不出感人肺腑的文字。

现在是一个能人辈出的时代,是天才绝对不会被淹没的时代,除非你刻意掩藏自己的天分。即使你是一个天才,如果没有挖掘出自己的特质,也会不适应环境的变化,或许还会觉得自己一无是处,就此碌碌无为地打发一生。

刘翔最开始练习的并非跨栏而是跳高。经过刻苦的锻炼,刘翔的横杆在快速提高一段时间后,再提高就变得十分困难了,加大训练量也收效甚微。教练对刘翔无奈地说:“你的腿再长5厘米就好了。以你现在的水平顶多算是个亚洲冠军。你好好考虑一下,是否放弃跳高……”

1996年,刘翔在12岁时开始了跨栏练习。

2004年雅典奥运会110米栏赛场上,刘翔像闪电般第一个到达终点,一举成名。

显然,假如当年刘翔继续练跳高,最终只会是个亚洲冠军。

在能够充分展示自己特质的舞台上,每个人都能够成为跨栏的刘翔。特质决定发展,特质推动我们持续地、正确地发展自己。

战国时期,秦昭王听说孟尝君贤能,就先派泾阳君到齐国作人质,并希望与孟尝君见面。孟尝君为此很受感动,准备去秦国,而门客都不同意他去,他便取消了这次出行的计划。公元前299年,孟尝君终于被派往秦国,秦昭王喜出望外,立即让孟尝君做了秦国的宰相。有的臣僚劝说秦昭王:“孟尝君的确贤能,可他是齐王的同宗,现在在秦国做宰相谋划事情,必定是先替齐国打算,而后才考虑秦国,这样秦国可要危险了。”于是,秦昭王就罢免了孟尝君的宰相职务,并把他囚禁起来,图谋将他除掉。孟尝君感到情况紧急,去向秦昭王的宠妾求情。那个宠妾提出条件说:“我希望得到孟尝君的白色狐皮裘。”他来的时候有一件白色狐裘带在身边,价值千金,天下没有第二件,到秦国后就献给了秦昭王,再也没有别的狐皮裘了。孟尝君为这件事发愁,问遍了门客,也想不出办法。这时,有一位能力差但能够披狗皮偷盗的人讲:“我能把那件白色狐裘拿回来。”于是,他当夜化装成狗,潜入秦宫的仓库中,盗出那件狐皮裘,拿来献给了秦昭王的宠妾。这位宠妾心满意足,便替孟尝君向秦昭王说情,秦昭王将他释放了。孟尝君获释后,立即乘快车逃离,更换了出境证件,变了姓名从城里逃走了,在夜半时分到了函谷关。秦昭王感到后悔后,便来找他,发现他已经逃走了,就马上派人前去追捕。按照规定,函谷关到鸡叫时才能放客人出关。孟尝君担心追兵赶来而心急如焚。门客中有个能力较差的人会学鸡叫,他一学鸡叫,带动了周围的鸡叫。孟尝君立即出示证件,逃出函谷关。约过了一顿饭的工夫,秦国追兵果然到了函谷关,但孟尝君早已逃之夭夭,追兵就只好回去了。当初,孟尝君把这两个人安排在门客中的时候,他俩都感到非常丢人,觉得脸上无光。但孟尝君在秦国遭到劫难,终于因这二人而得救。从此,人们都佩服孟尝君招贤纳士,不分等级的做法。

天生我材必有用。每个人的特质都不同,用好了,即使是鸡鸣狗盗之人,也能立下大功;用不好,即使是如刘翔般的天才,也拿不到世界冠军。

现代社会分工越来越细,我们想要在某一领域取得成就,就要将自己的特质善加利用。只有在最适合自己发挥的地方,我们才有优势,才可以做得比他人更好,才能将其他竞争者远远地甩在后面。

处世小秘笈

做人做事，光有努力和坚持的态度远远不够，关键在于有没有找对自己的路。路找对了，你就可以事半功倍，成功有望；路找错了，就会一事无成，一无所获。

兴趣是才能的源泉

人们最大的优势便在于兴趣，一个人可能有多种能力，但他能够做得最成功的东西，必定是他最感兴趣的东西。如果我们渴望在竞争中占据优势，最好的办法就是追寻自己的兴趣而行，因为兴趣就是我们最大的优势。

兴趣能把我们的才能最大限度地激发出来，并使它发扬光大。所有人的体内都潜藏着某项才能，但它们可能正在酣睡，一旦被激发就势如破竹，而能够引导这些才能的就是兴趣。如果缺乏兴趣的引导，我们固有的才能就会变得迟钝，并失去力量。

德国著名数学家、科学家高斯8岁的时候，到了乡村的小学读书。他的数学老师布特纳是一个城里人，十分傲慢。他非常鄙视穷人的孩子。

有一天，布特纳出了一道算术难题：计算1+2+3+……+100=？

学生们动笔演算起来，1加2等于3，3加3等于6，6加4等于10……再加下去，数越来越大，很不好算。

不到十分钟，高斯得出了答案，“老师，最后的结果是这样的吗？”布特纳头也不抬，挥着那肥厚的手，说：“去，回去再算，错了。”他想这么快不可能有结果。

但高斯仍然坚持要让老师看看自己演算的答案，布特纳只好不耐烦地从书中抬起头来，问：“是多少？”高斯很肯定地回答：“5050。”

布特纳愣住了。这个答案非常正确。他结结巴巴地问：“你，你用什么方法算出来的呢？”高斯解释道：“因为1加上100是101，2加上99是101，3加上98是101，像这样一直加下去50加上51也是101，一共有50组，和都是101，所以答案就是5050。”

独到的数学思路，出众的计算能力，使布特纳再也不敢小看高斯，他还特意从汉堡买了最好的算术书送给高斯，说：“你已经超过了我，我什么也不可能教你了。”

正因为高斯对数学一直充满浓厚的兴趣，最终才成为了“欧洲最伟大的数学家”，有“数学王子”“数学家之王”的美誉，甚至被称为“人类的骄傲”。人们非常敬佩他的学术贡献，他被称为人类有史以来“三位最伟大的数学家之一”，与阿基米德、牛顿齐名。

高斯是幸运的，因为他能够在自己感兴趣的地方发挥能力，终身翱翔在数学的美丽世界中。世界也是幸运的，因为它有了一个十分伟大的数学家，贡献出许多有利于人类发展的知识和理论。

人类在发展的历程中，所有有所建树的大人物，都是在自己有兴趣的领域大展才能，他们推动着历史的车轮滚滚前进，最大限度地发挥兴趣的优势。

处世小秘笈

从事自己感兴趣的事能最大限度地激发我们的才能，让它如永不枯竭的泉水一般，汩汩冒出。兴趣既是才能的导师，也是才能的源泉。

要善于用自己的特长创造财富

每个人都有特长，每个人的特长都与众不同。当然，不是所有的特长都“看上去很美”，比如，吃、喝、玩、乐；而有的特长却有高尚的名称，比如，琴、棋、书、画。

《淮南子》“道应训”篇记载，楚将子发喜好结交有特殊才能的人，并把他们招揽到麾下。

有个其貌不扬、号称“神偷”的人，也被子发待为上宾。

有一次，齐国进犯楚国，子发率军迎敌。三次交战，楚军都被打败了。子发旗下不乏智谋之士、勇悍之将，然而，面对强大的齐军，仍然无计可施。

这时“神偷”请战。他在夜幕的掩饰下，将齐军主帅的帷帐偷了回来。

第二天，子发派使者将帷帐送还给齐军主帅，并对他说：“我们的士兵出去打柴捡到您的帷帐，特地赶来奉还。”

当天晚上，“神偷”又偷来了齐军的主帅的枕头，又由子发遣人送回。

第三天晚上，“神偷”连齐军主帅头上的发簪都偷来了，子发同样找人送回。

齐军上上下下听闻此事，甚为恐惧，主帅惊骇地对幕僚们说：“如果再不撤退，我的头可能要被子发取走了。”于是，齐军不战而退。

这样的“神偷”，难道没有用处吗？由此可见，特长并无好坏之分，只有用得是不是地方。只要用对了地方，特长就是人生的财富。

南宋理宗景定四年（公元1263年）的一个清晨，黄浦江边一艘船正要抛锚起航，忽然一个蓬头垢面的青年女子出现在舱底，跪到船主面前，央求将她带到闽广海南。

原来，这人就是年仅18岁的黄道婆。多年来，她跟棉纺织业结下了不解之缘，手拴到了棉纱上，心织到了棉布里。有一天，她看到了从闽广运来的棉布，色泽美观，质地紧密。后来，又见识到海南的黎族、云南高原上的彝族所生产的匹幅，长阔而洁白细密的“慢吉贝”、狭幅粗疏而色暗的“粗吉贝”等，非常向往那些地方，暗想：若是能学到那里的纺织技术，该多好啊！

本来就有了这样南游学艺的志向，而恶劣的时势、家庭情况更促使她马上动身。她的家乡乌泥径，被南宋统治集团搜刮得相当严重。近年来，很多人贫苦异常，便抛家弃业，漂泊天涯，另寻活命的地方。黄道婆的婆家没有破产，而她却无法继续生活。尽管她比蜜蜂勤快，比牛马还累，却仍受骂挨打、夺寝禁食。上这艘船的前一天，黄道婆在家里，天刚放亮，她就下地，太阳落山才回家，疲乏得进门躺在床上就和衣睡着了，结果遭到公婆的打骂。黄道婆挣扎着爬起来分辩几句，便马上被拖下床来毒打一顿。丈夫不仅不加阻拦，而且还加鞭助棍。打完后，还把她锁进了柴房，不让她睡觉和吃饭。黄道婆极其痛苦，再也不甘忍受这封建牢狱的折磨，决心挣脱封建礼教枷锁，摆脱这个黑暗的家庭。她知道，长江岸边没有她的活路，便决定就此弃乡远航，探访最新的纺织技术，实现夙愿。半夜，她挖穿了屋顶，逃出来，奔向黄浦江边，躲进商船舱底……

老船主听黄道婆倾吐了痛苦的遭遇和求艺愿望，看着她一身破衣烂衫，满脸血痕泪水，不由得又敬重、又同情，便对她的请求给予了应允。于是，黄道婆登上船头，遥望乌泥径，洒泪告别了自己的出生地，随船南渡。那时，交通工具简陋，航海技术低劣，黄道婆不避风险，忍着颠簸饥寒，闯过惊涛骇浪，先抵占城，随后到了崖州。她看到当地发达的棉纺织业，便谢过船家，在海南落了脚。

崖州的木棉和纺织技术强烈地吸引着黄道婆，朴实的黎族人民真诚地招待她，欢迎她。她同这些兄弟姐妹结下了深厚的友谊，她甚至与这里的大山、阔林都有着深切的感情。她拿起了著名的黎幕、鞍搭、花被、缦布，瞅着那光彩明亮的黎单、五色鲜艳的黎饰，爱不释手，喜不自禁，赞美不止。为了早日掌握黎家技术，她刻苦学习黎族语言，心记、耳听、口练，努力和黎族人民打成一片，虚心地拜他们为师。她研究黎族的纺棉工具，学习纺棉技术，废寝忘食，争分夺秒，像着了迷一样。每学好一道工序，会用一种工具，她的心就仿佛吃了蜜，开了花。灿烂的友谊之花，结出了丰硕的技术之果。黎族人民不仅在生活上热情照顾黄道婆，而且还毫无保留地向她传授技术。聪明的黄道婆把全部精力都倾注在了棉织事业上，又得到这样无私的帮助，很快就熟悉了黎家全部织棉工具，对她们的纺织技术有了熟练掌握。黄道婆的满头青丝换上了白发，丰润的脸上刻下道道深而密的褶皱，但她还是精神抖擞、深钻细研、刻苦实践、锲而不舍，三十年如一日，终于成为一个技艺精湛的棉纺织家。她有力地影响和推动了我国棉纺织的前进，她的业绩永远留在了我国的纺织史上。人民对她无比崇敬、热爱。她逝世的时候，人们纷纷捐资把她安葬在上海县曹行乡。上海群众曾不断地为她兴立祠庙，其中规模宏大的先棉祠，在每年四月黄道婆的诞辰都有人赶来致祭。

黄道婆没有如花的美貌，却有着极好的名声。她本是一名普通的老百姓，纺织是她唯一的特长。但是，心灵手巧的黄道婆就凭着这一项特长，尽力为老百姓服务，在历史上占据了“著名纺织革新家”的重要地位。

很多人都在感叹自己一无所有，要钱没钱，要权没权，要门路没门路，一辈子都不能发达。其实，你很可能正坐拥宝库而不自知。只要善于利用自己的特长，人生就将与众不同。

处世小秘笈

有特长的人，假如可以对自己的才能加以善用，就能使它变成人生的巨大财富。

一个人的成功少不了健全的性格

心理学研究成果显示，一个人性格的好与坏在很大程度上对其事业成功与否、家庭生活幸福与否、人际关系良好与否发挥着决定性作用。健全的个性是事业成功的基础、家庭幸福的根基、人际关系良好的基石。

心理学家多次告诫世人：改善你的个性，健全你的个性，扼住命运的咽喉，做命运的主人。要改善自己的个性，健全自己的个性，前提就是要充分认识自己的个性，对自己性格中的缺陷有所认知，对症下药，为明天的成功打下一个良好的基础。

最早的关于性格的理学学说是卡雷努思根据古希腊名医希波克拉斯的“液体病理说”提出来的“四气质说”。人的性格按照四气质说总体上分为“阳刚”“平淡”“忧郁”及“急躁”几大类，不同的个体都是其中的一种，这种学说直到今天也让人非常认同。卡雷努思在指出不同的性格对人的一生有不同的积极作用之后，又提醒世人不同的性格仍有其弱点，必然对人的一生也产生消极影响。对如下问题我们要重视：作为独立的个体，我们对自己的个性要怎样完善呢？作为将来的人夫或人妻、人父或人母，我们该如何培养孩子健全的个性呢？

哪些是健康、健全的个性呢？心理学者杰拉德指出：能向重视你的人敞开心扉是性格健全的重要表现。

在通常情况下，为了尽力去适应社会，不与社会发生冲突，大部分人都会不同程度地压抑自己。在社会生活中，这是必需的，只是压抑过分就会产生身心障碍。所以，杰拉德强调，即使在社会生活中频频压抑自己的人，至少也应该要有地方发泄胸中的郁闷和不满情绪。这是拥有健康性格的必要条件之一。但是，自我开放要有一定的度。

人与人之间交往，若一方抱着很高的期望，另一方却关起心灵的大门，两人便无法沟通和交往。所以，敞开自己的心灵绝对是发展密切朋友关系的重要条件。然而，一见面或在公开场合过度吐露自己细腻复杂的心情，只会让听话的人感到混乱。所以，自我开放必须看场合，而且要适可而止，这样才能培养健康的人格。

显然，“健全”包含“健康”和“全面”两个方面的含义。这里要澄清一个误解。有人认为，所谓全面的个性，就是各种性格都囊括，全都融合在一个人身上，这其实不对。个性之所以为个性，必然有其独特之处，方能称其为个性。一个什么样的个性都有的人，现实生活中一定是没有的。即使是那些左右逢源、八面玲珑的交际高手，也不可能什么样的个性都有。至于伟人，他们更是以某方面突出的个性魅力来吸引、感染着群众。

“个性”这个词本来就将它的独特性表现了出来,即这个人不同于那个人的性格因素。既然如此,那么,全面的个性是什么意思呢?我们认为,它是对一个人个性成熟的理论描述,成熟的个性即是一种全面的个性,它以某种突出的性格特征为代表,将其他性格特征融入其中,从而完善了代表性的性格,取长补短,尽显人格魅力。

社会发展到今天,人的各方面仍没有得到全面发展。由于种种原因,人所固有的气质因某些消极方面而被不断强化,有很多人甚至会走极端。当今时代是一个充满激烈竞争的市场经济社会,机会不会白白送上门。人的心理随时会承受各式各样的失败、压力、挫折。瞬息万变的信息要求我们能准确把握信息的诸多方面,有能力获取信息,占有信息。全球联系日益紧密,我们有同国内外各类人士进行交流的可能和机会,这就需要我们拥有丰富的阅历和在各种环境中从容自如的应变力……复杂的社会需要健全的个性。

伴随社会的进一步完善、发展,人们更有可能实现自身的全面发展。在未来的社会,没有健全的个性,人的才华非但不能充分体现,反而会得不到施展,举步维艰。

处世小秘笈

社会越是文明,越是进步发达,大家就越要保持镇静。对自己的处世原则、发展方向进行准确的规划。要成为杰出的人才,一定不能缺少健全的个性。

人贵在自知

了解自己比了解别人可能更难,但我们又必须比谁都要了解自己。人生就像汪洋大海,我们就像驾驭着自己躯壳的舵手,必须顺利、圆满地驶向彼岸。如果不能成功地了解自己,就会像不够了解自己船只的船长一样,在大风大浪前面拿不定主意:我是应该避开呢,还是要破浪向前呢?

战国时期,齐威王的相国邹忌长得相貌堂堂,身高八尺多,身体相貌都光艳美丽。一天早晨,邹忌穿戴好衣帽,照着镜子,对他的妻子说:“我与城北的徐公比,谁漂亮?”他的妻子说:“您漂亮极了,徐公不如您漂亮。”城北的徐公,是齐国的美男子。邹忌不认为自己会胜过徐公,又问他的妾:“我同徐公比,谁漂亮?”妾说:“徐公根本就不可以同您相提并论。”第二天,有客人从外面来。邹忌同他坐着闲聊,又问他:“我同徐公比,谁漂亮?”客人说:“您比徐公漂亮。”又过了一天,徐公来了,邹忌仔细地看他,自己感觉不如徐公美丽,再照镜子看看自己,觉得自己远远不如徐公漂亮。夜晚躺在床上想着这件事,终于明白了:“妻子认为我漂亮,是偏爱我;妾认为我漂亮,是害怕我;客人认为我漂亮,是有求于我。”

于是,邹忌上朝拜见齐威王,说:“我知道徐公要比我漂亮。可是,我的妻子偏爱我,我的妾害怕我,我的客人有求于我,他们都以为我的漂亮胜过徐公。如今齐国有方圆千里的疆土,120座城池,宫中的妃子、近臣没有谁不偏爱您,朝中的大臣都害怕您,全国范围内的人没有谁不有求于您。由此看来,大王您受蒙蔽很深啦!”

这则故事给我们的启示是:人如果对自己认识不清,就会迷失在别人或环境制造的假象中,就不能做出准确的判断。而周围的人各有所图,是很乐意给我们制造这种假象的。

刚即位的汉惠帝看到丞相曹参成天都邀请人聊天喝酒,似乎根本就不用心为他治理国家。惠帝感到很纳闷,又想不明白究竟为何,只以为是曹相国嫌他太年轻了而看不起他,所以不想竭尽全力辅佐他。惠帝心里发虚,有些着急。

有一天,惠帝就对在朝廷担任中大夫的曹窋(曹参的儿子)说:“你若有空时,如果有机会就顺便试着问问你父亲,你就说:‘高祖刚死不久,现在的皇上又很年轻,治理朝政毫无经验,正要丞相多加辅佐,一起治理好国事。可是,现在您身为丞相,却整天与人喝酒闲聊,一不向皇上请示报告政务,二不过问朝廷大事。假如这样长久持续下去,您怎么能治理好国家和安抚好百姓呢？’你问完后，看你父亲怎么回答，回来向我报告答案。不过，你千万别说是我让你去问他的。”曹窋领会了皇帝的意思，休假日回家，找了个机会，一边侍候他父亲，一边按照汉惠帝的旨意跟他父亲闲谈，并规劝了曹参一番。曹参听了儿子的话后大发脾气，大骂曹窋说：“你对朝政一无所知，这些事你可以问吗？还是你认为这些事是该你管的呢？你还不赶快给我回宫去侍候皇上。”一边骂，一边拿起板子把儿子狠狠地打了一顿。

曹窋遭到父亲的打骂后，兴致低落地回到宫中并向汉惠帝诉苦。惠帝听了之后，就更加感到莫名其妙了，不知道曹参的火从何而来。

第二天下了朝，汉惠帝把曹参留下，责备他说：“你因为什么原因打骂曹窋呢？他说的那些话是我的意思，也是我派他去劝说你的。”曹参听了惠帝的话后，立即摘帽，当场下跪谢罪。汉惠帝叫他起来，又说：“你有什么想法，请照直说吧！”曹参想了一下，就大胆地向惠帝禀告说：“请陛下好好地想想，您跟先帝相比，谁更贤明英武呢？”惠帝立即说：“我怎么可以跟先帝相比呢？”曹参又问：“我与萧何的才能相比，谁强呢？”汉惠帝笑着说：“我看你不如萧相国。”

曹参接过惠帝的话说：“陛下说得非常正确。既然您的贤明比不上先帝，我的德才又比不上萧相国，那么先帝与萧相国在统一天下以后，陆续制定了那么多完备有效的法令，在执行中又都是卓有成效的，难道我们制定出的规章法令能够胜过他们吗？”接着，他又诚恳地对惠帝说：“现在，陛下是守业，而不是在创业。因此，我们这些做大臣的，就更应该遵照先帝遗愿，谨慎从事，恪守职责。对已经制定并执行过的法令规章，就更不可以随意变更而只能是遵照执行。现在我如此按规矩行事，不是很好吗？”汉惠帝顿悟，便说：“我明白了，你不必再说了！”

曹参在朝廷当了三年丞相，极力主张清静无为不扰民，遵照萧何制定好的法规治理国家，使西汉经济进步，社会发展。他死后，百姓们编了一首歌谣称颂他说：“萧何定法律，明白又整齐。曹参接任后，遵守不偏离。施政贵清静，百姓心欢喜。”史称“萧规曹随”。

假如曹参对自己不够了解，认为具备比萧何更杰出的才华，擅自改变先朝遗留下来的法令法规，就会失了身为丞相的分寸，搞乱国事。

其实，对自己比对谁都了解很难，但收获却无限大。这种了解就像一把最公平的标尺，时时提醒我们不犯错误，校正我们的偏差，使我们在正确的航道上最迅速、最直接地到达人生的目的地。

处世小秘笈

清楚认识自己的人，懂得自己的斤两，知道什么事可以做，什么事不可以做。可以做的事情，他们知道如何去实行好；不可以做的事情，他们知道以何种对策应对。

第四章　品质是成功之母

品格的力量

一个人即使没有文化，能力平平，且一贫如洗，但只要品格高尚，他也一定会产生有利的影响，不管他是在车间、在账房、在商场，还是在其他部门。

坎宁在1801年这样写道：“我的道路一定是通过品格获得权力，我不会考虑其他途径。我坚信这条道路的正确，它虽然不是最快的，但却是最有把握的。”

约翰·罗素爵士有句话道出了这个真理：“英国的党派有这样的特征，他们请求天才人物的帮助，但遵从高尚者的道路。”

弗兰西斯·霍纳的一辈子就强有力地证实了这一点。悉尼·史密斯认为，人们会前仆后继地跟随霍纳的足迹。科克本爵士指出:"霍纳的价值和启示在于他的一生激励着每一个坚持正直的年轻生命。"霍纳38岁去世,但有着相当大的公众影响力。除了品格低下没有良心的人,所有的人都尊敬、热爱、信赖和哀悼他。在议会中,任何人都没有得到过这样的尊敬。

有年轻人也许会问霍纳是怎么做到这一点的。是因为他的出身?他只是爱丁堡一个商人的儿子。是因为有钱?也不是,他条件好的亲戚也死了。靠官位吗?他只有一个职务,而且只干了几年,并没有什么影响,工资也不多。是他的能力?可他并不出色,没有任何天分。他谨小慎微,唯一的思想就是不要失误。靠他雄辩的口才?他语调平和,意味深长,没有咄咄逼人的气势,也不会花言巧语。是他迷人的风度?他只是平易和蔼,不做错事罢了。那到底是什么呢?是他的见识、勤劳、克制和善良的品质,是人格的力量推动了他的成功。

这种品质不是与生俱来的,没有任何特殊因素,而是靠他自己的培养。在参议院中,有很多比他更有能力、口才更佳的人。但是,没有人的道德价值比他更大。霍纳的一生表明,平凡的能力借助高尚的品格就可以功成名就。因此,人生最大的财富是品格。

品格就是力量,甚至超越了知识就是力量的说法。

富兰克林也把他的成功总结为是源于诚实正直的品格,而不是他的才能或演说能力,因为他在这些方面什么出众的地方也没有。他说:"人们都很看重我。我口才很差,从来不能口若悬河,有时候还结结巴巴,而且经常出错。不过,我能把自己的意思精确地表达出来。"地位低的人和地位高的人一样,品格给人信心。

据说,俄国亚历山大一世的个人品格与一部宪法相等。在佛朗德战争期间,蒙田是唯一没有关上城堡大门的法国绅士,据说他的个人品格比一个骑兵团更能给人安全感。

没有灵魂的头脑,没有德行的知识,没有仁善的聪明,固然是一种力量,但它们只能起到坏作用。有些人或许能给我们一些启发,或者也给我们一些趣味。但你很难尊敬他们,就好比我们对待扒手的敏捷或拦路强盗的马术一样。

诚实、正直和善良,虽然不是命运攸关的东西,但却从本质上体现着一个人的品格。具有这种品质的人,一旦有坚定的目标,他就具备坚不可摧的力量。他有力量做善事,有力量抵制邪恶,将各种不幸和困难打倒。当史蒂芬落入敌人手中的时候,他们冷嘲热讽地问他:"现在你的堡垒在哪里?""在这里。"史蒂芬将手置于胸前大胆地说。正因为在逆境中,他的品格闪烁出了最耀眼的光芒。当所有人都退却的时候,他凭着自己的正直和勇气巍然挺立。

厄斯金爵士坚持真理,一丝不苟,受到每个年轻人的尊敬。他说:"我青少年时代就坚持一条准则,做我的良心让我做的事情,上帝会有公论。对这条准则我会一直坚持,直到走进坟墓。我严格地遵循它,从没有怨言,认为那是一种牺牲。相反,我却从此找到了发财致富的道路。我会将我的孩子们引上这条路。"

处世小秘笈

品格是人生最大的财富,平凡的能力借助高尚的品格就可以功成名就。

诚实守信是成功的必要条件

一个"信"字,从人从言,表示人言可靠,这是做人的根本。一个守信用的人,体现了一种道德力量和意志力量。在现今市场经济的环境下,信用也是我们必须遵守的公共准则。当我们在合同上、借据上、发票上……将我们的名字签下时,我们就是在以人格做担保。

像乔治·皮博迪一样,在年轻的时候就信奉一诺千金的人生信条,不说一句谎话,并把自己的声誉看做是无价之宝的人已不多见。因此,乔治·皮博迪受到了全世界人的关注,赢得了许多的荣誉,人们对其非常信任。

在19世纪中期,有一个诚实与正义的代表者——亚伯拉罕·林肯。

在林肯还没有成为总统的时候,他曾做过店员这个工作。一次,他为了及时把零钱还给一位夫人,摸黑跑了约10千米的路,而不是等到下次再找那位夫人。这件事彰显了林肯诚实的品格,从而因人性中高贵的品质被定位为“诚实的亚伯拉罕·林肯”。

林肯在做律师时,有一次,他在对一桩土地纠纷案进行处理时,法庭要当事人预交1万美元,但那个当事人一时还筹不到这么多钱。于是,林肯说:“我来帮你找找门路。”林肯去了一家银行,和经理说他要提1万美元,两小时后就可以还上。经理什么也没说,也没有要林肯填写借据,就把钱借给了他。正是因为林肯具备诚实的品德,经理对他才会这样相信。

一个人不仅要对他人讲诚信,对自己也要讲诚信。承诺别人的要信守;承诺自己的,也要信守。真实地面对自己,真实地面对别人,真实地面对社会,不屈从于自己内心的欲望,不屈从于自己内心的恐惧,对自己的错误不要掩饰,这是不容易的。所谓人无信不立,企业无信不长,社会无信不稳。经济发展的社会基础是信用。唯有建立完善的社会信用体系,对市场经济加以遵守,才是致富的正道。

许多成功人士,都非常看重诚实守信,他们相信诚实守信要永远胜过辞藻华丽的广告。把事业根基扎在诚实信用上,就会取得成功。

“顾客就是上帝,顾客的满意是最佳的宣传手段。”这个商业领域信条很好地突出了那些有着良好服务的商家,同时顾客也会非常愿意把这些商家推荐给别人。

诚实是立业之本。这是一个成功的商人给顾客宣传自己的最佳手段。他们要抓住每个顾客的心理,使其满意。成功的商人知道,只有满意的顾客才会反复光顾,才能扩大企业规模。如果顾客对其没有什么信任感,那么就更谈不上扩大企业规模了。

有很多银行家十分珍惜对方的信用,他们对待那些财力雄厚,但品行不好、不值得信任的人,绝不会放贷一分钱;他们反而愿意把钱借给那些资本不多,但肯吃苦、小心谨慎,有诚信并时时注意商机的人。

罗赛尔·赛奇说:“坚守诚信是成功的最大关键。”每个人都应该明白:诚信的价值是无穷无尽的。一个人要想赢得他人的信任,就必须要下决心,花费大量的时间,不断努力。

勿以恶小而为之。许多人在小事上不注意守信用,比如,借东西不还,与人约会却迟到甚至失约,答应替人办某事却迟迟不见动静……这样的小事多了,别人对你怎么说且不论,你自己就会染上不守信用的恶习,以后遇到大事也会失信于人,阻碍自己的事业发展。

不要轻易许诺。真做不到,就真诚地说“不”,这才是诚信的表现。什么事都拍胸脯,或抹不过面子而答应别人,不但会增加自身的负担,而且办不到还会使自己失信于人。当然,这不是要我们对别人不帮助,而是说在做出承诺之前要量力而行。

不能私欲当先。坚守信用就是对人诚实不欺,而要不欺,最重要的是战胜贪欲。有的人借人钱物不还,不是因为经济困难或遗忘,却是想占人便宜。某些商家做不到“买卖公平,童叟无欺”,是为了赚昧心钱。一个人如果一味地只顾如何赚钱,那就会弃信用于不顾。从答应替人买紧俏商品或办事,到拿人钱物不还,成为骗子,这中间的距离其实很近。

注意自我修养。与人做买卖应该诚实守信——这是获得他人信任的最重要条件。要善于自我克制,办事必须认真诚恳,建立起良好的信誉;对自己的缺点要时时纠正;行动要踏实可靠,做到言出必行。

养成良好的习惯。还有一些人平日为人的确诚实可靠,但他们却有一些毛病,那就是对任何事情都太马虎,这样就容易在不知不觉中使自己的信用丧失。比如,银行里的存款他们明知道已经不多,却还是开出了一张超额的支票,结果使得收款人在银行办业务时遇到困难,这样做生意,最终会丧失信用。

诚信是一面镜子,能映照出你性格中的许多闪光点。这可比获取财富更关键,比拥有美名更持久。

处世小秘笈

诚实守信是不可估价的。没有诚信，人们就不会相信你，社会就会抛弃你，而走向成功的必备条件就是诚实守信！

决心，蕴含着无限力量

意志便是苏瓦罗的力量所在。对失败的人，他总是说："你缺乏意志。"像黎塞留和拿破仑一样，在苏瓦罗的字典里也没有"不可能"这一说。"我不知道""我不能"和"不可能"是让他非常憎恶的词汇。他会大喊："去学！去做！去试！"他的传记中说，他给人们树立了一个伟大的榜样。同时，也说明了勤奋努力在一个人身上所能发挥的巨大作用，而每个人身上都具备勤奋因子。

世上许多人都并非天才，他们之所以成功，意志是其主要原因。印度诗人泰戈尔曾经说过："你应该不顾一切纵身跳进你那未知的陌生的命运里，然后以大无畏的英勇把它完全征服，不管有多少阻碍向你示威。"这就是一种对人挑战的魄力，一种透视出人的魄力的体现。在最苦的工作中，人的意志能得到更好的锻炼与体现。在很多时候，正是因为我们的这些艰苦的努力，让我们变得越来越坚韧，也越来越顽强。

一直以来，迈克都希望能在阿拉斯加的一艘渔船上一个夏天都有工作。于是，在1942年的夏天，他签约上了阿拉斯加科地亚克的一艘32尺长的鲑鱼拖网渔船工作。在这艘船上，只有三名船员：船长负责督导，一个副手帮助船长工作，剩下的那一个则是日常打杂的水手，通常他们都是北欧人，而他正是北欧人。由于鲑鱼拖网必须配合潮汐进行，他常常接连工作24个小时。

有一次，他整整像这样工作了一个星期。他做的工作其他人不愿做，他洗船甲板，保养机器，还在小船舱里用一个烧木头的小火炉煮饭。小船舱里，马达的热气和污浊的空气令他作呕。他还要修船，把鲑鱼从他们的船运到另一艘小船上，送去制罐头。他脚穿长筒胶鞋，但双脚总是湿湿的。水经常充满他的胶鞋但他却无暇顾及。上述这些工作跟他的主要工作比起来，只算是游戏而已。他的主要工作是所谓的"拉网"。这个工作看上去很容易——只要站在船尾，把渔网的浮标和边线拉上来即可。但是，实际上，渔网太重了，当他想把它拉上来时，它却动也不动。他想把渔网拉上来，但船身却被拉下去了。由于渔网动也不动，他只好用尽力气沿路拖着不放。如是工作好几个星期，几乎把他累死了。他浑身疼得厉害，而且一连疼了好几个月。

最后，当他好不容易能休息时，他在一个临时凑成的柜子上铺下潮湿的被褥，然后倒头就睡，他全身上下处处疼痛，但他却熟睡得像服用了安眠药——极度的劳累就是他的安眠药。

他很高兴当初吃了那些苦头，而今如果再碰到困难，他也不再烦恼。他反问自己："艾利克森，这会比拖网更辛苦吗？"他总是回答说："不，没有比那更苦的事情了。"于是，他振作起来，勇敢地接受挑战。偶尔经历一下苦痛是件益事，他很高兴做过世界上最辛苦的工作，使得他的所有日常问题与它比较起来都变得微不足道。

的确，暂时的痛苦可以很好地打磨一个人的意志，使他在日后的困难面前振作起来，变得更加坚强。

处世小秘笈

若有了决心，就可以克服前进道路上的困难，最终走向成功。我们心里想什么，就可以做成什么；我们相信自己能成功，我们就能成功。因此，决心蕴含着无尽的能量。

做人要勇于负责

作为美国总统的林肯曾经讲过："我对全美国人、对基督世界、对历史，最后，对上帝负责。"林肯使自己的人生辉煌多彩，得到了世人的尊敬与敬仰。应该说，这与他的责任感不无关系。

责任就是对自己要完成的事有种爱，因为这种爱，责任本身就成了生命意义的一种实现，就能从中获得心灵的满足。相反，一个不爱家庭的人怎么会爱他人和事业？一个在人生中随波逐流的人怎么会顽强地挑起生活中的担子呢？这样的人往往视责任为一种负担，把它看做是个人纯粹的付出而索求回报。

一个不知对自己的人生负有什么责任的人，甚至无法弄清他在人世间有什么责任。有一位小姐向托尔斯泰请教，为了尽她作为人类的责任，她应该做些什么。托尔斯泰听了非常反感，并因此想到：人们为之受苦的巨大灾难就因为自己没有信念，却偏要做出按照某种信念生活的样子，当然，这种信念毫无意义。

更常见的情况是，许多人只是被动认识责任。他们之所以把一些做法视为自己的责任，并不是出于自觉的选择，而是由于时尚、习惯、舆论等因素。譬如说，有的人把长期从事的某一工作当成责任，却从不尝试去拥有真正适合自己本性的事业；有的人看见别人发财和挥霍，便觉得拼命挣钱和花钱也是自己的责任；有的人对别人十分看重，尤其是上司对自己的评价，于是谨小慎微地为这种评价而活着。由于他们不曾认真地想过自己的一辈子究竟为什么而活，在责任问题上自然也就非常盲目。

我们要勇于担负家庭责任。如果一个人能对自己的家庭负责，那么，在包括婚姻和家庭在内的一切社会关系上，他对自己的行为都会持有负责的态度。如果一个社会是由这样一些对自己的人生负责的成员组成的，这必定是一个高效率高质量的社会。

勇于成为一个负责的人，就必须做到在任何时候都不迁怒于他人，这也是一个人成熟的标志。美国的教育学家约翰逊有一个刚学会走路的小女儿，有一天，她搬着小椅子来到厨房，想要爬到冰箱上去。约翰逊急忙冲过去，但还是晚了一步。当他把她扶起来后，她狠狠地踢了那把椅子一脚，喊道："破椅子，居然让我摔了一跤。"你会在小孩子那里常常听见这样的借口。小孩子只会率性而为，为自己的过错迁怒于没有生命的东西或是无辜的旁观者。对他们来说，这是正常的行为。但是，如果我们将这种小孩子的反应延续到大人身上，会产生很多麻烦。自从有人类以来，因为自己的失败和过错而责怪别人的现象一直未曾消失。甚至亚当也责怪夏娃："是这个女人引诱我吃禁果的。"

能够承担责任是成熟的第一步，要确信自己已经不再是一个跌倒了便找把椅子来踢的小孩子了。直面人生，自己就要担起责任。当然，不这样做则容易多了。责怪我们的父母、丈夫、妻子、子女、老板比较容易，我们甚至可以责怪祖先、政府。如果我们还要寻找别的借口，那么幸运之神也会成为我们责备的对象。

针对不成熟的人来讲，他们的缺点和不幸总是有理由的。当然，都是除了他们自身之外的理由：他们的童年太过悲剧；他们的双亲太穷了或太富有了，对他们的管教太严厉或太放纵了；他们没受过教育；他们总是受到多种疾病的困扰和折磨。

当失意的事情发生在我们身上时，我们要尝试勇于担当责任。只有勇于承担责任的人，才能得到别人的信任和支持。

英国女教师杰西卡的班上有一位学员，有一天，她在别的学员都离开后来找杰西卡。他们那天在课堂上训练学生记人名。这位学员跟她讲："尊敬的老师，我希望你不要指望能改进我对人名的记忆力，这种事情发生的可能性是极小的。"

"为什么？"杰西卡问她。

"这是遗传的，"她回答，"我们整个家族记忆力都很差。我的记忆力是我父母遗传给我的。因此，你要知道，我可能很难在这方面有所进步。"

"凯丽,"杰西卡说,"你的毛病不在于遗传,而是因为你觉得责怪你的家人比用心改进自己的记忆力要来得容易。请坐下来,我会证明给你看。"

接下来的几分钟,她对这个学员进行了容易的记忆训练。由于他专心练习,效果很好。杰西卡花了一些时间才消除了他认为无法将脑筋训练得比前辈好的想法,她终于学会了改进自己的记忆力,而不是找借口。

处世小秘笈

人活在世上,责任心非常重要。我们的责任心,最原始的体现可能就是在家庭中。

善待他人,自己也会得到回报

人际关系的成功会在很大程度上影响你对别人的态度。一个愿意帮助别人、乐于奉献的人,人们都愿意与之交往做朋友,自身也可以从中有所收获。可是,天底下的人们绝大多数只注意自己的需要,不会善待他人。不明白将什么给予别人,只注重自己的需求。这多么幼稚、荒唐。不错,你注意的当然是自身的需要。但除了你自己,可能就再无他人对你感兴趣了。

善待他人自己也获益多多。在没有这种觉悟的人看来,这明明是帮别人,自己并没有从中受到什么恩惠。其实,当你在给人帮助的时候,就已经将感情投入进去了。别人对于你的帮助会永记在心,只要一有机会,他们就会主动回报你的,这正是你所希望的最好的人际互动。

在一个寒冷的冬天的夜晚,一对中年夫妇带着一个受伤的小孩子到一个小旅店来投宿。在这天寒地冻的夜晚,找房非常困难。这间小旅店早就客满了。"这已是我们寻找的第十六家旅社了,这鬼天气,到处客满,我们究竟如何是好呢?"这对中年夫妻望着店外阴冷的夜晚发愁地说。

店里的小职员看在眼里急在心里,怕他们被冻坏,便建议说:"假如你们不介意的话,今晚就住在我的床铺上吧。我自己在店堂里打个地铺。"这对夫妻非常感激,第二天要照店价付客房费,小职员坚决拒绝了。临走时,中年夫妻感叹地说道:"你将来必能成大器。"

"这正是我毕生追求的东西,谢谢您。"他随口答应着,并坚持送他们一家三口走出很远。

三年后的一天,小职员的柜台上放着一封发自纽约的信函,一张来回纽约的双程机票放在信件中,信中邀请他去拜访当年那户借宿在他床上的三口之家。于是,小伙计来到繁华的大都市纽约。中年夫妻把小伙计引到第五大街和三十四街交汇处,指着那儿的一幢摩天大楼说:"这是一座专门为你兴建的星级宾馆,希望你来任总经理。"

年轻的小伙计由于一次乐于助人的举动,就实现了自己的梦想,这就是著名的奥斯多利亚大饭店经理乔治·波菲特和他的恩人威廉先生一家的真实故事。

卡耐基曾在演讲中讲了这样一个动人的故事:

一个小男孩非常穷困,身着单薄的衣衫,被冻得瑟瑟发抖。他要靠推销商品来攒自己的学费。劳累了一整天的他当时觉得非常饥饿,但摸遍全身,却只有一角钱。怎么办呢?他决定到一户人家去讨饭吃。当一位美丽的女孩打开房门的时候,这个小男孩却有点不知所措了。他没有要饭,只希望能有口水喝。这位女孩看到他很饥饿的样子,就给了他一杯牛奶。之后,小男孩问这需要付多少钱,小女孩则回答说:"妈妈教育我要对人施以爱,不必付一分钱。"小男孩十分感激地说:"请接受我由衷的祝福吧!"说完,男孩从这户人家离开了。此时,他不但觉得自己力量无穷,也感到自己的未来很美好。于是,他放弃了退学的念头,要把书继续念下去,一定要取得好成绩。

转瞬间数年过去了,有一位美丽的女孩得了重病。她被转到大城市,请专家们会诊医治。

当年的那个小男孩如今已是大名鼎鼎的霍华德·凯利医生了,他也参与了医治方案的制订。当他从病历上看到那女孩的来历后,大有所感,就再次走进了病房。凯利医生一眼就认出床上躺着的病人就是那位曾帮助过他的恩人。他返回自己的办公室后决心一定要竭尽所能来治好恩人的病。经过精心而细致的医治，女孩儿的病情有了好转。

凯利医生要求把医药通知单放到他的办公桌上，在通知单上，他签了字。当医药费通知单送到这位特殊的病人手中时，她不敢看，因为她确信，治病的费用将会花去她的全部家当。最后，她还是鼓起勇气翻开了医药通知单，旁边的那行小字引起了她的注意，她还轻声读了出来："医药费——一满杯牛奶。霍华德·凯利医生。"她叫起来，"原来是他——多年前那个讨水喝的小男孩。"

在现实生活中，这被称作"因果报应"，只不过是心存感激的受惠者对施惠者的一种报偿而已。善待他人，就是善待自己，让幸福美满降临你的身边。

处世小秘笈

能设身处地地为他人着想，了解他人心里思考些什么的人永远不需为自己的未来担心。任何一种真诚而博大的爱，都会在社会现实中获得出乎意料的回报。你铺就的良好人缘，将会给你以莫大的帮助。

只有懂得分享，才能得到快乐

给予是快乐的源泉，在给予别人快乐的同时，我们自己也会被快乐包围。快乐是可以分享的，你给别人带来了快乐，你分享给别人的东西越多，你得到东西就越多。

下面是一个关于动物的故事：

树上落了一只乌鸦，它嘴里叼着一大块食物，后面有很多乌鸦追随而来。它们全都落下来，一声不吭，一动不动。那只嘴里叼着东西的乌鸦已经很累了，很吃力地喘息着，它不可能一下子就把如此大的一块东西吞下去；它也不能飞下去，在地上从容不迫地把这块东西啄碎。那样的话，乌鸦们会群起而攻之，混战马上就要开始了。它只好停在那儿，保卫嘴巴里的那块东西。

也许是因为嘴里叼着东西呼吸困难，也许是由于它被大家追逐已经弄得筋疲力尽，只见它摇晃了一下，突然失落了叼着的那块东西。

所有的乌鸦都猛扑上去，在这场混战中，一只非常机灵的乌鸦得到这块食物，立刻展翅飞去。这当然是另一只乌鸦——头一只被追赶得筋疲力尽的乌鸦也在跟着飞，但已经力不从心了。

结果是第二只乌鸦也像第一只一样，弄得筋疲力尽，也落到一棵树上，最终丢掉了那块东西，于是又是一场混战，所有的乌鸦又去追赶下一个幸运儿……

可见，乌鸦多么可悲，因为它只以自我为中心。

从前有个国王，非常疼爱他的儿子，总是想方设法满足儿子的一切要求。可即使这样，他的儿子却总是整天愁眉不展、阴云满布。于是，国王便悬赏寻找能给儿子带来快乐的能士。

有一天，一个大魔术师来到王宫，对国王说有办法让王子快乐。国王很高兴地和他说："如果你能让王子快乐，你的一切条件我都会满足。"

魔术师把王子带入一间密室中，用一种白色的东西在一张纸上写了些什么后交给王子，然后让王子走入一间暗室。然后燃起蜡烛，告诉他对纸上的一切变化加以关注，快乐的处方就会在纸上显现出来。

王子完全遵照魔术师的吩咐，当他燃起蜡烛后，在烛光的映照下，他发现纸上所有白色的字体都变成了美丽的绿色字体："每天为别人做一件善事！"王子遵照这一办法，每天做一件好事。当他看见别人微笑着向他道谢时，他开心极了。很快，他就变得非常开心了。

俄国诗人涅克拉索夫的长诗《在俄罗斯，谁能幸福和快乐》中写道：“诗人找遍俄国，最终找到的快乐人物竟然是枕锄瞌睡的农夫。”是的，这位农夫身体十分强壮，能吃能喝能睡，他打瞌睡的眉目和他打呼噜的声音流露出了自己的心声。这位农夫为什么能如此开心呢？不外乎两个原因：一是知足常乐，二是劳动可以赐予人开心和快乐。正是因为农夫付出了能让别人快乐的劳动，他才可以变成最开心的人。付出最多的人，往往获得也最多。朋友，把你的快乐和幸福与别人分享吧，你分给别人的快乐越多，你得到的快乐也就越多。

对交往的对象保持尊重。孟德斯鸠说：“人生而平等，根本没有高低贵贱之分。我们没有权力借后天的给予对别人颐指气使，也没有理由因后天的遭遇自馁自弃。在人之上，要视别人为人；在人之下，要视自己为人。”这是一种做人的根本姿态，也是为人的原则之一。因此，在任何时候，我们都应摒弃对他人的偏见与狭隘，平等地待人。

玫琳·凯在美国是有名的管理专家，在她成名之前曾是一家化妆品公司的推销员。

有一次，她参加了一整天的销售练习，渴望可以跟销售经理见见面。那位经理刚刚做了一场十分鼓舞人们士气的演讲。玫琳整整排了三个小时的队，终于见到了经理。但遗憾的是，经理一点也不重视她，只是从她的肩膀上方望过去，看看队伍还有多长，甚至根本没有意识到他应与玫琳握手。玫琳等了三个小时，却得到这样的结果。她觉得人格上受到了侮辱，面子受到了伤害。于是，她发誓要做一个经理。心想：如果有一天人们排队来和我握手，我将给每一个来到我面前的人全部的注意——就算再累也要做到。”

后来，玫琳·凯的心愿终于实现了，以她自己名字命名的化妆品公司终于成为一家具有相当规模的大企业，也有很多她的慕名者来找她握手。她确实始终坚守她曾经许下的诺言。她说：“我有很多次站在长长的队伍前，要握很多次手。一旦感觉疲劳了，我总是想起自己从前排队同那位经理握手的情景，一想起他不正眼瞧我给我带来的伤害，我就会立即打起精神，直视握手者的眼睛，尽可能地讲一些比较亲热的话。”

在人之上，要视别人为人；在人之下，要视自己为人。这不光是一个心态的问题，同样也关乎道德。其实，一个人对另一个人的态度在现实生活中的关键性是不用直接说明的。

一天晚上，闲着无事的艾森豪威尔在营帐外散步。他发现一个士兵刚好在营帐背后黯然神伤，便走了过去，“嗨，原来我们都面对同样的问题啊，我的心情也特别不好，我们一起走走好吗？”士兵看到艾森豪威尔的突然出现，原本很紧张，可万没想到这位尊敬的军官竟在他最需要对朋友倾诉的时候会来邀他散步，自然感到万分荣幸。他们的谈话氛围很放松，用这位士兵的话说：“那天晚上他不再是指挥千军万马的将军，我也不再是默默无闻的小兵，我们是无所不谈的朋友。”正是那次谈话，使这个一向都非常消极的士兵开朗起来，英勇地出现在以后的战斗中。

著名的成功学者戴尔·卡耐基在谈到人际交往时也曾提到：过分缺乏自信、自卑的人，对人际关系过于敏感、谨小慎微的人，对他人批评过分的人以及完成工作任务后过分自夸的人，都不善于与人交往。卡耐基曾指出：“指责和批评的效果甚微，只会让别人加倍反对你，并且想办法证明他是对的。批评也很危险，会使一个人宝贵的自尊受到伤害，伤害到他自己认为重要的感觉，还会激起他的怨恨。”所以，他提议对别人不要指责，而要“试着了解他们，试着揣摩他为什么做出他做的事情。这比批评更有益处，仁慈、容忍和同情心也可以得到增强。

富兰克林说：“他做外交官成功的秘诀是，尊重任何交往对象。我不会说任何人的缺点……我只说我认识的每一个人的优点。”

处世小秘笈

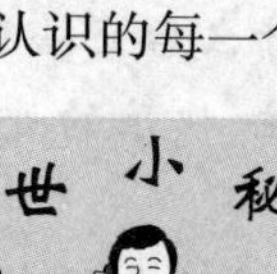

不会与别人分享，最终的结果就是自己什么也无法获得。快乐分给大家就会成倍地增加，相反，如果紧握住不放，就会有别人嫉妒你的快乐。

帮助他人就等于帮助自己

一艘货轮航行于惊涛骇浪的大西洋上，一个在船尾搞勤杂的黑人小孩不慎掉进了波涛滚滚的大西洋。孩子大喊救命，无奈风大浪急，船上的人都没有听见。他眼睁睁地看着货轮托着浪花越走越远。

孩子的求生本能让他拼命地游走在冰冷的水中，用全身的力气挥动着瘦小的双臂，努力使头伸出水面，睁大眼睛盯着轮船远去的方向。

船越来越远，船身越来越小。到后来，什么都看不见了，只有广阔的大海。孩子的力气也快用完了，实在游不动了，他感到自己筋疲力尽了。“放弃吧！”他对自己说。这时候，他想起了老船长那张慈祥的脸和友善的眼神。不，船长发现我掉到海里后，一定会来救我的！想到这里，孩子鼓足勇气，用生命中的最后动力向前慢慢游去……船长终于发现那个黑人孩子失踪了，当他断定孩子已经掉入海里后便下令返航，回去找。这时，有人规劝道：“这么长时间了，就是没有被淹死，也让鲨鱼吃了……”船长犹豫了一下，还是下了返回的命令。又有人说：“就为一个黑奴孩子，不值得。”船长大喝一声：“住嘴！”

终于，在那孩子将要沉下去的最后时刻，船长赶到了，救起了孩子。

当孩子慢慢醒过来后，跪在地上感谢船长的救命之恩时，船长扶起孩子问：“孩子，是什么让你坚持了这么久？”

孩子回答：“我坚信您肯定会来救我的，一定会的！”

“你怎么就肯定我会来救你？”

“因为我知道您是那样的人！”

听到这里，白发苍苍的船长扑通一声跪在黑人孩子面前，泪流满面：“孩子，并非我拯救了你，而是你救了我啊！因为我曾经有过犹豫和徘徊。”

拉尔夫·沃尔都·爱默生说：“最有益的人生补偿之一，就是人们真诚地帮助别人之后，同时也帮助了自己。”

处世小秘笈

一个人被他人信任，也是一种幸福。他人在绝望时想起你，相信你会给予拯救更是一种幸福。他人眼中的诚信，可以帮助我们救赎灵魂，这该是多么神奇而伟大的力量啊！

第五章　规划决定未来

给自己正确的定位更有利于成功

几千年前，老子说：“自知者明。”苏格拉底说：“你要认识自己。”一个东方的智者、一个西方的思考者，竟有如此相似的思想。由此可见，认识自我对于个人的人生发展起着至关重要的作用。但了解别人很容易，真正认清自己却并非是件容易的事。所以，古人才说：“人贵有自知之明。”一个“贵”字，道尽了自知之不易。

鲫鱼、刀鱼、河豚是长江里三种味道非常鲜美的鱼。虽然它们有不同的习性和体形，但用一张渔网就能捕获它们。

鲫鱼食用的时候不能去鳞，美味全靠鱼鳞。鲫鱼入网时，只要向后退一点，就可以逃出渔网。但它爱惜自己的鳞片，不肯后退，不顾一切往前冲，结果被网获。

刀鱼鱼如其名，外形如匕首，脊上的鱼鳍坚硬密集。当入网时，与鲫鱼正好相反，它迅速后退，不料鱼鳍被网目死死卡住。其实，它只要继续往前就可以穿过网眼。

河豚身上没有鳞片，也没有硬鳍，表面的钉刺密密麻麻。它与鲫鱼和刀鱼的做法都不一样，入网后，它便拼命地给自己鼓励、打气，撑圆肚皮，试图胀断网目，最终却同渔网一同浮出水面。

捕获鲫鱼、刀鱼、河豚，从客观上说，靠的是人们对其天生缺点的利用。

就这几种鱼的特性，我们对照自己，不难发现，自己也存在着多种劣根性和局限性。我们往往总是看到别人的不足，却看不到自身的缺点。能看出别人的问题，却不知道自己也在重蹈别人的覆辙。许多时候，打倒我们的并不是别人，恰恰是自己，所谓作茧自缚。

换句话说，有可能你平凡而渺小，也可能出色而杰出。这在很大程度上取决于你是否能够经常反省，充分地认识自己，并在此基础上对自己进行正确的认识，为自己的未来定位。

一个正确的定位对于自己来说很重要，定位决定人生，定位改变人生。一个人想在世上占一个什么样的位置，正确的做法就是根据社会需要、个人特长、人生目标等各种因素来做出判断。

有一个乞丐站在地铁出口边行乞边卖地图。当然，行人主要是给予他钱财，一般不拿他的地图。有一个商人路过，向乞丐杯子里放了几枚硬币，就急急地走开了。过了一会儿，商人返回来取地图，说："哦！我忘了拿地图，你是在做生意，我也是，我们都是做生意的。"几年后，这位商人参加一个高级酒会，一位衣冠楚楚的先生向他敬酒致谢，说："我就是当初卖地图的那个乞丐。"就是因为商人的那句"你我都是商人"，使乞丐的人生发生了质变。这个故事告诉我们：你怎么给自己定位，就要向什么方向去做。

1969 年，美国营销专家里斯和屈特提出定位概念，即商品和品牌应在可能的消费者心里占据一席之地，企业经营才会成功。随后，逐渐扩大了定位的外延。大至国家、企业，小至个人、项目等，均存在定位问题，事关兴衰成败。

小时候，汽车大王福特帮父亲在农场干活。父亲和周围的人都愿意他在农场帮忙，但福特却深信自己将来会成为一名机械师。12 岁时，他就在头脑中构想用能够在路上行走的机器代替牲口和人力。于是，他用一年的时间将别人需要花三年时间完成的机械训练完成了。随后，他花两年多时间研究蒸汽机原理，渴望实现他的理想，但未获成功。随后，他又投入到汽油机研究上来，每天都梦想着能制造一部汽车。终于有一天，他的创意得到了大发明家爱迪生的欣赏，邀请他到底特律公司担任工程师。在福特 29 岁时，经过 10 年的努力，他成功地制造了第一部汽车引擎。福特的成功，完全归功于他的正确定位。

人生不同的阶段，要有不同的人生定位。只有这样，你才可以创造令人满意的人生。

俗话说：人生七十古来稀。

有一个老太太，认为活到这个年纪，要做的事情很少了，可以说是到了生命的尽头，便着手准备后事，不久便死了。同样是 70 岁的另一个老太太则认为，现在没有那么多烦心的事情了，是生命的一个新的开始，她给了自己新的定位。在她看来，重要的不在年龄，而在于你在世上给自己什么样的定位，如何活出全新的价值来。于是，她凭着坚强的信念和毅力，战胜了诸多艰难险阻，开始练习登山。在二十多年里，她登上了好几座世界有名的高峰。95 岁那年，她打破了登顶日本富士山年龄最高的世界纪录。这个 70 岁以后给自己正确定位的老太太就是著名的胡达·克鲁斯太太。

超前定位对你收获难得的机会是十分有利的。当别人尚未开始时，你已牢牢占据了先机。世界首富比尔·盖茨的辉煌战绩原因正在于此。

比尔·盖茨 8 岁时进入全美第一个开设电脑课程的学校。通过学习，盖茨喜欢上了计算机。1971 年，盖茨所在的中学接到一项业务，为一家公司编写工资表程序。盖茨和几个同学接受了这项任务，结束后收获了一笔奖金。随即，他们用 360 美元买了一台处理器、电脑，合伙办起了一家公司，这奠定了盖茨微软大厦的基础。盖茨定位成功的方法在于，当人们还在不太了解一个新兴事物的时候，他已经行走在了他人前面，成为那个行业的规则制定者。

《悲惨世界》是法国大文学家雨果的代表作，小说中主人公冉·阿让由于偷了一块面包给饥饿的家人，结果被当做窃贼判了几年苦役。当他服刑完毕出狱后衣食无着时，被一位好心的神父收留了。但他自认为自己已被别人当做贼，就一不做二不休地偷了神父家里的银器，然后不辞而别，结果，半路被警察扣查，并被带到神父那里对质。如果被查属实，他将面临终身监禁的惩罚。不料神父说，银器是他送给冉·阿让的。警察走后，神父让他把这些银器带走。神父并没有指认他是贼，而是把他当好人，此事震撼了他的灵魂。从此，他就到了一个新的城市从事公益事业，专做好事，不久便当上了当地的市长。

由此可见，正确定位是人生成功的神奇妙方。当你的人生定位发生偏差时，要立即发现并改正它。不知回头只会愈陷愈深，离成功越来越远。

处世小秘笈

一个人在自己的生活经历中，在自己所处的社会环境中，能否真正认识自我、肯定自我，如何塑造自我形象，对自身发展的把握程度，如何抉择，这些将在很大程度上影响或决定着一个人的前程与命运。

找准自己，改变命运

当我们不能决定生活的长度时，就对生活宽度进行改变吧！

我们不要指望父母给我们提供良好的机会和平台，我们也不能埋怨没有好的境遇，因为毕竟埋怨也于事无补。年轻人要学会审视自己现有的一切。这一切，也许有很多方面让人失望。但是，我们应该思考的是，我们拥有的条件并不优越，但在现有的条件下，我们有什么可以做呢？可以怎样做？只要我们把握住现在，就可以创造我们的未来。

当我们还在青春年少时，我们简单地认为只要考上大学，就改变了人生的命运。可是，大学毕业以后，我们才知道，并不是有了文凭就能找到满意的工作。有很多高薪的工作，我们做不了。即使有能力，也并不一定有机会去做。世界仿佛一下粉碎了我们的梦想。这时，我们迷茫，我们无所适从。

我们觉得自己似乎什么都能做，但却又什么都做不了。我们学到的东西，仿佛一夜间便失去了作用。我们除了一张文凭之外，我们还有什么可以让招聘公司动心的呢？我们渴望机会能让我们大展拳脚。但是，我们缺少背景、关系，甚至连最起码的工作经验都没有。年轻时是人生最容易迷茫的时候，也是最难找准自己位置的时候。

前不久，教育部官员说："大众化时代的大学生不可以再以社会精英自居，要怀着一个普通劳动者的心态和定位去参与就业选择和就业竞争。"在二十几岁的时候，无论我们找到一个多么令人信服的借口，但如果我们就此颓废，也只是将我们一生置于黑洞。

所以说，行动和作为才是我们最需要的。无论处在怎样的位置，即使做一颗"螺丝钉"，我们也要发出自己的一分光、一分热。虽然我们还年轻，算不上"精英"，但"精英"一定会在我们这一辈年轻人中产生。

我们缺少平台，我们暂时做不成什么，别人不接受我们，这些都无所谓，因为进入社会只是我们学习的开始。关键在于，我们一定要明白，自己所在的环境、这个行业，能否提供向上发展的机遇。

我们来到社会上，要找准自己的位置，切忌好高骛远，眼高手低。找工作的时候只盯着工作的待遇和环境，结果只会处处受挫，使自尊和信心都受到打击。

有了高起点，个人的发展就会有高速度。但假如少了高起点，只要我们找准自己的位置，在这个位置上做好准备，也会有一个十分不错的开始。

正泰集团股份有限公司董事长兼总裁南存辉，初中没毕业就开始做鞋匠。南存辉回忆说：“我初二的时候，13岁，离毕业还有15天，我父亲因为意外腿部骨折，医生说，他可能要休息一两年，而母亲身体一直不好。作为长子，照顾弟妹、养家糊口的生活重担就压在了我的肩上。”

他父亲是街坊上手艺精湛的老鞋匠，接父亲的班是南存辉的第一份工作，就这样，他做了一名修鞋匠。他每天挑着工具箱早出晚归，走街串巷，在温州柳市镇，摆摊替别人修鞋。

艰苦的生活经历，使南存辉养成了节俭的好习惯。近几年来，多次登上福布斯中国富豪榜的他生活依然俭朴，他甚至还让在美国留学的儿子自己勤工俭学挣生活费。儿子假期回温州，南存辉也要求他隐姓埋名，到车间勤工俭学，跟工人同吃同住，绝不差别对待。

在事业上南存辉很专一，从事低压电器制造几十年，已经做到了亚洲第一，但他还是跟记者说：“我还没有做到最好，只有把这块市场做到最好了，才可能对其他领域有所涉足。”踏实是他给人的第一感觉，这跟他的修鞋经历是分不开的。

许多民营企业家都是“草根”出身，没有值得向别人显摆的第一份工作，也没有让人羡慕的后台靠山。这些白手起家的企业家靠自己勤劳的双手，聪明地把握住了好时机。他们一步一个脚印地累积财富，虽然文化程度不是很高，却坚持不断学习，以自己的智慧和努力成就了自己，也成就了企业。

处世小秘笈

我们要生活在完全独立的今天，对一个聪明人来说，每天都是新的开始。

做正确的选择，才能让自己的人生路走得更好

对于二十几岁时的人来说，影响一生的重要抉择就发挥作用了。二十几岁时，我们都会面临若干种决定自己命运走向的选择。当人生的十字路口出现在我们面前时，我们不熟悉任何路口，我们也不知道哪一个路口的方向是正确的，我们又应该选择哪一个路口。

一名大学生刚来到公司，在总务室领办公桌时，她挑了半天都没挑好。总务室的小伙子说：“不就一张办公桌吗，差不多就可以了。”但那位女大学生却辩解道：“这张办公桌可能要陪我一辈子，怎么能马虎啊！”

说者无心，听者有意。这句话震撼了小伙子的心，一想到自己一辈子可能就围着一张办公桌转，他就不寒而栗。于是，他毅然离开了闲散的机关单位，开始了艰辛的创业旅程。这个小伙子就是如今的房地产大鳄潘石屹。

一些天赋相差无几的人，因为选择了不同的人生方向，人生就会迥然相异。所以，走好每一步，做好每一次选择，就显得尤为重要。选择常常像一级台阶，不同的选择将决定不同的人生命运。二十几岁时的选择更为关键，因为它可以决定30岁以后的命运。

哲学家苏格拉底曾经让他的学生在苹果林中找出一只最好的苹果，不能回头。一些人在寻找的途中，先是看见一个好苹果，因为想要拿后面最大的，所以一直没有下手。直到走到林子的尽头时，才发现第一个才是最好的。另一些人，一开始就认为收获了最好的果实，却发现另外的苹果比他的好吃。但是，人生没有后悔药，不容你再次抉择。人生类似于果树林，等待我们去做一次次无法重复的抉择，摘下属于自己的果实，没有回头的机会。因此，我们应学会明智地做出选择，通过比较，尽可能地为自己选择一条更好的道路，摘到更大的果实。

我们必须做出正确的选择，只有决定了正确的前进方向，成功才有可能出现。即使现在不能成功，将来也会成功。所以，找到了正确的人生航向，是一件重要的事情。但问题是当选择没有结果

的时候，谁又能知道自己的选择是对还是错呢？面临诸多选择的时候，是选择在当时看来是最好的，还是要从长远的角度来看呢？

人在做出选择时，通常不会有人认为自己的选择是错误的。没有人会故意做出一个不利于自己的决定。之所以选错，往往是由于不懂得如何选择。我们经常认为自己很聪明，对自己的选择往往充满了自信。做出正确的选择一般不难，困难的是选择要有智慧性。二十几岁时，因为我们对自己、对社会还缺乏足够的了解和认识，所以，必须先有认识自己和社会的本领，才能知道如何做出正确的选择。

二十几岁时，我们还缺少丰富的人生经历，还不能辩证地用智慧解析自己所遇到的选择，因此，我们就不要动用自己的聪明，有时不如装得笨一些。二十几岁时的很多失败都是由于我们自以为聪明的选择造成的。因为我们自认为聪慧，所以不愿意牺牲、不愿意妥协、不愿意做看似没有必要的付出。其实，当我们的地位比较弱势时，我们一定要学会妥协和牺牲，学会改变自己。

我们选择一份工作，不是只为了眼前，更应该着眼于将来，看到以后。很多人选择工作的时候，只坚持一个原则——薪水越高越好。工作就是为了赚钱，否则打死我也不干！他们的理由是辛苦学习了这么些年，不就是为了能够在工作中多赚些钱吗？的确，如此努力学习，谁都希望有一个好的结果。但是，我们必须清楚，我们的工作是为了可以为公司获得更大的利益。如果哪一天我们不能再为公司创造利益了，公司也会毫不留情地将我们逐出公司，迫使我们离开工作。以挣钱多少来选择自己的职业，是目光短浅的表现。

年轻人必须学会积累无形资产。在一个行业里，只有拥有了一定的无形资产后，才可以充分地体现自身价值，进而我们才能找到更多机会。但遗憾的是，很多人在二十几岁做选择时，都特别在乎自己的有形资产，而忽略了无形资产。结果，一辈子都在为失业和薪水而担心。

二十几岁时，千万不要过多重视眼前的东西，要学会放眼未来、专注未来，避免陷入短视的误区。只有寻觅到你一生的工作，才能在赚取生存资本的同时，使自己的人生价值得到体现，未来的蓝图也会在工作中逐渐明朗起来。实际上，这和射击运动员很像，靶心是他们永远的关注点，找工作就是让我们寻找适合我们的行业，而不是过多地考虑，今天要赚取多少钱。如果能为自己能力和未来实力的提升做好准备，那便是最大、最好的回报。所以说，年轻人不只是选择赚钱，更要选择发展，它对你三十岁以后的命运至关重要。

处世小秘笈

只有学会能屈能伸，学会更好地适应，我们才能更好地生存和发展。

正确认识自己才能变废为宝

富兰克林说："宝贝放错了地方就是废物。"其实，我们也可以从这个角度阐释这句话：如果想成为宝贝，就要放对地方。所以说，二十几岁时，一定要认清自己是怎样的人，该从事什么职业，适合做什么工作。如果没有把自己放对地方，就会像毛驴拉磨一样，虽然周而复始，但终究不能改变命运，一生也就此碌碌无为。

二十几岁时，我们对一切都十分好奇，对社会还有很强烈的求知欲。但当我们开始人生命运的选择时，一定要知道自己想要什么，知道自己还缺什么。只有明白自己真正的需要，认清了自己的内心，才能做出最合适的选择。

二十几岁时，我们总会认为周围的人不好接触，但也许我们自己才是我们最难以了解的人。古希腊人就把能认识自己当做人生的终极智慧。阿波罗神殿的大门上写着这样一句箴言："认识你自己。"

古话说："人贵有自知之明。"自知之明，这是认识自我的正确态度，是成功者的重要经验之一。

自知能使人明辨自己在群体中的位置和与他人的关系,自知能让自己处事保持清醒,冷静评价个人的能力,能够促使自己更为贴切地把握个人的抉择,从而使自我设计与自我训练更加有效。也就是说,人有了自知,就能正确认清自我、审视自我,从而充分发挥潜能。

俄国作家列夫·托尔斯泰年轻时,曾经无所事事。后来,经过朋友的帮助,他反躬自省,认识到了自己身上的种种缺点,并且慢慢改掉了自身的不足,潜心写作,先后创作了《战争与和平》《复活》和《安娜·卡列尼娜》等名著,成了著名的作家。

内省和交往是了解自己的两个途径。通过交往,知道别人眼中的自己,对照自己眼中的自己,这样,可以修正某些自我观念,交往越深,范围越大,就会得到更多更全面的关于自我的信息。通过内省,可以审视自己的思想、言行,从而挖掘更深层的内容,充分了解自己的潜能。

如果对自己的形象和身体、品德和才能、缺点和不足,特长和优点、过去和现状以及自己的价值和责任,都有一定的认识,那么,你将受益终生。反之,则会走向成功的反面。

有个青年酷爱写作,但他基础不好,也不爱读书,常写错别字,但就是爱写,写了不少文理不通的稿子,四处投稿,结果均没被采用。但他不去思考问题的症结在哪儿,总是对别人进行埋怨,感叹自己运气不好,遇不到伯乐。他的妻子对此颇有微词,于是,就劝诫他做些力所能及的事,不要在自己不拿手的地方花费精力,而他却责怪妻子不理解不支持他的事业。久而久之,家庭生活陷入了极度的困境。妻子也因无法忍受他的"执着",愤然离他而去。这样一个和谐的家庭就此破灭了。

不能客观评价自己的能力,过高估计自己,就会导致眼高手低,好高骛远;而过低估计自己,就会自卑消极、不求上进。二者都不能使自己的才能得到正常发挥,也不能最大限度释放自己的能量。

当一个人无法准确的认识自己时,实践则是一个了解自己的好途径。实践过程会让人清醒地认识自我,在实践的风风雨雨中,可检验自身各方面的素质和能力,从而重新认识自己。

有些人认为自己天生适合当老板,于是,就辞去工作,下海经商。在实践中,有的人成功了,新的事业蒸蒸日上。有的人却失败了,下海呛了一肚子苦水,只得踏上归途,去做原来的工作。所以说,实践过程最容易让人清醒地认识自我。

人在从事一件从未做过的工作之前,很难准确评价自身,对自己能否胜任这个新工作也没有十分的把握。那就不妨实践一下、尝试一下,在实践中不断总结成功的经验和失败的教训,时时反省自己,用新的眼光来看自己。

年轻人你可别站错地方,否则,你永远成不了"宝贝"。

正确认识自己的优缺点,发扬优点,改正缺点,方可让才能得到最大限度的发挥。

做好人生规则,才能实现理想

"凡事预则立,不预则废。"因此,只要有可能,我们还是应该对自己未来所要走的路进行细致的计划,分清阶段,划分步骤,对每步都进行详细计划,比如,每一步要花费多少时间,每一步要达到什么目标,尽量清晰明确。哲人说:"成功的人生需要正确的规划,今天你处在什么位子无关紧要,但你下一步迈向哪里却很重要。"

我们不能只是为了有路可走而盲目地进行选择,等撞了南墙再返回去。那时,我们只能碰得头破血流,最后输掉的是年轻的资本。所以,我们要深思熟虑,对未来要有一个充分的规划和预期。每一步应该怎样走,心中都要有一个明确的计划。要知道,成功通常并非紧靠在自信的一方,而是站在有计划的一方。

每个人都要走自己的人生之路，但究竟要走什么样的人生道路呢？人生之路又该如何规划呢？很多人的心中并没有明确的目标，只是匆忙选择，缺少思考，急匆匆地上路，很简单地在想：不管什么路，先上路再说，实在不行再换。但偏偏就不愿意去花时间思考和规划一下自己该走什么样的路。

假如我们选错了方向，走错了路，那么，好的发展就会离我们远去。有时候，也许根本不用你去选择和规划，因为父母已经给你安排好了一切，但父母或别人给你安排的真的是你想走的路吗？又真的适合你走吗？所以说，父母给你安排的路是否适合，一定要先考虑清楚才行。

有的人即使选择了自己要走的路，但只是着眼于当前，根本就没有对未来要走的路进行全面的规划与设计。或者虽有目标，但也只考虑眼前的利益，而放弃了长远的目标。结果，与当初的理想背道而驰。

实际上人生就是一个始终自我规划并且不能有所懈怠的过程。如果只是懵懵懂懂一无所终地走下去，那么，未来就很有可能过着或困窘或一成不变，或辛苦劳累或平淡无奇的生活。要知道人生从来都不是一个轻松的过程，盲目的、散漫的、毫无规划与目标的生活，会阻碍人生的发展。我们虽不能拉长岁月的长度，但终究可以通过人生的历练和自我的坚持来拓展生命历程的宽度，增加岁月的厚度。

上数学课时，我们学过“两点之间，直线最短”的定理。在人生道路上，这个规则也很适用，我们可以花最少的时间精力，用最短的距离实现目标，用一条直线将出发点和目的地连接起来，而这条直线就是努力的方向和途径。

其实，无论我们做什么事情，都需要确定属于自己的原点和目标点。要明白原点在哪里，更要了解目标是什么。如果没有原点，将会不知所措，无法有好的开始。若缺乏目标，就会不知要何去何从，浪费宝贵的时间和精力，使你没有方向，最终一事无成。

所谓原点，就是自己当前的现状与能力，以及所具备的条件。而目标就是你真正想要达到的境界、完成的理想。它必须要十分具体明确，既可以衡量又容易追踪。因此，唯有先确定原点及目标点，才能迅速奔向目的地。

很多时候，我们仅仅知道走路是不够的，更要明白什么样的路可以走。西方有一句谚语说：“如果你对到哪儿都不清楚，那么，你就哪儿也去不了。”

要用自己的标准来衡量自己

二十几岁的时候，我们总是用传统的方式去判断事物，习惯按大多数人的思考模式去解决问题。这也没有什么大错，毕竟人们通常比较偏爱熟悉的路。人活着往往是活给别人看的，所以，按照别人的价值观和审美观来衡量自己的对错也就不足为奇了。只有按照被大家都肯定的价值观来生活，别人才不会说三道四，才会让自己熟悉的人满意。但是，如果能让所有人满意的话，唯一不满意的就可能是我们自己了。而没有了自己的价值观，我们也就无法成为一个独立的个体。

当你遇上害怕做的事情时，只要敢试一试，就会发现事情没有你原先想象的那么可怕。

刚加入微软的时候，李开复在比尔·盖茨面前总不敢讲话，他十分害怕自己说错话。

有一次，比尔·盖茨召开改组会，要求每个人都必须发言。李开复当时想：既然一定要讲，那就大胆地说吧。于是，他鼓足勇气说：“在我们这个大公司，员工的智商比谁都高，但我们的效率却比谁都差，因为我们经常改组，很少考虑员工的感受和想法。在别的公司，员工的智商是相加的关系，但当我们整天陷在改组‘斗争’里的时候，我们员工的智商却是相减的关系……”

会后，很多同事都给他发电子邮件说：“你说得真好，真希望我也能像你一样有勇气说。”结果，比尔·盖茨不但接受了李开复的建议，对公司的改组方案进行了修改，并在与公司副总裁开会时引用他的话，劝大家开始改变公司的文化，不要总是陷在改组“斗争”里，以致公司的智力资源削减。

从此，李开复再也不惧怕在任何人面前发言了，并且逐渐走向了成功。

这件事充分证明：未曾尝试，就无法知道自己的确切实力。尝试不一定能成功，但不尝试则一定没有成功的希望。从这个意义上说，不敢尝试才是最大的失败。机会总是在于发现，在于寻找，在于创造。不去尝试一下，不试着去做一下，人生之路就不会宽广。

如果总是以一种固定的模式去生活，结果往往是缺乏新的尝试，因为我们不需要去思考，而不动脑思考就不能完成。有时即使想到，也会缺乏勇气来完成。其实，想做大事，有时并不需要有许多明确的目标，也不需要我们想太多，而是需要我们行动得非常快，有时甚至连目标是什么都可以不知道。但我们必须不断地去尝试新的事物，勇敢接受全新的讯息，直到能准确把握自己所做的选择为止。

为了让自己将来不后悔，就必须给自己一个无悔的过程。有了无悔的过程，才会有一个无悔的结果。多尝试自己未曾做过的事情，才有可能让我们不至于总在原地打转，总生活在一个小圈子中间。也就是说，只有离开原地，我们才能发现一个属于自己的新地方。

不要总在乎别人说什么，也不要想别人怎么看我们。人的命运应该掌握在自己手中，人生之路在自己的脚下，应该自己决定自己要走的路。思路影响着人生未来，多一个思路，就多一条人生的出路。所以，我们要多做尝试，做自己想做的，做自己没做过的事情。

很多人常用别人的标准来衡量自己，但别人的标准并不一定适合我们。如果想做什么，总是习惯问别人，我可以去做吗？我够条件了吗？那么，别人会给你否定的答案，那样我们就会依照别人的判断选择放弃。要知道生活在别人的目光下，永远活不出真正的自我。

二十几岁是人生的一个十字路口，很多站在这个路口的青年人都找不到自己的路线，都不知道自己将要到达的目的地。最终，有的人一生辉煌，有的人平凡一生，也有的人误入歧途！其实，每一个青年人都渴望自己有一个成功的人生，可当他们站在这个路口的时候，却迷茫了，因为他们的人生理想并不清晰。

二十几岁的年轻人大多是毕业想找个工作，安安心心地上班，当然是无可非议的。但是，如果我们习惯朝九晚五的上班族生活，日复一日，任凭岁月消逝，并且对这种状态十分满足，那么，我们很有可能在三十几岁时仍在为生活辛苦地打拼，所以，我们在二十几岁时不要有过于简单和满足的想法。只有明白自己可以做什么，将来我们需要什么，我们才能清楚而理智地规划未来。

现在很多三十多岁的人很富有、很成功，可二十几岁时他们和平常人并没有多大差别，我们不禁想要寻找其中的原因，究竟是什么造成了人们之间未来的差距呢？为什么有的人能够得到巨额财富，而我们却不能呢？他们要比我们富一千倍，就能说明他们有比我们多一千倍的聪明吗？绝对不是。实际上，人的资质相差并不多，差异都是后天造成的。想想看，我们的同学在毕业时，大家起点一样，而过了五年、十年、十五年后，同学再聚会时，大家的状况就会各不相同，有的人驾着宝马、奔驰、沃尔沃，有的人开着帕萨特、宝来，而有的人却骑着自行车。同学之间在智商上差别很大吗？绝对不是，真正的差距在于思想！

不怕做不到，就怕想不到。一个人贫穷，主要是头脑贫穷。一个没有创业动机的人，是很难富有的。想过富有的生活，就要先有高瞻远瞩的思维。头脑富有，口袋就能富有，拥有富有的思想，就能远离贫穷。

满足于温饱现状的人不可能赚到很多钱，所以，要想让生活多彩多姿，就必须每天饱含赚钱的动力，充满成功、致富的欲望。只有那些对现状不满足的人，才能真正成为富翁。只有要求越多，欲望越强烈,我们才能得到越多。

二十几岁时要不甘心于平平凡凡,要有非常明确的人生航向。只有敢想、敢干、敢闯,才能迅速走向成功。不甘平庸、渴望致富,一心想要有所作为,只有这样,才能最终高人一等,成为有成就的人。要知道,思想与魄力,决定了一个人一生成绩的大小。

二十几岁时,我们都还缺少一些与众不同的背景,没有傲人的业绩,没有足够的资本,甚至可能因为没有经验而找不到工作。但是,我们年轻,我们敢闯,我们对那些没有尝试过的事情敢想敢干。做人,就应该有点闯劲儿!

假如在二十几岁时我们只是想简简单单赚一点钱,养家糊口,对于未来并没有什么明确的目标,那么,我们就非常有可能使自己被耽误,从而埋没了自己的才华。我们可以允许自己在二十几岁时奔波劳累,不辞劳苦只为能养活自己。但是,我们绝不允许我们在三十岁时还在为明天吃些什么、哪里可以住而担忧。如果你没有为明天付出更多的努力和准备,那么,明天也不会给你太多的回报。

机会只会留给有准备的人,没有准备、没有想法的人,连机会都不认识,更不要谈抓住机会了。一个人的想法决定了他将来的命运,同时对他未来的出路与方向也有至关重要的作用。二十几岁时,我们不一定要马上创业,但我们一定要提前规划,提前准备,尽最大的可能为自己寻找最好的出路,经过五年、十年、十五年的努力,直至取得成功。在二十多岁时你的努力与选择,将决定你在三十几岁是贫穷、中产、还是富有!

处世小秘笈

我们无法选择自己的家庭和出身,但是,我们可以选择自己的人生之路,可以选择自己的生活方式。对于自己的命运,我们当然能够自行去改变、去安排。生命的意义就在于要创造自己,走出一条真正属于自己的路。

挖掘自己的潜在能力

你的潜能有多大?请你仔细回忆自己有没有做过一些连自己都难以置信的事情。只要下决心想,肯定能找出来。有人说,自己对自己的了解是最少的。对一个人来说,了解自身是极其不容易的。对自己的显能也并不完全了解,更何况是潜能呢。

世界潜能大师安东尼·罗宾曾讲过这样一个真实的故事:

美国人梅尔龙,19岁到越南打仗,被流弹打伤了背部的下半部分,失去了行走能力,从此只能靠轮椅生活。这样过了整整12年,那些日子实在难熬,他经常借酒消愁。有一天,他刚从酒馆回家,半路中遇到了抢劫。他拼命挣扎的时候,劫匪放火烧着了他的轮椅,大火烧得他情不自禁地跳了起来,拼命地向前奔跑,跑的时候竟全然忘了自己是一个残疾人。事后,他说:"假如当时不逃跑的话,就只有死路一条。一紧张我就忘了很多事情,并不记得自己已经整整12年没有下过地了。我拼命逃跑,直到停下脚步,才发觉自己早就恢复了身体健康。"从此,他丢掉了轮椅,正常地生活、工作。

成功学家拿破仑·希尔博士说:"每一个人,即使是拥有光辉成就的伟人,在他的一生中,利用自己大脑的潜能也还不到10%。"

心理学家耶尔说:"人脑是一种比原子弹威力更加巨大的心理炸弹,能在每个人封闭的力量内部引起分裂,释放出巨大的能量。"

创造世界跳高纪录的运动员布鲁梅尔在一次交通事故中不幸受伤,以致无法行走。医生们一致认为,他将依靠拐杖维持他的一生。然而,没过多久,他在多次手术后又越过了两米的高度,再次回到了运动场上。别人都觉得不可思议。他的成功来自惊人的锻炼强度:4.7吨举重,肩负160千克重物的2500次弹跳……由此可见,人有巨大的潜能。

压力是潜能之舟，压力会使人把潜能发挥到极致，促使人战胜困难，从而发现更有效的行事方法。

但凡成功的人，都曾遭受过来自各方的压力。战胜压力的过程，就是潜能不断被开发的过程。因此，二十几岁的你，在为自己规划时，要充分估计自己的潜能。否则，规划反倒会成为限制自己发展的一把铁锁。

处世小秘笈

每个人的潜力都是巨大的，只要能激发出自己的一点点潜能，就有可能使自己成为各行各业的排头兵；如果能发挥大脑潜能的一半，就可以轻而易举地掌握40多种语言，背诵整本百科全书，拿几个博士学位。

依据自身气质来规划人生

气质是指表现在人的心理活动和行为动力等方面的稳固的个人气质。气质是一种在先天生物学因素影响下的心理特性，拥有较高的稳定性，主要表现在心理活动的速度、强度、灵活性方面。简而言之，气质是与生俱来的、比较稳定的心理状态。所谓的"脾气""本性""江山易改，禀性难移"，说的就是气质的稳定性。

在生活中，有的人性情急躁，易发脾气，遇事缺乏沉着冷静的思考；有的人冷静沉着，不轻易动肝火，遇事三思而后行，虽然内心不快，但也不会马上显露出来；有的人动作迅速，言语伶俐而有力量，很容易适应环境的变化；有的人行动缓慢，语言缓慢无力。这些心理活动的特征，会给心理表现涂上一层色彩，将人的气质特征体现出来。

关于气质类型的划分，最有效同时最流行的是从古希腊沿袭下来的4种类型的划分，即胆汁质、多血质、黏液质、抑郁质。

多血质型。多血质型的人具有活泼好动、充满朝气、反应迅速、动作敏捷、情绪不稳定、粗枝大叶等特点。该类型的人行动反应性很高。他们会对所有吸引他们的事物，做出生动的、兴致勃勃的反应。这种人行动敏捷，有高度的可塑性，容易适应新环境，也易于认识更多新朋友。他们一般属于外向型，姿态活泼，表情生动，有语言感染力和表达力。此外，他们还具有较高的主动性，在活动中表现出精力充沛，有较强的毅力。但有时候，长期从事平凡的工作，会使他们的热情容易消退，最终会萎靡不振。

胆汁质型。胆汁质型的人具有精力旺盛、表里如一、刚强、容易感情泛滥这些特征。该类型的人反应速度快，具有较高的反应性和主动性。他们缺乏稳重、脾气暴躁、喜好挑衅，但态度直率、精力旺盛。他们能以极大的热情来对待工作，能克服前进道路上的障碍，但耐性较差。当困难太大而需要特别努力时，有时会显得心灰意冷、意志消沉。这种人的可塑性差，但兴趣较稳定。

黏液质型。黏液质型的人办事有稳重但缺乏灵活性，踏实但有些死板，沉着冷静但缺乏生气等特征。该类型的人反应性低，情感不轻易显露，也不容易发生。他们态度持重，交际适度，对自己的行为比较有自制力。他们心理反应缓慢，遇事不慌不忙。其灵活度和可塑性较差。这一方面使他们能有条理地、冷静地、持久地工作，另一方面又使他们容易按部就班，没有创新精神。他们的行为一般表现为内向型，对外界刺激反应不明确。

抑郁质型。抑郁质型的人具有体验深刻、稳重、敏锐、外表温柔、怯懦、孤独和行为缓慢等特征。该类型的人具有较高的感受性和较低的敏捷性。他们具有较低的心理反应速度，动作迟钝，说话慢慢吞吞。他们往往多愁善感，容易发生情感，但表现微弱而持久。他们性格都偏内向，人际交往力较差，在危险面前常表现出恐惧和畏缩；在受挫以后，常心神不安，不能迅速地转向新的工作。此外，他们的主动性较差，耐性不强。但这种人富于想象，比较聪明，对力所能及的任务会表现出较强的坚韧精神，能克服一定的困难。

这四种气质类型的典型特点有明显的区别。但在现实生活中，并不是每个人都能明确归入某一气质类型，中间型或混合型的人占大多数，他们较多地拥有其中一类人的特点，同时又兼有其他类型的特点。

人的气质类型各具特色，它表现了人的神经系统的某种特性。正如人的神经系统没有好坏之分一样，气质也没有好坏的区别。每种气质类型都有积极的一面，当然也有消极的一面。它不能决定一个人的性格发展方向，对一个人的能力大小也没有太大影响。

不同气质的人，其优点缺点也不同。在任何一种气质类型的基础上，都既可以发展良好的性格特征和优异的才能，也可以发展不良的性格特征和限制才能。所以，在给自己进行定位时，要结合自身气质，这将大有裨益。

处世小秘笈

气质是人生规划的气象因子。明白自己所属的气质类型，对生活、事业、爱情、身心健康都有直接的帮助，对正确的自我定位有很大影响。

做一个受人尊重的人

不要总抱怨这个社会充满势利，要埋怨也只能埋怨自己没志气。“势利”通常会让人不快，但也不是完全没有价值。它就像一条鞭子，驱赶人们努力进步，从而改善自我。二十几岁的年轻人尤其渴望得到别人的尊重，但在希望别人尊重你以前，不妨先想一下，你有哪些让人尊重的资本？你又是否给别人足够的尊重了呢？

假如任何人都可以无条件地享受到尊重，那么，谁还愿意流汗流血、追求出人头地？从这个意义上来说，一个人不受尊重，是由于他没有受尊重的资格。鲜花和掌声只是他梦想的荣耀，轻视和白眼却是他此时应享的待遇。只有想通了这个问题，人才能平静下来，说不定还会因此而鼓起奋斗的勇气。

很多年前，一个年轻人应聘到一家汽车公司当修理工。他对此非常满意，认为从一个小地方来到大城市，而且还能找到这样一份工作，真是不赖啊！

他计划为自己的这个改变庆祝一下。于是，拿着自己第一个月的工资，他来到一家豪华餐厅，也装作绅士的模样坐在餐桌边等侍者服务。

15分钟过去了，他还没有等到侍者的招待。难道我穿着这件有些油污的工作服让他们看不起吗？于是，他有些不耐烦，冲着侍者叫嚷起来。

侍者应声而来，递上菜单，显示出了不屑一顾的神情。但年轻人并没留意到侍者的脸色，他被菜单上的菜价吓到了——即使他口袋里有多三倍的钱，他也不能随意满足自己的口味。

这时，侍者等得不耐烦了，建议他说：“您看好了吗？您不适合点这些菜。”侍者指点着那些昂贵的菜。

这时，年轻人心里不由地火气上升，非常想点一道很贵的菜品，无非就是将口袋里的薪水全掏出来罢了。但他即刻平静了下来，想起了母亲的告诫：“你必须去面对生活给予的不愉快的事情。你可以怜悯别人，但绝对不能怜悯自己。”于是，他决定做一件使自己很不舒服的事情。他合上菜单，平静地说：“请给我来一份汉堡包。”

吃完汉堡包，他就立下了一个志向：成为一个真正意义上让人尊敬的人。

后来，他果然成为了一个值得全美国乃至全世界尊重的人。他就是美国的“汽车大王”、福特汽车公司创始人——亨利·福特。

二十几岁的青年都渴望有所成就，但学会付出是你得到这一切的基础，只有付出你的辛苦和汗水，才能取得成功。如果你不能付出，只想索取，那么，等待你的也只有失望而已。尊重，是需要一定条件的。

年轻人要对自己有正确的评价，并对自己有一个正确的认识。对客观现实，对自身实力，要有一个切合实际的估量，在现实生活中找准自己的位置，不要急于求成和急功近利，而是要采取温火慢攻的策略。这样一来，在默默无闻地坚持过程中，就会水到渠成，这是不容置疑的。终于喘出来的这口气，当然是自己争来的。

处世小秘笈

人就是为了争一口气。不过，这口气不是别的，而是志气。只有这样，才能成为值得别人尊重的人。

把苦难当做人生的一笔财富

苦难是一种财富，它比幸福更难忘怀。

人们往往把苦难看作人生中纯粹消极的、完全应该摒弃的东西。当然，苦难与主动冒险是不同的。冒险能产生挑战的快感，而我们忍受苦难总是迫不得已的。但是，作为人生消极面的苦难，它在人生中的意义总是完全消极的吗？当然不是。

苦难与幸福是相反的东西，然而其相似之处有很多，比如，它们都直接和灵魂有关，并且都牵涉对生命意义的评价。在通常情况下，我们的灵魂是混沌的。一旦我们感到幸福或遭到苦难时，它便醒来了。如果说幸福是灵魂的巨大愉悦，这愉悦源自对生命幸福真谛的强烈感受，那么，苦难之所以为苦难，正是由于它对生命根基的撼动，触动了人对生命真谛的信心，因而使灵魂陷入了巨大痛苦。有些东西一定可以叫醒灵魂，使之处于虽然痛苦却富有生机的紧张状态，应当说必定具有某种精神价值。

任何苦难都不是我们失败的借口。苦难能磨炼我们的意志，苦难可以让我们学会掌握自己的命运，路在自己的脚下，一切都应该由我们自己掌控才行。

当残酷的现实摆在我们面前时，我们不能改变，不能抱怨，只有接受和承认，如同苦难摆在我们的面前一样。但是，我们绝对有办法对后半生的生活环境、生活方式进行选择。也就是说，我们有办法选择后半生的命运平台。

年轻人正是我们豪气冲天的时候，但内心也有柔弱的一面。我们虽然害怕面对苦难，但我们一定不可能回避苦难，因为只有苦难才可以让我们成长，我们会在苦难中坚强起来。苦难能培养人的意志品质，赋予人勇气和毅力。人要成功，靠的就是这样的坚强毅力和超人般的勇气。而这样的毅力、这样的勇气，只有经历苦难的人才能得到。

所以说，苦难是一种真正的财富，二十几岁的青年人，更需要这样一笔财富来充实自己。

处世小秘笈

人需要经历苦难，更要靠苦难来使自己成长。温室里的幼苗是经不起风吹雨打的，同样，一帆风顺的人生也不是完整的人生，因为少了苦难，缺了跟苦难搏斗的经历，便少了那份磨炼，少了那笔宝贵的财富。

把为自己工作当成人生的目标

如果在二十几岁的时候就以为自己工作为目标，这样，在不远的将来，你就会是别人的老板。因为老板做任何事情都是为自己，穷人一辈子都在为老板而忙活。

二十几岁时，我们总是有很强的优越感。我们认为自己卓尔不群、不同凡响。可是，一踏入社会才知道，抱着这种想法的人真是数不胜数。其实，刚刚毕业时，人与人之间的差距能有多大呢？除了文凭和专业知识有所区别外，其余差异甚微。站在招聘会上，我们看到的是一簇簇的人头，“人才市场”成了“人头市场”。经过艰难的选择，也不知是我们选中了公司，还是公司选中了我们，反正算是谋取了一个可以填饱肚子的工作，暂且获得了一个容身之处。

刚参加工作时，我们都心怀大志，力争好好表现。仰望着上司的座位，我们兴奋无比，似乎那就是为自己准备的，我们不禁摩拳擦掌、跃跃欲试。谁料想，很长时间过去了，我们还是默默无闻，天天打杂，领到的依然是只够勉强糊口的散碎银两。此时，我们的雄心壮志已经全然没有了，可以做的就是发发牢骚，埋怨工作不尽如人意。可是，抱怨又能怎么样呢？什么也改变不了，现实依旧是现实。

同学聚会时，有些同学成绩斐然。有些人已然当上了某公司的经理，有些人已经成为某某集团的董事长，与之相比，我们不禁自惭形秽、相形见绌。当年，就是这些同学曾在一起畅谈兄弟情深，共商未来。如今，却已有了天壤之别。我们不禁自问，这种差距从何而来？难道真的是技不如人？抑或是自己时运不佳，生不逢时，老天在故意捉弄自己？

要说智商，当年在学校中，成绩的差别并不大。要说运气，凭什么好运都能让别人赶上，自己有没有命运转变的一刻？实际上，问题的根源不在于智商，也不在于运气。究其根本，还是对待事业、对待工作的态度问题。

很多人干工作，无非是为了工作而工作。只是想，我出力，老板出钱，等价交换，谁也不欠谁的，谁也不用过分认真。于是，在工作中，只想做企业的老人，而并非想当企业的功臣。他们没有一丝工作的热情，跟老牛拉磨似的，不求有功，但求无过。只要定期完成工作，至于工作以外的事情，谁会想那么多呢？

你怎样对待工作决定了你在公司的地位。当你工作不认真，任意敷衍时，公司也会敷衍你。如果你的工作成绩一般，没什么特别之处，在公司里一直沉默寡言。那么，当公司裁员的时候，你的名字必然位列其中。

其实，工作绝不仅仅是维持生存的手段。工作的最终意义在于：在工作的过程中，你可以使自己的知识和阅历增值。当你把公司的任务当做自己的事情时，你就会发现，所谓的工作烦恼和不快都消失了。

因此，无论你在什么地方工作，都不应把自己只当做公司的一名员工，而应该把自己当成公司的老板，应该用老板的标准去开展工作。员工和老板最主要的不同在于：老板把公司的事情当做自己的事情，而员工却认为公司的事情只是老板的事情。可想而知，这样的员工一定不能融入公司，也永远成不了优秀的员工。有人问比尔·盖茨什么是最佳员工时，他强调，一个优秀的员工应该让自己饱含工作的热情，当他对客户介绍本公司的产品时，应该有一种“传教士传道般的狂热”！的确，只有把自己的本职工作当成一门事业来做的人，才可能饱含这种宗教的热情，而这种热情对于个人成长是至关重要的。

当你凭借这些热情去工作时，从量变积累到质变后，你便可以在人才市场为自己赢得一个更高的身价。判断一个人身价的重要依据，就是我们所完成的事情。我们如何评价自己，别人如何估算我们的能力，其标准都是我们过去所做的事情。

工作不仅是赚取薪水，它也是在赚取我们自身的资本。老板开公司，必然是因为要获得利益。当我们为老板带来财源的时候，也说明我们很有能力，我们向老板证明了自己。要让公司离不开我们，使公司少了我们就无法运转。我们为公司创造的价值越大，我们拥有的自身的资本也就越雄厚。

所以，当我们把工作当成自己的事情以后，把自己当成公司老板的时候，我们就会尽善尽美地去完成工作的每一个细节。这就是为什么本来与我们无异的同学最终取得成功的关键，因为他能把老板的公司当成自己的公司来做。如果他可以成功经营老板的公司，那么有一天，经营自己公司的时候，他一样也会成功。

处世小秘笈

二十几岁的你如果在因工作的职位低而痛苦时，在为工作的职位郁闷时，在为薪水低而一筹莫展时，在想放弃这份工作时，那么，请先问一问你自己，你究竟在给谁工作？是为自己还是他人？只要想清楚了这些问题，心中的一切疑问便都会化解。

坚持自己的渴望，直到成功为止

为什么在现实中有些人受人敬重，有些人被众人鄙视？有很多人在从事一项工作时，总是得过且过，甘愿做一个掉在队伍后面的“末等公民”，而不愿凭借自己的优势，去争做“一等公民”。这就注定了这类人无法成大事。自己不争气，别人也会看不起你，同样，也就无法尊重你。

二十几岁的时候，是由青春到成熟的过渡期。在这时，及早地分清事实，树立切合实际的人生理想，就能避免走许多弯路。在当今社会，权力和金钱是我们生存的保障，同时也代表着我们的自信和尊严。因此，我们可以大胆地撕下一切伪装，将自己的欲望表现出来。

若干年前，艾德温·巴纳斯发现，人们只要去思想就可致富。这是十分确实可信的事。

“我一定要成为爱迪生工作的合伙人。”当这个思想首次在巴纳斯的心头闪过时，他是无力采取行动的，因为在他面前有两大困难阻挡着他：一，他不认识爱迪生；其次，他没有足够的钱买张火车票去纽泽西州的奥伦治。许多人会为这些困难而伤心，进而放弃实现愿望的尝试。但是，这些困难却挡不住巴纳斯，他从一列货运列车上爬下来，径自出现在爱迪生的实验室，并且说明他是来和爱迪生合作的。

若干年后，爱迪生谈起他跟巴纳斯第一次交谈的情景时说：“他站在我的面前，外表像一个十足的无业游民。但是，他留给我的印象是，他决心得到自己渴望得到的东西。从多年和人相处的经验中我深知，当一个人十分渴望获得某样东西时，为了得到它，他愿意将他的整个前途孤注一掷，这种人必然会取得成功。所以，我给了他他所要求的机会，因为我看到了他的决心，那种不成功决不肯罢休的决心。以后的事实也证实了我的决定十分正确。”这位年轻人之所以能在爱迪生的办公室里获得事业的开端，绝不可能是因为他外表的关系，因为他的外表对他来说十分不利，主要的是因为他的“思想”。

在第一次晤谈中，巴纳斯并未实现自己的愿望。他只在爱迪生的办公室里得到了一个收入微薄的工作机会。

几个月过去了，巴纳斯一心所想的接近那个“明确大目标”的愿望，依然毫无进展。但是，巴纳斯的心中刚好发生了一些重大变化，他在不断地强化他想做爱迪生事业合作人的这一愿望。心理学家说得不错：“当一个人对某件事情有了充分准备时，这件事情就会发生。”巴纳斯准备与爱迪生在事业上合作，而且他决心继续积极准备下去，直到获取他渴望的为止。他从未对自己说：“算啦，有什么用呢？我想我得改变初衷，试着当一个推销员了。”但是，他却这样说过：“我到这儿来就是为了与爱迪生合作，而且不达目的誓不罢休。”

倘若人们明确选择了一个目标，并且坚持这个目标直到对这个目标变成不计一切的执迷，那么，他们的故事将会完全被改写！也许当时年轻的巴纳斯还不懂这个道理，但他却能以不屈不挠的决心，执著地坚持着一个单纯的愿望，这注定会使他跨越所有的障碍，并为他带来他所寻找的机会。当机会来到时，它出现的方式与方向已经出乎了巴纳斯自己预料，这是机会的恶作剧之一。它有从后门溜进来的狡猾习惯，而且它来到时往往伪装成一副失败或不幸的模样。这也许就可以说明为什么许许多多的人不能认识机会了。

爱迪生刚刚完成一种全新的办公器具的开发，当时称之为“爱迪生口授机”。他的推销员们对此机器很不热衷，他们不相信这种机器能轻易脱手。但巴纳斯从中找到了他的机遇，这机会悄然蠕行来到，它藏在除了巴纳斯和发明家之外，其他人都不感兴趣的怪模样的机器手中。

巴纳斯认为自己能推销爱迪生的口授机。于是,他毛遂自荐,并马上得到了他的机遇。事实证明,他不但能出售这种机器,而且事实上他的销售十分成功。随后,爱迪生和他签约,让他负责此产品的全国推销和分销。在这个事业的合作中,巴纳斯除了使自己成为了富翁外,还完成了一件更重要的事情:他证明了一个人真的可以"动脑筋发财"。巴纳斯最初的愿望,对他来说价值几何,我们无法知道,也许会带给他200万或300万美元。但是,无论多少钱,若与他所得到的更有价值的知识财富相比,都是微不足道的。他的知识资产是:"应用既知的原则,可将无形的思想冲动,转化为实际的财富。"简单地说,"动脑筋"推动了巴纳斯和爱迪生的合作,"动脑筋"使他致富。他先前什么都没有,只知道他需要的是什么并且坚持他的愿望和决心,直到愿望实现为止。

耶鲁的办学理念只有一句话:"培养未来世界的领导者。"本科教育是耶鲁影响最为深远的,他们的教育思想是要把每一个学生培养成为未来的领袖。

入学的时候,校长要同每一个学生交谈,看他的本质、潜质里面像不像耶鲁学生,看他能不能成为领袖人才,每年都是如此选拔。学生进来以后,学校会给学生相当多的机会自主、全面地发展,所有的教授都要给本科生上课,讨论是上课的全部内容。耶鲁的正教授招聘条件中有这么一句话:此人能够在本领域与世界该方面的领袖进行竞争。

耶鲁的学生都拥有十分充足的自信、自强和挑战精神以及社会责任感,他们坚信自己的领导力。

追求成功、财富和幸福,不但是人类与生俱来的不可掠夺的权力,而且是与生俱来的不得放弃的责任和义务。

遵从内心的渴望,可以使我们走进自己的心灵,坚持内心的渴望并实现它,从而实现对自尊的维护。二十多岁时,我们需要有足够的力量来支持自己。当你充满了充足的能量以后,才可以实现自己并帮助他人。否则,一切都是空谈。所以说,无论你的心灵对什么充满渴求,都要毫不犹豫地全力投入。因为只有内心充满渴望的人,生活才可能更有希望。

处世小秘笈

强大的野心,可以充分挖掘一个人的潜力和天赋,增强其为人处世的能力。

第六章 当方则方,当圆则圆

做事要宽容,不要斤斤计较

人生在世,总会遇到各种冲突。彼此相处,哪怕个个心地善良,也难免会发生摩擦。矛盾和纠葛无处不在,而要化解它们的最好办法就是心存包容。

你可能听过看过,或自己有过这样的感受:朋友之间因为一句闲话而成为了"敌人";邻里之间因为孩子打架导致两家伤了和气;夫妻之间因为家庭琐事而支离破碎,如此等等,不一而足。其实,很多时候都是我们自己在掌握着局面:以愤怒代替理智、针锋相对、以毒攻毒、冤冤相报,无尽无休,直到双方都在"战场"上败阵为止。发顿脾气出口气很容易,但代价未免也太大了,其结果就如同为了赶走一只聒噪的乌鸦而砍掉了那棵枝繁叶茂的大树一样,得不偿失。

我们与家人、朋友、同事甚至路人在不同的场合中交往接触,出现分歧、矛盾都是常有的事,但只要不是原则性问题,各自都替对方多想一点,便有利于减少矛盾、保持人际间的融洽,于人于己均是有益的。尤其在当今社会，人们总会过于计较个人利益，因此，我们更应该提倡这种宽容的精神。

李新和石旭大学毕业后，在一家公司工作，由于两人年龄相近，说话又很投机，很快就成了一对好朋友。可随着时间的流逝，李新却发现自己对石旭已经无法忍耐了：李新有时会看一些言情、武侠之类的小说，石旭就说那是低俗读物，要用高雅的书籍来陶冶自己；李新星期天希望看看足球联赛，他却偏被石旭拉去钓鱼了，说是可以修身养性……久而久之，两人之间的友谊渐渐出现了裂痕。

不久之后发生的一件事，终于使两人的关系破裂了。那天李新陪几个同事上街去买书，回来的时候车上特别挤，李新稀里糊涂地忘记买票就被挤下来了。李新也没把这事儿放在心上，就和同事开玩笑说："得，咱也逃了回票！省两元钱买根冰棍吃。"就是这么一件小事，让石旭知道了，他觉得李新存在品格问题，就给李新来了顿冷嘲热讽，最后还说："我可真有福，认识了你这么'光荣'的朋友！我都替你觉得丢人！"听完了这番话，李新终于忍无可忍了，他跳起来一边收拾自己的东西，一边骂道："我告诉你，我也不稀罕和你当朋友，自以为了不起，不把别人当回事儿，我认识你这种人真是瞎了眼，我这就搬走，不敢让你丢了人，从今以后，咱们谁也不认识谁！"说完李新便搬到了其他同事那里，怨气难消，从那之后再也没理过石旭。当初的一对好朋友，如今却形同陌路。

人非圣贤，孰能无过。互相谅解是与人相处之道，经常以"难得糊涂"自勉，求大同存小异，有度量，能容人，你就会有许多朋友，且左右逢源，诸事遂愿；相反，"明察秋毫"，太过吹毛求疵，什么鸡毛蒜皮的小事都要斤斤计较，别人就不会愿意与之接触，最后，你只能关起门来"称孤道寡"，让人见了你就想躲。

实际上，生活并不是纯美的，其中隐藏着各种矛盾，而宽容之心能主导矛盾的发展。年轻人之间的交往总会有一些矛盾存在，一时的误解也最易将双方置于矛盾的境地。

前几天从网上看到一则文章，说的是两个大学生在宿舍听歌时，因喜好不同，对歌曲有了不同的评价，竟然打骂起来。在舍友的劝说下，甲同学被推回了另一个宿舍。本来以为事情就此结束了，谁想到，回到宿舍的甲同学越想越气，于是，拿起一把水果刀，气冲冲地向乙同学的宿舍闯去，将刀子狠狠地捅在了乙同学的胸部。一个青春的生命就这样毫无价值地结束了，而另一个青春激扬的青年也被黑暗的牢房紧锁着。

无可否认，在我们的生活工作中，也会有不开心的事发生，如果你只是一味地锱铢必较，即使事情很小很小，也会因为你的任性而一发不可收拾。不过，如果你拥有一颗宽容的心，大事化小，小事化无，那么，你就能愉悦地活着。所以说，学会宽容，于人于己都有益处。

换个角度来说，要看到他人的优点，用理解、同情和爱心去影响别人，使其既能认识自己的缺点，又能心悦诚服地改正，这样，你就会处处碰到信赖和爱戴自己的朋友，而且也会因此得到良好的人际关系。

处世小秘笈

但一个人如果心胸狭窄，经常计较一点私利，结果只会激化矛盾，这样，不仅伤害感情，影响友谊，甚至还会带来更恶劣的后果。

做事不锋芒毕露会更容易被人接纳

"人皆养子望聪明，我被聪明误一生。惟愿孩儿愚且鲁，无灾无难到公卿。"这是宋代大诗人苏东坡的佳作。

苏东坡才华横溢，却一生多灾多难，经历了官场的大起大落，深刻的体会了聪明与愚钝的含义。他认为聪明是一种天赋，但是"愚钝"一点却可以给人带来坦然的心胸与愉快的精神，还可以减轻心理上的痛苦和疲惫。

这就不难理解,为什么在朋友圈中,最受欢迎的人往往不是最有才华的人。也就是说,我们每个人喜欢有才华的人都是有一定限度的,在我们可以接受的限度内,才华与吸引力是成正比的,我们也就越喜欢。可限度一旦被超越,我们更倾向于逃避或拒绝,当然,他会减少对我们的吸引力也会随之减少。而当他偶尔犯错误的时候,他的吸引力便会增强,因为这拉近了他与普通人之间的距离,缩小了我们的差距。

年轻人如果太过精明,有时并不是好事。认真过了头,在外人看来就是冒傻气。所以,有时装装糊涂,要要滑头,凡事不那么较真儿,事情就会比较顺利,同时也能使场面更圆满。因此,聪明人总会尽其所能将自己的实力掩饰起来,以假装的愚笨来反衬他人的高明,力图以此获得他人的青睐与赏识。

下面的故事是出自我一位朋友之口:

当我还是一家百货公司的员工时,曾经为了和某大企业家缔结合同拜访过好几次对方的府邸,但都没有成果。一天,不知道他遇到了什么高兴的事,这个古怪的老头突然对他的致富经历开始滔滔不绝起来。

"今天就说这么多吧!"这个古怪的大富翁说完就站起来,这时,我也打算站起来,不料,一不留神"砰"的一声跌得四脚朝天!大富翁看见我这个大男人竟然跌地不起,"你这东西真没用!"他嘴上说着却笑得合不拢嘴。

最终,古怪富翁终于成了我们公司的客户,这是因为怜惜我这个"没用的东西"的结果。

在为人处世中,要卸下别人对你的警惕,造成亲近之感,只要你很巧妙地、不露痕迹地在他人面前暴露某些无关痛痒的缺点,出点小洋相,表明自己只是一个普通人,这样就会使原有的那种紧张化为乌有,并让对方慢慢"接纳"你。

在职场中,如果你的能力确实比你的上司强,就有必要装装糊涂,不要让领导感到不如你。多数领导都希望下属比自己差,然而事实却经常与他开玩笑,工作中他会时时发现下属在某些方面有杰出表现,甚至超过了自己。一旦发现下属比自己更厉害,他立刻就会显得坐立不安,甚至还会把各种压力施加在下属身上。因此,当你的才能高于上司时,不可过于锋芒毕露,否则上司就会对你有所猜忌。为了不伤领导的面子,明智的下属应该尽力使领导那固执的自尊不受到任何刺激。

王琪应聘到公司任职时,部门经理对他很有戒心,因为他在很多方面都比不过王琪,部门经理是自学成才的"土八路",而王琪则是留过学的博士。王琪一上班,部门经理就拍拍他的肩膀说:"老弟,我随时准备交班",眉宇之间透着一丝凉意。可王琪知道自己的身份,部门经理是上司,他是经理的助理,他们之间是上下级的关系,而且王琪从未想过"抢班夺权"。

于是,王琪为了装糊涂绞尽了脑汁,以此来消除上司对他的戒心,因为如果王琪稍有张扬,他的才气就会喷涌勃发,立刻就会反衬出上司的无能。在业务会上,王琪对自己的真知灼见、远见卓识有意打下埋伏,总给经理留下思维的空间去总结。平常王琪尽量表现"俗"一点,经常向经理请示汇报,不擅自做主,特别是一些决策性的工作,王琪总会让经理去做决定。有一次,经理出差不在公司,王琪很看好一笔生意,肯定能赚大钱的,但他还是请示了远在千里之外的经理,说自己吃不准,请经理定夺,把"功劳"让给了经理。经过一段时间的相处,经理不再对王琪产生戒心,他把好多重大的决策权都主动下放给王琪,使王琪能纵横驰骋地将自己的才能发挥出来,而且没有后顾之忧。

在更多的时候,上司喜欢提拔那些忠诚可靠但表现却平平的下属,因为他认为这将有利于他的事业。因此,当你对某项工作有了好的可行的办法后,不要直接阐发意见,而要在私下里或用暗示等办法及时告知领导。久而久之,尽管这会给群众留下不好的形象,甚至还有点"弱智",但却能得到领导的赏识。

处世小秘笈

一个人如果过分认真，那么，必将一事无成。在为人处世中，许多时候装得迟钝一点、傻一点、糊涂一点，会有很多好处。

对待小事应糊涂，对待大事应清醒

做人之难，往往与不好把握“糊涂”与“精明”两个词有关。毫无疑问，每个年轻人都不想糊涂。但是，是是非非在人与人相处之时不可避免。那么，怎样处理才是正确的呢？答案是：大事与小事相对，精明与糊涂孪生。意思是说，精明的去对应大事，而对那些无关原则性的小事，则应该糊涂。

其实，精明与糊涂两者之间只有一步之遥。比如，在现实生活中，这些人就在我们身边，他们表面上含含糊糊，对小事稀里糊涂，可是实际上却心知肚明。他们清楚地把握着一切，处理大事时，一就是一，二就是二。

还有一类人，总对无关紧要的事情“精明”，什么东家长西家短，说起来头头是道，可是大事一找上门就真的糊涂了。其结果正如清代名臣左宗棠所言：“凡小事精明，必误大事。”

左宗棠具有很强的为人处世能力。他认为，精明与糊涂是一对矛盾的字眼，而人们又比较倾向于“精明”一词，这是人之常情，谁不首先考虑自己呢？但是有些时候，如果你在为人处世中运用糊涂，或许就会游刃有余。

左宗棠的“凡小事精明，必误大事”是一种大智慧的体现。与左宗棠“同乡布衣之交，共事日久，相知最真”的杨昌浚对左宗棠的一生这样评价：“凡有利于国家之事，知无不言，言无不尽；见无不为，为无不力。”也就是说，左宗棠在处理国家大事上十分较真儿，从未糊涂过。另外，在教育子女这样事关家庭利益的大问题上也从未糊涂过，而在一些小事上，左宗棠就不会斤斤计较。比如，在他一生的交往中，胡雪岩是非常特殊的一位。如果真要是不分大事小事一概计较的话，左宗棠肯定看不惯胡雪岩的许多行为。但是左宗棠从未去计较这些，而是只关注粮饷的筹集，别的一概不过问，从而既能同胡雪岩一直交朋友，又保证了粮食的供给。

年轻人一生要经历不可计数的事情，如果事事都要认真盘算，势必会使自己筋疲力尽。所以，最好能容忍一些不重要的小事，糊涂处之，对待与个人名利有关的问题，更应如此。俗语说：“吕端大事不糊涂。”就是告诉人们可以糊涂地去处理小事，而真正遇到大事则需要保持清醒的头脑，大智慧要在关键之时显现出来。

公元995年，宋太宗让吕端担任宰相一职。名臣寇准与其有着同样的声望，他办事干练，很有才能，但却有着刚烈的性子。吕端担心自己当了宰相后寇准心中会不平衡，如果耍起脾气来，会影响到朝政，于是他就请太宗另下了一道命令，让担任参知政事（副宰相）的寇准和他轮流掌印，并一同到政事堂中议事，太宗批准了这事，这也平和了寇准的情绪。后来，太宗又下诏说：“朝中大事先由吕瑞处理后再上报给我。”但吕端总与寇准商量一些大事，从不专断。过了一段时间，吕端又主动让寇准当宰相，自己去当参知政事。这种主动让权，在世人的眼中自然是“糊涂”的举动。

吕端这种对个人利益淡然处之的“糊涂”，实在难能可贵，后人应该多向他学习。但真正使他名传千古的，还是由于他的“大事不糊涂”。

公元997年，宋太宗病危。当时得宠的宦官王继恩与皇后事先串通好了，再暗中勾结了许多大臣，图谋让楚王赵元佐（太宗的长子）继承皇位，一场宫廷政变在紧锣密鼓地展开着。太宗一咽气，皇后马上就派王继恩召见吕端，计划逼着吕端点头让楚王做皇帝。其实，在他们刚开始谋划的时候，吕端就已经听说了这件事，现在听到皇后召他入宫，可能会改变大局，就果断地把王继恩锁在了自己家的书房中，然后入宫晋见。果然，皇后在他面前把楚王的问题提了出来，但吕端毫不客气地顶了回去："先帝在的时候已经明确了太子，对他的意思我们怎敢违背？"由于谋变的关键人物王继恩已经被控制了起来，皇后一下子不知所措。于是，吕端趁热打铁，率领大臣共同保太子（真宗）继位。接着，又把那几个犯上作乱分子发配到外地，这场争端就这样被他平息了，政权也得到了稳固。

吕端能精明地应对大局、大节问题，但在事关个人利益的问题上却能"糊涂"了事，这主要是由他的个人品质所造成的。对于我们今天的人来说，不管是当官还是为人处世，都要把这种"糊涂"的精神为己所用。

总之，"糊涂"与"精明"有着非常微妙的关系，要分清场合用之。年轻人在办一件关系全局的事时，要用精明成大事，相反，对生活中的一些小事，宜糊涂处之，不必斤斤计较。许许多多经历风霜、洞明世事的人都这么认为：很多情况下，糊涂是机敏、理智的表现，有利于人际交往的发展，如果运用恰当，你将会为自己开拓出新天地。

处世小秘笈

大事与小事相对，精明与糊涂孪生。意思是说，精明地去对应大事，而对那些无关原则性的小事，则应该糊涂。

事事与人争辩只会让你失去更多朋友

有的年轻人和人交谈时，时常把它看成是一种竞赛，不分出高下不罢休。在工作、生活中，只要是他人的利益或意见与自己不相同时，就要发挥自身特长，把对方卷入争辩中，一定要把对方辩得哑口无言。长此以往就养成了这种习惯：无论在什么情况下，不管在什么场合，也不管自己是否有理，一旦要用到嘴巴，就绝不会吃亏。由于长期的磨炼，他早已练就了一身抓别人语言漏洞的"好"本事，一旦进入了"战场"，他便会对你进行各种攻击；即使理在你这方，他也能把黑白颠倒，把理争到他那方去，让你对他干着急没办法。

如果将这样的本事运用到适当的场合，这种人或许是个人才，但是在日常生活中，这种人会被他人所排挤。因为他们没有意识到，实际生活并不是辩论赛场，也不是谈判桌，与你打交道的，既不是要和你一争高下的人，也不是与你争夺利益的人，他们只不过是你工作或生活中的一些朋友。即使你争辩过他们，让他们相信了你的观点是对的，又有什么实际意义呢？只不过会落得个善辩的"光荣称号"罢了，最后大家都不愿再与你交往了。

所以，为了与他人有更好的沟通，就必须舍弃那种竞赛式的谈判方式，而采用一种随性、不具侵略性的谈话方式。这样，当你在表达意见时，才能让别人更容易接受，而不会使人产生排斥感。真正善于说话的人对"放弃也是一种成功"的道理理解得十分透彻。假如你非要把某些事情辩解清楚，不仅达不到目的，反而会将自己的精力浪费掉。

一个青年军官由于与同僚进行了激烈争辩而被林肯责罚了。"凡决意成功的人，"林肯说，"不能费时于个人的成见，更不能费时去承受结果，包括他发脾气，使自己丧失了自制力。与其为争路权而被狗咬，不如给狗让路。即使将狗杀死，也无法治愈受伤的伤口。"所以，我们要使他人信服，就应将"避免与他人争论"铭记于心。

如果你辩论、争强，或许有时能获得胜利，但这种胜利是空洞的，因为对方永远不会对你产生好感。如果你的胜利使对方的论点被攻击得千疮百孔，你会很有成就感，但对方会自惭形秽，你伤害了他的自尊心，他会因此而怨恨你。争强好辩不可能消除误会，只能靠技巧、协调、宽容以及用同情的眼光才能改变别人的观点。

“您好，”小姜对老总说，“您在我昨天给您的文件上签字了吗？”老总转动眼睛想了想，然后翻箱倒柜地在办公室里折腾了一番，最后耸了耸肩，摊开两手无奈地说：“对不起，我没见过你的文件。”如果是刚从学校毕业时的小姜，一定会义正词严地说：“我看着您的秘书在桌子上放下了文件，您可能将它卷进废纸篓了！”可现在的小姜不会这样说。既然老总能睁眼说瞎话，又何必与他计较呢？于是，小姜故作糊涂地说：“那好吧，我再回去好好找找。”接着，小姜下楼回到自己的办公室，把电脑中的文件重新调出再次打印，当老总再次看到这些文件时，他连看都没看就签了字，其实，他比小姜更心知肚明文件的原稿在哪。

是的，这就是小姜用来解决与上司冲突的办法。他不赞成在冲突发生以后为了争口气而大闹一场，因为吵闹不能解决问题，反倒会被炒了鱿鱼，所以，还是实际些吧！说到实际，谁是谁非也并不重要，可能即便你对了上司错了，你也应该想办法为上司开脱，要知道合作是解决冲突的前提。

在你进行辩论的时候，你或许百分百保证自己是对的。但从改变对方的思想来说，你大概毫无建树，一如你错了一样。辩论解决不了误会，而需用外交和解来看对方观点以使对方产生同情的欲望。如果事情很难解释清楚，那么，首先应让自己冷静下来。

处世小秘笈

只要矛盾没有发展到绝境，总是可以化解的。冤家宜解不宜结，低头不见抬头见，所以，还是少结冤家比较有利，如果你还想待在某一单位，发展自己的事业，想有所作为的话，就应该学会变通，最好要“怀忍让之心”，切忌与他人争辩。

人生在世，难得糊涂

郑板桥是清代著名书画家、诗人，“难得糊涂”和“吃亏是福”都是出于他手里的字幅，这两条字幅富有深刻的哲理。凭借着这种达观大度的心态，郑板桥不但长寿，而且永远活在人们心中。

其中，郑板桥用“难得糊涂”来形容自己的仕途。而按照新的观念，则是指一个人不计较非原则性的问题，不纠缠细小问题，对不便回答的问题要装作不懂，对危害自身的询问要假装不知，将即将发生的矛盾以理智和“装糊涂”的方法处之。

“装糊涂”的意思是说，把自己对人和事的真实想法隐藏起来，让人感觉好像很笨，其实自己心里比谁都清楚。那他为什么要“装糊涂”呢？

其原因之一是因为自己的力量是比较小的，如果挺身而出与对手直接决战，往往会大败，甚至血本无归。这种“表面傻内里精明”的手段，实际上能使对方受到迷惑，让别人以为自己软弱可欺，从而对自己放松警惕，这样，便于慢慢地把对手的弱点一个个找出来。

“知渊中鱼者不祥”，意思是说，对别人的想法一清二楚，有时反而会招祸，相反，保持常态，不动声色，是一种自我保全之策。

齐国有一位官员叫做隰斯弥，住宅正巧和齐国权贵田常的官邸相邻。田常为人深具野心，后来欺君叛国，挟持君王，自任宰相，执掌大权。隰斯弥虽然怀疑田常的居心，不过依然保持常态，丝毫不露声色。

一天，隰斯弥前往田常府第进行礼节性的拜访，以表示敬意。他受到了田常接待后，田常却破例带他到官邸中的高楼上观赏风光。隰斯弥站在高楼上向四面观望，能够看到东、西、北三面的景观，然而隰斯弥院中的大树把南面的视线都挡住了，于是，隰斯弥明白了田常带他上高楼的用意。隰斯弥回到家中，立刻命人把那棵阻碍视线的大树砍掉了。可正当工人开始砍伐大树的时候，隰斯弥突然又叫工人住手。家人感觉奇怪，于是便询问究竟。隰斯弥回答道：

"俗话说'知渊中鱼者不祥',意思就是详,如果能看穿别人的心思,并不是好事。现在田常正在图谋大事,就怕别人看穿他们的意图,如果我按照田常的暗示,砍掉那棵树,只会让田常感觉我机智过人,对我自身的安危有害而无益。不砍树的话,他最多埋怨我几句,嫌我不能善解人意,但还不至于招来杀身大祸,所以,为了保命,我还是装糊涂的好。"

我们从这段故事中得出,惹祸全因自己知道得太多,有时"装糊涂"也是聪明人的一种明哲保身之策。

例如,对上司的某些行径,你比谁都清楚,但是你就是装作不知道、不在意,故意让自己糊涂。倘若你说自己知道了,那就说明你太过聪明了。

夏莉是一个聪明的女人,也很讨人喜欢,有很多朋友的原因,是因为自己懂得装聋作哑,而且总能帮别人保守秘密。同事们都爱跟她聊天,都不会担心聊过之后,她会泄露什么"天机"。在生活中,这样的倾听者是最受人欢迎的。

一次偶然的机会,夏莉发现了一个秘密:已婚的老板居然有一个小三儿。

那天,本来她和朋友约好在餐厅吃饭,当她们坐下不久,刚进门的一对男女就吸引了她的注意,仔细一看,却发现那是她的老板和一个年轻的女孩。女孩的样子很羞涩,绝对不会是他的妻子。

朋友提醒夏莉说:"那是你的老板吧,要不要过去跟他打个招呼?""嘘!别说话!"她按住朋友的手,小声对她说,"我们还是换个地方吃饭吧!"很显然,她不想让老板发现她看到了这幕。

最后,她们反而像两个贼一样,偷偷地跑出餐馆,给她的老板和他的情人留下了更大的空间。

那天,朋友知道了为什么那么多人都愿意和夏莉交往,因为她知道,哪些事情她应该感兴趣,而哪些事情她不该感兴趣。

其实,每个人的内心都有属于自己的秘密。在这个堡垒里,他是主人,有至高无上的权威,一旦这个堡垒被攻破,就再也没有隐私了,他便会因缺乏安全感而变得慌乱,甚至会报复窥见他隐私的人,以保持堡垒不再被侵犯。所以,有时候,即使我们一次偶然的机会对他人的秘密有所知晓,也要学会装聋作哑。

年轻人刚进入社会时没有丰富的社会经验,与其处事圆滑,不如保持朴实的个性;与其事事较真儿、逞强,倒不如"糊涂"一些。若愚才是大智,如果只是精明能干,吃不了半点亏,那么,总有一天会吃更大的亏。

处世小秘笈

"糊涂"也是一门学问,糊涂与不聪明不同,它是一种处世之道。有个成语叫"视而不见",就是很好的解释。对有些事情,即使被你看见了,也要装作视而不见。

做人不要精明露骨

交际中的精明容易把本应该淳朴真挚的关系,人为地弄复杂,给人刁钻的感觉,使众人敬而远之。这样精明的结果,只能让大家都弃他而去。

在日常生活中,有些人非常精明。但他们处处都显得比别人更加神机妙算,更加投机讨巧。他们总在算计着别人,以为他们比别人都聪明,他们日子过得很累、很紧张。我们碰到的许多生活中的过于精明的人,性情往往都不开朗,都有着十分过敏的神经,这恐怕和他们总处于一种紧张感中有直接的关系。

实际上,生活中有许多人只是表面上看着聪明,却不具备聪明的实质——小聪明、大糊涂,冷眼看这种人怎样机关算尽，最后竟办出一件件蠢事，简直是让人感觉可笑。其实，这其中蕴含的道理很简单，一个机关算尽的人迟早有一天会把自己也算进去。俗语说：“搬起石头砸自己的脚”，正好是“聪明反被聪明误”的绝好写照。

三国时代的杨修，就是因为“聪明”过了头，导致曹操对他忌恨在心，最终被杀。

刘备亲打汉中之时，惊动了许昌，曹操也率领40万大军迎战。曹刘两军在汉水一带对峙。曹操屯兵日久，进退两难，这时正赶上厨师把做好的鸡汤端了过来。见碗底有鸡肋，有感于怀，正沉吟时，有将官入帐询问夜间号令。曹操随口说：“鸡肋！鸡肋！”人们便把这个号令传了出去。行军主帅杨修即令随行士兵收拾行装，准备归程。众将大惊，便邀杨修到帐问个究竟。杨修解释说：“鸡肋者，食之无肉，弃之有味。今进不能胜，退恐人笑，在此无益，来日魏王必班师矣。”于是，大家都相信了杨修的话，便把行李都打点好了。曹操知道后，怒斥杨修造谣惑众，扰乱军心，便斩了杨修。

杨修被后人罗贯中这样形容：“身死因才误，非关欲退兵。”这是很切中杨修要害的，杨修恃才放旷，数犯曹操之忌。

凡此种种，都源于杨修的小聪明：杨修之死，全是因为他过于聪明了。

杨修的愚蠢之处就在于不知道灾祸可能是由于要小聪明而引来的。这样的人算聪明吗？显然不算。多少年来，他被提拔得很慢，显然是因为曹操不喜欢他，但他却没有意识到。曹操对他的厌恶、疑心越来越深，他也没有意识到，这就是说，该聪明时不聪明。如果他迎合曹操，不表现他的小聪明，那么，他成功的几率就会很大。人们也许会说，杨修的死，关键在于曹操的聪明和多疑，但是，换了谁，作为上级都讨厌自己的属下看穿自己的思考用意。显然，杨修最终非失败不可，这可算是“聪明反被聪明误”的典型。罗贯中形容他时用了“身死因才误，非关欲退兵”，其实，也只是说对了一半。他的才太外露了，从谋略来看，算不上是真正的才干，至少他不知道韬光养晦，不知道大智若愚，不知道保护自己。那么，他就只能等待灾祸降临了。

明代大政治家吕坤以他自己丰富的阅历和对历史人生的深刻洞察，提出了一个结论：古今得祸，精明人十居其九。他在《呻吟语》中提出了一段十分精辟的话：“精明也要十分，只需藏在浑厚里作用。古今得祸，得祸者百分之九十都属于精明人。今之人唯恐精明不至，乃所以为愚也。”

这就是说，真正聪明的人会使用自己的聪明，要深藏不露，不在不恰当的时机使用聪明，一定要貌似浑厚，你才会招致人家妒忌的目光。一味地要小聪明，那往往是招火引祸的根源。所以，无论从事何种职业，都不要要聪明。

在日常生活中，由于把别人当傻子而害了自己，相信这是许多人的相同遭遇。莎士比亚曾说过：“愚笨的人往往认为自己很聪明，而聪明的人却觉得自己十分愚笨。”一知半解、自以为是的人，要小聪明是犯错误的主要原因，而真正聪明的人，则善于从自知之明中发现生活的甜蜜。肤浅愚蠢的人，往往得不到什么好的结果。

真正的智者，在他们的人生词典里，只能翻出“愚蠢”二字，但绝对找不到“聪明”一词。小聪明只能让人得意于一时，要想长久得意，必须拥有大智慧。

处世小秘笈

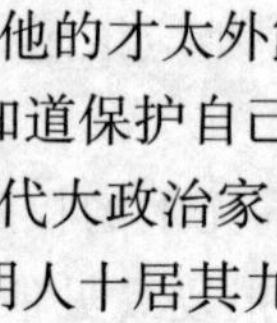

现实的经验告诉年轻人，做人不要太精明，否则他人会厌恶你的。对人，不必精明；对朋友，傻点更好。

在处事时要学会大智若愚

《词源》里对大智若愚做了这样的解释：有大智慧的人，不显山露水，不卖弄聪明，表面笨拙，实际上却十分聪明。它出自《苏东坡文集》：“大勇若怯，大智若愚。”

可见，这里的“若愚”只是一种迷惑人的策略，而不是真正的愚笨。对于那些不情愿去做的事，可以以智回避之。这样的人本来有大勇，却让人觉得怯弱，本来很聪敏，却硬装出很愚拙的样子，这样既可以保全自己的人格，同时也可不做随波逐流之事。

装傻不等于真傻。有很多拥有聪明的外表，做事也很严明的人，实际上却是真傻，因为他已把自己的优劣长短暴露得一览无余了。在现实生活中，很多挺聪明的人反而会学会装傻。尽管他们也许比那些公认的聪明者要高明许多，但他们深知不必要的锋芒毕露有害无益，因此也就深藏起自己，装起傻来。这就体现了“大智若愚，大巧若拙”的含义。

与王曾同朝的宰相丁谓有两大绝招。一个绝招是把仁宗孤立起来，不让他接近其他的臣僚。文武百官见到仁宗的机会只能在正式的朝会上，朝会一散，便各自回家，谁也不准单独留下来和皇上交谈。第二个绝招是排除异己。凡是稍有头脑，不附和丁谓的执政大臣，丁谓就会将他从朝中赶出去。丁谓拥有至高的权力，自以为稳如泰山，可以高枕无忧。

副宰相王曾，把这些看在眼里，记在心里。他整天装得傻里傻气的。在宰相丁谓面前总是唯唯诺诺，总表示与丁谓的意见相同，朝会散后，他也从不打算撇开丁谓去单独谒见皇上。日子久了，丁谓对他就无任何戒心了。

一天，王曾哭哭啼啼地向丁谓说：“我有一件家事把我难倒了，很伤心。”丁谓关心地问他为啥事为难。他撒谎说：“我从小父母就去世了，是我姐姐养育的我，才得以长大成人，恩情犹如父母。老姐只有一个独生子，在军队里当兵。身体弱，受不了当兵的苦。他已经被军官打过好多次屁股了。姐姐多次向我哭泣，求我想法子免去外甥的兵役……”丁谓说：“这事很容易办吧，你朝会后单独向皇上奏明，只要皇上一点头，不就成了？”王曾说：“我身居执政大臣之位，不敢让皇上为我的私事担忧。”丁谓笑着说：“你别书生气了，还有什么顾虑吗？”王曾吞吞吐吐地说：“我不便为了外甥的小事而擅自留身……”丁谓爽快地回答他：“没事儿，我答应让你留身。”王曾听了，非常感激，而且还冒出了几滴眼泪。可是几次朝会散后，仍不曾看到王曾留身求情。于是，丁谓又问王曾：“你外甥的问题解决了吗？”王曾摇摇头，装作很难过的样子：“姐姐总没完没了的向我唠叨，我也不好受……”说着说着，又要哭了。丁谓这时不知道是真同情王曾，还是想借此施恩，为表示对王曾的关心，竟一再动员王曾明天朝会后独自留身，向皇上奏明外甥的困难，请求皇上免除外甥的兵役。

第二天大清早，文武百官朝见仁宗和刘太后以后，便各自回家，请求留身的人只有副宰相王曾，单独向皇上奏事。宰相马上批准了他的请求，把他带到太后和仁宗面前，自己退了下去。但是丁谓还是不太放心，于是，便守在阁门外不走，想打听王曾和皇上的谈话内容。

王曾一见太后和仁宗，便揭发了丁谓的种种罪恶，一边说，一边从衣袖里拿出一大摞书面材料，都是丁谓的罪证。这是王曾早就准备好了的，今天一件件告知刘太后和宋仁宗。太后和仁宗听了王曾的揭发，大吃一惊。刘太后气得五内生烟，立誓要除掉丁谓。至于仁宗呢？他早就对丁谓的专权跋扈痛恨到了极点。只是丁谓深得太后的宠信，他怕投鼠忌器，不敢出手。今天和王曾沟通了思想，太后又站在了自己这边，自然更不会手软。

飞扬跋扈、不可一世的丁谓竟然被外表懦弱、看似迂腐的王曾所扳倒，这完全出乎了他的意料。

大智若愚，实乃养晦之术。大智若愚，重在一个“若”字，“若”将巨大的假象与骗局设计了出来，把真实的野心、权欲、才华、声望、感情隐藏了起来。这种甘为愚钝、甘当弱者的糊涂做人之术，实际上是精于算计的隐蔽，它鼓励人们不求争先、不露真相，明明白白地度过自己的一生。

大智若愚，不仅可以将有为示无为，聪明装糊涂，而且还可以装作什么都不知道，然后静待时机，表现出自己的过人之处，打对手一个措手不及。年轻人可以常用“糊涂”来迷惑对方耳目，宁可有为而示无为，也万不可无为示有为，本来糊涂却反装聪明，是不会有好结果的。

处世小秘笈

说装傻不是真傻，关键在于一个“装”字。在这个“装”字上就可以大做文章了。但如果别人看出来你是装的，就会适得其反，与其这样，还不如直接表现出真实的你。只有装得自然、装得自如、装得跟真的一样，效果才会更好。

做人要敢于吃亏

郑板桥留下两句四字名言“难得糊涂”与“吃亏是福”。对于修身养性，人们更应该去推敲后一句。细细想来，实际上，又有几个人肯吃亏，又有几个人真的认为“吃亏是福”呢？

虽然吃亏不是什么好事，但吃亏之后却有可能带来好的结果。“吃亏是福”不是简单的阿Q精神，而是体现了福祸相依的原理，属于人生哲学的范畴。“吃亏是福”道出的是一种潇洒的生活态度，做人的方法中就包含着敢于吃亏这一点。做人的可贵之处是乐于退让，事实就是如此，自己主动吃点亏，往往能做好棘手的事情，甚至能顺利解决那些很难处理的问题。

香港首位“千亿富豪”李嘉诚说过这样一句话：“一件事看起来会吃亏，但往往会变成非常有利的事。”李嘉诚经常向人谈起他当年生意场上的经历，说明做生意要不怕吃亏，一时吃亏，却有利于长远的发展。

李嘉诚22岁时就开始了个人的经商之路。有一家贸易公司曾向他订购一批玩具输往外国。当时货物已上船付运，但在可以向对方收取货款时，贸易公司的负责人却来电通知，说由于外国买家财政方面的问题，无法收货，但贸易公司愿意赔偿损失。李嘉诚通过分析市场行情，认为这批玩具会找到下一个买家的。因此，就没有让这家贸易公司给赔偿金，其目的是建立一个相互信任的关系，以期今后有合作的机会。

当李嘉诚转型做塑料花时，他并没有重视这件事情。有一天，一位美国商人找到李嘉诚，说出推荐他的是贸易公司的负责人，他认为李嘉诚的工厂是全香港规模最大的塑料花厂，希望能够跟李嘉诚合作。李嘉诚后来才知道，那位贸易公司的负责人与这位美国商人有过生意往来，并在这位美国商人的面前赞赏李嘉诚，说他是一位完全值得信任的生意伙伴。这位美国商人最后同李嘉诚订了6个月订单，日后又成为了永久的客户，李嘉诚供应了他们所需要的塑料花，这大大地推动了李嘉诚塑料业务的发展。

可见，吃亏并非是损失，吃亏是一种谦让的精神，这种品德能成全他人。吃亏是福。因为人都有趋利的本性，你吃点儿亏，让别人得利，就能最大限度地调动别人的积极性，从而使你的事业兴旺发达。

为人处世之道，只有不怕吃亏，遇事多退让几步，才是高明之举。所以，我们应以宽厚的态度待人，因为给人家以方便，同时日后也会从别人那得到方便。否则，如果人们看到利益就进一步，看到祸患就先躲开它，也许在幸福来临前，灾祸就已发生了。

其实，越是不肯吃亏的人，越是可能吃亏，不但吃亏，而且往往吃得亏会越来越大。所以说，唯有不计较吃亏的人，才会真正有福。吃亏，虽然会让自己失去本属于自己的东西，但也不失为一种心计、一种品质。要做到不计较吃亏，甚至主动吃亏，忍让与糊涂是必不可少的。

李亚东大学毕业后，就去了一家出版社做编辑工作，他为人十分热心，同事们都知道，只要是找亚东帮忙，他绝对不会拒绝，李亚东的口头禅是“吃亏就是占便宜”。出版社的工作很忙，老板又不愿增加人手，所以，编辑部的人偶尔也会对发行部、业务部给予支援。其他的人多干一些活就提出抗议，怨声载道的。只有李亚东像旋转不停的陀螺一样，让他做什么事，他都不会拒绝、埋怨。

甚至是那些搬书、装书的力气活儿，李亚东也不说二话就去做，有同事悄悄对李亚东说：“图什么呀？又不给加工资，你就是他的苦力！”可李亚东却只是一笑说：“吃亏就是占便宜嘛！”

同事摇摇头。

后来，老板指使最多的人就是李亚东，他像每个部门的临时助手一样，一时人手不够，连员工都知道可以去叫李亚东帮忙。李亚东参与过取稿、跑印刷厂、邮寄、直销……所有的业务流程。

渐渐地，李亚东清楚了出版社的整个运作情况，几年之后，他成立了自己的文化公司。那些“吃亏”时锻炼出来的经验，帮了他的大忙，他一上手运作，找到状态就相对简单了。

成功的人都是很聪明的人，他们最明白“吃亏是福”的道理。虽然他们的好多行为在别人眼里可能是多余的，甚至很吃亏。但是他们心里清楚，自己在不久的将来一定会取得成功的。

其实，一个年轻的新人刚到一家公司，老板是不会让他去完成那些重要的工作项目的。那么，如何让你的工作能力得到老板的信任呢？这完全体现在工作开始的那些项目。虽然不是很起眼或者很重要的工作内容，但也应该吃点亏，一丝不苟地完成各项工作，这其实就是在给你自己积蓄成功的资本。

对处于弱势的年轻人来说，有必要主动吃一些亏。如果不想吃亏，不甘心吃亏，就可能什么都得不到。所以，让我们记住：吃亏就是占便宜，它将对我们以后的人生，有莫大的贡献。

处世小秘笈

为人处世之道，只有不怕吃亏，遇事多退让几步，才算是高明之举。所以，我们应以宽厚的态度待人，因为给人家以方便，日后也会从别人那得到方便。

只有宽容才能赢得天下

常言道：“水至清则无鱼，人至察则无徒。”也就是说，人世间不存在绝对的真理，而且正邪善恶交错，所以，我们立身处世的基本态度，必须能包容世间的清浊。要知道，能容天下的人才能为天下人所容，一个能创大事业的人，宽宏的气度是必不可少的。

纵观历史，如果没有“海纳百川”的宽宏大度，就不可能开创事业。包容是一种气度，它没有宝石那么华贵，却如天空一般的浩然。只有以广阔的胸怀容纳他人的过错，消释恩怨，同时压制自己的妒贤忌才之心，才能得到大家的拥护。

做人要胸襟宽广，要有宽容平和之心，这不仅是一种魅力，而且它还能帮助人们成就一番事业。本杰明·富兰克林是举世闻名的成功者，他之所以能够取得如此众多的杰出成就，是因为他有端正的工作态度和高尚的人品。

富兰克林出生于一个铁匠家庭，12岁的小富兰克林后来流落到费城，有一个叫凯谋的阴险狡猾之人雇佣富兰克林去他的印刷铺子帮忙。当时，富兰克林已经是一个熟练的工人了，他想，既然答应接受这份工作，就应该尽力做好。于是，他就每天向其他工作人员传授一些技术，甚至还向一些人传授了自己发明出来的制作字模的方法。

几个月后，凯谋发现自己廉价雇佣来的工人已经基本掌握了排版印刷技术，于是就开始找富兰克林的麻烦，无缘无故克扣掉他的工资。富兰克林生气地说：“凯谋，别绕弯子了，你可以赶我走，不过，你放心，我富兰克林不会因为你的卑鄙而向他们传授错误的技术。将来你解雇他们的时候，他们凭借自己的手艺也能找个活儿干。”说完，富兰克林就收拾行李离开了铺子。

屡次遭受生活的打击和磨难，而不愤世嫉俗，仍有着一颗宽容、平和的心，对别人不斤斤计较，这正是富兰克林的大胸怀。

所谓胸怀，就是一股用天下之材尽天下之利的气度，当然，包容也是其中的重要内容——对异己的包容、对陌生人的包容、对不如己者的包容。包容不是怯懦胆小，而是懂得如何与人相处。经历一次忍让，人生的机会就会增加一次，经历一次包容，一道爱的大门便会因此打开。只有这样，你才会形成一种从广大处觅人生的态度，从而提升生命的境界，做大自己的事业。

在美国南北战争中，盖茨堡战役爆发后第三天，南方军总司令向南撤军。他们发现洪水淹没了前方的桥梁，后面还有乘胜追击的北方军队。对此，林肯非常高兴，他认为消灭南方军的时机到了。于是，他下令梅德将军，对李将军的军队马上发起进攻。

但梅德将军在接到命令以后，并没有依着林肯的意思去做，而是拖延时间不去进攻。时间一拖延，河水就退下去了，李将军趁机逃回了波特麦。

林肯对此非常气愤，指责梅德说："你都做了些什么！在那个情况下，任何一个将军都可以打败李将军，若是当时我在场，他一定会挨我的鞭子。"

林肯在悲愤之余，给梅德写了一封措辞严厉的信："假如你当时听从我的指挥包围了他们，李将军和他的部队就会被我们捕获，我想这场战争就算是结束了。对那一天的情况，你只要用三分之一的力量就能把他们轻松拿下，而你却不能如期完成，那么，当你在靠近南方且更加恶劣的状况下，你又怎样完成我交给你的任务呢？你还指望我相信胜算如往昔一样吗？你已经失去了大好的时机，而我对此感到十分痛心。"

林肯的这封严厉的信会使梅德将军感到震惊和懊悔吗？也许。可是这封信一直没有在梅德将军面前出现过，因为林肯压根就没把这封信寄出去，林肯死后人们才发现了这封信。由此可见，林肯——这一世界伟人的包容性和忍耐性是多么强大。

林肯的这种有力的退让，是一种包容。强者包容他人的过失，会减少无谓的斗争。

敞开胸怀，便真正领略了广阔的生命空间和生命的内涵，站的位置也就比别人更高，看问题和处理事情也会比别人更加透彻、更加有效。敞开胸怀，便能将人生的弱点提炼出来，从而走出生命的盲区，由此你将成为生活的智者。

年轻人刚走上社会，经常会与别人发生冲突，但别忘了在自己的心胸里装满包容，这样，你就多了一份成功的保障。

处世小秘笈

一个有志于事业成功的人，在他人生必修课中一定包括包容。你可以地位低下，也可以资质平庸，但度量是万万不可缺少的。

第七章　不会来事讨人嫌

不在失意的人面前谈论得意之事

一只兔子被老鹰抓住了，它正在大喊大叫，这时，一只麻雀飞了过来，对兔子自豪地说："你不是吹嘘自己跑得十分快吗？这次怎么被逮到了？看来，还是我们长着翅膀的好啊！"之后，它就开始大肆宣扬自己有翅膀的好处，在说到忘情之时，甚至手舞足蹈起来。就在这时，另一只老鹰突然抓住了它，它也有了与兔子相同的命运。兔子在断气之时，对麻雀说："你刚才还在为自己的平安得意忘形，现在还不是和我一样！"

在一个人事业有成、加官晋爵之时，自然是应该有些得意的，可是，这种得意应该适度，切忌忘形，尤其是在言辞上，那种大有"上嘴唇顶天，下嘴唇顶地"的高谈阔论，最好少说，因为在我们的身边，失意的人一直都有，你的张扬只会引起失意者的心态失衡，甚至还会激起他们做出一些自己无法掌握的事情，以至于为自己带来不必要的烦恼。假如是在失意者的朋友面前，则更要注意不要伤人，只有在言辞上表现低调，才能更好地与朋友相处，更好地保护自己。行走于社会中，当你一帆风顺时，无论是升了官、发了财，还是一切都非常顺利的时候，都不应该对着失意的人高谈阔论，要站在失意的角度为他们着想。因为处于失意中的人对什么都非常敏感，即便你是不小心说的话，也可能会伤害失意者的自尊。人活在这个世界上，不可能事事都尽如人意，每个人都有失意的时候，而我们在面对失意的人时，应该学会隐藏自己的得意。

人生得意须尽欢，假如你正得意，想让你不谈论确实是件很难的事，这也是人之常情。毕竟，一个正在意气风发的人巴不得世界上所有人都知道他的得意，所以，炫耀得意也难免，无需责怪，可是，要在合适的场合和对象中谈论你的得意。

你可以在公开场合谈自己的得意之处，享受别人羡慕的眼神；也可以对路边的陌生人大谈特谈，让人以为这人神经不正常。但就是不要在失意者面前表现得意，因为失意时的人神经是最脆弱、也最多疑的，你的谈论在他看来或许是在嘲弄讽刺，你的高谈阔论只会让失意的人觉得你是在"看不起"他。你所谈论的得意，伤害了每一个失意的人，这种滋味也只有经历过的人才清楚，伤害了别人，别人怎么会轻易忘记呢？

赵刚是李超的老朋友，李超因为不久前经营不善，公司倒闭了，而他的妻子也因无法忍受生活的重压，正和李超谈离婚的事，内忧加外患，李超的心情十分低落。赵刚想让老友开心些，于是在周末约了几个朋友来家里吃饭，这些人都是他以前的老朋友。他聚集这些人主要是想借着热闹的气氛，哄李超高兴一下。

来吃饭的朋友自然都清楚李超目前的遭遇，所以大家都少谈甚至不谈事业上的事。不过，并不是所有人都这么想，马明因为现在赚了很多钱，酒一下肚，就对他赚钱和花钱的能力侃侃而谈起来，那种得意的神情，连赵刚看了都感到很不舒服，更别说是心情不好的李超了。李超开始只是低头不说话，后来脸色越来越阴郁，他一会儿出去洗个脸，一会儿上趟厕所，后来只好找了个理由提前走了。

赵刚送李超出门的时候，李超生气地对他说："马明不用如此炫耀他赚钱的能力吧！"这时，赵刚明白，马明和李超之间不会再有友谊了。而他也非常了解李超的心情，因为他以前也曾经历过事业的低潮，当时正春风得意的朋友在他面前炫耀名车、住房时，他感觉心里就像针扎一样，别提有多难受了。

试想一下，如果在你失意的时候，有人向你大肆炫耀，你会作何感想？一定不会舒服的。同理，别人也有相同的想法，所以，我们应该多站在别人的角度，多为他人着想。当别人失意的时候，一定不要在他面前得意忘形，失意的人本来就很难过，此时的得意忘形无异于在他的伤口上撒盐，任何人都会反感。和一个失意的人谈得意的事，他会觉得你很不识趣，甚至认为你是在对她挖苦或讽刺，所以，他不可能对你产生好感。很多年轻人轻浮、急躁，只要稍稍有点得意的事儿就大肆宣扬，结果招人嫉恨。不在失意人面前得意忘形，是对良好人际关系的一种维护，对自己、对别人都有好处。如果我们还想拥有这个朋友，或者这层人际关系，在和他人交往时就一定要注意，不要在失意的人面前谈论自己的得意，当你正混得风生水起时，和人交谈一定要考虑别人的心情，避免对他人的自尊心造成伤害。面对失意的人不说得意之事，敬人又敬己。

失意的人很少有攻击性，一般都会郁郁寡欢，可是，你千万不能以为他们只是如此。在听了你的得意之事后，失意的人通常会怀恨在心，这是一种深入到心灵深处的对你不满的反击。在你说得满面红光、唾沫横飞时，不知不觉间你已经结了一个敌人或者正在失去一份友谊，高谈阔论地得意其实是在失意的人心中埋下一颗炸弹，随时都会爆炸。无论失意者所采取的泄恨手段会对你有多大伤害，至少这危害了你的人际关系，对你一点好处也没有。所以，假如不知道某个人正在失意尚可原谅，如果知道，一定要免开尊口。

失意的人对得意且高谈者的恨意不可能立马表现出来，因为他无力显现，可是，他会通过各种方式来泄愤，比如，拖你后腿、说你坏话、故意与你为敌，所有这些都是为了让你明白——你能得意到什么时候。在失意者对得意者的行为中，疏远是最明显的表现，避免见面，以免再听到你说得意之事，朋友关系也就断了。

不过，我们还需要注意一点，即使在座的没有正失意的人，可是总会存在生活比你差的人，你的得意同样可能会让他们心中不舒服，人总是有些嫉妒心的，所以，得意时要少说话，而且还要有谦虚的态度。

处世小秘笈

不在失意的人面前谈论自己的得意，不仅是道德问题，也要考虑它对人际关系的影响。

不要自作聪明

在生活中，我们常常会议论“谁更聪明”，但是，一个人是否聪明，看穿这一点是很难的。事实上，真正有大智慧的人，常将自己的聪明才智隐藏起来，而只有那些愚笨的人才会自作聪明，把自己的一点能耐拿出来显摆。即便你是真正有大智慧的，也要适当地藏起来，更不要总是想着占别人的便宜，这只是小聪明。如果一个人过于炫耀自己的才智，那么，往往会使自己陷于不利，甚至会被外力所攻击，而大智慧的人既会藏拙，也会藏巧。不把自己的聪明轻易暴露出来，不仅可以保护自己，还有助于进取，若不隐藏，你就可能被人嫉恨，从而阻碍未来的发展。藏住自己的聪明是一种必要的处世方式，年轻人有必要去学习和掌握。

可是，坏就坏在很多涉世未深的年轻人不懂得藏巧，反而时时处处自以为是地认为自己比谁都聪明，更有甚者，仗着自己有些小聪明，看不起别人，结果处处树敌，最终导致自己举步维艰。

现代社会竞争越来越激烈，社会环境变化很快，过分张扬和暴露自己，就会给自己带来不必要的麻烦，甚至惹下祸患。在现实生活中，过分炫耀自己不见得是好事。如果一个人处处锋芒毕露，让别人无路可退，那么，必然会遭到他人的嫉妒，这样他的路就会越来越难走，想要取得成功也非常困难。

周涛初进公司，就成了公司中的精英人物，比起同龄人来，他有些工作经验，而且能力出众，所以，他做本职工作很顺手。而且他工作一直很努力，有最高的部门业绩。可是高业绩的他人缘并不好，通俗点儿说就是他有些不会“做人”，因为他能力强，为了显示自己高人一等，他总是有意无意地让其他同事难堪。

比如，在一次部门中召开对同事提出批评意见的会议时，周涛当场就对几位同事的工作提出了意见，并对他们工作中的失误一一数落，而且还有意无意地提到自己当时是如何帮助同事才渡过难关的。周涛认为，谁有本事谁使，自己就是比别人强。后来，与此相似的事在工作中也时有发生，他总是处处标榜自己的成绩，而看不起其他同事。每次因工作出色而受到表扬的时候，他总是吹嘘自己有多大能力，对于他人的帮助却很少提及。

刚开始的时候，仅仅是同事不喜欢他，可时间长了，连上司都看不过去了。上司想：别的下属都有错误，就你周涛一个人有能耐，这不是在说我无领导能力吗！慢慢地，上司便不给周涛分派重要的任务，而且同事也开始对他冷言相对。甚至有些同事开始避免和他讲话，大家本来有说有笑，可他一来上班，大家就鸦雀无声了。偶尔在他工作需要帮助的时候，如果他不主动要求同事帮忙，即使同事看到了，也会视而不见。

这种恶劣的职场人际关系让周涛承受的心理压力越来越大，甚至连工作都觉得很难做好了。看着平日里的“聪明”人连连受挫，其他同事开始在背后嘲笑他，甚至有些同事还明目张胆地排挤他，当然，每个人都不愿意帮他讲好话，久而久之，他便成了孤家寡人。

人都会有自负的一面，可是我们的自负表现得明目张胆，并且时常表现的时候，就是我们被淘汰的前兆了。站在不同的角度看风景感觉和想法也一定不同，作为一个刚步入社会的年轻人，理应低下头去倾听和学习一些社会经验，而不是随处要小聪明。因为我们还是牛犊，并没有完全了解社会大草原的危险。假如初入社会就贸然行事，并摆出一副高高在上的姿态，好像世界上只有你自己聪明，恐怕用不了多久，你就会成为众矢之的了。

许多年轻人刚进入社会就成了“愤青”，而“愤青”恰巧是自以为别人都不如自己聪明的典范，他们只会埋怨这个，埋怨那个，总是牢骚一大堆，却从未想过如果自己真的比别人聪明，又岂会在这儿发牢骚，目前的生活也早就得到改变了。

所以，在社会中，小聪明是要不得的，小聪明不但令人讨厌，而且还不安全。如果一个人在为人处世时，自己的才能被人看得一清二楚，时不时把自己的小聪明显示出来，日久天长，就连自己迈一步能走多远都让人掌握得一清二楚了，此种人藏不住一点儿底气，很容易被他人抓到把柄。

所以，如果我们想做个真正的聪明人，可以尝试一下“大智若愚”的方式，这远比让自己成为靶子安全得多，也有用得多。比如，故意暴露自己的不足，这反而能赢得他人的亲近。

当你在人际交往中暴露自己的小缺点时，往往会使你的人际关系变得更好，因为这等于坦然承认或公开表达出自己的不足，有勇气暴露自我的人往往能让他人关注你或对你产生兴趣。我们在社会交往中要敢于暴露自己的“笨”，如果一个人对自己的才华总是过分炫耀，意气风发的样子，就会让人有不好接近的错觉。而且一个完美的人是不真实的，总让人可望而不可即；而不完美的人却很容易让人感觉到真实可信。当一个人适当地向他人暴露自己的不足时，别人反而会觉得他很真诚，可以信赖。此外，暴露自己同时也是为了保护自己，适度、适时地暴露一下自己的弱点，也是自我保护的一种方式，它是一种障眼法，可以在必要的时候保护自己，免受“硬伤”。

自我暴露其实是一种人前不拔尖儿的表现，不管对谁都是不卑不亢、和蔼亲切、满脸笑容的态度。现在社会中就大量应用这种自我暴露的方法。其实，你完全可以把这种自我暴露的方法应用于自己和他人的交往中，适当暴露自己的短处是一种低调，它会帮助你取得成功。如果一个很有能力的人总是想在不同场合中表现自己，就会使别人倍感压力。而聪明人是不会这么做的，因为没有人会喜欢选择一个时刻提醒自己没有能力的人。而一个经常适当暴露自己缺点的人则会降低对别人的压力，从而维护了对方的自尊，缩小和对方的心理距离，所以，别人更易喜欢他们。

处世小秘笈

如果你想做一个会来事儿的人，就不要只露出自己精明的一面，而是要把自己的“笨”适当表现出来，这样反而可以帮你获得更广的社交圈，从而赢得更多的朋友。

要谨言慎行

说话是人的天赋本能，但良好的谈吐却是后天练习养成的。语言是人生不可缺少的一种交流思想感情的工具。善于说话，小则可以欢乐，大则可以兴国。虽然人人都能说话，但却只有少数人能把话说得好听，说话不见得比写文章简单。要知道，文章写好后还可以修改，但是一句话说出来，是很难修改的。正所谓“说出去的话，泼出去的水”，尤其是一些伤人的话，更是难以收回来的。所以，要记住：刀只有一刃，而舌却有百刃，若不确定这句话是不是该说，最好还是不要说，“言多必失”这句俗话是非常有道理的，假如一个人总是一直不停地讲话，说得多了，暴露的问题也就多了。比如，你今后的打算，你对事态发展的看法，你对事物的态度等，都会从谈话中表现出来，假如你被对手所了解，对手就会针对你制定相应的策略，从而打败你。而且，一个人的话多了，其中自然会涉及其他人，说者无心，听者却有时会误解。毕竟，因为所处的环境不同，就会有不同的心理感受，而同一句话由于不同的地点不同的语气，所表达的情感也不一样，其他人在传话的过程中也难免会加入他自己的主观理解，在你谈的内容传递给谈话对象时，要表达的意思可能已经大相径庭了，这正是误解、隔阂产生的根源。

另外，人处于不同的状态下，说话时的心情不同，表达的话语内容也不同，心情愉快的时候，看事看人可能比较符合自己的心思，所以，赞誉之词可能会多；而心情烦闷时，说起话来可能就会有些愤世嫉俗，说的话也有些过分，从而招来很多麻烦。正所谓“喜时之言多失言，怒时之言多失礼”，病从口入,祸从口出是不变的真理,所以,当我们开口说话时,务必谨慎小心,不如少说些话,多做些事。

有一则笑话,流传了很久:

一位工会主席召集5个委员开会。开会时间过了很久了,但是只来了3个人。这位工会主席叹气说:“唉,该来的不来!”一个委员听到后,觉得很不是滋味,他想:我是不该来的人喽?于是,这个委员打了声招呼就走了。工会主席见状,又继续说:“真是的,不该走的走了!”这话被剩下的两人听到后,觉得自己应该离开,于是一气之下,就全走了。工会主席只因为说话不妥当,不但没开成会,而且还得罪了人。工会主席用几句话给别人心中留下的阴影,恐怕短期内是很难消除了。

一位销售汽车的小姐花了整整一个上午的时间,在她三寸不烂之舌的循循诱导下,终于赢得了客户的满意。客户原来打算检测完制冷设备后就进行交易。

当这位销售汽车的小姐启动汽车的冷气时,她向客户炫耀说:“知道吗?这车的冷气非常强劲,某市曾发生此类车冷气将人冻死的事件……”结果,客户还没等她说完,就赶紧走了。

这位小姐的行为类似画蛇添足,只因多说了一句话,就丢掉了一单生意,实在可惜。所以说管不住自己舌头的人,不但容易伤人,而且还容易惹祸。慎言并不意味着不讲话,而是该说话时就说,不该说话时永远不要说。

谨言慎行是历代先贤对后人为人处世原则的警示。孔子说:“君子食无求饱,居无求安,敏于事而慎于言,就有道而正焉。”其主要思想是要求我们做人要谨言慎行。一个人说错了话或说话不当,是没有办法补救的,一个不善于讲话,说话不注意的人,常会给自己招致麻烦。所以,话要三思而后说,说话前要先想到自己说话的后果,在说话的时候应当保持理智,感情用事要不得,否则后果会不堪设想。

江西卫视曾经播出了发生在江苏吴江的一件事:

一天晚上,吴江医院妇产科住院部刚出生一天的婴儿脸上居然满是硫酸,婴儿的眼睛与鼻子全都看不清楚了……什么人会如此残忍地对待一个弱小的婴儿呢?

随着警方的调查,很快就抓住了凶手,她居然是婴儿妈妈最好的朋友张某。

事情很快就真相大白了,原来张某表面上虽然和婴儿妈妈的关系非常好,可是心中却因为两人之间发生了两件不愉快的事而耿耿于怀。

引起张某不快的第一件事是,张某曾经向婴儿的妈妈借5000元钱,结果却遭到了婴儿的妈妈的拒绝。可是几天之后,婴儿的妈妈却又在电话聊天中告诉张某自己刚向老师的女儿借出了2万元,这让张某觉得婴儿的妈妈是在耍自己——你可以不借给我钱,但起码也不应该把钱借给别人之后在我面前提起吧,这不是明显的欺负我吗。

另外一件事情是在张某的孩子出生后,因为长得不好看,婴儿的妈妈前去探望时,曾对张某刚出生的宝宝讲了一些不堪入耳的话,这让张某感觉心灵受到了非常大的伤害,因此,恨意又增加了一层。时间一天天过去了,张某对她的好友却更加怀恨。她终于等到好友生产的机会,在婴儿出生的晚上,扮成医生走到了医院的妇产科……

记者在监狱中采访服刑的张某,问她为何要如此残忍地对待一个无辜的孩子时,张某说:“就是想让孩子的妈妈也承受痛苦,让她为伤害别人付出代价。”

而面对记者的镜头时,婴儿的妈妈却非常惊讶,她根本没有想到自己口无遮拦的话会给张某造成这么大的伤害,更没想到这会伤害到自己的孩子。

这是一个真实且沉重的故事。从事件本身来看,忽略张某的偏激,如果婴儿的妈妈平时注意自己与人相处的方式和态度,把握说话的尺度,多为他人着想,做到谨言慎行,不说伤害别人的话,不说不该说的话,也就不会在不知不觉中与好友结仇,从而避免婴儿被毁容此种悲痛事件的发生。

这个悲剧留给人很深刻的教训,它提醒我们在为人处世时,应谨言慎行,以免害人害己。正所谓“言多必失”,一句不好听的话所造成的影响,可能再有几百句、几千句话都弥补不了。《菜根谭》

中说："十语九中未必称奇，一语不中，则愆尤骈集；十谋九成未必归功，一谋不成则訾议丛兴。君子所以宁默毋躁、宁拙毋巧。"意思是：十句话中有九句是对的，但是别人一定会指责你说错的一句话；即使十次计谋你有九次成功也不一定能得到奖励，可是其中只要有一次计谋失败，就会遭受他人的责难。所以，有修养的君子宁肯沉默寡言，也不要随便乱说没有经过深思熟虑的话，表情绝不能冲动急躁，做事宁愿表现得"愚笨"一点，也不能自以为是、害人害己。

在现实生活中，如果惩一时口舌之快，不注意言语的轻重对错，不考虑所说的话带来的后果，如此任性而为，就会带给自己无穷的苦恼。比如，在你劝告别人时，如果伤害了别人的自尊心，那么，再好的言语也是没有意义的。

另外，言多必失还表现在不会说却要乱说上，本想哗众取宠，结果却乱了套，与自己身份不符。生活中有很多人相貌端庄，如果不开口还行，一开口则满口粗俗，让人听了非常不愉快，以致失去了最后的敬慕之心，这样的情形在生活中并不少见。当然，大部分人并不是学问品格不好，只是因为一时大意，自己不知道改正。人们在首次听到俏皮而不高雅的粗俗言语时，或许觉得新鲜有趣，但若是随口而出，就会贻笑大方了。假设一下，若那些话在社会公众场合被人听见了，他人会如何评价呢？

处世小秘笈

说话是个人学问品格的衣冠，所以，不管什么时候，我们说话都要适度，尽量做到谨言慎行。

说话要掌握尺度，不可滔滔不绝

卡耐基说："好口才不仅是社交的需要，对事业与生存更为重要。它不仅是一门学问，还是你赢得事业成功、常变常新的资本。"说话不难，难的是把握好说话的尺度，将话说得恰到好处，达到一种"一语激起千层浪"的效果。

可是，你千万不要把会说话误解为说得多，要知道，很多人都为那些话深感厌烦。但是，生活中却常常有这种人，明明一句话就可讲明白的事却非要长篇大论、废话连篇，让人听不出重点，摸不着头脑。最可怕的是，当事人对自己的毛病根本一无所知，还自顾自地享受倾诉的乐趣，全然不知倾听者有多烦闷。

我们先来听一段电影中的经典台词："悟空，你也真调皮呀，我叫你不要乱扔东西呀！哎，乱扔东西是不对的……哎呀，我的话还没说完，棍子怎么也被你扔掉了？月光宝盒是宝物，乱扔它会污染环境。哎，砸到小朋友怎么办？就算砸不到小孩子，砸到花花草草也不好嘛。"

这是《大话西游》中唐僧的经典台词，很多人都会为此而狂笑，唐僧的杀伤力不但能让悟空发疯，连台下的观众也可能跟着呕吐不止，假如你有这样的功力，相信人们也会对你敬而远之。唐僧的话是由编剧虚构出来的，可是，在现实生活中，真有类似的人存在。

一位从小在一块长大的朋友说要来看李敏，于是，李敏高兴地邀请朋友到家里来住。刚开始朋友没同意，说是怕打扰李敏和家人的生活，可李敏说家中有空房，没关系。朋友无法推辞，就只好过来了，而且还带来了另一位朋友张小亚。

张小亚非常爱说话，而且说的话至少有五六遍重复。她的重复并不是口语化的重复，而是为了怕你听不懂或者提醒你不要忘了她曾经说过。

开始的时候，出于礼貌，李敏还会耐心地听下去，可到了后来，李敏的耳朵再也受不了了，只要张小亚一件事重复超过3次，李敏就会马上躲到一边去。但是，张小亚说话不但声音大，而且有很强的穿透力，即使躲在房间关上门，也能听到她的声音，更可怕的是，她还会追着人说。张小亚在李敏家住的这两天时间里，李敏感觉自己快要疯掉了。

另外，张小亚的电话也非常多，而且她每接一个电话都要讲十多分钟。有一次，她给一个朋友打电话，足足打了一个小时，却是为了一件小事。

在她放下电话后，李敏终于忍不住对她说：“小亚，我觉得你有点啰嗦，其实，你说得简单点儿就可以了。”

还没听完张敏的话，张小亚就打断她说：“不是我啰嗦，而是我怕他们会曲解我的意思，所以，我一定要说清楚。”于是，张小亚开始不停地跟李敏解释她不是啰嗦，李敏真后悔给她提这个意见，在她看来，张小亚已经无可救药了。

李敏被张小亚富有穿透力的声音折腾得筋疲力尽了，她想，若照这样发展下去，自己非崩溃不可，于是，忍耐了几天，就找了个理由把她们打发走了。在张小亚走出李敏家的那一刹那，李敏整个人都放松下来，感觉异常轻松。

看到这儿，你是不是觉得李敏很可怜，而张小亚非常让人讨厌？那么，就一定不要使用相同的错误方式。实际上，这种错误很多人都会犯，许多大人物在不知不觉间就犯了这个错误。

2003年，唐纳德·拉姆斯菲尔德，当时驻美国国防部长获得了英国“推广简洁英语运动”组织颁发给他的“不知所云”奖。因为他曾在一次记者招待会中说了一段流传非常广的“名言”：“我一直对尚未发生事情的有关报道有兴趣，就像我们都知道的那样，每个人都知道这些事情，我们明白一些我们明白的事情。我们知道自己有未知的事情，也就是说，我们知道有些事情我们不清楚，也就是我们清楚自己还有不知道的事情。”

这位部长非常厉害，其功力简直比唐僧还深，人们根本就不知道他想表达什么。如果一个人说话时总说不到点上，那么，可以把它当成是在听笑话或新闻，可是如果真的有一个这样的人在你耳边不停地和你说话，相信你一定会很烦躁。托尔斯泰说过：“人的智慧越是深奥，其表达想法的语言就越简单。”也就是说，真正打动人心的往往不是长篇大论，而是那些简单明了的话语。

在生活中，很多人说话很啰嗦，而聪明的年轻人不应该这样做，说话达到目的即可。聪明人讲究说话适量，也不会啰嗦半天找不到重点，不会啰嗦得让人烦躁，更不会让人觉得词不达意。

且不说言多必失，单就啰嗦带给人的感觉，就是非常不好的。在生活中，你也许看到过类似的情景，女人经常向男人唠叨：“你要戒烟……”，但男人依旧吞云吐雾；妈妈三番五次地对孩子说：“你要把你的被子叠好后再出去玩”，但是，孩子总是把它当做耳旁风，屋子照常杂乱……造成这些情况的原因就是刺激太多、太强、太久，超出了人们所能承受的限度，从而引起了人们极不耐烦或反抗的情绪，导致事情向反向发展。心理学上把这种行为称作“超限效应”。

由此可见，假如我们希望自己说的话能作用于他人，简单的重复是不可取的，因为啰嗦只会让对方更加反感，所以，不如换个角度、换种说法，使对方的厌烦心理、逆反心理降到最低，那时候，你也许能真正体会到什么是真正的“一语千金”。

处世小秘笈

假如我们希望自己说的话能作用于他人，简单的重复是不可取的，因为啰嗦只会让对方更加反感，所以，不如换个角度、换种说法，使对方的厌烦心理、逆反心理降到最低，那时候，你也许能真正体会到什么是真正的“一语千金”。

得饶人处且饶人

很多年轻人仗着能言善辩，时常在人群中占上风，于是，为了把自己的良好口才显示出来，他们变得尖酸刻薄，似乎这样会显得更加伶牙俐齿、有个性。然而，往往正是这种善于辩论的人不懂得如何维护人际关系，盲目地争强好胜，什么都想比别人高出一截。卡耐基对这种人的评价是：你可能赢了辩论，可是你却输掉了人缘。

要知道，任何讽刺和挖苦都是有攻击性的，即使嘲弄不带恶意，也会让朋友不高兴。所以，为了避免一些荒谬的争吵，在说话时应该注意分寸，即使是手中握有真理，也不要咄咄逼人。

在公共汽车上，人非常拥挤，一位小伙子不小心踩到了一个女孩的脚，女孩脾气有点暴躁，张口就说："你说你一个大男人，不踩别人偏踩我，你为什么偏偏欺负我这个女人，全车就我好欺负吗？"

小伙子本来刚想道歉，可女孩的话实在让他不舒服，于是，消除了愧疚心理，他努力不让自己生气，憋了半天才说："踩就踩了，这算什么欺负啊！"

结果，女孩脸色更差了，她说："真是的，现在人怎么都不学好。瞧你那样儿，肯定是刚从监狱里出来的吧？"

这下小伙子可急了："你说话怎么这样！"说着就要向前冲。通过大家的劝解，好不容易才让他们平静下来。

这个女孩的说法是典型的"得理不饶人"，本来只是一件小事，但是却因为这么一点小事而得理不饶人，让她显得很刻薄，这样，不仅有损自身形象，而且还会让人心中不舒服，最后，占理的事也让她弄得没理了，这又是何苦呢？

俗话说："饶人不是痴汉，痴汉不会饶人。"在双方的争论已到达白热化阶段时，占理的一方应当有"得饶人处且饶人"的胸襟，不要穷追猛打，将他人逼入死角。那样，不但不能辩赢对方，反而会让矛盾冲突扩大，使事情更加棘手。

如果错在别人，也许他已经意识到了，对所犯的错误会心存内疚，假如我们不分场合、对象，只是据理力争地责备别人，就会让人非常难堪。"得饶人处且饶人"，应该同情和理解那些有内疚之意的人，要学会宽容和礼让，不要欺人太甚。

曾有这样一则报道：

一位老人在去市场的时候，不小心碰倒了商贩的一个花盆。老人急忙道歉，还说要买下这个花盆，可是他一掏口袋，才发现自己没带钱。

这下，那个卖花盆的商贩不依不饶了，叽叽喳喳地说他的花盆值多少钱，事实上，那个花盆很普通，仅有十几元钱而已。

老人说："无论多少钱我都赔给你，可是我现在身上没带钱，要不让人跟我回家去取。"

可是，商贩不相信老人的话，不让老人走，一个劲儿地让他再仔细找一下自己带钱没有。老人气得把口袋翻给他看。可是商贩却不肯罢休道："出门不带钱也太不可思议了！"

老人没法解释，只是反复地说："我不会骗你的。"但是，无论他如何解释，商贩就是不信他的话，最后竟提出要老人拿出身份证来，但老人出门时未带任何东西。在不依不饶的争吵中，围观的人越来越多，老人从没有面对过这样尴尬的事，觉得自己很没面子，于是，急火攻心，居然心脏病突发，不治而亡了。

为了一个区区十几元的花盆，居然葬送了一条人命！

不要以为这离我们的生活很远，生活中这种事很常见，而我们也可能做过类似的事，只因为自己有理，就变得斤斤计较、得寸进尺。如果你因为手握真理，就存心让别人难堪，别人一定会不服气，这也一定在你以后的道路埋下隐患。因此，不妨为别人留些后路，真理在握，也要给人留面子，这样，双方才能友好相处，你的大度才能被别人所赏识。

一个服务生端菜上楼时不小心撞到了一位下楼的客人，服务生摔碎了手中的菜盘，菜汤溅到了客人的米色裤子的裤腿和白色皮鞋上。服务生连声道歉，并主动弯下腰来用餐巾纸为此人的裤腿和皮鞋进行擦拭。

这个人怒气冲冲地骂道："你眼睛瞎了？"服务生仿佛犯了天大的错误，一边擦一边说："非常抱歉，对不起……"但这个人还是咄咄逼人地要找经理。和他一起同来的人说："算了，服务生也不是故意的,得饶人处且饶人,人家都给道歉了,也给你擦了,走吧。”说着一行人走出了饭店。

试想一下,如果是你,你会怎样处理这种情况呢?如果你是那个人的朋友,又会对此人如何评价呢?想必一定不会对他产生好印象吧。在社会上,要明白“风水轮流转”的道理,也许今天你是饭店的客人,明天就可能是端菜的服务生,所以,我们做人或者做事情要留有余地,不要太过分,避免给他人带来痛苦,那样对自己也没多少好处,做错了事,人们一般都会心存负罪感,会主动向人家赔礼道歉,即使别人说几句也得听着,这是理所当然的,可是,如果已经赔礼道歉了,还不依不饶的,恐怕就不会有人能容忍听太多责骂的话了。碰到心眼儿小的,说不定还会报复你,那时,你有理也没地方讲了。这样,我们不仅是在给他人退路或机会,同样,也是在给自己退路。

即使是夫妻这种亲密关系,也难免会发生争吵。这时,最好的解决方式就是消除对方的火气,而不是得理不饶人。

一个男人彻夜不归,第二天才像幽灵似的回到家里,女人埋怨了几句,两人便针锋相对地吵了起来。忽然,女人说:“算了,没什么大不了的,男人晚上不回家都见惯不怪了,我想提醒你的是:熟悉的地方还是有风景的。”虽然女方有理,却没有得理不饶人,只是随口说了几句便结束了战争,而男人也意识到了自己的错误,不再晚归了。

年轻人容易犯得理不饶人的毛病,以为这样才是个性,却不知这将带给自己很多麻烦。“得理”当然有权利“不饶人”,可是“得理且饶人”会扩宽自己的路,毕竟,人海茫茫,后会有期,如果今天没饶别人,就不怕他日冤家路窄?如果那时别人有理而你无理,吃亏的就是你了。人与人之间,难免有争执与摩擦,即使觉得自己占理,也不要对对方过分指责,毕竟谁也不能十全十美。在你有理的时候,不要抓住不放,宽容别人不等于窝囊,人要能站到高处,往开处想,这样,就能理解别人,宽容别人。为自己和他人提供退路,何乐而不为呢?

当然,“饶人”也要讲究艺术,要尽量在不伤害彼此面子的情况下达成协议。想做到这一点,语言内容和方式的选择是否恰当,就显得格外重要了,要做到最好,需要长期的历练。

处世小秘笈

事实上,许多事情没有必要较真儿,尤其当这个结果有可能对别人的自尊心造成伤害时,那就更不要去争论。

尽量用“我们”代替“我”

老江湖的聪明之处,就在于他们看到了许多新人不易觉察的细节问题,比如,注意“我们”和“我”之间的玄机。

你有没有注意到,孩子在玩耍或想占有某样东西时,常会说“这是我的”“我要……”,“我”是自我意识强烈的表现。在孩子的世界中,这或许没有多大关系,可是,如果成年人也是这样,在说话时,仍然过分地强调“我”,就会让人以为你自我意识太强,从而影响人际关系,毕竟谁都不愿意和自私的人交往。

亨利·福特对最让人厌烦行为的描述是:“一个满嘴都是‘我’的人,随时随地只会说‘我’的人,他人一定不会欢迎这种人。”《福布斯》杂志中也曾登过一篇名为《良好人际关系的一剂药方》的文章,需要牢记下面的几点:“交谈中最重要的5个字是:‘我以你为荣!’交谈中最重要的4个字是:‘您怎么看?’交谈中最重要的3个字是:‘麻烦您!’交谈中最重要的2个字是:‘谢谢!’交谈中最重要的一个字是:‘你!’在交谈中,‘我’是最不重要的一个字。”

在与他人交谈时，“我”字说得太多并过分强调，会给人突出自我、标榜自我的感觉，这会在无形中，让对方和你之间筑起一道防线，形成交流障碍，从而破坏他人对你的认同。所以，会说话的人在与人交谈时，总会避开“我”字，而是用“我们”来替代。

在俄国十月革命刚刚胜利的时候，很多革命者因为与沙皇有血海深仇，所以，坚决要求烧掉沙皇住过的宫殿。当局派出很多人做思想工作，但革命者们都不松口，依旧坚持烧掉宫殿。最后，列宁亲自出面劝解。

列宁对人们说：“要烧宫殿可以，不过在烧宫殿之前，大家可否先考虑几个问题？”

“当然行。”

列宁问：“谁建造的沙皇住的宫殿？”

人们说：“是我们造的。”

列宁接着问：“我们造的房子，不让沙皇住，那可不可以让我们自己的代表住？”

人们都高声回答：“可以！”

列宁又问：“那宫殿还要烧吗？”

人民认为列宁讲得很有道理，结果宫殿保留了下来。

有一项调查显示，“我”是人们每天使用频率最高的字。那么，为什么人们对“我”字情有独钟呢？就是因为只有极少数人不喜欢被称赞，也喜欢称赞自己。所以，你如果想得到你所希望得到的，就要避免和别人争高低，而要维护别人的自尊心，为了不对面子造成伤害，千万不要常把“我”字挂在嘴边，不要一张口就说“我的……”，而要说“我们的……”，否则会让人感到厌烦。

两个人一起干完了地里的农活，在回家的路上，张三发现前面的地上有一把镰刀，于是，赶紧跑过去把那把镰刀捡起来，说：“我们捡到了一把新镰刀！”但李四当然看出张三想把镰刀带回家占为己有，李四一想，这把镰刀是张三发现的，理应归他所有，于是说：“你说错了，你不应该说‘我们捡到’，因为这是你捡到的，所以，你应该说‘我捡了一把镰刀’才对。”

接着，两个人继续往前走，张三的手中依旧拿着那把镰刀。过了一会儿，镰刀的主人走了过来，远远地看见张三的手上拿着他的镰刀，就朝他们追赶过来，眼看对方就要追上来了。这时候张三非常紧张地看了李四一眼说：“怎么办？这下我们要被他抓到了，这次可丢脸丢到家了。”李四听张三这么说，知道张三想两个人平摊责任。于是，李四非常严肃地对张三说：“你说错了，刚才你说镰刀是你捡到的，现在人家追来了，你应该说‘我要被他抓到了’，而不是‘我们要被他抓到了’。”

“我”是站在自己的角度上考虑问题，而“我们”则是站在双方的角度上考虑问题，一字之差，会给人完全不同的感觉。只站在自己的角度上考虑问题无异于孤身作战，单独一个人是无法在社会上立足的，一份一个人吃的牛排无须与他人分享，但当很多人都想吃掉它的时候，就有必要共同分享了，而“我们”一词才是合作的前提，要知道忠于自己才是人性最本质的一面，“我”是每个人心中的宗教，一个简单的“我们”，增加的是一份不容易得到的亲密感。年轻人想有好的社会关系，首先要经营一下周围的人际关系，这时要注意到“我们”比“我”要强大，当“我们”取代“我”的时候，它焕发出的力量是无穷的，更是不可估量的。

驾驶汽车应随时注意交通标志，说话也要密切关注听众的态度和反应。假如红灯已经亮了依然往前开，就是违章了，如果你谈话时“我”字使用的频率高，不妨看看听者的反应，看看是否引起了对方不满。

人们最感兴趣的就是谈论自己，而对于那些不关己的事情，多数人会觉得索然无味。比如，当一位妈妈热情地对你说：“我的宝宝会叫人了。”这时，她的心里非常高兴，但是你却未必和她一样高兴，每个正常的孩子都会叫人啊？在我们说话时也是一样，你感觉有兴趣的事，别人未必感兴趣，如果你还一味地围绕着“我感兴趣”的事情说下去，就很容易看到别人兴趣索然。

所以在与人交流时，尽可能地忘掉自己，不要大谈特谈与自己有关的事情，因为你的生活引不起别人的兴趣。每个人都喜欢自己最熟知的事情，在交际中，要尽量去引导别人说他自己的事情，或者双方都感兴趣的事情，这种方法最能让对方高兴。当你用心聆听对方的讲话时，你一定会给对方留下最适合的印象。

在潜意识中，人们往往认为，“我”是在推销自己，可是“王婆”若只知道“自卖自夸”，则很难卖出瓜，同样的，仅仅推销“我”的人也不容易取得良好的效果。在你喋喋不休地说“我”的时候，有没有想过别人爱不爱听？心理学家告诉我们，很多人既渴望展示自己又有不乐意做别人自我展示的听众的心态。所以，在你痛快地使用“我”的时候，就已经把别人惹恼了。

应聘者甲说：“在我负责销售部的时候，我让部门工作取得了较大的进步，在我的严格管理下，本部门工作人员也得到了很大锻炼，并取得了进步，所以，我得到了总公司的赞赏，这让我感到欣慰！”

应聘者乙说：“在我负责销售部的时候，部门工作进步很大，不但销售额比去年上升了20%，部门的员工也得到了很大的锻炼，并取得了进步。总公司对此的奖励，是对我们全部工作人员的极大鼓励。”

显然，应聘者乙比应聘者甲更容易被人接受和喜欢。他没有一连串地使用5个“我”，而且自己也没有贪全部功劳，因此，同样的内容，大家都喜欢乙的表达方式。

说话时，把“我”变为“我们”，可以巧妙拉近双方的距离，使你和你的话更易被别人接受。我们看到演讲者常常使用“让我们……”，记者采访时也常常说“请问我们公司……”，显然，这样的话会拉近与对方的距离，听起来也和缓亲切。因为“我们”这个字眼本身就是表现“你也参与其中”，这会让别人心中产生一种参与意识。如果演讲者说“你们……”，这样，就拉开了演讲者和听众的距离，以至于无法让自己与听众达到共鸣。

以下提供一些关于使用“我”字的技巧：

1. 变单数的“我”为复数的“我们”。

2. 词语要富有弹性，把“我建议”“我认为”等有强烈强调意味的词语换成“我觉得”“我想”，以起到缓冲效果。

3. 对“我”字做修饰，比如“我的拙见”等。

4. 在适当时将主语省略掉，比如，把“我认为这是一次成功的交流”省略主语，变成“这次的交流很成功”。

处世小秘笈

假如你在说话时，忽略听众的情绪或者反应，只是一个劲儿地提到我怎么样，那么，一定会引起对方的反感。把“我”改为“我们”，你不但没有任何损失，而且还会获得对方的好感。

做人不要口无遮拦

有道是：“心无遮拦是坦荡，口无遮拦是祸端。”现在生活中有许多“出言不慎，惹是生非”的事例，一张嘴常常会带来数不清的烦恼。祸从口出，覆水难收，而精神上的伤害却又会比肉体上的伤害更深、更让人刻骨铭心，甚至会给我们带来巨大损失。

世上除哑巴外每个人都会说话，说到起劲时甚至还能手脚并用，口若悬河，有如长江之水滔滔不绝。然而，却很难把话说好，说得滴水不漏。要想把话说得好，说得滴水不漏，古人有训：“祸从口出，言多必失。”言语有好有坏，好话可以消灾免难，坏话则会带给人祸患。古人言：“病从口入，祸从口出。”这话的意思很明显，即不注意卫生地乱吃东西，身体就会生病；多说话、乱说话容易惹出祸端。这句话每个人都懂,也都想去注意自己的行为,避免招惹不必要的麻烦。可是,许多人自制力很差,常因说话多、胡言乱语而惹是非。

语言虽然可以修饰一个人的外表,但并非每一句话都有好处。所以,开口说话一定要注意,要非常小心才能避免闯祸。话说得好,当然可以让人心情舒畅,但若口才不佳,则会惹人痛恨。因此,人生在世,应该谨言慎行,切不可放言说道。三寸之舌虽不会威胁生命,却也常常捅出娄子。

国学大师叶曼的《世间情》中有一个这样的故事:

一位已经工作7年的女子说,她是性情中人,天性直率,好打抱不平,常常因想到什么就说什么而得罪人,她说自己说的全是实话,没有一点伤害别人的意思,于是,便感叹人生的难处。

叶曼是这样回答她的问题的:"山中有直树,世上无直人。真正的直人一定不会因为自己心直口快、当面折辱人而自豪,那仅是一种自我表扬,没有一点儿好处,到最后只落得自己鼻青脸肿,而且还不受别人欢迎。我希望你不是那种人,并且千万不要期望自己变成那种人,那是不折不扣的幼稚,而不是你以为的纯真。纯真仅是出自于淤泥而不被污染,如果那朵莲花终日临风顾影,专门嘲骂谴责污泥,那将是多么的可笑又可悲!"

的确如此,幼稚的人总是拿自身的缺点当借口,我们在生活中经常听到这样的声音,或者说的人正是我们自己:我太爱心直口快了、我不懂得圆滑。这些带着自夸性质的"检讨"是很常见的,许多人认为"是社会错了,它不容我"。这其实是一种幼稚的体现。人都需要觉醒,所谓的直率,其实就是一种极大的狭隘,在你不得不开口说话伤人时,便有了一种傲慢和不屑,而越成熟的人越有度量,他们是不会这么做的。

澳大利亚头号年轻政治家约翰·布洛戈登曾被人称为"未来总理",但是却因为一次在酒会中的失态举动,不得不从政治舞台中离开,毁了大好的前程。当时,37岁的布洛戈登被澳大利亚各方看好,认为他最有希望在2007年的全国竞选中大发异彩,成为澳大利亚的总理。但布洛戈登因为口无遮拦而失去大好机会。在竞选3周前,他参加澳大利亚旅馆协会举行的酒会时,因为鲍勃·巴尔——他多年的政治对手刚刚辞职,他因为身心愉悦而一连喝了6瓶啤酒,醉酒的他马上丑态百出:先是调戏几位金发女郎,之后又取笑巴尔的马来西亚裔妻子是"邮购新娘"。

巴尔的妻子海伦娜在17岁时从马来西亚到澳大利亚求学,从悉尼大学毕业,曾是个成功的生意人,在澳大利亚政界因为热情而声誉极佳。巴尔对布洛戈登的话非常不满:"我无法接受他的道歉,他的话不但从精神上深深地伤害了我的妻子,同时也深深地刺伤了跟我妻子一样背景的公民们。"澳大利亚总理霍华德也对洛戈登的行为进行了严厉批评:"他说得太离谱了,我和海伦娜非常熟悉,她是个大方热情的女人,他简直是胡言乱语。"

有些话真不该说,正所谓"话到嘴边留三分",让人不爱听的,就算是实话也要谨慎。其实,无论说话对象是谁,都不能口无遮拦。即便当时没危险,但是你让对方心里结下疙瘩,终究没什么好处。

小慧在一家大型企业做办公室文员,她性格内敛,不喜欢说话。但是,每说出一句都是"重量级"的,每当别人就一件事情向她征求意见时,她说出来的话总让人感觉不舒服,而且她的话总是在揭别人的"伤疤"。有一次,同事穿了件新衣服,其他同事都说好看,且很适合她,可是,当同事问小慧的感觉如何时,她却直言不讳地说:"你长得太胖了,穿这件衣服不好看。而且这颜色让你显得幼稚,下次别穿了。"

这话一出口,本来兴致勃勃的同事表情立刻就僵住了,而周围大力夸赞衣服好的同事也感到非常尴尬。因为小慧说的话是同事们都不愿开口讲的"实"话,而且那些话很得罪人。

尽管小慧有时也很后悔说出那样的话,可是,她总是忍不住说些让人接受不了的实话。时间长了,大家便排斥她,很少再去征求她的意见了,她也慢慢无法再融入这个办公室了。

常言道:“揭人短遭人恨。”当面揭人伤疤,自然让人讨厌,而背后揭短的人更可恶。逢人不说他人过,说话不揭他人短,这是低调为人处世的一条准则。在交际中,应该知己知彼,不仅要了解对方的个性和习惯,还要了解对方的需要和忌讳,如果你对交际对象的优缺点一无所知,那么,交际起来,难免会不小心触犯对方的禁区。此外,看人还应多看对方的优点和长处,刻意揭人之短是一种恶劣的品行,是小人之举,无意之中的揭人之短也会产生不好的影响。

直率不应该是胡乱说话的借口,在人际交往中,口无遮拦是最容易得罪人的,它会让你在人际关系上屡遭挫折。举个例子,你到医院探望住院的朋友,事先你已知道他病情很严重,而他自己却不知情时,假如你心直口快地说出实情,你的鲁莽一定得不到他的家人的原谅。再比如,遇到熟人,人家问候你时你在郁闷着,口无遮拦地回一句:“好什么好,烦透了……”这句话一定会呛得人不知所措,让别人认为你是个不知好歹、没有修养的人。

一样是说实话,用不同的方法说,会产生不同的效果。

除了批评别人之外,还有些人表面看上去知识渊博,即使有些事情自己只是一知半解,他也能讲得天花乱坠。但实际上,他只是个半吊子,那些舌灿莲花的功夫只能唬唬刚见面的人,而深入交往后就会引起他人的厌烦。

处世小秘笈

当不得不说实话时,也并非一定要直白地讲,一个心理成熟的人应该知道在什么时候该以怎样的方式说话办事,比如,把实话婉转或幽默地说出来,或者私下说而不是当众宣布。

第二篇 年轻人齐家方略

第一章 做生活的主人

习惯决定成败

习惯的力量是巨大的。在一个人的日常活动中,90%的行为是人的习惯动作,并在潜意识中转化为程序化的惯性。而程序化的行为是自动的,这种自动运作的力量,就是习惯的力量。

习惯的作用发生在生活中的方方面面。它是行为的自动化,不需要特别的意志努力,也不需要别人的监控,在什么情况下就按什么规则去行动。因此,习惯一旦养成,对人的影响是颇大的。

一个小孩在看完马戏团精彩的表演后,随着父亲到帐篷外给表演的动物喂香蕉吃。

这时,小孩注意到一旁的大象群,便问父亲:"爸,大象那么壮,力气那么大,为什么它们的脚上只系着一条小小的铁链,难道这条细铁链就可以捆住它吗?"

父亲笑了笑,耐心地为孩子解释:"没错,就是细铁链锁住了大象。在大象还小的时候,驯兽师就是用这种细链子来锁住小象,那时候的小象,力气还不够大,小象起初也想挣开铁链的束缚,可是试过几次之后,知道自己的力气不足以挣开铁链,也就不再费力挣扎了,等小象长成大象后,它就习惯了链子的束缚,从此也没有了逃脱的欲望。"

一条细细的链子,竟能拴住一头重达千斤的大象,这确实有点让人难以接受。因为在大象的惯性思维里,链子成了永远不可能摆脱的东西。小象是被实实在在的链子绑住,而大象则是被看不见的习惯绑住的。

大象被细链子捆住就是习惯的力量。其实,习惯性思维也常常桎梏着人类的发展。

在现代社会中,电脑已经成为了人类生存生活的必需品,不知大家想过没有,键盘上的字母排列为什么会出现这样不规则的组合?有一个最流行的说法,说这样可以节约最多的打字时间。其实不然,这完全是错误的。

1873年,美国发明家克利斯托弗发明了世界上第一台打字机,当时的电脑键盘是严格按照英文字母的顺序排序的。慢慢地,他发现打字的速度一旦加快,按键就很容易被卡住。

于是,他的弟弟给他出了一个主意,分开布局那些使用频率较高的键,这样每次击键的时候,就不会因为连续击打高频区域而造成卡键。

经过这样不规则的排列后,卡键问题基本得到了解决,但同时打字速度也减慢了。在推销打字机的时候,很多人接受不了,出于高利润的吸引,克利斯托弗对客户说,这样的排列可以大大提高打字速度,结果,所有人都相信了他的说法,认为这是速度最快的排键方式。

之后，一些科学家经过研究测算得出结论，目前的按键排列是比较笨拙的一种。凭借现在的技术，卡键问题早已得到解决了，但出现第二种排列的键盘却也变得非常困难了，因为人们都习惯了。

但人类是自觉的动物，拥有很强的自我控制力。当我们发现坏习惯是阻挡人生成功的拦路虎后，可以尽力改变习惯，从而减少坏习惯的影响。驾驭人生，驾驭习惯，做习惯的主人，才能在好习惯的带领下走向成功。

处世小秘笈

习惯对我们的生活和命运有着极大的影响，习惯既可以造就人才，也可以造就庸才，习惯可以是我们最好的帮手，也可以成为我们最大的负担，它会推着我们前进，也会拖累我们上进。

坏习惯是可以改掉的

在工作和生活中，每个人都有自己的行为习惯，但坏的习惯往往会对人产生消极作用。这些坏习惯虽然不像酗酒和吸毒那样完全毁灭一个人的身心，但绝对会对你的事业成功起阻碍作用。所以，一定要改掉坏习惯。

一条宽阔的马路，车辆来往川流不息。马路中间的栏杆已经被人扒开了一个缺口，尽管往两侧走上200米各有一座过街天桥，但许多人还是为了省力从缺口横穿马路。久而久之，大家都习惯了从缺口过马路。

终于有一天，随着刺耳的刹车声，一对年轻的男女倒在了血泊之中……

这就是坏习惯惹的祸。坏习惯不仅可以毁灭生命，从某种程度上也可以毁掉成功。所以，必须要改掉坏习惯，美国地产大亨欧文·亨利的经历告诉我们，意志力完全可以改变坏习惯。

欧文·亨利曾经是个嗜烟如命的瘾君子。有一次，他度假途经英国，在开了几个小时的车后，身体十分疲惫，天气也很糟糕，他就在一个小镇的旅馆停下来过夜。吃过晚饭后，他很快就进入了梦乡。

凌晨三点钟，欧文·亨利突然醒来，很想抽烟。可从床上起身拿烟时却发现烟盒空了。他把所有的地方都搜遍了，也没找到一支可以缓解烟瘾的烟。这时候，旅馆的服务部已经关门了，大街上的便利商店也早就打烊了。要买的话只能到很远的便利店去买。

他感觉这时自己非吸上一支不可，哪怕就一支。当穿好了出门的衣服，拿上雨衣准备出发的时候，他停住了。他想：我这是在做什么啊？一个有身份有地位的知识分子，而且是一个相当成功的商人，一个自以为有足够理性控制全局的人，却要在半夜三更冒雨走过几条街，仅仅是为了吸一支烟。吸烟是一种坏习惯，但习惯怎么会有如此强大的力量呢？我要抵制住这个习惯。过了一会儿，亨利终于下定决心，命令自己躺回床上，忘掉香烟。当时，他就有一种战胜困难的感觉。

这次以后，欧文·亨利改掉了吸烟这个坏习惯。

其实改掉这类坏习惯也很简单，你可以制订一个计划，根据计划设想改变方法。下面就是改掉抽烟习惯的方法，你有其他的坏习惯也可以参照戒烟的方法来改变。

首先，你要花一些时间考虑一下吸烟的意义。也许你说从小就抽，没什么原因，或者由于好奇，不管是什么原因，只有找到了坏习惯存在的原因，才真正迈出了改掉坏习惯的第一步。

你可以用类似下面的语言来时刻提醒自己：

笨蛋才不能控制吸烟的欲望。

我可以戒烟。

吸烟不利于我的身体健康。

吸烟损害了身边人的健康。

我可以凭意志力戒烟。

你可以选择用其他食品或者零食代替吸烟，从而转移注意力，这种方法十分有效。

当然，你也不必每时每刻都与自己作对。只做你想做的，只要保持一天三次温习你制订的计划，每次花些时间去体验那种戒掉烟的感觉，改掉坏习惯就为期不远了。

处世小秘笈

人应该支配习惯，而绝不能让习惯支配人，一个人如果不能改掉他的坏习惯，那简直是一文不值。

要培养好的习惯

培养好习惯，就是在培养成功的途径。如果你对身边优秀的人进行认真的观察，那么，在差异中你很容易就会找到习惯的因素。做事重在点滴，做人也是如此。其实，一切并不复杂，定一个目标，配一套方法，一次次遵守，日积月累，自然就会养成好习惯。也许你会问，真的这么简单吗？当然这么简单，下面就以富兰克林为例。

富兰克林，是美国历史上非常著名的思想家、科学家。他参加了美国独立战争，是美国《独立宣言》的主要起草人之一。他在晚年对自己的成就进行回顾时，认为这些成就都要归功于年轻时的一种"特殊习惯训练"。

年轻时的富兰克林曾自由散漫，缺乏自我控制能力，甚至很长时间连工作都找不到。但他渴望成功，他渐渐认识到成功的关键在于养成良好的习惯。于是，他总结了成功所需要的几种好习惯，然后把它们作为目标，并对坏习惯进行改正。

在富兰克林看来，集中一段时间来改正坏习惯是可行的，于是他决定用七天改变一种坏习惯。这样，他用了三个多月的时间训练自己接受好习惯。此外，他还专门为自己准备了一个随身携带的册子，每天进行自我对照，自我反省，并做好笔记，严格执行。经过这样的训练，富兰克林逐步养成了好习惯，重塑了一个截然不同的自我。

你要培养好的习惯，就要制订一份缜密可行的改正计划，坚持一段时间，你就会发现自己的变化。当然，下面这些习惯是优秀之人必不可少的：

1. 安排好私人生活

对私人生活有正确的态度和妥善安排的人，会大大提高工作效率。以下是几项能使人松弛和减少紧张的建议，多是简单易行的好习惯。

每天至少安排一段轻松的时间：去阅读艰难但有用的书籍，而不要尝试速读；吃美味的食物时，认真咀嚼，仔细品尝、享受；在家里准备一个安静的地方，以备休息或静思；除了工作和学习之外，至少有一个自己喜爱的其他领域；避免喝太多的咖啡或酒类的饮品，试着以果汁或白开水来代替；每天至少微笑 10 分钟，对待挫折要积极乐观，能够平和地生活。

2. 要养成快乐的习惯

你的态度、情感和信念也容易变成习惯。只要你认真考虑下定决心，再练习或形成新的反应或行为，习惯就能逐渐按照你的期望养成。要常对自己说："今天我以一种崭新的、更好的方式开始生活。"

然后，一整天都随时提醒自己：我要精神愉快；我要友善地对待他人；要尽可能地表现得对成功有把握，我喜欢现阶段的我；要练习在思想和行动上都像是一个新的个体；不要让固有观念影响自己；不管发生什么情况，都要尽可能地冷静处理，理智安排。

3. 要养成坚持的好习惯

制订一个计划，或者下定一个决心，一定要坚持做下去，不能半途而废，这样，收获才会比较显著。做什么事情都贵在坚持，下定决心却不能坚持，那样，到头来只是浪费时间，浪费生命，取得不了大的成效。

你已经明确，必须改变自己现有的行为方式，而这种改变也是一种挑战，你必须放弃习惯了的一些东西，而去逐步适应一些对你来说困难的东西。

当然，改变是艰难的。当你被要求改掉那些几乎不需要思考的习惯时，你就会本能地加以抵抗，尽管你也承认那些习惯对自己成长不利。

改变也不可能很快实现，好习惯的养成是一个渐进的过程。如果你试图在一夜之间变得成功，那你只能是再一次的失败。所以，努力吧，改掉坏习惯，重塑更完美的自我。

处世小秘笈

人的思维活动、行为举止往往会受到定势思维的支配。所以说，习惯定律是很重要的，它能助人成功，也能致人失败。因此，养成好的、积极的习惯，就能获得成功的助推力。

光阴无价

马克·奥勒留提醒我们，时间像水一样流得无影无踪，如果利用时间的效率得不到提高，那么，只会让自己和别人的差距越来越大。只有不断抓住稍纵即逝的时间，才能延长自己的生命，才能做成很多意想不到的伟大成就。要知道，消磨时间就等于消磨生命。

时间构成了生命。科学家富兰克林有句名言："谁真正懂得生命的宝贵，谁就真正懂得时间的价值。"人的生命的确是极为宝贵的，可是，为何要一直强调时间的宝贵呢？在苏联昆虫学家柳雅歇夫看来："人最宝贵的是生命。但是仔细分析这个生命，可以说，时间是最宝贵的。因为生命是由时间构成的，是一小时一小时，一分钟一分钟累积起来的。"时间抓得住是黄金，抓不住是流水，时间在流失，生命也在缩短。在岁月的流逝中，勤奋的人付出的是汗水，得到的是成绩；懒惰的人付出的是生命，却只得到了苍老。

时间的宝贵，还在于它不以人的意志而增多，也不以人的意志而减少，既不能储存在仓库里随要随取，也不能直接拿起来使用。所以说，世界上只有利用时间而没有收藏时间。伟大的文豪托尔斯泰说："你没有最有效地使用，而把它放过的那一点时间，是永不能返回的。"时间的这种不能返回，在哲学上叫做"一维性"，比喻时间只能按照过去——现在——将来行进。既不会在一点上停滞，也不会横向发展。

时间的宝贵，还在于它既是一个常数。24 小时是既定不变的，又是一个变数，善用则多，妄用则少。对于珍惜它的人，每一分时间流逝都能有所收获。对他们来说，赢得时间就是有了变理想为现实的桥梁。对于不爱惜它的人，报酬给予的很少，甚至是零，有时还会失去一些呢！伟大诗人和戏剧家莎士比亚有句名言："放弃时间的人，时间也会放弃他。"

1955 年，"相对论"的创立者爱因斯坦，在 76 岁时病倒了，他身体十分虚弱，认为自己不久就要与世诀别。有位老朋友来看望他，问他有什么需要时，他说："我只希望还有若干小时的时间，让我整理好没完成的稿子。"后来，爱因斯坦的病稍有好转，就立即投入到了高强度的工作中，他在去世的前几天，还在写一篇论文。临终前几小时，他让身边的亲人休息，不要陪伴自己，他说："我还要在这里做我的事。"在病重时"只希望还有若干小时"，奇怪吗？一点也不。只要你仔细阅读他的传记，你就会看到少年时代的爱因斯坦是怎样珍惜时间来学习的；会看到在专利局当小职员时，他是怎样挤出与别人聊天的时间钻研相对论的；还会看到在花甲之年，他是如何拒绝同行看戏的邀约而珍惜每一个小时的。至于他在推婴儿车、等人，以及一些日常生活中珍惜时间的趣闻轶事，更是不胜枚举。纵观古今，横观中外，你就会发现，凡历史上一切有所作为的人都懂得珍惜时间。

时间,有的人说它就是金钱,有的人说它就是知识,有的人说它就是财富,有的人说它就是速度,有的人说它就是胜利……有的人认为时间是最公正的上帝,说它能给每个人应得的结果和成绩;也有人用公正的画师来比喻它,说它能用无私的彩笔,点染每个人的外貌和灵魂。而别林斯基则说:“在所有批评家中,最伟大、最正确、最天才的就是时间。”尽管人们对时间下的定义因时、因事,因地,因客观或主观因素各不同,但是,对时间的宝贵,人们还是有着一致的认识的。所以,千百年来,人类一直致力于节约更多的时间,为了节约瞬间即逝的时间,人类发明了火车、汽车、飞机;为了节约交际沟通的时间,人类发明了电报、电话、电传打字机;此外,还有电脑、洗衣机、电梯等等。

时至今日,人类还没发明出可以测量时间价值的仪器,能测量出每一天、每一小时、每一分一秒对每个人的价值,因为对于时间的宝贵,是无法用普通的价值标准衡量的。一切有价值的东西都离不开时间,“一寸光阴一寸金,寸金难买寸光阴”,这句格言明确指明了这一点。

伟大的作家伏尔泰在小说《查第格》中写过这样一个谜语:“世界上哪样东西是最长的又是最短的,最能分割的又是最广大的,最不受重视的又是最受惋惜的;没有它,什么事情都做不成?”作者揭出谜底:是时间。他解释道:“时间是最长的,因为它是无穷尽的;但最短的也莫过于时间,因为他们所有的计划都来不及完成;在等待的人,时间是最慢的;在作乐的人,时间是最快的;它可以无穷地扩展,也可以无限地分割;当时谁都不加重视,可过后又都表示惋惜;没有它,什么事都做不成;不值得后世纪念的,它都令人忘怀;伟大的,却使它们永垂不朽。”

处世小秘笈

古往今来,面对时间的爱恨,多少人为之讴歌,多少人为之叹息,多少人为之奋斗。

善于抓住零碎的时间

时间是个常数,每个人每天都是 24 小时,每小时都由 60 分钟组成,每分钟都是 60 秒钟;然而,时间又是个变数,同样的时间,每个人具有不同的使用方式,创造的价值也会不同。高效的时间管理,诀窍在于抓住零碎的时间。调查表明,假定一个人的寿命为 72 年,那么,他的时间分配大约是这样的:睡觉,占去 20 年;吃饭,占去 6 年;生病,占去 3 年;工作,占去 14 年;梳妆打扮,占去 5 年;旅行游玩,占去 4 年;聊天,占去 3 年;学习,占去 3 年;等人,占去 3 年;打电话,占去 1 年;看电影等活动,占去 8 年。

在这个时间分配栏目中,除去诸如吃饭、工作等生活上无法利用的时间外,还有 28 年的剩余时间,而这份几乎占尽人生 40% 的时间都属于难以集中使用的零碎时间。

其实,零碎时间也有大用处。三国时期,魏国大司马董遇经常告诫他的学生要惜时如金,抓住零碎的“三余”时间:“冬者岁之余,夜者日之余,阴雨者时之余也。”宋代时,有人请教欧阳修公务繁忙哪里还有做学问的时间?欧阳修答道,他的学问来自“三上”,即马上,枕上、厕上。董遇说的“三余”、欧阳修讲的“三上”,大都是转眼即逝,看起来不甚大用的零碎时间,但只要及时地抓住不放,它就会创造出意想不到的价值。

对零碎时间的进行可利用以下三种途径:

1. 排队时找点事干;
2. 早上第一件事是考虑干什么;
3. 合理利用上下班路上的时间。

文豪鲁迅这样说过:“时间就像海绵里的水,只要愿意挤,总还是有的。”并且他还说:“节约时间,能提高我们生命的效率,也就等于延长了我们的生命。”

许多年轻人,当然,也包括中年人和老年人,他们都明白时间一去不返的道理,但却仍然缺乏内在的力量去把握时间，以至于让大把的时间白白浪费。那么，把握时间的力量在哪里呢？其实，它就在你身上，在你高尚的生活目标里。一个人只有有了甘愿为之奋斗的目标，明确在什么地方有权使用自己一生的时间，在什么地方无权滥用，有一个使用时间的标准，才能正确对待时间，好好规划时间，珍惜时间，从而成功驾驭时间。

处世小秘笈

时间管理是一门极具科学性与艺术性的学问，它的目的是让我们实现快乐，而现实的成功人生，不是让我们去应付时间，而是让我们懂得快乐地分享。

健康是成功的基础

著名的石油大王洛克菲勒曾经称霸美国的石油行业，聚敛了无尽的财富，在金钱方面无人可及。然而，由于超常的工作量以及巨大财富带来的紧张与压力，以至于他的身体状态非常糟糕，头发脱落，免疫系统失调，骨瘦如柴，身体不好，即使有再多的钱又有什么用呢？只有当他退出了与财富的战争，全身心关注自己的健康，清心养性，并投身于宗教信仰，尽力为全人类的幸福谋福利时，他才又一次赢得了生命，最终活到了九十几岁。石油大王的经历再一次向世人阐释了健康是每个人的生存资本这一真理。

在生活中，身体是革命的本钱是众所周知的，可实际上，很多人，尤其是年轻人为了自己的理想和追求，把身体健康抛在了脑后；又有多少人用身体去换取成功，因为年轻而不惜用自己的身体做赌注。

我们经常可以看到一些人，他们的年龄不大，但看起来却显得老态龙钟、精神憔悴，他们开始工作、创立事业时身体也是非常健康、有活力的，拥有强健的体魄、雄壮的体格和智慧的脑力。但是，他们在功成名就，有一定的经济实力后，就不再顾及身体健康，过起了花天酒地的生活，久而久之，身体的机能遭到了破坏，挥霍掉了原有的资本，最后，成为了一个失败者，再也无法显示伟大的力量了。

还有不少人，由于现在的生存压力大，迫使他们付出高额的健康成本来适应生存的需要。他们终日忙于工作，无暇关注健康，不注意积蓄体力和脑力资本，不注意锻炼身体按时作息，操劳过度，以至于自己的年龄正处于黄金阶段，事业处于巅峰时期，却大病缠身，卧病在床乃至英年早逝。

美国历史上最胖的好莱坞影星利奥·罗斯顿在演出时，突发心肌梗死被送进英国伦敦的汤普森急救中心。医务人员终究没有挽救他的生命。罗斯顿临终前喃喃自语："你的身躯很庞大，但你的生命仅需要一颗健康的心脏！"

那种"为工作不惜拼命，拼命三郎般的"的敬业精神，固然值得我们敬仰。但是，如果只顾拼命工作而赔上了自己的健康，生命中的光和热还没有全部得到发挥就英年早逝，这就有点得不偿失了。所以，人生在世，健康是第一位的。只有保持身体的健康，谈论未来才更有底气。

为什么很多现代人英年早逝？从医学和健康学的观点看，主要是不少人不会健康地生活，缺乏自我的保健能力，没将健康与保健放在心上。健康是个系统工程，受多种因素制约，如社会因素、环境因素、生活方式因素、医疗保健因素等。因此，我们必须运用学科手段，结合各种方法和因素，来关心健康，度过健康、长寿、幸福、愉快、富裕、有价值的人生。

在现实生活中，又有多少人执迷不悟，在年轻身体强壮之时，对吃什么，怎么吃，加强运动，怎么运动不大讲究，不在乎营养均衡，以为年轻就是资本，睡一觉就能恢复。当精力充沛时，不惜吃老本，拼体力，不吃不喝，熬夜打拼，夜以继日地透支健康，对健康的潜力开发甚至是掠夺性的，如此等等。其实，健康像水土一样，在我们的漫不经心中流失了，健康在他们看来，像廉价的消费品，被随意消耗，丝毫不在意。

殊不知，健全的体魄、乐观积极的心态、敏锐的反应是实现人生宏伟壮志的基础，所以，只有不断地投身于健康之旅,事业的拼搏才有资本,否则,一切将化为空中楼阁。

早在1953年,有远见的世界卫生组织为了唤起人们关注自身健康,关爱身体,就提出了“健康就是金子”的响亮口号,旨在希望人们像对待金子一样对待自己的身体,并将其作为当年世界卫生组织的主题口号,可见用意之深。

实质上,健康比金子还要珍贵,因为健康不具有可逆性,一旦失去,再先进的高科技都无法使已经损坏的肌体恢复,只能是“无可奈何花落去”,而金子却可以“千金散尽还复来”。

但是不少人,包括高知识阶层和白领,在认识上有着很大的误区。他们认为,青壮年正是精力充沛、大展宏图的好时期,应当集中精力克服困难拼事业,全然没有珍惜健康的观念。错误地认为能吃能睡就是没病,即使有了小病扛一下也过去了,结果病入膏肓时才如梦初醒,但是一切都已经晚了。誉满中外的科学家、事业蒸蒸日上的老板很多都英年早逝了。国家痛失英才,家庭支离破碎,正如中岛宏博士的一句预警:“许多人不是死于疾病,而是死于无知。”

连大学里的教授学者、商界精英、高级白领竟然都死于对健康的无知,对自己生命的无知,足见一些阶层对健康教育知识的匮乏。

健康是生命的源泉。失去了健康,生命的意义也就不存在了。能够有健全的体魄与饱满的精神,在这两者之间,又保持完善平衡,这是一种有智慧的生存之道。一个生活丰富的人往往懂得健康之道,把保持强健的体魄看作人生的重要职责。试想,一个不爱惜自己生命的人,又有什么资格品味生活的甘甜呢? 只有充沛的生命力,才可以抵抗各种疾病,从而度过各种难关,坦然面对人生挑战。所以,请关爱我们的身体吧,照顾我们的身体,关爱我们的心灵,让身心永葆健康!

处世小秘笈

没有健康,人所有的期望,无论是权力、财富还是爱情终将化为泡影。

健康无价

健康是每个人最迫切的心理需要,是社会和谐的重要保证,是提高社会生产力的基本要素,是当代社会的一个重大课题。但是,做到健康,尤其是做到心理健康,好好善待自己的生命,自己来把握健康的主动权,并不是每个现代人都能做好的。对上述问题的认识不一,态度不一,途径不一,当然也会造成截然不同的结果。

古今中外许多名人之所以成就了一番大事业,重要的基础便在于健康。毛泽东同志年轻时就立志改造中国、改造世界,为了迎接日后的挑战,如游泳、远足、冷水浴、风浴、雨浴、雪浴等,锻炼了他顽强的意志和健全的体魄。古代医学家、药王,又是养生学专家的孙思邈,在70余岁时就写了《千金要方》,100岁时又写出了《千金翼方》,这对祖国医学的发展相当重要,他活到了101岁。

获得过诺贝尔奖的居里夫人说过:“健康的身体是科学的基础,没有健康将一事无成。”由此可见健康是金子,健康是无价之宝,健康是人第一也是最重要的财富。著名医学家吴阶平教授说:“健康不是一切,但一切都需要健康。”

健康是一个人成就事业的基石。人们为了对社会做出更多贡献,为了生活得更有质量而维护自身健康,这是其终生的任务。在经济落后、医疗卫生条件差的时代,人们对健康的追求,仅仅是一种愿望,很难实现。社会发展到高度文明的今天,人们对健康的追求越来越迫切,对维护健康的要求越来越强烈,无论在条件、观念还是时间上都有了空前的大投入。当我们发现无论是农村还是城市都拥有火爆的保健品市场的时候,当我们发现成群成群的男人、女人、各种年龄的人们甘愿花费很多时间健身的时候,当我们看到广大农村的病人大批大批到大城市看病的时候,这明确地告诉人们,健康观念已经转化为行动了。这种行动所揭示出来的是一种维护自我健康的意识和观念,它包括健康的身体来自自我关注观念、自我保护观念、自我维护观念、自我调节观念、有病早治观念等。

健康的生命会大放异彩，而疾病与死亡会中止人类幸福的生活。在生活中，我们常见有作为、有知识、有天赋的青年男女，却因为身体状况不好以致一生都无法实现自己的愿望，不禁让人扼腕叹息。而天下最大的失望也莫过于此：自己虽有凌云壮志却没有实现的精力；自己虽有不息的斗志，身体状况却不允许，只能苟活于病痛与死亡的边缘。

一些人之所以饱尝壮志未酬的痛苦，就是因为他们没有强健的体魄作后盾。一个专注于工作、应酬，不懂休息、娱乐的人往往还没成功就油尽灯枯，使事业日趋衰落，因为各种不同的精神刺激和生命的养料之于他来说都是十分缺乏的。所以，要劳逸结合，无论对于用脑者还是劳力者，都是十分有益的。“单调”是生命的摧残者，凡是最终取得伟大成就的人，往往不会整日整夜地埋头蛮干，而是懂得劳逸结合。

一个人最经济合算的做法，就是保持一个强健的体魄，以作为获取成功的长久资本。所以说，世间最珍贵的东西便是健康，因此，我们必须不惜一切代价来保护好它，从而保证我们在工作上不断进步。

处世小秘笈

完美的人生来自三大支柱，即健康的身心、幸福的家庭、成功的事业，这三项互相平衡，互相促进，其中，健康是基础。

要待人真诚

美国学者安德森研究了对人与人之间关系有影响的人格物质，排在序列最前面、受喜爱程度最高的六个人格品质是：真诚、诚实、理解、忠诚、真实、可信，其实，除真诚外的五个因素也直接或间接同真诚有关。而排在序列最后，最不被人所喜爱的几个品质是说谎、虚伪、不老实等，这些也都与真诚有关。所以，安德森认为，人们都喜欢真诚的人。一个人只要真诚地待人处事，就容易得到别人的信任，甚至有人为你吃亏也不在乎。所以，真诚地做人容易让人接纳，也更容易交到好朋友。

佛莱明是苏格兰一个穷苦的农民。有一天，他救起了一名掉入水沟的小男孩。第二天，佛莱明家门口停住了一架超豪华的马车，从马车里走下来一位气质高雅的绅士。见到佛莱明，绅士说：“我是昨天被您救起的孩子的父亲，今天特地来感谢您。”可佛莱明却说：“我不能因为救你的孩子而接受报酬。”

正在二人说话之际，佛莱明的儿子走进屋里来，绅士问道：“他是您的儿子吗？”农夫不无自豪地回答说：“他是我儿子。”绅士说：“我们订个协议，我愿意带您的儿子走，给他最好的教育。如果这个孩子像他父亲一样真诚，那他将来一定会成功的。”佛莱明答应签下这个协议。

数年后，佛莱明的儿子毕业于圣马利亚医学院，他就是发明了青霉素（penicillin，也叫青霉素）而一举天下闻名的佛莱明·亚历山大爵士。他于1944年因发明青霉素获诺贝尔奖，并受封为骑士爵位。

有一年，绅士的儿子感染了肺炎。是谁将他从死亡边缘拉了回来呢？是佛莱明发明的青霉素。那位气质高雅的绅士是谁呢？他就是上议院议员老丘吉尔。那绅士的儿子是谁呢？他就是闻名世界的英国首相丘吉尔。

本杰明·富兰克林说：“一个人种下什么，就会收获什么。”只要对待别人真诚，别人也会真诚地对待我们。佛莱明因为真诚让儿子拥有了学习的机会，并使之成为了20世纪人类医学史上的风云人物，老绅士因为真诚救了染肺炎的儿子的生命，并使之成为20世纪影响人类历史进程的政治家。

好人自有好报，好人一生平安。真诚润滑着我们的人际关系。在这方面进行投资的人，可以获得丰厚的回报。

真诚会带来以下好处：

减少双方猜忌的机会，从而减少双方发生误会的可能。

双方都不必费心费力在“算计”“折磨”“对付”等只具有消极、破坏作用的事情上，能对关系重点问题进行集中讨论。

维持声望、维护名誉，始终被别人信任、依赖。

自己表里如一，不用担心谎言被揭穿，心情愉快，待人处事就自然多了，也更容易和别人沟通。

在生活中，要做一个真诚的人不容易，因为真诚与虚假功利对立，实实在在地付出、奉献是必需的。一个真正从内心为他人考虑，绝不为个人利益放弃诚实的人，人人都会真诚地接纳他，愿意和他交往。所以，要想给人留下好印象，最关键的是要“聪明地真诚”。

社会是由多变化的、多层次的、无数的人际关系网交织而成的人际网络，每个个体都是这一网络结构中的“结”，同上下左右、四面八方、各种不同的人发生联系。没有丰富的阅历，没有一颗真诚的待人之心，没有不拘小事的豁达开朗，就难于与人和谐相处，在社会上来去自由也是相当困难的。

处世小秘笈

如果你用真诚对待身边的人，别人也会用真诚对待你，这样，你就会活得更幸福，获得更多。

真心待人，才能收获真心

我们每个人，在与自己相关的人群中，都会有各种各样的人，他们中有与自己合得来的，也有合不来的。虽然我们有权利选择和自己合得来的人深交，甚至可以尽量不和自己性格不合的人交往，但是，这种选择绝对不是最优的。因为无论在任何时候，我们都要在集体中生活，这就注定必须和这样那样的人相处，因此，我们只有积极主动适应团队以及集体中人的个性，真诚地对待身边的每一个人，才能使自己的人际关系网更和谐。

在人际关系上经常出问题的人，大多是对经营人际关系不屑的人：没能积极主动地去适应别人的性格特点。以自己为中心，不愿适应别人，还一味地批评别人“那个人有缺点……”“这个人令人讨厌……”这样，是很难建立和谐的人际关系的。与合得来的人能建立起良好的人际关系，谁都能做到。可是，即使是自己看不惯甚至厌恶的人，也应该努力适应他们，真诚地对待他们，争取与他们建立和谐的关系，这才可以说是一个出色的“外交家”。

与人相处，要认清对方的特点，交往时要选择恰当的方式。比如，对于心思比较细，重视礼节的人，若采取无所顾忌的粗鲁的方法，那你们的关系可能会比较容易起冲突。相反，对于不拘小节的人，过分拘谨，过于小心，同样会让对方感到厌烦，自然也不会建立起良好的人际关系。所以，要想使自己的人际关系和谐，要想与身边的人气氛愉快，就要努力适应别人，采取与之相应的交往法则。

要想与自己性格合不来的人建立起良好的人际关系，一定要多用脑思考，用心感受。在掌握了人际关系基本常识的基础上，无论遇到任何事，都要不拘泥于习惯性思维，要改变一下自己的观点、看法。做这些努力对改善彼此关系非常有效。

我们在真诚待人的原则下，也要智慧地运用语言策略，才不至于伤害到别人。

尽量使用委婉的语言。

善于运用幽默可以改善气氛。

真诚并不等于不假思索地说出自己的感觉和想法，因为你是否拥有绝对正确的感觉尚是一个需要判断的问题。

在日常生活中，人们对事物的看法并没有太多对错之分。但同样一个意思，不同的人有不同的说法，从而会产生截然不同的效果。所以，在与人交流时，不要以为内心真诚便可以不拘言语，我们还要善于委婉地表达自己的看法。要怎样把一句话表达好，其实很简单，你只要设身处地从内心为别人考虑即可。

我们要把握住一点，一个真诚的人一定会为他人考虑，也就是与人为善。如果对别人来说，“谎话”更适宜和容易接受，又不会对任何人的利益造成伤害，那么，我们就可以采用“善意的谎言”。但在任何时候，都不能将真诚置之脑后。那些经常为私利而表现不诚实的人是不会获得成功的。一个人对其他人做出不诚实的事情时，在钱财方面是有可能获得成功的。但是，他的自欺欺人绝对不是永远的。

在我们每天接触的人中，谁是真心对待我们的，哪些是虚伪的，我们很容易就能够感觉到。对于那些真诚的人，即使开始时对其印象不好，最后他们的真诚也会打动我们，正所谓“精诚所至，金石为开”；而对那些虚伪的人，开始时我们可能会被其迷惑，甚至有种亲切感，但是时间久了，我们就会对他们的内心产生正确的判断，从而对其感到厌烦、憎恶，最终远离他们。所以，每个人都对真诚的人有好感。

彼此猜疑的友谊不能长久，这是每个人都明白的真理。尤其在这么一个竞争激烈的社会，如果能把真诚摆在人际交往的第一位，那么，大家就会乐意接受你。

心理学家史威夫特讲过他遇到的一件事：

有一个亿万富翁为了测试别人对他是否真诚，就佯装生病去医院住院。结果，那富翁说：“很多人都来看我，但没有一个是真心来看我的，他们都是为遗产而来的，特别是我的亲人。”

史威夫特问他：“平时与你交好的朋友来了吗？”

“经常和我有往来的朋友都来了，但我知道，他们只是为了应酬。”

“还有几个平素交往不深的人也来了，我想他们肯定是听到我病重的消息，跑来幸灾乐祸的。”

照他的说法，他测得的结果就是：没有一个人真心对他。

史威夫特就告诉他：“为什么要检测别人的真诚度，而从来不测验一下自己是否真诚呢？”

如果做人不真诚，说得多做得少，朋友就会远离你。时间久了，你就会被贴上骗子的标签，后果严重。事实就是这样，社会上需要更多真诚的人。

实际上，真诚从来都是对等的。你对人真诚，人对你必定真诚；你对人欺诈，人对你必定欺诈。

很多年轻人自己过于直率，不懂与人交往，不懂得一些人际交往的技巧，所以，朋友也不多，其实，很多时候只要你真诚，周围的人就可以体会得到，因而也会主动地接纳你。

处世小秘笈

切不可凡事只考虑自己的利益、混淆是非，否则只能遭受别人的唾弃。

第二章　珍惜当下所拥有的

不要怨天尤人

“天有不测风云，人有旦夕祸福。”我们每个人的人生都会有缺憾，面对复杂的社会形势，我们总会遭遇到不公平的对待，那么，面对时时会发生的不平，你应该怎样面对呢？

在人生不如意时，有的人总是怨天尤人，而从来不会在自己身上找原因，他们习惯为自己开脱，为自己找到各种借口。然而，怨天尤人本身就是愚蠢的，因为它意味着你没有直面现实、主动改变的勇气，意味着你不懂得处理问题的方法，意味着你是一个缺乏行动力的人。

即使怨天尤人能够产生一定的实际效果，这种效果也不会对你有任何意义。通过怨天尤人，你可能会使别人悔恨，但令你不快的原因却不会因此而消除。对于这种原因，你或许可以不去想它，但却无法改变它。

因此，永远不要怨天不成人之美，恨世道不公，怨恨他人不对，聪明的人会大无畏地浸润在艰难险阻中，得到醍醐灌顶的洗礼。

跨越时空，让我们一睹古人先贤的际遇：诸葛武侯五伐中原不成，却从来没有抱怨过后主的昏庸，只是将先帝三顾茅庐的知遇之恩深铭于心；荆轲临易水而高歌，没有惋惜一去将不复返，却将太子丹的礼遇深情化为必死的决心；苏武浪迹北海，没有向贝加尔湖哭诉自己孤苦的惨状，他表达的只有对汉室朝廷的一片丹心。他们都遭遇各种不幸，却凭着一颗达观、勇敢、隐忍的心造就了属于他们自己的辉煌，这种美谈流传千古。

比起他们，你的遭遇能有多大呢？仅仅是他们的山之一隅、海之一角吧。想想这些古人，想想大好青春年华和远大的前程，你还会一味地怨天尤人吗？

我们应当牢记，地球不会因为任何人的抱怨而停转，而且个人的抱怨还会导致团队的解散。你一味地抱怨，最后伤害到的只是自己。所以——

不要再抱怨自己的相貌不佳，那是上天给你的独特标记，刻意的妄自菲薄是自我的放弃，而你的与众不同赢得的是世界的礼赞。

不要抱怨自己苦学无方，常用这种借口的庸人是对教育无知的恐惧。在学习道路上所遇到的阻难，正是让我们为之不懈奋斗的动力。

不要嗟叹时日持久，也不要抱怨题海漫漫。今日奋力拼搏、义无反顾，换来的将是无上的荣耀和一个崭新明亮的明天。

不要放不下以往的失利，要感谢那些给予你痛苦的人和事，因为是他们教会了你用心感知世事，用灵魂涤荡俗尘。

不要怨天尤人，将自己的失落和苦闷归结于上苍，将自己的过错和失误责咎于他人，因为这是一种避世的胆怯，是一种利己的私心。要记住，你是一个独立的生命个体，放弃那些无休止的抱怨，在命运的终审裁决前时来运转，创造奇迹，这才是真我，才是一个真正的强者。

望望依旧蔚蓝的天，需要的不是燕雀安于现状的倾颓和狭隘，而是雄鹰搏击苍穹的坚韧与傲岸。那么，我们是否也能对人生中的失意和失利坦然面对呢？

可以的！收起抱怨，不再怨天尤人，用自己的力量创造出精彩的人生吧！

处世小秘笈

永远不要怨天不成人之美，恨世道不公，怨恨他人不对，聪明的人会大无畏地浸润在艰难险阻中，得到醍醐灌顶的洗礼。

能改变我们命运的只有自己

一个人嗜酒如命且毒瘾很深，几次险些丧命，最后因为在酒吧里看一位酒保不顺眼而杀了人，被判终身监禁。

这个人有两个儿子，年龄相差一岁。其中一个跟父亲一样深受毒品危害，靠偷窃和勒索为生，后来也因犯了杀人罪而坐牢。另外一个儿子则完全不同，他在一家大企业的分公司做经理，有美满的婚姻，还有三个可爱的孩子，既不喝酒也未吸毒。

为什么同出于一个父亲，成长于相同的环境下，两个人却有着不同的命运呢？在一次访问中，记者问起造成他们现状的原因，二人的答案竟是相同的："有这样的父亲，我别无选择。"

正如叔本华所说的："境遇的本身并不影响人，影响人的是人们对待境遇的看法！人不能改变命运，但可以改变看待事物的态度；人不能控制环境，但能控制自己；人不能预知明天，但可以把握今天……”

的确，作为普通人，面对某些环境，我们无能为力，我们能够改变的唯有我们自己。前美国财政副部长泰勒就用自己的经历对这一观点进行了诠释。

泰勒刚刚当选美国财政部长的时候，曾在罗来纳州一个学院发表演说。整个学院礼堂座无虚席，大家都因有机会聆听这位大人物的演讲而兴奋不已。然而，泰勒的演讲却令听众大感意外。

泰勒讲道：“我的生母是聋子，也无说话能力，我不知道自己的父亲是谁，对他的生死也不知晓，我人生的第一份工作，是在棉花田里锄地。”

此时，台下的听众全都呆住了。“如果情况不如意，我们可以想尽一切办法去改变。”他继续说，“一个人的未来如何，不是因为运气，不是因为环境，也不是因为生下来的状况。”他轻轻地重复刚才说过的话：“如果情况不尽如人意，我们总可以想办法加以改变。”

“一个人若想对当下不如意的境况进行改变，”他以坚定的语气说道，“只要问一问自己：‘我希望情况变成什么样？’然后全身心地投入，采取行动，朝理想的目标前进即可。”

接着，他的脸露出美丽的笑容：“我相信大家会比我做得更好！”

人与人之间的差别甚微，但在面对不如意的环境时，距离就拉长了。其原因就在于心态，面对逆境时，是怨天尤人、安于现状，还是积极进取以图改变？当你一味地抱怨时，你的境况不会得到丝毫改变，只有改变自己的心态，才能得到你想要的东西。积极的心态，无数次地激励和改变了深陷逆境的泰勒。此外，积极的心态，也是走向成功，实现自己人生目标的根本所在。

泰勒的故事告诉我们，决定我们人生的绝不是环境，也不是遭遇，而是我们面对环境所持有的信念。

环境不会偏袒我们中的任何一个人。这个世界看似不公平，但最终取得成功的人告诉我们，其实世界并不是那样的。顺境和逆境都可以造就成功之人。可见，能左右自己命运的不是境遇，而是我们自己。凡是渴望进取、想成功的人，都要相信自己的力量，不为各种不利因素所左右，只要朝着既定的大目标勇往直前即可。

处世小秘笈

在生活中，我们总是说境遇造就人生。这实在是谬误，影响我们人生的重要因素不是境遇，而是以怎样的心态对待这种境遇。

要努力适应环境

尼布尔有一句有名的祈祷词：“上帝，请赐给我们胸襟和雅量，让我们平心静气地去接受不可改变的事情；请赐给我们勇气，去改变可以改变的事情；请赐给我们智能，去区分什么是可以改变的，什么是不可以改变的。”

珍子家世代采珠，她有一颗珍珠是母亲在她去美国求学时送的。在她离家前，母亲非常严肃地叫住她，给了她这颗珍珠，并告诉她说：“当女工把沙子放进蚌的壳内时，蚌觉得非常难受，但是又无力把沙子吐出去，在蚌的面前只有两个选择：一是抱怨，让自己的日子很不好过；另一个是想办法和这粒沙子彻底融为一体，使它跟自己和平共处。于是，蚌开始把它的精力、营养分给沙子一部分，去包裹沙子。”

“当沙子裹上蚌的外衣时，蚌把沙子看成了自己的一部分，此时，沙子不再是异物了。沙子裹上蚌的成分越多，蚌就越把它当做自己，也就越能与沙子和平地相处。”

母亲启发她道：“蚌并没有大脑，它是无脊椎动物，在进化中处于低级层次，但是，连一个没有大脑的低等动物都知道改变不了就去适应，把一个令自己不愉快的异己转变为自己可以接受的一部分，人难道还不如蚌聪明吗？”

“蚌的肚量”是值得借鉴的，对于没办法改变的现实，我们只有努力去适应，也许只有这样，我们才能减少失败，争取成功。

一位社会心理学教授在自家门前的草坪上招待自己的学生。教授指着面前的一棵槐树说道：“我与这里的一窝蚂蚁相处了多年。”

学生们靠近槐树仔细看，树缝里有很多洞，小蚂蚁们东奔西跑，进进出出，很热闹。教授接着说：“近些日子，我想尽办法来驱逐它们，但未能取胜。”

学生们发现，树周围的缝隙、小洞很多都被教授用泥土、木块封死了。可它们总是能从别处找到出路。教授说：“我甚至动用樟脑丸、胶水，但是，它们都顽强地躲了过去，活了下来。有一段时间，我发现它们唯一的进出口在树顶，但树顶的进出口对它们而言很不方便；而一周后，我发现一个新洞口出现在了树腰的空虚处。”

学生们表示钦佩。教授说：“蚂蚁们的生存环境与你们相比实在是窄小很多，更重要的是，它们相信自己，决不屈服。因此，它们没有与我这个‘命运之神’对抗，而是设法适应。当它们知道洞口被堵死这一事实自己无法改变时，它们很快便接受并适应了。而在大自然中，那些善于拼搏、厮杀的猛兽，比如，狮子、豹，生存状况却大多岌岌可危，因为它们与蚂蚁相比，只懂厮杀，不愿适应。”

在生物界中，之所以有些物种会灭绝，有些物种会变异，就是因为生存环境在不断变化，动物们也要随环境的变化而变化。只有能适应新环境的物种，才能顽强地生存下来。与此相反，不适应新环境的自然就被淘汰了。

我们也一样，在人生的大部分时候，无法要求环境来适应你，所以，只能是我们自己去适应环境。“适应”既符合自然规律，也符合社会规律。当自己处于一个不利的境地时，我们就应设法适应，并加以利用。逐渐改变不好的环境，使其为我们所利用。

我们为什么遇到挫折就抱怨，跟自己过不去呢？要明白，打牌时，重要的不在于拿到什么牌，怎样将现有的牌打好才是关键。

忙，要忙得有目的

在一个风景优美的旅游胜地，很多人都沉浸在美景中，正在享受着美好时光的时候，一辆车停在了路边，一对夫妇从车上走了下来，两人风尘仆仆，看起来很疲惫。妻子左手中拿着一份旅游示意图，右手拿着一支笔，看了看周围的景色后，她问身旁的人：“请问，这里是某某地吗？”路人回答说是的。“好了，来过了”。说完，女人在左手的示意图上标注了一下，就和丈夫匆匆上车走了。

旅游的目的，就是让心情放松，体会自由舒畅的感觉。而这两个人却把此行的真正目的忘记了，只是一味地忙着赶路，让人不禁失笑于他们的木讷。人生又何尝不是这样，很多人只知道人生匆匆忙忙，却不知自己到底为什么而忙。

如果问问身边的朋友，最近忙不忙？相信很多人会说，忙，每天要做的事情太多了。大家都在忙些什么呢？不知道，瞎忙。千万别以为忙就会出成绩，实际上，并不是越忙越有成绩，很多时候的忙，与成绩并不匹配。可能忙得没有结果，甚至是忙碌一顿的结果反而很糟！

有人要在客厅里挂一幅字画，便请邻居来帮忙，字画已经在墙上扶好了，正准备砸钉子。邻居说：“这样不好，要先钉两个木块，把字画挂在木块上。”这人听从了邻居的意见，让他帮着去找锯子：刚锯了两三下，邻居又说："锯子不好用，得磨锋利一些。"

于是，邻居为了找锉刀而丢下了锯子。锉刀取来后，又发现是坏的。为了给锉刀换一个柄，他拿起斧头去树林中寻找适合的树木。就在要砍树时，他却发现那把生满铁锈的斧头实在是不能用，只能磨一磨才能用。

等磨刀石找来后，邻居又发现，磨斧头之前要把磨刀石固定好。为此，他又出去找木匠，说可以找木匠借木条。

结果，过了很长时间，也没看到邻居回来，这个人最后还是把字画直接钉在了墙上。第二天，当他在街上见到邻居时，他正在帮木匠从五金商店里往外搬一台笨重的电锯……也许忙到最后，恐怕连这个邻居都忘了最初的目的了。

在茫茫人海中，每个人都是一粒沙，有着微乎其微的价值，却无一例外地在头上绑着一面旗帜，上面写着一个"忙"字。

人们越来越没有时间去感受生命过程中的迷人魅力，地位、金钱和权力才是他们所在乎的。许多人为了不落人后，已经莫名地耗去了太多的时间和精力，很遗憾，他们已经没有什么闲情逸致来看路边的风景了。等他们到达目的地时，却发现自己已经错过了最美好的东西。

其实，何必活得那么累呢？留下一点时间给自己来欣赏一下路边的风景有什么不好呢？

处世小秘笈

人生路上所有的东西，不会因你的担忧而失去，也不会因你的期待而成真，所以，你对待过程的方式才是关键。生活虽然很平凡，但只要你用美丽的心情去欣赏，就能感受到不平凡的美丽景色。

忙，要忙出精彩

忙，看似简单，但其中却大有学问。忙出精彩，其实并不简单。人生如同一张地图，我们一直在自己的地图上行走，面对时不时出现的人生十字路口，我们该向哪儿走？面对那纵轴横轴相交的十字路口，如何选择才是最佳的？先别急着作决定，静下心来分析一下，最重要的是要选择适合自己的坐标轴。选择为什么忙，才会忙得更有意义。

人生应该为自己开心活着而忙碌，如果在做事业时可以体会到开心，那么，你就放心大胆地去闯你的事业。如果你喜欢文学书法，就应该将自己的人生目标锁定在写字台上，争取写出好作品。翻开历史的长卷，我们看见牛顿在忙着他的实验；爱迪生在忙着发明创造；徐霞客在忙着记录游玩中的点滴；李时珍在忙着编写《本草纲目》。四季忙着规律地彼此交替，大自然就一直按照这样的规律不停地忙，人们亦如此。为自己找一个目标，找定目标再去忙碌，每一次进步都是你人生的硕果。只有这样的忙才有价值，有意义。

还有人认为，时光短暂，时间不等人，为了理想，为了事业，应该抓紧时间努力工作。原以为换来的是更好的生活和辉煌的成绩，最后却发现事实并非如此，生活抛弃了你，而所谓的成绩不过是冷冰冰的数字或金钱。没有幸福的感觉，成绩又算什么呢？有时候，计算时间和年月是没有任何意义的，十年忙碌有时也等于虚无。

诚然，天下没有掉馅饼的好事，所以，为了生存，必须忙碌，但生活的全部并不只是忙碌。混淆了两者的关系，就必然会陷入无意义的忙碌中去，到头来才发现，忙碌了很久却什么都没收获。约翰·列侬说过："当我们正在为生活疲于奔命的时候，我们已经从生活的美好中远离了"。

我们忙碌是为了生活得更好，是为了更快乐，而只有放慢生活的节奏，才能更加体会到生活的美好，也才能让自己忙得更有方向。一位能很好兼顾工作和生活的人说："如果没有出生在世，我就无法听到踩在脚底的雪发出的吱吱声，也无法看到人们眼中爱的光芒，更不能享受到因为自己的奋斗而带来的成功和快乐。活着，享受工作中的快乐，快乐地生活，是一件非常开心的事。"

在欧洲阿尔卑斯山中，在一条风景秀丽的山道上，挂着一句标语："慢慢走，请注意欣赏！"其实，又何止是大道值得欣赏呢？小时候摇着扇子坐在院子中听祖母讲故事的时光，整个晚上在闲聊中度过。花一小时去看看路边的野花，花两小时去听一场音乐会，花一小时去慢慢地享受一顿美食，花几天时间住在一个地方慢慢看风景，或者关上手机，享受半小时的安闲，舒舒服服地打场球，看几本书……这些美丽都是值得肯定的。

别掉入了忙的怪圈，忙要忙得有价值，忙得有回报。蜜蜂的忙，以蜂蜜为回报；居里夫人的忙，以放射性元素的发现而得到了最有价值的回报；爱因斯坦的忙，以相对论的问世而画上了惊叹号；张衡的忙，因为地动仪的被创造而获得价值；运动健儿的忙，让国人扬眉吐气、骄傲自豪；艺术家的忙，为平淡的生活注入了精彩。也就是，每个人的忙碌都要有效率，而不是整天碌碌无为地白忙。人生是有限的、短暂的，每个人都应该在有限的生命里忙出最辉煌的精彩。

有些人在具体做事时，纯粹就是为了做事而做事，而把这件事的目的抛之脑后。于是，就难免会出现瞎忙，“忙”不出好的效果的现象。

努力发现身边的幸福

传说中有一种象征幸福的青鸟，据说见过青鸟的人都会得到幸福。有一个小男孩，当他听到这个传说时，心中对此充满了向往。随着小男孩一天天长大，其寻找青鸟的念头也愈来愈强。终于有一天，他离开家乡，踏上了寻找幸福的征程。他历尽千辛万苦，终于来到了能见到青鸟的地方。当一位老人指着一只极不起眼的小鸟对他说“这就是象征幸福的青鸟”时，这个年轻人几乎不敢相信自己的眼睛，因为他自己的家乡就有这种鸟，而且天天都可以见到！

无独有偶，一只小猫听别人说，只要能咬住尾巴就会拥有幸福，于是，小猫拼命地转圈，可到了最后精疲力竭，它还是没有成功咬住自己的尾巴。它苦恼地问妈妈该怎么办？猫妈妈笑着说：“孩子，只要你大踏步地向前走，幸福就能一路跟随你。”

人性中最可怜的就是，总是认为幸福遥不可及，是在自己幻想中的奢侈品，是上天的赐予，其实，幸福并不是深不可测的东西，它就在我们的生活中。它可以是一个微笑，也可以是一顿丰盛的晚餐，还可以是夜晚睡觉前互道的“晚安”……只要仔细观察，你就会发现，你身边有着很多幸福，你所缺乏的不过是一双能发现的眼睛，一颗敏感而善于体悟的心罢了。

有一天，城郊的寺庙里来了一位很富态的中年妇人。她说自己最近经常睡不好，浑身乏力，懒得动，没有激情去做任何事情，很想了却尘缘，遁入佛门……方丈是个懂得医术之人，他仔细地听了老妇人的话后，便说：“不忙，待老衲先给施主把把脉如何？”妇人点头应允。切完脉，观完舌苔，方丈微微一笑：“施主身体并无大碍，只是略有虚火。”顿了一下，方丈又接着说：“施主心中有太多放不开的事情。”

中年妇女被说中了心事，不禁暗叹神奇，便把心中所有想不开的事都说给方丈听。方丈很随意地跟她聊着：“施主与相公生活可否和谐？”妇人脸上有了笑容，说：“感情很好，耳鬓厮磨，十几年从未红过脸。”方丈又问：“施主膝下有无子女？”听到问话，妇人幸福地回答：“有一个儿子，很聪明，也很懂事。”接着，方丈又问：“家中日子可还过得去？”妇人赶忙说：“很好，家境还是比较富裕的……”

说完后，中年妇人忽然醒悟，连连拜谢，高兴地回家去了。因为她发现，她拥有太多值得羡慕的幸福了，和这些比起来，又何必在乎生活中那些小小的不顺心呢！

我们可以从作家史铁生的作品中体会到幸福：“生病的经验是一步步懂得满足。发烧了，才知道不发烧的日子多么清爽；咳嗽了，才体会到不咳嗽的嗓子多么安详。刚坐上轮椅时，觉得天昏地暗，等又生出褥疮，一连数日只能歪七扭八地躺着，才发现，端坐的日子其实多么晴朗。后来，又患了尿毒症,经常昏昏然不能思想,就会对往日时光更加怀恋。最后,终于醒悟:其实每时每刻我们都是幸运的,任何灾难前面都可能再加上一个'更'字。"

一个被疾病缠身的人,把幸福的底线定得如此的低,我们健康,我们能说话,我们能走路,甚至于我们能活着,这都是幸福。

其实,快乐来自于永不满足的追求,如果认为自己的人生圆满了,成了一个圆,也就失去了真正的快乐。所以,别抱怨你的不足和缺陷,因为正是有了不足和缺陷,才让你更加体会到了幸福的意义。所以,不要对你手握的幸福心存疑虑。珍惜你所拥有的,确信它就是你的幸福,你就会获得更多幸福。主动的寻找不幸,然后独自嗟叹,烦恼就会越来越多

我们每个人都有幸福的权利,也都有幸福的资本,关键就在于对待幸福的态度。懂得它的,及时抓住它,就会获得幸福。忽视它的,即使幸福在你身边转了好几圈,你也会独自嗟叹。

真正的幸福就是珍惜拥有

一个小姑娘蜷缩在公园的长椅上,冬天就要来了,夏天不穿鞋很凉快,秋天不穿鞋尚且可以忍受,可是没有鞋的冬天要怎么过?

"可爱的孩子,你怎么哭了?"一位中年男子走过来问她。

"我没有鞋穿,冬天这么冷,我会冻死的。"小姑娘哭得近乎绝望。

"可是,我幸运的孩子,你会得到保佑的,现在,上帝正忙着照顾那些没有脚的人呢。"这时,小姑娘停止了哭泣,因为她看到面前的这个人坐在一个轮椅上,而且轮椅的下半截没有脚。

幸福是什么?恐怕就是当你因为没有鞋子而哭泣,而一个没有脚的人出现在了你的面前。实际上,每个人都正在拥有一些东西,同时,每个人也都想要更多的东西。有的人在尽情地享受他们拥有的东西;有的人努力拼搏去争取他们想要的东西。生活中有两类人:第一是享受拥有的每一种东西;第二是为了得到所想要的东西,尽力去争取。然而在现实生活中第二类人占了大多数,他们又知道如何争取,却忘记了珍惜、体会和享受自己现在拥有的一切。

有一个青年得了一种怪病:他不快乐,每天都苦着一张脸。一天,他去拜见一位智者以讨求良方。智者告诉他,找到了世界上最好的东西就能快乐。这个人看了看身边,他没有发现自己认为世界上最好的东西,于是他开始一路寻找。

他收拾行装,辞别妻儿老小,开始去寻找世界上最好的东西。

第一天,他遇见了一位政客,他问:"先生,什么是世界上最好的东西?"政客官腔十足地说:"世界上最好的东西嘛,是万人之上,无比尊贵的权力。"他想了想,觉得自己不是很看重权力。于是,他又去寻找。

第二天,他遇到了一个乞丐,他问:"什么是世界上最好的东西?"乞丐眯着眼睛,懒洋洋地说:"世界上最好的东西嘛,就是色香味俱全的美味佳肴呀。"他想了想,感到食物对自己没有太多的吸引力,于是,他又去寻找。

第三天,他遇见了一个女人,他问:"什么是世界上最好的东西?"女人兴高采烈地脱口而出:"世界上最好的东西嘛,当然是法国巴黎的高档而漂亮的时装了!"可他觉得,自己对时装也不感兴趣。

第四天,他遇见了一位重病的人,他问:"什么是世界上最好的东西?"病人惆怅地说:"那还用问吗?最好的东西当然是健康的身体呀。"这个人想,健康怎么会是最好的东西呢?我每天都拥有,但是,我并不认为它就是世界上最好的东西,于是,他又去寻找。

第五天,他遇见了一个在阳光下玩耍的儿童,他问:"什么是世界上最好的东西?"儿童天真

地说："数不清的玩具就是最好的东西了。"这个人摇了摇头，继续去寻找世界上最好的东西。

接着，他先后遇到了很多人，包括一个老妇人，一个商人，一个画家，一个囚犯，一个母亲和一个年轻的小伙子。

老妇人说："年轻的容貌是世界上最好的东西。"

商人说："世界上最好的东西就是无数的钱和利润。"

画家说："画笔下各种美丽的色彩是世界上最好的东西。"

囚犯说："拥有自由是世界上最好的东西。"

母亲说："我的心肝宝贝就是世界上最好的东西。"

年轻的小伙子说："我爱过一个姑娘，我最珍爱的是她的笑容。"

唉！最终，他还是没找到最好的东西。

他继续走啊走啊。最后，他走过熙熙攘攘的人群，带着五花八门的"答案"又回到了智者那里。

智者见他回来了，似乎知道了他没寻找到世界上最好的东西。于是，捋着花白的胡须说："先不要去追究你的问题，它永远不会有一个确切而唯一的答案。现在你去想——你最喜欢的东西和情景，然后仔细讲给我听。"

这个人经过长途跋涉，已是饥寒交迫、蓬头垢面。思考了片刻，他对智者说："我出门很多天了，我想念家中的妻子和孩子，想念一家人在冬夜里围着火炉谈笑聊天的情景……"说到这里，他不由得感叹："我最喜欢和妻儿在一起聊天！"

智者拍了拍他的肩膀，说："回去吧！你最好的东西就在你的家里，与妻儿交谈可以使你快乐。"

这个人似乎不太相信智者的话，说："可我就是从那里走出来的啊？"

智者笑了，说："你出来之前，对自己喜欢什么并不清楚；你出来之后——比如现在，你已经知道自己最喜欢什么了。"

每个人的生活都不容易，所以，要学会珍惜。有幸降临在这个世界上，就要珍惜生命；既然身体是革命的本钱，就要珍惜健康；既然养活自己的工作得来不易，就要珍惜每一天，干好每一件事；既然组合一个家庭不容易，就要珍惜父母、妻子、孩子的感情，努力尽到应尽的义务；既然朋友难得、知己难求，就要珍惜友谊，甘为朋友两肋插刀；既然我们在社会中生活，就要尽到社会责任，为社会多多奉献。

世间的很多烦恼皆因为欲望而起，欲望使我们不珍惜自己拥有的一切，一味地追求我们所没有的，最终只能追逐欲望的脚步。还有人把他们拥有的和追求到的东西和别人攀比，因而陷入"比上不足"的自卑、嫉妒和不平。他们不珍惜自己所拥有的幸福——抱怨父母不理解自己，但却不知道庆幸父母还健在；唠叨孩子调皮、不争气，但却不知道为孩子的善良、活泼而骄傲；总羡慕别人的爱人，却往往不会想到，有这么一个人把一生的幸福交给自己是一种至高无上的托付。

也许你还在心中认为，幸福是别人所拥有而自己却没有的票子、车子、房子和妻子，并为此身心疲惫地去拼命。他们眼中只有那些所谓的幸福，不珍惜自己所拥有的幸福，更不用说去享受那一切了。然而，事实是，幸福不在于永无止境地追求，而是在于珍惜当前所拥有的。

清点清点你现在拥有的东西吧！它们多么珍贵啊！如果你还是烦恼自己没有鞋子，就看看身边没有脚的人吧！

真正对幸福敏感的人擅长数数——不把自己得不到的东西放在心上，数数现在拥有的东西。虽然这个算术很简单，但它却是开启幸福人生的钥匙。

活得简单，才能活得快乐

有个富人尽管有很多财富，但是却感觉不到快乐。他的愿望就是获得快乐。他已经厌倦了这里的生活，想要去陌生而神秘的远方寻找快乐。于是，富翁背着许多金银珠宝去远方寻找快乐。

他就这样带着装满金银的包袱上路了，可是，他发现自己走得越远越是烦躁，根本没有所谓的快乐。走遍了千山万水，他累得气喘吁吁，除了赶路还是赶路，根本无暇观赏路边的美景，更别说体会闲云野鹤的悠闲自在了。

一天，一位衣着破烂但面带幸福的农夫唱着山歌从对面走过来。富人忍不住问农夫："你看上去很快乐，是吗？"

"呵呵！是的，我觉得很快活！我刚从田地里回来，种下的秧苗高了很多；在路上，我又幸运地拾到生火用的柴火和鲜美的蘑菇！"

"我什么都不缺，你看我背着很多金银财宝，可是快乐就是与我无缘，你能告诉我快乐的秘诀吗？"

农夫憨厚地笑笑说："快乐没什么秘诀呀。只要你把背负的东西放下就可以了。"

此时，富人忽然顿悟——自己背了太重的金银财宝，腰都快被压弯了，而且一路上担心的事情太多：晚上住店的时候害怕财宝被人偷走，白天走在大路上又担心遇到强盗抢劫，带着太重不方便，丢下又舍不得。成天担惊受怕，内心惶恐，怎么能快乐得起来呢？

如果富人只带够用的银两，把心思单纯地用在观赏路边的美景上，或者把金银珠宝分发给穷人，他肯定会非常快乐！他会因为不再背负财宝而快乐，他的快乐源于对别人的帮助。

那么，为什么孩子总是快乐的呢？因为他们活得简单，想得单纯。对于一个喜欢零食的孩子来说，一座金山不如一包大白兔奶糖所带来的快乐多；对于一个喜欢在野外玩的孩子来说，一团可以变幻出各种玩具的黏土胜过满屋子的高级玩具。因为简单，所以，更多地快乐会降临到孩子们身上。

每个人都背着一个空行囊行走在漫长的人生路上。一路上，他们会捡拾很多东西——地位、权力、财富、友谊、爱情、责任、事业……一路捡拾，背上的行囊越来越鼓，因为沉重，快乐也就渐渐消失了。

你本以为好东西都被装进去了，可是，难以舍弃的好东西，却让你在斤斤计较中无法快乐。

处世小秘笈

很多时候人都是不快乐的。但是，很多时候，不快乐并不是因为快乐的条件还没有齐备，而是因为活得太复杂，不够简单。

活得越简单越幸福

现代人每天生活在纷繁、复杂的社会当中，紧张、高速的节奏让人难以享受安闲、放松的时光，我们总是感觉活得很累，简单已经成为了现代人眼中的奢侈品。

其实，生活中这些复杂的东西绝大部分源于我们的想象。人们烦恼的原因主要是因为他们把问题想得太复杂，思来想去，不敢行动，怎么会不累呢？

有一位喜欢文学的人，他利用业余时间创作了许多作品，陆续发表在各地报刊上。几年过去了，他发表了很多作品，也得到了读者的认可。多年后他所在的单位因效益差而破产了，他不得不失业回家。失去了工作的他觉得生活中充满了不安。虽然生活可以靠稿费来维持，但靠写作维持生计，压力实在很大。

于是，他决定找一个编辑的工作，正好有一家报社招聘记者，他就把自己的材料交给了报社。第二天，他就接到报社的电话，让他去面试。面试过程很顺利。很快报社通知他，让他在一个星期内先去采访三位知名企业的负责人，待看过稿子后再正式签订合同。每个应聘者都是一样的。

回到家，他觉得发生的一切很不可思议，自己的应聘太顺利了，而且月工资还是原先单位的6倍，这一切让这位文学爱好者实在难以置信。于是，他把自己的想法告诉了爱人。爱人也觉得不对，这样的工资收入，他又是一个新手，报社怎么可能在如此的情况下录用他呢？他和爱人这么一想，便觉得这家报社的招聘是假的，一定有陷阱藏在里面。

一个星期的期限很快就过去了，他由于怀疑就没去采访。过了几天，报社把资料全部退还给他。里面还附了一封信："我是招聘主管，看过你以前发表的作品，我认为你是一个思维敏捷具备记者素质的人，但很遗憾，你错过了这次机会……"

他看了那封信时呆住了，原来这次招聘是真的。这个大好机会就这样与他擦肩而过了。

因为复杂，使有的人变得唯唯诺诺、谨谨慎慎，甚至伤痕累累，变得无能为力，怨天尤人，越活越累；因为复杂，使有的人丢失了坦荡，丢失了自我，丢失了机会。

如果我们愿意，生活就会变得非常复杂。每个人都要遵守一些基本的生活道理和信仰。当我们明白了这些到底是什么时，它们是否值得被遵守就取决于我们自己了。

有些人成天生活在焦虑之中，这是因为，每一件事情，他们都要搞的非常严肃。一些实际上凭直觉可以做出的决定，他们都要成立一个委员会或进行一些分组讨论才能拍板。如果有人需要在这些事上花费很长的时间，那么，他或她就应该用这些时间去行动，去实现真正的价值。

如果有人问你现在几点了，不要从教他们认识时间开始，只说时间就行了！

简单使人宁静，宁静使人快乐。简单吧！活得越简单，生活越幸福！

生活简单就是幸福，简单并不等于我们放弃了对目标的追逐，它只是在忙碌中的停歇，是身心的恢复和调整，是把拳收回来再用更大力气打出去，是以饱满的精力和旺盛的热情去投入新的"战斗"的一个"驿站"。

生活简单就是幸福，但这并不意味着我们自动舍弃追求生活中的美好，而是于点点滴滴中去积累人生，在平平淡淡中获得幸福的感触。

所以，要放下沉重的负累，敞开明丽的心扉，唯有简单才能幸福。

处世小秘笈

其实，生活中很多东西都是可以非常简单的，有的时候，简单一点，幸福就能多一点。

第三章　每天有个好心情

要学会控制情绪

平时我们会注意到，有些人快乐，有些人痛苦。而情绪便是这种快乐和痛苦。那些充满智慧的人都可以主宰自己的性情，驾驭自己的心灵。有一种拥有化学性心灵的人（即善于调适自己情绪的人），他们总是能从愤怒中走出来，消解苦闷，就如同化学反应中的酸碱中和一样。其实，我们的愤怒和苦闷很奇怪，对于懂得调适自己情绪的人而言，它们可以渐渐地淡下去，直至消失；如果对自己的情绪不懂得调适的人而言，越控制它们，它们就越像一匹未驯的野马。所谓的酸碱中和反应，即是懂得调适自己情绪的人的调适结果；所谓未驯的野马，即是错误地对化学反应进行了操作，酸碱搭配不当或者错溶了什么别的液体，结果是酸的越酸，碱的越碱。

情绪往往开始于对情感主体的自尊和利益的维护，不对事物做复杂、深远和智谋的考虑，这样的结果，常使自己处境不利或为他人所利用。本来，情感离智谋就已经距离很远了，情绪更是情感的最表面、最浮躁的部分，以情绪做事，谈何理智？不理智，又能有胜算吗？

但是，我们在工作、学习、待人接物中，常由情绪控制，头脑一发热（情绪上来了），什么蠢事都愿意做。比如，因一句无甚利害的话，我们便可能与人打斗，甚至拼命（诗人莱蒙托夫、诗人普希金与人决斗死亡，就是情绪的恶果）；又如，我们因别人给我们的一点假仁假义，而心肠顿软，动摇根本原则(西楚霸王项羽在鸿门宴上耳软、心软,以致把死敌刘邦都放走了,最后将天下拱手让人,便是这种妇人心肠的情绪所为);还可以举出很多因情绪的浮躁、简单、不理智等而犯的过错,大则失国失天下,小则误人误己误事。很多时候,事后冷静下来,自己也很后悔。这都是因为情绪的躁动和亢奋,把人的心智都蒙蔽了的结果。

楚汉之争时,项羽将刘邦父亲五花大绑陈于阵前,并扬言杀刘公,煮成肉羹而食。项羽意在让刘邦受不了亲情刺激,让刘邦在父情、天伦的压力下,自缚投降。但刘邦很有智慧,他并没有为情所蒙蔽,儿女私情被大感情战胜,用理智战胜情绪,他反以项羽曾和自己结为兄弟之由,认定己父就是项父,如果项某愿杀其父,剁成肉羹,愿与之分享。刘邦的超然心境和不凡举动,令项羽难以想象,以致无策回应,只能潦草收回此召。

三国时,诸葛亮和司马懿交战于祁山,诸葛亮千里劳师欲速战决雌雄。司马懿却以逸待劳,坚守不出,欲空耗诸葛亮士气,然后伺机求胜。诸葛亮面对司马懿的闭门不战,用不了任何计谋,最后想出一招,送一套女装给司马懿,羞辱他如不出山,就是女人。古人很以男人自尊,尤其是军旅之中。如果是常人,肯定受不了这种羞辱。而司马懿则另当别论,他落落大方地接受了女儿装,情绪并无影响,而且继续保持好的心态,还是坚守不出。最后,诸葛亮都无奈了。

这些都是战胜了自己情绪的例子。在生活中,被情绪战胜的例子也有很多。诸葛亮七擒七纵孟获之战中,孟获深受情绪所使,他之所以不能胜于诸葛亮,非命也,实人力和心智不及也。诸葛亮大军压境,孟获弹丸之王,不思智谋应对,反以帝王自居,轻视敌人,结果一战即败,完全不是对手。孟获一战既败,应该坐下慎思,再出敌招,但他却认为是一时倒霉,再战必胜。结果,几次战争过后,把个孟获气得浑身颤抖。又一次对阵,只见诸葛亮远远地坐着,摇着羽毛扇,身边并无军士战将,只有些文臣谋士之类。孟获不及深想,便纵马飞身上前,欲直取诸葛亮首级。看看孟获已被诸葛亮气成什么样子了,就知道情绪把孟获折腾成什么样子了。诸葛亮的首级岂是轻易可取的?原来,诸葛亮身前有个陷马坑,孟获眼看将及诸葛亮时,却连人带马坠入陷阱之中,诸葛亮将其生擒。孟获败给诸葛亮,除去其他各种原因,其生性爽直、缺乏脑筋、为情绪蒙蔽,也是一个重要的因素。

在生活中,有很多人也许言行正常,但是,却会在内心深处仇恨那些曾经伤害过他的人,虽然并没有因为缺乏自制力而酿成大祸,但那份埋藏的仇恨却像一匹小兽撕咬着他的心,很苦也很累。其实,仇恨并非解决问题的唯一方式,有时候,我们不妨换一种角度来考虑问题。以下是控制情绪和调适情绪的经验之谈。

培养自己多方面的兴趣与爱好,如书法、绘画、下棋、养花、集邮、听音乐、跳舞、打太极拳等,从事这些活动,可以修身养性、陶冶情操。

对自己要有自知之明,遇事量力而行,对力不从心的事情要尽量少做,只做自己力所能及的事。

因情绪误人误事的例子不胜枚举。一般心性敏感、头脑简单、年轻的人,都易成为情绪的奴隶,容易头脑发热。问一问你自己,你的头脑爱发热吗?你爱情绪冲动吗?检查一下你自己曾经因此做过哪些错事、傻事,对未来起一个警示作用。

处世小秘笈

在各种遭遇和不幸面前,冷静的思考和稳定的情绪是必需的,遇事冷静,分析和判断要尽量客观。

人的心理受情绪所影响

研究表明,强烈的情绪反应会使人们的正常思维受到阻碍,持久而炽热的情绪则能激发人们无限的潜能去完成某些工作。这几乎是显而易见的,在生活中,你肯定经历过:在情绪好、心情好的时候,思路开阔、思维敏捷,拥有较高的学习和工作效率;而在情绪低沉、心情抑郁的时候,则思路阻塞、操作迟缓，学习工作效率低。也就是说，情绪会左右人的认知和行为，具体表现在如下几方面：

1. 情绪影响人的心理动机

人的心理动机受情绪影响，它可以激励人的行为，改变人的行为效率。积极的情绪可以提高人们的行为效率，加强心理动机；而消极的情绪则会阻碍降低人的行为效率，减弱人的心理动机。所以说，一定的情绪兴奋度能使人保持最好的心理状态，从而发挥最高的行为效率。而这个最佳兴奋度是因人而异的。

2. 情绪影响人的智力活动

情绪明显影响人的记忆和思维活动。例如，人们往往更容易记住那些自己喜欢的事物，而很难记住自己不喜欢的东西；人在高兴时思维会很敏捷，思路也很开阔，而悲观抑郁时会感到思维迟钝。

3. 情绪影响人际信息交流

人的情绪的表现形式，主要有面部表情、身体动作和言语声调变化三种形式。比如，人们高兴时眉开眼笑，手脚活跃，讲起话来神采飞扬；发怒时横眉立目，握紧拳头，甚至大声吼叫；悲哀、悔恨、失望时则语言哽咽、顿足捶胸、垂头丧气……所有这些信号都有特定意义，可以传达给别人，并使他人做出相应反馈。人们通过细微甚至难以觉察的情绪信号来彼此传递和获取信息——有时信息并不能直接从言语中表达出来——并在此基础上进行下一步的交流。

处世小秘笈

情绪不仅仅存在于一个人的内心，它还可以传递给他人，从而成为人际信息交流的一种重要形式和手段。

如何处理不良情绪

美国德克萨斯州立大学的史密斯教授，曾经做过一个实验，研究受测者情绪的变化及其个人生理心理状态。他在实验报告中指出：一般人的情绪如果处于恐惧、愤怒、焦虑的情况下，就会有一种来自脑下腺的激素——肾上腺皮质激素分泌出来，刺激肾上腺，从而影响受测者的心理状态。在这种情况下，受测者极易产生胃部胀痛、口干、心跳加速等生理现象。这种情形如果持续进行，就容易引起高血压、心脏病或胃溃疡等后遗症。

这是心理学大师告诉我们的——管理情绪，始于处理不当情绪，主要包括化解愤怒、缓和性急、消除紧张、排遣厌倦、革除悲观五个领域。

1. 如何化解愤怒

引起不良情绪的原因包括：挫折、太累、被批评，伤到我们自尊，而愤怒会令我们失去理智、引发冲突、做出错误决定。“stop - think - do”是处理愤怒的基本原则。你不妨使用纸笔，将下面的问题与答案记下来：我现在碰到的难题是什么？我正在或正想做什么？这样做有益吗？我真正想要做的是什么？我该怎么做？

不良情绪导泻法：我们的行为一定要对事不对人；将自己的感受说出来，而不是批评对方；注意时机的适当性；要把握恰当的语言及肢体语言。另外，要选择可靠而恰当的人来倾诉。

搁置法：告诉自己，改天再谈；暂时放下它；以后再处理这些情绪。

2. 如何缓和性急

性急说明你有不稳定的压力和情绪。性急的人容易使自己的健康受损，也会失去定力，甚至失去理智。在生活中，稍不如意都可以让我们心乱如麻，不愿意与他人交谈，或者对一般的生活情趣觉得难耐，或者对未完成的事局促难安；还有一些争强好胜的人输不起，易被激怒。

消除性急的方法：多给自己留一些时间，或将行程表中的部分项目割舍掉；向自己低语（别急！安抚心里头毛躁的孩子）；哼一首曲子；多休息。这些都可以帮助你平静内心。

3. 如何消除紧张

忙碌的竞争和工作效率会使我们感到紧张。紧张时身体会出现异常反应:肌肉紧绷、手心发汗、血液化学平衡失调。因此,要注意你的整体身心作用:你的行动、身体反应、感受、思想在交互作用,使你的身心和情绪受到紧张的影响。当你紧张时,你可以通过这样的方法改善自己的心理:净化法——静坐;运动法——松弛技术。

4. 如何革除悲观

事实上,我们的悲观源于不恰当的思考习惯。碰到挫折,能区别思考的人表现乐观,不能区别思考的人则表现悲观。

面对挫折时:乐观者认为那是外在的、特定的、暂时的原因;而悲观者则认为那是永久的、一般的、内在的原因。面对顺境时,乐观者与悲观者的思考模式是相反的。乐观者如有隔仓的船;而悲观者则如没有隔仓的船,容易在受训时不停的进水而沉没。

所以,要时时在心里提醒自己,看问题要乐观,对事情的积极面要有所关注。找到事物中对你有益或者有所启发的东西。

5. 如何排遣厌倦

长期承受压力会使我们产生厌倦。你可以改变自己的环境和观念,保持一个好心情。

厌倦也会产生空虚。所以,应该拟订新目标或新的蓝图,或从事物中看出新的意义,与积极的人交朋友,保持温暖的人际关系。

此外,年轻人有必要不断把自身情绪提升到有益于个人进步和社会发展的高度,要知道,人的情绪是能够主动地调控的,所以,你可以试着用理智来驾驭情绪,这有利于情绪的成熟。

管理自己的情绪,不但有益于身心健康,对自我功能、工作效能也有一定提高。

要关注细节

有人总认为要办事就要不拘小节,否则就会被小节拖累,显然,这是不妥当的想法。注意小节是对事情的周密安排,这样的人很负责任。比如,要接待一位客人,可能就要从接客人用的车到路上谈些什么,安排在哪个酒店,甚至要考虑他喜欢抽什么烟,只有这样,客人才会对你产生较好的印象。

初次和别人见面也要注意细节,因为它决定了是否能给人留下较好的第一印象。在生活中会经常碰到这种初次见面,如和客户谈生意,和新朋友见面,招聘面试等等。我们常会遇到一些人,由于一些微不足道的坏习惯而导致别人不欢迎他们,从而降低了社交办事的效率。

今天,很少有年轻人注意细节,他们往往将轻浮视为洒脱,将放荡不羁视为追求个性。这种错误的认识,使他在社交办事时处处碰壁。

有个人在公司里上班、下班,与人见面从来不打招呼,对面来人了,就装作没看见。他获得了一点成绩,就更加我行我素、旁若无人,长此以往,当他失败时,别人也不会给他安慰和帮助,大家对他的评语是:"活该""应有此报",结局是非常令人心寒的。如果他平时能放下自己的那副趾高气扬、不可一世的派头,多与周围的人沟通,又怎么会落得如此狼狈的下场呢?

所以说,沟通很重要。虽然与人沟通感情的最初阶段只是打招呼,但不能忘记,思想和感情是内心的两个方面,心与心之间的轴要想系上轮带,最初的方法就是打招呼,从陌生到认识再到熟悉,首先刺激感情,然后就很容易进行沟通和交流了。如果连最简单的如"您好""再见"等等日常的招呼也不会的人,是不会成为成功人士的。人生活在社会上,还得受社会环境的制约和诱导,不可能不与周围的人接触,你不拘小节,周围的人却不会不拘小节。

除了和人第一次见面要注意小节之外,和长辈、领导在一起更要注意小节。见了面,最起码的规矩是要微笑着主动打招呼。当你有急事要进领导办公室时，一定要敲门。当你和领导的观点有分歧时，当面争论是最不理智的做法，如果觉得一定要阐明你的观点，也要恳求领导给你机会，单独找时间说明，切忌当众直言。如果你被领导“误会”，你也得学会忍耐，不要当面顶撞，最好是事后单独说明或送条子说明。另外，如果跟着领导外出应酬，不能过于张扬，要随时摆正自己的位置，在平时，即使你的领导很随和，甚至经常和你勾肩搭背，你也千万不能冲动，不能反过来也与他勾肩搭背，尤其是在有外人时。领导和你亲近是显示他的平易近人，领导总比别人感到孤独，因为所有的人都尊重他，所以，他希望表现得平易近人，同时又希望得到你的尊敬，所以，你最好让领导主动和你亲近，而且要切忌和领导亲近起来没大没小。在任何时候、任何情况下，都不要让领导感觉你不尊重他。

朋友之间最容易不拘小节，虽然和朋友在一起可以随便些，但也绝不能太肆无忌惮，当你不拘小节到让他感觉你对他不尊重时，那就过分了。假如你自以为和朋友关系好，便随便拿他的东西用也不打个招呼，朋友说不定哪次就生气了。当别人借朋友的东西时，你替他做主答应或拒绝，这些行为都不妥当。随意看朋友的日记和信件那就更是闯祸了。

在交往时，言行举止与人的内心世界联系紧密，因此，对个人的言行举止不能忽视。因为这些言行可能会使对方产生对你的好恶，交往成败也在一定程度上受到影响。尤其应该注意的是，尽量不要使对方感到不高兴。所谓“严于律己，宽以待人”，我们总要时时反省、检视自己的举止言行，虽然只是一些小节，平时也要稍加注意，这样才会增强别人对你的好感。

人生活在社会上，会受到环境的制约和诱导，你不可能不接触周围的人，只有注意细节，众人才会尊敬你。

处世小秘笈

我们做任何事都先考虑一下，你的做法会不会使他人受到妨碍，是不是不尊重对方，那么，许多小节问题你就都能注意到了。

忽视细节会带来灾难

所有的意外，都源于一些细节的疏忽，而习惯性的自信，就是罪魁祸首。世间因为“不小心”而造成生命的损失、人体的伤害和财产的损失是不可估量的，由于某些工作人员的小小疏忽，造成车辆倾覆，房屋焚毁，甚至导致生命的丧失。铁轨上的小小裂痕，或是车轮上的一些毛病，都会使火车颠覆，伤害许多生命。因为不小心随便扔一根燃着的火柴，扔一个香烟头，结果引起了大火，焚毁了镇上的所有房屋。人们往往注意大事却疏忽细节，但谁又知道忽视细节才是罪魁祸首。

疏忽细节，往往可能造成触目惊心的后果！比如，由于商店员工工作时的不小心——包扎货物时的不小心，应付顾客时的不小心，而使商店的顾客流失，金钱丧失。由于铁路员工的疏忽，扳道工和机车司机、机械工的不谨慎，失去了乘客的宝贵生命。

有人开车手艺不错，已有多年驾龄，但他开车时总是有各种小动作，比如，点根烟、换盘CD、和骑车的熟人打个招呼等等。他听不进旁人的劝告，反而说：“我艺高人胆大，没事。”结果有一次，他在一座立交桥上连人带车从桥上冲了出去，原因十分平常：在高速急转弯的同时，他把快要倒的矿泉水瓶用手扶住了。

不要忽视那些潜伏着危险的不良习惯，不要觉得你的本事大，别人眼中的危险事对你而言没有什么大不了的，总有一天，它就会找上你的门，这些坏习惯也会拖累你。因为看似一些极微小的事情，却有可能造成重大损失。

范仲淹说：“先天下之忧而忧，后天下之乐而乐。”先忧后乐，与人同忧，与人同乐，这样的人已经相当不错了，可是，当你追求成功时也只做到这种地步，这样就不奏效了，先忧后乐的精神多少还是要有的。“忧”，不仅仅是挂念，广义的解释应该包括思考、创新和构想。所以，“先忧”的意思就是比他人先一步思考、创新和构想。人并非生而完美，如不能完全做到“先忧”的要求，也至少要有这一念头。

那么，有些人总是不断犯错误的原因是什么呢？究其原因，或是由于不仔细观察，或是由于思想的不缜密，或是因为缺少足够的理智，或是因为行动的粗劣。

总之，任何事业都需要绝对的正确和精细，有了这种资本，自然会受到器重，会得到信任。

在我们这个物质高度文明和社会生活安定的时代，最基本的生存问题已经不需要我们发愁了。然而，任何人也不能保证在风和日丽的春天，不会响起晴空霹雳。因而，我们要时时有忧患意识，做到"居安思危，有备无患"。

如果每一个人都能全身心地投入到工作中，每个人工作起来都谨慎小心，那么，不但生命的丧失、身体的损伤、物质和金钱的损失可以比现在大大地减少，而且人们的道德水平和精神文明，也会有一个极大的提升。

处世小秘笈

在工作中，同时存在着精确与对工作的忠诚。一个员工做事精确的良好习惯，要远远超过他的聪明和专长。

幽默是快乐的源泉

幽默不仅是一种人生的态度，也是一种为人处世的艺术。

在人际交往中，幽默是心灵与心灵之间生产并传递快乐火花的天使，拥有幽默就拥有爱和友谊，凡具有幽默感的人，所到之处，总是充满欢声笑语。若冲突是无法避免的，幽默感不强的人就会面临考验，是拍案而起、横眉怒目，还是悲天悯人、大智若愚？充满幽默感的人即使到了针锋相对之时，也不像平常人那样让心灵被怒火烧得扭曲起来，他们会把幽雅而智慧的平静保持到底。

在遇到生活中的难题时，如能加点幽默，就有可能很快得到解决，因为幽默是一种才华，是一种力量，它是人类面对共同的生活困境而创造出来的一种文明。它以愉悦的方式和智慧的方法体现人类美好的真诚、大方和善良的心灵。它是追求向上者希望处理好人际关系不可缺少的东西，此外，它还可以帮助大家减轻自己工作和生活的压力。

有一次，英国作家狄更斯正在一个湖边钓鱼，一个陌生人走到他跟前问："先生，您是在钓鱼吗？"

"是的，"狄更斯毫不迟疑地答道："今天，我钓了半天，没见到一条鱼；可是昨天，在同样的地方，却钓起了15条鱼！"

"是吗？"陌生人问，"那您知道我是谁吗？我就是专门巡检在这里偷偷钓鱼的人，这一带湖口是禁止钓鱼的！"

说着，那陌生人从口袋里掏出了一本罚单，要为狄更斯开罚单。见此情景，狄更斯忙反问道："那么，先生，您知道我是谁吗？"

陌生人十分惊讶，正在他迷惑不解之时，狄更斯直言不讳地说："我是作家狄更斯，你不能罚我的款，因为我的故事是虚构的。"

一个心胸狭隘、冷漠的人是不会有幽默感的。幽默者品德要高尚，要心宽气朗，对人充满热情。许多的哲人，他们在与人讲话、谈心时，言谈话语之中时常流露出幽默感，把愉悦和亲切传达给别人，这是因为他们具有乐观的精神和高尚的情趣。

说话幽默是一个人对待生活的态度以及反映，是对自身能力充满自信的表现。一个人只有对自己的前景充满希望，他的脸上才能绽放轻松、愉快的笑容，即使暂时处于逆境，生活中的他们也依然信心满满。在生活中发掘幽默，用快乐来抚平生活留下的伤痕。在那些整天皱着眉头的人看来，生活充满了痛苦、绝望，快乐不过是一时的虚幻，像这样的人，他们怎么会有幽默的谈吐呢？

在生活中应用幽默，可缓解矛盾、调节情绪，使人们的心理处于相对平衡状态。

幽默可以使愁眉苦脸者喜笑颜开，也可以使泪水盈眶者破涕为笑；可以为懒惰者带来辛勤奋斗的活力，也可以为勤奋者驱散疲惫；可以传递给孤僻者生活的情趣，也可以使欢乐者更愉悦。

处世小秘笈

具有幽默感的人，都具有一种优于常人且乐观自信的人格，能自在地感受到自己的力量，同时独立应付任何困境。

幽默是成功的关键要素之一

有幽默感（with a sense of humor），这在过去也许对一个人并不重要，但是，在当今社会却是对人极高的赞赏，因为它不仅表示受赞美者的随和、可亲，能为严肃凝滞的气氛带来轻松活力，更表明这个人拥有高度的智慧、自信与适应环境的能力。

幽默感是人的一种高尚的气质，它能将一个人的文明程度彰显出来。一个社会不能没有幽默。有人形象地说："没有幽默感的语言是一篇乏味的公文，没有幽默感的人是一尊冰冷的雕像，没有幽默感的家庭是一间清冷的旅店，而没有幽默感的社会是不可想象的。"社会生活中的每一个方面都有幽默，它存在于每一个角落，每一个人的身上。受过良好教育的人，可能会有受过教育的幽默方式；中产阶层的人，可以有中产阶层的幽默方式；哪怕是斗大字不识一箩的人，也可以有他们独特的幽默方式。可以说，幽默是一个不限于性别、不拘于年龄、与社会地位无关、与教育程度无关，世人皆可为之的社会现象。正因为幽默在我们的社会生活中这样普通，它才会被人们所忽视。只有当人们来到一个缺少空气的环境中，才能深切体会到空气对人类生存多么重要。同样，只有当人们生活在一个缺少幽默的社会环境中，他们才会感到幽默的魅力，从而将幽默的作用突显出来。

幽默是智慧的产物，它不仅能反映一个人的情绪智力的高低，而且还能促进个人身心健康。蕴藏着人生哲理、妙趣横生、妙语连珠的幽默，会使人思想乐观、心情愉快、意志坚定、注意力集中、记忆力提高。

幽默是一个人聪明才学、灵感智慧在语言表达中的闪现，是一种"能抓住可笑或诙谐想象的能力"，是对社会上的种种不和谐，不近情理的荒谬现象、偏颇、弊端、矛盾实质的揭示和对某些一反常规的言行的描述。幽默语言可以把我们紧张的内心化作轻松的一笑。在沟通中，幽默语言如同润滑剂，可有效地降低人际交往过程中的"摩擦系数"，化解冲突和矛盾，而且能使我们轻松而有效地摆脱沟通中可能遇到的困境。

在社交中，谈吐幽默的人往往更容易取胜，而失败的往往是那些缺乏幽默感的人。在交际场合，幽默的语言极易迅速打开交际局面，使气氛轻松、活跃、融洽。在出现矛盾冲突的尴尬场面时，幽默、诙谐便可成为紧张情境中的缓冲剂，使朋友、同事摆脱窘境或通过沟通，消除误会。此外，幽默、诙谐的语言还可以用来含蓄地拒绝对方的要求，或善意的批评对方的意见或想法。

一次，伟大的生物学家达尔文应邀参加一个宴会。在宴会上，他恰好和一位年轻美貌的女士并排坐在一起。

"达尔文先生"，坐在旁边的美人带着戏谑的口吻向科学家提出疑问，"你的进化论断言，人类是由猴子变来的，这其中也包括我吗？"

"那当然！"达尔文微笑地看了她一眼，彬彬有礼地答道。

"我像猴子吗？"美人用略带嘲弄的语气说道。

"不过，您不是由普通的猴子变来的，而源于长得非常漂亮的猴子。"

在这里，达尔文用机智的语言揭露了这位美貌夫人的无知和自命不凡，并对她进行了善意的批评。

友善的幽默能表达人与人之间的真诚友爱，能帮助人们进行心灵上的沟通，拉近人与人之间的距离，填平人与人之间的鸿沟，从而建立良好的人际关系。特别是当一个人要表达内心的不满时，如果能使用幽默的语言，别人听起来就会更轻松，且易于理解。当一个人需要把别人的态度从否定改变到肯定时，就可以发挥幽默的说服力。

处世小秘笈

在人际关系紧张时，即使在一触即发的关键时刻，幽默也可以使彼此从容地摆脱不愉快的窘境或消除由于误会或不理解而产生的矛盾。

要学会控制自己的欲望

黄石公说：“杜绝不良嗜好，禁止非分欲望，这样可以免除各种牵累。”他还说：“最痛苦的缺点，莫过于欲求太多。”修身养性，为人处世，保身养生之道，其宗旨在于节制嗜欲，减少思虑，弃除烦躁，杜绝尘劳，省精保神，炼性全真。寥寥数语，做起来却不容易，真可谓知易行难。然而，平淡二字却是它的基本功和入门要诀。

在一个到处充满了诱惑的、五彩缤纷以及灯红酒绿的世界里，欲望是可卡因、是美酒，而平淡是矿泉水、是清茶。安守平淡的生活，对待生活中的诱惑和干扰要保持心态平淡，让自己的灵魂安然入梦，于别人是湖泊一样的宁静，于自己是云朵一样的轻松。

安守平淡，不是不求进取，也不是碌碌无为、随遇而安、放弃追求，而是以一颗平常的心态来安然对待人生。诸葛亮说：“非淡泊无以明志，非宁静无以致远。”意思是说，只有选择一种恬淡寡欲的生活方式，心境才能冷静、思虑才能悠远。平淡，能使人心静如古井、秋水，少受灾难。

人要学会自我节制。法国启蒙思想家卢梭说过：“人类的两个真正的医生便是节制和劳动。”卢梭先生不愧是一位伟大的哲学家，他能把节制和劳动这两个看起来普通而又毫无联系的词汇放在一起，并将其比喻成医生，其见地之深，实在令人叹服。

孩子不懂事，需要大人节制。而大人则要自我节制。六合之内的万事万物，其存在的形式都是过程，其本身都有一个度，超过这个度，就会走向反面。所以，无论是个人家庭内的关系，人与人之间的关系，还是个人与社会的关系，节制都是最佳的调节剂。事实证明，人世间的恩怨烦恼，甚至悲剧，都源于缺乏节制。无论人或物，在节制的调节之下，方能呈现最佳状态。因此，必须要学会节制。

明代的大才子唐伯虎写过一首打油诗：“争名争利几时休，早起迟睡不自由。骑着毛驴思骏马，官居宰相望王侯。”的确，人是充满各种欲望的动物，在这一点上，人和动物的区别不大。但人又是具有一定自我节制能力的动物。佛家说：“乐土就在觉悟中”，就是叫你知足。面对名利不可患得患失，否则将永远和烦恼相伴。

在这个复杂多变又充满诱惑的社会中，人们的成功与其自制力密切相关。我们只需要专注自己的目标，专心去做自己的工作和事情，不要被其他的诱惑转移了你的注意力，打破了你内心的平静。要记住，对欲望无节制地满足，会毁掉你一生的幸福。

处世小秘笈

只有内心知足才能节制欲望。事能知足心常惬。知足欲淡，虽凡亦仙。世界上哪里有什么神仙，能知足就是神仙。

要拒绝诱惑

公元14世纪，雷力德三世在比利时地区登上帝王宝座。他执政之后，心思并没有用在治理国家上，而是广招天下各种菜系的顶级厨师进宫，为他做各种美食菜肴，以满足他的口腹之欲。

雷力德三世追求各种美味珍馐，可以说达到了无以复加的地步，以至于他在品尝美食上耗费了所有的精力。有些臣子为了讨他的欢心，于是绞尽脑汁、挖空心思，把各种精美的食物献给雷力德三世。雷力德三世时时吃，顿顿吃，天天吃，吃得膘肥体胖，最后，他的体重和体积超出常人数倍。由于他一门心思都在美食上，导致朝政荒废，官员腐败，民不聊生，百姓怨声载道。

他的弟弟爱德华曾多次劝谏哥哥不要这样，但都被无理地训斥了，这也加重了两人之间的矛盾。最后，爱德华率人发动政变，把雷力德三世赶下了皇位。

雷力德三世虽然成为阶下囚，但帝王待遇并没有变，而且还在城堡里建了一座豪华的宫殿。这个宫殿到底有什么特色呢？其实和正常的宫殿相差无几，只不过门窗比其他宫殿略小一些。门窗没有装锁，殿外也无人看守，肥胖的雷力德三世可以在里面自由活动。他走出这座宫殿的条件只有一个——减肥，减掉身上的赘肉，以便身体能挤出门口。

爱德华把哥哥关进去后，并向天下承诺：如果哥哥能走出那座宫殿，自己就会把皇位让出，把帝王之位还给他。爱德华依然让原来那些厨师想尽一切办法给他做精美的食物，甚至比原来有过之而无不及，然后悉数端给雷力德三世品尝，满足他所有的要求，即使没要求的也一定要为他想到。

雷力德三世开始得知弟弟对天下人的许诺时，曾经高兴过，认为这是一种幼稚的表现，不就是一个减肥吗？那有何难？如果自己一天不吃或天天少吃，半个月内，自己的身体就完全可以跨出这道时刻敞开的门了。可是，当美味出现在他眼前时，他又抑制不住想吃的欲望，于是在心里对自己说，就吃这一顿，下次不吃了。减肥是需要时日的，也不差这一顿，吃了影响也不会太大。就这样，每一次他都毫无节制地大吃大喝，吃完这顿想吃下顿，对各种美食来者不拒。

几个月后，雷力德三世的体重不但未减，反而增加不少，比以前更肥胖了。

这时，对雷力德三世减肥抱有希望的人发现，他这样是不可能减肥成功的，于是，便通过各种渠道劝说他停止进食或者少进食，出来以后，恢复王位再吃也不晚。可没想到雷力德三世对此视而不见，充耳不闻，他对外面的世界已经没有兴趣了。

本想一个月就能走出无人看守的宫殿的雷力德三世，在那里整整住了10年，直到爱德华战死，扩大房门之后，他才得以出来。然而，这时的雷力德三世已经百病缠身，出来后不到一年就一命呜呼了。

每位读者都会觉得雷力德三世非常可笑、弱智，仿佛这种事情永远不会发生在自己身上。但事实上，很多人一直是这样做的，而且像雷力德三世一样，只是我们毫无察觉罢了。

我们每天都被许多事物诱惑着，其中一个诱惑就是看电视或者上网。我们谁会把看电视、上网当成一种罪过呢？恐怕没有人。打开电视和上网冲浪已经成为了我们生活中所必需的。倘若没有电视，没有网络，我们的生活将不可想象。

每一天下班之后，或者节假日，我们就习惯地打开电视或电脑，几个小时都坐在那里，甚至是通宵，这对第二天的工作质量造成了严重影响。我们也在第二天恨恨地对天发誓，今天再也不要看那么久电视，上那么久网，然而，到了晚上，依旧是看电视或者上网。我们看电视或上网会产生快乐甚至是快感，让我们深陷其中无法自拔，明知道这样会对我们的时间造成浪费，会耽误学习、工作，甚至会透支健康，可是我们依然乐此不疲。它们对我们来说，就像雷力德三世宫殿里的美食一样，我们总是难以拒绝，甚至也没想过要拒绝。我们在看电视、上网的时候绝对是快乐的，甚至把一切事物都忘记了，忘记自己是承载父母一生希望的儿子，忘记自己是一个女孩子的终身寄托，忘记自己对于社会的职责和义务。总之，那时的我们会忘记一切。也正是因为忘记，所以我们才会有快乐而无烦恼。

电视，就是让生活中的人恋恋不舍；网络，让我们堕落其中。它们就像电子鸦片，腐蚀我们的肉体和灵魂，微笑着掠夺我们的生活。要知道，电视和网络上的内容再精彩，也不是我们的真实生活。我们所扮演的角色是在现实生活中，在社会舞台上。

出现在我们身边的电视和网络，还有很多很多。我们都非常清楚自己想要什么，想干什么，想去哪里，可是面对这些诱惑，依然驻足。在这个世界上，因为没有战胜眼前诱惑而导致灭顶之灾的人，数不胜数。对于一个有着七情六欲的人来说，很难做到拒绝每一次的诱惑，因为它能带给我们巨大的快乐和快感。

有的年轻人会说，这个世界让我们很无奈，精神无助，我们需要精神寄托。我们已经走得很累，活得很辛苦了，只有在电视和网络上，才能让自己稍作停歇。

请牢记，我们的精彩，是在人生的舞台上，而不是在虚拟的世界里。天地中的我们不要当一名看客，而是要以主角的身份来定位自己。

保持快乐的心情

在每个人的一生中，都会遇上挫折，都不可避免地要经历凄风苦雨。面对艰难困苦，能否保持一种好的心态，将直接影响你的人生航行。

每个人无论错在自己，还是在别人，对人都一定要宽恕。困难总会过去，只要不从怨恨出发，不被负面情绪左右，就不会产生偏见、误入歧途，或一时冲动破坏大局，或抑郁消沉，振作不起来。

心情上的长期苦闷、忧郁往往伴着多愁善感，深刻腐蚀着人的精神。日子一长，心情就像五月的梅雨天，愁闷不开，使人有扛不起，招架不住的感觉。凑巧，此时如果发生一些不顺心的事情，或者工作量突然加大，往往会导致精神痛苦，情绪低落，甚至失去应付任何挫折、恐惧、不安的能力。

其实，对你的内心力量的把握不在于别人，而在于你自己。世上没有不快乐的人，只有不肯快乐的心。所以，你必须掌握好自己的心态，对它下达命令，让它快乐起来。无论遇到什么困境都要明朗、愉快、欢乐、抱有希望，为自己的心灵航船掌好舵。

苦与乐并非两种境况，它取决于对待人生的态度。在困苦的逆境中能把握方向艰苦奋斗，就可以感受奋斗时心灵中的愉悦，这种喜悦才是人生的真正乐趣。如果在得意时骄纵狂妄，往往会种下日后祸患的根苗，后果不堪设想。人生应抱定随遇而安的态度，事情来了就用心去做好，事情过去之后就马上维护内心的平静，如此才能将自己的本然真性保持下去。我们生活快乐或痛苦，并非完全取决于事物本身，在更大程度上取决于你自己，取决于你对事物的认知态度。

《小窗幽记》中说："眉上几分愁，且去观棋酌酒；心中多少乐，只来种竹浇花。"意思是说，如果眉间有几分愁情，不如去品酒观棋；心中若有几分快乐，不如去种竹浇花。

人如果懂得生活的情趣，就可以从一些平凡而琐碎的事情中得出快乐。种竹浇花的情趣，并不次于与知交共游的快乐。竹有闲情，花也有其神态，万物各有生机，要用心去感知。懂得快乐的人，天地之间没有不快乐的事。

其实，拥有一个不错的心情很容易，也许你身边人的一个祝福、一个赞美、一个微笑、一个眼神就可以让你欢乐一整天。你所快乐着的不是很伟大的事情，它们大多数来自于你的周围，来自于一些微不足道的小事。这些小小的欢乐就构成了你的大部分生活，世人总在不停地寻找生活的意义，找寻一种能让自己安心的伟大成就，其实，你的快乐就在生活之中。

珍爱你身边的每个人，学会和他们相处，学会分享他们的欢乐和悲哀，你就会拥有更美好的生活。

很多人都询问那些饱受磨难的人是否总是感到痛苦和悲伤，有的人答道："不是的，其实很快乐，甚至今天我还有时因回忆它而快乐。"这是为什么呢？这是因为他从内心赢得了磨难，他从磨难中得到了生活的启示，他为此而快乐。

好的心情会给生命注入活力，使人从痛苦、贫困、难堪等情境中升华出来。虽然我们每一个人的人生际遇不同，但是，命运会公平地对待每一个人。有时天上会乌云满天，也有时是满天的星星，就看你能不能磨炼出一颗坚强公平的心，有一颗快乐的心，就能够获得快乐的源泉。

因此，在我们人生的旅途中，无论你遭遇什么困难和痛苦，只要你学会转变思维，从不同的角度去比较，你就会放下一切，保持乐观的心态，用愉快的心情迎接每一天。

处世小秘笈

快乐的心情不但可以使人感受到朝气蓬勃和旷达安适，同时也能使人头脑思维更加清醒。

每天都要保持好的心情

当我们渴望自己每天都有一个好心情的时候，我们是否尝试过清晨起床之时给自己一个对美好心情的期盼来鼓舞和激励自己呢？这确实是一个非常不错的主意，当我们每一天都坚持做下去，并养成这一习惯的时候，我们就会发现我们的心情越来越好，同时也拥有越来越强烈的幸福感。

有一位名人说："穷苦人的日子都是愁苦：心中欢畅者，则常享丰筵。"这句话是要告诉世人：设法培养愉快之心，并把它当成一种习惯，那么，生活将如同享受一次快乐的宴会。

养成心情愉快的习惯，自己理性的力量是关键。首先，你必须拟订一份有关心情愉快的想法的清单，然后，每天不停地思考这些想法，其间若有不愉快的念头产生，你就得立即停止，并将之设法摒除掉，尤其必须把它换成快乐的想法。此外，在每天早晨下床之前，先舒畅地在床上畅想一下，然后静静地把所有快乐的念头在脑海中重复思考一遍，与此同时，在脑中描绘出一幅今天可能遇到的快乐地图。久而久之，无论发生什么事，这种想法都将对你产生积极的效用，让你能够面对任何事，甚至能够快乐地面对困难与不幸。相反地，倘若你一再对自己说："事情不会进行得顺利"，那么，你便是在生产使自己不愉快的感觉，而所有关于"不愉快"的形成因素，无论大小，都将围绕着你。

以前，有一位不幸的人，每天早晨他总是一边吃饭一边对他太太说："今天看来又是不愉快的一天。"虽然他的本意并非如此，充其量只不过是一句说词而已，因为他的口中虽然这么说，实际上在心中却对好运充满着期待。然而，一切情况都很糟糕。其实，会有这种情况发生并不令人奇怪，因为心中已经预设了不快乐的程序，那一天的心情肯定会受到潜意识的影响，所有的事情也会因此办得很不顺。

所以，在一天的开始一定要在心中种下美好的希望。只有这样，许多事物才将可能有美好的发展。

处世小秘笈

一般而言，习惯是生活的累积，通过培养是可以形成的，因此，人人都掌握有创造愉快心情的力量。

第四章　经营自己的情感

婚姻选对了就是人间天堂

婚姻直接关系到后半辈子的人生是如何度过的。选择对了，生活就会美好得如同天堂；选择错了，即使家财万贯、事业有成，灰色也将成为生活的主色调。

其实，天堂说远也不远，只要选择了合适的伴侣，它就在你的身边。

有一个40岁的男人一直独身。他曾经有过两段婚姻：痛恨过的前妻改嫁了，深爱着的续弦又死于车祸。但是，两任妻子都意外地留下了一本日记，并把它锁在了衣橱抽屉里。他又想看看两本日记中写了些什么，却始终不忍看，以免伤心。

终于，夜深寂静，长夜无眠，他被无边的孤独所淹没，忐忑不安地翻出了两本日记。

他先拿出前妻的日记。翻开发黄的第一页，前妻潦草不羁的字迹便映入眼帘：我真羡慕张姐有一个精明强干、能赚钱的好丈夫。可我老公却不善言辞、不懂得交际。他一下班就往家里钻，做些毫无意义的事儿，而且总是婆婆妈妈的。每次我吃鱼的时候，他都得说3遍以上的“别卡住”。唉，这个男人真是没有前途、平庸至极！

第二页：昨天是情人节，张姐的丈夫给她买了一大束鲜花和一件昂贵的大衣。我回家和老公提起这事，结果，他根本不知道哪天是情人节，更不用说礼物了。这么多年来，他没有一次主动地给过我一件礼物，我好一点的衣服和首饰，都是自己开口向他要钱买的，想想真是悲哀呀！

第三页：我和他冷战了两天，他竟然不知道原因。前天晚上，我对冷战没了兴趣，想和他聊聊天亲热亲热，可他非要我先睡，自己却背过脸看书去了。真是不明情趣的呆子啊！再这样下去，我就要找别的男人去了！

第四页：今天我和他大吵了一架。他在我这儿总是傻傻的，却媚着脸对待邻居的女人，还竟然帮她提菜！我也不客气了，明天陈哥约我唱歌，我去定了……

男人看到这里，就再也看不下去了。以前吵架的恶俗语言又来咬噬他的心，使他仿佛又回到了那地狱般的日子。于是，他愤然扔掉日记，“呼哧呼哧”地喘着粗气，以求来平复自己的内心。

情绪终于稳定了下来，他又拿起了另一本日记翻看。淡淡的藕荷色纸面上，娟秀的字迹鲜活地跳跃在眼前：很多朋友的丈夫虽有钱有势，但一天到晚不回家，花天酒地，妻子只能无奈地独守寂寞空房。而我老公却是大智隐于无形，淡泊浮华功名，安享月白风清。他对我关怀备至，体贴入微，就连我吃鱼，也得再三叮咛“别卡住”。在我们温暖可亲的家里，爱无处不在。这份深情挚爱，是无法用金钱衡量的。

第二页：昨天夜里，我感动得哭了。因为我发现，老公白天很累，晚上却反而让我先睡，而他则背对着我看书。其实，他早已又困又累，根本没有精神看书。但是他知道，如果白天很累，自己晚上睡觉就会打呼噜。他是怕我睡不着，让我先睡而已！如果我不是装着先睡了，可能永远也发现不了这个秘密。老公对我的爱，体贴而又无微不至！

第三页：今天，我对老公的爱有了新的体会。前几天，他冒着酷暑给邻家妹子修车。就在丈夫出远门的这几天里，和我发生过口角的邻家妹子，竟处处关照我。幸亏她的帮忙，我犯了阑尾炎才能被及时送到医院。老公的爱，提前贷给我了……

看着看着，男人的视线模糊了，不禁泪如雨下。他抱着爱妻用过的枕头，沉睡在以往的美好岁月中，仿佛自己又回到了往昔的天堂。

没多久，朋友看他生活无依，就劝他说：“尊夫人已经走了三年了，你也该重新组个家了。听说你前妻现在也是一个人，她有意和你复婚，不如你俩复合吧！”可没等说完，男人就把头摇得像拨浪鼓：“不、不，我只和理解我的女人生活，那才是天堂啊。”朋友无奈地说：“尊夫人一定是懂你的，但已经走了，哪儿还有天堂啊？”男人却说：“懂我的女人即使走了，天堂也永远存在我的回忆中！”说完，两人对视无语。

处世小秘笈

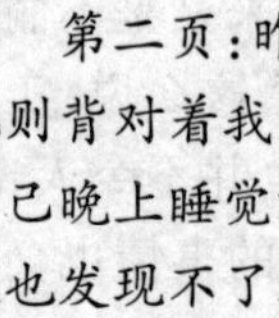

婚姻，其实并不都像我们想象中那样沉闷，缺乏激情的亮色。的确，有些人过着灰暗的婚姻生活，可那是因为没有选对人。中国古代先贤晏子说过，同样的橘树，在南方结出的果实汁多味甜，长在北方却变得又苦又干。其实，人也是这样，对某个人来说满是缺点的对象，对另一个人来说却可能正是最理想的，因此很难用理性来解释。

对待婚姻要真诚

当结婚的新鲜感过去后，单调乏味的气息充斥在夫妻之间，一些男人渐渐变得不安分起来，看着外边摇曳多姿的“野花”不禁心生艳羡之意。都说“家花没有野花香”，但很多艳丽的“野花”都是既有“刺”又有“毒”的，一不小心就会刺伤你。

年轻企业家南永民风度潇洒,被人称为“儒商”。在外人看来,他是非常幸运的,他拥有别人为之不停奋斗的成功事业,还有一位善于持家的妻子和活泼可爱的儿子。此时,南永民觉得自己是当之无愧的主角。当他频频在宾馆、酒店和歌厅里展示自己的魅力、表现自己时,他完全没有意识到,自己已经被克星接近了。

有一年夏天,他在酒吧与在歌厅以伴舞为生的洪霞邂逅。26岁的洪霞打扮得十分娇艳,她早听说过南永民的大名。如今,竟能邂逅如此名士,她心中一动:能找这样的男人托付一生,今后的生活一定是锦衣玉食了。想到此处,洪霞不禁向他投去一个意味深长的微笑。

这一切,南永民都看在眼里,他会意地回以微笑。南永民是不会轻易放过任何一个机会的,何况这个女人还在他面前主动献媚。

第二天坐在办公室,他给洪霞打了一个电话。

当天下午,他们一起来到本地最高档的大酒店,打保龄球、游泳,然后去吃西餐。当暮色渐渐降临的时候,他们住进一间套房。那一夜,洪霞极尽温柔,曲意逢迎着这位能够改变她命运的男人;而南永民则用自己宽厚的臂膀拥抱着洪霞。与爱妻八年的婚姻以及这些年的欢爱,与这一夜的刺激和浪漫都无法相比!

从这天起,南永民就包下了这间摆设齐全的高档套房,经常来这里与洪霞幽会。但南永民并没有忘记自己的结发妻子。他能走到今天这一步,妻子有着很大的功劳。为了弥补心中的歉疚,他大把大把地把钱给妻子和她的亲属,反正他有的是钱。希望用此换来一些“自由”。他经常夜不归宿。洪霞为了讨得南永民的欢心,使尽浑身解数,尽显可爱与善良。南永民终于拜倒在她的石榴裙下难以自拔。

他要从洪霞的身上寻求更多情欲上的刺激。他为她花钱如流水,洪霞虽然得到了南永民的钱,但她并不满足,她还想从情人升为有名分的妻子。于是,她经常打扮得花枝招展的在公开场合出现,挑明自己是南永民的情人。南永民有时也会气恼,但他却没有把洪霞推开。后来,他前思后想,他和妻子之间已经没有爱情可言了,不如就此了结了。在2002年5月的一天,南永民终于结束了自己的婚姻,洪霞也达到了目的。

洪霞是一个挥霍无度、爱慕虚荣的女人,她经常不经南永民的同意就到公司借钱,而且一借就是几万。她甚至在和南永民筹划结婚时还与他人私通,并经常当着南永民的面打电话给过去的相好,言语肉麻,令人不忍相闻。

此时,南永民已经不再喜欢洪霞了,剩下的只有厌恶和愤恨。他对洪霞说:“你是个贱人,以前的事我们一笔勾销。以后,我们各走各的路。”

洪霞听完后,说:“好啊,南永民,你想把我甩了,没那么容易!”洪霞一边说着,一边猛地扑上去,在南永民脸上又咬又抓,南永民又气又怒,摔门而去。

南永民摸着脸上的伤痕,羞愤难当。此时他才明白,自己绝不能要洪霞这种妇人。于是,他开始后悔当初自己对不起妻子。

不久,南永民和洪霞两人领取了结婚证。在张罗此事时,洪霞小题大做,随意发火对南永民肆意谩骂。南永民心中烧着无名的怒火,但他却不动声色地按照自己事先谋划好的方案一步步实施,因为他要尽快解脱。

在婚礼后的第三天傍晚,他谎称有位同学要来拜访自己,让洪霞跟他一起去接机。但汽车并没有开上高速路,而是开进了一条人迹稀少的岔道里。南永民将洪霞用斧头砍死,并把她装进袋子里埋了起来。

法网恢恢,疏而不漏。两个星期后,南永民伴着人们的一片叹息和议论被带上了警车。有人可能会觉得南永民只是一个例外,那么,因为婚外情而弄得妻离子散的很常见吧?名誉扫地,前途尽毁的也不稀奇吧?婚外情确实能让人满足一时的快感和新鲜,但愉悦与苦涩参半,满足伴着重负,甜蜜伴着厌倦。婚外情的男人常常在获得一份短暂快乐的同时,也引来无穷的后患,但后悔已经太迟了。

其实,生活中很多男人都是“喜新不厌旧”的,他们出轨并不是为了离开自己的家,只是单纯地想找“刺激”。然而，最后往往都是弄得妻离子散，名誉受损。所以，要想经营好自己的婚姻，就要忠诚地守护自己的婚姻。

婚姻稳定的基础是忠诚。婚姻很需要忠诚，如果不能忠诚对待就没有美好的婚姻生活，从而也就会失去婚姻。当你再次选择的时候，忠诚又是保证婚姻完美的首要条件。如果没有忠诚，就永远也不会有真爱，也就永远不会幸福。

要常把爱挂在嘴边

中国人向来是含蓄而内敛的，对越是亲近的人，就越不会主动沟通彼此的情感，还总以为对方会知道自己的心意。结果，常常因此被心爱的人误解。其实，爱要经常说出口。

结婚两年多了，刘娜娜越来越觉得婚姻淡然无味，每天重复着毫无变化的日子。日子过得很平稳，甚至平稳得让人烦躁。这看似完美的婚姻生活其实并非刘娜娜渴望得到的，于是，她渐渐地对丰北平失望了。每当看到年轻夫妻在马路上牵着手散步，看到情侣嬉笑打闹时，她的眼圈就会红起来。她也曾几次问丰北平是否还爱她，但丰北平每次都是含糊其辞，问烦了就说：“你烦不烦呀！婚都结了，还问这个干吗！”刘娜娜想：肯定是不再爱我了，他一定是嫌弃我了！这样的婚姻毫无意义，不如散了吧！于是，在一天下班后，她把一份离婚协议书放在了茶几上，然后就回到了父母家里。丰北平惊呆了，因为他从来不觉得两人之间存在不可能解决的矛盾，为了一句“爱不爱”的话就要离婚，至于吗？

丰北平的想法表达了很多已婚男人的心声，他们觉得婚姻生活就是平平淡淡地过日子，不打不闹，婚姻就算是幸福的了。但他们并不了解妻子的感受，女人通常都是渴望浪漫的。有了爱情，她们才会觉得幸福。她们是宁愿坐在自行车后座上笑，也不愿坐在奔驰座上哭的。不理解女人的他们不知道，其实很容易就能让妻子感到幸福：每天对她轻轻地说一遍“我爱你”！

大余和小童原本感情很好，但小童生完孩子之后，他们便开始了晚睡不同床的日子。白天工作已经很辛苦了，晚上还有小孩子的纠缠。渐渐地，他们两个人的沟通也变少了。一天，她突然对大余说：“我有个郑重的要求。”小童首先意识到了他们的关系已经危机四伏了。“你有什么要求？看你一本正经的样子。”大余漫不经心地问。“每天抱我一分钟，好吗？”大余看了小童一眼，笑着说：“都老夫老妻的了，有这个必要吗？”“我提出了这个要求，就是有必要的。你发出了这样的疑问，就证明更有必要了。”小童坚持着说。

“情在心里，何必表达。”大余回答道。“你不表达爱我，我们就不可能结婚。”小童有点不满地说道。“当初是当初，我们的爱已经很深了。”大余解释说。“不表达未必就是深沉，表达了未必就是矫饰。”小童仍然坚持。结果，两个人因此而相互吵了起来，最后，为了使战争早点儿平息，上床休息，大余妥协了。

他走到床边，抱了妻子一分钟，笑道：“你真是个虚荣的家伙！”“每个女人都会对爱情虚荣。”她说。此后每一天，他都会找时间拥抱她，有时是一分钟，有时是10分钟，有时甚至是一个或几个小时。渐渐地，两人的关系也充满了一种新的和谐。每当拥抱在一起时，经常是静默相处。但是，这种沉默与以前未拥抱时的沉默是两种完全不同的感觉。终于有一天，小童要去上海出差。临上火车前，她对大余说：“你现在可以暂时自由了。”“我会想抱你的。”大余笑道。果然，她到上海的第二天就听到大余在电话里，异常温柔地说：“我异常想念那一分钟的拥抱。”顿时，她的眼睛里闪出了幸福的泪花。

的确，两个相亲相爱的情侣，在激情飞越的碰撞之后，婚姻就会质朴得如同一位村姑。人们常常以“平平淡淡才是真”为借口，逃避对长久以来所爱的人的麻木和粗糙，如果我们用心去经营、用心去表达，那曾让我们激情四射的爱情怎么会变得越来越冷呢？

其实,很多时候爱情一直围绕在我们的周围,只是生活的平淡让我们渐渐遗忘了它的存在。爱得久了、倦怠了,以为生活中只有单调和乏味,但其实只要大声喊出你心中的爱,你的生活就会重新恢复生机。

婚姻是一首乐曲,有的人把它演奏得激情盎然,心潮澎湃。但也会出现枯燥无味的演出,刺耳难听;婚姻是一幅画,有的人把它描绘得五颜六色,丰富多彩。但也有人把它画得毫无生机,死气沉沉。其实,婚姻的质量完全取决于你,你怎样去理解它、把握它才是关键。

其实,爱要常常说出口,不论是老婆还是老公,他们都很想听到,不过是羞于表达罢了。相信他们每次听到或想起,心口总会感到暖暖的。

处世小秘笈

爱情是传说,又是生活,需要两个人用心去体验、去感觉,这样,才能酿造出美丽的幸福。

平淡也是一种幸福

世界上并不缺少美,只是我们不善于发现美而已。如果你用挑剔、不知足的态度来看待平淡婚姻,你的婚姻就真的会变得乏味;如果你善于发现平淡中所蕴含的幸福和乐趣,你的婚姻就会多彩得恰似魔术师手中的万花筒一般绚烂。

有一对夫妻曾经是发小,时间久了,沉闷与压抑便存在于婚姻当中了。妻子知道丈夫体贴,明白他有一颗善良的心,可还是感到不满。后来,女人实在无法忍受这样平淡的婚姻了,于是就想离开他。她说:“我讨厌平静的生活。”男人听后并没有答话,只是说:“那就让老天来决定吧。如果今晚下雨,就是上天安排我们在一起。”女人答应了。

到了晚上,她刚睡下,就听到雨水打到窗外的声音。女人吃了一惊,难道真的下雨了?于是,她起身走到窗前,看到玻璃上正淌着水,夜空却晴朗地闪着星光!她爬上楼顶,天啊!他正在楼上一勺一勺地往下浇水。女人心里一动,紧紧地抱住了男人。

这对夫妻很幸运。尽管他们在平淡的婚姻中产生了危机,但却在最后关头发现了平淡之中的亮色,打开了一扇心窗。

但是,这样的例子终究少见。在“闪离”现象引起社会关注的今天,有一对夫妻的离婚理由显得那么“典型”而又“不可思议”。他们谈恋爱的时间不短,婚前也相互了解且恩爱。但一旦进入婚姻,在生活中就会出现各种小矛盾,令他们伤透脑筋。

最为典型的,就是在家务问题上。比如做饭吧,她连家常菜也做不好;洗衣服吧,她总是洗不干净丈夫的衬衣领;收拾房间呢,她又不能合理安排整洁。而到了丈夫的眼里,又无限放大了这些缺点,慢慢地他失去了耐心。在妻子看来,这些事并不是女人的本分,丈夫也应该动手帮忙。而他不但不做,反而还对自己指指点点太过分了。

终于有一天,丈夫因妻子烧糊了菜而怒斥道:“你连个圆白菜都炒不好,这么蠢的女人怎么就被我娶了!”妻子也很生气,掉头就回了娘家。没多久,两人就协议离婚了。

如果说爱情是燃烧的激情之火,那么,婚姻就是平淡的细水长流。深陷于爱情旋涡的人,连吵架都可能是情趣;而在婚姻状态下,平淡的锅碗瓢盆都有可能造成严重伤害。这是为什么?因为平淡可能扼杀最初的激情。虽然,它不能支持火焰的燃烧,但是它可以滴水穿石,静悄悄地、无声无息地将幸福注入生活的每一个角落。

而生活本身,就是由细水长流的日子串成的。即使开的再绚烂的爱情烟花,也不可能在天空中永恒地燃烧,我们必然会由爱情走到婚姻,在平淡中寻找一生一世的幸福。这几年,“经营婚姻”的说法非常流行,这也从一个平实的视角看清了婚姻的本质。

小张和小赵是由别人介绍而走到一起的,他们顺其自然地走进了婚姻殿堂。婚后第三天,丈夫小张就跑到单位加班。他很敬业,甚至可以夜以继日地拼命工作,有时连续几天几夜都不回家。而妻子小赵呢,是个老师,带毕业班,有着繁多而又琐碎的事情,也经常晚归。两个人虽然结婚生活在一个家里,却为了各自的事业而少有交流,就像两个陀螺一样,在不同的圈子里高速旋转着。

终于,妻子送走了一届毕业班,日子终于空闲了下来。有了空的她开始重新审视自己的生活,审视自己的婚姻,她开始迷茫,不知道在他心中自己的分量是多少,她似乎都不记得他说过爱她了。这个问号在心里越来越大,终于她对丈夫问道:"你爱不爱我?"

丈夫说:"当然爱,不然怎么会结婚。"然而妻子对这个答案却不满意,便追问他为什么不说出口。丈夫说,他不知道怎么说。于是,妻子拿出写好的离婚协议。丈夫愣了,顿了顿说:"那我们去旅游吧,我们都没有度蜜月,我亏欠你太多了。"

于是,他们就去了黄山。阴雨的天气代表着他们阴郁的心情,走在盘旋的山道上,她发现他总是走在外侧,就问他为什么。丈夫说路太滑,担心山边的栏杆不结实,怕妻子万一不小心跌倒。

她的心终于感受到了那份温暖,回家就撕掉了那份离婚协议。

其实,想要经营好自己的婚姻,就不能只在这种关键的时刻才去用心感受,而要将这种发现幸福的本事贯穿到生活的每一天。平淡的生活真的乏味吗?在懂得幸福真谛的人眼里,最大的幸福便在于这种平淡的日子中。

比起爱情,婚姻没有太多的轰轰烈烈、惊天动地,有的是像流水一样清澈甘甜、叮咚作响;没有太多的海誓山盟、花前月下,有的是双目相对而心中自明的默契……在陌生的人群中,在迷失和彷徨之间,却始终安详而从容,因为彼此都知道,冥冥中自有那双渴望的大手,可以紧紧地握住你,在所有的日子中都陪伴你,直到天荒地老。

"执子之手,与子偕老。"这是一种并坐川上,四目注视看着岁月流逝的感觉,也是一种见证岁月、见证感情的感觉。在伤心难过时,有人倾听你的诉苦,不会对你的闲言感到不耐烦;在生病时,有人端茶递水地细心照顾,不会嫌弃你麻烦;在渐渐老去时,那个人依旧在你左右,对你的老弱蹒跚永远不会厌恶。这就是平淡的幸福,这就是婚姻的真谛。

处世小秘笈

"执子之手,与子偕老",乐趣要在平淡的生活中来探寻。只要善于发现、善于领悟,生活就将变成截然不同的模样。

信任是爱情的基础

人们对爱情常常怀有恐惧感,总担心对方不是真的爱自己,于是想尽了办法考验对方,希望证明自己是对方的最爱。其实,这种行为是很无聊且危险的,有时候,它甚至会断送你一生的幸福。

白伟常对洪艳说:"我会永远爱你!"洪艳拥抱着白伟,觉得自己是世界上最幸福的女人。但在内心里,洪艳对白伟很不放心。白伟高大帅气,因为工作常会接触到一些年轻女孩,因此,洪艳非常担忧白伟会抛弃自己。有一天,洪艳的远房表妹来找她,说自己在未来姐夫的厂里工作。洪艳觉得,这是一个考验白伟对自己是否是真爱的时机。于是,她就请求表妹装作不认识她,然后主动追求白伟,看他是否动心,表妹决定帮她这个忙。过了一段时间后,表妹跑来找洪艳,告诉她白伟真的很可靠,自己百般追求,他都严肃地拒绝了,这下洪艳终于松了口气。正当二人说笑时,门突然被推开了,结果,白伟站在门外,怒气冲冲。白伟宣布和洪艳分手,洪艳哭得死去活来,她虽然自觉过分,可这都是因为爱他啊!白伟恨恨地同朋友谈到:洪艳根本没有资格这么做，她的做法简直就是在污辱自己，自己永远也不可能再原谅她了！

一对爱侣竟然因为无谓又无聊的试验游戏而分手，我们能说白伟太过于小肚鸡肠吗？不！无论是谁遇到这种情况，内心都会感到难过。洪艳的做法可以理解，但却无法让人原谅，因为这是对爱人的不信任和对爱情的轻视。要记住，爱情是不能够试验的，只能真诚地守护它，不相信爱情的人，注定会伤害到自己。

女人都希望自己在爱人心目中的地位是独一无二的，因此，常会拿来比较一番。比如说，有一个问题，许多女人肯定都问过："如果我和你母亲一同落水，你先救谁？"

杨雅也问过他这个问题："哄一哄我也好嘛！"她满脸哀求，一心渴望。

虽然二人结了婚，但心中却有阴影。

婚后的第一个春节，她去婆婆家过年。客车突然失控，冲进了大河。刺骨的河水顺着缝隙里挤压进来。她吓呆了。

但他是冷静的。他迅速砸破车窗，顶着寒冷而湍急的水流蹿向水面……

他竟然自顾逃命！

杨雅不会水。车内的水位在不断上升，她哭着坐在那里，觉得心好痛。

她醒来时发现正在他的怀里。他满含歉意道："吓着你了吧。我必须先弄明白沉车位置和水深。上来的时候，你挣扎得好凶。"

"我对你的一个问题记忆犹新，现在回答你：如果你落水了，我会来救你，说不出先救谁，但你一定会先我而上岸，除非……"不等他说完，杨雅突然明白：到底先救母亲还是先救自己，当初无法做出选择的人，才是真正可以放心一嫁的人。

所以，不要总试图拿自己与他的母亲比较，也不要对他的真心表示怀疑，更不要以世人皆难的问题来考验疼爱你的人，因为它会深深地刺痛爱人的心。试想一下，如果不是那一场惊险的车祸，杨雅是不是就要因为爱人没有通过考验而遗憾、猜疑一辈子呢！每一个男人在生活中不一定都有机会证明自己的真心，可如果为了一个荒谬的考验，就对爱人心生芥蒂，那么真是太遗憾了。

爱情的基础就是信任，所以，不要用所谓的游戏去考验你的爱情，因为爱情是要用爱心去感应的。

处世小秘笈

爱情的基础是信任，如果你不信任你的另一半，那么，你就永远也不可能真正地得到它。

婚姻是一种责任

你在选择婚姻的同时，也就选择了责任，所以，必须为婚姻负责。在婚姻中，双方的牺牲是必然的，每个人都要为家庭尽自己的责任。如果夫妻双方或一方只想获取，而不愿付出，不肯承担责任，那么，他们的婚姻一定不会长久和幸福。

其实，当初是妻子主动追求的杨大明。杨大明大学毕业后，分配到一个工厂当技术员，而妻子在医院做护士。

婚后的一段时光，是杨大明怀念的幸福和睦的生活。现在，7 年过去了，杨大明渐渐地对婚姻产生了厌倦。

刚有了儿子的时候，生活中的浪漫就开始减少了。妻子身上的女性的柔情就开始逐渐减退，她厌烦所有的家务事，而且不再做了。所以，杨大明只好独自承担家里的一切。一次，杨大明发烧躺在床上，妻子下班回来后，杨大明想要她去接幼儿园的儿子。可她却说："不要以病作为借口，我才下班，已经累得筋疲力尽了，还是你去吧。"杨大明回了她一句，说她太不体恤自己了。妻子便闹了起来，用杨大明婚前的誓言质问他：“你不是说心甘情愿给我当牛做马吗？是不是把我骗到手后就反悔了？”杨大明怕邻居们听到，只好一声不吭。见杨大明沉默，妻子觉得占了上风，便闹得更起劲了。

渐渐地，妻子总是觉得杨大明满身都是缺点，说她这位同学的老公如何会赚钱，说她那位同事的丈夫怎样有能耐，就杨大明像一根木头似的，没个活心眼儿。杨大明见妻子贬低自己时不避讳，背地里对她说：“你可以直接和我讲你的不满，但不要当着儿子面前讲，免得对儿子有影响。”可她竟话里带刺地说：“你还挺有自尊的嘛，要让儿子敬佩你，你就拿出实际行动来不就得了，言教不如身教嘛。”

因为买房子，他们欠了债，杨大明无奈地投资了一位朋友办的电脑公司。教学、科研、兼职，还有一摊子家务事，让他觉得身心俱疲。

而妻子的想法是这样的，她说，杨大明其实是缺乏责任感的男人，对家庭漠不关心。他似乎还认为女人做家务是天经地义的事，从不分担。在孩子没出生前，自己还能应付得过来。可现在不仅得照顾孩子，而且医院的事儿还有一大堆等她处理。她是个女人不是超人，杨大明有责任帮她分担。另外，杨大明眼光不长远，儿子一天天长大了，花钱的地方也越来越多了。房子还要还贷款，杨大明却还守着自己的“死工资”，不想办法多挣点钱。她觉得，嫁给杨大明太不明智了。

双方真是争执不下，在经营这个家庭的过程中，其实他们都犯了一个错误：婚姻应该由两个人共同经营，而他们却只要求对方承担维护家庭幸福的责任。一对男女结为合法夫妻后，就要懂得婚姻中存在着第三方而绝非只有两方。第一方是男方，第二方是女方，第三方是婚姻，即“我们”。不少问题都要从“我们”的角度去考虑，这样，双方才能得到长久的幸福。

有一对夫妻，丈夫是公务员，妻子是银行职员。妻子很想在职场上更进一步，于是决定辞职继续考研。丈夫对妻子的决定也非常支持，主动提出晚两年再要孩子，并承担了所有的家务活，无微不至地照顾妻子。看到他一下班就满头大汗地去买菜，邻居便忍不住问他是否觉得自己太吃亏了？他愣了一下，想了一会儿，认真地说：“没什么吃亏的呀！我们是夫妻，互相付出是应该的。如果整天计较谁付出得多，那还叫过日子吗？再说，我刚上班那会儿，整天为学校的事情奔波，家里的大事小事都是她操心，她也从来没有抱怨过一声啊！”

现在，不少年轻的夫妻对家庭缺乏责任感：互相推托做家务。丈夫半夜回家，妻子一斗气就彻夜不归，你跟我动嘴，我就跟你动手……闹到最后，女的哭泣，男的叹气，然后在一起哀叹“婚姻是爱情的坟墓”！其实，如果两个人都能积极承担对家庭的责任，又怎么会走到这步田地呢？

爱情是浪漫的，而婚姻却是一件实在的事。一对相信天荒地老的男女，用爱组成了一个家庭，共同经历生活中的风雨坎坷，婚姻就是琐碎中的幸福。

处世小秘笈

一个家庭如果想美满幸福，就需要夫妻双方共同努力，不要总是纠结在得失上，不要推诿也不要塞责。对于家务活一类的琐事，如果你有空就多承担一些，爱人会把你所做的一切看在眼里。

要注意为婚姻保鲜

婚姻生活经历太久，也会变质的。所以，我们必须时常给婚姻保鲜。为了增添婚姻的情趣，就要在共同的生活中去做一个有心人。一对男女向上帝哭诉自己的婚姻太枯燥：“上帝，您允诺给我们的甜蜜、幸福在哪里啊？我们的生活除了柴米油盐，就是洗洗涮涮，平平淡淡，毫无味道。如果爱一个人就是这样的，那我们情愿不爱！”“无知的人类啊！”上帝叹息道，“婚姻是要靠自己经营的，爱一个人时，你应想方设法让对方更快乐、幸福。而且只有你们自己能做到这一点！”

是的，想要远离枯燥、得到浪漫的婚姻不是件难事，只需要你以这样的态度来定位它。

人们常会发现，恋爱中培养出的感情很快就会被平淡的生活消磨得面目全非，这是因为恋爱与现实生活的具体、琐碎是不相关的。而婚姻则相反，它很少和浪漫相随，反倒是和穿衣、吃饭、睡觉、数钱等如影随形。如果我们不学会为生活增添情趣，那么，爱情的天长地久是十分困难的。

婚后，早晨起来，得准备两个人的早餐。如果有了孩子，你还得为孩子准备吃穿。然后，送孩子上幼儿园或叮嘱孩子去上学。接着你还要计划晚餐吃什么。此外，家里时常会缺这缺那，你得去张罗。有用钱的地方，碰到手头拮据，你得四方筹措。居家过日子，油盐酱醋，吃穿住行，缺一样都不行。有时候，琐事令你厌倦，甚至使你心灰意懒、无精打采。此时，你恐怕对谈论感情就没有兴趣了！

但是，现在有的人在刚结婚时，对婚姻生活感觉新鲜，对过家庭生活很有热情，俗语说就是“很有心气儿”。但日子久了，这种“心气儿”就没了，总觉得今天像是昨天的翻版，明日仍是今日的写照。人对生活的新鲜感一旦失去了就会变得机械，甚至麻木。我们常常见到诸报纸杂志的家庭生活专栏，经常有这样的题目，比如《生活的激情哪里去了》《机械、公式似的日子使人麻木》等。在这种心态下，本来平淡的日子就会变得枯燥，过得提不起精神来。实际上，生活虽然平淡，但仍然能够在平淡中过出情趣，这取决于我们有什么样的生活态度。

热恋了三年才迈入婚姻殿堂的小李和小王婚后生活日渐平淡，有时两人一天也说不上几句话。有一天，同事向小李推荐了一本关于婚姻生活的书，他这才知道婚姻是需要保鲜的。回到家时，妻子正在厨房炒菜，望着妻子的背影，他上前紧紧抱住了她。妻子僵了一下，轻轻挣开了他。晚饭时，妻子的眼神充满好奇。有一天，小李加班很晚才到家。妻子正在气头上，坐在沙发上等他。看到妻子要发火，小李居然脱口就说了一句“我爱你”！妻子愣了半天，突然哭了，然后感叹地说：“好久都没有听到这句话了！”从那以后，两人的关系有了很大的改善，家里又充满欢声笑语了。小李很高兴，他决定再接再厉，重拾昔日的幸福。情人节那一天，小李故意早早出门，装出一副什么都不记得的样子。中午，他让花店给妻子送去了一大束红玫瑰，并附上了“爱你到永远”的字条，自己却等在了妻子的公司门口。没一会儿，手机就响了：“花是你送的吧！同事们都很羡慕！不过你坏死了，早上还装成什么都不知道的样子！”“呵呵，这才叫惊喜呢！嗯，就让你同事更羡慕你一下吧，马上跟你们领导请假，咱们一起去吃大餐，我在你们公司门口呢！”妻子一听，高兴地对着电话大叫了一声“我爱你”，便挂断电话，小李感到很有成就感！

我们要像故事中的小李那样，为对方制造一些浪漫的惊喜，这样，可以让婚姻立刻鲜活起来，其实，生活中的一些夫妻，也很懂得情趣所在。比如，有的夫妻在周末抛开一切家务，一家人到郊外踏青，放松身心；有的夫妻在感觉需要调节情绪时，选择短时间的分居，重新感受一下一个人的生活；有的夫妻在节假日里，或将孩子交给父母照顾，或把孩子放在亲朋好友家，俩人外出旅游数日，享受一下闲暇时光。无论什么方式，只要对于调剂单调的生活有益处，都是可取的。只是像分开居住、外出旅游等，由于各种条件所限，只能偶尔为之。

但生活中，有的人让生活的琐事占据了自己的所有时间，有意无意地挤掉了可以生存和发展的一些情调。比如，妻子的生日到了，丈夫兴冲冲地买了一束鲜花献上，可妻子却怪丈夫买花太贵，责怪丈夫不如花钱去买一些肉食蔬菜。这样一句责怪的话，就可能浇灭丈夫的热情，营造的浪漫也会被浇灭。此类事情虽小，可如果接二连三地出现的话，丈夫哪还有兴致再去搞这种制造情趣的“游戏”呢？

只要用心去经营婚姻就不会感到枯燥乏味，以积极的姿态去面对生活，挖掘生活的乐趣，这样才能使婚姻更幸福，让日子常过常新。

处世小秘笈

做有心人，就是要在平淡的日子里，善于发现对方的心理需求，在对方有需要的时候制造出一种气氛，一份惊喜，一些安慰。

不要让现在被过去所影响

尽管都市男女的性意识已日渐开放，但这样的情景却经常发生：不少女孩子婚前十分真诚地向男友表白："我们已经快结婚了，如果说过去没怎样是骗人的，但是……""没关系，我爱的是现在的你，不在乎你的过去。"听了这些话，女孩子完全放心了，便全盘托出了。此时，他们离分手往往也不远了。

当然，我们会看到很多女孩子对男朋友的过去不愿追究，认为只要关系断了就无伤大雅，同时也认为男友对自己的性经历也不会在意。这其实是大错特错，因为男人最关心这件事。自己的女人，她的过去，特别是她过去的性经历，是男人内心最脆弱的地方，是轻易碰不得的。

慧和成原定于九月份举行婚礼，但没想到，一个突发事件打乱了他们的计划。

6月8日，是他们相识的纪念日。成在某情侣餐厅订了浪漫的烛光晚餐，希望能给心爱的女友一份意外的惊喜。鲜花、烛光、大餐、浪漫的灯光、小提琴演奏，一切完美极了。慧感动地紧紧抱着成，她感动于男友的精心安排。正当他们准备享受这一切时，意外发生了。一对衣着贵气的情侣，挽着手从他们身边经过，那位男士突然停了下来，怔怔地看向慧，慧大惊失色，呆坐在椅子上，终于，那位男士向慧伸出了手："好久不见，你还好吗？"慧没有伸手，只是面无表情地点了点头。男士身边的美丽女子显然发现了两人之间的微妙关系，她对慧冷眼相看，扯着男友从餐厅离开了。此时成觉得自己的心像要裂开了一样，浪漫的气氛顿时全无。一桌晚餐两人都没吃，就结了账回家了。慧呆呆地坐在沙发上，成坐在对面看着她。"他是谁？"成终于打破了沉默。慧突然用双手捂着脸哭了起来。原来那个男士叫坤，是慧的初恋男友，慧曾为其堕过胎。慧爱坤至深，但对方却背叛了她。因此，大学毕业后，慧就来到这座北方城市工作，想离坤远一点，可没想到两人会在这里碰面。听完慧的讲述，成抱着头一言不发，看着成的样子，慧内心充满了不安。"成，请你相信我，我已经不爱他了，我爱的是你啊！我知道自己错了，但我一定会补偿你的！你会原谅我的，对吧！"成疲倦地从沙发上站了起来："给我点时间吧！让我一个人静一静。"成不顾慧的阻挡，夺门而出。看着成的背影，慧绝望了，她知道两个人已经结束了。一个月后，他们解除了婚约。朋友劝成说："你那么爱慧，这件事不要计较了。"成苦笑着说："你让我怎么想开啊！不是你女朋友，你当然说得轻松。知道吗？在我眼里，慧是相当完美的，没想到……"

有许多恋人登记结婚后，婚姻生活不满一个月就提出了离婚，从而构成短期婚姻。调查显示，短期婚姻的原因大多是婚后一方不能忍受对方的部分经历，便提出离婚。正如所有女人都不会永远不在乎男友的过去一样，每个男人也都会在乎女友的过去。日本现代著名作家高见顺的小说《生命树》里有这样一段情节：

某酒吧女招待交上了一个男友，此人千方百计得知她过去曾有过一个情人，并被其割破了脸。于是，当此人夜里梦见她与旧情人同床共眠时，便粗鲁地摇醒她并质问道："你一直都在想着他，他一定有什么特别之处吸引你！"这个女招待伤心地说："他只不过割破了我一块脸皮，但是，你比他更残忍！"

一个好女孩可以对一个男人的过去毫不在意，而一个男人却不会娶一个有着不堪的过去而现在却非常好的女人。在男人的思想里面包含着一个社会公认的想法：男人所娶的妻子必须在过去、现在以至将来都是纯洁的。很多人认为，这是由于男人太不成熟，有较弱的心理承受能力的表现，其实不是。社会对男人的角色要求太高，人们不停地用“坚强、持久”来要求男人，无论是在事业上、感情上，还是家庭上，甚至是床榻上。实际上，男人也有脆弱的一面，也需要关怀和爱护。在情感上，也有一些固有的传统观念。男人的平均寿命要比女人短，也许就是因为男人有着太重的思想负担、压力太大的缘故。

不可否认，现在的社会风气日渐开放，人们的思想观念也改变了许多。但任何一个人都不想另一半有一个不光彩的过去，即使不明说，心里也会留下阴影。所以，为了现在的幸福，千万别让两人之间的感情被你的过去影响。

处世小秘笈

每个人都有过去，而且对他人的过去也很在意，特别是恋人、夫妻之间。如果你的过去跟现在的他（她）没有关系，那最好选择不说，否则，你的过去肯定会影响你的现在。

不要介意“吃回头草”

常言道：“好马不吃回头草。”实际上，不吃回头草，考虑的往往是面子问题。可是，面子跟幸福比起来并不重要。其实，感情无关乎面子，关键的是你要懂得如何追求自己的幸福。幸福了，你就是“好马”；不幸福，你再是“好马”又有何用？

勇强和美美毕业时双双南下，各自找到了能够施展才华的单位。一年后，他们通过分期付款的形式买了一套住房结婚了。也就是在这时，他们的家庭生活出现了问题。冷战过后，他们最终选择了离婚。

离婚后，勇强没有再找新的一半。他忘不了美美，经常借酒消愁。一个朋友打趣说：“勇强！你不是想复婚吧！好马可是不吃回头草的呀！”勇强被猜透了心事，生气地说道：“谁说我要回头的？下辈子也别想！”其实，美美也是自己一个人，有一次，美美的妈妈发现女儿躲在房间里哭，就叹了一口气：“你还挂念着他吧！干脆，我去帮你说说？”没想到，美美却一口回绝：“女方怎么能主动！”

一年后，美美结婚了。那一天，勇强独自在海边抱头痛哭。

当然，吃“回头草”时，你会面对周围的舆论压力，甚至会让你“消化不良”。但只要你自己愿意去吃，利大于弊就可以了！何况时间一久，别人也会忘记你曾经吃过回头草，当你重拾幸福时，别人还会佩服你：果然有勇气！

还有一个人，年轻时经人介绍认识了一位女友，并且坠入了爱河。谁知，他这位女友这山望着那山高，不久又结识一位高干子弟，此人的甜言蜜语令她神魂颠倒，再加上学识家境均超过了她过去的男友。于是，她便同这位朋友提出分手。这位朋友听到这一消息后如晴天霹雳，陷入了失恋的痛苦之中。在很长一段时间里，他异常苦闷，彻夜难眠。为了走出失恋的痛苦，这位朋友把全部精力倾注在了事业上。终于，功夫不负有心人，不久便获得了不小的成功。正在这时，他以前那位女友突然又找到他，后悔分手了。原来，在她与男友分手后，与那位高干子弟相处了一段时间，很快便发现此人徒有其表，实则是个品行不端的花花公子，便与他断绝了往来。想起与过去的男友相处时的美好，她追悔莫及。慎重考虑之后，她决定向前男友说明一切，并恳求对方的谅解。当时，这位朋友很难抉择。正所谓旧情难合，再加上考虑到周围人的闲言碎语，他碰上了该不该吃“回头草”的两难选择。

有不少人也劝他快刀斩乱麻，与原女友彻底断绝往来。好马不吃回头草！天下有的是靓女子，大丈夫又何患无妻呢！但这个男人非常看重感情，他想起过去自己与女友相处的那段时光，女友身上的诸多优点，女友的悔恨……最后，两人重续前缘。后来，两人终于喜结连理。婚后，二人生活幸福。这个男人得了位贤内助，事业有成，令人羡慕。

"好马不吃回头草!"这句话不知使多少人错失了重拾真爱的机会。绝大多数人在面临这一选择时,往往意气用事,明知"回头草"又鲜又嫩,却因面子问题不肯吃,自以为这样才是有"志气"。其实,在面临回不回头的关卡时,你不应考虑面子问题和志气问题,而是要考虑现实问题。如果你还爱她,如果你还留恋那把"草",那为什么不"回头"去试试呢?要记住:好马也吃回头草!

处世小秘笈

如果你还爱她,就应丢下"面子",不要理会别人的议论和想法,因为幸福是自己的。真正的"好马"对"回头草"是不会在意的。

不要对家人乱发脾气

现在,生活的压力越来越大,我们无处发泄,很多人就会把脾气发泄到家人身上,因为只有家人才会无条件地来包容、接纳我们的全部缺点,并且永远地给予我们强有力的支持。

正因为家人的宽容,我们便习惯了在他们面前毫无顾忌地发脾气。但是,这样做对家人造成的伤害是非常严重的,即使道歉也无法弥补这种伤害。

文森特脾气暴躁,经常对身边的人发火。有一天,父亲给了他一袋钉子,告诉他:"每当你发脾气的时候,就在后院的围篱上钉一根钉子。"

第一天,他在围篱的木头上钉下了29颗钉子。第二天,围篱上钉子的数量减少了一些。第三天,钉子的数目变得更少了。慢慢地,文森特发现与钉钉子相比,控制脾气更容易,于是,就尽量地做到不发火。

渐渐地,文森特再也不会失去耐性乱发脾气了,钉子也就不需要了。他很高兴地告诉父亲,自己取得了很大的进步。父亲欣慰地说:"从现在开始,每当你能控制自己的脾气,想发火而最终克制住的时候,就从上面拔出一颗钉子。"

日子一天天地过去了。文森特很自豪地告诉父亲,围篱上的钉子已经被拔光了。

父亲牵着文森特的手来到后院,果然没有看到钉子,围篱的木头上只留下一个个小洞。父亲就说:"你做得很好,我的孩子。但是,这些小洞,让围篱永远不能回到从前了。你生气的时候说的话也像这些钉子一样,扎进别人的心里,留下了永久的伤疤。如果用刀捅伤别人,不管你说了多少次对不起,那个伤口也将永远存在。"

的确,如果无法控制自己的脾气,肆意向家人发泄,那么,不管说了多少次对不起,做了多少弥补,也无法消除给家人造成的伤害。要知道,话语的伤痛就像真实的伤痛一样,令人无法承受,更何况是在被怒气冲晕头脑失去理智的情况下,说出的那些话、做出的那些事呢?

在美国阿拉斯加有一对恩爱的夫妻,不幸的是,妻子因难产而死,只留下一个孩子和他相依为命。

男人既要做工又要照顾孩子,无奈之下,就训练了一只狗,那狗聪明听话,能照顾小孩,可以咬着奶瓶喂奶给孩子喝,抚养孩子。

有一天,男人出门去了,途中因大雪耽搁,第二天才回到家。他把房门打开一看,只见到处是血,孩子却不见了。再看看身边的狗,满嘴鲜血。男人顿时怒气冲天:这畜生吃掉了我的孩子!他大怒之下,拿起刀来把毫无防备的狗杀死了。

正在男人气愤的时候,床下传来了孩子的声音,接着,又见他从床下爬了出来。他赶紧把孩子抱起来检查,发现他虽然身上有血,但并未受伤。

男人疑惑不已地看着死去的狗,这才发现狗腿上的肉没有了,而房间里还有一只奄奄一息的狼。此时,男人恍然大悟:是狗从狼的口中拯救了孩子,可它却被自己误杀了!男人后悔不已。

这是多么让人痛心的误会啊！虽然故事中被误会的是一条忠诚的好狗，但换个角度来想，假设我们因冲天的怒气而蒙蔽了双眼时，也可能会对家人造成误会。所谓误会，本来就是人在极为冲动的情况下，失去仔细思考的能力而发生的啊！

一旦我们放纵自己的脾气，就只会想到家人的千错万错，从而深化矛盾，甚至弄到不可收拾的地步，造成严重的后果。而面对我们最应该重视的家人，是任凭矛盾愈演愈烈，还是让感情在和睦中升华？孰优孰劣，一目了然。

从前，有一个年轻人迷上了求仙拜佛，甚至认为母亲的劝诫阻碍了自己成仙。一天，他听别人说起远方的山上有位得道的高僧，不免心生仰慕，便想去向高僧讨教成佛之道。在对阻拦的母亲发了一通脾气之后，年轻人最终离开了家。

他一路上跋山涉水，历尽艰辛，终于寻得高僧。高僧热情地接待了他。席间，听完他的一番自述，高僧沉默良久。当他向高僧询问佛法时，高僧开口道："你想得道成佛，我可以给你指条路。吃完饭后，你即刻下山，一路到家，一个赤脚的人会为你开门，此人就是你所谓的佛。你只要拜他为师，悉心侍奉，成佛又有何难？"

年轻人听后大喜，遂叩谢高僧，欣然下山。

第一天，他到一户农家借宿，男主人为他开门时，他仔细看了看，男主人没有赤脚。

第二天，他在一座城市的富有人家投宿，也没有赤脚的人。他不免有些灰心。

第三天，第四天……他一路走来，投宿无数，却一直没有遇到高僧所说的赤脚人。他开始怀疑高僧的话。快到自己家里，他彻底失望了。日暮时，他没有再借宿他人家中，而是连夜赶回家。午夜时分才到家。他疲惫地叩了叩门。屋内传来母亲苍老惊悸的声音："谁呀？"

"我，你儿子。"他沮丧地答道。

很快地，门开了，他被母亲拉进了屋里。就着灯光，母亲流着泪端详着他。

这时，他一低头，发现母亲竟赤着脚站在冰凉的地上！

刹那间，灵光一闪，他想起了高僧的话，恍然大悟。年轻人泪流满面，"扑通"一声跪倒在母亲的面前。从此，他一直都对母亲很和善。

收敛我们的脾气，善待我们的家人吧！在这个世界上，只有他们能与我们血脉相连，只有他们无私地包容我们的缺点。所以，这份亲情才更珍贵，才更值得我们细心呵护，而不是去破坏。

处世小秘笈

冲动会让人失去理智，再谦恭有礼的人，也会被怒气冲得一反常态，平时的优点也会丧失，甚至会做出让自己后悔的事情。

要注重与家人的沟通

在与家人相处时，我们时常会犯一个错误：自以为十分了解自己的家人，有些话不必说出口，或羞于说出口，不屑于说出口，因而忽视了与家人沟通。

但是，感情是需要沟通的，即使是最包容、最深沉的亲情也是如此。如果我们不懂得用沟通来加强与家人之间的交流，来增进与家人之间的感情，就会打破亲情，甚至导致不良的后果。

一个从战场归来的士兵在回家之前给他的父母打电话说："我就要回来了，可是我想带一个朋友同我一起回家。他在战场上受了重伤，失去了一条胳膊和一只脚。他现在无处可去，我想让他和我们生活在一起。"

"孩子，我很遗憾。不过，或许我们可以帮他找个安身之处。"父亲说。

就在此时，儿子挂断了电话，从此父母失去了儿子的消息。

几天后，这对父母接到了来自旧金山警局的电话，原来，他们亲爱的儿子被发现在旧金山坠楼身亡了。他们急忙前往，原来儿子说的人便是自己。

故事的结局，想必就是父母在后悔与痛心中度过自己的余生，他们痛恨自己当初表现得那么没有同情心，以至于将儿子逼上了绝路。但是，父母固然有过，难道儿子就没有责任吗？

大多数人都喜爱那些面貌姣好、谈吐风趣，能给自己带来快乐或益处的人，而远离那些会对自己造成不便的人。但是，家人却会例外。家人会怀着宽容的心，接纳我们所有的缺点，当然也包括生理和性格上的缺陷。

但是，故事中的这个儿子，却没有给父母知情的机会，在打完电话后便选择了一条绝路。他没有和家人沟通，对家人的真实想法不甚了解，就将他们对别人的态度安在了自己身上，因而对生活丧失了信心。当他决定向父母隐瞒的那一刻起，便已经与家人在感情上划出了一道鸿沟。

丈夫将母亲从老家接来城市和他们一起生活。但老人和他妻子之间，在许多问题上都无法互相认同。终于，在发现媳妇把自己洗过的碗用洗洁精偷偷地又洗一遍时，老人家非常伤心，对媳妇不再讲话了。

有一次，当夫妻俩吃着婆婆做的早饭时，妻子一阵反胃，吐得稀里哗啦。这时，婆婆委屈了，儿子也愤怒地对妻子说："你是不是嫌弃妈做的早饭不干净？"在夫妻俩激烈地争吵时，婆婆蹒跚地离开了家。丈夫追出去的时候，婆婆已经被车撞了，生命垂危。妻子做了检查，结果是怀孕了。

但怀孕的喜悦冲不淡丈夫心中的愤怒，她哭得很伤心。第二天，妻子去了丈夫的公司，才得知婆婆出了车祸，现在正躺在医院。等妻子飞奔到医院时，已经太迟了，婆婆已经离开了人世。而内心痛苦的丈夫，直到老人家下葬也没有和妻子说过一句话。

从此，两人虽生活在一起，却形同陌路。有一天，妻子路过一家西餐厅时，看见丈夫和一个年轻女孩在约会。那一夜，丈夫没有回家。他想以此让妻子明白：他们的爱情也死了。

两个多月后，就在她逐渐学会平静时，下班回来却看见丈夫坐在客厅里，满屋子烟雾弥漫，茶几上摆着一张纸。妻子就说："你等一下，我签字。"

丈夫看见她早已隆起的肚子，怔怔地问道。"你怀孕了？"自从婆婆出事后，丈夫一直都没有正眼看过她。

结果，丈夫没走。夜里，他坐在床边，不知说了多少遍"对不起"，而妻子却无动于衷。她忘不了，在那个女孩面前，丈夫投来的冰冷目光。她不吃丈夫买的任何东西，不要他的任何礼物，也不跟他说话。有时，丈夫试图回卧室，她就去睡客厅，丈夫无奈，只好出去。夜里，他的房间有时会传来轻微的呻吟，妻子却对此漠不关心。若是以前，她会先结束冷战，关心地问他怎么了，然后丈夫不再装病，抓住她哈哈大笑。当时有爱情存在，可现在他们还有什么？

一个深夜，妻子因剧烈的腹痛大喊，丈夫一个箭步便冲进来，似乎根本就没脱衣服睡觉，为的就是等这个时刻的来临。他背起妻子拦车赶往医院，一路上紧紧地攥着她的手，不停地给她擦汗。到了医院，又背起她往妇产科跑。趴在丈夫的背上，妻子想：这一生，能这样疼爱我的人也只有他了。

从产房出来，丈夫望着妻子和儿子，眼角湿润了，嘴角上挂着微笑。她摸了一下他的手。丈夫看着她，微笑，然后倒了下去……

医生说，丈夫已是肝癌晚期，奇迹般地坚持到了现在，现在唯一可以做的，就是准备后事了。

妻子冲回家，打开丈夫的电脑，心如刀绞：原来他的肝癌在5个月前就已发现，原来他的呻吟是真的，她居然还以为……

电脑上的20万字，是丈夫留给孩子的：孩子，为了你，我一直在坚持，等着看你一眼，是我现在最大的愿望……我知道，你的一生会有很多快乐，当然也会遇到很多挫折。如果我能够陪你经历这个成长历程，该是多么幸福啊，但爸爸没有这个机会了。爸爸把你一生可能遇到的问题一一地写了下来，等你遇到这些问题时，爸爸的意见可以作为参考……

我最亲爱的孩子，写完这20多万字，我仿佛见证了你的成长历程。真的，爸爸很快乐。好好爱你的妈妈，她很辛苦，是最爱你的人，也是我最爱的人……丈夫从孩子去幼儿园到读小学，读中学，大学，到工作以及爱情等方方面面，都写到了。

丈夫也给她写了信：亲爱的，娶了你是我这辈子最大的幸福，原谅我对你的伤害，原谅我对你隐瞒了病情，因为我想让你快乐的等待孩子的出生……亲爱的，如果你哭了，说明你已经原谅我了，我会非常开心，谢谢你一直爱我……这些礼物，我担心没有机会亲手送给孩子了，麻烦你每年替我送他几份礼物，送礼物的日期都写在包装盒子上了。

当我们因为习惯了亲情、爱情而不再沟通时，当我们面对家人而说不出内心的感受时，错过的是多么美好的东西，放弃的是多么珍贵的感情！而这些东西，我们其实只要轻轻地说出口，便可以把握住，这样做有什么不好呢？

处世小秘笈

大多数人都喜爱那些面貌姣好、谈吐风趣，能给自己带来快乐或益处的人，而远离那些会对自己造成不便的人。但是，家人却会例外。家人会怀着宽容的心，接纳我们所有的缺点，当然也包括生理和性格上的缺陷。

要分清友情和爱情

李娜和牛辉是同事，住得又很近，二人是很好的朋友。他们经常带着各自的恋人一起聚会。有时候，李娜甚至觉得牛辉对自己更体贴。有一天，李娜生病了，留在家里休息，偏巧男朋友又出差未归，她只好一个人躺在床上，连午饭都没吃。五点多钟的时候，牛辉忽然来了。原来，他知道李娜病了，特意来探望她。牛辉削苹果给她吃，又赶快给她做饭。李娜很感动，不禁流下了眼泪。牛辉顿时生出一阵怜爱之情，轻轻地抱住了她。不知为什么，李娜竟然没有拒绝。事后，两人都非常后悔，他们觉得内心对此很愧疚，而且他们也明白，双方只有友情而没有爱情。后来，这件事被牛辉的女朋友知道了，她找到李娜大闹了一场。结果，李娜也因男友不满而分手了。

人有着十分丰富的感情世界：亲情、爱情、友情、乡情……其中，最复杂的莫过于纯洁的男女友情。这种感情迷迷蒙蒙，若即若离，很容易让人错误地认识情感。李娜和牛辉就是因为彼此互相照顾，而错将友情看成了爱情。可以想象，当牛辉削苹果给生病的李娜时的那一刻，两个人对彼此必定是充满了爱怜之情的。其实，这是友情的一种升华，并非真正的爱情。如果异性朋友能够分清友情与爱情，那么，他们就不会给自己的家庭生活招来麻烦。

她是刚毕业的大学生，新到单位，而他早结婚了。他们同在杂志社工作，工作上搭配得很好。他们二人一起外出采访，回来后一起熬更守夜地赶写稿子。相处时间长了，他们心里便产生了异样的感觉。一次，他们外出采访，晚上在一家小旅店里投宿。但旅店此时只剩下一间客房，无奈只好住下。夜里，当他朦朦胧胧时，突然感到身边的异动。伸手一摸，禁不住心头一紧。原来，她按捺不住心中的激情，情不自禁地伸手紧紧地搂住了他。但他很快就冷静了下来，劝慰她说："我们不能这样做，一开了头，从此就后悔莫及了。"他轻轻地拍拍着她的脸："我们永远做好朋友！"

爱情和友情是最容易使人混淆的，因为它们都含有爱的成分，它们都包含着信任、理解、真诚的丰富内涵。但爱情和友情也有很多不同，虽然都源于彼此的好感和敬慕，但友情多是与友人志同道合，对其人品敬重，而爱情更多的是倾慕异性的相貌。如果有一天，你意识到你注意某个异性朋友的长相、服饰、神色甚至动作，以及对他（她）所交往的人产生极大的兴趣，这时，你就应该冷静下来，想一想，你对她（他）的情感到底是友情还是爱情。

另外，下面一个方法也可以帮你鉴别友情与爱情。友情不具有排他性，你可以同时成为甲乙二人的好朋友，也可以是丙的朋友。而爱情则不同，它是性与爱的结晶，具有排他性，具有相互间渴望成为终身伴侣的强烈情感。因此,真诚的友情是向一切知己奉献,纯洁的爱情却只能向一个异性奉献。换句话说就是,如果你对他(她)和其他异性的交往不会在意,没有酸溜溜的感觉,那你对对方就是单纯的友情。反之,就可能是爱情。

千万不要以为某个异性朋友与别人相比,更亲切地对待自己,彼此合得来些,就误认为他(她)爱上了自己。一开始就要弄清楚,从友情到爱情之间还有很远的一段距离。误把友情当爱情,既害人又害己。

处世小秘笈

友情与爱情的界限有时很模糊,很多人都错把友情当爱情。结果,这种对男女关系错误的定位破坏了彼此之间的家庭幸福和友情。

第五章　反哺之心不可少

凡事要依靠自己

从前,一位远近闻名的木匠家里着火了,当他赶回家时,原先那幢建造精美的房子已经化为灰烬,他沉默不语,继而迅速地跑进废墟中找着什么,人们都惊讶于他的举动,不知道他到底要干什么。过了一会儿,他从废墟中拣出一柄斧子,自言自语地说:“我将要用自己的双手和斧头再造一座房子。”众人听后,无不佩服。

自己的房子要靠自己的双手建造,靠自己才是真正的出路。

大仲马得知儿子发出的稿件总是被退回后,便对小仲马说:“如果你能在寄稿时,随稿给编辑先生们附上一封短信,说‘我是大仲马的儿子’,或许情况就会好多了。”

而小仲马说:“不,我不想坐在你的肩头上摘苹果,那样,苹果就会失去味道。”

年轻的小仲马不但拒绝以父亲的盛名来为自己的发展铺路,而且还不露声色地给自己取了十几个其他姓氏的笔名,以避免那些编辑先生们发现他与大仲马的父子关系。

面对一张张退稿笺,小仲马并没有沮丧,并且一直坚持不懈地默默创作自己的作品。他的长篇小说《茶花女》寄出后,终于以其绝妙的构思和精彩的文笔打动了一位著名编辑。这位知名编辑曾和大仲马有着多年的书信来往。当他看到上面有着与大仲马相同的地址时,便怀疑是大仲马另取的笔名。但作品的风格却和大仲马的迥然不同。怀着兴奋和激动之情,他乘车造访了大仲马家。

但令他吃惊的是,《茶花女》这部伟大的作品的作者竟是大仲马的一个毫无名气的儿子小仲马。“您为何不在稿子上把您的真实姓名署上去?”老编辑疑惑地问小仲马。小仲马说:“我只想拥有真实的高度。”

老编辑对小仲马的独立和自强感叹不已。

《茶花女》面世之后,法国文坛书评家一致认为这部作品的价值大大超越了大仲马的代表作《基度山伯爵》。小仲马一时声名鹊起。

天上下雨地上滑,自己跌倒自己爬。一个人最重要的是锻炼意志和力量以及自助自立的精神,而不是来自他人的影响力,也不能依赖他人。

人生在世,既不能像春天的蚯蚓、秋天的蛇一样做软骨头,也不能像风雨中的落花柳絮,找不到根基,而是要自立自强。

自立自强是打开成功之门的钥匙,也是力量的源泉。力量是任何一个有远大志向的人的目标,而模仿和依靠他人产生的只有卑微和软弱。力量是自发的，不依赖他人。坐在健身房里让别人替我们练习，我们是无法增强自己肌肉的力量的。依靠他人的习惯是对独立自主能力的破坏。如果你依靠他人，那么，你就会一直软弱，而且也不会有独创力。所以，做人，要么独立自主，要么埋葬雄心壮志，一辈子老老实实做个普通人。

作为年轻人，最重要的是原动力，而不是依靠。如果你能摆脱一分依赖，就多了一分自主，也就向自由的生活前进了一步，向成功的目标迈近了一步。

你来到这个世上，怀揣着梦想，不停地追逐前行，许多热心的人会对你提供帮助，可是你一定不能形成依赖心理，自己要充满自信，因为这个世界上只有自己的双手最可信赖，唯一可以依靠的人是自己。

做真正的自己，拒绝依赖他人

人应该是独立的。独立行走，帮助人走出动物界而成为万物之灵。当你跨进青春之门的时候，你就开始具备了一定的独立意识，但依然受到依赖习惯的困扰。依赖，是心理断乳期的最大障碍。随着身心的发展，你一方面比以前获得了更大的自由，另一方面却担负起比以前更多的责任，面对这些责任，有些人感到胆怯，无法跨越对别人依赖的心理习惯。依赖别人，往往会丧失自己的主宰，这样，对自己独立人格的形成是不利的。

孩子适当依赖父母亲，乃是成长的必需，但如果事事依赖，时时依赖，便会丧失了独立自主的能力，过着“衣来伸手，饭来张口”的生活，悲剧往往都源于这一错误。

大自然通常是不断地生成发展的，然而，它遵循严格公平的准则，过分地撒娇依赖一点好处都没有。人类的生存也是如此，若是以一种撒娇依赖的态度对待人生，苦果将是无尽的。

过分地依赖之心，往往是一个人的人格缺陷。小时候父母包办过多，没有独立行动、自作主张的训练，吃饭、穿衣及日常起居没有较早地自理而是让别人侍候，总是绕着妈妈的围裙转，不敢离开半步，依赖心理就这样形成了。

有依赖心理的人，凡事都依靠别人、追随别人、求助别人、人云亦云、亦步亦趋，没有自恃之心，不敢相信自己的判断和主张，不能自己决断。在家中依赖父母、爱人，害怕爱人出差；在外面依赖同事、依赖上司；不能将自己的努力表现出来，害怕独立。他的人格不成熟、不健全，仍然停留在童稚阶段。

有依赖心理的人，不能依靠自己的力量做事，操纵和把握自己的命运更无从谈起，他的命运只能被别人操纵。当他拥有可以利用的价值时，人家才会利用他。如果他的利用价值消失了，或者已经被利用过了，他就会被无情地抛弃。只因为有依赖心的人太软弱无能，只因为有依赖心的人的心目中只能相信别人，他对自己不信任，其自信更不如他人。

要克服依赖心理，下面几招非常有效：

第一招：要充分认识到依赖心理的危害。要纠正长期形成的依赖习惯，提高自己的动手能力，多向独立性强的人学习，不要指望别人来做一切事，遇到问题要做出独立的选择和正确的判断，加强自主性和创造性。面对问题要独立思考。独立的人格要求独立的思维能力。

第二招：要在生活中树立自信、勇于行动。自己能做的事一定要自己做，自己没做过的事要锻炼做，要正确地评价自己。

第三招：丰富自己的生活，培养独立的生活能力。在学校中主动要求担任一些班级工作，使主人翁意识得到增强。使我们有机会去面对问题，能够自主思考、独力解决困难，从而增强自己独立的信心。

第四招：学习他人的独立性。多与独立性较强的人交往，观察他们是如何独立处理自己的一些问题的，向他们学习。树立一些身边的好榜样可以激发我们的独立意识，将依赖这种性格逐渐放掉。

有依赖心的人注定要可怜地漂泊。他做事四处碰壁，不被信任，不受欢迎，甚至遭人鄙视。那么，怎样避免依赖呢？不妨照着下面的建议去做：

你应该与你觉得对其有心理依赖的对象谈一谈，宣布你要独立的目标，解释你出于义务做事时的感受。这是开始改变的第一步，因为别人甚至对你身为依赖者的身份毫无察觉。

你应该提醒自己，父母、配偶、朋友、老板、孩子及其他人也许不理解你的信念，但这与你是什么样的人无关。无论在什么情况中，你总会遭到一些反对，只要你平静对待，就不会因此而感到挫折。这样就能破除许多在情绪上操纵你的依赖关系。

你应该认清你有隐私的欲望，不要把自己的私事暴露给别人，你是独立而且有隐私权的。若你觉得凡事都必须有某人参与，那么，你就会无从选择，也就必然成为一个有依赖心的人。

人，要靠自己活着，而且必须靠自己活着，在人生的不同阶段，努力做到最好的自立水平，自立精神才能得到彰显。这是当代人在社会上独立生存的根本。一个缺乏独立自主个性和自立能力的人，生活尚且自顾不暇，还能谈发展成功吗？即使你的家庭环境所提供的“先赋地位”高于常人，你也必得先脚踏实地，从头爬起，让自立自行的能力得到锻炼。因为不管怎样，你终将独自步入社会，参与竞争，面对比校园生活要复杂得多的生存环境，随时会遭遇或陷入到你无法预料的难题与处境。所以，你必须得靠顽强的自立精神克服困难，坚持前进。

最幸福的人便是那些善于驾驭自我命运的人。在生活的道路上，你需要独立抉择，不要总是让别人推着走，也不要总是听凭他人摆布，而要做自己命运的主人，调控自己的情感，做自我的主宰。

自主的人，能力立于世，能力拔群雄，开创自己的事业，得到他人的认同。勇于驾驭自己的命运，会控制自己，规范自己的情感，善于分配，自主地对待求学、择业、择友，这是成功的要义。要克服依赖性，切忌将自己的命运交给别人，让别人推着前行。

要知道，你的一切成功，一切造诣，全部都出于自己的行为和思考。

处世小秘笈

如果不勤于动脑思考遇到的问题，人云亦云，或者赶时髦，盲目从众，那么，你就失去了自我，失去了本应属于自己的独立自主的机会。

要时刻善待父母

善待父母是中华民族的传统美德，也是每个人心中的良知，多少人为自己没有机会侍奉父母而抱憾终身。

老舍先生在《我的母亲》一文中写道：“生命是母亲给的，我之所以能长大成人，靠的是母亲的血汗。我之所以能成为一个不十分坏的人，是母亲感化的。我的性格、习惯，是母亲传给我的。她一世未曾享过一天福，临终前吃的还是粗粮。唉，还能说什么呢？心痛！心痛！”

季羡林先生在《我的母亲》一文中写道：“我永久的悔就是：不该离开故乡，离开母亲。”季先生的家在“鲁西北一个极端贫困的村庄”，他家里更是一贫如洗。离开家几年后的一天，已成为清华学子的他，得到了母亲去世的噩耗，匆忙赶回家，但见到的只有母亲的棺材。他于是伏在土炕上，哭了整整一夜，直到天明。季羡林先生在文章中写道：“我后悔，我真后悔，我千不该，万不该离开了母亲。”

前几年去世的萧乾先生在回忆母亲时说：“我第一次领到工资的那一天，妈妈含着我用自己劳动挣来的钱买的一点儿果汁，就与世长辞了。我哭天喊地，她想睁开眼皮再看我一眼，但她连那点儿力气也没有了。”

世上有些东西可以弥补，但有些东西却是终生的遗憾。老舍、季羡林、萧乾三位先生在事业上可以说几乎都达到了其所涉足领域的极点，可是，他们在忆起父母的时候都伤痛于“子欲养而亲不待”，内心里深藏下了永久的遗憾。

有一名演员在电视台做访谈节目时说，年幼时，邀宠恃爱顶撞父母；成年后，为事业拼搏，疏忽了父母；年富时，事业有成，可他们却都已离世。说着，他在亿万电视观众面前，泣不成声，泪如雨下。

我们每个人都可能心有遗憾，当我们有一天站在父母的墓前时，咀嚼着“子欲养而亲不待”的悲哀，心情异常低落。

我们总以为自己还年轻，我们总相信来日方长，认为“船”到桥头自然直，相信机会多多，可是我们却忘了时间的残酷，忘了人生的短暂，忘了生命的脆弱，忘了人世间充满着偶然和不测。我们永远无法挽回和弥补这些！它们都将永远触痛你的心灵伤口，然而，一切为时已晚！

孝敬父母，我们不要等，其实，父母的要求并不高，我们能常回家看看，常问候他们，陪陪他们，他们就会很高兴了。

随着历史的发展，虽然人们依然重视孝行的伦理原则，但以自由和平等为基础的孝慈更为时代所需要和提倡。

在为人处世中，凡嫌弃父母的逆子，必将受到人们的谴责；凡是孝敬父母的孝子，必将受到人们的赞扬。

把孝顺摆在首位

作为子女，孝顺永远是第一位的。父母抚养子女不求回报，可能占用了自己一生中最美好的时光。这样无私对你的人，试问这个世界上还有谁能够做到。虽然父母不求回报，但子女的回报却是必需的。这不仅是出于自己的孝心，而且也是子女们为下一代做好榜样。

孝顺并不等于愚孝，要合乎人情事理。

曾子是个很孝顺的人，有一次，他的父亲不知道因为什么缘故拿起大棒打他。曾子始终默默忍受不动，还站着不走。父亲非常生气，一顿狂打，把曾子打昏了过去。可没有想到，曾子醒来的第一句话是：“父亲大人，您没有受伤吧？”父亲听后很是感动。曾子也因此以孝顺闻于乡里。后来他跑去见他的老师孔子，但孔子吩咐人拦住他，不让他相见。曾子觉得很奇怪，后来见到孔子，就向他询问原因。孔子骂曾子太愚蠢了，曾子大为不解。孔子说以前舜跟父亲住一起的时候，他的父亲很不喜欢他，又受到舜的继母调唆，所以经常打舜。可如果父亲用小棒打舜，舜还能承受，站在那里不走。如果父亲用大棒子打舜，舜就立即跑开了。等到父亲的怒气消了以后才回来。这样的孝道才是真正的孝道。像你的父亲当时正在盛怒之下，用那么大的棒子打你，而你居然还愚蠢地站在那里一动不动。如果你被你的父亲打死了，就尽到了孝道吗？错，这样，你会使你父亲沦为杀人凶手。

在家庭中，要多与父母沟通，多向父母请教。或许我们自以为见解透彻，见过的世面比父母要广得多，觉得向父母请教是没有必要的。但其实，父母对待孩子就像种树一样，在小的时候，一定会通过各种规矩来保证小树能茁壮成长，等到长大了以后，父母就开始放松要求，最终任其独立成长。这种境地的变化会让很多父母心中形成落差。在这个时候，我们经常向父母讨教一些经验，一些为人处世的道理，把我们对父母的需要传达给他们，这样，他们心中就会很宽慰。聪明的人都不会在父母面前显示自己的聪明，而是与其谦恭地相处。没有什么比告诉父母“自己还很需要他们”更让他们欣慰的了。

父母年纪大了，往往喜欢唠唠叨叨，许多人对此都很厌烦。其实，我们设身处地想一想，父母之所以如此，是因为他们对我们的牵挂，担心子女吃亏或者过得不好，出于一片爱心才会说许多。因此，作为子女应该多多理解和体谅父母，即使他们说得不对，说得自己不爱听，也不要表现出来，而应该考虑到父母的本心，对父母表达感激。

处世小秘笈

作为子女，我们要明白父母的辛苦，要学会感恩。生活中我们最感激的就应该是父母。父母是一本大书，并不是所有人都读得懂的，但我们要用心去爱他们。

孝是伦理道德的起点

儒家认为，伦理道德的起点便是“孝”。一个重孝道的人，必然是对人仁爱，行为有礼的人。重孝道的家庭，亲情浓郁、关系牢固；反之，必然是亲情淡薄，家庭关系松散，易于分裂。家庭是社会的基础，而不重孝道则会影响到整个社会的稳定与和谐。新加坡前总理李光耀曾说：“孝道不受重视，生存的体系就会变得薄弱，从而打破了文明的生活方式。所以，我们不能因为老人无用而把他们遗弃，如果子女这样对待他们的父母，就等于鼓励他们的子女将来也这样对待他们。”

从前有一对夫妻生了个又白又胖的可爱的儿子，他们对儿子尽心竭力地抚养，孩子一天天茁壮成长。这对夫妻还有一个老母亲与他们同住，儿媳对婆婆很是嫌弃，不愿意供养婆婆，但是因为婆婆能帮他们干活儿，所以媳妇虽有怨言，但还是和婆婆生活在一起。年复一年，随着孙子渐渐长大，老奶奶也逐渐衰老了，她的腰因为长年的劳作变得弯曲佝偻，做重活儿也力不从心了，而且由于年龄的原因，吃饭的时候会无意地掉落一些米粒。这时候，女主人看婆婆越来越不顺眼，她急于想把婆婆赶出家门，于是，她总在丈夫面前说婆婆的坏话，没想到丈夫竟然也如此没有良心。一天吃过午饭，这对夫妻就把老母亲带到很远的山沟里，扔下几块饼，让老母亲自生自灭。没想到回家后，他们发现儿子坐在村口的大树下。父母问儿子不回家的原因，儿子说：“我在等奶奶，你们现在把奶奶拉出几千米之外，以后我至少要把你们拉出40千米。”听了儿子的一番话，夫妻二人幡然醒悟了。于是，他们赶紧回到山沟里把母亲接了回来。

处世小秘笈

孝是一种生存策略，将来孩子能否做到孝，关键在于父母的言传身教。所以，你必须明白，孝顺父母是天经地义的一件事！如果连这一点都做不到，以后就会自酿苦果，老无所养！

孝不仅仅是赡养

也许在竞争激烈的现代社会，你不得不离开父母，外出创业；不得不奔波忙碌，很少回家。但是，对于在家乡的父母，千万不要认为尽孝就是给钱。实际上孝不仅仅是养活父母，更是一种发自内心的真挚情感。

有一个70多岁的老者，背驼得厉害，但他风雨无阻，每天都到图书馆的报刊阅览室里阅读。不仅如此，在一天天的日子里，他总是第一个进去，最后一个走。

有时读者都走完了，他也不走，天天如此。阅览室管理员非常烦恼这个读者。

那个老读者每次来到阅览室，东翻翻，西看看，看上去毫无目的，纯粹是来消磨时光的，管理员们都对他没有好感。但有一天，一件偶然的事件，改变了管理员的看法。

一天，在下班后回家的路上，管理员的同事突然问她：“你母亲是不是被聘为我老婆那个商场的监督员了？”

管理员愕然：“没听母亲说过呀。”

同事说：“我的老婆在某商场当营业员，那个商场每天开始营业时，迎来的第一个顾客常常是你母亲。老人不买任何东西，却挨个看柜台，而且还要问这问那。时间一长，大家都以为她是商场领导雇的监督员，是来监督他们工作的——因为公司领导曾经这样说过。营业员们对老人都很戒备，同时也很反感。”

听同事说完，这位管理员直接去了母亲那里。父亲两年前病故，母亲一个人生活。管理员把同事所说的事情一说，问母亲商场中的监督员是否真的是她，母亲矢口否认：“没有这回事呀！一定是人家认错了，我就是闲逛而已。”

接着，管理员开始数落母亲。

管理员的母亲长叹了一声，伤感地说：“我们这些老人成天到晚只是寂寞了逛逛商店，消磨一下时间，习惯就这样形成了，一天不去就觉得不对劲儿。要不，你要我干什么呢……”母亲说到这里，垂下花白的头，眼角淌下两行泪水。

就在这一刹那，管理员突然感到心里酸酸的。母亲有一儿两女，因为诸多原因，他们很少来看母亲，逢年过节的不是寄点东西，就是寄钱。如今她真正懂得了，排解寂寞和孤独是母亲最需要的！那天管理员没有回家住，而是陪母亲聊聊天，并且住了一宿。

第二天早上，管理员上班很早，驼背老人仍然等候在阅览室的门前。此时，她心中突然涌起一股柔情，她再也没有用从前的那种眼光来看这个老人。

管理员面带微笑，对老人说：“早啊大爷，这么早就过来啦，快请进吧。”

处世小秘笈

孝，绝不仅仅是满足父母的经济需要，因为父母希望的是儿女能常回家看看，陪伴他们说说聊聊，让他们看得见、摸得着。

对于父母的“不是”要微笑面对

国学大师钱穆先生说：“与家人相处时，应当兼顾情义，尤其是做子女的，要以不冒犯父母为前提。如果对父母无情，则必会陷于大不义的境地。”懂得了这些，我们就不会再埋怨父母的错误了。

晚饭过后，母亲忙着繁杂的家务活儿。刚上五年级的女儿大声嚷嚷道：“妈妈，问您一个问题，您的心愿是什么？”

母亲先是一愣，而后笑笑答到：“心愿很多，跟你说也没用。”

可女儿执拗地要求：“你就说说吧，我有用的。”

母亲看女儿似乎很认真，就回答说：“好吧，就说给你听听。第一，希望你努力学习，保持好成绩；第二，希望你听话，不让大人操心；第三，希望你考上好大学；第四……”

女儿打断了母亲的话：“哎，妈妈，您不要总是说对我的期望，还是讲你自己的心愿吧！”

于是，母亲很享受地一一列数，设想着美好的未来：“我嘛——一是希望身体健康，青春长驻；二是希望工作顺利，每天开心；三是希望家庭和睦，美满幸福；四是……”

女儿再次打断了母亲的话：“妈妈，您说的这些又大又空，说点实际的吧，比如您想要……”

母亲好像猛然发现了什么似的，又气又笑地说：“你的心眼儿我非常清楚，一定是老师留了关于心愿的作文题目，你没有思路就来我这里挖材料对不对？实话告诉你吧，我的心愿多着呢！我想要别墅，我想要小轿车，我想要高档时装，看，我的手袋坏了，还想要一只真皮手袋，这些够不够实际？你能满足我这些吗？跟你说有什么用？好了，心愿说完了，你去写作业吧。”

女儿快快地了回房。母亲觉得还意犹未尽，于是，又推开女儿的房门，却看见女儿正在写作业，串串泪珠滚落，不停地用手背擦着。母亲又起了无名火，提大嗓门，吼道：“你还觉得挺委屈是不是？你想故意气我是不是？”

女儿解释：“妈妈，我不是……”

“还敢顶嘴！告诉你，9点钟之前必须写完这篇作文，否则罚你！”母亲很凶地命令着，然后，一扭身,“嘭”地把门关上了。

第二天吃过晚饭后,女儿照例进屋写作业,母亲开始做家务。

蓦然间,她发现茶几上多了一束鲜花,鲜花旁放了一个包装袋,上面留着一片小纸条,纸条上面写着:妈妈:

今天是您的生日,我用节省下来的零花钱和压岁钱给您买了一只真皮手袋。我最大的心愿就是看到您高兴。

想给您一份惊喜却不小心惹您生气的孩子

此时,母亲的手颤抖了,坐在沙发上愣住了,说不出一句话。

人们常常会说:天下无不是之父母。但这句话太过武断了,圣贤都会犯错,父母自然也不例外。

孔子曾经讲过,为人子女者如何对待父母的缺点问题,最初是需要委婉地提出,发现父母的缺点不劝说是不对的,但要用温和的态度来劝说。更重要的是,如果明知道父母的缺点和过错却不进行规劝,则不能称为孝子。

说到自己的父母,有时候并不是都很崇高,但如何能够让他们远离小人的习气而靠近君子的行为呢?这就要劝谏他们放弃不好的行为习惯,小心说服。即使是说服不了,那么,也依然要孝敬他们。因为他们毕竟是父母,绝不能因为他们不明白道义而有过失就不行孝道;否则,自己连孝都做不到,又怎么去规劝父母注重行为道义呢?也许在自己的孝心的感召和耐心劝说下,父母会真正认识到错误而加以改进。

处世小秘笈

子女规劝父母,但父母没有接受又怎么办呢?孔子接下来说,在这种情况下,仍要对父母表示恭顺,虽然为父母不能改正错误和缺点而内心担忧,然而内心却不能埋怨。

第六章 生活礼仪须知道

使用请柬要注意礼仪

请柬是人们举行吉庆活动或某种聚会时,专门向邀请对象发出的邀请文书。请柬一般用于各种联谊活动及友好交际的各种纪念活动、婚宴、诞辰或重要会议等,发送请柬的目的是表示对受邀者的欢迎。一份得体的请柬会让被邀请者对活动充满期待,也会让被邀请者更加向往。以下几个方面是关于请柬的事。

1. 书写请柬的礼仪

请柬中必不可少的部分包括:标题、正文、结尾及落款和时间。

(1)标题

在请柬的封面上写的“请柬”(请帖)二字就是标题。一份好的请柬应对标题进行加工,可用美术体的文字,请柬表面的文字可使用烫金,也可以有图案装饰等。需要说明的是,通常请柬已按照书信格式印制好,使用者可以直接填写正文。封面也已直接印上了名称“请柬”或“请帖”的字样。

(2)称呼

要在顶格写出受邀者的姓名全称。如“某某先生”“某某单位”等,称呼后加上冒号。如果受邀请的人地位尊贵或辈分较高,在称呼之前可以加上“尊敬的”。

(3)正文

正文要把活动内容写清楚,如婚礼、寿诞等。写明活动的时间、地点、方式。如果是请人观看表演则应该将入场券附上。若有其他要求也需注明,如“请准备发言”“请准备致辞”等。

同时还要注意正文的语言,除了要求简洁、明确外,语言还要大方得体而不失热情。作为一种文体,文字容量有限,还要表达邀请人的一片诚心,这就要求在请柬语言上做足工夫。

第一,请柬文字要尽量用口语,因为口语化的语言简明易懂,同时要尽量用新的、活的语言。有时也可以使用雅致的文言词语,不过要用得恰到好处。

第二,要使用通顺明白的语言,不要为了表面文字华丽而堆砌辞藻,这样会显得俗套。

第三,请柬的语言要讲究文字优美。请柬是礼仪交往的媒介,大方、得体的请柬语言能让人心情舒畅,而乏味的语言则会使受邀请的人感到很不舒服。

(4)结尾

结尾处空两格写上"敬请""恭候"等字样,下一行写明"敬请光临""敬请莅临"的字样,以此作为结尾。

(5)落款

请柬的最后应落款,落款的内容包括:邀请者(单位或个人)的名称和发柬日期。

2. 发送请柬的礼仪

请柬的作用主要是表明邀请者对受邀者的热情态度,同时也表明邀请者对这次活动的郑重态度,所以,邀请者需要将请柬及时地送出。一定注意,不能托人传递,传递请柬是对受邀者的不尊重。请柬如果是放入信封当面递送,要注意信封不能封口,否则会造成既邀客又拒客的误会。

凡属比较隆重的喜庆活动,邀请客人均以请柬为准,口头招呼易产生误会,顾此失彼,如果发生口误,还会造成本可避免的误会。

在选择请柬的款式时,要根据活动的性质,对不同的质地和图案进行选择。请柬是用来邀请宾客用的,所以,在款式设计上,应十分注重其艺术性,一张精美的请柬会使人感到快乐和亲切。

处世小秘笈

请柬要在合适的场合发送。一般说来,举行重大的活动,受邀者受邀为宾客,才发送请柬。寻常聚会,活动性质较轻松、随性的聚会,或者频繁的例行聚会,对方也不作为客人参加时,则不必发送请柬。

书写信件的礼仪

合乎礼仪的书信应包含以下几个方面:

1. 书信的格式要求

书信开头顶格写称呼,后加冒号,长幼有序、礼貌待人是写称呼应当遵循的原则,要选择得体的称呼。

问候语要单独成行,以示礼貌。比如"展信佳""见字如面""节日好"等。然后,另起一行空两格开始正式进入正文的写作。一般情况下,内容结束后要写上一句敬语"此致""敬礼",应该注意的是,可以用两种不同的方式来书写敬语:一种是"此致"二字紧接内容后,"敬礼"则需另起一行,顶格写;另一种是"此致"二字另起一行空两格,"敬礼"再另起一行,顶格写。敬语之后则要在书信右下角写清署名和日期,应在敬语后另起一行靠右的位置署名。如果书信较正式,则要署上全名以示庄重、严肃;如果写给亲朋好友,则可用昵称或只写名字。

另外,要注意:写信时要使用文明性语言,态度真挚、语言诚恳。

2. 信封的礼仪要求

书写信封时,在左上方六个小方格中书写对方的邮编,寄信人的邮编写在右下角。信封上第一条横线上,填写收信人的地址,收信人的姓名写在中间一条横线上,有时,姓名后要注上"启"或"亲启"。最后一条横线上写寄信人的详细地址。另外,在书写收信人及发信人地址时,要准确完整,不能使用昵称或简称,这样才能确保书信顺利送达。一般用胶水来封口,不宜用胶布、订书钉或其他方式封口。而邮票则应牢固地贴于信封右上角。

3. 信笺的选择

当前，信笺的式样层出不穷，单就颜色来讲，无论是白色、乳色、蓝色，还是彩色镶边的都可以使用。当然，这仅限于日常生活中的书信往来，商务活动中的信笺不能使用太过花哨的。

4. 信纸的折叠

信纸也可以体现礼仪。首先要将信笺三等分，然后纵向折叠，最后再将其横折，并令其两端一高一低，以示谦恭。

折叠信笺时，把收信人的姓名露在外面，可以让收信人感受到重视。

信笺折好以后，将其装入全部写好的信封中，注意一定要将信笺推至信封的顶端，距离封口大约1厘米即可，以防信件被收信人撕坏。

5. 收信礼仪

收到他人的来信，最好尽快回复，快速回信是对对方的尊重，也是做人应该具备的一种美德。而且要注意，撕拆信件时要小心，确保信件完好，这是收信时最应该做到的礼仪。

书信虽内容不多，但其礼仪却不少，大至信的具体内容，小到信封的格式都离不开礼仪，所以，大处小处均不能忽视。否则，会因为小小一封信而给对方留下不讲礼仪的印象。

处世小秘笈

书信也是日常生活中一种人与人之间交流的工具，表情达意准确、流畅、详细是其基本特点，表现形式极为讲究，礼仪性很强。

参加婚庆时要注意的礼仪

日常生活中，有被邀请出席婚礼的荣幸，说明你和新人或新人家庭的关系不错，非亲即友。所以，了解一下基本的礼仪，既是对新人的尊重，还可以增加一些让婚礼欢乐、喜庆的气氛。

1. 仪表形象

参加婚礼前，男士要做好自身的清洁工作，刮净胡须、剪好鼻毛，女士则可以化个淡妆，但不宜浓妆艳抹地参加婚礼。

服饰上要选择适合正式场合的，避免鲜艳的颜色，不宜穿着过于漂亮，过于高档，以免抢了新郎或新娘的风头。可选择休闲中带点正装的服饰，太正式太休闲都不宜。颜色和款式不要和新人“撞衫”。出席婚礼要避免穿黑色，以免让新人感觉晦气。男士一般穿西装、长裤，而且穿西装必须打领带。穿深色套装时，应注意深色袜子搭配深色皮鞋。但如果自己不是婚礼上的重要角色，长裤、T恤、皮鞋就可以了。女士以穿套装为宜，着装的艳丽程度切记不能超过新娘。礼服一定不要与新娘的婚纱相近，颜色应以喜庆、浪漫的紫色、粉色、酒红、米色等为宜。

2. 行为举止

收到请柬后要在婚礼举办日的两三天中积极主动和新人联系，确定自己当日是否能出席，有几个人一同去，以利于主人安排席位。

婚礼进行中不要大声喧哗，座位离音响设备近的来宾应暂时关闭手机，避免因辐射而影响婚礼所用的音响。

不要经常在婚礼现场穿梭，以免对他人造成干扰或碰掉音响等的连线，影响拍摄效果。

如果带小孩参加婚礼，则要时刻注意小孩的行为，不要让其乱跑。

使用陶瓷玻璃器具时要小心，切忌打碎东西。

此外，还应积极参与婚礼中的互动内容。在气氛热烈的时候，应该报以热烈的掌声。不管是游戏还是敬酒，一定要掌握分寸，不要勉强，不能有失新人的尊严，不能有伤风化。也不能过分为难新郎、新娘，使其有失颜面。

婚宴上要注意吃有吃相、喝有喝相，保持基本的风度。喝酒也要有节制、有分寸，不能灌人以酒，防止发生酒后失态的事情。新人敬酒或敬烟时，一定要说祝福的话，比如，早生贵子，白头到老等。

离开的时候，尽量跟新人打个招呼，但如果新人十分忙碌则不必特意打扰。

3. 选择礼品

婚礼上的馈赠要尽可能满足新人的性格、爱好、需求等，礼物要合情合理，才不会失礼。

（1）贺函贺电

远方的亲友结婚，不能亲自前往祝贺的，可以用这种方式表达祝贺之情，贺函可随附礼金或邮寄礼品。贺函应注意要新人婚礼之前送到；而且贺电可以用喜庆电报拍发，贺电最好是在婚礼的当天让新人收到，同时也应保证新人能在婚前到收邮寄的礼品。

（2）赠送现金

赠送现金，送礼者取送方便，受礼者得其实惠。礼金应使用红包包装完备，不要拿赤裸裸的人民币。不论多寡，习惯上用双数。但8、4是婚礼的忌讳，因为4是忌讳数字，8则是有“别”的意思。礼金多少要考虑两人关系的亲疏程度、当地的收入水平、同时参加婚礼的其他人的多少以及上次对方给你赠礼的多少等因素。要在恰当的基础上赠送礼金，而且最好在出席前送上。但如果自己经济比较拮据，就不必为了朋友的婚礼而导致自己入不敷出。假如你打算带家眷去喝喜酒，记得多添一点礼金，以免给别人留下贪小便宜的坏印象。

（3）赠送实物

送实用品，比如，家具、家电、装饰品等，适合亲密友人、家人之间。在购买以前，应该先了解一下对方所需，避免无用，造成重复消费。还有很多其他可送的实物，诸如送影集、纪念册、工艺品、丝绣品等。

（4）新闻贺礼

在某种媒体上刊登一段贺语，播几句贺词，表达自己对新人的深深祝福，既时尚又有新意，适合追求潮流的年轻人。诸如“今日成云雨，明日共天涯”“珠联璧合，永结同心”“句句祝福，声声叮咛”“白头偕老”等，贺语除了能让新人体会到深切的祝福外，也是一种艺术的享受。在电台或电视台的“点歌”栏目点歌送给新人也是一种不错的选择。

了解一下基本的礼仪，既是对新人的尊重，还可以增加一些让婚礼欢乐、喜庆的气氛。

寿宴应注意的礼仪

1. 年轻人的生日聚会礼仪

如果在家中举办生日晚会，应事先装饰房间。晚会开始前，主人应站立在门口迎接客人，并对每位客人说：“感谢光临。”应邀参加的客人则应按照时间到达，给寿星赠送礼物，礼物的挑选可根据主人的爱好或需要来进行。鲜花是一个安全的选择。客人到齐后，生日晚会即可宣布开始。

生日聚会少不了生日蛋糕和生日蜡烛。蛋糕上插的生日蜡烛一定要同生日主人的年龄相对应。20岁以下可用1支蜡烛代表1岁，比如5岁则插5支。20岁以上者，可用1支大蜡烛代表10岁，稍小的蜡烛代表1岁来表示。

蜡烛要在蜡烛托上固定，然后再把蜡烛托插在蛋糕上面。为了安全，生日蜡烛最好不要径直插在生日蛋糕上。

一般生日聚会采取以下程序：

首先，点燃生日蜡烛，来宾向生日主人致祝词，祝福主人生日快乐，并向他敬酒，生日主人应答谢来宾。

其次，众人齐声唱《祝你生日快乐》歌，主人在众人歌声中把点燃的生日蜡烛全部吹灭，来宾用掌声来烘托喜庆气氛。接着，由主人掌刀切分生日蛋糕，分给在场的人，每人一份。

再次，应来宾的强烈要求，生日主人表演第一个节目，然后共同表演些活泼轻快的节目或举行舞会助兴。客人无事不要中途离去。

聚会结束后，主人应将来宾送至门外，感谢大家出席聚会。要是寄生日贺卡的话，应在生日晚会之前寄达。

2. 老年人的寿辰礼

在社会交往过程中，60、80、90 大寿是中老年人最关注的，寿宴的隆重程度也依顺序相应扩大。60 岁是花甲大寿，80 岁的寿宴要比 60 岁大寿隆重得多，俗称“庆八十”；90 岁大寿的场面就更大了，实际上，做寿都在逢九那年举行，因为“九”听起来是“久”的谐音，寓意延年益寿。

举办寿宴的人一般是老人的子女或亲戚朋友。为老人做寿目的有二：其一，为表达儿女对老人的一片孝心；其二，举办庆寿宴可以促使亲朋好友和睦相处。举办前必须做好准备工作，例如：确定邀请对象，印制邀请函，采买、布置宴会物品，置办酒席等。被邀请者在参加庆寿活动前也应该有所准备，切忌空手前往庆贺。一般情况下，都要准备一份寿礼，如寿糕、寿桃、寿面、寿联、寿杖等。

寿宴一般在家中举办，在寿堂中用红纸或绸剪一个大红“寿”字贴在寿堂正中，两旁挂上寿联。这些工作在寿宴的前一天就要开始准备，庆寿的头一天晚上，应该由儿女媳婿先设宴庆寿，这叫做“暖寿”，当天，老人再接受其他亲朋好友的祝贺。

寿宴当天，宾客应该先向“寿星”道贺，并奉上贺礼，说一些吉祥、讨福的祝贺话，行完拜礼后，大开寿宴，饮寿酒，吃寿面。

处世小秘笈

每个人都特别关注自己的出生日子，无论是年轻人过生日举行生日会，还是老年人举办寿宴，你都要知道一些礼仪常识，以免失礼。而且，为老年人祝寿而办的寿宴，有更高的礼仪要求。

接待客人的礼仪

1. 做好事前准备

在客人到来之前，主人应将家里打扫得干净整洁，梳洗打扮要得体，最好事先准备好水果、点心、饮料、烟酒、菜肴等。盛大而郑重的宴请活动，如婚礼、寿诞等，还要以电话或邀请函的形式邀请贵宾出席，并对宴会的时间、地点、座次进行核对。

2. 迎客礼仪

在客人到达前，主人应提前站在门口迎宾，最好不要坐在屋子里等待客人自己登门，这是很不礼貌的。如果是夫妇俩一同在门外迎接客人，男女主人顺序应该采取女主人在前。如果有客人突然临门，要热情相待。倘若客人到达的时间较早，恰巧室内还没有清理干净，应及时停止打扫房间，因为打扫有逐客之意。客人到了，主人则必须出门相迎。如客人带有行李、礼品，主人应快步接下礼品，并致谢。与客人见面后，应热情地打招呼。如果客人是老、幼、病、残、孕者，出于礼貌还应该上前搀扶，进入室内后主人应该把客人安排在最佳位置上，若客人是初次到访，还应向其做简要的介绍。待客之仪最关键的是：在迎接客人的这一过程中，作为主人不能表现出不耐烦、厌恶的神情，应随时保持真挚的笑容，让宾客感觉到自己很受欢迎。

3. 座次安排礼仪

（1）以右为上

若是并列式的座位摆放，右侧座次较尊贵，应留给来宾，以左侧为下，应归主人自己座。

（2）居中为上

如果来宾较少，而主人家里接待人员较多的时候，可以请来宾坐在中央，主人家的人员以一定的方式围坐在来宾的两侧或者四周，以示对来宾的亲切和重视。

(3)佳座为上

长沙发优于单人沙发，沙发优于椅子，位置较高的优于位置低的，宽大舒适的座椅优于狭小而不舒适的座椅。所以，应把佳座留给来宾。

4. 敬烟、上茶的礼仪

如果来客是男士，一般情况下，落座后要马上敬烟。为来宾敬烟时要注意，不要直接用手拿烟嘴，而应该打开烟盒，弹出几支让客人自取，以防来客介意卫生问题。此外，敬烟时不能忘了敬火，若主人也会吸，应遵先客人后主人的次序。

主人给客人点烟时要注意，一只火柴至多点两支烟。用打火机，点完两支烟后应熄灭一下，连续用三次，在点烟的过程中是比较忌讳的。

茶道礼仪是一门学问，有很多讲究。冲泡茶前一定要将茶具清洁干净，如果一次要冲泡多个杯茶时，应将茶杯一字儿排开，本着“浅茶满酒”的原则，倒杯子的2/3即可。奉茶时，应双手捧上放在客人的右手上方，尊长者先敬。对有杯耳的杯子，用一只手抓杯耳，另一只手托住杯底，把茶水送给客人，随之说声：“请您用茶”或“请喝茶”。一定不要直接用手捏杯口往客人面前送，这样敬茶是对喝茶者的不尊重。

5. 陪客礼仪

客人就座，烟、茶、糖果敬过之后，不应该将客人晾在一边，而应该及时与之交谈或打开电视机供客人消遣、娱乐，如果主人实在要处理一些紧急事情，应该安排一个身份相当的人代其照顾客人。

6. 宴请宾客礼仪

常见的家庭请客有三种形式：正式宴会、便宴、家宴，前两种比较适宜在饭店举办，而后者最好在家里举办。正式宴会对座次安排以及食物的种类也要考虑在内。而家宴虽然对座位安排也有一定的讲究，但没有正式宴会那么刻板，对食物的要求也比较宽松，一般由女主人亲自下厨料理，不过，品味应照顾客人的喜好。

上菜时要有一定的顺序：冷盘——凉菜，热菜——主菜，甜菜——点心，点心上完后再上汤。要把握好上菜时机，出现空盘或餐盘堆积都是不适宜的；在上最后一道菜时，应说明酒宴尾声将至。

摆菜时应注意：“鸡不献头，鸭不献尾，鱼不献背”，这是指将鸡头、鸭尾、鳍朝向主宾不礼貌，这源于我国传统的习惯。

准备酒水时，应考虑到性别，有些女士不能饮酒，则可以用饮料代替，不要强行向女士敬酒，如果男士不能饮酒，则不可用饮料代替。斟酒顺序一般按顺时针方向依次斟起，对席位中较尊贵的领导或长辈，应先为他们斟酒。要注意，使酒杯离席是不好的。

一般的家宴对待客礼仪要求不是很多，因为拜访者大多是熟人，但熟人之间也要讲礼仪，以免出现不愉快的场面，这样，不仅不利于促进感情，反而会造成不和谐。但对于初次拜访者，还应以正规的待客礼仪招待对方，避免造成对拜访者的不礼貌。

7. 送客礼仪

为了表达与客人间的深厚感情，客人临行前，应当对宾客中的亲人主动问候，并请其帮忙转达，你可以这样说：“请代我向你的家人问好，祝他们工作顺心，心想事成。”此外，根据关系亲密程度，还可以赠送一些特产或纪念品。

客人有意离开时，主人的挽留要真诚，无论双方是多年的朋友，还是一般性的业务往来，主人都应该亲自相送。将客人送出门后再回家。千万不要在客人还没走远的时候，就转身回房，客人没走远主人已回家是十分不礼貌的行为，如果客人礼貌性地回首与你再次道别，却看不到你，内心里多少会产生些想法。

对于远来之客，为尽地主之谊，要提前为客人预定好适宜的交通工具，并派专车将客人送往机场或车站。客人乘坐的交通工具未离开时，主人不能离开，即使有很重要的事情，在这个时候也不能走，以免客人产生误会，从而造成不好的印象。

处世小秘笈

对于怎样待客，许多人早已略知一二，可要招待好客人，做到十全十美就不容易了。在待客过程中要体现出自身的礼仪修养，还要注意做好待客的准备工作。

馈赠礼品时应注意的礼仪

1. 馈赠礼品的原则

(1)要投其所好

在馈赠礼品的时候，一定要根据接受者的爱好、特色选择礼品。由于民族、生活习惯、生活经历、宗教信仰以及性格、爱好的不同，不同的人会喜欢不同的礼物，因此，送礼要把握投其所好的原则。只有这样，才能让受礼者感到愉快，从而发挥礼物的最大作用。

(2)要注意礼品的轻重

在选择礼品的时候，选择礼品要结合场合和受礼者的身份。一般来讲，礼品的档次，往往是衡量交往人的诚意和情感浓烈程度的重要标志。礼品太重会给自己的经济状况带来负担，而礼品过轻又会让受礼者难以接受，而且受礼者还有可能认为送礼者轻视自己，这不但达不到馈赠的目的，而且对原有的感情也是一种损伤。

当我们偿还欠下的人情债时，则既要注意以轻礼寓重情，又要入乡随俗地根据馈赠目的和自己的经济实力，选择得体、恰当的礼品。总之，除非是有特殊目的的馈赠，其他馈赠礼物的贵贱厚薄都应以受礼者的愉悦为目的。

(3)要有效用性

礼品也是物品，首先要考虑其使用价值。要针对不同的受礼者选择效用性不同的礼品，而对于生活状况一般的受礼者而言，食品、水果和现金更具有实用性。对于生活水平较高的人来说，人们则倾向于选择艺术价值和纪念价值高的物品。对于外宾来说，送有中国特色的礼品几乎是不二选择，比如，丝织品、龙井茶、茅台酒等。礼品不但要让受礼者欣然接收，而且对礼品的薄厚也要注意，此外，具有较强的实用性也是一个考量标准。

2. 注意馈赠的时机

在送礼的时候，也要注意馈赠的时间，选对恰当的时机送礼。一般说来，时间贵在及时，超前或滞后都达不到馈赠的目的，当然，还要具体问题具体分析。

(1)传统的节日

春节、中秋节等，都比较适合馈赠礼品，而且，在中国的传统节日赠送礼品也会让受礼者倍感亲切。

(2)企业开业庆典

出席企业开张活动时，应该赠送花篮、牌匾或室内装饰品以示祝贺。在企业开业庆典时，往往会选择装饰性强的花篮，在花篮的绸带上写上祝贺语和赠送单位的名称。

(3)喜庆之日

当他人职位晋升、庆祝生日、庆祝孩子满月等喜庆之日，备礼庆贺是比较礼貌的。

(4)感谢他人

蒙受了别人的有力帮助，事后可送些礼品以回报感恩，这样，当以后再需要他人帮忙时也更易获得帮助。

3. 馈赠时的礼仪

(1)注意礼品的包装

精美的礼品包装可以提升礼品的档次，同时也是对赠礼人的文化艺术品位的彰显。对受礼者来说，精致的包装可以使其感受到受重视。礼品上如果写有价钱和标签，务必要撕除清理干净。但如果礼品是家用电器类的，在赠送礼品的时候则要把发票和保修单一起交给受礼者，以利于受礼者享受保修服务。

（2）注意馈赠的场合

如果只给单个人送礼，场合不宜过于公开，在受礼者的家里是最好的选择。只有精神褒奖类的礼物，如锦旗、牌匾等才可在众人面前赠送。此外，在企业庆典时，也应该在公共场合，起到捧场的作用。

（3）注意馈赠时的态度和动作

送礼者赠送时应大方有致，面带微笑，并伴有礼节性的语言，这样受礼者才会坦然接受。

4. 馈赠的禁忌

在馈赠礼品时，有一些忌讳务必要引起注意，否则不但会让馈赠失去作用，而且还可能给受礼者留下不好的印象。

给老人送礼物时不能送“钟”，“梨”不适合送给夫妻或恋人，这是由于“钟”与“终”，“梨”与“离”是谐音，是不吉利的谐音礼物，在馈赠的过程中千万要切记这些。

在馈赠礼品时，千万不要转送自己收到的礼物，如果让受礼者知道这件礼物不是专门买给他的，受礼者会产生不满，甚至有绝交的危险。

在选择礼品时，不要直接询问受礼者的心意。一方面，可能他要求的会超出你的预算。另一方面，你即使照着他的意思去买了，受礼者也可能会认为你不够用心。

处世小秘笈

在生活中，馈赠礼品因为能产生促进友情、减少隔阂、促进交往的作用，已经越来越受到人们的重视。懂得馈赠的礼仪，不但可以发挥礼品应有的作用，也可以进一步增进彼此的感情。

探病时应注意的礼仪

1. 寻找恰当的探视时间

在生活中，许多人一旦得知亲朋好友生病了，便想迅速探望、安慰，这种心情可以理解。但是，要选择恰当的探病时间。实际上探望伤病者并不是越早越好，时间选择不好，反而会增加病人家属的负担。例如：病人的病情很严重，刚刚做完手术需要静养，家属都在为病人的康复而发愁，此时前往探望，就属时机不对，因为，病人无法体会到你的盛情，家属也没精力招待来访者。

一般情况下，要尽可能先了解病人的病情，从而选择恰当的探病时机。可以向已经探望过的人了解；也可先打电话询问家属其病情。倘若这两种方法对病人的病情都无法得知，还可以到医院询问护理人员，然后确定比较恰当的探望时间。

一天中比较好的探视时间是上午10:00~11:00、下午2:00~4:00，最好不要选择清晨、中午、傍晚、深夜或饭前和饭后，因为这是病人休息吃饭的时间。探望病人时，逗留时间不宜过长，一般把握在20分钟之内。若病人恢复状况良好，并且有较强兴致，希望与人交谈，那么，探望者可与之多交谈一会儿。但如果病人的病情还处在静养阶段，探视者则应把握好探视时间。

探望病人时，还要注重着装，过于艳丽、花哨、时髦的衣服尽量不要穿，女性探病时，还要注意不能浓妆艳抹。着装大方、得体即可。因为，病人在生病期间往往有某种心理倾向，总感觉自己是受害者，如果你穿着华丽，打扮得非常时髦，这会对病人的心理产生消极的冲击，不利于病人的恢复。

到医院探望病人时，应遵守医院的规章制度，在医院许可的时间内探视。进入病房要先敲门，让病人觉得自己仍然受人尊重。进入病房时，要寻找恰当的位置坐下，如果有人站在床前容易让病人产生紧张感。进入病房以后，看到不洁净的物品，如血迹等，不要面露厌恶状，否则病人心理会很难受。要像平时见面一样亲切与病人握手见礼，这样做既可以告诉病人他的病已经好多了，可以和正常人一样与人行握手之礼了，又可以传送自己对病人的祝福，但是，并不是每位病人都非握不可，可以依据病人的病情确定。不管病人的病情有多么严重，也不能把哀伤的神情流露给他，更不能对着病人流泪，即使你知道病人很快就要去见“马克思”，也不应面露戚色，而应多加鼓励。与病人说话时，要看着对方的眼睛，这样，病人就可以感受到你的真诚。病人在生病期间，最希望得到他人的鼓励，所以，适当地说些鼓励的话，会有利于病人的康复。

2. 探病时的言谈

与病人交谈时，要专注地看着对方，仔细倾听，适时应答。如果病人病情较轻，则可多让病人讲话，并探问病人的感觉和需要，不要过多追问病人的具体病情，尤其是对重病号，应该避开病情，谈话要以积极轻松的话题为主。说话要坦诚，吞吞吐吐或小声交谈是要不得的，也不宜提供一些旁门偏方，这些会增加病人的心理负担，使其对自己病情估计过重，而不利于病体恢复。与病人交谈的目的是解除病人的孤独感，分担病人身体上的痛苦和精神上的担忧，表达自己对病人的关心和鼓励。不要问病人：“你怎么啦？”最好问：“你今天感觉好多了吧？”要对病人进行鼓励。在谈话过程中，应主动避开消极信息，比如说什么“咱单位老张突然就没了，你可要多保重”等等。在探望过程中，也应照顾到病人家属的情绪，帮助其做力所能及的事。对于需要长期治疗休养的病人，应经常去探视，并告知最近单位状况，让他们感受到别人的关心和问候，从而更快康复。

3. 探望病人带礼品的礼仪

探望、慰问病人是一种礼节性的行为，应随身携带恰当的礼品，如鲜花、滋补品、饮料、食品等，这会使病人心神快慰、提高信心，有助于病人早日战胜病魔，下面几点可作为礼品选择的参考：

(1)探望患高血压、冠心病、胆囊炎、肾炎和高烧病人时，可携带营养高且不油腻的食物，如新鲜水果、水果罐头和果汁饮料等。不要选择过于油腻的食物，如红烧肉、鸡汤等。

(2)探望患糖尿病病人、水肿病人，应送糖分少的食品，如无糖奶粉、肉松、鸡蛋、猕猴桃等。不宜送苹果、香蕉等糖分过高的水果。

(3)探望患气管炎、肺水肿、肺结核等肺、呼吸道发生问题的病人，清肺、润肺的食品比较合适，如核桃、蜂蜜、银耳和梨等。

(4)探望患贫血、孕妇、产妇等病人，所送物品应以营养为主，如红糖、鸡蛋、鲜虾、奶制品和豆制品等。

(5)探望术后未恢复的病人，可送营养丰富、易消化、含钙质较多的肉骨头汤、鸡蛋、奶粉和鱼等。

处世小秘笈

人在生病时，需要亲友之间的关爱与照应，当得知朋友或亲友生病后，应前去探望。病人生病时，情绪一般不会很高，所以，要注意很多礼仪，无论是言谈举止、衣着、神情，还是携带的物品都有讲究。

吊慰时应注意的礼仪

1. 参加丧礼的服饰要求

参加丧礼时，要注意服装礼仪。穿着应以大方、素淡为主，切忌艳丽。吊慰死者前应将项链、时尚的耳饰取下来，女士对自己的妆容也要注意，切忌浓妆，尽量着正规的丧服、深色的套装或连衣裙等。刚丧偶的妇人应该穿着朴素深色的衣服。年轻男士、接待员以及抬棺人员，最好穿深色西装配上白衬衫、黑领带，脚穿黑色皮鞋，这样才能与整体环境相协调。

2. 进行吊丧的注意事项

当得知亲朋好友去世的消息后，无论交情深浅，一定要将自己的哀悼之情表达出来，即使自己有事无法参加，也应以书信表示慰问或托人代为慰问，知道亲朋去世而不出席是严重失礼。参加追悼会时，一般可单独或几个人赠送花圈、花篮表示哀思。

在丧礼举行时，一定要如期到达。到达以后，在签名簿上写下自己的名字，并领取相应的佩戴物品，轻声走进丧礼会场，给死者上香，鞠躬，行礼完毕以后，不应立即离开丧礼会场，还要对死者家属表示由衷地劝慰。安慰失去亲人者时，要注意方式、方法，不要一味劝慰家属不要哭。因为哭能将死者家属内心的痛苦宣泄出来，从而缓解因亲人去世造成的情绪波动。如果多数人一起行礼，此时可委派一个人当主祭者，其他人陪同上香、献花、鞠躬。行礼后，一起安慰死者家属。行礼全部结束以后，要尽快离开现场，否则给家属带来的麻烦将是十分重的。丧礼祭品的样式要主要体现对死者的哀思，选择时应该慎重，比较恰当的有花篮、挽幛、挽联、花圈等。为了表达对死者的尊敬，挽幛和挽联的内容可以由自己书写，但一定注意用词得体、谨慎，特别是挽联。另外，以礼金为奠仪已经成为当前约定俗成的礼节，这种祭奠方式是最实用、最方便的。这样既告慰了死者，又帮助了生者，可谓一举两得。

在吊丧时，应表示沉痛的哀悼之情，态度要诚恳，感情也应沉重，切不可随随便便，给人一种漫不经心的感觉，这既对死者不恭又使生者难堪。在丧礼上嬉笑、打闹等是对死者的不敬、对家属的无礼，是十分失礼的行为。失去亲人的人，能够在亲朋的安慰中平复心情，不要因为丧礼结束，就认为达到了心意，还应该不时地关心与帮助一下失去亲人的人，这是对生者的最大关怀，会让他们对你感激不尽的。要多陪他们聊天，约他们一起外出散心，尽量避免提及死者，从而达到重新振作精神的目的。

处世小秘笈

生老病死是人之常情。一旦亲友过世，丧葬礼都会非常隆重。哀悼亲友时应注意的礼节就是丧葬礼仪。吊慰礼仪既是对死者的尊重，又是对死者家属的安慰。

观光旅游时应注意的礼仪

1. 行为检点，不要乱涂乱画

作为一名游览者，面对风景秀丽的自然风光、历史文化底蕴深厚的文物古迹、别具一格的人文景观，除了为之自豪、赞叹外，还应该在观光时保护这些旅游资源。因为爱护公共财物、热爱祖国的大好河山，是对游览者的基本要求。

2. 跟团游玩一定要守时

如果是跟团旅游，首先要注意的就是守时，应避免全车人等你自己，否则，延误了时间不说，最重要的是破坏了旅游的气氛，对大家出游的好心情造成了影响。

3. 维护环境卫生

外出旅游时，大多数游客会随身携带一些零食或常用物品，在吃、用这些物品时，务必要注意环境卫生，如不乱扔饮料瓶、罐、盖，将制造的垃圾随手带走等。

在旅游景点野餐结束时，一定要打扫干净，将吃剩的食品垃圾等及时带走；在旅游点的隐蔽角落大小便，是不符合游览礼仪的行为；在安静、祥和的旅游气氛中，不宜大声喧哗，肆意嬉笑打闹；当导游或讲解人员解说旅游景点的来历时，要仔细倾听，不应刻意刁难，纠缠不休。

4. 游客间互相帮助

在旅游观光中，游客来往不断，彼此间要相互照顾、互相帮助，对待他人要态度和善。当行至曲折幽径处或小桥、山头时，在注意自身安全的同时，最好也要对需要帮助的人提供帮助。不要抢路、拥挤，在他人遇到困难时，可以主动提供力所能及的帮助。休息时，不能一人独占长椅，如躺在椅子上、趴在椅子上或将物品摆在椅子上。拍照留念时，若景点中的其他游客需要帮助，应当主动、热情的为其拍照；留念时，不要拥挤，彼此误解，要有秩序地留念。注意拍照的时间不要过长，以免影响他人。

5. 注意言谈举止

旅游景点的人员很杂，五湖四海、各个民族的人都可能相聚一处，但由于不同的习俗，会在行为、语言、风俗、服饰等方面存在诸多差异，这就要求人们在观光时，不要过分强调自己的要求和情趣，以免影响他人；不要对他人过分纠结；不要伤害他人的宗教感情及民族感情；不要不分尊卑，没大没小。

6. 看人也要注意方法

如果在欧洲国家旅游，那么，街头金发碧眼的美女也是旅游的一个重要景点。当你走在街头上，遇到了美女，拼命盯人看是没有礼貌的。比如，在巴黎街头，浪漫的男女青年经常在这里拥抱、亲吻，在当地人眼中不值得大惊小怪，所以，他们会匆匆地走过，或者会心一笑，如果你站在那里眼盯着不放，并且还用手指指点点，这就是非常失礼的行为了。

7. 宾馆住宿

在旅游期间可能要在宾馆住宿，旅客在任何宾馆居住时都要对自己的音量进行控制，以免影响其他客人。对服务员要以礼相待，对他们所提供的服务要表示感谢，文明有礼地在宾馆居住。

如果到国外旅游，了解当地人的禁忌是十分必要的，要入乡随俗，入境问禁，下面是一些国家的忌讳事项。到了这些国家以后，可以询问当地人，做到心中有数，减少因不懂忌讳而造成的尴尬，让旅游更加愉快。

(1)在西方国家，“13”这个数字代表不祥，他们认为13是一个不吉利的数字，所以，西方国家的人会在任何场合避开“13”，楼层中的12上面便是14，在排次序时，第12位后面紧接着的是第14位，此外，每月13号，西方人都会感到惴惴不安，生怕会有不祥的事情找上自己。

(2)在印度、尼泊尔、缅甸等国，这些国家的人们十分崇拜黄牛，在他们眼中，黄牛不仅可以耕地，而且牛乳还可以食用。在古时候，黄牛还是计算财富的手段。湿婆大神的坐骑也是一头黄牛。在这些国家里，不能随便鞭笞伤害黄牛，不能役使黄牛，更不能宰杀黄牛吃肉；而且每年还要举行祭牛仪式；在公共场合遇到“神牛”，行人、车辆要回避、绕行，尼泊尔政府甚至将黄牛定为“国兽”，谁若伤害、鞭打它，是要被罚款并追究法律责任的。所以，在这些国家旅游时要特别注意对牛也要像对人一样尊敬。

(3)千万别弄碎玻璃器皿。如果去匈牙利旅游，不论是住店，还是用餐，千万不要把玻璃器皿打碎，如果有人不小心打碎了玻璃器皿，就会被看做不祥之人，也就成了不受欢迎的人。所以，我们认为的“碎碎平安”不被匈牙利人所接受。

(4)如果去中东旅游，那么，吃饭和接拿东西，只能用右手，用左手是一种失礼的表现。因为这些国家的人一般是用左手洗澡、上卫生间，因此，他们认为左手较脏。所以，用左手接拿食品是对主人最大的不礼貌。

(5)女人上街必须戴耳环。如果去西班牙旅游，女人上街必需佩戴耳环，如果没有戴耳环，就会像裸体逛街一样怪异，会被人看做是“异类”。

(6)如果去日本旅游，在吃饭的时候，就要注意了，日本人的餐桌礼仪注重用筷八忌。第一、舔筷，在用餐的时候，切忌用舌头舔筷子。第二、移筷，动一个菜后又动另一个菜，只吃菜不吃饭。第三、迷筷，手拿筷子，不知道自己吃什么，四处找寻。第四、扭筷，扭转筷子，用舌头舔上面的饭粒。第五、插筷，把筷子插入饭菜之中。第六、掏筷，将菜从中间掏开，扒弄着吃。第七、跨筷，把筷子横跨在碗、盘子上。第八、剔筷，切忌用筷子来剔牙。

处世小秘笈

旅游观光是一项高雅的活动，注重观光礼仪可以营造更好的旅游氛围，如果是到国外旅游，入乡随俗、入境问禁可以旅游得更加愉快。

夫妻之间应注意的礼仪

1. 以礼相待

夫妻之间要以礼相待。颐指气使、我行我素是对夫妻关系的极大伤害。在家庭生活中，即使是日常琐事也要举案齐眉、互谅互敬。在外国，出门是讲究吻别礼的。当然，在我国没有亲吻的习惯，但道别时的主动告别是最基本的。回来时要亲切问候，道一声“辛苦了”，这样的问候虽然很朴素，但却能营造温馨、相爱的氛围。

2. 善于平衡各种关系

有些女人一旦做了妈妈，就将自己所有的爱都倾注到孩子身上，放弃收拾打扮自己的习惯。其实,夫妻感情的融洽、家庭气氛的和谐才能为孩子成长营造良好环境。夫妻双方作为家庭的核心,首先要学会协调平衡各种关系。家庭中所有的爱,也应在家人中平均、平衡。

3. 记住特别的日子

尤其是女性,对自己的生日等特别的日子特别在意,此时一束鲜花、一件小礼品都会令妻子激动不已,忙碌的生活也会因对方的一句“辛苦”,一件精心准备的礼物而变得多彩多姿。所以,男人要是能记住这些特别的日子,并对妻子有所表示,一定能使生活更加幸福。

4. 外出时带点礼品回来

如今的男人都整日忙于工作,很多女人基本处于天天自己孤独在家的状态。但如果作为男人,心中有妻子,时常为妻子准备礼物,相信作为后勤保障的妻子,也就会毫无怨言、心甘情愿的。当你去外地出差时,购来一套衣裙,一件保养品或一件工艺品就会使妻子倍加感动,这绝对物超所值。

5. 多一点赞赏

人人都有自尊,夸奖和鼓励能满足对方的虚荣心,所以,夫妻间互相鼓励很重要。每个人身上都有优点,当妻子有什么成绩,丈夫就应该真诚地赞美几句,其效果不可估量。如在妻子化妆时,问你“自己好不好看,漂不漂亮”时,你可以真心也可假意地赞叹几句,相信这种良言的回报马上就能显示出来。

6. 相互谦让

在选择电视节目时,妻子偏好电视剧,而丈夫则喜欢看篮球,如果能把两个“我”融合在一起,相互谦让,相互照顾各自的兴趣,就会使对方体会到互谅互让、尊重、理解,从而拥有和谐的夫妻关系。

7. 遇事多商量,注意生活细节

夫妻之间应相互信任。不论是有关整个家庭的整体规划,还是个人工作上的困惑与计划,都应两个人共同协商。很多人在婚后,就毫不介意自己的外形,看上去很邋遢,以为打扮只是为了吸引异性。其实,随时整饰自己的仪容,既是对对方的爱,也能使自己在各种场合中更加自信,更容易有出色的表现。

8. 共同承担家务劳动

丈夫不应该认为妻子应包揽所有家务,而作为妻子也不应该娇气,把自己能做的事都推给丈夫。其实,对家务事可以做出不同的分工,这样做起来可以“男女搭配,干活不累”。

9. 正确对待配偶的旧恋人问题

有旧恋人是很正常的事,如果没有,倒是有几分不正常。新婚夫妻争斗的焦点很多是与旧恋人有关,轻则醋意大发,重则连哭带闹。其实根本不必如此,夫妻之间应相信缘分,难道你一个新欢还让对方忘不了旧爱吗?此外,婚姻需要坦诚,但对于旧情,夫妻间应彼此允许对方拥有个人的独立和自由,给彼此留一些空间。

10. 经济问题透明化

家中钱物归谁保管其实无所谓,关键是双方应对理财有共同认识,切不可一方独揽大权。家庭重大消费需夫妻双方进行协商、讨论,共同拍板,家庭生活开支要提高透明度,使双方都有花好钱、理好财的责任。

11. 夫妻相处的禁忌

作为妻子,一忌醋,二忌泼。“醋”者分不清轻重,疑神疑鬼,总是毫无根据地怀疑丈夫对自己不忠,对自己自我感觉过于良好。如果老公回来晚了,轻则细细盘查,重则严刑逼供。与这样的女人生活在一起,累是很正常的。在生活中泼辣的女人往往缺乏耐心、肝火旺盛,夫妻间细小琐碎的问题都有可能成为其暴跳如雷的导火索,泼辣过多则失去了温柔之美。作为妻子,如果既缺乏温柔之美,又缺乏善良之德,那么,就很难被丈夫长久喜爱了。

作为丈夫,一忌霸道,二忌粗心。有些男人有大男人主义倾向,对待妻子“说一是一,说二是二”,态度蛮横。有些男人粗心大意,对妻子的健康不闻不问,从不关注妻子的身心状态,习惯衣来伸手、饭来张口的生活,对妻子为家庭的付出没有丝毫感恩。在现代这种快节奏的生活中,女性除了工作和料理家务之外,更加需要丈夫的关爱与鼓励。很多女人正是由于得不到丈夫的关心,久而久之,最终与丈夫分道扬镳的。所以,作为丈夫,应该学会与妻子平等相待,积极主动地减轻妻子的负担。

处世小秘笈

夫妻之间的相处之道,既是一项技术也是一门艺术。夫妻之礼在古代已经完善成型,古代虽说男女有尊卑之别,但其相处礼仪之道,借鉴价值还是相当大的。

处理婆媳关系时应注意的礼仪

1. 把双方当做最亲的人看待

媳妇对婆婆的称呼要亲切自然,应自然大方地称呼“妈”。媳妇的一声“妈”,可以暖遍婆婆的全身,讨得婆婆心花怒放。婆媳相处,彼此间都应持一种宽松的心态,不要有见外心理。如果婆婆认为媳妇是外人,便难以与之真心实意地相处;若媳妇认为自己嫁的是丈夫不是婆婆,婆婆是另外一层,这样处处设防,就会为日后的各种矛盾埋下地雷。由于种种原因,婆媳之间有差异是很正常的。婆媳双方应多体谅对方,约束自身。

2. 不要勉强对方

婆婆不能要求媳妇完全按自己的一套行事,媳妇也不能期望婆婆完全认可自己的意见,互相不要强求。这样有利于减少矛盾和冲突。要善于替对方考虑,不要互相指责。如婆婆要媳妇去做的事,媳妇一时未能做到或做好,婆婆最好不要盲目指责,而应多体谅,体会媳妇家务多,工作忙,一时办不过来,可以提醒媳妇下次多注意。媳妇上班,婆婆照看孩子,如果孩子碰伤了,生病了,媳妇应体谅婆婆年事已高,很自责碰伤了孙子,不要为此埋怨婆婆。如果婆媳双方都能为对方考虑,许多矛盾就不会发生了。其实,婆媳间难免发生一些不快之事,这时应保持平和的心态,不要盲目争吵。既要防止因一时之愤而当面争吵,又要避免背后说三道四,引发矛盾冲突。

3. 尊重婆婆

不要对公公和婆婆的私生活指手画脚。不在婆婆面前对丈夫使性子或埋怨丈夫,指使丈夫,那样就等同于指责婆婆没教育好丈夫。切忌当着婆婆的面向丈夫诉苦。这样会让丈夫为难,让婆婆难堪,最终自己也不会有好结果。对待婆家和娘家要一视同仁,尤其是在年节关头,应该兼顾两头,不能光往娘家跑。婆媳间有了隔阂,媳妇不能动不动以跑回娘家为要挟。此外,作为媳妇应该主动打招呼,记住婆婆的生日,送给她温馨的礼物。

处世小秘笈

“清官难断家务事”,婆媳关系可以称得上家庭中最棘手的关系。在婆媳矛盾的背后,隐伏着的是母子之爱和夫妻之爱的竞争,这种竞争往往具有巨大的潜在能量。所以,要想使婆媳之间和睦相处,就应该遵循一些婆媳相处的礼仪。

与父母相处的礼仪

对子女来说,正确处理好与父母的关系,可谓人生的一件大事。若处理不当,就可能造成“父子、母女反目成仇”的终生遗憾。孝敬父母应该做到以下几个方面:

1. 尊敬父母

子女对待父母,应当以敬重为先,对父母说话态度要恭敬。与父母讲话时,一定要讲礼貌、守规矩,不要任性,动不动就使性子。对于父母的批评与教导,子女应虚心接受,无论从哪方面讲,父母对子女都是发自内心的关爱。明白了这一点,即使言词有些偏差,我们也应该对父母表示理解,切不可故意顶撞,甚至恶语伤人,或是不屑一听、扬长而去。

2. 不让父母担心

在家里的时候，如果你有事情要出去，一定要在出发前告知父母，不管你去的地方远近，一定要讲明我到哪个地方去，什么时候回来，把自己的行踪告知父母。在特殊情况下，不能按时回家时，要及时与父母电话沟通，绝对不能让父母对自己的安危担惊受怕。

3. 与父母沟通

与父母沟通时，既要有对长辈的尊敬，又要有对平辈的真诚、坦率。发生争执时，要先想想自己在这件事情上有没有做得不好的地方或者是不对的地方，倘若是自己的原因，就要自己反省，改正错误。即使是父母有什么不对的地方，也不要不顾态度地一味指责，要坐下来与父母沟通一下，相信父母也会接受你的看法。而且，在解决这个问题时双方都要冷静，彼此指责，互相埋怨是解决不了问题的。

4. 不干涉父母的事

父母有自己的社交、人情和思想感情，子女不应对父母有过多干涉。尤其是在遇到丧偶或再婚问题时，子女应考虑到父母以后的生活，不能粗暴干涉，棒打老鸳鸯。

5. 问候父母

在家庭生活里，子女对父母及时关切的问候，是关心体贴父母的表现，同时也传达了晚辈对长辈的牵挂之情。

每天起床后不能省略第一声问候。“爸妈，早上好”或“早安，爸妈”！睡觉前，也别忘了向父母说：“妈，睡个好觉！”“爸，多注意休息，少熬夜”。

每逢父母亲的生日或母亲节、父亲节时，应送上自己力所能及的礼品，并献上深切的祝福，“爸，祝您工作顺利、事业成功！”“妈，祝您母亲节快乐，永远年轻漂亮”等，这些问候语会安慰父母的付出。

逢年过节时，在向同学、亲友祝福的同时，也要多问候自己的爸妈。每个人都应向父母说上一声：“爸、妈，新年好！”融洽的家庭关系不仅可以为节日增添更多温馨，而且还能让父母享受到生活的美好，品味到儿女对其的问候与关心。

当父母生病的时候，除悉心照顾，对爸妈的心理更应注意，如多问候：“好好休息，很快就会好的。”“妈，您想吃点什么？家里有我呢，您就放心吧！”用自己对父母的爱缓解父母的病痛，减轻他们的心理压力，使父母尽快康复。

处世小秘笈

孝敬父母是中华民族的优良传统。父母在子女的成长过程中付出了大量的心血和劳动，做子女的理应孝敬父母，对父母的养育之恩表示感恩。

对待岳父母要注意的礼仪

1. 执半子之礼

岳父母花了半辈子心血养大了女儿，之后嫁与你做媳妇，成了你们家的人，这也是一种大恩大德，女婿应心怀感激多加报答。女婿对岳父母尊敬、孝顺，妻子才能对公婆孝顺，和公婆和睦相处。丈夫若处理不好与岳父母的关系，那么，妻子同公婆的关系又怎么可能好呢？

2. 跟岳父母交谈的礼仪

与岳父母交谈要恭敬，但不必唯唯诺诺。在岳父母面前要“多听少说”，当他们找寻时事政治或其他问题来试探你的看法时，也万不可过多“挥毫激情”。因为上了年纪的人对一切事物的看法早有定论，很难因为讨论而改变，假使你的看法与他刚好吻合，那算你运气好，否则一场“争风吃醋”在所难免。最好的方法还是尽量先获得岳父母的看法，再把自己的看法讲出来。

其实，对很多问题的解决方法也一样。许多情况下，没有一个上了年纪的人愿意长时间地听一个年轻人的滔滔不绝，也很少有上了年纪的人只喜欢听他人的意见，所以，要具体问题具体分析。

与岳父母谈话时，当双方观点不一致时，万万不可冲动地去驳斥。要做到不看僧面看佛面，不看佛面还要看妻面，要看在对方是老人的面上而礼让三分。

3. 嘴甜但不多嘴

评论女婿的依据，就是看女婿嘴的含糖量高不高。通常情况下，岳父母更喜欢嘴甜的女婿，岳父母在外人面前也有面子，女婿嘴拙，就可能被岳父母误会，也易被别人奚落你缺少家教，岳父母脸上自然也无光。所以，嘴甜是一个优秀女婿的必备素质。

但嘴甜，不等于“多嘴”。多嘴是指女婿经常干涉岳父母家的各项事宜，这是女婿的一个大忌，作为“外戚”对朝政还是不要干涉的好，干涉岳父母家“朝政”会产生不好的影响。女婿要博得岳父母的喜爱，与妻子家的兄弟姐妹也要搞好关系，必须明确岳父母可以好好管理自己家的事，妻子没有权力干涉，作为女婿更无权支使妻子回娘家谋求钱物。

4. 在岳父母面前夸妻子

经常夸奖自己的妻子，有利于女婿和岳父母和睦相处。在岳父母面前要夸奖妻子，多次表达对妻子的赞赏和关爱，夫妻关系十分融洽等，只有这样，岳父母对女儿的未来才会放心满意。你夸的是妻子，高兴的却是岳父母。在岳父母看来，女儿身上的优点都是自己言传身教的结果。表面上看起来你是在夸妻子，但实际上也夸奖了岳父母教女有方，夸他们有优良基因。另外，还要想到，在岳父母前褒奖妻子，不是你的需要，而是岳父母的需要，是你妻子的需要，是和岳父母友好相处的捷径。

5. 赡养岳父母

赡养父母是法律赋予子女的义务。因而，身为丈夫当然也有义务替妻子尽责。周末有时间要多到岳父母家去探望，遇到节日、生日，买点礼品前去祝贺，这都会取悦岳父母。人都有老的时候，不失时机地把岳父母请到家住几天，尽尽孝道，不但可以取悦岳父母，而且妻子也会高兴，这样可以使夫妻之间关系更加美满。

处世小秘笈

民间有句话叫女婿如半子。掌握和岳父母的相处礼仪，不仅可以与岳父母友好相处，而且还能起到沟通感情，融化心理隔阂的作用。

与邻居相处要注意的礼仪

俗话说：“远亲不如近邻，隔壁不如对门”。邻居对于我们来说，是家庭生活与社会生活之间的“纽带”。

1. 多沟通

在现代社会，邻居之间的亲密关系被较少的交流阻隔了，比较缺乏沟通。有些是因为曾经闹过矛盾，从此井水不犯河水，更多的是因为没有时间，不好意思主动开口，而使双方有很少的沟通机会。因此，保持邻里之间的关系，就要加强邻里之间的交往。如果应邀去串门，应当选择恰当得体的时间。如能约好具体的时间，那当然好。如果没说具体时间的话，就要避开人家的吃饭时间和休息时间。值得注意的是，所谓善于交往与频繁登门是不同的。人们的生活节奏正在加快，你的过多拜访可能会造成邻里的困扰。在交往中，注意不要打扰对方正常的生活秩序。

2. 互帮互助

邻居有了困难要主动去帮助，这是对彼此感情的一种增近。日后，一旦你有了困难，邻居一定也会鼎力相助。切不可“各人自扫门前雪，不管他人瓦上霜”，让“邻里”关系名存实亡。当邻居外出旅行时，帮他们看管报纸和信件。当邻居不在时，可以帮助他们浇浇花草。

3. 友好协商

协商是邻里之间交往的方式，既表示对邻居的尊重，又可以减少很多误会。如家里要装修等一些特殊事情可能影响到邻居，则在事情发生前就应主动告知，主动协商，看邻居有什么意见或可以协商接受的办法。

4. 相互理解

长期紧邻而居,各种磕碰和不愉快都可能发生。这时,要严于律己、宽以待人。由某些生活琐事引起的干扰和麻烦,应该通过有效地沟通来解决。属于自己的问题,要知错能改;已经造成不好结果的,应寻求谅解并予以补偿。

5. 主动问候

主动与邻居打招呼问好是最基本的礼仪。见面主动招呼邻居,就等于打开了和睦大门。邻里碰面,我们不妨第一个开口,简单的一句"早上好"就能开启邻里间的友好交往,许多问题也就迎刃而解了。"上班啊!""最近很忙吗?""正在搬家呀,有什么需要帮忙的尽管开口。""您好,我是新来的邻居,希望今后多多关照。"……他们的心灵会因此而得到温暖。

6. 注意生活细节

如今人情薄,墙体更薄。如果稍不注意,就会对隔壁邻居产生干扰。在邻居休息的时间里,不要喧哗吵闹或移动家具;不要将废弃的污水垃圾等物品从阳台直接飞流直下;在阳台上浇花或晾晒衣物时,要顾及楼下邻居的利益。

7. 不传播是非

邻里之间常常见面,来友送客、吵架等,大家都彼此清楚。有些人爱看热闹,谁家有了什么事,他们都不遗余力地打听传播。邻里交际往往是广泛的交往,有些邻居会把别人家的事情传来传去。要避免这种现象,就要不在背后传播是非,也不要去打听邻居的私事。

8. 劝架不评理

若邻里关系处得好,彼此之间就会亲密无间,但关系再亲密,也不要干涉人家的家务事。邻居夫妻吵架,无论哪方有理,劝架者切忌评论对错,只能劝说,让双方冷静下来。切不能站在一方立场上帮助他或她和另一方争吵,尤其是人格上的评价更不可取。第三者插足是道德败坏,而第三者插嘴同样也会破坏夫妻关系。

处世小秘笈

邻居的相处之道要多沟通、多问候、多帮助、多理解、少是非。

第七章 树立正确的金钱观

金钱是人在社会中自由的保证

罗曼·罗兰曾说:"人不能光靠感情生活,人还要靠钱生活。"的确,金钱是人立足社会的基本条件,没有钱,你连做人的基本自由都没有。

美国作家泰勒·希克斯在书中写到:"金钱可以使人们在 12 个方面生活得更美好,即物质财富、娱乐、教育、旅游、医疗、朋友、退休后经济保障、更强的信心、拥有更好的生活、更自由地表达自我、提供从事公益事业的机会、激发你取得更大成就。"

事实上,人类社会发展的过程也表明:金钱对任何社会、任何人都是重要的;金钱是有益的,它使人们能够做很多有益的事。个人在创造财富的同时,也使他人和社会受益。

随着现代社会的不断发展,人们对物质享受的要求在日益提高,现实生活中,每个人都承认,金钱不是万能的,但没有钱却又是万万不能的。谁都想有宽敞的房屋、时髦的家具、现代化的电器、新款的汽车等,但只有有了金钱才能购买。人们的消费是永无止境的,当你拥有了自己渴望得到的东西时,你会渴望得到更新、更好的东西。

世上再没有比金钱更可以让人安心的东西了。或者银行里有存款,或者保险柜里存放着热门股票,无论那些对富人持批评态度的人怎样辩解,金钱都能增强通过正当渠道赚钱的人的自信心。想想吧,只要你足够有钱,你就可以周游世界,买任何钱能买到的东西。

在实际生活中实例很多,随着一个人财富的增长,他的自信心也会随之增强,也就是我们所谓的"财大气粗"。拿破仑·希尔说:"钱好比人的第六感官,缺少了它,就不能充分调动其他的五个感官。"这充分说出了金钱对于消除贫穷感的作用。

拿破仑·希尔还指出:"口袋里有钱,银行里有存款,会使你更轻松自在,你不会在乎别人的看法。如果有人不喜欢你,没关系,你可以找到新的朋友。你不必为几百块钱的开销而操心,你可以潇洒地逛市场,自由进出酒店。"

如果你渴望自由,如果你渴望表现自我,大可把追求金钱作为动力,这种动力也是强有力的刺激源。许多不以挣钱为目的的失败者都会批判追求金钱的人,说他们是自私的。但不能否认的是,世界的发展少不了金钱的作用。

鲁迅先生曾说:"我们有钱的时候,用几个钱不算什么,直到没有钱,一个钱都有它的意味。"诚然,赚钱不是一个人活在世界上的唯一目的,虽然不能只想着赚钱,可囊中空空如也,也很难拥有思想的时间和空间。

金钱对任何社会、任何人都是重要的;金钱是有益的,它使人们能够做很多有益的事。个人在创造财富的同时,也使他人和社会受益。

让金钱发挥它的价值

在现实生活中,没有钱寸步难行,然而,有钱却不知如何合理消费,也是不行的,只有在用钱来制造快乐时,钱的作用才会得到体现。正如托尔斯泰所言:"财富就像粪尿一样,堆积时会发出臭味,散布时可使土地变得肥沃。"

安妮和弗兰克有5个孩子,经济拮据,而全家人在假日一定会去滑雪。为此他们要购置7副滑雪板、7双长靴、7副撑杆及每人的滑雪衫,当然,还有别的开销。

邻居们都认为安妮和弗兰克一家简直是疯子。十几年后,邻居偶遇安妮,此时,她的孩子们都有了自己的家庭。"当然,我们那时日子清贫,"安妮说,"但最近,一个儿子在来信中说,他怎么也忘不了小时候滑雪时的快乐。"

有些人在把钱花在那些能为家庭和自己的生活增加乐趣的事情上时,总是犹犹豫豫,只想着攒钱备荒而错失了生活的许多美好。其实,他们这是只知紧摸手中的麻雀,而忘了逮野地里的孔雀。

正如托尔斯泰所说的那样:"钱只有在使用时,才会产生它的价值,如果放着不用,就根本毫无意义。"所以,要让金钱为你所用,而不要做守财奴,这样才会拥有快乐的人生。只要有眼光,看准了那些能使你幸福的东西,就应用金钱去获取它,因为只有当金钱能使你获得幸福时,它才是最有价值的。

精明人往往精打细算地生活,虽然事事顾全了,但生活总觉得无趣;而聪明人则会把钱花在自己喜好的事情上,如果难以做到兼顾的话,他们会有轻重之分。

不要只知道赚钱，还要懂得享受

金钱并不是唯一能够满足心灵的东西，虽然它能为心灵的满足提供一些途径，但在现实生活中，你却不能只顾享受金钱而不去享受生活。片面地享受金钱只会使人堕落，而享受金钱带来的幸福却能够让人身心满足。片面地享受金钱会让“金钱”两个字充斥着自己的生活主题，整天为金钱所困惑，为金钱痛苦而难过，生活便会沦为围绕一张钞票而上演的闹剧。懂得享受生活的人则不在乎自己有多少金钱，而是在乎自己能否处处感悟到生活。享受金钱带来幸福的人会感觉人生是无限美好的，只有这样，才会有更有意思的生活。

美国石油大王洛克菲勒出身贫寒，在他创业初期，人人都夸奖他年轻有为。当黄金像火山流出的岩浆一样进入他的腰包时，他开始变得贪婪、冷酷。深受其害的宾夕法尼亚州油田附近的居民对他深恶痛绝。有的受害者甚至做了他的木偶像，亲手将“他”处以极刑。此外，他收到了无数充满憎恶和诅咒的威胁信。甚至兄弟们也因讨厌他，而特意将儿子的遗骨从洛克菲勒家族的墓地迁出，他说：“在洛克菲勒支配下的土地内，我的儿子变得像个木乃伊。”

由于洛克菲勒为金钱操劳过度，身体状况很差。医师们终于向他宣告了一个可怕的事实，以他身体的现状，活不过50岁，并建议他必须改变拼命赚钱的生活状态，他必须在金钱、烦恼、生命三者中选择其一。这时，离死不远的他开始觉悟到贪婪的魔鬼牵制了他的身心，于是，他听从了医师的劝告，退休回家，开始学打高尔夫球，去剧院看喜剧，和邻居聊天，经过一段时间的反省，他开始考虑怎么用他的财富去帮助其他人。

于是，他在1901年设立了“洛克菲勒医药研究所”、1903年成立了“教育普及会”、1913年设立了“洛克菲勒基金会”、1918年成立了“洛克菲勒夫人纪念基金会”。

他在以后的日子里开始学会了享受生活，他喜爱滑冰、骑自行车与打高尔夫球。就这样，到了90岁，他依旧身心健康，日子过得很愉快。

他于1937年逝世，享年98岁。他死时，只剩下一张标准石油公司的股票，因为那是第一号，其他的产业都在生前捐掉或分赠给继承者了。

处世小秘笈

所以说，对待金钱必须要拿得起、放得下，活着不仅仅是为了赚钱。假如人活着只把追逐金钱作为人生唯一的目标和宗旨，那么，人也就变得可悲，人将会被自己所制造出来的这种工具捆绑起来，被生活所遗弃。

正确认识金钱

时代在发展，社会在变迁，不同的时期对成功也有不同的定义。但是，只要人类存在，成功者就有其存在的意义——成功者必须做大事，挣大钱。只是，社会的进步对成功者提出了更高的要求。

为什么有些人一辈子为金钱焦虑？为什么有的人一辈子面朝黄土背朝天，最终却还是处于贫穷状态呢？为什么有的人挣到的钱总是不多？为什么有的人总是担心损失金钱而害怕投资？

下面是我们做的几组比较：

1. 资产与负债

想在二十几岁时成功的人士，必须能清楚认识自己的资产和负债状况，这样的人才有可能成为成功的创业者。我们可以把资产和负债放在更宽广的范围去思考，赋予它更多的内涵和外延，如情感、道德、心态、健康、社会责任等。总之，要让自己处在比较宽松的环境中去创造更多的财富。

2. 职业与事业

(1) 你的职业通常是为别人打工，工作是为了金钱。换句话说，你关注的是他人的职业，你的职业不是你的职业。关注你的事业不是最重要的。

(2)你的事业是你不需要到场也能给你带来现金,你的职业是你必须亲力亲为。

(3)不懂得事业和职业的不同是你财务知识贫乏的具体表现之一。

3. 投资与消费

(1)投资与消费是财富增加和减少的重要方面。穷人的消费是财富减少,而富人却能将消费变成投资。

(2)投资能转化为消费,消费也能转化为投资,有时富人的消费反而是一种投资,而穷人的投资则变成了一种消费。

(3)穷人对微小的消费也会斤斤计较,表明他们对失去金钱充满恐惧。而富人则敢于大胆地、合理地消费,因为他们懂得转化。

4. 梦想与手段

(1)梦想是成功的第一步,但如果人只有梦想却没有手段,那所有的梦想都不可能实现。

(2)手段的重要性是显而易见的,但所有的手段都必须以正确的思想做引导,这样,才能结出善意的硕果。每个人都有梦想,但很多人无法实现自己的梦想,而更多的人则是缺乏实现梦想的手段。要想过河,就必须有多种交通工具,否则,"过河"根本就不会变为现实。

5. 赚钱之道在于积累

不少人都有这样的愿望,总梦想自己有一天能拥有很多金钱,出人头地。但大多数人终其一生,都难以梦想成真。原因是什么呢? 因为有些人赚钱太心急,小钱看不上,大钱赚不到,不懂得小溪汇集在一起能积聚成大海的道理。

> 日本明治时代有名的船舶大王河村瑞贤,年轻时虚度光阴。后来,生活日见拮据,他想:"我不能这样贫穷下去,我要拥有自己的事业。"于是,他拿出少许钱给乞丐,叫他们把别人丢掉的生菜拾回来,然后便宜卖给一些清贫的劳工。当他开始做这项生意时,不少人讥笑他、讽刺他,甚至有的朋友拒绝与他来往。但河村并不在乎,他拼命地干,认定这些"小钱"是他事业的全部基础。果然,没过几年,他就因投资船舶业,成了著名的船舶大王。

有一个外省来的补鞋匠,从几毛钱的缝缝补补做起,其年收入竟也高达数万元。这不起眼的生意,虽然挣的都是小钱,却可积少成多。

正是由于他们这种细致、认真,不耻于赚"小钱"的做法,才让他们财源广进。这对我们来说,是值得学习的。如果我们抓住身边的小钱,不让赚钱的机会从身边溜走,莫以利小而不为、莫以利大而为之,由小钱赚起,相信必有一日会拥有大钱的。

处世小秘笈

人的行为会被观念所左右。若想年轻有为,必须拥有正确的金钱观。树立正确的金钱观,定会让你有所收获。

培养储蓄的好习惯

拿破仑·希尔说:"对所有人而言,要想成功都必须会存钱。但是,没有存钱的人更关注自己应该如何去存钱。"

要知道,养成储蓄的习惯,并不会限制你赚钱的才能。而是相反,这样做,不仅能使你赚得的钱都很好地存起来,而且还会给你带来更多的机会,你的观察力、自信心、想象力也会因此而大增。

人们把"无情的主人"这一称号给予了债务。贫穷的力量足以使希望和自信一举毁灭,如果再加上一个债务,那么,任何人都将生活在阴暗中。

身上负有债务的人,很难完美地做完事情,也很难得到人们的尊重。因此,许多生命中的远大目标也就无从实现了。

拿破仑·希尔有位朋友月收入大约1.2万美元,他的妻子喜欢社交活动,经常说他家能赚2万美元。结果,他们月月透支。他的孩子也继续了母亲乱花钱的习惯。现在,孩子该上大学了,但家庭债务沉重,读大学已成了希望渺茫的事,子女与父亲的争吵也就不在话下了,整个家庭处于战争的混乱状态。

许多年轻人在结婚之前就负债累累,并且,他们对怎样解除它并没有充分的考虑。当新婚的甜蜜感消失后,夫妻二人就会受到物质匮乏的威胁。而且这种感觉会不断增大,最常见的结果就是二人只好分手。

背负一身债务的人,自然无心致力于他的理想和志愿。结果,随着时间的消逝,在意识中开始产生了种种限制自己的思想,让自己包围在恐惧之中,永远也难以破墙而出。

"仔细想想,你的家人和你是否欠别人的。然后,决心将所有欠的东西都还清。"这是一条非常诚恳的建议。许多人都有过这种经历,很多很棒的机会就是因为债务而白白地溜走了。

如果一个人要想改变负债的状况,同时不再害怕贫穷,他应该如此:

1. 改掉借钱购物的毛病

2. 还清债务

在解除债务的后顾之忧后,你的意识习惯就会得到改变,这样,你才会更接近成功。你要把固定收入按比例存到银行,哪怕只有一块钱,贵在坚持。不久之后,你将体会到储蓄的乐趣。

假如习惯是建立在一个已熟悉的模式之上,那么,停止最初的习惯。"花钱"的习惯必须用"储蓄"的习惯来代替,这样,才能争取财政的自主独立。

仅仅中止一种不良习惯还是不多的,因为你不了解什么时候它又会开始缠着你了,除非它在你的思想意识中彻底消除。

假如你一直渴望经济自主,而你也克服了贫穷,并且用储蓄的习惯取代了它,那么,积累起一大笔财富也并非什么难事。

这条真理可以称之为"冷酷":一个人在物欲横流的社会里,如同沙粒一样渺小,随时会被大风吹走,除非他能躲在金钱之后。

对天才而言,他的天分能够带给他很多机会。但事实上,如果他的天赋没有借助钱的力量,所谓的天才也只是一个空洞的称谓而已。

爱迪生是世界上最伟大的发明家之一,但假如他没有节俭的习惯,也没有高超的存钱能力,就没有人会注意到他,世界上也许就没了许多发明创造。俗话说:"人不理财,财不理你。"那么,该如何有效地利用每一分钱?如何及时地进行投资?答案就是开源节流。所谓开源,便是争取资金收入;所谓节流,便是有计划地消费。成功的理财可以增加收入,减少不必要的支出,从而提高生活水平,使你走上富裕的道路。而利用理财致富又是人人办得到的,也是每个人都应该去做的。

处世小秘笈

很少被债务缠身的人往往能清醒地面对自己的现实生活。但对那些背负债务的人来说,那些债务就如同泥浆一般,让受害者无法自拔。

勤劳是致富的基础

穷理查德说:"任何珍宝,任何与富有者的结交,都将带给你精神的富足。勤劳是好运之母,上帝愿把一切赐予勤劳者。有了辛勤的耕耘,才会有日后的硕果累累。"穷理查德还指出,一鸟在手胜过两鸟在林,一个今天强于两个明天。假如你有心成就一番事业,就应该立即付诸行动。穷理查德说:"当你做一个仆人时,被主人抓住你偷懒,你难道不感觉羞愧吗?当你作自己的主人时,你是否为自己的懒惰而愧疚万分呢?当有那么多事情需要你为你自己、为你的家庭、为你的国家去做的时候,你就需要只争朝夕,不要让快要落山的太阳对你说:'总见你懒洋洋地躺在那儿'。"

穷理查德在书中提到:"劳作时,应该好好利用手中的工具,如果伐木工的斧子都生锈了,你可以想象他是一个多么懒惰的人。"所以,时刻牢记,在口袋里待着的猫,什么时候也逮不住老鼠。你的一生有许多事情等着你来做,即使你身体柔弱,但只要你能够坚持不懈地去做,也终能见到成功。水滴石穿,飞瀑之下必有深潭。一只老鼠靠着耐心不停地咬着缆绳,最终也能把缆绳咬断。

如果一个人真的想拥有自在轻松的生活,他就应该把宝贵的时间充分利用起来。不珍惜每一分钟的人,会浪费许多生命。真正的轻松自在,是在做一切有用的事的时候才能够体验到的。勤快的人能够体验到它,而懒惰的人则没有机会体会。因此,我们可以十分肯定地说,轻松自在的人生和懒惰的人生,不是一件事。说实在的,你觉得懒惰与辛勤劳作哪个会使你感到更愉快呢?答案当然是后者。正如穷理查德所言,麻烦来自游手好闲。俗话说得好,心闲生余事,手闲惹是非。勤劳的人在劳动中体会到了真正的快乐,同时也为社会做出了贡献,自然能够赢得人们的敬重,有一个理想的归宿。

树扎根稳固之后方可枝繁叶茂,家在一处安定下来才能兴旺富裕。常言道,搬三次家,等于失一次火。将你的小店照顾好,如此便免去你日常生活的后顾之忧。如果你想做生意的话,就认真地去做吧!如果你不想做的话,就交给别人做。主人用于观察的双眼往往比用于劳动的双手起的作用更大。

如果寻求他人照顾的愿望强于寻求知识的愿望,那么,受害的就是我们自己了。对雇工的所作所为视而不见,主人的钱包就会永远地瘪下去。过分地依赖和相信别人,最终会受制于人。因此,一个人的自我努力会让自己受益无穷。穷理查德称:"知识属于勤学者,财富属于勤劳者,力量属于勇敢者,天堂属于高尚者。"此外,如果你想有一个非常忠实的仆人,一个你喜欢的仆人,一个令你感到十全十美的仆人,就努力工作为自己服务吧!另外,穷理查德忠告人们,无论做什么都要三思而行,切忌鲁莽行事,哪怕事情微小,也应该如此。这是因为,有些时候,一个小小的疏忽,都足以让人追悔莫及。他说:"亲爱的朋友,每时每刻都要清楚地意识到,一个人首先要勤奋,所谓的成功者,哪一个不是兢兢业业的勤奋者呢?但还要记住,要想发家致富,要想确保我们的勤奋能够换来更大的成功,只勤奋不懂节俭也不行。如果只知收获,却不知道节俭,他的一生就等于一直绕着磨盘转,甚至最终辞别于世时,其价值甚至还不如磨盘磨出的谷物碎片。在现实生活中,很多人原本可以积累许多财富,可就是由于他们不知节俭、挥霍无度,最终还是一贫如洗。"穷理查德在另外一本年鉴中写道:"如果你想发家致富,那么,在收获时就不要忘记节俭。不懂节俭,最终会导致入不敷出的后果。"

处世小秘笈

如果我们一生都勤奋努力,饥挨就不会找上我们。饥饿朝勤劳者的房屋里看了看,却根本不敢入内。

学会用钱与赚钱同样重要

金钱既可以用于正道之上,也可以用来犯罪,一切都看你如何利用。在用它来满足基本的生活消费后,还可用来做一些慈善事业。

成千上万的人通过洛克菲勒家族的捐款而得到了幸福。

牧师盖茨先生是老洛克菲勒最亲密的朋友。在老洛克菲勒晚年时,他一直劝导洛克菲勒给慈善机构捐钱。老洛克菲勒在他的建议下,把上亿美元巨款捐给了学校、医院、研究所等机构,并组成了庞大的慈善机构。老洛克菲勒虽然进行了一些捐款、投资,但相比之下,如何赚钱更为吸引他,如何更好地掌握和运用赚钱这项艺术,是他一生的追求。

这样一来,小洛克菲勒就得到,并紧紧地抓住了为世界服务行善的机会。小洛克菲勒回忆道:"盖茨在此间充当了创造家和理想家,我则是一名推销员——抓住一切时机向我父亲推销的中间人。"

小洛克菲勒在父亲心情好的时候趁机提出各种建议,通常情况下,他父亲都不会拒绝。老洛克菲勒在12年间,把4亿多美元的巨款注入到他的四大慈善机构:普通教育委员会、劳拉·斯佩尔曼·洛克菲勒纪念基金会、洛克菲勒基金会和医学研究所。

在这些机构中，小洛克菲勒是具体的执行人和操作人。

小洛克菲勒在这些机构的董事会中，并不是配角。他要一边主持摸底工作，一边为机构寻找合适的管理人。

1901 年，在慈善事业家罗伯特·奥格登的邀请下，小洛克菲勒同另外 50 名有名之士对南方的黑人学校做了一次历史性的考察。归来后，他就把建立普通教育委员会的建议通过邮信的方式告诉了父亲。两个星期后，父亲汇给他 1000 万美元，以后又陆续捐赠了 3200 万美元。到 1921 年，捐款额已达到 1.29 亿美元之多。

盖茨凭借牧师的神圣灵感和商业敏锐性，在洛克菲勒基金会成立后，就预料到它会产生很大的影响。

1914 年，在社会和商业的大背景下，盖茨计划在中国北京建立一些具有现代化水平的医院。于是，协和医学落成了。小洛克菲勒称这是"亚洲一流的医院"，并亲自出席了在北京举行的落成典礼。这就把好处和方便带给了无数中国人民。实际上，小洛克菲勒最为关注的还是慈善机构中的社会卫生局。

1909 年，卖淫问题成为了纽约州长竞选的一个重头戏。小洛克菲勒着手组建并负责一个委员会，专门调查有关卖淫的生意。

他将全部的精力都投入到了他接受的任务中，整天忙于工作。一份详尽的调查报告在几个月后出台了。报告指出：应有一个专门的委员会来解决这个问题。但纽约市长却拒绝了这个建议。于是，小洛克菲勒决定自己承担这个任务。他于 1911 年投资 50 多万美元建立了社会卫生局，并派出弗莱克斯纳到欧洲去考察美国与欧洲娼妓问题的区别，这是社会卫生局的第一个任务。弗莱克斯纳在美国国务卿介绍信的帮助下，访遍了欧洲大城市后，报告道：把这些事情转入地下是一种可行的方法之一，这样虽然不能根除，但能有一定的抑制作用。

他认为，如果想解决卖淫问题，就必须了解他所在的环境如何。为了证明他的看法，该局又派人到欧洲对警方进行一次跨国的考察，结果结论令人们十分吃惊：美国警察对待这个问题很随意，而欧洲警察却是一丝不苟。美国警察从中获益良多，便进行了完善和加强的措施。洛克菲勒基金会有着难以计算的捐赠范围。它被人们认为是：一个高效率地造福人类的超级慈善机构。实际上也是这样，美国的卫生、教育和福利事业在 20 世纪发展时，洛克菲勒家族的功劳很大。1937 年，美国政府的法律规定对资产在 500 万美元以上的遗产征收 10% 的遗产税，第二年又把 1000 万元及以上的遗产税增至 20%。但尽管如此，在 20 年间里，小洛克菲勒还是在父亲那得到了 5 亿多美元的财产，这和老洛克菲勒捐给慈善机构的数目没什么差别。最后，洛克菲勒只把 2000 万元的股票留给了自己消遣。

小洛克菲勒继承了这笔巨额财产，一生用之不尽。但他从不以自己是这笔财产的主人自居，他只是把自己当成一名管家，只求做事对得起他的良心。他从大学毕业后近 50 年的时间里，都是父亲的好帮手。后来，他凭自己对慈善事业的热情和宽大的胸怀，又为它投入了 8 亿多美元，造福人类。他说："健康的生活奥秘就是无私的给予……金钱除了能做坏事外，还能用来建设社会生活。"在他所赞助的各项慈善事业中，所涉及的领域是广阔而深远的，而且，每次都是深思熟虑的结果。

洛克菲勒家族的烙印在 20 世纪前 50 年的美国各个行业，以及每一个新开辟的事业中都能找到。老洛克菲勒说："我相信，人的幸福不是来自于金钱，而是来自于帮助他人而得到的那种感觉。"但他的儿子真正做到了这点——小洛克菲勒，对他而言，人生的职责就是一种无偿的赠予。

第八章 赚取第一桶金

人的第一桶金非常重要

第一桶金对年轻的投资者来说非常重要。第一桶金就如同投资人的一颗财富种子，它将是财富增长的起点。如果你得不到人生的第一桶金，你的投资就可能会很荒唐。因此，年轻人应该积累，并好好打理第一桶金。

那么，什么是第一桶金呢？对于年轻人来说，积累第一桶金主要表现在两个方面：第一就是积累资金，第二则指的是个人经验和人脉关系的积累。现在的年轻人很热情，也很有知识，但缺少经验与金钱。二十几岁的年轻人，大多数人都是能依靠自己的能力去打拼的，那么，年轻人如何走好掘金之路呢？

很显然，对于经验上的"第一桶金"，你可以通过工作，依靠各种历练去获得，但是，怎样获得金钱上的第一桶金呢？第一，平时要注意理财；第二，要学会投资。

个人的理财能够实现大多数人的第一桶金。现代社会的压力使这些需求，只有从个人生活、家庭事业出发，通过合理理财才能得到满足，因为理财已经渗人生活的点滴细微处。虽然理财很艰难，但你可以因此富裕一辈子。

美国学者托马斯·史丹利对上万名百万富翁进行调查研究。他发现，其中84%的富翁都是从储蓄和省钱开始的，大约70%的富翁工作55小时/周，但还是不忘在理财规划上花时间。而且，这些富翁一年的生活花费不足总财产的7%，也就是说，即使没有工作收入、坐吃山空，也能平均撑12年。

你看看，百万富翁况且花时间进行理财规划，如果你想积累"第一桶金"，你就更应该审视自己的收入，约束自己的支出。但可惜的是，很多年轻人不但不会存钱，反倒养成了拖欠信用卡债务的恶习，结果，人生并非始于零，而是始于负数。没有"第一桶金"的财富种子，又怎么可能进行投资呢？

因此，从现在开始，除了赚钱，你还要存钱、省钱，努力累积"第一桶金"。如果你想把钱省下来，就必须通过记账来弥补自己的财务漏洞。而存钱则要学会寻找较高的储蓄率，其中，寻找高获利的投资工具是一个好办法，你应该像富翁一样经常逛银行，搜集理财情报等，为日后的投资打基础。

理财开始得越早越好，当有了一些积蓄，你就可以投资了。不过，开始的时候，要尽量避免实体投资，为什么呢？

如果你去请教那些有经验的长者，他们就会告诉你："年轻人的第一桶金最好不要投资实体。"因为年轻人往往没有很多积蓄，这就必然导致投资规模会很小，更重要的一点就是，年轻人缺乏管理观、经营知识，所以，他们投资的项目在与同类成熟行业的竞争中必然会失败。年轻人一旦进行实体投资失败，结果多是血本无归，这对刚刚有些积蓄的年轻人来说是巨大的打击。

因此，刚开始最好别有做老板的想法，你可以尝试一些股票、基金投资，也可以炒炒房产，或者到银行办理一些投资品种。这类投资不怎么受投资金额限制，钱少可以少投，钱多则可以多投，只要自己把握好止损点，就不至于孤注一掷或失败后倾家荡产。

建议资金不雄厚、尚在积累本金的年轻人，可以投资基金。为什么说投资应从买基金开始呢？因为许多投资工具是有投资门槛的，所以，我们只能牺牲部分投资成本，先借用基金公司专家的投资能力，来累积日后自己理财投资的本金。

举例来说：股票交易市场中最低要买1000股的股票，但是，有很多市场前景看好、绩优的股票则一股就是上千元、上万元，这使得许多刚理财有成而想要投资股市的人望而却步。虽然股票也有市值很低的，但这些股票很有可能会下跌，甚至变成"垃圾股"或者"仙股"，让你赚不到股息。

基金则可避免以上尴尬情况，它面额较小，门槛较低，同时，风险没有股票高，因为基金本身就趋于回避风险。它收益比股票稳定，费用与风险也不是很高，另外，基金还可以有效利用投资专家的知识，使你把人生的第一桶金运用好。

总而言之，有很多投资机会，可是，积累到“原始资本”并不容易，所以，你应该重视“第一桶金”的积累。现在很多年轻人没有“第一桶金”的概念，或者认为“第一桶金”太少而失去兴趣，要赚就赚大钱。如果你怀有“不是0，就是100万”的想法，那么，你的“第一桶金”永远积累不起来。1000块不多，1元钱也不少，二十几岁的年轻人应从现在开始存钱、省钱，然后进行积累型投资，力争奠定好自己的财富基础。

第一桶金对年轻的投资者来说非常重要。第一桶金就如同投资人的一颗财富种子，它将是财富增长的起点。如果你得不到人生的第一桶金，你的投资就可能会很荒唐。因此，年轻人应该积累，并好好打理第一桶金。

欲投资，必先控制消费

要投资，想致富，积累“原始资本”是关键，既然要积累，当然要想办法控制消费了。如果你的消费控制不住，工资一到手就花掉，那么，资本积累只能是空谈。所以，投资之前，你先要控制住无休止的消费欲望。

可是，在我们周围，很多年轻人都在不停地消费，根本不知道存钱。我们常被“清仓大减价”“免年费信用卡”等广告所诱导，将积累“原始资本”的机会一次又一次错过。

事实上，大多数年轻人对金钱缺乏足够的认识，没有隐患意识，眼前只有享受和消费，而把积累资金的重要性完全忽略了。我们常听说“负翁”“FLY一族”“月光族”等名词，“用明天的钱，圆今天的梦”，这句广告语已经成为年轻人举债消费的理由。如今，消费大军的主力就是25~30岁的人。

2004年4月，奢华品牌阿玛尼的第30家店在上海外滩开办，同样奢华的杰尼亚的旗舰店也在外滩十八号开业。同年年底，以手工制作的皮鞋与箱包而知名的意大利品牌托德斯的总裁宣布，将在全球建立70家直营店，其中有20家就处在中国内地大城市。

而全球第一大奢侈品集团——法国LVMH集团对外公布，由于美国、中国和日本该集团产品的销售额已占集团总销售额的62%。于是，该集团旗下的“路易威登”连锁箱包店已在中国开设了15家分店。

顶级汽车品牌宾利，从2002年进入中日市场，到目前为止就有了三项纪录：亚太地区总销售量第一、销售增幅全球第一、宾利728的销售量全球第一。

据统计，大陆奢侈品市场约有20亿美元的价值，成为了全球第六大奢侈品市场。那么，究竟是谁在消费这些奢侈品呢？

关于这个问题，意大利顶级品牌艾特罗总裁表示，25~30岁的大陆年轻人很喜欢买奢侈品。而登喜路亚太区行政总裁在接受国内媒体采访时，也说：“以登喜路为例，中国内地的消费最低年龄大约比欧美国家低5岁，大概只有25岁。”

如今，因为年轻人追求奢侈消费，贷款消费也成为一种潮流。尽管这一切都在推动经济的发展，但是，财富却在消费的过程中越来越多地集中到了少数人手中，将贫富差距不断拉大，削弱中间阶层的力量。使很多中产阶级、金领、白领在消费过程中，个人经济变得拮据。

王小姐是个年轻的海归，回国后做了一年多白领。在她身上可以看到年轻人所标榜的生活追求。

她因为舍不得父母，所以，放弃了英国月薪两千英镑的工作。回到国内，她就职于一家上海国企，月薪5000元，但几乎是月光。她说：“由于父母的影响，要有大宗花费了才开始攒钱。”工作是为了满足欲望，她深受母亲有钱就花的观念影响。在英国读书的时候，她曾为买一个施华洛士奇的胸针给母亲,打了两个礼拜的工。当然,她也为自己的旅费和购物欲望而积极打工。

在国外学习期间,由于压力不是很大,因此,她的工作更多是玩票的心态,消费不太谨慎,但也没有遇到过特别困难的时候。可自从正式工作以后,情况就变了。

由于每月消费很大,经济上就有了一些压力。房租1000元/月,交际娱乐交通费大约1000元,剩下的悉数奉献在了自己想买的物品或旅游上,这样一来,几乎没有剩余。她既不存款也不打算买房。虽然有工作了,但父母还是会担心她的钱不够花。

王小姐是时尚、高低消费并存的代表,安于享受本身收入的水准。她在这个城市月薪多少钱都能过下去,待收入高时,她会更加疯狂地享受奢侈品。拥有金融与经济硕士学位的她,善用所学并投资股票,可是,尽管获利颇丰,但对消费欲望却仍无法控制,因此没有什么积蓄。临近30岁时,她仍没有什么进展,最后,只好找了一个金龟婿,靠老公来养活。后来,她离婚了,虽然得到了一笔离婚费用,可是习惯消费的她已经根本不知道如何把握自己的财富了。于是,她的生活一直徘徊于拮据之中。

如果消费毫无节制的话,就将会导致贫穷,甚至毁掉美好的人生。所以,消费必须把握原则,你要学会节约,要有投资智慧,要为购买随着时间的流逝而渐渐散发气质和品位的产品不断努力,要杜绝冲动购物,停止不停消费。投资之前,你必须有所积累,这样才会有钱投资,而要有积累,你就要停止无节制消费。

强制储蓄是克制消费的重要办法,12张存单储蓄法就是保证你的月工资被有效储蓄的方法,具体操作如下:你可以将50%的月薪都定时按照1年定期存入银行,这样一年下来,你就有12张一年期的存单,到期日分别相差1个月。有急用之时,就可以支取到期期限最近的存单,而其他的存款还能有利息可得。

处世小秘笈

要投资,想致富,积累"原始资本"是关键,既然要积累,当然要想办法控制消费了。如果你的消费控制不住,工资一到手就花掉,那么,资本积累只能是空谈。所以,投资之前,你先要控制住无休止的消费欲望。

上班的真正目的是攒钱投资

有的人认为,赚钱是上班的目的。这种想法是正确的,不过,如果你想要成为富翁,那么,这便是一种极其幼稚的想法。你必须让自己的思想升级,改变那种老掉牙的观念,认识到"上班的真正目的还是为了赚钱,而是为了攒钱投资"的道理。

我们知道,对于大多数普通人来说,仅凭上班想生活得富裕是很难实现的,既然如此,上班又是为了什么呢?也许你认为赚钱就是上班的目的。如果你这么想的话,那你的财富梦就很难实现了。

如果你上班的目的只是单纯地赚钱,那么,你就很容易陷入过度消费的漩涡之中。就拿买房来说吧,对于上班族而言,上班的目的之一是买房。不可否认,有些人是把买房作为投资来做,但绝大部分人购房还是为了过好日子。换句话说,多数人购房仅仅是为了消费,而上班赚钱反是为了这项消费。

显然,不应该把上班当成实现个人消费的方式。尤其是对年轻人来说,把上班当成赚钱消费,而不是积累本金的手段,就更不妥了。如果梦想拥有财富,却并没有投资计划,那么,你就必须学会把上班变成攒钱的手段。只有把钱攒下来,积累出本金,你才有机会投资赚钱。

对于大部分上班族和年轻人来说很有必要学会攒钱。如果你想要和钱打交道,并利用钱去获得更多的钱,就要注重平时的积累。不要说年轻的上班一族,其实,很多成功的富豪都是从积累第一桶金开始的,即便他们成功之后,攒钱的习惯也依然没有改变。

比尔·盖茨和一位朋友同车前往希尔顿饭店开会,由于去晚了,以致找不到车位。于是,他的朋友希望把车停在贵宾车位。

可是,比尔·盖茨不同意:"噢,要花12美元,价钱太高。"

"我掏钱。"他的朋友说。

"那不合适,"比尔·盖茨坚持道,"他们这是超值收费。"

由于比尔·盖茨的固执,汽车最终还是停在了普通车位上。为什么比尔·盖茨不愿多花几元钱将车停在贵宾车位呢?

原因很简单,作为一位商业天才,比尔·盖茨深知攒钱的重要性,更知道不慎花钱会侵蚀财富。这足以证明,一个人只有用好他的每一分钱,才能做到事业有成,生活幸福。

既然世界首富都积极攒钱,年轻人就更要攒钱了,20多岁的上班族们本来就没有多少钱,如果盲目消费,没有资金积累,就算挣的钱再多,也不会富有。

年轻的朋友们,当你有了一份工作,别总想着赚钱,更要懂得攒钱。王永庆是台湾著名富豪,他曾说:"赚来的钱不是你的,只有攒下来的钱,才真正属于你。"这是积累投资本金的正确思想。

汉托和乔吉娜夫妇1960年从古巴到美国留学,那个时候,他们两人由于钱不多而艰苦的生活着。1966年,他们大学毕业之后便做了记者。尽管薪水可以糊口,但他们并没有安于现状,把挣的钱消费掉。他们决定致富,而致富的策略就是节省每一分钱。

他们的生活很节俭,总买打折商品,还经常从报纸上剪折价券去买便宜货,上班带盒饭。他们把大部分收入都存入银行,由于当时银行储蓄是按复利计算的,所以,夫妇俩每月都把钱存入银行。

1987年,他们拿出积蓄中的1250美元投入了共同基金,8年之后,他们就成了百万富翁。

不错,投资是一种"花钱"的方式,但是,它能让"钱"生"钱"。同样是花钱,如果你选择投资,显然比迫不及待享受生活的花钱方式要好得多。

我们都知道投资能够实现财富的急剧膨胀,可是,你能否抓住使财富膨胀的机会呢?如果你总是一味地挥霍,如果你一贫如洗,那么,即便你眼前有财富膨胀的机会,你也将无能为力。

所以,趁年轻还能上班,要多积累财富,为自己的投资事业收集财富的种子。所以,别沉浸于眼前的好日子,更别为了享受而胡乱消费,这样你会丢失财富增长的好机会。作为二十几岁的年轻人,你需要积累,要知道,上班不仅为了赚钱,更应该为了投资而攒钱。只有拥有这样的观念才能实现投资。

投资者的目光需长远,绝不能仅为眼前的好日子而上班。对于成功的投资者而言,上班工作是为了积累财富的种子,也就是积累投资的"第一桶金",而唯一目的却不是为了赚钱而已。

记账可以有效防止财富的流失

你知道自己的财富是怎样流失的吗?这样的情况很常见:薪水刚刚领到手里,没几天就所剩无几了;本来计划好投资一个项目,取钱的时候却发现账户根本没有多少钱……你的钱在不知不觉中消失了,甚至连你自己都不知道是怎么花掉的。其实,在财富世界中,隐藏着一个又一个黑洞,如果你不注意,自己的财富就会很容易丢失。

那么,怎样找到并堵上那些可恶的黑洞呢?其实很简单,只要你学会记账就可以了。本着"及时发现,及时清理"的原则,记录下自己的收支状况,你就可以随时堵住财富消失的黑洞了。

你可以将收支状况记录在个人账本上:

在收入部分中,应包括:平均每月现金收入、工资、奖金收入、薪金收入、投资收益(股票、基金、保险分红等等)。

在支出部分中,应包括:衣食、住行、娱乐、教育等日常开销、各项货款支出,如果有房有车,则还要记录重要资产养护费(房子装潢整修、汽油费),有子女则要记下子女抚养以及教育费用,另外,还有信用卡贷款、父母赡养费用以及人寿保险等支出。

这样,你就会很熟悉自己的财务状况,发现自己的财务漏洞,从而及时调整自己的财务计划,做好财务预算,避免财富消失。

为什么有人记账之后,每个月还是坐吃山空,“月光”依旧呢?问题就在于他们没有“预算”的概念,也就是说,虽然每一笔开销都作了记录,但是,他们不知道盈亏状况,等到透支了才发现其严重性,却已为时过晚。因此,记账不是要你将收支状况机械地记下来,而要读懂其后隐藏的东西。

在“收入”部分,多数上班族的收入来源有限,除固定薪水之外,并没有其他的收入,若发现对某项收入过分依赖,就请慎重筹划风险防御机制,避免主要收入中断时,以至于无法维系正常生活。

在“支出”部分,最好统计衣、食、住、行等开销的比重,定期检查那些超支款。

因此,不要只记账,而且还要分析财务记录,并做好预算。在这里,必须强调一下积累财富的黄金定律:“收入-存款=支出”。唯有事先做好预算,预扣存款项目,将开支进行严格控制,才能创造盈余,从而积累自己的财富。如果你不太自觉,那么,就可以采取这个方法,控制超支:每天将可支配收入按照项目放在不同的信封中,花完了就不准挪用其他资金,这样就能控制消费了。

养成记账的好习惯,学会制定个人财务预算,将钱财的使用进行合理安排,这样,才能让我们在理财世界中找准方向和坐标。记录现金流量,可分析家庭或个人现金流入与流出的变化,让我们随时知悉投资成效、可动用的资金余额等,帮助我们控管实现理财计划的资金是否能够顺利到位。为了更清楚地记账,更加清楚地把握资金的来龙去脉,你还可以整并现有费用,用不同的银行账户区分生活费用和投资账户,这样可以让财务计划更加清晰。

“凡走过必留下痕迹”,要将经济状况记清楚,例如,日常的开销、市场演变,甚至是投资标的的涨跌,其效果便如指引方向的罗盘,有助于你调整方向,获取成功。

通常,我们记账只记流水账,按照时间、花费、项目逐一登记。如果你嫌太麻烦了,没有多余的时间逐笔记录也没关系,只要统计大的项目,也会具有同样的效果。如果觉得家庭收支簿写起来比较麻烦,不好整理,你还可以借助专业记账软件,如今网络上也有不少简易记账的软件。

为了避免忘记支出项目,平常消费的时候,要索取发票,收据。此外,银行扣缴单据、借贷收据、捐款、刷卡签单及存提款单据等,都要随时记在账本上。

记账并非易事。有人认为花就花了,没必要那么麻烦,更多的年轻人记两天的账就浮躁了,根本无法持之以恒。但这样是不行的。只有坚持记账才会产生效果。养成良好的记账习惯,才有资格去研究投资工具。只要肯花时间,把自己的财务状况数字化、表格化,就可以轻松得知财务状况,未来便可随之得到改善。

处世小秘笈

记账,能够掌握每天的开销,可以随时跟踪赚的钱流往何处,有助于我们弄清自己的财务收支状况,以及漏洞。

父母亲友的帮助可以让你赢在起跑线上

除了养成良好的记账习惯及储蓄习惯之外,父母亲友也可以帮年轻人实现第一桶金。虽然依靠自己逐渐积累也能获得财富种子,但是,时间比较漫长。基于“早投资早受益”的原则,越早获得“第一桶金”越好,因为时间和机会不等人。如果你有投资计划,并且找到了好的投资目标,但是手上没有资金,那就赶紧寻求父母亲友的帮助吧,让他们资助一下,不要错过赚钱的机会。这个时候,“啃老”不仅有理,而且还有利。

二十几岁的年轻人，离校不久，工作时间不长，即便有所积蓄，也很有限，凭着时间的消耗去赚取第一桶金，是比较艰苦的，最为重要的是也容易错过好的投资机会。

刘先生，27岁，研究生毕业两年，他现在非常后悔没把握好一次投资机会。他说："2006～2007年是股市黄金时期，我特别关注。当时，我刚从学校出来不久。我学的是金融专业，在学校就进行了一些小投资，虽然也有赚头，但是因为本小，没能博得大利，很可惜。"

"很多胆大的同学当时纷纷找父母要钱投资股票，而我没有跟风。后来，我很后悔，因为我的同学们都赚了大钱，刚刚毕业，他们就赚了不少钱。事实上，我的父母也能给我投资的资金，而我只是羞于开口。因此，我与他们拉开了很大的距离，我的人生也因此落后了。"

对于年轻人来说，最重要的是机会。如果投资机会来了，你发现了它，但却因为资金问题而错过了，那将是多么可惜啊。

刚考上大学时，黄小姐有些郁闷，因为她就读的大学在大城市的郊区，除了学校的建筑具有现代感之外，附近的民房都很低矮，而且，交通条件也不好。

就在她烦恼的时候，听说本市把郊区当做重点开发的对象。黄小姐听到这个消息很高兴，不仅为交通即将得到改善而开心，此外，她还把消息告诉了父亲，并希望父亲帮她在大学附近买下一处民居。

父亲开始觉得很荒谬。对于这样的投资，他不敢相信年纪轻轻又没有社会经验的女儿。不过，黄小姐通过自己的努力将父亲说服了。

为了得到父亲的资助，她特别调查分析几年来市政府对该地区的政策变化，以及对该市经济情况做了调查分析。她主要说了三点：第一，人口大量涌入城市，城市需要扩张；第二，该地区连接该市与另一市，两市在经济上已经有了很多合作项目；第三，就算买下了地皮之后，该地区没有开发，也不会贬值，原因是因为当时房价不高。

父亲听了她的分析，研究了调查资料，答应了她的要求。于是，黄小姐顺利地得到了20万元的资金，并如愿以偿地买下了一处100多平方米的民居。

过了两年，该地区真的成了重点开发的对象。大三的时候，黄小姐就获得了100多万元的补偿以及一套两居的商品房。

很多人觉得这样的"意外"很不可思议，然而，事情就是如此简单。事实上，很多赚大钱的机会都非常"意外"。关键就看你能否抓住这样的机会。

致富的机会一旦来临，就应当赶紧动手，如果没有资金，那就求助于父母亲友。对于大多数二十几岁的年轻人来说，显然不会有太多钱，如果一味地想着慢慢积累资金，就会错过一些好机会。所以，一旦面对好机会，就别犹豫了，让父母亲友替你出钱，如果有钱赚、能够迅速致富的话，就不要担心啃老。成功的投资者不能不懂得这个道理。

处世小秘笈

如果你发现了投资机会，请不要犹豫，立即求助于你的父母亲友吧。"啃老"有什么关系？最重要的是啃法。如果你不是白吃白喝、挥霍无度，而是用于投资、去抓机会，那么，"啃老"就是可行的。

年轻投资者最好的攒钱方法是借贷

荀子说："假舆马者，非利足也，而致千里；假舟楫者，非能水也，而绝江河。君子性非异也，善假于物也。"这里的"假"字，是"借、利用"的意思。而借与利用正是投资者必须要懂的。也许有人感到奇怪："借"和投资有什么关系呢？实际上，有很大关系。"借"能通过最快的方式获得资本。对于二十几岁的投资者而言，应该首选借钱投资。要想早一点跨入富人行列，获得财务自由，那就要早一点投资，获得人生的第一桶金。借可以解决资金问题。二十几岁的年轻人，应该让自己成为一个善

"借"的高手。

二十几岁的洛维格并不富裕,但却懂得如何才能致富。老油轮是其唯一的财产。有一天,洛维格将破旧的油轮改装一新,不久,一家大石油公司包租了他的油轮。然后,洛维格带着租约合同向银行贷款,借助大石油公司的良好信誉,洛维格终于贷到了一大笔钱,每月的利息与油轮的租金正好相抵。拿到贷款后的洛维格,立即购买了一艘新的货轮,经过改装后,又把新油轮承包给了石油公司。以新油轮的包租金为抵押,银行又给了他另一笔贷款,接着,他又买了一艘吨位更大的新船,然后又把它包出去……就像滚雪球一样,洛维格买下一艘艘的油轮,分别出租。一笔笔贷款还清后,油轮完全归他所有。后来,洛维格的生意越做越大,成为了美国的"船王"。

"借鸡生蛋"是洛维格的致富秘诀,他巧妙地利用银行的贷款,成为了闻名世界的大富豪。

在这个商业社会中,"借鸡生蛋"很异常。但凡杰出的商人和投资家都善于这么做。

1993 年新浪网的创始者王志东向四通融资 500 万元港币,创办了四通利方。后来,四通利方与华渊网合并,更名为新浪。1999 年,新浪在国际上融资 2500 万美元,后来,又向戴尔电脑和软银等融资 6000 万美元。2000 年,新浪上市纳斯达克,融资实现了这一切。

可什么是"融资"呢?说白了就是"大规模地借钱"。这个社会,要想生存、发展就少不了"借钱"。

当你把钱存入银行,银行就等于"借"你的钱去投资了,然后付给你极低的利息;当你的信用卡透支时,就等于你消费了从银行借的钱,如果延时还款,你就需要将利息支付给银行。

需要扩大规划的企业急需资金而资金又不够时,它就需要向银行或者股民借。这就有了银行贷款和股市融资。

由此可见,"借鸡生蛋"是很多投资者不可避免地接触并且选择的融资方式。事实上,这个方式很适合本金不足的年轻人,但前提条件是你信用很好。

当然,要想顺利地"借鸡生蛋",一些必需的技巧和原则需要掌握,以下几点是借钱投资的建议:

1. 恪守信用,人们只会把钱借给那些守信用的人。俗话说:"有借有还,再借不难。"

2. 要有良好的心态,把借钱投资当做一件光荣的事。有些人对于借钱投资,觉得很可耻。这是大可不必的。在这个世界上,只有会借钱的人才会成为理财高手。再大的老板也要借钱,因为资金不可能总是很充裕。华人首富李嘉诚就特别喜欢去银行借钱,因为借的钱能带来更多的财富。而那些银行也非常愿意将钱借给李嘉诚,因为实惠又安全。

3. 不管借谁的钱都要付利息。因为你借钱是为了赚更多的钱,所以必须付利息。而人是趋利的,再好的关系,如果你不付利息,那他下次就不会借给你了。

4. 借钱的利息不能太高。对于一个年轻人来说,最好月利率为 10%,你承受不起过高的利率,而利率太低你也很难借到钱。当然,如果你能够得到无息贷款,那就更好了。

5. 化整为零,提高借钱效率。如果你想要借 10 万元,那你应该分成好几次借,因为这样更容易借到。

6. 最好向不会喂"鸡"的人"借鸡"。借鸡生蛋要看对象,最好向那些只会将钱存到银行的人借。你想想,既然你能借钱投资获利,人家为什么借钱给你,而不自己去投资呢?如果对方有能力自己投资,那么,向他借钱是很难的。

处世小秘笈

二十几岁的年轻人,由于资金的限制,没有多少投资力量,如果想早一点抓住投资机会,就要学会"借鸡生蛋",这则诀窍所有人都要学。

二十几岁时最好不要把买车作为投资

在生活中，多数人还用旧标准审视一个人的身价：是否拥有车子、房子。于是，二十几岁的年轻人也赶起了时髦，好不容易存点钱，买车是首要目标。但是细细研究，买车有其限制条件，并非任何人都适合将其当做理财项目，如果规划错误，买车就会使你的财产在很大程度上得到削减。为什么会这样呢？

那是因为购买汽车属于无法累积的"消费财"，而非"资本财"。支付之后，对财富的累积不但没有正面的增值效果，反而会随着时间的推移，必须支出一些维修款项，使得总支出增大，这就是"消费财"的特点。

还有，新车每年都会贬值，另外，各类税金（例如牌照税、燃料税等等）、罚单、停车费用、油钱、车险，这些支出，会让你在车款之外，每月要另外负担数千元之多。

所以对于二十几岁的年轻人来说，如果没有必要，不应随意购置汽车。如果买车很必要，你也应全面考虑，买车对于投资有什么好处，购车的原因是什么？千万不能为了消费而购车。

每个人都要从买车认清投资与消费的不同。

小明和小张是同学，毕业5年后，两人都积累了20万元的储蓄，而且二人也都想到了买车。不同的是，小明将车作为代步工具，而小张买车的目的是搞运输。结果，多年之后，小张成了一个身价几百万的小老板，而小明却依然做着忙碌的工作，他的车子因为折旧，价值跌了一半。

很明显，两人资产变化巨大，但最初他们都有着同样的收入，而且是同样的学历、基本具备同样的社会经验，但为何二者的财富会有这么大的差距？

其实很明显，投资是小张买车的目的，现金虽然转移成了物品，但实际上并没有单纯地消耗掉，而是创造了价值。

而小明买车则是为了消费。二手车用过一段时间之后，价值贬值。要知道，车跟房子不一样，房子可以增值，但车子却要折旧。

如果你一定要买车，那就要在购买车子前，将以下问题想清楚：

1. 你有够足的经济能力吗？基本上可以这么说，车子是奢侈品，你很多的支出都要花在车子上，如此，买来后要支付燃料费、保险费、修理费、保养费、停车费、违规罚款等等费用，所有的总支出至少要高出乘坐大众交通工具费用的10倍。

2. 你买车是为了虚荣感吗？如果是这样的话，那就太不经济了。事实上，现在买车的炫耀效果已经大打折扣了。在以前，一辆进口车索价数十万元的年代，拥有车子的确象征尊贵的地位，但是如今车子价位不一，有些昂贵的名车买个二手的，价钱也不高了。如果你只是为了炫耀，那么，最终只会失望而归。

3. 你的支出不多吗？人的一生总会有很多支出项目，例如，养老退休、子女教育、医疗保险等等，除非你是真正财务自由的有钱人，或者有营业方面的考虑，否则，对于一般的工薪阶层而言，购买车子的时候要思虑再三。

其实，交通工具对我们来说，只要便利就行，而事实上现在去租车、搭乘大众运输工具，都可以，并没有必要拥有私车。因此何必因为购买车子而加重自己的负担，甚至浪费自己的第一桶金呢？

孟先生平时乘公交上班，尽管同事们都劝他买辆车，但他却毫无此意，并且说："不同的人对买车的看法不一样。在我看来，买车就是浪费钱。浪费的不仅仅是那些支出的钱，更重要的是，浪费了钱生钱的机会。假如用20万买辆车，15年之后，只剩5万的价值，而如果将20万用于投资，按10%的回报率算，15年后，我就可以得到80多万。"

总的来说，汽车可以鼓励自己省吃俭用，却不适合社会新人将其当成拥有资金后首先要满足的目标，除非你的考虑比较特殊，例如投资或营利方面的需求，否则，从投资报酬率的角度来看，你还不如把相同的资金投入到报酬率较高的产品中去，比如，股票、基金等。

处世小秘笈

年轻的朋友们，如果你拥有了第一桶金，不应花在买车上，而应该把这桶金变成资本去投资获利。

投资一定要留有后备金

做投资就怕满仓操作，不怕重仓出击。可是，年轻人胆子大，他们对满仓操作已经习以为常了。这种投资手法，很多投资高手并不采用。因为一旦失败，你千辛万苦积累的第一桶金就有可能蒸发掉，如此一来，东山再起几乎是不可能的。因此，一定要留下投资的后备金。

谁都不否认，追求利益是投资的最终目的，正是因为证券投资存在较高的收益，人们才去投资证券，即便知道高收益必然伴随高风险也在所不惜，但是，高风险绝不只影响收益，而且还包括本金在内。所以，再高的收益率也要以本金为基础，要是本金都没了，你的投资就不能实现了。难道要再一次辛辛苦苦地积累吗？

所以，进入投资领域，尽量不要满仓操作，保本很重要，要为自己留下再投资的后备金。

尽管赚钱是投资的目的，但保存实力才是最重要的。在投资市场中拼杀，无数的教训都给了我们这样的忠告——“剩者为王”。重要的并不是一时的输赢，只要还有后备金，总有东山再起的机会，只有活下来，才有资格谈论以后的投资计划。如果持仓过重，或满仓操作，很可能坚持不到价格回升就已经出局了，因此绝对不要做“成败在此一举”“放手一搏”等蠢事。

在股评中，常常听到一些“专家”说，某某股票庄家已介入，将要大幅上升，应“满仓”介入。所以，以后的投资计划满仓操作的并不是散户，而是机构大户的发明。作为一个散户投资人，如果你对这些机构大户充满好感，显然是愚蠢的。如果你听信股评专家的说法，满仓出击，那结果将与待宰的羔羊类似。

不要进行满仓操作。打仗最忌全线出击，要有一、二、三梯队。情况不明时，你想操作，可以先试一下，来个火力侦察，试验一下，如果不行就赶快退出。手中保持一定的现金，就好像有了预备队，在变幻多端的股市，还是小心点比较好。

对于一般散户来说，既不空仓，也不满仓，手里有压仓筹码，要把心态放平，做到进可攻，退可守。

将本金的80%投入股市已经是大胆的做法了，对于股票的仓位操作，全线最好不要超过50%。而基金比股票风险小，但如果能长期持有，可以满仓；如果短期持有，还是不要满仓为好，仓位保持60%即可。至于像期货这样的高风险投资，更有必要控制好自己的仓位了。

郑先生投入股市几年，对于大盘指数的感觉自以为良好，于是，便对股指期货跃跃欲试。由于股指期货相比指数基金具有保证金放大机制，可以数倍地赚钱，郑先生对此很羡慕。

2007年，他参加了某期货公司举办的股指期货仿真交易比赛。幸亏这是模拟。在这次模拟大赛中，他收获了很多。

在比赛中，郑先生得到虚拟资金100万，当时沪深300指数大约在3700点的位置。刚开始的时候，他接受了公司的建议，先学习，后行动，对保证金控制严格。

在5月15日，他买入了2手仿真0706合约，成交价格在4120元，按当时7%的保证金比例，每手投入保证金约18.54万元，在总资产金的40%以内。

随后，沪深300指数持续上升，到了23日，涨至3939点，而郑先生所买的2手仿真合约价格也相应地大幅度上涨，平均获利近15万元。一下子入账30万元后，郑先生信心饱满。他想：“100万资金可以买到5手，当时若是多买2手，就能多赚30万，太可惜了。”

于是，郑先生随之放弃了40%的资金控制要求，他认为，要抓住好机会，就要充分利用资金，现在的资金加上前期盈利约有130万元，多买几手完全是可以的。于是，在5月24日，他又加买了3手。此时，他共投入约99.3万元保证金，占总资金比例的80%左右。在5月29日，随着指数继续走高，郑先生的5手仿真合约共获利近160万元。

此时，郑先生信心大增，于是，他决定将此前累积的盈利继续加仓。当日，他再次买入4手，保证金超过了总资金的90%。

尽管已经非常危险，但郑先生却窃喜自己的操作。

可是当夜却出现了可怕的利空消息。第二天，沪深300指数大跌了281点，仿真0706合约大幅跳水。郑先生一下子变成了蓝色账户，并且被要求追加保证金约50万元。

其实，这时他可以进行止损操作，只要果断将所有多单平掉，账面资金依然能够保证在180万元左右。但他认为，这种状况不会维持太久，指数很快就会止跌回稳。

然而，6月1日至3日，沪深300指数连续大幅下跌，累计最大跌幅超过700点。郑先生终于傻眼了，他完全失措了。

经过这次模拟操作，郑先生感慨："我从来没想过资金管理这么重要，这次经历让我懂得了这个道理，如果盲目满仓操作，随时都可能被回调打败。"

俗话说："留得青山在，不怕没柴烧。"年轻的投资者们，一定不要有投机取向，有远大的志向没错，但千万别寄希望于一夜暴富，不要将本钱搭进去，记住一句忠告：就算天塌下来，也要将翻本的资金留出来！

处世小秘笈

在投资过程中，有这样一个公式：高仓位=高收益=高风险。可是，很多人只注意到高仓位=高收益，而将高仓位=高风险忽略了。

最好别做赢得起但输不起的投资

投资之前，你必须估量自己所能承受风险的能力，尤其是对自己的投资本金和将要投资的目标进行一番认真的考察。最好不做赢得起但输不起的投资。比如，做生意，精明的商人会计算自己的承受能力，他会放弃输不起的投资，其实，投资也是一样。

赢得起、输不起就是对于风险的控制能力。在赢的时候，投资信心暴涨，恨不得一次就赚个盆满钵满，而输的时候，对风险控制不了，以致输掉所有。

郎咸平是著名经济学家，在他的著作《标本》中，认为大部分国内地产上市公司资产负债率过高，风险极大，一旦遇到危机，崩溃的风险很大，属于典型的"赢得起，输不起"。

大多数房地产公司确实如此，表面上风风光光赚钱，名头响当当，但是它们通常有很高的贷款额度，一旦出现危机，仅仅靠信用的力量，根本无法承担风险。而能够独立承担风险的生意才是最让人放心的。

长期投资要想成功，享受"复利"带来的快乐，就要避免风险，不至于中途被"消灭"。如果你无法承担风险，一拳就被击倒，那投资就等于将本钱浪费掉。所以，你必须以自己的本金作为出发点，去思考自己应该做何种投资，并规划自己的投资方向。

有的投资风险很大，如果你没有足够多的本金，还是少去介入，因为一旦出现高风险，最容易吞没小资本，这就好比是一滴水进入大海，一点残渣都不会剩下。

二十几岁的年轻人，最好不要投资"权证""股指期货""股票型票据"和"股票型债券"之类的金融衍生品。有些人经过长时间才积累到"第一桶金"，毕竟那是自己的血汗钱，对于他们来说，最好的投资方式应该是优质公司的普通股或基金。

如果你对风险不能进行准确地预估，也无法确知自身有多大的承受能力，你可以先试一下，不过，在投资尝试的过程中，一定要严格控制资金投入量，开始的时候不要超过20%的本金，即便决定要进入该投资领域，也要将投入资金控制在50%以内。

控制风险还取决于个人的止损力度。如果你不能果断止损，那么，即便本金很雄厚，你的本金也会被市场吞吃掉。因此，在投资之前，你必须为自己设置止损点，并且严格执行。就蚀本而言，最好控制在35%的本金，如果你的本金损失达到一半，那就不要停留，赶紧撤退。

做投资虽然是为了获得更大的收益，但不能有一夜暴富的心态。事实证明，能够一夜暴富的属于极少数，即使侥幸成功，也终有一天会被陷进去。所以，你要找到适合自己的投资，既要赢得起，也要输得起。

对于积累"第一桶金"的年轻人而言，要首选保本的投资产品。从总体来说，保本产品可以规避通胀风险，实现保值目的，而且收益比银行储蓄要高。国内银行目前销售的保本理财产品，大多为投资国债、信贷资产、央票等产品。这些产品大部分为固定收益产品，还有少部分是浮动收益类的保本产品。二十几岁的年轻人选择时可以根据保值需要进行选择。

总而言之，在二十几岁的时候，投资一定要做能够输得起的。如果你还处在积累第一桶金的时期，最好要选择保本产品，当然，如果想提高掘金的速度，并获得更多的投资经验，一些低风险的投资方式是一个明智的选择，比如，长期持有优质公司普通股，或者基金，对于一些高风险的投资工具，比如，期货、权证等，年轻人本金有限，最好不要涉足。

处世小秘笈

选择保本产品，并非拒绝了其他投资方式，事实上，为了以后的投资，你必须对多种投资方式加以了解，并从中选出适合自己进行本金增值的投资工具，比如，股票、基金等。

第九章　资产配置的秘诀

投资不是赌博，要懂得资源配置

投资关键在于资产配置。我们在看影视作品时，经常会有这样的场面出现：双方把所有的筹码全推了出去，决定一决生死。一切都那么豪气冲天、惊心动魄，让人倍感刺激。但需要提醒你一点，那是赌博，和投资有着巨大的差异。在此，必须强调，投资不是赌博，在投资场上，更不能有赌博的心态。

有的人很喜欢在投资上"豪赌"，集中资金买某只绩优股，这就是一种赌博心态的体现。投资市场是千变万化的，不存在万无一失的投资，所有的投资者都应该明白：并不是每一次投资都能赚钱，就算是股神也做不到如此。如果你抱定某只股票，或者只有一种投资方式，最后很有可能赔了夫人又折兵。换言之，专注，从某种意义上说并不适合投资场合。

在投资界，有这样一句至理名言："鸡蛋最好分放在不同的篮子里面！"这可是投资者赚钱的秘技之一，这句话体现了投资的资产配置问题。

在莎士比亚的著名剧作《威尼斯商人》中，在剧幕开头，安东尼奥告诉他的老友，其实他并没有忧虑货物，他说："不，相信我。感谢我的命运，我的买卖的成败并不完全寄托在一艘船上，更不是依赖着一处地方。一年的盈亏不会影响我的全部财产，我更不会因为一年的盈亏而受到影响，所以，我的货物并不能使我忧愁。"

在这里，我们能看见一股闪烁动人的光芒——"分散投资"的思想。很明显，安东尼奥所说的话——分散投资的思想——降低了投资的风险系数。因此，投资的时候，别把所有的资金集中于一个项目中。事实上，正常做股票投资的人，都不会孤注一掷，当然，不理智的赌徒除外。即使是股神，也无法保证每次都能在最佳时期买入最好的投资标的，关键在于资产配置。

当然，资产配置不仅在于降低风险，分散投资思想也不等同于资产配置，不过，分散投资是资产配置的一个基本原则，或者说是资产配置的重要模型之一。这一思想不仅适用于投资，而且还适用于生活理财方面。

即便你的资金不多，也没有关系，你的投资组合做好了，通过稳健的资产配置，不仅可以保证正常生活，还能够优化投资的资本，而且也比较容易创造收益。比如，可将每月收入采取“三三三”分配的原则，即1/3作为日常生活的支出；1/3进行定期定额投资开放式基金；最后1/3用于储蓄，以备不时之需。

专注于资产配置的优化，是稳坐钓鱼台的投资法门，只要你有好的资产配置，就能从中得到利润。

张先生26岁，研究生毕业之后，就在一家设计研究院工作，月薪约7000元，加上年终奖金和节日补贴等其他收入，税后约有8万元的年收入。

虽然张先生工作时间不长，也没有太多积蓄，个人积蓄不算丰厚，但其父母均已退休，家庭经济较宽裕，因此，经济上还算过得去。前期他尝试了股市投资，基本上没有获得收益，后来，他买来理财书籍研究投资，为自己的投资进行了规划：首先，预计4至5年后结婚，需要准备购房首付款和购车款约30万元。其次，撤出股市资金，配置适合基金。

他的心里是这么想的，为了未来的购房、购车，乃至更长远的子女教育、退休养老等，积累资金应从现在开始。

于是，他统计了自己的日常开支，大概为每月2000至2600元，分析这些开支，他发现，自己在吃喝娱乐方面比较随意，如果严格要求自己的话，每月2000元已经足够日常消费了。

接着，他把剩下的5000元薪水进行了规划，从股市中撤出了大部分股金，只留了一小部分股金，这是因为他觉得自己经验不足，在股市上很容易亏损；另一方面，他这个年龄阶段，最重要的是干好本职工作，争取成为行业精英，积极寻求升职或抓住收入更高的机会。

于是，他把余下的薪水，分别买了债券、基金，另外，他还给自己补充了商业意外险以及其他一些相应的疾病、定期寿险等方面的商业保险。

经过一番规划之后，张先生发现自己的生活开始发生了改变。首先，他能更好地投入工作了，而不再整天惦记着“做生意”“发财”；其次，他的生活更加有条理了；第三，他发现自己渐渐没有了乱花钱的习惯。

过了5年之后，他结婚了，此时，他不仅有了房子、车子，而且还拥有丰厚的存款。

现在很多年轻人，花钱比较随意，不能控制好自己的日常开支，以至于常常沦为“月光族”，如果没有任何改变的话，那就谈不上投资了。因此，资产配置的第一步，就是把日常生活开支控制在月收入的33%之内，如此才有可能较快地积累财富。

此外，要有合理的资金配额。一般而言，年轻人的投资期限很长，愿意把较多的资产投资于股票。从经验方面出发，应将投入与你年龄相当的资金在债券上。比如，你今年如果25岁，那你最好持有25%左右的债券，以此类推，其余的资金用于可投资股票。但要注意的是，你还必须配置一定的资产于高流动的品种（如货币基金），关键时候可以随时取用，一般建议预留3到6个月的生活开支。

在选择债券基金时，中期类的投资比较合适，因为它们在获得收益的同时又不会有太大的利率或信用风险。同时，长期类投资也不能少，这样，年轻的投资者可以做到更高质量的分散化投资。

在配置资产的时候，不能忽视的问题应该尽可能地以低成本构建组合。由于年轻的投资者初始投入不大，于是，减少成本就显得非常重要。因此，在挑选投资产品时，一定要考虑各项可能发生的费用，要首选费用较低的理财产品。

处世小秘笈

学习构建一个相对平衡的投资组合，分散风险，我们的投资才会进行得顺利！在生活中，要注意资产配置，日常消费、储蓄、投资应该合理搭配；在投资中，要分散投资，将风险分散。在投资收益中，几乎94%依赖于其合理的资产配置，因此，你应该做一个资产的合理配置者。

注意形势变化，进行投资组合

学投资，就要学习资产配置，既然要讲资产配置，就必须知道怎样进行投资组合，也就是说，投资不能太过单一。如果我们将资产配置的视野放得更宽一些，就会有更多的选择，更多的样式，这样我们就可以通过投资组合，来满足我们投资的多方需求。

单调的投资方式，带来的财富并不多，可风险却很大。这也是为什么我们强调资产配置的其中一个原因。根据一项针对美国82只退休基金，投资总额超过千亿美元的10年投资绩效调查发现，决定基金长期投资绩效的关键并不在于选择投资标的和进场时机，而"投资组合"则被大多数基金经理人认为是真正决定投资成败的原因。

我们知道，要选好投资标的和进场时机相对来说并不容易，对于一个二十几岁的年轻投资人来说，要想真正把握这两点，存在着很大的困难。因此，了解投资组合与如何做好投资组合，对于年轻的投资者而言就显得非常重要了。

随着经济社会的发展，投资方式也越来越多元化了，同时，也为我们的投资生活增添了很多机会，作为新时代的年轻人，又何必局限在一个投资产品中呢？

请记住，切忌固执己见地只投资一个品种，随势变动投资对象才能赚大钱。

你应该明白，就算是市场环境相同的时候，不同的投资工具，也有着不同的风险程度，有时甚至截然相反。如果你只做一种投资，把资金全都集中在一种投资上，局面往往是要么大赚，要么大赔，需要承受很大风险。

我们可以假设，如果你的全部资金用于储蓄投资或股票投资，当国家银行利率上调的时候，储蓄存款收益率高，风险很小，而股票市场将要面临股价狂跌的风险，收益率甚至面临着变为负数的风险。

而当银行利率下调的时候，储蓄投资收益率低，风险加大；但是，此时的股票市场则会因股价大幅上涨，收益率达到前所未有的高度。

很显然，只进行一种投资，你将面临着高风险，而如果你将资金分别投资于储蓄和股票，利率上升时，储蓄获利会抵消股票投资上的损失；而利率下降时，股票投资上的收益又会将储蓄上的损失弥补掉。因此，可以将资金分别投资于储蓄与股票，形成投资组合，使得投资风险降低，从而保持收益的稳定。

这就是投资组合的好处，其目的在于分散风险，稳定收益。

许多人盲目地跟着市场、他人去投资，哪只股票涨幅居前，就追买哪只，毫不考虑资金安全问题。对于年轻人而言，在入市之前，应该学习一下怎样去投资。

股票市场不景气，就投资黄金；黄金市场不理想，那就买基金——这是投资的窍门所在。你不能让钱闲下来，要看市场形势去投资，别抓住一个项目不放。现在投资赚钱的地方有很多，既然机会那么多，为什么非要只投那一个呢？

当然，讲投资组合，并不代表任意组合，在你的投资组合当中，核心投资不能少。比如，投资组合为"股票－债券－基金"，若专注于股票投资，那么，核心投资就是股票。

另外，在一个投资项目中也有组合。比如，股票投资中，有"核心——卫星"的投资策略，又比如，买基金的时候，你可以在主动型、偏股票型、平衡型等多种基金中选择，或者选择适合自己的、业绩稳定的优秀基金公司的基金构成组合型的投资。

对于年轻人来说，在组合中可以增加风险性投资的比重，比如，45%的股票、35%的基金、20%的储蓄。股票组合中25%的资金可以炒短线，20%的资金则长期持有优质增长股；在你的基金组合中，用10%投资债券基金和货币基金，用15%投资业绩表现出色的卫星基金，从而得到较高收益。这样的组合，既可以有效地避免市场风险，保住一定的资本，又可以让你在投资中积累丰富的经验。

事实上，通过投资组合来投资，要比单纯地盯着一个投资工具好很多。例如，一个股票占40%、国债占40%、定期存款占20%的投资组合，在96至03年这8年中，平均年回报率可以高达9.07%，远远高于完全投资中定期办理存款；同时，其风险程度没有100%投资于股票那么大。

当然，现在的投资种类繁多，不仅有股票、基金和储蓄，而且还包括保险、房产、黄金、珠宝、古玩、艺术收藏品等，这类投资手段都很不错。你可以根据自己的喜好和兴趣特长去规划投资组合。总之，不要把资金都集中在一个品种上，而要通过投资组合，随势变动投资对象。

处世小秘笈

投资者不能把所有资金集中在一种投资上，而应该将资金分成若干部分，分别选择不同的投资工具，在不同的领域里投资。

要注意投资品的风险、收益、流动性

作为一个投资者，要了解产品的三要素。投资品的三要素，包括风险、收益和流动性。当你要做投资的时候，面对你的投资对象，要深入考虑如下三个方面：收益如何？风险有多大？流动性有没有问题？

很明显，投资肯定要考虑收益。事实上，大多数人参与投资，第一个想法就是获得丰厚的收益。如果没有收益的话，谁还会去投资。虽然有很多投资产品属于保值产品，但若没有一定的收益来抵偿通货膨胀带来的损失，想达到保值的目的也很难。因此，在投资过程中，必定会考虑到收益问题。

然而，很多时候，由于过分追求收益，很多人忽略了投资风险。认为“高风险有高收益，只有冒险才能获得高报酬”，但这种做法不值得学习。

实际上，对于投资人而言，投资风险是首先要考虑的问题。而我们主张在投资过程中进行资产配置、整理投资组合，其目的是为了分散风险，获得稳定的收入。

我们经常可以看到在理财专家给投资者提出建议时，会根据你的投资属性或年纪，将股金在股市和债市中合理分配。例如，年轻人不妨持有股票七成、债券三成，上了年纪的人就要改成股票三成、债券七成，这就是根据投资属性或年龄差异来合理配置资产。

没错，高报酬率说明承受的风险也高。比如，期货、权证等投资工具，都具有高报酬的特点，同时它们的风险也相对较高；股票与偏股型基金的风险性也是偏高的，同样，它们报酬也挺高；而风险性最低的是债券、定存基金和储蓄类投资工具，因此，它们的收益也就比较低了。

但如果我们只考虑投资的报酬高低，而不考虑投资风险，即使是牛市，其风险也是很大的，当风险成为现实，发生下跌的时候，大多数人是无法承受的。

顾先生在2007年时开始了他的投资生涯，当时是春节，他到一位朋友家玩，在他们闲聊时，朋友向他谈及股票，并信心满满地说：“现在这种形势，1个月赚20%～30%绝对没问题。”

顾先生听了，十分动心。于是，他回家之后，心中打起了算盘：要是将买房的25万元投入股市，1个月赚20%，只需半年时间就能入手一套很好的商品房了。

抱着这样的想法，顾先生在朋友的帮助下，迫不及待地在股市中投入了10万元资金，准备大赚一笔。

一个星期之后，顾先生果真净赚了23%。预期一个月赚20%的目标，竟实现得如此轻松，心里别提有多高兴了，于是，第二个星期，他把手里剩下的15万元全部投入了股市。他先后购买了大唐发电、巴士股份、南山铝业、大秦铁路、格力电器等股票。结果，牛市的各个股票暴涨，5月28日，他的股票市值已经突破50万。

正当顾先生兴高采烈的时候，股票市场有了一些变动。50多万的数字只保持了两天，就突然出现了跌盘，到了5月30日收市的时候，他的股票市值只有37万了。接着连续几天出现了5个大跌，股票接连跌停，到了6月7日，他的账面上只剩15万元了！

看到这样的情况，顾先生几乎要晕过去了。顾先生很心疼损失了的资金，特别想把损失补回来，然而，虽然股市后来又出现了反弹，但是，他手中的股票并没有涨。结果，到了2008年，他的账户上仅剩下9万元,买房计划也随之泡汤了。

在投资过程中,盲目地追求高报酬、高收益,忽视风险,有可能带来巨大的损失。即便是牛市,风险也会存在。有的投资者的头脑被胜利冲昏了,忘记了风险的存在,而盲目地冒进,以至于对操作把握不到位,最终赔了个一塌糊涂,实在是令人惋惜。

所以,年轻人进入投资领域,要克制贪利之心,不能只看见丰厚收益而忽视了风险,在做资产配置的时候,要结合实际情况,衡量投资风险。虽然你的年龄小、负担轻、风险承受能力较强,可以进行积极投资,但千万不可盲目地进行投资,尤其是一些上有高堂、下有妻儿的上班族,更需要稳健投资。

除了收益与风险之外,在资产配置与投资组合中,也必须考虑资金的流动性。虽然我们说手上的资金不能闲置,但也不能全部投出去,在生活中难免会遇到一些突发状况,所以,还必须有一笔应急资金作为调度,甚至有时候你还需要将投资资金调出来应急,因此,在资产配置中,还应该考虑到投资资金的流动性。

根据资金需要,可以选择不同期限的产品。一部分可以长期持有,而另外的一部分则可作为短期投资,而且期限越短越好,最好比货币基金回款快,现在银行拥有的超短期理财产品有1天、3天和7天的。这些选择都很不错。有的银行还推出了"周末理财"产品,理财期3天,周四发售、周五下午3点半销售结束,当天起息,三天之后到期,这是专为股民量身定做的流动性投资品,既可以避免资金闲置,还能使资金得到升值。

总之,作为投资人,我们必须了解投资品三要素。在投资过程中,我们不仅要兼顾风险与收益,还应该考虑资金的流动性因素。不同的投资品有不同的风险、收益和流动性,你可以根据自己的需要和实际情况综合考虑,进行选择。

处世小秘笈

可以这么说,决定投资配置比例是出于风险考虑。虽然投资的报酬率与投资风险是呈正向关系的,但是,我们绝不能忽略投资的风险。

分散投资风险

在投资过程中,到底是集中好还是分散好呢?针对这个疑问,长期以来,很多人都有不同的见解。不过,关于这一问题的争论大多属于形式上的,作为刚刚开始投资的年轻人,应该结合自己的实际状况,这才是正确的投资思想。

对于经验不足的年轻人来说,保护资金最为重要。由于你没有足够的投资经验帮助你发现机会、抓住机会,因此,和经验丰富的投资者相比,你的投资将面临更大的风险。这个时候,首先要考虑的是如何减少风险,所以,对于年轻的你来说,散弹打鸟显然更适合。

在钓鱼的时候,常常能看见一个垂钓者侍弄着好几根钓竿,将鱼饵分别放在几根钓竿上,这样即便一处鱼饵没被咬钩,其他的竿也会有所收获。垂钓者这样做的目的就在于分散投入风险,保证收益。

其实,不仅钓鱼如此,投资也是同样的道理。常听人说:"不要把所有鸡蛋放在同一个篮子里",这句话在投资场上可谓是老生常谈了。尽管巴菲特不同意这句话,他说:"投资像马克·吐温建议的,把所有鸡蛋放在同一个篮子里,小心翼翼地保护好它。"不过,具有丰富经验的投资老手可以这样选择,因为他们具备看好它的能力与胆识。可事实上,二十几岁的年轻投资者不具备这样的本事。

年轻的投资者不能依靠直觉进行投资,因为缺乏经验的直觉并不可靠,所以,你需要的是更加安全的投资法门;孤注一掷并不适合你,分散投资才是你的最佳选择,因为从风险管理的角度来看,适度分散也能够把风险分散,从而使收益趋于稳定。

举例来说吧:有个人现有资金25000元,他准备进行投资。现有五个投资方向可供选择,这五种投资方向收益率各不相同,有+15%、+5%、0%、-5%、-15%,但是,投资人并不能确切地知道这5种投资方向分别属于何种报酬率,这个时候,他该怎样组织呢?

假设他只投其中一个方向,那么,他只有2/5的机会获利,有3/5的几率不赚钱。要是押中了0%的投资方向,他还能保住本金,但是万一押进了-5%、-15%这两种投资方向,就赔钱了。

显然,这种做法是赌博而不是投资。如果你选择这样的方式投资,那么,你还不如去掷骰子赌大小,因为那至少有1/2的几率获利。告诉你,真正的投资者不屑于赌博。

那个人很聪明,他没有成为一个赌博者,不是冒险只选择其中一个方向,而是把资金分成5等份,分别投资于5个项目。这样的话,5种不同报酬率的投资方向都有5000元的投资。若持有这些投资项目长达20年,这样会获得多少回报呢?

单看报酬率,你会觉得很可笑,认为他得不到任何回报。可是,事实却并非如此。按报酬率计算,他能获得10万元的回报总额,是最初投资额的4倍!也就是说,实际上,他的投资获得了7.29%的年度回报率!

这样的结果一定让人很吃惊吧。若论单个投资,你对这个投资组织不会有太好的看法,因为在5个投资项目当中,有两个是一直在赔钱的,还有一个20年始终没有作为。在这样的情况下,还有赚钱的机会吗?

不错,这就是分散投资思想在资产配置中的妙处。

分散投资绝对经得起时间考验。如果你只买了一只股票,错了就会前功尽弃;但是,你如果买的是20只,就不太可能每只股票都涨停,当然也不太可能每只都大跌,正所谓"东方不亮西方亮",在涨跌互相抵消之后,哪怕是赔钱也只是小数目,不至于伤筋断骨。很显然,把全部的钱押在一只股票上的风险,比分散投资在20只股票上的风险要高得多。

2000年初,全球网络、电讯、科技股上都出现了崩盘,很多上市公司的股价下跌超过了95%,像雅虎、亚马逊,都跌到快没影了。如果你当时把资金全都集中在网络、电讯、科技股上,可以想象后果有多严重。

实际上,投资和赌博不一样,对于年轻人来说,往往没有经验,也缺乏理论指导,所以,不适合采用集中火力猛攻的投资方式,而分散投资最为重要。再次提醒一句,保护好自己的资金,别把所有的鸡蛋放在一个篮子里,以防打水漂。

在进行分散投资时,只要一部分投资取得佳绩便足够了,而不须所有的投资都表现得出色。这样做在避免风险的同时,还能够保证你的收益。

逢低加码的窍门

几乎所有的投资者都知道,在市场面临下跌时,应该进场。但是,在实际操作中,真有信心做到这样的就微乎其微了。很少投资者能够在市场下跌的时候买进,可能出于谨慎的考虑,但更多是因为内心存在的不确定性与恐惧情绪所致。其实,大可不必这样,既然你害怕损失,那就不妨采取定期定额加码买进的方式进行投资,充分把握资金的投入,这样,既可以保证资金安全,同时又不会错过良好的投资机会。

关于逢低买进,也就是我们常说的"抄底"。有这样一个故事:

在全球经济危机时,有个美国老太太没有职业,年纪大了,没有养老金,生活缺乏保障,便自己支了个擦皮鞋的摊子,借此获得微薄的收入。她挣来的小钱,除了正常的生活开销外,余下的都积攒了下来。好几年的光阴,竟然也有了一笔资金,大约有500美元。开始她不知道这些钱该如何处理是好,后来,因为常在证券交易所门前擦皮鞋,看惯了股民的疯狂与沮丧,心里也想着要投身股市。她没有丰富的股市投资经验,甚至对股票一无所知,然而,这个老太太进入股市却赚钱了,而且赚得很稳当。

那么,她究竟是怎么做到的呢?有人很疑惑,便跑去问她。她回答说:“其实很简单。当大厅门可罗雀的时候,股价比较低,我就买股票;当交易所人满为患的时候,股价高了,我就把股票都抛出去。”

不会吧,方法竟然如此简单?对,就这么简单,逢低多买进,逢高多卖出。赚钱与否就在于有无胆识!

巴菲特有一句经典的话:“投资就是在别人恐惧的时候贪婪,在别人贪婪的时候恐惧!”其实,这与老太太的投资方法有很多类似的地方,只不过老太太的方法太简单了,让大家不屑一顾,而巴菲特的做法则太深奥了,致使大家都不敢去尝试。

每个人都想抄底,但实际上,很少有人能够做好。事实上,抄底是一件很难的事情,也有很大的风险,不过,你可以通过逢低加码的方式进行投资,这样,既可以降低风险,减少损失,同时又能提高定期定额投资报酬率。

逢低加码的投资方式,虽然比较简单、“傻瓜”,但也不是那么容易就能用好的,首先,心理障碍就是一道高门槛。有很多人担心风险太大,宁愿跟风走,也不敢逢低加码买进,最终只能与机会擦身而过。其实,市场逢低之时,大可大胆出手。

在实际操作上,逢低加码的投资有以下几个窍门:

1. 逢低加码有两个步骤:首先,你要考虑3件事,把握好何时出手。第一,投资标的前景是否良好。第二,股票市场下跌是否已逐渐量缩企稳。第三,投资者如何看待市场气氛。如果投资标的前景良好,股市已经逐渐企稳,市场气氛也不再悲观,那么,此时就是出手的机会了。

其次,正确选择加码的方式,同时考虑投入多少资金合适。加码买入和迅速买入不同,是采取数次扣款的方式,逐步买入股票,这样可以降低风险、减少损失。投资人可以一次提高扣款金额,也可改变每月扣款次数,这都是由个人财务状况决定的。

2. 基本面不坏,套牢不停扣,使反弹依赖于时间。当市场形势不理想的时候,即使是定期定额投资也同样有被套牢的风险。当你看到报酬率连着几个月都是负值的时候,你心里也许非常担心。那么,你应该继续扣款,还是转移市场呢?如果所投资的产业或区域的股市下跌,基本面未转坏,投资人应该持续扣款,加码买进。反之,假如基本面已经转坏了,你就应该考虑把手上的资金转移到其他地方了。

3. 借重资产配置,稳定投资绩效。逢低加码取决于合理的资产配置,逢低加码就好比步步为营、主动出击的部队,而合理的资产配置则相当于稳定的大后方。资产配置方面做的好了,打有准备之仗,才会有稳定的收获。首先,你必须了解投资属性,从自己的实际情况出发,选择投资工具;其次,设定投资目标,包括收益目标和止损目标;第三,将风险承受能力考虑进去。随着年龄增长,可调整较稳健的组合,减轻加码码数。

4. 设置停利点,才能锁住获利。设立停利点,如果有了获利就选择出场,这样可以确保投资战果,当然,把停利点设在哪个位置,需要你对经济基本面和市场的最新动态有较清晰明确的了解。如果不设置停利点,长期定期定额投资的结果可能是“愈陷愈深”,因此,投资要慎重,逢低加码虽然“傻瓜”,但却是一个非常好的方法。

5. 月初扣款,获得比月中、月底更高的报酬。加码买进的扣款时间也要纳入考虑之中,或许你没想到,选择月初开始扣款要比月中、月底扣款多赚1到2个百分点!其主要原因在于月初股市通常处于低点,而月底则因投资法人作账关系而处于高点。虽然这是一笔小钱,但至少可以节省一些手续费等投资成本。

逢低加码的投资方式,虽然“傻瓜”,但很有效。当然,这仅仅是对于那些了解其中诀窍的人才是如此。你善于利用逢低加码的方式投资,能大大提高投资效率,自然回报率也会提高。但可惜的是,在现实生活中绝大多数人都被“追涨杀跌”的怪圈所笼罩,当市场已经触底时已经失去了加码的勇气和继续坚持的耐心,铩羽而归也就不足为奇了。其实,追涨杀跌很容易,但买低卖高就依靠智慧和勇气了,不过报酬也很丰硕。

处世小秘笈

股市不会每天都涨、也不会永远下跌，所以，年轻的投资者们要学会在股市逢低的时候酌量加码，抓住低位入场增加赚钱的机会。

心态决定投资的成败，投资要坚持“三心二意”的原则

由于市场行情起起伏伏、变幻莫测，很难把握好详细的走势，所以，对于投资者来说，唯有做好资产配置，再结合正确的投资方法，才可能在投资中获得成功。作为一个二十几岁的年轻人，刚开始投资的时候，就必须要认真培养一些习惯，其中最为重要的便是“三心二意”。

那么，投资中所说的“三心二意”是指什么呢？“三心”指的是信心、恒心和耐心，“二意”指的是意图和意志。

1. 投资人要有“信心”。信心不是盲目跟风，也不是盲目乐观，而是相信市场虽有周期和循环，但是，市场总体的发展趋势是向上的。源于对市场的信心，你相信人们仍然会在早上起床时穿上衣服，因此，生产衣服的公司能给股东们带来利益。你相信社会是发展的，老企业终将衰退，所以，朝气蓬勃的新企业将取而代之。在你选择进入投资领域时，就不要把简单的事情复杂化，你之所以投资，就在于你信心满满。如果你对某一只股票或基金不抱有任何希望，那么，为了不要受损失，你还是放弃投资吧。

随着经济结构的调整，中国经济会不断地呈增长趋势。“大局观”告诉我们，尽管21世纪以来，中国股市发生过多次剧烈的下跌，而且每次下跌都有足够理由使人相信“世界末日”就要来临，但是，持有股票还是比持有债券的收益率高。

2. 投资人要有“恒心”。有的人对投资三天打鱼两天晒网，或者有一搭没一搭，这样对积累财富一点好处也没有。所以，投资要持之以恒，不能中断，要定期定额扣款，从低档开始多累积份额，这样才能获得回报。如果时不时中断投资，不仅无法获得回报，也不能积累经验。投资不是兴之所至的事情，应该定期定额地进行。“定期定额”投资法是长期投资最好和最成功的方法，投资者该加以好好利用。

3. 投资人还要有“耐心”。投资大师彼得·林奇有一句很有名的话：“股票投资和减肥一样，结果取决于耐心而不是人脑。”减肥需要一步一步来，违背常规过快瘦身可能会引发各种不良反应，甚至遗留疾病隐患。投资如减肥，急不得，古人曰“欲速则不达”，如果你缺乏长期的耐心，买几只股票就想成为富翁，那么，还是及早不要这样想。沉稳以对，耐心等待行情来临，你会发现时间是投资人最好的朋友。

4. 投资人必须“意图明确”。投资绝非毫无目的或是心血来潮，而应有明确的目标或步骤，这样才能事半功倍、进退自如。假设你投资的目的是为了养老，那么，你就需要买一些回报率比较稳定、风险较小的投资产品。当然，对于大多数年轻人来说，养老不是其唯一的目的，他们多半都是为了赚上一笔不菲的财富，既然你的意图是这样的，那么，风险性投资更适合你。

在投资过程中，意图明确非常重要，怕就怕举棋不定，一会儿觉得自己不应该买股票，应该买债券，一会儿又觉得债券收益不行，还是基金好。如果意图一点也不明确，那么，你的投资注定是失败的，因为你根本没有时间去思考你的投资，配置资产也不合理。

5. 投资人必须“意志坚定”。关于这一点，每个人都明白这样的道理，事实上不仅投资需要意志坚定，做任何事情都需要。在投资过程中，千万不能因为短线市场波动或是情绪性因素，而变动已经设置好的计划。如果你的投资计划已经开展，就要坚持让它贯彻下去，该追加就追加，该止损就止损，该跑路就赶紧跑路，不要考虑太多。此外，投资人必须坚定地执行投资计划，向理财目标迈进，坚持不懈，相信财富就在未来不远处等着你。

以上5点，就是投资时要有的“三心二意”。可别轻视了这5点，在投资过程中，我们要注重资产配置，“三心二意”非常的重要。要是没有信心，你怎么迈出投资的第一步？要是没有恒心，又怎么能够坚持下去呢？要是没有耐心，你怎么能够等到收获的那一天呢？如果你没有明确投资意图，

那么,又如何确定自己的投资方向?如果你的意志不够坚定,你又怎么能全心全意地贯彻投资计划,稳定获利呢?因此,投资必须“三心二意”。

如果你没有投资信心,想要获益就很困难。因此,做投资就要有信心,就像相信太阳每一天都是新的。

投资组合应随着年龄变化而变化

伴随岁月的流逝、年龄的增长,人的风险承受能力也是会跟随着下降的,在这样的情况下,很多人会害怕面对风险。显然,不同的人生阶段,有不同的境遇和生活状态,因此,投资组合也会相应不同。换句话说,投资要伴随着年龄的变化而发生变化。

虽然我们常在证券公司营业部里看到白发苍苍的老人,但不见得他们有高的风险承受能力,事实上,很多老人进入风险投资市场是想让自己有更多的退休金,然而,常见的结果却是一旦股市重挫,养老钱便化为乌有。但他们做不到年轻人这样,从零开始。

作为二十几岁的年轻人,你是幸运的。有多少老人感叹:“年轻真好!”是的,年轻人不惧怕摔倒,因为他有机会重新站起来。虽然你年轻的时候,也许没有足够多的资金进行投资,但是,你的优势就在于可以多尝试几次。最起码在年轻的时候开始投资,就算失败了,也有很多站起来的机会。所以,你可以在投资组合中配置较高比例的流动性好的风险类产品,因为你有较高的承受风险的能力。

对于年轻人的投资组合而言,建议以股票、基金为主。由于年轻人没有足够丰富的资金,而且处于资金积累期,才刚刚开始尝试投资,因此,不适合进入期货、权证等高风险市场,同时,年轻人没有太多的家庭压力,应该有积极的投资态度,保值型投资也不是最终选择。所以,年轻人比较适合在股票、基金等投资领域进行奋斗。

年轻人在进行资产配置的时候,首先要清楚自己处在哪一个人生阶段,而不在于拥有多少资产。不同的人生阶段有着不一样的理财目标。如果你刚刚步入社会,主要是工作压力较大,生活压力为零,这个时候,你就可以关注投资,并尽量做一些积累型的投资。到了工作已经比较稳定时,你就可以采取一些进取型的投资;而若是到了结婚阶段,则要考虑购房计划,就应该更加谨慎地投资。

因此,关于年轻人的资产配置,要注意把握好下面三个步骤:

1. 依照个人的风险属性与规划需求,对自己的资产类别进行设定。判断自己在投资方面是属于保守型、稳健型还是积极型,根据自己的年纪和风险属性对资产进行合理配置,年纪较轻、负担较少、资产较多的人,能够承受较强的风险;反之,资产配置时就要更稳健一些。

2. 确定资产配置中各资产类别的投资比率。风险承受能力比较强的人,适合操作股票,甚至期货、权证等投资品;对于风险能力承受比较低的人来说,最好选择债券、定存等方式进行理财。如果你的风险承受力比较低,千万不能冒险进行高风险投资,以免影响自己的正常生活。

3. 定时检视投资效果,并调整资产配置的内容。长期投资并不是说一成不变,要知道,没有什么投资可以稳赚不赔,人生在不同阶段规划也会不同,投资在不同的环境也应有不同的变动,不断检视和调整自己的资产组合,能够保证自己的资产配置更加合理,从而取得更加良好的效果。

如果你觉得以上三个步骤做起来比较麻烦的话,那么,现在提供一个简单的方法,可以让你迅速得出自己的资产配置比例。因为人的风险承受能力因年龄而异,因此,在投资组合上,有人得出一条非常简单易行的“投资 100 法则”,它可以帮助我们确定风险资产在个人资产中的配置比例。以下是具体计算公式:

风险资产比例 = (100 - 年龄) × 1%

在资产配置时,你可以用 100 减去你的年龄,然后再乘以 0.01,这样,你便可以得到应该在风险较大的投资的比例。举个例子,若是你 25 岁,就可以将(100 - 25)x1% = 75% 的资产投资于风险较高的投资工具上。而到了 50 岁,你投资于风险较高的投资工具上的资产则应该降到 50%。

总的来说,随着年龄的增长,风险承受度也伴随着下降。由于年轻人的风险承受能力比较高,所以,可以选择风险性较高的投资工具。对于家境比较好的年轻人,则可以在父母的帮助下,筹集一些资本,进行高风险投资,比如,期货、权证;但是,对于家境一般的年轻人来说,则可以用自己的积累,投资于股票和基金,从而获得更多的回报。随着年龄的增长,婚前婚后的投资配置都会有所不同,这些问题都要引起注意。

配置的内容应在不同的人生阶段有所不同,这不仅是资产配置的原则,也是资产配置的意义。

第十章　勿让没钱成为理财借口

工薪阶层压力大

有这样一句俗语:“有钱王八坐上席,落魄凤凰不如鸡。”它很讽刺地体现了有钱、没钱的不同地位,在这个“有钱能使鬼推磨,没钱反被鬼折磨”的年代,“贫穷”在大多数小老百姓心中埋下阴影。

民众领到的薪水数目不变,但购买力却降低了,因为加薪幅度远不能及物价增长速度,沉重的生活负担落在肩头,很难积累资产。

民众领到的薪水数目不变,但购买力却降低了,因为加薪幅度远不能及物价增长速度,沉重的生活负担落在肩头,很难积累资产。

注重理财,稳中求好

能够供自己自由支配的钱越来越少了,想要由贫转富也就越来越难,但这绝对不是自我放逐的借口。我看过很多年轻人抱着“今朝有酒今朝醉”的态度,觉得无论多努力还是不能致富,可是,努力又有什么用呢!

越艰难的环境,反倒越要拼命。既然没有钱,就先不要考虑怎样得到高的报酬率,也不要想一下子成为富翁。要先求稳,再求好,而求稳其实很简单,就是老生常谈的“开源节流”罢了!

“节流”比“开源”更重要,就好比开水龙头,不管有多大的水流量,如果出水口更大,那么,你就无法累积水源,尤其是在失业率俱增的时代,上班族要靠开源来增加收入越来越难。有时候连当老板的都泥菩萨过江——自身难保了,更何况是打工的呢!

所以,我们一方面起码要有稳定工作,要有固定所得,不要频繁跳槽。另一方面,要量入为出,减少消费,控制支出,掌握现金流量,购买前要考虑是否真的需要,有余力再去开拓财源。

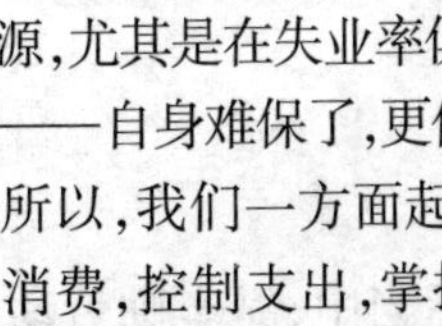

越艰难的环境,越要拼命。既然没有钱,就先不要考虑怎样得到高的报酬率,也不要想一下子成为富翁。要先求稳,再求好,而求稳其实很简单,就是老生常谈的“开源节流”罢了!

节流——支出等于收入与存数的差值

现代人身上的担子很重，房贷、车贷、教育、医疗、养老，林林总总包罗万象，不要说那些奢侈的欲望了，仅仅只是起码的生活所需，都常常会把工薪族压迫到连头都抬不起来。

有这样一句名言："集腋成裘，积沙成塔。"也就是说，要想人生富贵，就必须注意这些芝麻大点儿的小事，也不能小看了分文小钱。

有这样一个小故事：汽车大王亨利·福特有次应邀赴宴，在掏口袋时，一个硬币掉了出来，他急忙蹲下，在地毯上寻找，身边的人都觉得非常奇怪，他为什么要介意一枚小小的硬币呢？亨利·福特面带微笑，认真地回答道："正是靠着这一枚一枚的积累，我才能拥有今日的财富。"

你也许不知道富豪经商的秘诀，但是，绝对可以学习他们的节俭，现在推荐给大家一个公式："收入减存款等于支出"，当你有薪资收入时，首先要将准备存钱的数目扣除掉，数目不拘，200 元不嫌少，1000 元不嫌多，剩下的金额，才是你本月用来支出的。要坚持控制预算的观念以及记账的做法，长期下来，你就能在不知不觉中积累大笔的财产。"节流"的具体做法有二：第一步，控制支出。支出就是花钱，有的支出有急迫性，但有的完全是浪费。控制支出项目可以节约很多钱，总的来说，支出包含以下几个方面：

1. 固定支出

包括房租、房贷、人寿保险、汽车保险、房屋保险、税金、子女学费等，这些开销是为了维持日常生活，很难避免和减轻。

2. 非固定开支

衣食、水电煤气、电话费、上网费、交通费，每月都会有不同的金额，这些开销虽然必要，但是，同性质项目可能用替代的东西，例如，上班乘出租车与乘公交车的花费就不一样；外食与自己带便当，其降低支出效果也是不一样的。

3. 弹性开支

大多数指交际应酬或者娱乐等临时开销，如果能省下这笔花费的话，对"节流"肯定有很大帮助。所以，在不降低生活质量的前提下，这部分开销应尽量减少。

4. 目标性开支或其他开支

为达到短期的特定消费目标而增列的消费项目，目的性较强。例如，换购家具、旅行费用等等，因为短时间无法备妥，准备的时间较长，以储蓄的方法满足。

第二步，储蓄存款。经营之神王永庆说："赚的一块钱不是自己的，只有存起来的钱才是自己的。"在这个不确定的年代，落袋为安才真正让人心安，积累存款达到一定数量之后，通过复利的惊人效果，用钱滚钱方能将本钱做大。

处世小秘笈

"大富由天，小富由俭"，今天储蓄的成绩，决定了你明天的生活质量。

开源——从赚小钱到赚大钱

要遇到赚大钱的机会非常困难，多数人一生都遇不到。但是在日常生活当中，靠辛勤劳动赚小钱的机会随处可见，就看你愿不愿意找，愿不愿意多加利用了。

开源的财务项目不外乎兼职所得、资本利得与额外收入，下面分别对各种兼职方式进行了说明：

1. 兼职所得

根据调查，在上班族中有三成的人都在做着兼职，而尚未兼职的上班族中，也有高达八成的人有这样的打算。兼职的项目从网络销售到计时的服务业、程序设计、翻译写稿、宠物照顾等等,种类相当多,甚至连出租车司机也会在车上贩卖商品,如果顺利的话,一个月也会有一千多块的额外收入。

2. 资本利得

资本利得也就是操作投资工具获得的收益,对不知如何理财的人而言,不妨购买那些进驻全球型的股票基金,或者通过零存整付,慢慢储蓄,同时还可以领取高于活期的利息。

3. 额外收入

对于年终奖金、彩票收益、中奖奖金等额外收入,不要认为是额外收入就随便乱用,反而更应该珍惜这得来不易的财富。要想成为有钱人,就要利用好正财、偏财。

处世小秘笈

日常生活当中,靠辛勤劳动赚小钱的机会随处可见,就看你愿不愿意找,愿不愿意多加利用了。

积小钱才能成大钱

对于小钱,你所要做的,就是不要急于将每次收到的小钱花出去。大钱与小钱的最大分别,就在于理财方式的选择上。钱越少,能够选择的理财方式越有限,钱少的时候,理财也就相对比较困难,而且,花钱的欲望也就越强烈。因此,只有不断积累小钱,你才有可能把小钱变成大钱。当你对小钱投资都熟练时,就更能把握好大钱的投资了!

处世小秘笈

导致"口袋空空没有钱"有很多方面的原因,不过,如果你想要有钱,就应该尽量接近聚财的地方,研究招财的信息、培养爱钱的习惯。只有你爱钱才会有钱,才知道应该珍惜钱。

第十一章 警惕理财误区

关于理财的六个错误观念

以下就是人们常有的6个错误的理财观念。

观念一:只有富人才需要理财

"理财都是富人的事,我没钱也就不用费这份心了。"这样的人认为,每月就入账那几千块"辛苦钱",解决完生存问题后,剩下的钱根本不够理财,莫不成一个穷光蛋还能理出个百万富翁来?

殊不知这种想法就如"我不用去学开车,因为根本就没有车给我开"的论调一样经不起琢磨。抛开那些走了狗屎运一夜暴富的人不谈,其实,有不少家境殷富的人也并非一夜暴富,只要合理地安排自己的收入支出,正确地投资理财,成为百万富翁就不再是梦想了。

下面的例子很有用:每月你只需拿出500元进行投资,假设年投资回报率是10%的话,那么30年后,你就真正的富有了。所以这个世界可能只有两种人不需要理财,一种是富比李嘉诚的超级富豪,另一种则是穷极了的乞丐。作为我们这些比上不足比下有余的一般人来说,有着比富人多得多的经济问题,当那些叼着哈瓦那精品雪茄、品着路易十三的富豪,考虑是否要将自己的法拉利换成一部兰博基尼时,我们考虑更多的可能是楼款何时还完,子女的入学赞助费从哪出,养老问题怎么解决。因此，富人固然想将“雪球”越滚越大，而我们则需要积少成多。一个富翁设立一个信托基金使下一代获得合法财产，与我们每月将省下的500块钱进行投资从而追求财富的积累增值，二者的本质一样。因此，如果连你自己都不学会如此筹划未来，那么，还能指望天上真的掉馅饼吗？

观念二：自己还年轻，理财先等等吧

“理财十年后也不晚，现在不用着急”，持这种观点的人士以刚步入社会、参加工作的年轻一族为多。他们年轻，信奉“活在当下”“享受现在”，注重追求眼前的幸福享受，未来怎样并不考虑。他们号称“零储蓄”，自诩为“月光一族”（每月都将薪水花得精光），更有甚者为“负资产”人士（以透支信用卡度日）。他们没有为家庭问题担心过，抱着“一人吃饱全家不饿”的观点，在这个花花世界中尽情享受着生活之乐。但精彩的背后同样蕴含着无奈，这个问题迟早要面对，现实是残酷的，人生会有很多意外风险，与其到时被弄得措手不及、焦头烂额，倒不如现在就早下手为强。

观念三：理财就是投资，就是想办法多赚钱

理财不就是想办法赚钱吗？错！实际上，理财并非只是为了赚钱。

理财的目的是通过客观、合理地评估自身的现状、预期发展和生活目标，合理配比收入支出，全面考虑风险，为现在和将来构筑一个安定富足的生活体系，使人生的理想得以实现。它是一个综合规划和安排的过程，涉及金融投资、家庭消费安排、职业生涯规划、房地产投资、实业投资、保险规划、资金流动性安排、资产安排和配置、税务规划、债务控制、财产公证、遗产分配等方面。

从这个角度看，投资赚取更多的钱只是帮助我们实现理财与生活目标的一个直接而有效的手段，是整个理财范畴中重要的一环，但绝不是唯一的一环。如果用持久战来形容理财整个过程的话，那投资只是一个小战争，尽管战争的最后取胜离不开战役的胜利，但一场战役的成败并不必然预示着最终战争的胜利，更不能代表整个战争。

理财不是简单地找到一个发财的门路，也不仅仅是做出一项英明的投资决策，它十分漫长。孤立、片面地强调投资赚钱，不仅将理财的主旨曲解了，而且还会被现实的怪圈套住。正如你不断将打来的水倒进一个没有底的水缸一样，就算你累到半死，最后还是一无所获。所以，只有全面、综合地审视整个理财活动，进行统筹规划，全盘考虑，例如，在某些阶段合理地调配收支比例，在增收有一定困难的情况下节支合理一些，间接地增加收入与积累，或者阶段性地调整自身的理财、生活目标，保证实现最终总目标，才是真正的“理财之道”。

观念四：因为别人是这样投资理财的，所以我也这样

“大多数人都这么办，那也这样做吧！”正如就业、求学、追星等很多事情一样，在理财领域，大多数人也跟别人一样，盲目地选择与身边其他人相同的投资理财产品，形成一种“羊群效应”，但却没有认真思考，这个投资产品是否满足自己的要求，自己能否承受相应的风险，是否损失了自己的机会成本。

例如，用于子女教育基金或自己养老基金的资金积累，本来应着重它们的安全和长期稳健的收益增长，但禁不住股市的诱惑，见别人在股市搏杀中屡有斩获，于是，心里开始悸动，终于耐不住寂寞杀了进去，可股市却最终大跌，弄了个鸡飞蛋打，后悔也没用。

又比如，某些人害怕风险太大，固执地将所有资金都放在低风险、低收益的投资产品中，却在无形中导致了机会成本的损失。像从2005年7月至今，股市行情一直牛市冲头，绝大多数股票基金收益都有80%～90%，如果在自己的风险承受能力范围内，适当地拿出一部分资金择机而入的话，将获得高于银行存款利息数十倍的收益。因此，理财投资不能盲目和僵化，一个理智高明的投资者不应人云亦云，跟随他人意愿，而是应该根据自身的风险承受能力、专业知识技能、资金积累的用途需要和时间限制，合理地选择投资工具，科学地搭配组合，以求得投资风险与收益的最佳结合。

观念五：自己没有时间、精力和专业知识，没法理财

“我又没学过理财，我怎么会呢？”其实，理财很容易学会。随着社会分工的越来越细和科技手段的日益发达，没有时间、精力和专业知识的人们可以咨询专业机构，甚至选择专门的金融产品轻松地实现投资理财。

目前，越来越多的银行等金融机构纷纷开办了理财俱乐部、个人理财中心，由专业的理财客户经理帮您出具理财投资报告，设计投资理财方案。此外，帮你理财的产品还有很多，例如，证券投资基金就是将广大投资资金集合，然后由专家团队在证券市场上进行投资操作，这样，即使您平时忙得无暇一顾，一点不懂证券，也可以分享到国民经济增长的丰硕成果。

银行、基金、证券公司推出的一些新业务也可以帮助普通投资者轻松投资。比如，一次签约就可以每月将一部分工资自动从代发工资的活期账户转入零存整取或是定期账户，避免损失利息；只需一次签约，在每月特定时间自动帮您将指定金额的资金投资购买投资基金，进行长期固定投资。因此，理财的必要条件不再是时间、精力和专业知识。关键是，要具备理财的意识。

观念六：三天打鱼、两天晒网，幻想一步登天

“理财的效果怎么这么不明显呢?”持这种看法的人，总是希望自己今天理财，明天就能发财，结果，往往见不到“效果”就匆匆“鸣金收兵”。从某种意义上说，决定理财成功与否的关键并非理财技术和手段，而是理财的心态。也就是说，做好理财需要耐心和恒心，选择适合自己的理财工具和方法，而后应持之以恒、一如既往，不能朝三暮四，三天打鱼两天晒网。同时，理财还要有一颗平常心，千万不能有急功近利的心态。

总之，理财需要的是耐心，考验的是持久力，而不是一时的爆发力，正如前文所谈到的，只要你有足够的恒心与耐力，人人都可以成为百万富翁。

对于理财一词，很多人有些错误观念，比如说，“理财是有钱人的事”“理财需要专业知识才行”等等。实际上，这都是一些错误的观念。

中国人存在的五个理财错误

现在在中国尚没有理财的风气，常听人以“没有数字概念”“天生不擅理财”等借口回避与每个人生活休戚相关的理财问题。似乎一般人易于把“理财”归为个人兴趣的选择，是生下来就具有的，甚至与所学领域有连带关系，无商学领域学习经验者自认为与“理财问题”绝缘，从而“自暴自弃”“随性”而为，当重大的财务问题出现时，不是任人宰割，就是自叹没有金钱处理能力。

以下就是我们理财时常出现的错误：

错误一：急功近利，把赚钱当做第一

公众中有80%的人认为，“理财就是生财，让财富增值，赚钱是第一位的”。其实，这种理解容易让人滋生急功近利的心理。不少理财者倾其毕生的储蓄，投资于股票市场，后来就再也拔不出来了，使其生活品质受到了很大影响。

美国理财师资格鉴定委员会将个人理财定义为：“个人理财是指如何制定合理的财务资源规划，实现个人人生目标的程序。”

我国理财规划专家认为：“为自己及家人建立一个安心、富足、健康的生活体系，实现人生各阶段的目标和理想，最终达到财务自由的境界，这就是个人理财应该达到的目标。”

大部分公众不赞同“理财就是为了赚钱”这个观点，但也有20%的人同意该观点。其中，年龄越小的人越同意这个观点；收入越高的人越不同意这个观点；学历越高的人，越不同意这个观点。这说明年轻人缺乏成熟的理财心态，梦想骤然间能成为富翁；而学历高、收入高的人，认知就相对成熟。

理财的核心目标是合理分配资产和收入，实现财务自由，既要考虑财富的积累，又要考虑及保障财富；既要为获利而投资，又要对风险进行管理和控制；既包括投资理财，又包括生活理财。理财规划涉及这个阶段的人生目标，构成一个完整的规划体系。所以，个人理财首先要保证满足自己正常的生活需要，其次是合理安排剩余财产，将生活开支和可投资资产合理划分开来。

错误二：我只存银行

“高风险与高收益并存”，近七成的公众都认为，高收益意味着高风险，所以，大多数公众认为，把钱放在银行是最安全的。

有调查发现，公众的年龄越大，同意这个观点的人也就越多。说明年龄越大，人们的观念越趋向保守。而收入越高的公众就越不同意这个观点。学历越高，不同意这个观点的人也就越多。这说明，学历高、收入高的公众，相对而言会更多地关注理财手段。另外，有30%的公众明确承认，"我现在只懂得把钱存银行，没有理财、投资的观念"。而同样有30%的人认为，"钱长期存在银行，资产也会迅速消失"。之前很多人都会向银行交纳水费，而现在，人们却是排队买基金，银行的电子屏幕上的内容也从汇率兑换转眼变成了基金行情。

矛盾是这样产生的：既相信存银行等于金钱贬值，又不知道除此之外是否还有其他渠道。"钱长期存在银行，资产也会迅速消失"，39.50%的人同意这个观点，但不同意该观点的人也有45.20%。随着人们对理财知识的掌握和理财信息的了解，这个观点已经被越来越多的人认识到了，而也正因为这样，会有越来越多的人意识到存款是一种形式的投资而已，还有一些效率更高的"钱生钱"之道。

错误三：节俭就能生财

长期以来，中国的储蓄一直居高不下，因为我国居民一直有"节俭生财"这个传统观念。有调查显示，有48.80%的公众同意这个观点，也有38.5%的公众反对这个观点，这种对立说明，传统与现代的理财观念正在发生着激烈的碰撞。

有调查显示，在50～55岁的公众中，58.6%的公众同意"节俭生财"的观点，并认为这是理财的"关键"，且年龄越大，持有此观点的人越多。但是，也有40%左右的公众不同意节俭生财，50～55岁之间的人也有36.9%对此持否定态度。这些情况说明我国居民的理财观念正在不断更新。

中国的储蓄居高不下，这在西方人眼里是不可想象的，但在中国人看来就很简单，其中，中国的生活成本很高是主要原因。教育、医疗、房地产，这些与人们生活息息相关、密不可分的领域长期以来收取的费用居高不下，并且逐年增长。调查显示，公众年龄越大，对"节俭生财"这一观点越同意；收入越高的公众同意这个观点的越多。因此，在一定时期内，一定条件下，持有这个观点的公众数量将稳定在一定水平。

很明显，节俭是一种变相的理财、聚财。但如果家庭的生活质量因节俭而降低，因噎废食，节俭则会束缚理财。想想中国人的老话：开源节流。看来，相比较而言，开源的重要性更大。

错误四：鄙视专业理财机构或人士

持有这种观点的人不在少数：银行顾问只是为了获利或者销售业绩才向自己推荐某种产品的。因此，许多人不会完全相信理财顾问而说出自己的资产情况。

那么，为什么有如此多的人都持有这个观点呢？因为受计划经济时代的影响，相当一部分企业的服务意识不强。实际情况是，中国的服务意识不如美国强，因此，当有人给自己提供更好的服务的时候，便会产生错觉，不肯轻易相信。那么，问题该怎样解决呢？只有银行顾问增强自身的素质，为公众量身推荐理财产品，才能真正打开理财市场。

我们都需要一位理财师，这是为什么呢？俗话说："术业有专攻。"若能借助专业的、熟悉理财领域的理财师，在投资理财过程中予以指导，我们就可以减少不必要的消费，及早有所收获。这主要缘于几个方面：

1. 经济环境的变化使大众接受新的理财方式，实现资产保值增值。

2. 市场现有的理财产品，了解、认识、选择它们需要专业知识。普通人要通过学习知识了解产品，成本较高且不易实现，因此，可委托理财师相协。

3. 资本市场变幻莫测，可循的规律不多，尤其是在我国没有完全市场化的资本市场，影响因素更多，理财师经验丰富，能帮助我们在风险中得到报酬。

4. 经济与信息技术的发展，使人们得以接触大量资讯，但并非所有信息都有效，仅靠个人难以甄别，此时就需理财师协助进行筛选分析，提供理财咨询。

5. 个人从事理财规划，往往时间与精力不够。委托理财师操作，在时间、精力与财富增值方面都比较划算。

错误五:没空理财

“我没有时间”是现代人最常说的话。因此,很多人认为:“理财要花很多时间与精力,而我没有时间与精力。”

每日忙于工作,常常觉得时间不够用的人,就像常怨叹钱不够用的人一样,是“时间的穷人”,似乎都有恨不得把时间加倍的愿望。但上天公平给予每人一样的时间资源,谁也没有多占便宜。因此,在相同的“时间资本”下,个人的方法很重要,有些人是任时间宰割,毫无管理能力,把时间白白浪费掉了;有人却能“无中生有”,将零碎时间有效利用起来;而有些懂得“搭现代化便车”的人,干脆利用自动化及各种服务业代劳,“用钱买时间”。

“时间即金钱”,忙碌的现代人更深刻体会到了这一点,每天时间都在分分秒秒的流失,虽不像金钱损失到“切肤”的程度,但是,钱财失去尚可复得,而流失的时间却永远不可能回来。所以,如果你无法有效管理一天24小时,不仅可能和理财投资的时机性失之交臂,甚至还可能一生碌碌无为,可见“时间管理”对现代人理财的重要性。既然想向上帝“偷”时间是不可能的,那么学着自己“管理”时间,把时间用在刀口上,提高效率,挤时间理财。

处世小秘笈

其实,没人天生会理财,能力来自于学习和实践经验的积累,最重要的就是,别陷入自以为是的误区,犯一些不该出现的问题。

使你误入歧途的九种理财方式

家庭理财首先必须避免以下九种原则性错误:

1. 不动用储蓄,借钱投资

有人宁愿借钱也不愿动用储蓄。不错,看着自己辛辛苦苦存起来的钱分文不少地待在存折里的感觉很好,但是,这是在欺骗自己。只有当贷款利率低于存款利率时,才更推崇借钱投资。但除非你能够得到零利息贷款或者信用卡公司提供免息分期付款购物优惠,否则,存款利率永远低于贷款利率。且一般来说,免息购物都有时间限制,一旦未能在期限内将全部货款缴清,贷款利息就会更高。最后一点,千万不要跟美国比自己的财产——或许美国可以背着天文赤字活得好好的,但对于普通老百姓来说,不能借钱不还,还不起就只能破产。

2. 不重视信用卡上的赤字

很多人因为使用信用卡没有金钱数量观念,如果不认真核对银行每月寄来的信用卡账单,就可能不会发觉自己多能花钱。银行总会把那些看起来很有诱惑力的东西介绍给我们分期付款购买,无论透支总额已经累计到多高,“最低还款额”总能让账单看起来微不足道。然而,别的不说,单单是十几、几十期的分期付款加起来,你算过其中有多大的比例为利息吗?

明智的做法是,消费时要看清自己的实力,争取当月的消费当月全额还清,否则,不但要交利息,而且消费积分也白费了。此外,每月的还款金额至少要达到最低还款限额,否则,就只能交纳高额滞纳金。

3. 试图通过借钱来摆脱财务困境

还钱是天经地义的,俗话说,天上不会掉馅儿饼。银行广告总是在宣传借钱消费能让生活变得多么轻松。但令人感到懊恼的是,贷款,尤其是抵押贷款,其实质往往是以一项大额贷款来偿还多项小额贷款而已,这样的结果,不能解决问题,只能添乱。在很多实例中,人们只能越借债越多,最后债台高筑。尤其是在使用信用卡时,有些年轻人自作聪明,同时申请几张信用卡,到了还款日再相互拆借,但结果只能是用其他卡来还其他卡。而且更糟糕的是,一旦养成了刷卡的习惯,就再也抑制不住消费了。

明智的做法是,无论是申请抵押贷款还是透支消费都应谨慎,都需量力而行。别忘了,银行的钱早晚是要还的，而且，越早还越划算。

4. 认为立遗嘱是不必要的冒险

“死”是不吉利的象征，在身体仍然健康的时候就忙着立遗嘱更是自寻晦气。但我们要以防万一，谁也不想在百年之后还要被家人的财产纠纷闹得在地下都不得安生吧？因此，要及早立遗嘱。因为遗嘱可以保证我们所认定的继承人顺利得到遗产，保证我们的亲人，特别是未成年子女得到良好的照顾。

明智的做法：虽然有多种立遗嘱的方式，但为了不至于发生法律纷争，遗嘱最好经过法律公证。公民申办遗嘱公证，应亲自到其户籍所在地的公证处提出申请，别人是不能代理的。但如果当事人行为有问题，也可以请公证处指派公证员到立遗嘱人住所办理。

5. 死要面子，不肯行使自己应有的权利

有些人的看法很奇怪，认为没有能力的人才会去申请公积金买房，因此，申请公积金买房会有损面子。

其实，这样想就大错特错了。法律规定的利益并非施舍，而是每个人应该享有的。别忘了，你是纳税人。既然国家赋予每一个纳税人同样的权利，那你就不要犹豫。实际上，申请公积金贷款买房一点儿也不比商业贷款买房掉价，甚至贷款利率优惠更多，何乐而不为呢？

6. 滞纳养老保险

总有一些年轻人觉得养老金离自己还很遥远。

养老保险是政府通过立法强制执行的一种社会保障制度。一旦滞缴养老保险，就只能面临两种后果：一是退休后领取不到养老金，二是等着以后再用更多的钱把拖欠的养老金补齐。有些人认为，多年缴纳养老保险，而自己却要到退休时方能享受此项福利，因此，认为年轻时这一项缴得越少越划算，但事实并非如此。根据劳动保障部的规定，个人账户和社会统筹组成了养老保险。其中，个人账户中的是个人每月交纳的部分，是个人缴纳养老保险的累积，在本人达到养老金领取条件前不准任何单位使用。换句话说，这就相当于国家强制个人建立一个存款账户，帮你存钱，它和普通的存款一样也有利息。年轻时缴得越多，退休后可领取的金额也就越高。

7. 轻视保险的作用

很多人都认为：“很少发生意外，买保险就是浪费！”但是，自己的未来谁也没法预测。无论你的收入是不是家庭的主要经济来源，现代家庭都需要保险。它虽然不能防止发生风险，但却可以达到雪中送炭的效果，因此，在财力允许的条件下，我们应该适当购买保险，做到未雨绸缪。

明智的做法：目前中国的保险市场什么都有，所以，应在全面了解的基础上，进行谨慎选择。

为确保理财组合平衡及家庭财务安全，购买保险的费用可占家庭收入的10%~20%；如果希望追求一定的资产增值目标，也可考虑分红类保险；如果子女的教育费用已经成为家庭开支的主要组成部分，可考虑购买适当的子女教育保险来支持孩子完成学业。

8. 在房屋维护方面节省开支

“反正我马上就要搬走了，房子的好坏与我无关。”错，这种观念实在是太落伍了。别忘了，房子的维护情况会影响房的售价——滴水的龙头、脱落的墙皮，你的经济利益与这些小事密切相关。

明智的做法：在房屋正式挂牌出售前应进行适当修缮，妥善保存修缮费用的发票以做证明。要知道，房子的装修程度和房龄影响着房价和出售速度。按照市场惯例，装修折旧一般按5年制计算，折旧方法按第一年10%、第二年20%的递进方法计算。5年以上的装修价格可以忽略不计。

处世小秘笈

对于合理的理财方式，很多人都有一点“鸵鸟心理”：一方面，会非常谨慎地花费大把精力和时间来进行一项财务决策，但转过脸去又会因为冲动或贪小便宜而糊里糊涂地做出错误决定，最后，往往什么也得不到。

需要注意的理财陷阱

理财规划真的有那么重要吗？可以体会一下下面的故事：

有一个家庭原本很幸福：一对40多岁的夫妇，收入稳定，没有小孩，是上海白领阶层的典范。妻子原来在浦东中学教书，丈夫则是上海某报社的一名编辑，而且喜好写作，有额外的稿费收入。

但人生总有不测，妻子在医院查出患了癌症，一年后，丈夫也在单位体检中被查出得了癌症。为了治病，他们花光了所有积蓄，此外，还要支付约30万元的医药费。夫妻俩以前只买过养老保险，但没有买重大疾病保险。目前，两人每月自付医药费高达7000～8000元，但他俩每月只有1800元的病休工资，而且还欠有房贷，家庭顿时陷入了严重的财务危机。

从这个故事中，我们可以强烈地感受到理财规划对于人生的重要意义，因为，这样的家庭财务危机完全可以通过合理的理财方式来避免。然而，理财的陷阱多多，上班族应多加留心。以下就是我们常见的理财陷阱：

陷阱一：糊涂生活

中国老人和外国老人生活完全不同。在发达国家，一些有钱的老人过着让人羡慕的“银发生活”，他们尽情地环游世界，生活惬意而舒适。而在中国，有许多白领一族，年轻时不懂理财，退休后却用他们毕生赚来的养老金投机股市，结果资产大大缩水，随后，也就只能糊里糊涂地生活，大大降低了生活质量。

因此，对于白领一族而言，虽然收入令人羡慕，但你有没有想过，如果有一天面临失业，上半辈子赚来的钱能否解决养老问题？当突发事件来临时，平日稀里糊涂的人肯定会陷入困境。

建议：规划人生理财是对人生进行全面规划的一种方式，首先，理财目标不可缺少，然后，要请专业理财师按照目前的资产状况、家庭情况、收入水平、社会发展等诸多因素来确定合理的理财与生活方式。这其中包括：教育规划、养老规划、投资规划、遗产规划、税务规划、风险管理规划等等。只有这样，才可以保证整个人生生活稳定、衣食无忧。

陷阱二：透支健康

钱也有买不到的东西，比如健康。坦白地说，现在有很多人是在用今天的健康换金钱，明天的健康用钱来买。在日趋激烈的竞争环境中，越来越多的白领阶层面临着工作的压力，往往小病拖着不看，不断透支身体，以致生大病后收入受损，财政困难也随之而来。

建议：投资健康亦是一种投资，要锻炼、营养与劳逸结合。上文故事中的男主人公，后来曾说过这样一段话：“为了明天的工作与生活，要适度休息，不能劳累过度。”

陷阱三：保险障碍

几年前，人们十分“憎恶”保险推销员。在保险市场迅速发展时期，出现了许多保险代理人。由于代理人队伍素质有高有低，使得许多市民对上门推销保险者嗤之以鼻，由此，也就产生了两种极端的保险障碍：要么一概不买，要么照单全收。

在上文的故事中，或许有人会说，只有缺乏保险意识的人才会做那样的选择。但其实不然，实际上他俩都买了保险——养老保险，可问题是买的不合适。因为，这些保险都不算是“有效保险”。保险的目的，归根到底是转嫁自身风险。因此，在选择保险产品时，应充分认识自己或家庭的最大风险是什么。如果您是一名教师，单位离家很近，很少出差，那么，航空意外险显然不可取。

此外，购买保险时，在认清风险的同时，还需要考虑家庭收入中保险支出的比重，保险费一般以不超过家庭总收入的15%为宜，根据具体情况确定金额，家庭收入稳定的，可以将年薪的6～7倍作为保障额。

陷阱四：过度投资

投资也可能过犹不及，过度投资也是一种不明智之举。

近年来，红火的房地产市场造就了不少富翁。在财富效应的驱动下，有些投资者开始举债投资，购买多套房子以期增值，因此，“负翁”也有不少。但日本、中国香港房产泡沫的历史教训告诉我们：过度的投资，最终会导致财务危机。因此，建议年轻人控制自己的债务。用明天的钱圆今天的梦固然很好，但要有个度。一般而言，家庭债务的合理比例不能超过家庭总收入的50%，否则，一旦市场波动或家庭发生意外的话，就很可能破产。

陷阱五：单一投资

分散是减少风险的措施，因此，在理财时，投资方式不能过于单一。如今市场上的理财产品名目繁多，一些人听到预期高收益率的产品，就立即上前争相购买，却不关注它的风险。遇到市场变化，如股市不好，则马上谈基（基金）色变。于是，总有人在问，现在应该投资什么？他们往往投资方式单一，一旦发生投资风险，就会导致财务危机。

处世小秘笈

天下没有免费的午餐，高收益与高风险并存。即使投资安全的产品，如存款，也可能会有负利率。因此，在做理财规划时，要根据自身的风险偏好、风险承受能力、年龄、收入、家庭等情况，兼顾收益与风险来构建一个高效的投资组合，这样获益才稳定。

私人理财的“四大转变”

随着国有商业银行开始全面收费，经济生活也不能再用老习惯了，因此，导致很多人浪费了金钱，增加了日常理财开支。就目前来说，私人理财必须做到四个改变。

改“私款公存”为“私款私存”

目前，企业已经不存在免费午餐了，银行开始对公司存款账户的各项服务进行收费，不仅公司存款账户要缴存年费、提取大额现金要收费、零票达到500张或以上（面值1元或1元以下的辅币）存款业务要收费，就连查询存款余额等微小服务也要收费。

因此，不能再“私存公款”。以前，一些人为了规避20%的储蓄存款个人所得税，实施了“私款公存”的策略，在银行开立了公司存款账户。但现在这样做已经不被允许了。

例如，某国有商业银行对一次取款5万元或是一天取现额高于5万元的公司客户，收取1%的费用。同时，随着个人储蓄结算账户的开通，对公账户照样能转账。因此，要将私款公存的真面目揭露出来——私款私存，即将个人存款存到银行的储蓄账户上。虽然，这样是需要花费一点利息税，但比起对公账户的提现要填写支票的繁琐、每份支票收取手续费0.6元，再加上其他的费用，给国家一点微不足道的利息税并不是不划算。

改“遍地开卡”为“整合为一”

目前，银行对借记卡收取年费，每张卡10元/年，所以，过去那种遍地开卡的做法已不再是明智之举。

以前，银行对普通银行卡，即借记卡不收费，所以，许多人到各银行办卡，甚至在同一家银行申领了多张银行卡，以方便存取和转账。但现在要改变这种做法了。

现在，你需要将手中平时不常用或是不好用的银行卡统统销户，不留一张废卡，以减少年费开支。同时，要使用一卡多功能的银行卡，这种“一卡通”能让银行卡物超所值。另外，由于集中了金融资产，如果你在某一家银行的存款数额达到一定数量，就会被银行确认为“VIP客户”。作为银行这个财神爷的重要客户，会有很多实惠，最为直接的实惠就是不收取某些费用，如储蓄卡的年费，当然，银行每年还会请你来座谈，送你一些礼品。这种银行座上宾的感觉不错，别忘了去争取。

改“舍远求近”为“舍近求远”

目前，很多银行将跨行交易的收费提高了，也就是说，对跨行取款除了收取2元的基本费外，还要按取款金额的1%收费，最少2元。

以前，许多人为了图方便而不愿去发卡银行办理业务，而是就近进行跨行交易，最多花费4元小钱。但目前，这种“不走路”的成本提高了。如果你因为怕麻烦而不多走几步路，就近进行跨行取款

5 万元，那么，就需要支付 502 元的额外费用。想想看，多走几步路就赚了 502 元，自己计算一下是否划算！

改“出门动脚”为“在家动手”

当前，银行为了降低成本，提高经营效益，纷纷进行网点撤并，减少了营业网点，因此，大力推广金融电子产品，激励客户自己使用自助银行办理业务。因为，客户使用自助银行，腾出了很多的柜台资源，所以，银行会让利酬谢，对电子自助银行进行收费折让。

因此，在收费的情况下，最理想的办事方式不是去银行柜台，而是自己在家里使用电话和电脑自动办理业务。目前，银行特别是国有商业银行的电话银行和网上银行的功能已经很齐全了，除了取现业务外，可以办理其他所有业务。由“出门动脚”改为“在家动手”的好处，一是可以不用浪费精力和时间跑银行，二是可以节约日常的金融生活支出，何乐而不为呢？

理财也需要与时俱进，面对银行收费时代的真正来临，要转变以往的个人理财思路和方式。

关于保险的四大误区

误区一：年轻时不用买保险

年轻人由于责任不大，因此，风险意识不强，认为到达一定的年龄后才需要考虑保险。但实际上，在保险费上，越年轻买，缴费越低，而且可以尽早得到保障，如果你还没有成家，购买保险也是对你父母负责任的体现。对于没有储蓄观念的年轻人而言，买保险实际上还有“强制储蓄”的作用。

误区二：买保险可以发财

保障是保险产品的主要功能，而一些投资类保险所特有的投资或分红只是其附带功能，要知道投资有收益也有风险。其实，分红产品不一定会有红利分配，特别是不能保证年年都能分红。分红产品的红利来源于保险公司经营分红产品的可分配盈余。其中，保险公司的投资收益是决定分红的重要因素，一般而言，年度分红率会随投资收益率的升高而升高。但是，年度分红率不是仅由投资收益率决定的，年度分红率的高低还受到死亡实际发生情况、实际支出情况等因素的影响。保险公司的每年红利分配主要依它业务的实际经营状况而定，必须符合各项监管法规的要求，并经过会计师事务所的审计。

误区三：单位买的保险足够了

目前，许多单位都为员工购置了保险，其中，社会保险属于强制保险，包括疾病、失业、养老、生育、工伤，但这些保险只能保障最基本的生活，不能满足家庭风险管理规划和较高质量的退休生活。而且，有些单位购买一些团体医疗或养老保险，规模效益使得保费低于个人，一旦你不在这个单位了，则不能再获保障，而且，这些商业保险不是每个单位都提供的。因此，个人应该拥有自己的持续、完善的保险保障。

误区四：买保险要先给孩子买

重孩子、轻大人是家庭保险的常见错误。孩子当然重要，但是，大人发生意外，对家庭造成的财务损失和影响要远远高于孩子。因此，要首先为大人购买寿险、意外险等保障功能强的产品，然后再为孩子按照需要买些健康、教育类的保险产品，这样的保险理财才是可取的。在资金投入上，应该是给大人、特别是家庭经济支柱投入更多的保险金额。

随着现代人风险意识的加强，眼下买保险的人在大幅增加，然而，在保险观念方面，有不少人的认识是错误的。为此，大家需要注意，保险理财需要观念正确，走出误区。

战胜理财误区的“三大绝招”

对于还行走在理财误区之中，或拥有较激进的理财策略的年轻朋友，为了能让你们走出理财误区，这里有以下几点招数：

招数一：理财要“常立志”，制定目标并切实执行

人生阶段不同，生活重心、理财目标也会随之发生变化。但无论是哪一种理财目标，其实都能够推估未来需要多少资金来达成。首先，目标要切实可行。在制定目标之前，应先检视一下自己每月的余额，再选择适当风险与报酬率的投资工具，并估算达到目标所花的时间，首先从短程目标做起。等达到此目标后，就可以制定较长期的理财目标了。但切实执行是重点，对成果要进行按期的检讨与调整。

不少人很羡慕周围的人投资发财，但因为投资本金不够，为了赚取更大的收益，便开始举债投资，但如果对市场的判断出现偏差，就会导致巨额亏损；或者是本来投资就有一定负债，于是，就想得到比负债利率更高的报酬率来翻本，最终，却违背了最初的目标。

招数二：多做功课，了解你的投资产品

借钱投资往往会影响投资决策，甚至可能会负债更多。要知道，理财投资少不了储蓄之功，抗风险能力与资本数量成正比，这样，才有机会获取更高的报酬。然而，高报酬必定伴随着高风险，如期货虽可以小博大，但一旦方向看错，亏损也很大。又如，融资投资股票，若操作不顺，不仅损失了资金，而且还担负融资的利息。更重要的是，无论进行哪种投资，投资人必须先了解想要投资工具的性质和合理报酬，然后再行投资。同时，也要做好充分的准备，发生亏损后要多总结原因，如此，才会成功地进行理财。

常有所谓的理财专家告诉大众，可以随时投资股票，随便买、不要卖，若是不明就里，一味遵循，最后可能就会变成理财傻瓜。

招数三：充分衡量自己的风险承受度

理财专家由于可潜心研究各类理财市场，而且拥有较多的资源，具有更为丰富的专业知识，当然可以积极理财。但如果你不是理财专家，那么，就要选择适合自己的专家建议。风险存在于各项投资之中，因此，个性保守的人，或是风险承受度低的退休人士，不应在风险高的投资工具中投入大部分资金，特别是在没有足够的专业知识与资讯时，更不能盲目冒险。因此，最好先了解自己的理财个性以及自己所处的人生理财阶段，衡量自己的风险承受能力，这样，才能从众多的理财专家建议中筛选出适合自己的理财方法。

处世小秘笈

理财存在误区，但是，也不能因噎废食。因为对于现代人来说，理财投资是生活的重要课题。

第三篇 年轻人入世技能修炼

第一章　年轻人要懂点人情世故

在工作中要摆脱“孩子气”

大多数年轻人在刚刚进入社会的时候都满怀激情，认为终于有机会大展宏图了，不再向父母伸手要钱花，但是，用不了几个月的时间，他们就开始考虑怎样逃避社会带来的压力。年轻人一旦走入社会，别人就不会再将其当做小孩子了，而你也将要像所有成年人一样，去为自己的未来打拼。如果不能适应生活，那你以后的日子就会变得一团糟。所以，你必须要转变自己的心态，让自己适应社会。

李敏应聘做公司的文员刚3个月，眼看着就要转正了，结果却被公司通知不予以录用了。在李敏问人事经理为什么自己会被炒时，她被告知：“工作中太爱撒娇，不够负责任，过于孩子气，缺乏职业精神。”

很多年轻人在刚开始工作的时候，由于刚从悠闲的校园生活中走出来，不能适应紧张的社会生活，各个方面表现得都不是很成熟，甚至到社会中之后仍带着孩子气。但孩子气并不是一种青春活力的象征。相反，在成年人身上，这种性格是一种负面性质的，通常表现为任性、耍小脾气、变脸像小孩一样快、不懂交往礼仪、心理承受力差、好高骛远，甚至有些无理取闹。要知道，只要踏入社会，其他人和你处事就会按照成人的标准来要求你。此时，这种性格是不被他人认可的，因此，这是让年轻人感觉痛苦的主要原因，也是年轻人刚入社会时的一个大毛病，甚至以后的发展也会受到这个问题的阻碍。老江湖给年轻人的忠告是，刚步入社会的年轻人要把心态尽快调整好，完成从学生到江湖新人的转变——不要孩子气，因为你不再是小孩子了。已经成年的你身上仍带着孩子气，一点儿都不可爱。

毕业以后，李娜在一家广告公司工作。一开始，她对这份工作充满了激情，可是，前段时间发生的一件事让她对工作烦透了。李娜嘴很甜，开始的时候很受上司的喜欢，在上班时间她喜欢和其他女孩一起唧唧喳喳，但也很少受到上司的批评。但是，在工作时间闲聊肯定会影响工作，而且李娜对工作没有什么时间观念，她的任务总是不能按时完成。一天开会的时候，上司说了她两句，没想到，她当场就委屈地哭了起来。上司劝与不劝都不能让她停止哭泣，结果，只好尴尬地愣在那儿。同事哄了她半天，她才稍稍稳定了情绪。经过这次事件，上司不再批评她了，但是，大家好像都在躲着她。而且每次谁和她说话时间有些长，都会有同事提醒：“别打扰她了，让她好好工作吧。”简直就是把她当小孩子一样看，连哄带骗的。她想，再这样下去恐怕就会丢掉这份心爱的工作了。

只有小孩子才会受到批评就哭鼻子，作为已经成年的你假如还有这个习惯，那么，就应该马上改变，毕竟社会不同于家中，不会有人心疼你哭鼻子的。很多年轻人常犯的毛病是即使没人娇纵，也要自己娇纵自己，社会里这种行为轻则让别人躲得远远的，产生厌恶感，重则遭到讽刺，让你更想大哭特哭一场。所以，不要把自己当成需要帮助和保护的对象，既然你已经身在江湖，就要对江湖中的一切做好承受的准备，当然也包括风雨。在这个社会中，竞争越来越激烈，因此，不要期望别人保护你，而要自己练就一身功夫，更不要认为找别人帮你是天经地义的，套用一句电影台词："出来混总是要还的。"

还有些年轻人因为在以前的生活中习惯了和朋友嘻嘻哈哈，心直口快，对礼仪不太注意，也不太注意言辞是否会伤人。刚进入社会时很容易忽略到这一点，待人接物也没有应有的礼貌。比如，在接到电话的时候，很可能粗鲁地说："你找谁！"朋友之间对此无所谓，都已经习惯了，但很多场合需要你注重礼仪，有些场合必须要说客套话，而有些伤人的话是无论如何都不能说的。此外，好高骛远也是孩子气的表现，总以为自己是大材小用了。

小波是研究生，在学校是出了名的才子，可是参加工作以后，他认为自己"受宠"了。他的工作无非是接打电话、收发邮件等。在他看来，初中生都会做这种工作，何必浪费他的时间呢。而且和他一个部门的人很多只是大专学历，虽然他也算是鹤立鸡群，但他的优势在工作中并没有显示出来，他的心理很不平衡。当他向老板提出这个问题时，老板告诉他，新人就应该从基层做起，这样才能充分了解公司的运营情况，熟悉公司的业务，而且，这也是一种对新人进行考察的手段。

在进入社会以前，很多年轻人都会产生一些美好的幻想，对自己的未来期望过高。要知道，刚进入社会就拥有高于他人的地位，这是一种很不现实的想法，而且，好高骛远的人是不会受大家欢迎的。当他们按照自己的幻想对比现实时，大多数人都会产生失落的感觉，觉得生活不如意，工作也不顺心。而他们很自然地把这种不顺心以各种形式表达出来。然而，他们忘记了，社会不是家庭，自己也不再是家中的太阳，因此，在社会里，这样的年轻人注定会受挫。

生活中，成年人拥有童心和童趣本是件好事，可是，将这种孩子气带入社会中就有些说不过去了。你可以在一个人的时候孩子气，比如，小艾在上海工作，她和上文中的年轻人一样，工作以后仍带有"孩子气"。不过，那是在私人时间，例如，她平时很喜欢看动画片，休息时爱穿卡通T恤，喜欢新潮好玩的东西。虽然她觉得自己骨子里还没长大，但是，她只是在家里才会这样表现，因为家是允许有孩子气的地方。可到单位之后她会变得和所有成年人一样，她会做好本职工作，会注意自己的言行，会打扮得体，不给别人造成困扰。

人乐观一些、心态好一些固然是好事，你可以活泼，可以阳光，但要有一个度，不要表现得太孩子气。如果一味地心直口快，得罪了人不说，你的能力也会因此遭人质疑，从而让你在别人心中的形象大打折扣。社会就是这样，很现实，也很势利，不会有人纵容你的孩子气。假如你还幼稚且单纯地认为社会和家庭、学校一样，错过了可以重来，你可以任性地表现出自己的个性，对社会中的潜规则和人际关系的技巧置之不理，那么，即使你是可爱的、阳光的，也终会被社会抛弃到角落里反省。

处世小秘笈

初入社会时，如果你的行为带着孩子气，那么，一定要尽快改掉，不然只能给人留下不成熟、不稳重的印象，这对你以后的发展会有影响。

要主动适应社会，不要等社会来适应你

玲玲在大学时主修新闻专业，不过，她最初的梦想并不是这个，这只是调配录取的结果。

金融专业才是她真正想学的。毕业后，为了专业对口，她进了一家报社。但是，她对自己的专业和工作仍提不起兴趣，每天四处奔波采访、写稿子，让她头痛不已。虽然她也是尽职尽责的工作，但厌倦工作的心理让她觉得自己快要崩溃了。受所学专业的限制，她又不知道还有什么工作是自己可以做的。经常处于厌职情绪中的她自然就会缺乏工作动力，所以，发稿量也有所下降，收入明显低于其他同事。她对生活和精神的双重压力感到心力交瘁。

我们每个人都是独一无二的，每个人的个性也都是举世无双的，但也正是因为这样才让我们产生了一种错误的想法：为什么我要去主动适应别人、适应社会、适应环境？

社会是一个大环境，而我们只是其中的一个主体部分。社会的力量非常大，大到我们根本就不能让它对我们有一点儿让步，因此，我们要么就主动地去适应社会，要么就被它淘汰。让社会改变去适应某个人可以说是不可能的，除非你先适应它，改变它，但这绝对不是在你初入社会时就能做到的，更不是抱着让社会适应你的想法就可能做到的。很多才华横溢的年轻人，刚进入社会就扬言要改变社会，要改变所处环境的规则，可是，最终的结果往往是在碰壁之后，只好接受社会的改造。

如果最终的结果是被改造，倒不如让自己先主动适应社会。主动适应和被动适应最大的区别就在于改变社会对前者而言有可能是真的，而后者却没有这样的机会。先改变自己是一种最好的适应，犹如千万年前的动物，因适应了改变而存活了下来。

如今的社会之所以能继续下去，就是因为大多数人都认可了它。我们应该适应社会的积极面，对其消极面进行抵制。只有在我们有了一定的能力之后，才有可能带动身边的人改变自己所处的环境。

如果想很好地适应社会环境，我们就先要改变自己去适应环境的需要，之后才是慢慢对环境进行改造，使环境一点点理想化。年轻人一定要从实际出发，能正确认识客观环境这个现实，不逃避现实，也不做无根据的幻想，把自己置身于社会环境中，先了解它，然后再掌握它，最后才是改造它。当然，想让社会适应自己其实也属于一种积极的态度，但消极地等待并不是我们要做的，我们要做的是先“打入敌人内部”，从改造自身开始，这样才能既不想入非非，又不自暴自弃，从而提出改变环境的办法。

李明脾气不太好，他喜欢把所有的不快都说出来，本来以为自己是快人快语，结果却让朋友和同事都远离了自己。在单位，公司的制度让他感到不满，于是整天牢骚满腹；在朋友堆里，他看不惯一些朋友情愿选择违心的恭维，而把自己想说的和想做的都放弃了，除了厌恶这样的朋友外，他还说出了大家想说而没有说出的话，想做而没有做的事。但是，他到最后才发现，只有他一个人在为让世界变得真诚、美好而“战斗”，别人好像早就放弃了自己的想法，站到了良心天平的另一方。

李明对此有些哭笑不得，几年的摸爬滚打以后，他明白了：自己如果想更好地生活，就要先适应别人的所作所为，不必看什么都不顺眼。有时候，即使是违心的微笑，也能让人感觉愉快。

于是，他开始试着不再批评和发牢骚，而是尽可能地对别人多恭维，刚开始他觉得有些痛苦，但到后来却发现，假如不这样会很辛苦，而这样做自己也无任何损失，也没做什么违反个人原则的事情，他的生活就会变得很顺利。更让他欣慰的是，在自己改变之后，和朋友、同事的关系也都好了起来，而对于公司制度的问题，他曾和颜悦色地提过几次建议，但出乎意料的是领导竟对制度做了改动。他因为改变了自己的处世方法，使自己所处的环境也得到了改变。

如果我们感觉不到快乐，那一定是因为生活中出现的一些事情与我们期望的相反。而仔细一想，因为我们心中有个必须如何如何的标准，我们的不快就是由它引起的。而改变这种情况只有两个办法：其一，改变它，让每个人做事的时候都按我们的期望去做，让每件事都如我们所希望的一般完美，但这要付出的努力很大。因为社会并不会纵容我们的习惯或规则。而且，我们有这样的想法，别人也有。也许我们期待的生活正是别人的痛苦，于是，矛盾就产生了，你同样也就快乐不起来了。很多人所谓的改造社会，无非是希望地球能够依照自己的方法进行转动，让地球来适应自己，这可能吗？

其二,改变我们自己。假如我们终日把希望寄托在第一条上,那么,一生都可能在郁郁寡欢中度过,因为曾有过很多人尝试过这么做,却从未见有人成功。但是却有选择第二种方法的人有过成功的先例。或许你会认为这几乎是在欺骗自己,但事实上,改变自己并不表示我们要屈从于这个世界,这只是为了生存和改变社会的一种必要手段。毕竟改变社会是一个巨大的工程,要耗费很多时间,也是一个投资巨大收效却很难预见的工程,而且,这个工程很有可能不会成功,不仅你无法看到这个工程竣工的那一天,甚至连你的后代对被你改造得很完美的社会也不会有看到的那一天。这就像是绕着一个圆圈跑,希望某一天能达到终点——人最终只会疲于奔命,直至倒下。

一个很富足的国家的一位皇帝,一天,他徒步走到一个很远的地方视察工作。在返回宫殿的时候,皇帝感到脚非常疼,因为这是他头一次步行出远门,并且脚下的路很难走。于是,皇帝下令用皮革铺满他以后要走的路,虽然这需要成千上万张牛皮,花费很多金钱。这时,一位谋士斗胆向皇帝建议道:"英明的皇帝,您完全没有必要花这么多冤枉钱。您只要割下一小块牛皮,把您尊贵的龙足包起来,就会起到同样的作用。"皇帝惊讶之余,接纳了谋士的建议,制作了一双"牛皮鞋"。

我们没办法把世界铺上地毯以利于我们行走,但我们可以穿上鞋,这样所有的伤害就都可以避免了。假如要让社会来适应我们,而不是你去适应社会,那么,你就需要付出很大的代价,结果还不一定成功。就如同这个故事中的皇帝一样,总想着用皮革铺满崎岖不平的路,却忽略了对金钱的消耗,而且自己的要求在最后也不一定能完全达到。其实,仅在自己脚上套上一双"牛皮鞋",结果就完全改变了。

事实上,想让自己来适应外界这件事也并不容易,毕竟每个人从小到大都养成了自己所谓的"个性"。尽管每天都会发生个性和社会的冲突,但社会这个大熔炉还是很难将我们熔化。然而,聪明的人却善于通过现实的镜子对自我进行理智的调整,并最终完善自我。

处世小秘笈

社会不可能会被一个人改变,如同自然环境不会被动植物改变一样,因此,只有通过进化去慢慢适应。

投资于人际网络至关重要

现代社会可以说是瞬息万变的,谁也不知道下一秒会遇见什么事,自己随时可能会遇到不好的事情。

有人说:"朋友也要看是什么样的朋友,没有利益冲突还好,假如只有敌人和竞争,就没有朋友了。"这话乍听起来好像有几分道理,其实,假如真的这么去做的话,只会让我们处处碰壁。

精明的温州人说:"一个好汉三个帮,广结朋友就等于在编织自己的发展网络。今天的竞争对手,或许就是明天的合作朋友,所以,我们只管结交朋友,不要因为利益关系就与朋友断绝往来。"

再强大的人都是需要别人来帮助的。也许你今天很强、很能干,但是,每个人都会遇到自身无法克服、无法解决,而且必须解决,必须借助外界力量帮助的情况。可能帮助你的人或者被你帮助的人平时不一定是你最认可的人,可他却是你最需要的人。所以说,人是最大的资源,人是做任何事情都必不可少的因素。失去金钱,你还能从零积攒到富有。而失去朋友,就失去了从头开始的机会。

精明的温州人十分重视人际关系,他们时时处处都在为自己发展人脉网络。

2001 年 7 月,《温州日报》曾经报道了一件怪事:

在当地媒体上居然有一些温州人说要开门收徒,把创业经营之道传授给他人。

原来,一个下岗工人对鞋类生意很有兴趣,希望自己能够学到一些关于经营的经验。于是，就求助于宜昌温州商会，希望有人愿意收他做徒弟。后来，有几位商人都答应了这个要求。当地媒体报道了温州商人收徒的事情，结果，一石激起千层浪，很多宜昌人都想拜温州商人为师。

宜昌政府对此非常支持，因为在宜昌的1万多温州人在自己的行业内都做得非常不错。有政府出面支持，很多温州商人都纷纷招起徒弟，让更多的人知道如何经商。

在媒体上亮相招收徒弟的第一个温州商人是陈铄亮。他说，收徒弟不是找打工的人，也不是招生意合伙人，而是把经商之道真心地传授给他，把温州人的观念植入宜昌人的头脑中。如果能借此把当地市场经济带动起来，那是最好不过的了。假如徒弟们学得好，不出两年时间，徒弟们就有独立经营一个店的能力了。第一位被温州商人招为徒弟的李君阳在老板的带领下，对经商之道也了解了很多。温州老板对客户的诚信和做事的快节奏使他感触颇深。

虽然很多人认为温州商人收的徒弟在学成后，就会成为与他们竞争的对手，对温州商人来说这甚至可以说是构成了一种威胁。但是，精明的温州人并不这样认为，他们说："多个朋友是好事。假如可以培养一些相关的人员，建立合作同盟的关系，是有利于经商的。"

实际上，真正精明的人不但重视人际关系，甚至都敢培养自己的竞争对手。试想，即使这类竞争对手真成了事，靠的也是良性竞争，而非耍什么手段。而且，即使双方真竞争到桌面上，对前辈不礼让的又有几个呢？毕竟一个人的力量有限，哪怕有三头六臂，又办得了多少事呢？所以说，要成大事，就要靠同舟共济。你唯一不能没有的就是朋友。

人际关系在社会生活中起着非常重要的作用，但是，初入社会的年轻人，并不善于处理人际关系。很多年轻人说在社会上过日子很累，其实累就累在"人际"上，甚至有一些年轻人对"人际"产生了畏惧。这种畏惧心理很可能是多年积累的结果，虽然很难在短时间内改变，可是，你还是应该鼓足勇气，学着用积极的态度去面对他人。平时多观察别人是如何交流和沟通的，然后，你至少可以学着他们的样子谈论一些让别人感兴趣的话题。不要觉得这是对别人讨好的表现。事实上，如果是你一个人的时候，你孤傲也好，清高也罢，喜欢独处是你自己的事情，他人没有权利对你进行干涉。可是在人群中，和别人打交道是你必须要面对的。所以，你必须学会改变自己，尝试主动和别人多交流沟通，最大限度地求同存异，尽可能拥有一个良好的人际网。这样不仅能让你拥有更多的朋友，也能让你尽情发挥个人的才能。其实，做到和别人打成一片并不难，只要你表现得真诚、友善，适时地帮助别人即可。

还有的年轻人认为，投资人际网络是一种浪费。显然，这种想法是极端错误的，谁能一辈子不求人或被求呢？如果没有一张人际网络，在你需要帮助的时候，会有谁为你站出来帮忙呢？而人际网络是需要你用心去呵护的。所以，你平时说话做事要留心，要处处结友，而不是在无意中为自己树立敌人，这对自己的前途无疑是一种障碍。以下是怎样"结网"的几个秘诀：

1. 乐于助人。这种方法在和人交往时很容易做到而且能得到别人的好感。在自己力所能及的时候，帮身边的人解决一些小问题，你和大家就会神不知鬼不觉地融在一起。也许这时你会惊喜地发现"团结就是力量"的真理。

2. 俗话说："有付出才有回报，天上不会掉馅儿饼。"与其等待别人的主动帮忙，不如先主动去帮助他人，这样，在你需要帮助的时候，才有可能出现贵人。要拿朋友的事情当成自己的事情，在你需要帮助的时候，朋友才会拿你的事情当成自己的事情。失去他人的支持和帮助，即使有天大的本事，也还是会有过不去的坎。

3. 与他人要保持联络。不要等到需要帮助时才想起和别人联络，大家往往都很讨厌这种"突击型选手"。因为你平时没有和朋友保持联络，现在有事了，才提前预热一把，这会让人觉得你很势利。当你半年都没有与一个朋友联络的时候，你失去他的可能性就很大了。所以，平时多和认识的人联络，多打几个电话，这不但对自己的旧情谊有维护作用，还可以扩张自己的"情面"。当然，针对不同的人联络的时间也应不同，有些人是"大忙人"，你白天给他打电话，他在开会，晚上他又在应酬，太晚了当然不妥，所以比较合适的时机就是傍晚，这时刚好是这类工作狂下班后晚饭前的时间，这也算是见缝插针吧。

4. 记录“关系”进展情况。如果你有足够大的关系网，那么，就要像记日记一样记下别人的姓名和联系方式，以及你对他日后的联络之道和看法，这样才能在需要帮助的时候找到最适合帮助你的那个人。

5. 不要急于求成。做推销的之所以不招人喜欢，是因为他希望你在非常短的时间内买下他的东西。拓展人际也是这样，假如盲目地向前冲，你的“不择手段”就很容易被人看出来，因此，只会和你越来越远的。记住：织网是个长线的工作。

处世小秘笈

人们常说：“在家靠父母，出门靠朋友。”这句话很有道理，多个朋友就多一条路，多一个选择，你也就更容易成功。不管是机遇还是厄运，有朋友的帮忙总是好事。

先做适者才能做强者

列夫·托尔斯泰有一句名言是这样说的：“人人都想改造世界，却没有想到要改造自己。”

英国一位主教的墓志铭是这样写的：“当我年轻的时候，踌躇满志，意气风发，当时曾梦想改变世界。但当我年事渐长，阅历增多，却发现自己对改变世界并没有能力。于是，我将目光缩短了些，决定先改变我的国家，但是，这个目标还是不容易实现。当我进入中年以后，无奈之余，我就把最亲密的家人作为我试图改变的对象。可是天不遂人愿，他们依然还是维持原样。当我垂暮之时，我终于认识到：改变自己才是我首先应该做的，用以身作则的方式影响家人。如果我能先当家人的榜样，也许下一步就能改善我的国家，再然后，甚至整个世界都可能被我改变。”

江湖中自然有它自己的规矩，也许它违背了你的规矩，可是，如果你不以为意，并无视它的存在，那么，即使你才高八斗、胸怀天下、来势汹汹，最终也只能碰个头破血流。所以，若要在社会里求生存，就必须先要去适应它，做个适者，在掌握它之后，再对它的特质加以利用，想办法做个强者。

一位博士生在拿到计算机专业的毕业证以后，找工作一直不是很顺利。公司不是嫌他没经验，就是认为他学历太高，小庙容不下大菩萨，最后很多公司都没有录用他。他思前想后，发现学历是问题的症结所在，于是，他决定收起所有和学历有关的证明，以最低的学历前去应聘。

不久之后，他在一家软件公司做了一名程序输入员，朋友都说他大材小用了，虽然他自己也这么觉得，可是为了衣食住行，不得已也只能这么做了。不过后来，他才庆幸起来——幸亏当初有点儿小聪明，选择先适应这份工作，然后再把能力一点点儿显露出来。

他工作一丝不苟，同事和主管都很喜欢他。不久之后，主管发现他能够从程序中发现一些错误，这一点足以引起经理对他的重视，因为一般的程序输人员都做不到这一点。于是，他向经理亮出了学位证，随即经理就给他换了一个与大学毕业生对口的职位。渐渐地，每次开会时经理都会发现，他能提出很多独到而且很有价值的意见，远比一些刚毕业的大学生有思想、有见解。此时，他又把自己的硕士证拿给了经理，毫无悬念，经理又提升了他的职位。公司遇到研发难题，那些技术元老都束手无策，但是他却能够“手到擒来”。于是，老板越来越觉得他不同于别人，就对他“质询”一番。此时，他才拿出博士证，经理认为他是位踏实能干且机智过人的人才，而且全面地认识了他的真正的能力和水平，所以，把他作为重用的对象，任命他为技术总监。

想改变生活还是要先适应生活，从改变自己开始，不能把改变别人作为最初目标。假如你不愿意改变自己去适应生活，那改变生活就无从说起。毕竟江湖是个适者生存的地方，如果连生存都成问题，又怎么去改变自己呢？

达尔文原版的英文日记中有一个故事是这样的：

19 世纪 30 年代，达尔文周游世界。他看到非洲一个很落后、愚昧的原始部落族人，他们住的是山洞，一直光着身子，而且会把老年人赶到深山老林，活活地饿死他们；在没有食物的时候，就把小孩吃掉。

达尔文见此，下定决心改变这个部落，于是，他花高价买了一个当地的小男孩，并把他带回了家。过了16年，这个非洲男孩成了“文明青年”。这个男孩被达尔文托朋友带回了非洲部落，意在让他改变部落的恶习。

过了一年，达尔文故地重游，想看看精心培养的男孩是不是改变了这个残暴的部落。但是，他并没有看到那个男孩，部落首领给达尔文的回答是他们把那个男孩吃了，因为“他什么都不会做，不懂得任何事，留着他没用”。

在日记中，达尔文哀叹地写到：“一个人的愿望与他所希望得到的结果并不成正比。一个种族遗留下来的疑难问题，根本不可能仅靠一个或几个文明人去解决。从野蛮进化到文明，这是一个痛苦且漫长的过程。社会上每个人都应当对自己周边的生活环境进行适应，不然，哪怕他再高明，恐怕也难逃被淘汰的命运。”

有钱难买“早知道”，如果我们早已知道要先改变自己这一点，也许我们每个人都可能改变生活，从而成为强者。很多人虽然清楚要通过改变或改善才能让生活变得更美好，可是，真正要我们改变的时候，很多人却做不到了。人们通常期望着他人改变来适应自己，却不想先改变自己来适应别人或环境。人与人之间有很大区别，但往往又有很多地方相似，当我们这样想的时候，其他人也在这样想，人们都希望他人的思想和性格和自己能合得来，而对自己也可以和别人合得来这一点却没有想过。

想做强者，很难从改变别人实现，但是，从改变自己开始则是很容易的。改变了自己，使自己融入社会中，再慢慢让身边的人跟着你改变；身边的人改变了，跟着改变的人可能就会更多；更多的人改变了，则可能会因你而改变整个环境。所以，每天让自己改变一点儿，每天多一些行动，努力适应这个社会，这样对环境的影响力就会多一点。愿意改变自己并可以不断改变自己的人，才会拥有真正的说服力和影响力，才有资格做强者。

处世小秘笈

事实上，很多人都忽略了，改变自己有助于改变世界，我们只有先做适者，之后才有做强者的资格和机会。

要看淡世态炎凉

汉武帝时的名臣汲黯，他为官时，天天都有很多人来拜访他。但是，当他辞官回家静养的时候，他每天中午把大门打开时，总看到门前有许多麻雀在寻觅食物，在那里嬉戏跳跃。他感叹道：“以前我做官，宾客盈门；现在不做官，都可以张网在家门口捉鸟了。”

不久，他接到汉武帝的诏令要他回去做官。于是，他家又有很多访客了。汲黯经过一场贫贱富贵的变幻，已经看透了世态的炎凉。于是，他在大门上贴上一张纸条，上面写着“门可罗雀”。当那些客人看到门上的字以后，只好悻悻地离开了。

元曲《冻苏秦》里说：“也素把世态炎凉心中暗忖。”在《隋唐演义》中也有一句话是：“世态炎凉，古今如此。”无论是“暗忖”，还是“明忖”，从古至今都存在世态炎凉这个现象。如今的我们没必要学汲黯这样不给人面子。自古就有世态炎凉，这是最稀松平常的事，所以，用不着多伤脑筋，也用不着动气或在得势时伤了“凉”着你的人。

王先生参加工作5年了。在这5年里，他算是命运多舛了，当然，其中有坎坷也有过坦途。他几度倒下，又几度爬起来，最后才爬到现在经理的位子。世态炎凉的含义他在这几年才真正参透。

特别是在刚工作一年的时候,前半年因为有个项目做出好成绩,王先生得到了领导的表扬,甚至被誉为领导的“接班人”,因此,本来人缘就很好的王先生更加受到同事的喜爱。可是,后来因为胆大包天,王先生曾与当时一位炙手可热的红人“争吵”,并把对方的错误指了出来,结果被戴上了种种莫须有的帽子,莫名其妙地就被打成了“反革命”。在这期间,他被冷落了,每天上班的时候,他都被当成一个“不可接触者”似的。即使是在路上,在他“辉煌”时曾和他关系要好的同事们也视他为路人,都不愿和他说一句话。即使是王先生主动找别人说话,别人也都爱答不理的。这时的王先生似乎异化为“非人”,这种状态持续了一年多。

后来,因为“红人”在公司做错了事,被辞退了。没有阴云的笼罩,没多久就雨过天晴了。王先生不但“官复原职”,而且还有可能会成为红人,因此,人们又开始对他热情起来。果真,仅用了一年的时间,王先生又开始另一段辉煌了。原本门可罗雀的场景不见了,同事们又把王先生当上宾对待了。

王先生的感觉是先从天上掉到地下,又再由地下回到天上。一个年轻人血气方刚,他怎么可能没有想法呢?不过,他忍了下来,毕竟,同事还是要来往的。又过了一年之后,他为自己的忍耐而庆幸,因为他的想法在这时发生了改变:世态炎凉、古往今来皆是如此。任何一个人,从本能上来看都是趋吉避凶的。他很庆幸自己没有得罪其他人,包括曾经伤害甚至嘲讽过自己的人。不仅是因为这些人还会影响到自己的前途,更多的是因为他明白这是一种自然道理,就像刮风下雨一般自然。实际上,这并不是因为他有十分大的度量,能容天下难容之事,而是因为他想到了,如果自己处于别人的位置上,他不见得会比其他人的行动好多少。

社会是残酷的,如果你不知道它的规划,它就非常乐意把你要得团团转。可是,无论怎样,我们都该坚强地面对。即使是世态炎凉,冷嘲热讽,只要我们的心不死,也就还会有机会一鸣惊人。社会是个大熔炉,在你没进去的时候,一切是棱角分明的,可是一旦进去,就不能有那么明显的棱角了,太过明显的棱角只会有更多的人情冷暖与世态炎凉留给你体味。而这时也不要怪这个社会过于世态炎凉,也不要怪罪周围的“墙头草”,正所谓此一时,彼一时。所以,除了真正的朋友之外,不能奢望免费的施舍与帮助,而在社会中,真正的朋友永远只可能有那么几个,而不是所有的人。

人生诸多事,终难事事如意。既已明了人情之世故,世态之炎凉,我们又何必独自惆怅,暗自伤怀呢?或者埋怨别人是“白眼狼”呢?怨天尤人的这些话都于事无补,只是徒惹伤心和是非而已。自己手中毕竟还掌控着生活,虽然我们无力改变现状,但是,我们可以改变心态,先向社会低头,再图以后成功。对于世态炎凉的感受和认识的程度,会因年龄的大小和处境的不同而不同,并不是每个人的感受都一模一样。这里面有一条定理:人以对世态炎凉的感受与年龄的大小和处境的坎坷是成正比的。虽然年龄越大,处境越坎坷,对世态炎凉感受越深刻,年龄越小,处境越顺利,越不理解世态炎凉。但是,对社会中的这条道理能尽早明白,不苛责别人,不抱怨,选择积极地自立自强,对于年轻人而言是好事。

你要记住,自己本身就被炎凉包围着,因此,更应该低调处事,收敛锋芒,莫伤人,莫抱怨。即使别人有意无意地挑衅,也最好不要理会。毕竟如果在前行中遇到了阻碍,如果前面的障碍你无法顺利通过,你只有两条路可以走:一是放下你的尊严和身份,暂时选择一个较低的起点重新开始。此时,只需忍耐一时,你可能实现自己远大的报复的机会很大。另一个就是你只能“昂首挺胸”地被淘汰出局,因为已经处于弱势的人非要高调的话,就很有可能遭到他人的雪上加霜。那么,你将终身都无缘实现自己的远大目标。

也可以这么说,无能的人才只会埋怨世态炎凉。其实,人只能怪自己不够强大和谨慎才招致了冷遇,是自己犯了错误,不必去怪别人。

人际交往中，每个人都看重"好处"

玲珑是海南人，她这个姑娘心思很活，上了两年班后，就自己经营了一家鲁菜馆。刚开始的时候，并没有很多客人到店里，玲珑在上街时无意中发现，很多来本地观光的游客常常在买完东西后问老板餐厅在哪儿。于是，玲珑找到一家看上去生意不错的服装店，跟老板商量，想让老板向游客推荐她的餐馆。

老板似笑非笑地看了看玲珑，老板的意思玲珑马上就明白了，毕竟两个人根本谈不上认识，无论在哪方面都不该有交集，人家自然也不会白白地帮忙。于是，玲珑立刻对老板说："当然，您看您的衣服都这么时尚，我也会向客人极力推荐您的服装店的，相信这样一来，我们两家的生意都会更好的。"老板想了想，完全同意了玲珑的要求，于是，互换了两家店的名片。

一次，有个到海南旅游的游客，逛到这家服装店时，他感觉到有点饿了，于是问老板："除了这条街以外，附近哪个饭馆的饭好吃？"

虽然游客并没买他的东西，但老板仍然热情地告诉游客："过了这条街，有个蓝天鲁菜馆。不远，差不多走10分钟路就到了，而且那里的鲁菜是全城最好吃的。"当游客抵达时，餐厅里挤满了人。可是，服务员还是找了一张不错的桌子给他，这位游客在那里消费了100元。

游客在吃完饭结账的时候，服务小姐热情地对他说："先生，谢谢您的光临，您来一次不容易，如果您想给您的女朋友带一套衣服回去的话，我推荐您去这家服装店，它可是全城最物美价廉的时装店，这是他们的卡。"说完，服务员就把一张名片递给了游客。后来游客才发现，服务员说的这家服装店就是自己刚走出来的那家。事实上，有些人当然是不会去的，但一定也会有人因为服务员介绍了就去光顾的。这样一来，这两家生意都越做越红火了。

胡雪岩是一代"红顶商人"，他曾经说过："在商言商，人生是一场交易，只有赢利或亏本，没有其他东西存在。"事实上，并不是只有生意人才会如此，朋友间也是如此，在替人做一件事情前，谁不会将自己即将得到的好处掂量一下呢？只不过朋友之间可能没有那么赤裸裸地说出来罢了。有人说，中国人做事的原则是看重感情，其实，这是不对的。中国人是讲人际关系，但并不是说只看感情而对其他的都不顾了，有一个道理精于处世的人都知道：感情之中也是有所计较的。

每种人际关系其实都是一场交易，只是交易的对象有所不同而已，有的人是以感情交换感情的，而有的人则是以利益交换利益的，但不管是哪种交易，大家都是在乎好处的，不可能说我帮了你，既不求报答、不求结交你这个朋友，也不求心理上的满足，要知道，这世上不存在毫无缘由的爱。人们在做每件事时，在潜意识中都是有所图的。毕竟，互惠互利是人际交往的目的。有句话说："帮助他人其实是在自己的人情信用卡中储蓄，尤其是在别人有难的时候伸出援手。"救落难英雄于困顿，一旦对方翻身之后，他必定会回报你的。如果你认同这句话，又岂能说自己无所图？

人际关系心理学家指出：人们交往都是本着互惠互利的原则的。互惠互利原则，既是指物质方面的，也是指精神方面的。因为很多人受传统观念的影响，喜欢在交往的时候谈人情，而忌讳谈功利。可实际上，人和人之间的交往需求是多层次的。它的基本层次可以粗略地分成两个：一个层次的人际交往以情感为定向，像亲情、友情和爱情等感情；另一个层次是以功利为定向的，指交往的目的是为了实现某种功利。也就是说，在人们的交往过程中，有时是使物质需要得到满足，有时则是为了精神需要上的满足，但人们最初的动机还是希望从交往对象那儿得到自己需求的精神上的或物质上的满足。按照互惠互利的人际交往原则，建立良好的人际关系应采取的策略是既要感情，也要功利，不然极有可能使人际交往中断。

有些年轻人经常抱怨别人不够意思，不讲交情。但事实上，就是因为别人对自己的某种要求没有满足才会有抱怨。所以，一味追求所谓的"没有任何功利色彩的友谊"是非常不现实的，我们大可不必轻率地抱怨别人"不够意思"，因为人际交往的一个基本原则就是互惠互利。如果你想在交往中得到帮助，就要本着这条基本原则，在交往中积极付出，这样，交往对象的需要才会得到满足，毕竟在你衡量别人付出的时候，别人也在权衡你的付出。就像一句古话说的"将欲取之，必先予之"，只有这样才能交到有利于我们的真正的朋友。

正所谓“送人玫瑰，手有余香”，在社会中这一点有很明显的表现。也许有人帮了我们，图的就是余香，“好处”就在这里。所以，在接受帮助或者请人帮忙时，不要忘记给人一些互惠的承诺，要让对方知道，你是值得帮助的。“怎么去就怎么回来”，这个道理永远都适用于接人待物。

有资本，别人才会对你感兴趣

许多初入社会的年轻人都在抱怨自己的本事在社会上展现不出来，在大学校园里的佼佼者出来就默默无闻了，朋友不好相处、工资太低、公司环境不好……于是，整日哀叹命运不公，满嘴牢骚却不思进取。然而他们忘记了，如果别人根本看不上自己的任何资本，别人又怎么会对自己感兴趣呢？

没有人愿意成为他人的一枚棋子，自尊总让人对于他人的仰慕和尊重充满期待。抱怨的人总会把厄运或责任推到命运或者其他人身上，而从未想过自己是否拥有改变厄运的资本。

一位总埋怨老板没有重用他的职员对朋友抱怨老板的不公正，决定愤然离开公司。朋友就问他：“如果你离开公司将会对老板有多大影响？”职员说：“没有影响，老板根本就不重视我。”朋友故意说：“你就这样离开公司，对你们老板来说也太便宜了。倒不如这样，你继续在公司干下去，并尽可能多地掌握公司的技术和业务等各方面的信息，等到这些你都差不多掌握的时候，你再向老板提出辞职，这时就能给公司带来更大的损失。”这位职员觉得朋友提出的建议很有道理，就留了下来，并私下学习了很多东西。过了很长一段时间，朋友在某一天碰见了他，问起他现在在哪里工作，他说还在原来的公司。朋友奇怪地问道：“难道这么长时间了你还没有完全熟悉公司的业务吗？”这位职员回答：“你说的恰恰相反，我竭尽全力地去努力掌握公司的技术和熟悉公司各方面的业务，而且老板既给我升职了也加薪了。”朋友听后哈哈大笑。

这个人最终没有离开，主要是因为他不再抱怨和发牢骚，把精力都转移到了对自己的提升上。当人们只会报怨，而不是对自己进行积极地投资，提升能力时，本身的资本也就退化了。而当你不再给自己充电的时候，很可能过不了多久你现在的岗位就是别人的了。另外，除了有资本之外，还得想办法让别人看到我们的资本，现在好“酒”太多，所以不宜巷子太深。

在合资公司做白领的赵先生，觉得始终没有为自己的满腔抱负赢得机会，始终没有得到上级的赏识。他经常想：如果有一天能见到老总，有机会在老总面前展示一下自己的才干就好了！赵先生的同事李先生也有同样的想法，但他做的更多一些。他把老总上下班的时间打听了出来，算好他大概会在几点几分进入电梯，然后他也跟上去，希望能在电梯里遇到老总，可以有机会打个招呼，使自己在老总心中的印象更加深刻。他们的同事马先生则比李先生又进一步。他做了更多的功课，他对老总的奋斗历程进行了详细地了解，弄清了老总是从哪个学校毕业的，以及老总日常交往的人际风格，老总日常关心的大大小小的问题，而且还特别细心地设计了几句开场白，虽然简单却很有分量。在算好的时间里去乘坐电梯的时候，在跟老总寒暄以后，有一天，终于有机会与老总长谈了，这次的长谈让老总认识到了马先生的能力，于是，没多久就提升了马先生。

如果你感觉现在工作得并不快乐，而且觉得你的辛苦被上司或老板忽略了，问题很可能在于你不够精明。你努力工作了，但这并不意味着你为公司创造了效益。如果你仅仅是在职场上做一个“苦力”，那么，你加薪和升职的可能性就太小了。一个聪明人，除了努力工作以外，还应该在明处体现出你的能力，这样在职场中才可以行走自如。

事实证明，别人越是关注你，你就越有机会成功。当然，我们所说的优势并不仅指“硬件”上的优势。学历、技能固然是一种本事，但是，它并不可能成为被人关注的唯一的焦点，比起社交中的其他方面，有时甚至可以忽略到很多硬件如学历等条件。

比如，在聚会中，谈吐文雅和风趣幽默的人远比学历高的人被他人关注，空有技能的人拥有的好人缘和成功的本钱远不如善于交际的人。最现实的例子就是许多高学历、高能力的人却脱不开打工者的身份，而很多只有小学文化的人却成了老板，所以说，学识渊博或者能言善辩并不一定就是“资本”，做人不一定会因为它而欢迎你。因为这些所谓的“资本”都只是硬件而已，而我们所说的资本是能为自己带来好处的资本。

在人际交往中，他人对你的感情或喜欢或憎厌，这是由你的品位、社交水平和为人处世的方法所决定的，同时你事业的成败也取决于它。所以，在人际交往中，要想拥有被人关注的资本，就要陶冶和约束个人的品性与修养。这样才能有效地赢得别人的好感，而不至于遭到他人讨厌。

比如，不争强好胜、自律、谦虚就是一种吸引别人的方法。初入社会的年轻人往往盛气凌人，但他们接受新知识、新观念快，富有开拓创新精神，这一优势的确很难得。可是，如果把这种优势当成资本，误作为追求名利、恃才傲物、哗众取宠的资本，就很容易走入争强好胜、狂妄自大的误区。大家都不喜欢不可一世的人。

在社交场合，不管你有多么丰富的知识，口才多么犀利，都应该时刻以谦恭的态度严格约束自己，这样不但不会影响你个人的威信和形象，反而会让大家更愿意和你做朋友。

当然，你要清楚自己究竟拥有多少筹码的资本，以及与换来的关注成不成正比。如果经过再三衡量，你根本就没有“资本”能吸引他人，却受到别人的尊重和关注，那么，也要明白自己为什么会受到尊重和重视，因为别人极有可能是冲着你父母的面子和地位才关注和看重你的。所以，此时还是要以提升自己的“资本”为主，要不然别人会认为你是狐假虎威。

处世小秘笈

一块砖头有可能会立起来，可是，一坨泥巴无论怎样也站不起来。其实人也是一样，自己有自立的愿望和资本，你所接受的他人的帮助才会起作用，不然一切都是白搭。而这一切的前提是，不要让别人觉得你一无是处。

如何让别人看到你的善意

不管是初入社会的年轻人，还是已经进入社会一段时间的人，常常会觉得难以处理好人际关系，处处都要小心翼翼。其实，这其中很大一部分原因都是因为在你的周围并不全是同龄人。因为不同的年龄和文化背景等，大家要在一起共事多多少少都会存在问题——可以说这是一种社会代沟。其实，这种现状很容易改变。

小敏毕业两年，工作稳定，收入也不错。但是，使她最苦恼的是身边没有朋友，没有可以交流的人。小敏的男朋友在外地工作，父母也不在身边，上班和下班就是她每天的生活，每当她回到自己的房子时，无边的孤独感就包围了她的心。

为什么会这样呢？原来，小敏有些内向。在单位她不喜欢与他人聊跟工作无关的事情，下班后大家有什么聚会之类的娱乐活动也都不怎么找她。就算有的时候找了她，她也是一副没兴趣的样子，其实，对那些所谓的娱乐活动，她虽然说不上喜欢，但也并不讨厌。回到家后，她除了看电视，就是上网、看书，也很少和邻居们打招呼，她感觉自己都要患抑郁症了。

意识到问题的严重性后，小敏开始刻意调整自己。她开始仔细观察身边的社交高手的做法。她发现，那些受人欢迎的人总给人一种非常好的感觉，让人莫名地想亲近他们。后来她想明白了，这就是所谓的“亲和力”，这些人的善意常常能让人感觉到。毕竟，谁都想和一个于自己无害又有亲和力的人在一起。后来，小敏试着按照她观察到的人的做法去做，她开始对不太熟悉的人微笑，主动地开始与别人打招呼，开始融入同事和朋友的娱乐中，而不再是刚来公司的样子。这样一来，她不仅整个人有活力了，而且也大大改善了人际关系。

在如今这个竞争激烈，已经进入速食时代的社会，在日常生活中，有多少人顾及到对他人是否怀有善意？又有多少人会刻意让人感受到自己的善意？在现实中，在人交往中，因彼此之间的戒备和警惕使得本不太熟的人变成了“敌人”，本来的朋友成了陌生人，我们身边不乏这样的例子。当然，人们都不愿看到人与人之间冷冰冰地相处在一起，这种关系让人感觉不到人和人之间的友情，也感觉不到社会的温暖。人们是需要爱的，这种爱让人们彼此都能怀着善意的心，它让人们彼此消除隔膜，能够友好相处。当你表达出自己的善意，并让别人感受到时，你便成了受欢迎的人，这样对他人和自己都有益。

一天，王先生一家到一家餐厅用餐。由于是周末，来餐厅用餐的人很多，要等很久才会上菜，等别人吃完了时，王先生一家人点的餐还没有送来。王先生的妻子让他去催一下，但王先生并没那么做，因为人确实很多，王先生觉得一定是因为餐厅没忙过来，肯定不是把他们的存在给忘记了。后来，又等了十多分钟，王先生向服务员确定了一下他们的菜是否忘记给上了。没过一会儿，老板亲自带着大厨来向王先生道歉。此时，王先生并没有责备和为难老板为什么没上菜，而是对餐厅现在忙的情况表示理解。

在王先生一家吃完饭结账的时候，因为王先生的客气，老板不但给他们的餐费打了7折，而且还免费送给王先生一张贵宾卡，这是谁都没有想到的结果。

如果你遇到了同样的事，你能做到自己点的餐迟迟不上，还能对商家的难处加以理解吗？一般情况下，人们都会因为上餐太迟而向服务员发难，而老板则会为自己上餐迟找到各种理由开脱，而不是亲自道歉。这都是因为大家对彼此缺少了体谅，缺少了宽容，缺少了善待别人的心。在上面这个故事中，双方都是的，而且善意也都让对方感受到了自己的善意。不用多说，王先生一定会是这家店的忠实客户，而餐厅下次也还会优待王先生的。

所以，永远不要等到别人微笑才开始面带善意，假如我们对待别人多一份宽容，多一份善意，那么，我们将收到的不仅仅是对方给予自己的善意，也许更多的收获还在前面等着我们。当然，我们在付出善意的时候，不该对别人回报自己什么有所期望，因为我们的善意换来的回报终会为我们带来“意外惊喜”。

那么，应怎样让别人感受到我们的善意呢？

1. 理解和沟通

如果我们不能理解别人的行为，也拒绝与人沟通，那么，即使我们本是善意的，我们所表现出来的善意也未必合对方的胃口，别人不仅可能感受不到，甚至还有可能弄巧成拙。因此，如果，要想让人感受到我们的善意，就应该对对方的言行细心观察体会，平时多了解他人的情况，了解越多就越能理解对方，就能知道他需要的善良是哪种。

2. 心态平和，与人为善

微笑是最能表达善意的，就算在表达中出现不同的见解，也应该求同存异，不能因为小事而争得面红耳赤。

3. 尊重前辈，关注后来者

一般来说，社会中的老字辈对初来乍到的人可以用自己的经验来进行关心指导，帮你尽快熟悉环境，融入到团队中去。但是在接受过帮助之后不要忘了，你对于后来者而言也一样是老江湖，因此，也应该用同样的方法对待后辈。

4. 不要拿豆包不当干粮

鸡鸣狗盗之徒尚有助人成功的先例，所以，我们应对所有人都表现善意，不要因为看着谁貌似势力单薄就不予理睬。

处世小秘笈

我们在付出善意的时候，不该对别人回报自己什么有所期望，因为我们的善意换来的回报终会为我们带来“意外惊喜”。

坦然面对"人情债"

年轻人初入社会，常用"人情紧过债""钱债好还，人情债难还"勉励自己，以让自己清者自清，认为在心理上欠了他人的人情比欠钱的负担还要重。的确，欠人钱好算，但是欠人情不好算，也不好还。可是也不能因为这样就与所有人都失去联络，断了接受帮助或者帮助他人的想法，这样只会使自己跟社会偏离得越来越远。

俗话说："孤掌难鸣。"一个涉足社会生活的人，一定会有寻求他人帮助的时候，同样也会有借他人之力方便自己的时候。一个没有多少能耐的人必须这样，一个有能耐的人也必须这样。不过，如果对方大多都是不太熟悉的人、关系很一般的人，他们帮助你的可能性就会很小。"他人"中能实际地帮助你的人只有一种，这种人都是与你感情上有牵扯的人，也就是你的人脉网。

有人问："一只年老的蜘蛛和一只年老的青蛙有什么区别？"答案是这样说的：年老的蜘蛛能在网上舒舒服服地趴着，有东西撞上来时可以饱餐一顿，而年老的青蛙则因腿脚不灵便，捉虫子已经十分吃力了。可怜的青蛙因为仅发挥了个人的力量，因此，很艰辛地生活着；而蜘蛛除了发挥个人的力量之外，更懂得用外延力量，所以生活轻松。如果你的人脉关系网不能像蜘蛛网那样庞大结实，一旦你要找人帮忙，就极有可能发现自己是孤家寡人。但如果你的人脉网够大，哪怕朋友帮不上忙，你或许也会得到朋友的朋友的帮助。

记住，在社会中你很难能做到万事不求人，求人与被求是交际的常态。假如本着不求别人也不帮别人的想法对人，那么，就很难在社会中生存下去。所以，我们应该学会接受"感情债"，不管我们是施者还是受者。

其实，社会中的难题归根结底就是和人打交道。人情的投资就是人脉的建立，而人脉是一个人发展的关键。尤其在年轻人刚进入社会时，但如果在人情方面投资得多，别人一定会觉得这个人讲义气、够朋友。如果他把金钱或利益看得比一切都重要的话，那么，别人对他的印象也只能停留在唯利是图的层面上。在很多人眼中，这样的人只和钱关系好，只有金钱和利益才能进入他眼里。试想，谁愿意和这样的人做朋友呢？即使和他打交道，这种交往也只是停留在表面上。

其实，人情投资比利益更重要。人情投资，才是江湖中人的命脉所在。朋友有困难的时候，帮忙非常必要，即使你和这个朋友并不是很熟，但只要有能力还是要帮一把，在人落难时帮助别人无疑是人情投资的最佳时刻。人情投资做得好，自然就会有顺利的社会关系。如果我们选择只看眼前的利益，目光短浅，不会做人情投资，那么，在需要帮助的时候，自然也不会有人对我们"投资"了。

马明因为家里有事急需用钱，在半夜里，他给朋友打电话说他想借1万元急用。结果他一连给四五个朋友打了电话，最终连十元钱都没有借到手。事实上，马明清楚，这些朋友并不是没有闲钱在手头上，只是嘴上说钱都借给了别人。他在感叹人情薄如纸的时候，也在后悔自己以前的行为。

其实，一个人在危难的关头，没有人肯出手相助，世态炎凉并不是全部原因，也可能是这个人本身有问题。事实上，马明十分聪明理智，他认为和朋友们牵扯过多会让朋友沾自己的光，所以，他不愿意白白帮助别人。当然，他也一直都拒绝他朋友的善意帮忙，认为这样会欠人家情，怕以后因"人情债"要帮助朋友。

有一次，一个朋友家里接到一个通知要拆迁。这个人家里四口人挤在一间不足40平方米的小房子里。按照规定，一旦拆迁，分到的新房面积就有80多平方米。负责这个房产项目的人正巧是马明的熟人，于是，朋友就托马明帮忙，看能否提前交钱，换一所面积大点的房子。

马明听了朋友的想法以后，满口答应朋友说这个忙一定会帮的。可是，他自己在心里一合计，觉得现在的房价非常高，自己帮这个忙不划算。毕竟自己和这个朋友之间没有过多的来往，现在再花代价去欠这个人情就更加没必要了。况且，自己跟熟人去说，岂不是欠了人家更多的"债"？于是，这个朋友的请求还是被马明的各种借口给拒绝了。

现在，马明有急事了。在求助无门之后，他听说现在这个朋友赚到钱了，无奈之下就想找他借些钱。于是，他打电话约这位朋友吃饭。朋友当然也知道马明家里有急事，而且在其他朋友那里没有借到钱，于是立刻借钱给他。马明十分感激这个朋友，并且对自己以前的行为充满歉意。

事实上，很多人都曾因为不肯帮助别人而在求助于人时吃了闭门羹，结果，只能眼睁睁地看着自己走下坡路。何必这么做人呢，能帮人时且帮人岂不更好？就如同马明的朋友，下次如果他再落难求助于马明时，马明怎么可能不帮？所以，无论是施与受，帮别人都不会吃亏。有些年轻人认为社会是个利益场，在没有利益关系的时候，没必要对人情进行投资，但事实往往告诉人们并非如此。

“人情债”既然是债，我们就需要记在心上。比如，不要把别人曾经的帮助抛之脑后，否则会落个“白眼狼”的称号。

处世小秘笈

在生活中，我们应当树立的观念是：“有能力时多帮助别人，需要帮助时就求助，但也不能随便接受他人的帮助。”与别人交往时持这种态度，我们的心中才能坦荡、踏实。

第二章　谦恭好处多，礼多人不怪

要学会礼貌待人

对于在社会上行走的人来说，教养和礼貌是必不可少的。礼貌虽然不用花钱，但却可以帮助你赢得很好的人际关系。每个人在潜意识中都希望自己能得到别人的尊重和赞赏，于是便有了礼貌。礼貌是人类文明史上的一大进步，它能帮人们解决很多问题。年轻人初入社会，更应时刻注意使用谦词和敬语。

语言是思想的外衣，一个人的高雅或粗俗能通过它体现出来。假如你想接通情感的热流，让自己在社会中畅通无阻，礼貌谦词就应运用得体。正确地运用敬语和谦词，会让你的语言充满魅力，让对方倍感温暖。如果与他人交谈时能用礼貌用语，就会让人感到“良言一句三冬暖”，而不礼貌只会让人感觉“恶语伤人六月寒”，人与人之间就很难产生融洽的感情。

有个年轻人一次开着车出门迷了路，恰好遇到了一个老人驾着一辆马车，他就急忙上前问路：“喂，老头，这儿离县城还有几里？”那个老人慢条斯理地说：“无礼。”年轻人一听很高兴，心里想：“5 里不远了。”于是，就继续往前开。但是，走了 5 里地左右，年轻人发现还是一片荒凉，此时，他心中对自己的唐突行为才恍然大悟。驾着马车的老人正好赶了上来，年轻人赶忙说：“老伯，请问您老是否知道这里距离县城还有多远？”老人呵呵一笑，说：“小伙子，我还以为你不知道礼呢。”之后就给他指了一条路。

在人际交往时，如果礼貌用语和谦词使用得体，就能把良好的印象留给对方。一句简单的“谢谢你”“对不起”或一个“请”字，如果使用得当，就会对调和及融洽人际关系起到很大作用。西方国家的人在这方面就做得很好，不管别人给予他多么微不足道的帮助，他都会诚恳地道谢。而在别人道谢时，“我非常乐意帮忙”“没什么”也能让人感到亲切。另外，在西方国家，几乎在任何需要麻烦别人的时候，都会把“请”字挂在嘴边，比如，“请问”“请指教”“请留步”“请关照”等。频繁使用敬语和谦词，让人们的话语变得委婉而礼貌，这也是通过降低自己的位置，将对方的位置抬高的好办法，所以，我们不妨试着礼貌一些，客气一些。

在中国，在打招呼的时候，人们往往习惯性地问：“吃饭了吗？到哪儿去？”事实上，这种问法并不礼貌，毕竟这些都是人家的隐私，而且，这种问候方式过于单调，同时也有些不雅，所以，年轻人应该将自己的礼貌用语丰富一下。比如,见面时说早安或晚安,或者问候对方的家人等这些比较合适的语言。在问候时,一定要温和亲切,音量适中,粗声粗气或奶声奶气的问候都会使人产生不舒服的感觉。在运用礼貌语时,还应注意自己的神态,在你向别人询问时,态度要谦恭。如果此时还直呼其名,或用别人的外号称呼他,那是不可能得到别人帮助的。

礼貌用语会让人心花怒放,和人见面互道"你好",看上去这种事情非常小,好像很容易的样子。但是千万别小看了这种问题,它传递着丰富的信息,一声问候表达的不仅是尊重和友好,同时也是你有礼貌有教养的表现。只要你多多留心,就会发现,社会上的一些成功人士说话时都是非常注意使用礼貌用语的,他们经常说:"久仰""请""请多包涵""你好""谢谢""打搅了""对不起""请指教""望赐教""失陪了""拜托您了""承蒙关照"等话。这些礼貌用语在他们的成功中是占有一定比重的。

据说,在英国人的语言中,"对不起"这句话是不可少的。只要是请人帮忙的时候,他们总会先说声对不起。比如,对不起,请给我一杯水;对不起,把您的时间给占用了……连英国警察对违章的司机就地处理时,都会先说"对不起,您的车速超出了规定"。更有甚者,就算发生了车祸,他们也是先彼此说句"对不起"再解决问题。在这种气氛下,既满足了双方的自尊心,也降低了争吵的概率。

美国人说话从不会离开"请"字,比如,"请讲""请转达"等。有人说,以前的美国人在打电报时,宁愿多花一些电报费,也会把"请"字加进去。所以,美国电话总局一年从"请"字上就能多收入一千万美金。美国人宁愿为"请"字花钱,而我们在和人交流时,多说个"请"字,既不花钱,也不费多少力气,何乐而不为呢?

如果我们在语言交际中记得使用一些敬语和谦词,就会形成亲切友好的气氛,从而减少摩擦和口角。学会使用敬语和谦词会让我们的人际关系更加融洽。比如,在让别人为自己服务时,最好在话的前面加上"请"字;在和别人交谈时,如果涉及对方的父母,应该称"伯父"或"伯母",而不是直接说"你爸""你妈",这样问显然缺少礼貌的成分。懂礼貌的人是不会忽略这些问题的。

另外,礼貌可以化解矛盾。同样一个意思,表达方式不同给人的感受也不一样。比如,别人挡住你的去路时,假如你大声说:"赶紧让开,我要过去。"这句话很可能换来的是不屑一顾的白眼。可是,这个时候假如你用了礼貌用语,客气地对他说:"不好意思,麻烦您让一下路可以吗?"大多数人听到这样的话,会立刻满脸笑容地给你让路。

当然,礼貌用语虽然标志着一个人的修养,但也不表示同样的话用在什么时候都合适,语境和场合也要注意的,否则会让别人笑话的。

处世小秘笈

一个不懂礼貌的人肯定不会得到别人的好感,赢得他人的尊重就更不可能了。礼貌就如同一张形象卡,是一个人修养不可缺少的部分。

受到帮助要及时表达感谢

有些年轻人觉得,说"谢谢"只不过是敷衍,这两个字这么简单,能起到什么作用呢?但不得不指出的是,这种观点是极其错误的。说话本身就是一门学问,而表达感谢则更是有讲究的。学会感谢会让我们在交际场合给他人留下彬彬有礼的印象。人际交往是一个互动的过程,别人一定会"酬谢"他人的善意。比如感谢,使双方产生好感的正是这种"酬谢",并会因此产生新的交际。这样,就进一步融洽了双方的人际关系。

"谢谢"虽然是很简单的字眼,却是不用花钱的礼物,但许多人常把它忽略掉。事实上,它就像一个魔咒,运用好了它将会给你带来出乎意料的收获。很多成功的人都说他们是靠自己的努力成功的，但是，每个登上成功顶峰的人，都受到过别人很多帮助。当然，感谢的话他们也一定说过很多。一旦你明确了目标并采取了行动之后，你就会发现自己已经得到很多意料之外的帮助了，这时，你一定要记得感谢那些帮助你的人，即使他们并没有帮什么忙。

当你在生活中遇到麻烦时，也许很快就能得到热心人的帮助，在别人帮助了你之后，你自然会想到感谢，这是人之常情，也是应该的。可是，要表达感谢是有讲究的。一句真诚的感谢虽然简单，但却体现了人与人之间的配合与默契。有以下几种恰当的道谢方法：

1. 感谢时说出对方的名字

假如你想感谢帮助过你的几个人，一定不要仅概括性地说“谢谢大家”之类的话，而应该逐个点名道姓地道谢。在这种情况下，一定不要嫌麻烦，帮助你的有几个人，你就应该感谢几个人。这时，可以按照他们与你的亲密度或年龄逐个“点名”道谢，这样被感谢的人就会觉得你这个人很重情义，以后便会更喜欢和你交往。

2. 表达感谢要直白

在向别人表示谢意时，最好是当面、直接地，不要找人代谢，也不要含糊其辞，说得人云里雾里的，更不要担心你的感谢会让人感到不好意思。

李云刚把孩子送到托儿所，回来就去了隔壁的张梅家，她对张梅说：“我们家孩子这次能入托，多亏你帮忙了。尤其是我家孩子年龄就差一点儿，要不是你帮我疏通这一关，恐怕在这一年里，我只能待在家里哄孩子玩了！这下我终于可以去上班了，真是太谢谢你了。”

李云的感谢就非常直白，她不但直接面向被谢者，而且把要感谢的原因说得很清楚，让别人从中也生出一种自己有能力帮助别人的自豪感来。

直白的感谢不仅在于形式，也在于要感谢什么内容。当然，在不便直接说出感谢的内容的时候或者有外人的时候还是闭口不谈的好。

3. 感谢时要表达出自己的诚意

当你内心深处产生感谢对方的欲望时所说出的“谢谢”才能显示出真心实意，才能使“谢谢”有生命力。“谢谢”的修饰词最能显示出真诚，比如，“万分感谢你的帮助”“非常感谢……”等，此外，还可以用重复的句式来表达。

4. 出乎意料的感谢可以增进感情

在别人没有想到或者觉得这件小事没有感谢的必要时，也许对方只是顺便帮了你或无意中帮了你，你却真诚地向他道谢，对方一定会很感动。对于这些小事，你大可不必吝啬感谢的话，因为这会让你们产生更近的关系。

5. 及时而主动地表示感谢

从时间和态度上来说，及时表达感谢可以进一步加深感情，而迟到的感谢则不会有相同的作用。在别人帮你做事后，要尽快表达出感谢，如果把感谢的话留到第二天或者以后去说，不但起不到感谢的效果，而且还会让人觉得你不懂基本的礼貌和礼节，这样是很难和人建立友好关系的。

主动自然，是说要亲自找到别人去表示感谢，而不要在偶遇的时候才想起表达感谢来。虽然同样是感谢，但主动登门道谢和被动的偶遇才想起道谢会产生不同的效果。

虽然很多人帮助别人并不是为了回报，可是，对受帮助的人来说，理应及时且主动地表达感谢，不能慢吞吞地一拖再拖，这是不重视他人帮助的一种表现。

6. 许下的诺言不要打折扣

有时，人们为了能够将麻烦尽快解除会对帮助自己的人许下承诺，一旦帮助成功了，要如何感谢对方等。这种办法的确是行之有效，但一定要注意信守诺言，不要说话不算数。不论别人是出于哪种动机，只要他人真的帮助了你，则应该不折不扣地兑现自己的承诺。

很多人见对方决意不要酬谢，就偷偷高兴，心安理得地违背了许下的承诺。甚至还有的人看对方是冲着报酬来的，竟然指责对方动机不纯。这两者显然都是不对的。首先，即使对方坚决不要酬劳，但是，如果事先你已经答应好了，也应该以别的途径表示感谢。另外，就算对方是冲着酬劳来的，其动机虽然不纯，可如果你因此而违背承诺，别人同样会嗤笑你的人品。

7. 感谢别人是一种感情行为，不是速食品

感谢和帮助都是一种感情上的交流，它不同于交易。感情这种东西值得反复品味，切不可以“一手交钱、一手交货”的态度对待。别人肯帮助你，它表现的是一种情感，感谢别人除了可以用物质来表达，还可以用同样的情感来报答。这样建立起的人际关系才会更加密切。

不要觉得他帮助了我，我酬谢过他，两个人就谁也不欠谁的了，如果这样做人，未免太没有人情味了。所以，对于帮助过你的人，应该随时保持联系。

8. 合理、恰当地表示感谢

和做其他事情一样，感谢别人也要掌握好度，不能不足也不可过量。如果感谢不足，就会让人感觉他的劳动没有得到你的尊重；而过量感谢则会让人难以接受，甚至怀疑你有其他目的。适度感谢的判断依据有两个方面：首先是对方付出的劳动的多少；其次是别人的帮助给你带来的利益有多少。综合这两个方面，再考虑如何答谢。仅依据自己得到的益处或仅依据别人付出的劳动一方面来判定都有失偏颇。

处世小秘笈

当你在生活中遇到麻烦时，也许很快就能得到热心人的帮助，在别人帮助了你之后，你自然会想到感谢，这是人之常情，也是应该的。

一句真诚的道歉可以化解很多矛盾

唇齿相依就会有牙咬着肉的时候，与人交往时，闹些矛盾自然也是难免的，这是很正常的现象，关键在于如何解决已经发生的矛盾。其实，一句非常简单的“对不起”就可以解决很多麻烦事，很多人都将它比作化解矛盾的灵丹妙药。

一只狮子不经意间闯进一间四面镶着镜子的屋子，它同时看到很多突然出现的狮子。这只狮子大吃一惊，之后便开始龇牙咧嘴，发出阵阵低沉的吼声。看起来镜子中的狮子也十分生气，每只狮子都开始怒吼。这些现象吓坏了那只狮子，于是它开始惊慌地奔跑，一直到体力透支，倒地死亡。

这个故事正是我们生活的一个折射，假如这只狮子能够友善地面对镜子，镜子里的狮子必然也会回报它同样友善的动作，结果自然也会不同。而当我们把心中的善意主动地表达给别人时，情形一定会有所改善。人际交往本就有这个规则——你敬我，我才敬你，尊重别人的体现就是要说“对不起”。

在社交时学会向人道歉，就能缓和紧张的人际关系。比如，在公共汽车上，你踩了别人一脚，对方的不快会因你的一句“对不起”而化解。可是，如果你什么都不说，就不要怪别人火气往上蹿了。

有人说：“我也不是故意踩他的，为什么要道歉？”首先，你应该明白，这时的道歉体现出了你有修养，这句“对不起”表达出了你的悔意，能使受到伤害的人感到一丝安慰。另外，无论你有什么原因，别人的麻烦和痛苦是你的行为造成的，你应该对此负责。“对不起”是在请求别人的谅解。有些年轻人火气太大，经常是自己明摆着错了还不认账，甚至对别人的过错加以强调，这着实让人恼火。于是，我们经常见到人们为了鸡毛蒜皮的小事就大打出手的情景。事实上，当时只要真诚地说句“对不起”，结局会很愉快。有诚意地说句“对不起”是你为自己的过失付出的代价。在道歉时，千万不可以先为自己找理由，在别人看来这样其实是在推脱责任。这时，即使后面补上“对不起”，也是没有诚意的，这是毫无意义的道歉。

有一次，张明手中拿着一份报告，谦逊而有礼貌地对老板说：“这是您让我写的下个月的计划方案，我写了3个，它们的利弊我也详细地写出来了。您看实施哪个方案比较好？”这时，老板居然勃然大怒，拍着桌子对他喊道：“你究竟选定了哪个方案？为什么不把你的想法告诉我？

是不是不想承担责任?”张明听后吓了一跳,他委屈地想:就是让您拿个主意,干嘛这样生气呢?真是不可理喻。看着想说又不敢说的张明,老板更加生气地大吼道:“你还不服气了,公司养你们是做什么的!”张明捏了一把汗后,做了一个让自己都感觉意外的决定,他对老板轻声说:“对不起。”老板听后,立刻闭上了嘴,也消了火气,他对张明说:“你先拿回去做个选择再给我看吧。”

无论是什么事,只要是出了问题,自然存在很多缘由,可是,问题的关键在于这件事是谁办的谁就该负责。也许老板是有些拍板的味道,是有些仗势欺人了,但是,张明开始时的没有主见才是问题的关键所在。如果他再一直强调原因,难免让老板感觉他是自己给自己开脱责任。这时,他做了正确的选择,说了一句既简单又表示歉意的“对不起”,对方便不能发火了。俗话说:“杀人不过头点地。”一般只要选择道歉,对方就不会计较。其实,如上文中的张明一样,就算不是你一个人的错,要息事宁人,也最好先说声“对不起”。这样,双方才能避免进入备战的气氛,以后的事情也就好办多了。

“对不起”本来是很简单的一句礼貌用语,但并不是谁都会说的。“对不起”这句衷心的话不仅可以弥补破裂的关系,而且还能够增进感情。说“对不起”的方法主要有以下几种:

1. 不要认为说“对不起”是耻辱的。“对不起”体现出了真挚和诚恳。即使是大人物,也是懂得道歉的力量的。丘吉尔对杜鲁门刚开始的印象很坏,可是后来他告诉杜鲁门,说开始的时候低估了他,这种歉意的表达方式值得赞美。

2. 该道歉的时候立刻道歉。说“对不起”要及时,否则,道歉的良机会因此而错失。“对不起”越拖延越难以启齿,有时甚至令人追悔莫及。如果你认为某人把你得罪了,却迟迟没致歉,你是不是会闷闷不乐呢?相信对方也会和你有一样的感受。

3. 除了要在口头上道歉以外,在行动上弥补过失更加重要。

在开会前,公司都会配给出席者一份资料,可是,有一次开会时,漏印了一部分资料,而这个错误是因为负责复印的李明的疏忽而导致的。虽然这部分资料不会严重影响会议的进行,但是,领导将会批评李明是毋庸置质的。

但是,结果李明并未受到领导过多的指责,只是因为李明对领导说:“请您把资料再借我一下,我想重新复印一份。”过了一会儿,他把一份完整的资料送到了出席会议的人的手中。

领导也因此重新肯定了李明的能力。李明不仅道歉了,而且他想办法补救的态度让领导感觉他有强烈的责任感,所以,他给领导留下了很好的印象,领导也就没有过多地批评他。

即使我们再小心对待,也难免会有犯错误的时候。此时,对于所犯的错误,要想对方原谅自己就要及时地道歉并弥补。当然,真诚是不可缺少的。

另外,“对不起”还可用于其他场景,你同样会受益匪浅。比如,在别人给了你一点方便和照顾时,即使别人有责任照顾和帮助你,你也应该说:“对不起,给您添麻烦了。”在社交场合,需要麻烦别人时,说句“对不起,您能帮我……”,一个人的谦虚及修养是能由此体现的。

处世小秘笈

缓和气氛的最传统话语就是“对不起”。“人非圣贤,孰能无过”,傻瓜都知道为自己的行为辩解,可是,这一定会把事情弄得更加糟糕。所以,不如坦然地说声“对不起”,它是忏悔和尊重的体现,同时也象征着勇气与责任。

要坦然接受赞美,更要及时“回馈”

被别人赞美是件好事,此时,最礼貌的做法应该是坦然地接受赞美,并及时向对方“回馈”。我们在受到赞美的时候,应该礼貌地表示感谢,自己不行之类的话并没必要说出。如果你非要那么说,反而会使赞美你的人产生尴尬的感觉。

很多年轻人会因为称赞而不知所措，在面对别人的称赞时总是感觉不自在、不好意思，觉得如果直接接受别人的称赞会显得不谦逊，于是便开始否认。虽然直到现在人类仍称颂谦逊的品质，但实际上，缺乏自信也往往隐藏在谦逊中。以谦逊自封的人常常会面临这个现状，尤其是一直生长在为人低调、谦逊的环境之中的人，在面对赞扬时，你觉得不自在也是难免的。然而，你有没有想过，在接受赞美时，推脱是一种假谦逊，这不是礼貌的行为。

过分的谦虚是一种虚伪，在与人相处时，到处可见虚假的谦虚，这种现象并不是你想要的，同样赞美你的人也不想看到这样。

王华自己承担了一项任务，任务完成后，领导在大会上表扬并奖励了他。可是他却再三谦让，把自己通过劳动取得的成绩全归结于偶然因素，归结于他人帮助的结果。再三推辞的时候，还有些害羞的微笑挂在他的脸上。

看到一个大男人这副表情，底下的人有的笑了起来，还有些人甚至流露出了不屑的表情，他们觉得王华是在"装"。虽然领导也认为王华是在谦虚，但这任务明显与其他部门的人没有任何关系，台下人的哄笑使领导感到对王华的表扬有些后悔。

虽然王华的确有这个功劳，但却没为自己换来更广阔的发展空间。这是年轻人进入谦虚误区的表现，而且这属于双重误区，既让自己被忽视，又让别人尴尬，同时还让人看轻。

中国人在别人赞美自己的时候通常表现得比较谦虚，而在许多情况下，对于他人的赞美西方国家的人则会坦然地接受。在这一点上，我们是需要向西方国家看齐的。接受别人的赞美和鼓励是让自己变得自信的快捷方式，对于别人的赞美不妨大方地接受，过分的谦虚只会让人看轻你自己。

芳芳是一家化工企业的技术人员，她刚刚在本公司举行的业务竞赛中拿了几项大奖。同事们纷纷向她表示祝贺，后来，部门为庆祝她拿奖组织聚餐的时候，公司领导当着众人的面夸她非常棒时，谦虚的芳芳回答说："其实也没什么，不过是公司颁发的几个奖而已。"领导听了这句话，顿了一下举起来的酒杯，脸上立即有了尴尬的神色。很明显，领导误会了，因为芳芳用了"没什么"这个词，这让领导以为这些奖对芳芳而言是可有可无的。于芳芳而言呢，这句话立刻弱化了她取得的成就的意义。

初入社会的年轻人难免会有类似的举动，故意轻描淡写自己的成就，以示自己的谦虚，不愿大方接受他人的赞美之词。要知道，在别人赞美你时，如果你用"只不过……""我非常意外……"会使赞美你的人产生沮丧的感觉。此时，你不妨坦然地接受，然后说："谢谢您，对此我也感到非常高兴。"这种方法不仅能很好的回应赞美，同时也是礼貌之道。

有句俗话叫"来而不往非礼也"，也就是说，不要只是欣然接受赞美，更要记得回赠对方。接受赞美的时候，千万不要忘记对别人说一起"谢谢"，并及时进行"回馈"。乐于接纳赞美和回馈赞美会让自己和别人都得到愉悦，毕竟你需要赞美和尊重，别人也同样需要。在你的成就感得到满足的时候，你的身心是愉快的。这时，慷慨、及时地送上回馈就能将教养体现出来。

看看以下两组对话，你感觉哪种让你更舒服呢？

第一组：A 小姐对 B 小姐说："你的新发型看上去很棒，跟你非常合适。"

B 小姐回答："谢谢你，短头发很容易打理。我觉得你的发型看上去也非常好，烫发很适合你，女人味儿十足。"

第二组：A 小姐对 B 小姐说："我觉得在钢琴独奏会上你的表演实在是太棒了。"

B 小姐说："什么呀，真是太糟糕了。我紧张得都忘了第 5 小节了，只好在弹完第 4 小节后就结束了。"

A 小姐有些尴尬地说："我没听出哪个地方不对劲儿啊，听上去很好，我要能弹得那么好就好了。"

B 小姐说："当初真不知为什么我会……"

A 小姐无语了。

第一组对话显然比第二组成功得多，相信第一组对话的两个人那天都有好的心情。而第二组对话者则没有那么幸运了，以无语的场面草草收场会有什么好心情呢？这种情况我们要尽力避免，一方面，我们应学会恰到好处地赞美别人，根据所赞美对象的客观事实或具体表现，在恰当的时间、地点和场合进行赞美；另一方面，对于别人的赞美要学着接受，并发现对方值得赞美的地方。当然，及时也关系着赞美的成功。

在一个小镇上，一位诚实的送货员经常送货给一家百货店，不管刮风下雨，只要拨一通电话，他就马上送到。直到有一天换了一个送货的人，老板感觉非常奇怪，问道："以前送货的那个人怎么不来了呢？"这个人告诉老板："他是我的哥哥，他在一个星期前的车祸中遇难了。"这时，那位老板不禁感叹道："他是个好人，我非常感激他。可是我一直没把心中的谢字表达出来。"这个人看了看老板，说："要是早点让我哥哥知道有人这么赞美他，那该多好。"从这件事以后，这位老板总是不忘把赞美之情及时向一些人表达出来。

不要吝啬开口赞美别人，发现别人的优点应及时赞美，特别是在你得到别人的赞美之后，即使是基于礼貌，也是应该回馈的。而且，赞美别人会缩小你和他人之间的距离，给他人带来很多安慰和鼓励，从而拉近你和别人的关系。

处世小秘笈

能够大方地接受赞美并适时地赞美别人的人，才能说明他既喜爱自己，也喜爱他人，这才是成熟和礼貌的体现。

学会用微笑面对一切

正所谓"己所不欲，勿施于人"，所以，千万不能自欺或欺人，应当尽量少这样做或不这么做。最要紧的是做个聪明人，要学会最大限度化解被人欺的情况，而屡试不爽的一招就是笑脸。俗话说"伸手不打笑脸人"，这的确是一句至理名言，即便我们没有很多资本能镇住对方，但一脸亲切的笑容能让对方怎么也举不起鞭子。

张小姐是个好脾气的人，不过，她有一个缺点，那就是做什么都很慢，时间观念不是很强。朋友和同事若是和她一起吃饭，常常是等到头顶快冒烟了她才到，而且最后吃完的那个总是她。每次朋友们见到他都想大骂她一顿。可她出现的时候却从来都不辩解什么，而是做个鬼脸说："不好意思，不要再生气了。你看我笑得多甜美呀，人家都说'伸手不打笑脸人嘛'。"

果真，这个办法对朋友和同事都很管用。还有一次，老板因张小姐的一时疏忽而生气了，老板大骂张小姐，而且骂得很凶。同事看在眼中，很害怕无法收拾这个场面。结果，张小姐却一直微笑着不断道歉，经过很多次的重复之后，老板也骂不下去了。也许这就是张小姐的修养和本事。一年之后，功劳比她大的同事都没被提拔，却她升迁了。

在别人发火时，不妨笑着应对。如果是你的错误，那么，及时道歉很有必要，这就意味着你把白旗已经举起来了，此时对方一定不忍心再对准你开枪了。即使是两军交战，还有政策要优待俘虏呢，何况两个人是很难到真正敌对的地步的。总之，要先用一张笑脸把别人的怒火压下去，把一场可能发生的风暴消灭后再想其他。如果自己以为自己没有不对的地方，等对方怒气过后再想办法为自己申冤也不迟。因为在别人发火时，无论你怎么解释，别人都会把你的"解释"当做是推卸责任，这会让对方的怒火涨得更快。

徐先生的房子租期就要到了，周边的房租价格已经涨了许多，徐先生不想再搬家，可又不想让房东提高房价。他嫌总是搬家太麻烦了，只希望房东能够按照原来的价位将房子继续租给他。但是，徐先生觉得不会有太大的成功希望，因为身边的很多房客都失败了，而且自己又很难对付自己的房东。但是，徐先生决定用他的方式尝试一下。

第二天，房东登门拜访，徐先生在门口很客气地迎接了他，并没有一开口就提租金的事，而是说他如何喜欢这个房子。他称赞房东真有眼光，买房子的位置好，房价在短短的几年内又涨了很多，随后又恭喜房东发财了。此外，他还对房东管理房屋得法加以恭维，不像有些房东时刻都看着房客。徐先生本着"诚于嘉许，宽于称道"的原则对房东进行了一番适时的赞美后，才说这所房屋自己实在是太喜欢了，希望房东能继续以原来的价格租给他。

很显然，这位房东从来没有受过房客如此款待和欢迎，更没听房客说过如此赞美的话，有些不知道怎么办才好。最后房东说："我也愿意有你这样一个爽快的房客，钱不是最重的，关键是看什么样的房客。像你这样通情达理的房客，我愿意按原价租给你继续住。如果缺什么，就跟我说，我会尽可能给你配置齐全的。"

假如李先生采取别的房客的办法争取房东按原价继续租给他，那么，结果一定不会是现在这样，而他采取了友善、赞美的方法，获胜就十分容易了。

如果在与人交往时，对方故意忽略或冷淡你，那么，他们是在告诉你他们是受到你怎样的对待的。实际上，每种状况都隐含着多种潜在的建议，也许最终只有一条是你应把握的，那就是放低姿态，以一张笑脸对待他们。当然，此时谦虚是必要的。在对情况了解了以后，一定要将真诚的笑脸挂在脸上，并对他人表示认同，这样，交往就没那么难了。对于本不熟识的人，多赞美几句，多给几个笑脸，往往会使你们交往得很愉快。

有些年轻人容易情绪化，一听到他人批评了自己，特别是关于某件事错误的批评，当着别人的面就会立刻发起反攻，甚至有些人会觉得自己受了委屈而号啕大哭。可如果是后者，别人可能会动了恻隐之心，当时不会再多说什么，可是从内心来说，这种娇气的作风可能会更被人看不起。如果是前者，人家就会在心里产生对立的情绪，出现这种情况的后果往往不是三言两语就能收拾得了的。

事实上，做到微笑着道歉很容易，这不是懦弱的表现，而是一种智慧的表现。因为你可能只是偶然的失误，别人也不会对你如何，他发火也只是一时之气。人一般是比较理性的，他们对长期与自己共事的人的印象和评价，不会只凭一两件错误的事就发生改变。因而，对自己道歉后会被打入"冷宫"的担心也就没有必要了。

另一方面，你应该能够理解，人人都会有喜怒哀乐。假如别人因你做错事而受了气，别人发泄是很自然的。所以也没有必要把别人发火的事看得太重，觉得道歉就是在伤害自己的自尊心。总而言之，无论对自己还是对别人，出现了摩擦，就应当让它很快地过去，并想办法平息对方的怒气。不然，你们正常的交往就会受到影响。

当然，如果别人朝你发火的时候你觉得自己是冤枉的，而等他发完火之后，你又只是微微一笑，说一句"我知道了"，向别人表示自己有多么的大度，那就大错特错了。因为从此你在别人的心中将永远是一个没有责任感的人，不妨把事情的始末在事后跟他解释清楚。

笑着道歉不但是一种智慧，而且还是一种品质。做错了事主动道歉的人，比那种想方设法找借口为自己辩护的人得到的谅解更多。因为你的正直和坦荡在你的道歉中能被别人看到。人在生活中总会出现这样或那样的失误，只要发现错在自己身上，就应立刻主动道歉。学会笑着道歉，对我们来说，应当是一种在社会上生存的基本技能，其重要性就和吃饭一样。

假如错了还死都不肯承认，把自己摆在很高的位置上看别人，这样不但得不到别人的尊重，而且还会让你失去许多成功的机会。如果你能放下身段，对人微笑，即使是做错事情，你也能得到他人的谅解。

至于这种本领是如何练成的，有以下几个要点：

1. 别人骂你时你要虚心接受，向对方解释时要以微笑面对，让他骂不下去。

2. 时刻想着人与人之间沟通的桥梁是微笑。

3. 如果你想骂人时，也应面带着微笑诉说。

4. 即使是讲电话，也要让对方感受到你的微笑。

有句话人们经常会说道:“人在江湖身不由己”。人都不能免俗,在和别人打交道的时候,遇到矛盾是很自然的,有三种情况是你难免会遇到的:自欺、欺人和被人欺。

讲礼也要适度

做人难,难在和人相处,难在要尽可能合情合理地使用各种礼节。很多年轻人初入社会,理所当然地认为多遵守礼节一定是对的。殊不知礼多有时候也是一种罪过。做任何事情都要有个度,如果超过了限度,就会有不妥之处。礼节也是一样,过多的礼要么让人感到虚假或者没有诚意,要么会成为他人的负担。因此,在面对有过多“礼”的人时,人们会发出这样的声音:“这人事儿太多了。”

俗话说礼多人不怪,但是也并不一定“礼多”就是好事。礼节是一件“细致活”,容不得一点马虎。在与人相处时,需注意礼节,要细心为别人着想,才能在最后省心。不然,礼多的结局很可能会让人“烦心”。

中国是个很讲人情味的国家,所以,待人待客都非常热情,因此就会有很多的“礼”。很可能在一位客人好奇自家果树的果实时,只是站在边上多看了几眼,你就会摘两个送给他。也有可能在你指手画脚半天也没说明白时,干脆带问路人走很远的路,硬是带人到了目的地。这种热情的确让人受宠若惊,而这一作用也算是“礼”起到的。

可是你也要明白,假如受宠若惊过度,就可能受到惊吓。有时候,我们的礼节太过于周到,反而会容易让人出“洋相”。这就只能说明我们的礼根本不够周到,而且还会造成相反的效果,是好心帮倒忙,费力不讨好的。比如,礼多人也怪的典型事例就是热情过了头。

刘涛刚进公司没多久就被安排与另一家公司进行谈判。他非常高兴,把谈判地点选在了一家茶馆。虽然有人对谈判地点颇有微词,但是刘涛认为,这个地方有利于缓解谈判的紧张情绪,所以最终就定了下来。而且,他还特意交代服务员要听自己的指挥。

那天在包间内,宾主寒暄一番后就开始畅谈共同关心的问题。这时,面带微笑的女服务员手脚麻利地为大家奉上了一杯清茶。

不知是清茶飘香,还是秋季口干,对方的主谈人员几口就把一杯茶喝完了。女服务员真是眼尖、手勤、脚快,立刻又帮他把茶杯添满了。对方谈判人员大概是盛情难却,很快,一杯茶又被喝光了。刘涛还在使眼色让服务员继续添茶,没一会儿,对方就把5杯清茶喝完了。

在他们刚谈到重点的时候,对方突然紧皱双眉,四下张望,急需上洗手间。主谈人员是见过世面的人,不方便直接提出要求上洗手间,于是,向身边的一位高级人员急速耳语了几句,那个人飞快地写了张纸条,伸手交到刘涛的手中,希望会谈能中止一会儿。好在最后这场谈判成功了,不过刘涛却看到了一丝尴尬,他开始反省自己是不是热情过头儿了。

固然,我们抱着“四海之内皆兄弟”的想法,待人热情一些也没有错。但是,待客热情只是一个方面,如果对方因我们的过度热情而被吓跑就不是我们的本意了。我们当然要时刻待之以礼,可是,这礼貌的“礼”表达的含义与合理的“理”相同。

一位朋友向做丝绸生意的马先生求购一件上好的丝绸衣服,说是在外面没找到好的,想跟他买。马先生说没问题,不仅拿出了一件很好的丝绸衣服,而且还另外拿了一块昂贵的布料送给朋友。

在朋友来拿时,问他多少钱。马先生笑着说:“你这是什么话,我们之间的交情这么深,这是送给你的。”可以想象,那个人肯定是惊喜万分。

但是事隔半年,马先生从另一位朋友那里得知,他送丝绸的那位朋友正托人在找一件丝绸衣服。马先生感到很奇怪，那位朋友明明知道自己多得是，可为什么没有来找自己呢？

告诉马先生消息的朋友笑了，说："他说因为他的钱你是不会收的，所以不能再找你要了。"顿了一下，朋友又接着说："有时别人要跟你买，你却要送给他，这反而可能让人觉得你是暗示他不愿意同他交易。"

马先生不知道那位朋友有没有买到合适的丝绸衣服，可是马先生想：很显然是他自己做得不对了，因为他的过度热情，反而使他和朋友的交往受到了影响。

事实上，类似的情况在生活中并不少见。两个熟识的人，一个买一个卖，卖的人通常会说："您太见外了，才几个钱，和咱们的交情能比吗！"最终像打架似的，结果很可能是半卖半送，看上去这是体现出了一种友情，可是你有没有想过，这反而可能让买的人最终不愿意去与卖的人交往呢？卖方虽然亏了，但也可能没落着好，因为他的"礼"反而使朋友间友情的发展受到了束缚，恐怕他下次再想买或者用类似的东西时，就不会首先考虑到朋友这里了。

"礼"多除了热情，还表现在待人接物中。"礼"太多反而会让他人感觉是负担，甚至是债务。

小李看一位朋友表现得很烦躁，于是就问他在为什么事烦心。朋友说："我的一个朋友要来了，我很头疼这件事。"小李纳闷了："朋友来不是好事吗，有什么值得头疼的。"朋友回答："你是不知道，他对我太好了。有次我去他家做客时，他竟然请我去当地的五星级宾馆消费，后来还请我玩各种昂贵的娱乐项目，这些都是很贵的东西。当他说现在要来我家时，我和妻子真的发愁了，我们这个地方很小，消费水平一般，招待人家时怎么能弄出那样的排场呀！"

所有人都讲究礼尚往来，假如你的"礼"过重，那你有没有想过对方在为还你的"礼"而发愁呢？

处世小秘笈

俗话说礼多人不怪，但是也并不一定"礼多"就是好事。礼节是一件"细致活"，容不得一点马虎。在与人相处时，需注意礼节，要细心为别人着想，才能在最后省心。

切勿忽视着装礼仪

很多年轻人很努力，也很有能力，但他们并不被别人认可。虽然他们可能擅长与人谈判或者交流，但他们怎么也不明白为什么有时候人们会误以为他们没有能力，或看低了他们的身份，并且很少主动与他们交流。其实，这类人大多是输在"包装"上，或许是他们忽视了"包装"的重要性，认为能力可以代替一切。但事实上并非如此，人们在第一次看到你时，往往看不到你的能力，你的外表才是最先让人注意的，而第一眼看到的则是你的穿着。如果你是个不讲究穿着的人，那么，也许会让人误解为你没有能力。这也是许多企业家有形象顾问的原因，因为他们代表的是企业的形象，不容马虎。而你的穿着也代表着你的身份，同样不容马虎。不要总认为只有女人才应注意穿着，在与他人交际的时候，无论男女，都应该注意自己的仪表，穿着得体，只有注重礼仪着装，才能给人留下良好的印象。

人在一生中要参加许多种场合，每种场合也都有自己的穿衣规划。在与他人交往的过程中，对对方的穿着更是十分敏感的，尤其是在与一个陌生人初次相见的时候，人们在决定他是否值得交往时，常以其衣着是否得体作为判断依据，或者以此来确定他的身份，甚至是从穿着打扮上品评他的才能或人格。所以，在与他人交往时，你要注重保持自己的仪表与环境间的相互适应，不仅要穿着得体，而且还要与整体协调，这样才能体现出你的优雅和迷人的风度。

一个人的穿着对成功是很重要的。服饰演变发展到今天，早已变成人们生命中必不可少的一部分，它能把一个人的风度、优雅、气质、个性在不同氛围、不同场合和不同职业中展现出来。在恰当的时间和地点穿恰当的服装可以使你受欢迎的程度得到提升，从而给人留下好印象。

刘小姐非常注意着装礼仪，她的穿着就很得体。因为她个子很高，所以，她从不穿短裙。

她每天不是穿宽大的长裤就是及地的长裙，而下装和上装的颜色也必定会搭配一致。有时候她会采用一条长围巾来点缀服饰，以达到颜色过渡的和谐。因此，虽然她穿的不是什么名牌服饰，但看起来却很美。当然，这只是她平时的打扮，如果要出席一些比较正式的场合，比如谈判时，她也会选择合身的套装，这种装扮不同于她往日的风格，套装显然让她看上去干练了许多。休息时间，她经常被包围在一堆同事中间讨论如何穿着打扮的话题。

和她相反的是同事张小姐，她这个人也非常爱打扮，虽然她很“新潮”，什么时髦穿什么，但人们总在私下里议论她要么穿得跟一个街头小混混似的，是个邋遢的人，要么就是“假洋鬼子”。事实上，不分场合的赶潮流就是张小姐的错误所在，或者说她根本不适合于潮流。

事实上，注重着装并不是要穿得多么与众不同，体现你品位的好方法也并不是奇装异服。一个人在穿着上的确应该有独特的品位，但却不应该让品位成为“怪”味。大方得体的穿着就可以了，没必要追求前卫，也许前卫并不适合你，对你所在的社交场合也并不适合。

在现实生活中，通常我们在遇到一个人时，判断其身份的条件首先就是服装。如果想对这个人有更进一步的了解，就得认真综合其服饰、言行等方面深入到其内在的性格中去进行分析。即使你对自己的内在修养已经很有信心了，外在的形象和穿着对你也有着不可取代的重要性。人们注重外表，往往是因为只能根据对方的外在形象来给其最初印象打分，外在的形象就如一块“敲门砖”，有着所谓的“晕轮效应”，如果别人对你的第一印象是好的，那你其他方面别人也会相应的认为是好的。

一个人服饰的可塑性要比形体大很多。有人穿着典雅高贵，有人穿着简洁大方，从衣服的样式、质地、色彩到装饰，都能将这个人的气质很好地体现出来，并留下各种不同的美感给欣赏的人。所以，服饰已经成为人们审美、趣味的中心，一个人性格的不同就是由它展现出来的。因此，要让人对你印象深刻的办法就得先从让人记住你的衣服开始。服饰就如同你的影子与你寸步不离，它既可以展现你成功的一面，也可能会把你的缺陷直接暴露出来。

所以，一定要有自己的穿衣风格。一件衣服穿在别人身上很好，但是你穿就不一定会适合。因此，你的服饰不一定非要是名牌，也不一定非常昂贵，但是，一定要与自己的身材和年龄适合。在着装方面，你应该既要保持自己的魅力，也要体现出自己的职业特点。应该注意搭配服装的灵活性，用饰品和配件来搭配服饰可以营造气氛。比如，在别人婚礼或寿宴上，本是隆重典雅的场合却非要把个性展示出来，不拘小节，穿着拖鞋就上场给新人或老寿星祝贺，恐怕即使是再好的朋友也会因此心生芥蒂。

处世小秘笈

服装是身份的一种标志，所以，你得时刻根据身份来着装，而且也要注意整体的协调，不仅要适合自己，而且还要和环境相适合。

谦虚做人会为你赢得好人缘

应该明白这样一个为人处世的道理：没有别人的支持，自己将什么也不是。但生活中就有一部分人，大开大合、认为只有高调做人，才能担当重任；而畏首畏尾、不敢得罪人，就会沦于平庸。因此，他们总是趾高气扬，一点都不在乎其他人，总是与人争执不休，因此也失去了他人的信任和好感，并且人际冲突不断。有道是“山外有山，人外有人”。世上根本没有天下第一，所以，也别总是想做天下第一。不懂得谦虚的人铁定会遭人嫉恨，古之成大业者，除去自身的能力外，无不是虚心待人、谦逊处世的。谦逊的人懂得积蓄力量，所以，在他们的周围总是聚集着许多朋友，而他们也往往能赢得人们的尊重和爱戴。这是因为谦逊给人产生的印象不会太张扬虚荣，这样的人才会被人们所接受。

时时标榜自己的才干，掩饰自己的过失的人是遭人厌恶的，此外，更让人难以接受的是妄自尊大、目空一切的人。而一个十分谦逊且有功绩的人，他的身价定会倍增。谦卑是通往成功和赢得人们尊重的美德，所以，我们对任何人任何事都要做到谦虚，否则极有可能使自己处于四面楚歌之中，被他人讥笑和瞧不起。

苏格拉底是个擅长演讲的古希腊伟大的哲学家，当时有不少人向他求教演讲的艺术。一天，一个年轻人来向他求教，滔滔不绝地向苏格拉底讲了许多话，目的就是要让别人看出自己跟其他人不一样。结果，苏格拉底收他的学费是别人的两倍。年轻人很纳闷："为什么要收我双倍的学费呢？"苏格拉底对他说："因为我只需教别人一门课程，而你，我却要教你两门功课：一门是教你学会闭上嘴，另外一门才是教你怎么去演讲。"

我们从小听着"龟兔赛跑"的故事长大，兔子的骄傲和乌龟的谦虚都在我们的心头留下了很深的印迹。而长大后，很多年轻人虽然明白谦虚是做人的优点，谦虚的人有好人缘，但是，要自己谦卑地处世却做不到，以至于在生活中屡次受挫。其实，这种人在生活中很常见，他们常常是才华横溢的，充满抱负和追求的。他们有随时表现自己的习惯，好像生怕别人不知道自己的能力，而且会时时处处显示自己不同于他人的优越感，期待以此得到别人的钦佩和尊重，但是却常常得到事与愿违的结果。

小许虽然刚到单位，但却很有能力，他因为在和客户谈判的时候表现得体，为公司获得了很多利润，同时，也受到了老板的高度赞扬。也正因为这次谈判，他认为自己的地位有了提高，老板也开始看重自己了。在这种非同一般的心态下，他开始看不起其他同事，不愿与同事为伍，平时总是表现得妄自尊大、高傲无比。他这种态度使得同事们都不愿意和他一起工作，慢慢地，他便成了孤家寡人，在许多工作中都陷入了尴尬的局面。后来，因为他的一次判断失误，使公司的利益受到了损害。老板对此很恼火，而且没有一位同事愿意站出来替他说话，于是，他很不体面地自动离开了公司。

正所谓旁观者清，我们恰恰可以从小许的经历中得到这样的启示：在社会上处世，为人一定要谦虚。万万不可锋芒毕露、自以为是，不分场合、背景地过分显示自己。即使对方不是大人物，我们也应该保持良好的态度去请教与交往。一方面，人不可貌相，许多良师益友往往来自不起眼的生活与工作中；另一方面，骄傲会让你树立起很多敌人。中国有句俗话："多个朋友多一条路，少一个朋友添一堵墙。"但是，古往今来，仗着自己的一点小聪明就恃才傲物的大有人在，他们往往看谁都不如自己，嘴上没一个把门的，逢人就批。因此得罪了很多人，同时也让他们的人生多了许多坎坷。这类人其实常常是有些小才的，如果处世得当，应该会做得很好。但是，他们却不明白为人处世要低调的道理，正所谓"恃才岂能小瞧人，任性何必得罪人"。如果他们懂这个道理，就不至于为自己招来祸端。所以，即使自己在功成名就时，也要能发现别人的长处和自己的不足，以他人之长，补己之短。

我们向他人请教时要保持虚心的态度，因为要想立于不败之地就要懂得谦虚。许多人都有不谦虚的缺点，而这种人大多都是自以为是之流，以为自己很了不起，因此，他看不到别人的长处。骄矜对人对事的危害性古人是看得很清楚的，他们明白"谦卑处世人常在"的道理。正是因为谦卑，别人才会尊敬和帮助你，而喜欢自夸和爱慕虚荣的人最终将被他的一些小成绩累垮。因此，当你有了一定成就的时候，不要急于显露自己如何了得，要保持低调和谦卑的态度，这就等于让别人吃下了一颗定心丸。如果你因为自己有了能耐，就目中无人，那么，总有一天你会尝到苦果，切记：做人一大忌就是恃才傲物。

懂得谦卑处世的人才是真正的精明人，谦虚是为人处世的一条黄金法则，人们必会尊重和帮助这样的人。当然，为人处世并不能一味地谦卑，谦卑要把握度，过度的谦卑则会变成虚伪。在这个现实的世界，道德高尚且有才干，倘若无人知晓，不仅是在欺骗自己，也是在欺骗别人。所以，自毁功绩是没有必要的，真正谦卑之人会正视自己的功绩，只不过他们不会常把功绩挂在嘴边，而是放在心上。谦卑是一种低调做人的风度和实事求是的态度。

处世小秘笈

俗话说："谦卑得人缘，感恩得助力。"这句话很有道理，获得别人尊重和得人心的要诀之一就是练好"谦"功，养成谦虚的性格。

对任何人都要表示尊重

初入社会,做事偏激是不可避免的,难免会学来一些势利眼的言行,比如尊重这件事。说起来,尊重自己的家人、长辈、同事、朋友、上司是一件非常容易做到的事。可是要说尊重身边的每个人,这要做起来恐怕就有点难了。鲜有年轻人会注意到像收发室的大爷、小区和单位里更换频繁的保安、打扫卫生的阿姨等所谓的不相干的小人物。有些人虽说并不是真的那么势利,可总是不那么关注这些人,说起话、做起事来也随意得多,毕竟与自己利益不太相关,即使得罪了,于自己的利益也无太大冲突。但假如抱着这种想法在社会上行走,那么,总有一天会吃亏的。

事实上,尊重身边的人,尤其是地位比自己低的人并不是件坏事。首先,自己和别人的心情都会因你一个善意的微笑而变好,自己显得阳光了,有亲和力了,怎么能不讨人喜欢呢?这会让你拥有好人缘;其次,你的尊重要让别人感受到,在你需要帮助的时候,大家都会乐意帮忙的。千万别小家子气地以为自己不会得到他们的帮助,永远不要看不起任何人——因为每个人的存在都有其自身的价值,哪怕你坐上了皇帝的宝座,你也仍然需要普通百姓的拥护。

一天,一个小男孩跟着一位中年妇女走到某著名企业总部大厦楼下的花园里,并在一张长椅上坐了下来。她不停地对小男孩说些什么,样子好像很生气。此时,有一位头发花白的老人正在不远处修剪花草。

这时,中年妇女忽然从包里掏出一团卫生纸,一甩手就扔到了草地上,而且是老人刚修剪过的草地上。老人诧异地转过头也看了中年妇女一眼。中年妇女看了看他,一幅满不在乎的样子。老人没说什么,只是把纸扔进了垃圾箱。

过了一会儿,中年妇女又扔过来一团卫生纸。老人再次走过去把那团纸扔到垃圾箱中,之后回原处继续工作。可老人刚拿起剪刀要工作,他眼前的灌木上就落下了第三团卫生纸。就这样,老人一连捡了那位中年妇女扔的8个卫生纸团,可是他一直都很有耐心。

这时,中年妇女向男孩指了下那位修剪灌木的老人说:"你看到了吧,我希望你知道,假如你现在不好好学习,将来就会像他一样没出息,只能做这种低贱的工作。"

老人放下剪刀走过来,对中年妇女说:"这里是私家花园,进来的人必须属于这个公司。"

中年妇女掏出一张证件高傲地对着老人晃了晃,说:"那当然了,我是这个公司所属一家公司的经理,我就在这个企业中工作!"

老人沉思了一下说:"你的电话能借给我用一下吗?"

中年妇女非常不情愿地给了老人电话,同时又借机开导男孩:"这老头儿太寒酸了,年纪这么大了,都买不起一部手机。你以后一定要努力学习!"

老人打完电话不久后,一个男人匆匆地走了过来,在老人面前毕恭毕敬地站着。老人对男人说:"我现在提议免去这位女士在本公司的职务。"

男人连声回答:"是,我马上按您的吩咐照做。"

老人吩咐完之后,用手抚摸了男孩的头,并意味深长地对他说:"我希望你能明白,在这世界上应该学会如何尊重他人。"之后,老人撇下这两个人,拿起剪刀离开了。

眼前这一幕惊呆了中年妇女。她认出那个刚来的男人正是公司主管任免各级员工的一位高级职员:"你为什么会对一个老头儿那么唯命是从呢?"她大惑不解地问道。

"老头儿?你不知道集团的董事长就是他吗?"

此时,中年妇女一下子在长椅上瘫坐了下来。

想要别人怎么待你,你就应怎么对待别人,而人们最基本的心理需求就是尊重。学会尊重每个人,不管有着多么卑微的身份和工作的一个人,我们都应尊重他,这是我们应该具备的良好品质之一。尊重不分高低贵贱,而且对别人尊重就等于是对我们自己的尊重。在我们处理人际关系时,尊重别人可以算是一件利器,它在人际交往中起到了润滑的作用。对别人尊重就是对我们自己尊重,要求别人付出多少,自己就要首先有所付出。年轻人不但应该用宽广的胸怀来包容这个社会,更要尊重别人，毕竟如果一个人损失了金钱，还可以再赚回来，可一旦你伤害了他的自尊心，要弥补是很不容易的，你甚至会因此多一个对手。

很多年轻人之所以给人的印象是不懂得尊重人，多数是因为骄傲，看不起人。所以，在对人表示尊重的时候切忌骄傲，因为没有人愿意和骄傲的人交往，骄傲本身就是不尊重别人的表现。要知道，不管是强者还是弱者，都需要别人对自己的尊重，都有超越别人获得心理优越感的需求。这时你不妨在人际交往中以各种方式让别人感受到你对他的尊重，这不仅会让你所拥有的发挥空间更广阔，而且还会让你得到一个肯帮助你的人。比如，自我暴露弱点，这个方法就十分有效。如果比起你所要面对的人，你在工作中处于有利地位，那么，在其他小的方面，就算有条件和别人一较高下，也要尽量回避，避免为了一点小名利而使自己得不偿失。

此外，不要总以为自己在某一方面比别人厉害，就可以冷眼看人，就能对别人的存在和战斗力忽略。要知道“愚人者愚己”，自以为聪明的人往往会自毙。因此，在自己有明显优势的时候，你应该学会淡化自己的光芒，学会尊重别人，这样你才能如鱼得水地行走于社交场合中。当然，这种暴露弱点的方法也要掌握适度，你自己要注意拿捏好分寸，以免弄巧成拙。另外，你也应该注意场合，适时适度暴露弱点，他人才不会反感你。

清洁工，本来是一个很容易被人忽视甚至被人瞧不起的人，但就是这样一个人在这样的岗位上，却在一天晚上公司的保险箱被窃之时，与小偷展开了生死搏斗，帮公司减少了一大损失。

这之后，就有人问他当时这么做的动机，而这位清洁工的回答却大大出人所料。他说：“当公司的经理从我身旁经过时，总会对我微笑。”仅仅因为这样一个简单的微笑，就以自己的身家性命与小偷做生死的搏斗，这真让人难以置信。

功利一点说，对每个人都以尊重的态度对待，会令别人感到无比的愉悦，而且他也将更愿意为你做更多事。于自己而言，对他人的尊重，别人就会喜欢你，给你带来更多的机会。因此，不要随便看不起别人，包括那些表面看起来比你弱的人。孔老夫子说：“三人行，必有我师”，再不如你的人也一定有一些方面比你优秀。所以，我们应该改变自己的心态，试着去真心地欣赏和尊重别人，毕竟我们如何对待别人，别人就会用同样的态度对待我们。

处世小秘笈

对周围的人的尊重还可以表现在真诚的微笑上，给人一个真诚的微笑比你想象得更重要。

第三章　求人办事会变通

有“礼”走遍天下，礼到事易成

有人说：“有‘礼’走遍天下，无‘礼’寸步难行。”这句话虽说夸张了点，但“礼”的作用的确非常重要。特别是在请人办事的时候，如果送一点礼品，则任何话都好说。要是啥也不送，肯定会被人婉拒。当今社会，是一个讲“礼”的社会，如果你不讲“礼”，就真的是什么也干不了。

古人云：“衣人之衣者，怀人之忧。”意思是说，穿了别人的衣服，怀中便会有别人心中的想法或隐忧。换句话说，收了别人送的礼品，就得为别人办事。所以，要想求人办事，就得学会送礼给别人。

大学毕业后，张华成功去德国留学了。在寸土寸金、繁华的慕尼黑，最好的安身立命之地就是学生宿舍了，而这其中竟也大有文章可做。一开始，张华被告知得等待半年至两年才能住进宿舍，于是，她也就信了。直到一个比她晚申请宿舍的同学也取得了宿舍的门钥匙，张华这才大吃一惊。原来，有“礼”走遍天下，大家都清楚房管收了他的礼，比如，中国结之类的小东西。于是，张华也下决心送个小礼品，她给房管送了一小罐泉州的铁观音，不料真有奇效，早上送的礼，当天下午她就接到了房管的电话。其实这个礼，无非是个小礼，却让张华折腾了这么久。回想一下，当时到房管处三番五次地苦苦哀求，却没有任何效果，如今一个小礼物，竟然消除了很多担心和忧愁。

中国人常说“吃人家嘴短，拿人家手短”。一旦接受了人家的敬意，就不好回绝别人的要求了。因此，送礼应该精心策划，仔细琢磨，送到对方的心坎里，这样，才会激起感动的浪花，从而收到理想的效果。

年轻人总要求人办事，送礼送得好，方法得当，就会皆大欢喜；要是被人拒绝了礼物，便会觉得窝心。所以，送礼给人得学会窍门。以下就是一些关于送礼的小诀窍：

1. 送礼要看对象

送礼要分清主次，把礼送给关键人物，如果给任何人都送一点的话，结果礼品被分割零散了，分量显得很轻，有时可能无法起到利益驱使的功效。这还不算，送的对象多了，难免人多嘴杂，对事情有百害而无一益。

所以，在送礼品之前，一定要考虑好把礼物送给哪个人。礼物送对了人，事情就好办了。

2. 选择适当的礼物

确定了送礼的对象之后，接下来便要思考送什么礼物合适。这里所谓的“好”不是以自己喜好为标准，而是要以对方的喜好为标准。

送礼之前要根据对方的日常生活偏好分析对方究竞乐见何种礼品。比方说，有的喜欢喝酒，有的爱好吸烟，还有的对古董、字画、典籍感兴趣，真是人心难测，各有不同。总之，要根据对方的喜好送礼。要知道，只有送了对方他很喜爱的礼物，他才会动心和动情的。而对方只要动了心和动了情，就会拿出精力为你办事儿。

3. 礼物轻重得当

一般来讲，礼物太轻，又意义不大，就很容易让人误解为瞧不起他，倘若礼物太轻还想求他人办一件很难的事，那么，要想成功根本就不可能。但是，礼物太贵重，又会使接受礼物的人有受贿之嫌，普通人便会敬谢不收，或即使收下，也会付钱。这样岂不是强迫人家消费吗？因此，礼物的轻重选择应以对方能够愉快接受为尺度，力争达到花小钱办大事、多花钱办好事的效果。

4. 送礼间隔适宜

送礼的时间间隔也很有讲究，过于频繁或许久不送都不合适。送礼者可能手头宽裕，或求助心切，就经常大包小裹地送礼，有人以为这样大方，别人一定会喜欢，可细想起来，其实不然。因为你以这样的频率送礼目的性太强。另外，礼尚往来，别人必定得还你人情。因此，一般以选择重要节日、喜庆、寿诞送礼为宜，这样，送礼的既不显得突兀虚套，收礼的心里也很安稳，可谓是两全其美。

5. 讲究送礼的时间、地点和场合

送礼要讲究时间，讲究地点，讲究场合，如此对方才能收下。所以，最好的时间应该选择在早上对方还没有去工作之前，或者在星期天的早上对方刚刚起床不久为佳。因此时带着你的礼品进屋，既无外人打扰，又能把要找的人堵在家中，便于见面，说话也方便。此外，自然还有某些别的场合可以送礼，例如，在饭店请吃饭时也可以当场送些烟酒让对方带回去。

总之，求人送礼，不能盲目鲁莽，以礼压人，必须明了对方爱好，有的放矢，巧妙安排，只要让对方愿意收下礼品，办事就会很容易了。

处世小秘笈

在如今的商品社会中，“利”和“礼”是不可分割的，往往是“利”“礼”相关，先“礼”后“利”，有“礼”才有“利”。求人要送“礼”，“礼”多人不怪，它能产生很有用的效果。

提要求要循序渐进

举例来说，如果你想走进一间房子里，主人却拒绝了你，这时，你可以先说服主人让你的脚踏上门槛，其次说服他让你的一只脚踏进门槛内，达到这个目的后，再劝说他允许你进到房间里去。这就是说，在碰到和谈话对象的想法差距较大的情况时，可以循序渐进地提出自己的要求。也就是说，先提出较小的要求，待他接受以后，再提出较大的要求，对方就很容易接受了。

1966 年，美国社会心理学家弗里德曼与弗雷泽进行了这么一个实验：

弗里德曼和弗雷泽让两位大学生拜访了一些住在郊区的家庭主妇。其中的一位大学生首先请求家庭主妇在窗子上贴一个小标签或在一个关于美化加州或安全驾驶的请愿书上签名，这个要求很小而且是无害的。

两周后，由另一位大学生再次访问这些家庭主妇，要求她们在接下来的两星期中在院内竖立一个宣传安全驾驶的大型招牌。该招牌很不美观，这显然是一个大要求。结果，答应了第一项请求的人中有 55% 的人接受了这项要求，而那些之前没有被拜访过的家庭主妇中却只有 17% 的人接受了该要求。

这个实验说明：人们都想保持自己的形象，因此，一旦做出了援助、协作的行为，即便别人后来的要求有些过分，但为了保持已建立的好形象，人们也会愿意接受。

从心理学的角度来看，我们可以以一个小的要求，使得别人觉得他们自己对他人“有益”，以此逐渐增大他们支持和协助你的范围，使他在“好人做到底”的心理驱使下心甘情愿同意更大的要求。

帕兰是澳大利亚墨尔本的一位年轻女记者。一天，她采访的对象是一位地位很高的大人物，想请他就海洋动物保护问题发表 15 分钟的谈话。但是，这位大人物很繁忙，如果知道采访要占用他 15 分钟的时间，他很可能就不合作了。

那该怎么办呢？帕兰就采取了先小后大的心理技巧。她先给这位大人物打了个电话：“冒昧地占用您的时间非常过意不去，我们想听听您是如何看待海洋动物保护的，只需要 3 分钟就好了。听说您日常安排极有规律，每天下午 4 点都要走出工作室到户外散散步。如果可能的话，我想今天午后是不是可以去拜访您？”

结果，此人接受了帕兰的 3 分钟。帕兰如约前往，采访于当日下午 4 时准时进行。当帕兰从这位要人的宅第出来时，花费的时间是 20 分钟，也就是说，这位要人与帕兰进行了 20 分钟的谈话。而对帕兰来说，把 20 分钟采访整理成 15 分钟的对话，材料已足够了。

日常生活中经常会发生这样的现象，在你请求别人帮助时，如果一开始就提出较大的要求，就很容易遭到拒绝。但如果你先提出较小的要求，别人同意后再增加要求的分量，就很易于完成任务。这主要是由于人们在不断满足小要求的过程中已经逐渐适应了，并没有意识到要求的逐步增加已经大大偏离了自己的初衷。

这种效应在现实生活中也存在，当顾客选购衣服时，精明的售货员为了消除顾客的担心，会“慷慨”地让顾客试一试。顾客把衣服穿上之后，他会称赞该衣服很合适，并周到地为你服务。在这种情况下，当他劝你买下时，很多顾客就很容易会接受。

一位男士遇到一位让自己动心的女生，如果他马上直截了当地说要与对方结为夫妻、共度一生，恐怕女孩子会在惊讶之余，对他躲得远远的。实际上，大多数男士不会这么莽撞冒失，他会邀请她一起吃饭、看电影、逛公园等等，这些小要求实现之后，他才水到渠成地表示求婚。

由此可见，对人有所要求，应由小到大、由浅及深、由轻加重才是。按部就班，让别人慢慢去接受，一点一点地引诱别人上钩，这不但是说话办事的小窍门，同样也是获得成功的大道理。

处世小秘笈

年轻人总要求人办事，在一般情况下，人们都不会答应较高较难的要求，多因这些要求需要时间和精力而且难以成功；相反，人们却乐于接受不费力气、容易达成的要求，在实现了较小的要求后，人们才会慢慢地接受较大的要求。

求人办事要找准关键人物

在古代的三十六计中，有一计叫“擒贼擒王”，是讲攻击敌人主要力量，捉住敌人首领，这样就能瓦解敌人的整体力量。失去了指挥的敌军，就会不战而溃，这的确是克敌制胜的妙计。同样，年轻人在求人的时候，同样要在关键人物身上下工夫，谋求关键人物的赞同和协助，问题往往就迎刃而解了。

所谓“求遍小鬼，不如靠准阎王”，在求人办事的时候，领导或主管的权威、意图对解决问题十分重要。俗话说“上面动动嘴，下面跑断腿”，这就将这种影响的威力形象地表达了出来。

当然，你想依靠的“阎王”未必就是在台上显眼的人物，有时候幕后人物往往才是真正的“权威人士”。因此，想要在办事的时候十拿九稳，除了要着眼于主管、领导一类正式组织身份的负责人外，还应该寻求可以影响上级领导的非正式的“权威人物”的同情、支持和帮助。所谓“全公司听厂长的，厂长听老婆的”，就是最通俗的注解，老婆的一句话胜过了他的千言万语。所以，切不要因别人无权无职，就以为可以随便应付，不然你的事情便有可能被他破坏了。

“求遍小鬼，不如靠准阎王”。要知道办事与求人的关系，你想办什么，就要去托什么人。这个所谓的人对你要办的事情十分关键，是庙里的主神，是领导，是说一句话可以抵得上别人说十句话的人。对这种神，我们要多磕头、勤上香，只有让他们感动，我们才能准时完成任务；相反，若我们去求这种神的手下，如果主神不答应，还是没法办成事情。

请求别人帮忙须领悟窍门，“阎王”不高兴，啥事也办不成；相反，只要“阎王”高兴了，“小鬼”再难缠，也不敢违背领导的意思。所以，“求遍小鬼，不如靠准阎王”是每个人都得明白的真理。

蒋介石去世那年，宋美龄筹备移居美国。临动身那天，蒋氏兄弟前往送行。蒋纬国特地提早赶到官邸。以前，蒋府每年遇到蒋介石和宋美龄的寿辰、除夕吃团圆饭、端午节和中秋节都要聚会，所有的人都穿便服。而此次，蒋纬国却不依以前着西装的惯例，穿了一套军服，而且还佩戴了全套勋章勋标。

原来蒋纬国已经当了14年的中将，可是，当时的总统蒋经国却不打算给蒋纬国晋衔，为此，蒋纬国必须得想别的办法。

蒋纬国一进门就向宋美龄行军礼。宋美龄看到了感觉很怪异，便问蒋纬国这是干什么。蒋纬国一本正经地解释道：“根据我党的规定，当了14年中将若还未晋升为上将，则应强制退役，军衔也随之取消。因为只有上将才是终身制的。再过不久，我就没有资格再穿军装了，今天给妈妈送行，特地让妈妈看看我穿军装的模样。”

宋美龄从未过问过军队事务，限龄退役这种事，她还是第一次听说，正巧这时，蒋经国也到了。蒋纬国一见蒋经国来了，站起来行了个军礼。蒋经国皱皱眉头，想到了这里面的计策。

果然，宋美龄将蒋经国喊了过来，问道：“纬国适合做军人吗？”

蒋经国随口说道：“他本来就是表现出色的军人！”宋美龄问道：“既然他很出色，为什么还要办退役手续？”此时，蒋经国只好说：“纬国中将期龄到了，不过，我这就准备吩咐为他办升上将的事。”就这样，蒋纬国通过母亲的大力相助，最终达成了从中将升为上将的心愿。

明知道对方可以帮上自己，但如果直接求他，很难得到帮助，不仅于事无益，心中反而会留下芥蒂。所以，不妨拐个弯，从他身边的关键人物入手，或请其他人从中劝说，如此，成功的机会就更大了。

要知道，世上没有攻不破的堡垒，也不存在不会感动之人。若正面相求行不通，就不妨用点迂回战术，自其周围关键之人入手，打开缺口，使自己最终能够达成目的。

做事要懂得随机应变，不可认死理

某些以鱼类为生的鸟类，它们的嘴巴形状是笔直的，上下两部分都又长又宽。它们在吞吃食物时，常常会把捕到的鱼儿往空中一抛，让那条鱼脑袋对准自己的嘴，然后一口接住咽下去。这样鱼在穿过咽喉的时候，鱼翅会由前向后倒，就不会在喉咙里被卡住。

连鸟类都会绕弯子，把鱼倒过来吃，那些一条路走到黑、不知变通的人类是不是显得太傻了？年轻人在办事时常会遇到种种阻碍，这个时候便不能“直肠子”，而应该想办法绕个弯子，避开钉子，找到最便捷的办法。

有一位花甲老人，大儿子、二儿子都在城里工作，只有小儿子与他一起生活。

某日，有个外乡人来和他说：“老人家，我可以在城里给你的小儿子找一份工作。”

而老人却气愤地说：“不行，你快滚！”外乡人接着又说：“如果我帮你儿子介绍个对象呢？”老人恶狠狠地说：“少废话，快滚！”他边说边拿起一根棍子。外乡人一边后退一边说：“如果我给你儿子找的对象是洛克菲勒的女儿呢？”于是，老人笑着答应了。

几天后，外乡人找到了洛克菲勒：“先生，我给您女儿找到了合适的人选。”洛克菲勒冷面回绝道：“不需要！”外乡人又说：“如果我给你女儿找的对象是世界银行的副总裁呢？”洛克菲勒沉思了一会儿便应允了下来。然后，外乡人又找到了世界银行总裁：“先生，我建议你赶快任用一位副总裁！”世界银行总裁说：“你没事吧？”外乡人早有准备地说：“如果你任命的这个人是洛克菲勒的女婿呢？”总裁当然没有拒绝的理由了。因此，在每一个环节上都有重重阻碍的问题就这样解决了！只因外乡人通过绕弯子，突破了障碍。

求人办事就是这样：有些话不能直言，就得绕个弯子去说；有些人不易接近，就少不了逢山开道、遇水搭桥；弄不明白对方的真正意图时，就要投石问路、摸清底细；有时候为了使对方减少敌对情绪，放松精神，我们便要绕弯子、兜圈子，甚至用“顾左右而言他”的迂回战术，将其套牢。

商人图德拉先来到阿根廷，发现那里牛肉太多了，但石油制品比较短缺，于是，他就同有关贸易公司洽谈业务。“我想买进2000万美元的牛肉。”图德拉说，“条件是，你们答应把2000万美元的丁烷买走。”因为图德拉知道丁烷是阿根廷的需求，所以便投其所好，就这样，双方的买卖意向很顺利地便确定了下来。

接着，图德拉又赶到西班牙，对一个造船厂提出：“我愿意向贵厂订购一艘2000万美元的超级油轮。”那家造船厂正发愁无人订货，当然非常欢迎。但他又提出了要求：“条件是，你们要购买我2000万美元的阿根廷牛肉。”牛肉是西班牙居民的日常消费品，何况阿根廷就是全世界牛肉的主要供应基地，造船厂怎么会不同意呢？于是，双方签订了一份买卖意向书。

然后，图德拉又对中东地区的一家石油公司提出：“我愿意购买你2000万美元的丁烷。”石油公司见有大笔生意可做，当然非常愿意。可图德拉又话锋一转：“但你们的石油运输得用我在西班牙建造的超级油轮。”在产地，石油价格是比较低廉的，运输费则非常昂贵，难就难在找不到运输工具，所以，石油公司也满口答应，于是，两家又订立了一份买卖意向书。

三份意向书变成了一个行动，在图德拉的努力下，阿根廷、西班牙、中东国家都取得了自己需要的东西，又出售了自己待售的产品，巨额利润则进了图德拉的腰包。

一般情况下，“直接式”处理问题，能快捷、迅速地解决这个问题。一般性问题都能因此得到很好的解决。但对于那些非常困难的问题，就要采用转个大弯子的迂回策略，这也是一种没办法的办法。这实则是一种转化问题关键，使之逐渐趋于和平，直至最后彻底解决矛盾的特殊方法。所以说，遇到暂时无法逾越的障碍时，绕个小弯走别的路子，是非常明智之举。

有时成败只在于一个观念的转变，当无法用常规办法解决时，不妨采用逆向型思维。它能使你在说话办事的过程中改掉认死理的毛病，灵活掌握、随机应变，这头不通走那头，从而为你开启新的成功之门。

处世小秘笈

有的时候，想解决问题，就要避免钻牛角尖儿，须领会绕弯和转进，做到“有所不为”。普通办法没有效果的时候，选择借助其他方法，迂回曲折地走一下弯路，就能巧妙地解决问题。

满足他人的要求，换取自己应得的回报

卡耐基曾说过这样的至理名言：“世界上唯一能够影响对方的方法，就是时时关注对方的需求，而且还得想尽办法满足对方的这种需要。”

夏天的时候，卡耐基常到缅因州一带去钓鱼。他很喜欢吃鲜奶草莓，但是，他发现鱼爱吃虫，所以，当他钓鱼的时候，思考的不是自己的口味，而是鱼儿要吃什么。所以，他没有用鲜奶油草莓当诱饵，而是用虫和蚱蜢，然后他便可以向鱼儿说：“想尝尝看吗，鱼儿们？”

若想要别人帮你做点事，何不也用同样的办法呢？

每个人都有不同种类、不同层次的需要，当需要的强度达到某种水平时就成为了愿望，愿望经一定诱因的刺激便变成了动机，动机最后引发人的行动。由此可见，需要是人产生积极行为和进行有效激励的动力源。

所以，若要深刻地影响他人，便须注意他人的小需求。在人际交往中，人的欲望是多种多样的，每个人真正关注的欲望往往都是十分个性化的。有的年轻人很聪明，他们总会尽力去探知他人的特殊需求，即使是很细小的事，也难逃他们的眼睛。

在爱默生的生活中曾有这样一件事让他印象很深：

有一次，爱默生和他的儿子要将小牛赶回牛棚。爱默生在后面推，儿子在前面拉。可是，那头小牛偏不听话，就是不走。

这种情形被旁边的一个爱尔兰女佣看到了。这个女佣目不识丁，不通文墨，可是至少在此时，她懂得牲口的感受和习性，她明白了小牛这时需要什么。这个女佣人把自己的拇指放进小牛的嘴里，让小牛吮吸拇指，倔强的小牛就这样被轻松地驯服了。

因此，要感动别人，就得了解对方到底需要什么。了解别人的需求，再努力帮助其实现，你将会发现，你的要求大多是有求必应。但凡成功的人，都是这样运用不同的方法去观察、研究他所要影响的一些人，然后有的放矢，对他们的各种要求进行满足。

葛洛奇曾经是《华盛顿邮报》的新闻记者，后来成为了《波士顿邮报》的发行人及大股东，有人问他是如何取得这么巨大的成功的，他只说了一句话：“努力去了解他人吧！”在葛洛奇担任《波士顿邮报》的编辑时，他常常混杂在市区川流不息的人流中，或者漫步在阶石旁，或者驻足在旅店、商场的大厅里，敏锐地聆听人们的谈话，对读者的心理和嗜好了如指掌，以此来指导自己的编辑方向。

人人都更关心自身利益，在商场上关心自己的利益，在生活中关心自己的身体健康等，这种心理是与生俱来的本能。所以，与人打交道时，每一个年轻人都要学会观察对方，倾听对方的心声，通过这些情况来掌握他的心理动态，根据观察和倾听所获得的资料，了解对方究竟在想什么，需要什么。

查尔斯在纽约一家知名银行上班。他奉命写一篇有关某公司的机密报告。但他只知道自己所需要的资料在一家工业公司董事长手里。于是，查尔斯便去拜访了这位董事长。

第一次谈话没有任何结果，董事长并不想帮助查尔斯。查尔斯回来后感到十分沮丧，他觉得自己必须换个方法才能说服董事长，于是，他设法了解到董事长的儿子是个"邮票迷"，非常热衷于集邮，心里就有底了。

第二天，查尔斯又去了，他让人传话进去说，他带了些邮票，想作为礼物送给董事长的儿子。董事长听后高兴极了，用查尔斯的原话说："即使竞选国会委员也没有这样热诚！他满脸堆笑地握紧我的手。'噢，乔治一定喜欢这张！乔治肯定会把这张奉若珍宝！'董事长一面连连赞叹，一面抚弄着那些邮票。整整一个小时，我们谈论着邮票。最后，奇迹出现了：我还没有开口向他要资料，他就把我需要的资料全都告诉了我。不仅如此，他还打电话找人来，把全部事实、数据等细节都告诉给了我。一出门我便想起新闻界一句常用语：'此行大有收获！'"

记住，人的需要是各不相同的，各人有各自的癖好偏爱。只要你肯花心思去探求对方的想法，特别是与你的计划有关的，你就可以照方抓药、打有准备之仗。你首先应当用自己的计划去适应别人的需要，然后你才能达到自己的目的。

处世小秘笈

在处理问题和与人交往时，倘若你能遇事多想一步，为他人着想，考虑一下对方的需要和感受，以对方期待的方式来对待他，那么，你不仅会是个高明的办事者，而且还必将是位成功者。

引导对方做出肯定的回答能拉近双方的距离

年轻人与别人在一起谈话讨论时，不要一开始就谈论意见有分歧的事情，而是要以彼此见解一致的事情为话题。要让他感到你们彼此追求的目标是相同的，仅存在方法上的不同。

聪明的推销员会以这种方式开始与一位女士谈话。他说："太太，你有一个儿子和一个女儿就读于中心小学是吧？""是啊！"就这样，他已经在不知不觉中接近了女主人。虽然，他不一定能从对方那里拿到什么订单，可是，至少他的开端是好的。

心理学家哈里·欧巴斯都利说："在心理学上发现，如果想得到确定的回应，最好的方法是让对方有说'是'的气氛。"因此，在谈话做事的时候，我们创造的气氛要是肯定的。你可以准备一些问题：今天天气很好吧？你觉得我们的友情很有前途吧？当你试着让他回答他心中认为的"是"时，你就成功了。

有一个叫亚力森的公司推销员，他费了很大的劲，才把两台发动机卖给一家大工厂的工程师。他决心要将几百台发动机卖给这位工程师，所以过了几天，又再次去拜访了这位工程师。可没想到那位工程师却说："亚力森，你们公司的发动机太不理想了。尽管我还需要数百台，但我不打算要你们的。"

亚力森大吃一惊，问："为什么？"

"你们的发动机太热了，我的手都放不上去了。"

亚力森知道，跟他争辩是不会有好处的，于是，赶紧使用了另一种办法。他说："史密斯先生，我想你说的是对的，没人愿意买太热的发动机。你要的发动机的热度不应该超过有关标准，是吗？"

"是的。"——亚力森得到了第一个"是"。

"电器制造公会的规定是：设计适当的发动机温度可以比室内高华氏72度，是吗？"

"是的。"——亚力森又得到了第二个"是"。

"那你的厂房有多热呢？"

"大约华氏75度。"

"这么说来，72度和75度相加得147度。把手放在华氏147度的热水塞门下面，手会觉得很烫，是吗？"

“是的。”——亚力森得到了第三个“是”。紧接着，他提议说：“那么，不要把手置于发动机上行吗？”

“唔，我觉得你说得有道理。”工程师赞赏地笑了起来。于是，他马上把秘书叫了过来，为下一个月开了一张价值35000美元的订单。

当人说“是的”或心里这么想时，我们就更接近他了，因为我们非常了解他的需求，还特别尊重他。因此，他也同样会关注我们，而且态度也会十分温和。但是，如果别人以“不是”回复了我们的建议，这就说明他觉得已经没有接着谈下去的必要了。因此，如果我们与他人打交道时得不到对方一个“是”的回应，那么，我们就应该想尽办法阻止对方说出“不是”这个词。

因此，从头你的意见就得一致，千万不要产生意见分歧而导致谈话破裂。因为假如一开始双方就针锋相对，那就会给他留下反辩的成见，如此即使你再长篇大论，而且是句句实言，要使他抛弃成见接纳你的想法也是不大容易的。

一天，一位青年来到格林威治储蓄银行，要开一个户头。在银行工作的艾伯森给了他一些表格让他填，有些问题他回答了，而有些问题他却拒绝回答。

艾伯森说清了情况之后，青年改变了原来的不合作态度，把有些原本拒绝的问题告诉了他，并且在银行开了一个信托户头，指定他的母亲为受益人，而且还把他母亲的相关资料详细地告诉了艾伯森，因而使对方成为了格林威治银行的忠实主顾。

艾伯森之所以能得到对方的完全信任，首先是因为他假设主顾去世后，一定会将存款依法转移给有权继承的亲友。这样的假设和主顾所想应当是一致的，所以，主顾做出了肯定的回答，对艾伯森的话表示完全认同。这就使得主顾与艾伯森之间拉近了距离。其次，艾伯森又因势利导，若主顾去世了，银行必须将其存款交到那些可靠的亲友手中，对此顾客也同样予以了肯定答复。

习惯拒绝他人之人，经常都会给自己否定的心理暗示。对付这种人，如果一开始就提出问题，绝不能打破他“不”的心理。所以，你得先尽量与他拉近距离，先让对方赞同你远离主题的意见，从而使之对你的话感兴趣，而后再想法把他的思维引入你的轨道上，最终求得对方的同意。

所以，年轻人在有求于人的时候，要时刻牢记这种“苏格拉底式的辩证法”，使对方多说“是”，减少对方的反感。你要按对方的心理去做，使对方觉得与你交谈是融洽的商量而不是火药味十足的辩论。

不要太过在意，要放松心态

如果你过于“急切、巴结”，赶得太紧，另一方必定会心生疑惑：这里面是不是有什么毛病？所以，我们对待问题时要调整好心态，把握分寸，把心态放松些，让鱼儿自己游过来。

我们都知道，在男女恋爱中，一方如狂追不舍，另一方必然会退避三舍。

有个大学男生，喜欢同系的一位女同学，几年同窗生涯，鲜花、礼品不知送了多少，可那女生始终没给他一个答复，没有一句痛快话。一直到了毕业，两人留在了同一座城市工作，关系还没定下来。这位男生自问这护花使者的角色也演得够尽心的了，到底是什么地方做得不对呢？有明白人一语点透：你对她稍稍远一点儿试试。于是，他以工作忙为由，一周都没有给女孩打电话，见面时也行色匆匆，一副高深莫测的模样。如此这般，那女孩终于沉不住气了，反而主动找其问明缘由。

在人际交往中，常常存在许多的矛盾。一旦矛盾发生时，谙熟人际关系的人往往采用“冷处理”的方法，把正在处于高温下的矛盾暂时降温，这种“冷处理”就是心理学上的“淬火效应”。它告诉我们一个人际交往过程中的基本道理：适度疏离要好于过分接近。

金属经过反复的锻造，然后浸入冷却剂（油、水等）中进行处理，金属工件经过这样的处理，性能会更好、更稳定。而现在,“冷处理”则常用于与人交往沟通之中。当你在与他人发生矛盾时,适当留点空白进行暂时的“冷却”,远比穷追不舍要好。

事实上,“冷处理”不仅适用于与人交往中,同样也是我们在面对人生中出现的各种问题时一个最行之有效的法宝。所以说,要想在关系场中游刃有余,你就应该善于利用“淬火效应”。

与其让别人对你有敬畏之心,不如让别人对你有依赖之心。饮足井水者往往离井而去;橘子被榨干汁水后就失去了它原有的意义。此经验给人最重要的启示是:要维持别人对你的依赖心理,不要有求必应,从而使他人在某一时刻会疏远你。

有一年,在贵阳举办的中国国际名酒节上,有一贵州酒厂与外省经贸公司谈判。该公司欲订购10吨白酒。但贵州是酒水盛地,酒厂比比皆是,各家都存在着激烈的竞争。究竟订哪家的,确实让人举棋难定。

在洽谈期间,对这么一宗大生意,厂家故作镇定,平静而又抱歉地说:“对不起,今年我们的货已订满了,现在已开始订明年的了。如果你们需要,我们设法给你们安排明年早一些的。”这一席话自然让该公司大为意外:“是吗?前天你们还在大拉客户呢!”厂家见状便当下就表现出一脸的诚挚样:“众所周知,我们的酒根本不缺买家;更何况已经过了一天,情况还不会变?今天大清早就有人抢着来了,广东一家公司才将今年的最后一批10吨全部订完。不信你们可以去问问他们嘛!”如此一说果真有效,公司有些急了:“是的,就是知道你们的货好,我们才慕名而来。我们来一趟也不容易,能不能通融一下,先分给我们一些?”厂家便摆出一脸为难的样子。

这样,该公司更加着急了,一直询问酒厂。厂家这才以关怀、同情的口吻说道:“既然你们要与我们长期合作,考虑到我们的长远利益,我们可以给其他客户做做工作,大家都少提一点酒,给你们凑足10吨。”

公司大喜。厂家自然也是暗自大喜了。

一般来说,人们都喜欢与别人背道而驰,正应了那句“上赶的不是买卖”的俗话。你的态度越是屈从,他越是端架子,合约也就更难进行谈判了。这就像钓鱼一样,你急切的愿望表现在脸上,心弦绷得紧紧的,鱼儿怎么还会来咬钩呢?要是脸上丝毫不流露急躁,摆出一副可有可无的悠闲姿态来,自然就能给对方留下这样一个印象:他实力雄厚,且有的是时间,要办什么事,赶紧趁早吧!

所以,当有人求你办事时不能一开始就答应了,而应循序渐进,要步步营,吊足他的胃口,最后再答应他,对方还会对你感恩戴德。

处世小秘笈

处世不能风风火火、直来直去,你必须有一套韬光养晦、见机行事的本领。心急吃不成热年糕,你一定要心平气和、冷静行事。

抓住别人的致命弱点,并加以利用

年轻人在说话办事时,如果想要打动对方,不能只有决心,还要学会洞察别人的内心,从他人的性格特征人手,这样,你就会发现他们的弱点,拿到开启其心房的钥匙,进而实现自己的目标。

三国时,东吴吕蒙白衣袭荆州,打败了不可一世的关羽,成功的关键就在于事前找到了关羽的弱点,并且成功地抓住了这一弱点,使荆州防守空虚,才一袭得成。

因为连年征战,所向披靡,关羽便骄傲自大,自以为是。水淹七军后,斩庞德,降于禁,围攻樊城而大获全胜。关羽被胜利冲昏了头脑,认为此时是个最佳时机,便决定进攻许都,剿灭曹操,而把东吴的威胁忘记了。吕蒙和陆逊正是利用了他这种骄横的弱点,一举击败了目中无人的关羽。

首先，吕蒙在关羽水淹七军、威震天下的情况下，假说生病退职，让年轻无名的小将陆逊接替自己三军主帅的位置。同时，陆逊上任后，写信给关羽，并送去东吴名马、彩锦、美酒等礼物，让关羽产生了一种错觉。这样，便使得不可一世的关羽更加轻视东吴，以为东吴被自己“震住”了，所以，骄傲自大地采取了致命的战术策略，毫无顾忌地撤走了荆州的大半兵马赴樊城听调，从而造成后方空虚，荆州失防。正在假装养病的吕蒙发现有机可乘，便亲自率领3万精兵，伏于船上，并让懂水的士兵化装成商人，皆穿白衣在船上摇摆。船队昼夜兼程，溯江而上，靠近江岸，当江边的蜀国军士盘问时，谎称自己是路过的客商，因遇大水，暂到岸边躲避，还以重金收买蜀国土地，取得他们的信任。到了晚上，船舱内埋伏的精兵一齐杀出，捉了烽火台上的军士，到了荆州，让被抓获的官兵骗开城门，最后成功攻取荆州。

对于为人处世而言，千万不能偏激独傲。因为这种做法往往会给别人造成一种逞强、逞能的较劲之感。其不良效果是：看似聪明过人许多，实际上，你却比任何人都愚笨几倍。以个人好恶和偏激情绪对待关系全局的大事，绝对不会有什么好下场。

有时候，一个人的弱点有可能是其兴趣爱好。我们在人际交往中，假如能找到对方真正的兴趣和爱好，并善加利用，使其为自己的事业服务，自己的理想就一定能够实现。

唐玄宗时，姚崇和张说同朝为相。张说素以“大手笔”闻于朝野，姚崇对此深感不满，两人经常明争暗斗，连皇上都左右为难。

这年，姚崇患了重病，感觉自己时日不多了，便把儿子召至床前，说：“爹爹就要撒手归天了，只是有件事我很不放心。我和张丞相相处不好，我在世时，他不敢怎样，但我死后，他定会罗列罪名，毁我名声。若我一旦获罪，肯定会株连你们，你们想过怎样应对吗？”

儿子们你看我，我看你，没有想出好的办法。姚崇继续说：“这样吧，等我死后，张丞相依照惯例会来祭奠。在他来之前，你们可把我平生搜集到的佩饰玉玩都摆在供案上，趁势当礼物送给他。待他收下后，就请他为我写碑文。一旦拿到碑文，就速禀皇上批准。到那时就没有什么麻烦了。”

姚崇死后发丧，张说果然来吊唁。不出姚崇所料，他一进门就盯上了灵案上的诸多宝玩玉器。甚至连行礼时，心里还一直惦记着古玩。姚崇的儿子们心中暗喜，忙按爹的生前指教，将宝玩玉器尽数送与张说。张说假意推辞了几下，最终迫不及待地满口答应。宝玩送到张说府上，张说还顾不上看个遍，姚崇长子便前来求见，一问，原来是请求为姚崇撰写碑文的。收了别人的礼物，当然应该帮别人办事情。于是，张说没考虑，便一口应承了下来。

张说立即叫下人磨墨，为对手写了许多颂扬文辞。

碑文刚写完，姚府便急不可待地取了回去。姚崇的儿子们见到碑文，忙按父亲吩咐，呈奏皇上。皇上御批“可”，便速速立碑刻文。

过了两天，张说从偶得宝玩的狂喜心境中平静了下来，思索过后，才觉得此事有点不对头，他姚崇家为何平白无故送这么珍贵的宝玩给自己呢？把事情的前因后果仔细想想，才大呼“上当”。

姚崇深知张说贪图宝玩玉器之性，于是便利用这一特点巧施计策，让自己的政敌心甘情愿地为自己说好话，避免政敌在自己死后对自己进行攻击，为保全自己的家人做出了贡献。

一般来说，一个人的言谈举止、表情都能流露出自身的性格特点，所以，应当根据不同弱点的实际情况，分别对待，善加利用。

处世小秘笈

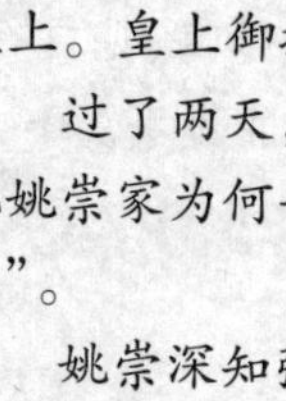

任何人都有一攻就垮的弱点，假如我们能够找到它，并善加利用，这对于我们自身而言意义很大。

抓住别人的同情心，变“不可能”为“可能”

每个人的内心都有柔弱的角落，即使是再强势的人，也都有其不为人知的弱点，这就是同情心。同情心是人与生俱来的本性。

宋太宗年间，转运使曹翰因罪被罚到汝州。曹翰一直筹划如何才能回京。一天，宫里派了个使者到汝州办事，曹翰想抓住这个机会。好不容易见到了使者，曹翰便流着泪对他说：

“我深知自己罪孽深重，就是死也赎不清，真不知怎样才能报答皇上的不杀之恩，现在，只有在这里认真悔过，来日有机会一定誓死报效朝廷。只是我在这里服罪，家中人口众多，缺少食物活不下去了，我这里有几件衣服，请你帮我抵押一万文钱，用来给家里购置粮食，好使家里老小暂且糊口。”

说到伤心之处，曹翰更是泪如雨下。

使者回宫向太宗如实汇报了情况。太宗拿过包袱打开一看，发现里面包着的不是衣服而是画，画名为《下江南图》，画的是当年曹翰奉宋太祖旨意，进攻南唐时的情况。

太宗由此想起了曹翰曾经的功劳，心里很难过，怜悯之情油然而生，于是，决定把曹翰召回京城。

人对弱者总是抱有同情之心，哭有时也是很有作用的。总之，哭要哭出特色，哭出感情，要通过哭达到你的某种目的。

有时人们流泪并不是因为他们真的软弱，而是以此来获取他人的同情心，它是人们争取利益的一种谋略。举例来说，可以告诉朋友你的烦恼，使人感到你也需要慰藉，这是一种接近他人的最好做法。每个人都有恻隐之心，当求人帮忙时，利用好这个机会，就可以获得他人的同情心。而眼泪是最能打动他人的。

美国有一家大图书公司，在推出新书时，他们向全国各地发出了征订单。可是事与愿违，征订单的回收率很低。为此，公司负责征订业务的玛丽小姐每天都是愁眉紧锁。玛丽小姐是个妩媚秀丽的姑娘，虽然忧愁满面，但却仍不失其风韵，甚至更显得楚楚动人。

经理恰好看见了她的样子，便打趣地说：“玛丽小姐有着引人注目的神态，如果能淌下眼泪就更动人了。”玛丽小姐本来就不高兴，被经理这么一说，就更增添了烦恼，顿时双眼盛满了泪珠。“啪”的一声，经理拍下了一张玛丽小姐泪眼盈盈的相片。

第二天，这家公司又向各地重新发了一份征订单。许多订户收到后纷纷注意了起来。原来，征订单上有一张彩照，就是经理拍下的玛丽小姐如泣如诉的动人形象，下面还有文字说明：征订小姐为您的征订单而哭泣。

人们受了感染，激发了同情心，不管原先想不想订书，都纷纷将订单发了过去。

后来，一旦收到该公司的征订单，订户们都会想起征订小姐哭泣的面容，因此便都乐意订购了。

所以，在请求别人解决问题时，应该调动听者的同情心，首先要让听者与你缩小情感上的距离，产生共鸣。这有利于更好地解决问题。人心都是肉长的，只要你将受害的情况和你内心的痛苦如实地说出来，就会打动他们。

然而，要引起对方的同情，必须要重视日常的人情世故，必须把自己所面临的困难说得在情在理，让人倍感惋惜。所以，越是那一点给自己带来遗憾和痛苦的地方，越是要大加渲染，这样，对方才愿意以拯救苦难的姿态站出来帮助你解决问题。

此外，要引起对方的同情，还需要深入了解对方，了解他平时爱好什么，赞扬什么，又愤慨什么，了解他的情感倾向和对事物善恶清浊的评判标准。对方的同情心可以是被循循善诱出来的，也有时是激出来的。所以，善于利用他人的同情心，有时能收到“以情感人”的奇效，它甚至比“以理服人”更能打动对方的心灵，更能获得对方的有力帮助。

年轻人在为人处世上，想要通过对方的帮助来达到什么目的，最好的办法就是让对方产生同情心。不管使出什么招数，只要让对方对你产生同情之心，你自己离成功也就不远了，然后再进一步，对方也就会站在你这边，帮你办事了。所以，适时地流出眼泪吧，因为它也是一种武器，一旦使用得有理有效，照样可以取得意想不到的效果。

处世小秘笈

在日常交往工作中，你如果能看透一个人是不是具有同情心，然后再把他的同情心激发出来，便能成功实现目标。

善用激将法刺激对方的欲望

用语言来刺激对方也就是激将法，激得对方按照说话人的意向说话或回答问题，也就是俗话说的“请将不如激将”。激将法能挑起对方一时的冲动，从而去做一件他在正常情况下不可能去做的事情。它还可以激起对手的愤怒、羞耻、自尊等各种感情，使其一不小心就掉以轻心，从而不自觉地踩到激将者预先设下的陷阱中去。

美国海军军官泰勒在第二次世界大战中，从一名纳粹分子的口中获得了德军机密。其中，激将法就是他成功的法宝。

当时德军研制了一种感音鱼雷，据传闻会在战争中大量使用，盟军派出了大量的谍报人员，想搜寻有关的情报，但却毫无斩获。

不久，美军在大西洋击沉了一艘德国新式潜艇，恰好有一个曾参与感音鱼雷制造的军官正在艇上，他名叫汉斯。美军采取了各种各样的审讯方法，但汉斯始终保持沉默，不肯吐露半句，最后，美军想让海军军官泰勒来完成此项任务。

泰勒精通德语，知识渊博、风流倜傥，他不把汉斯当做俘虏，反而与之交上了朋友。经过一段时间的接触，泰勒的风度才华让汉斯十分欣赏。

一天，泰勒邀请汉斯到家中下棋，两人像老友一般轻松自若。“你为什么不审问我?”汉斯提出了他一直以来的疑问。“你的地位不够高，有什么好问的?”泰勒不屑一顾。“你错了，我是一名经过专业训练的优秀的鱼雷军官!”汉斯的自尊心受到了伤害。“得了吧，老弟，就你那三流海军，还有什么鱼雷?”泰勒更轻蔑地摆了摆手。“你可不要轻视我们，我们不但有鱼雷，而且还有比你们更先进的感音鱼雷!”汉斯开始按捺不住了。“哈哈，感音鱼雷，你别编神话了。”泰勒继续嘲笑汉斯。汉斯终于再也忍不住了，便顺手抓过一张纸，画出了鱼雷的原理图，证明自己讲的都是事实。就这样，美军获得了感音鱼雷的秘密，并根据这一情况研究对策，导致德国的这一新式武器对美国来说毫无杀伤力可言。

泰勒利用汉斯的弱点——骄傲，用激将法使他说出了原本不会说的话。从心理学的角度看，当人的自尊心受到了强烈的伤害性刺激时，通常会使人容易产生激情。而激情是一种强烈而短暂的爆发式情感状态，一旦激情爆发，人就会有狭窄的意识，很难用冷静的头脑去分析情况，从而引发过激行为、导致不良后果。汉斯的行为正好说明了这一点。

所以，年轻人在生活中，或者外交、商务谈判等与对手交涉的场合中，应抓住时机使用激将法，以刺激对方做出有利于己方的反应。因此，激将得当可使你在做事时成功地引对方上钩。

某化工厂要建一幢大楼。大量承包商参与投标竞争，但经过筛选后就只剩下不分高低的甲、乙两家承包商了。那么，究竟包给哪一方呢？厂家深感左右为难，于是，只好约请双方各来三个人参与公开招标。

双方都积极备战，准备一口气夺下工程项目。甲队探知乙队三人中有两人才识平平，而另外一人是技术员，他不仅具有丰富的建筑知识和施工经验，还有非常好的口才，但为人过于自负。要战胜这样一个人，千万不可与之正面交锋，于是，甲队决定巧设妙计以求胜。

双方一见面，甲队三人都热情地向乙队中两位资质平平的人表示友好，而对那位原欲显示其锋芒的技术员则是有意地不加以理睬。果然，这一举动令那位技术人员十分不快。接着，他们又恭敬地对那两人说："我们久仰二位的大名。知道你们在业界都是独当一面、多才多艺的大能人，今天二位来参加，我们真有点诚惶诚恐，希望二位高手能放我们一马！"被冷落的技术员本来已经十分难堪了，听了这些话，自尊心更是受到了极大的伤害，内心早已是怒火中烧。

招标洽谈会即将开始，甲队又抢先谦恭地对那二人说："我们早就想听听二位的高见，今天正是一个好机会，请您二位赐教！"

二位还没有开口说话，那位愤怒到极点的技术员"呼"地一下站了起来，说："你们这么厉害，不想要我了吧！你们谈！"随即拂袖而去。剩下那两位一时语塞，顿时场面一片尴尬。厂方代表见此，说道："这样的技术员，让我们如何放心地把工程交给他？"于是，厂方同甲队签订了承包协定。

协定刚一签订，那位技术员就气急败坏地冲了回来，连呼："我们上当了！"然而，一切都已经晚了。

面对自以为是、欲显示其优势的对方，与其正面交锋，不如刻意地忽视、冷遇他，将其搁置一边，让他的优势和锋芒受到抑制，从而使他情绪失控。这就是一个活生生的例子。

这一切都是在不知不觉之中，令对方情不自禁地落入你早已铺设的网中，这正是激将法起作用的关键所在。

处世小秘笈

激将法主要是通过隐藏的各种手段，使对方变得心情激动起来，从而导致情绪失控，然后在无意识中受到操纵，以实现你的预期计划。

要适时地使用蘑菇战术

说话办事，不可能总是一帆风顺，这就需要有点"磨"的功夫，不答应，就应该同对方较磨功，总能"磨"个水落石出。

推销员在推销产品的时候，经常遭到客户的拒绝，可是，过了一段时间以后，推销员又毫不气馁地再次拜访。客户说："我们没有购买的意思，你再来多少次都是没用的，我劝你还是省省吧。"

而推销员却毫不在意，仍然鼓起精神，笑着说："谢谢您的关心了，说话跑腿是我的职责，若你能给我一些时间，听我解释解释，我就知足了。"客户看见推销员汗水淋淋，却依然满脸的笑容，不买就感到过意不去了，所以，自然会购买一些商品。客户这时往往会想："推销员经常来这里，一定花了很多心思，若不买他的产品，实在对不起人家呀！"这种推销办法能加重人们的心理负担。

反复说服、反复渲染、反复强调，只为达到目标而不断游说，这就是有心计的人对付顽固对手的"蘑菇战术"。"蘑菇战术"其实上是一种用磨人的方法实现目的的手段。它能够以消极的形式取得积极的效果，表现出不达到目的誓不罢休的决心和毅力。

1946年4月，土光敏夫被推举为石心岛芝浦透平公司的总经理。此时公司的首要任务就是资金的筹集。在许多知名的大企业中，资金都相当紧，更何况芝浦透平这种没有什么背景的小公司，就更没有哪家银行肯痛快地借钱给它了。在土光出任总经理一职后不久，生产资金的来源就搁浅了。为了筹措资金，土光每天都要去银行。

一天，土光带着午饭来到了银行，与营业部部长长谷种重川郎商议贷款事项。土光一上来就摆出了一副不达目的誓不罢休的气势，长谷则装出爱莫能助的无奈之态，两方像是一场拉锯战，一谈到了吃饭时间都没能有所进展。

时间过得飞快，看到疲倦的长谷不耐烦的样子，土光并没有放弃，而是慢条斯理地拿出了带来的盒饭，说："让我们边吃边谈吧，谈到天亮也行。"就这样，他把长谷和职员硬是留在办公室里。

长谷被土光的磨功打动了，最终借给了他所希望的款项。

求人办事，要达到自己说服对方的目的，讲究的是磨功、缠功，必须反复说服，丝毫不能心急求胜。一个人被他人一再地依赖和求助，心理自然会有所负担，内心产生的同情感容易使其软化。如果知难而退，那就是你的失败。所以，许多人选择不离不弃，他们深知"会哭的孩子有糖吃"的道理，因而，当他们第一次被对方拒绝后，他们会再次或连续几次发动进攻，软磨硬泡地让对方满足自己的条件。

如果"脸皮薄"，放不下"清高"的架子，自然也就不能与社会相适应，这样也难以办成事。因此，求人办事，必须要甩开自己的条件，肯于屈尊，不怕受辱，才能锲而不舍，以柔克刚，最终实现自己的目标。

张玉想进一个比较好的单位工作。可是，他找了好多个单位，都没有成功，张玉感到满心的失望沮丧，发誓再也不去找人、求人了。一位朋友知道此事后，哈哈大笑起来，对张玉说："你怎么这么经不起事！在外边办事哪有这么容易，我找人办事是一求二求三求，不行再四求五求六求，求到人家同意帮我办事为止，实话告诉你，收起你的自尊吧，放下架子去找人帮忙！"张玉听到朋友的一席话，终于明白了这个道理。

处世小秘笈

人的一生，无论是事业上还是生活中，办的事多得数不清，需要请无数人帮忙。万事不求人是不可能的；既要求人，脸皮薄了不行，犯急脾气更是不行。

第四章　给人留点余地

给他人留面子对自己大有益处

有人认为，中国人最看重的不是名誉，不是钱财，也不是权位，而是面子。这种看法虽然有偏颇之处，但是，从某方面也反映出了人们有多看重面子。一个人在众人中立足的"根本"就是面子，换句话说，面子是"地位"的代表，所以，你若当面羞辱某人，他就会因此觉得被同仁看了笑话，很没"面子"，甚至可能会为此与你拼命。

在人际交往过程中，由于天性使然，给他人留下良好的个人印象是每个人的希望，因此，人们所表现出的自尊心比平时会相对更为强烈。当他们遭遇窘境甚至误入歧途时，自尊心就会受损，并变得异常敏感，如果这时候又有人使其下不了台，他们的反感就会最为强烈，甚至产生仇视心理。因为尊严与荣耀的代表就是面子，有面子才能被别人看得起，才能显示他的优越感。在人际交往中，年轻人要想与别人建立和谐的关系，就必须懂得放下自己的面子，给他人一个面子。

新东方组织了"谈人生、话留学"的大型讲座。由俞敏洪和周成刚先生主讲。两点整俞敏洪穿着一身休闲装准时出现在会场上，看上去自信、潇洒。

讲座开始，负责主持的是一位女士。本来再简单不过的一个开场白后，一切就都可以顺利地进行了。但是，不知道是怎么回事，当这位女士把俞敏洪和周成刚介绍给大家时，就是不知道该说什么好！而且，更出奇的是，说到这，竟一连重复了5遍。想想现场会是个什么样子？幸亏来听课的人是抱着虔诚的态度来学习的，都能克制自己，否则，一定会哄起来的！

这时，俞敏洪上了台，他把这位女士的话筒接了过来，微笑着从容地对这位女士说："小雅，你太紧张了，来，让我们拥抱一下吧！"这时，台下的听众掌声一片，这位女士应该是最受感动的。在她如此尴尬的时候，她的老总，用足够的宽容为她解了围。她此生都不会忘记这一刻！

这是一件小事，但是透过这件事，让人对俞敏洪有了更深的了解，有如此包容心的人，他怎么可能不成功呢？给人面子，不仅表现了你胸襟坦荡、雍容大度，而且还可以避免不必要的尴尬、难堪。此外，还可以获取他人的友谊和信赖，而他人的友谊和信赖往往能为你的成功助一臂之力。

人就是这样奇怪的动物，暗地里的和明面的亏都可以吃，但就是不能丢了面子，所以，在处理同事、朋友的关系时，一定要注意保全同事、朋友的面子，对待别人态度要宽容。无论遇到什么事，都要多想想，多说几句体谅的话，不要紧抓住别人的缺点或错误不放。要善于换位思考，站在同事、朋友的角度多考虑一下他们的感受，试想，如果你受到他们如此对待之后你会怎样，仔细思考之后再做决定，以免破坏了与同事、朋友的关系。

生活中给对方留面子是一种互助的行为，假如你觉得面子是无所谓的，那么，在工作或者生活中，你往往是个得不到大家喜欢的人。所以，做一个社交的成功人士，时时给他人留面子才是最明智的选择，要事事预留点分寸。这样，在你保留他人面子之时，也为自己铺就了一条通向成功的阳光大道。

中村是日本德川幕府第三代将军德川家光的大臣，慎思密虑且生性温和的他，为人处世极谙收买人心之道。当时，德川秀息是德川家族中的一位将军，此人手握兵权，非常讨厌别人抽烟，于是，他在军中下了一道命令：凡是士兵抽烟者，一律斩首。

有一天晚上，在城门负责守卫的几个站岗的士兵，想到深更半夜的没有人会来巡查，于是，便每人点了一根烟躲在阴暗处抽。哪知这一晚，中村正好闲来无事，便出来巡视。当士兵们发现中村时，已经来不及掐灭烟头了。士兵们一个个惊恐不安、不知所措地站在那里。

中村若无其事地走上前去，先问了一下守卫的情况，然后对他们说："你们刚才抽的烟让我也抽一口，怎么样？"士兵们谁也没想到中村会提出如此要求，便疑惑不解地望着中村，但还是乖乖地拿出香烟交给了中村。中村接过来，津津有味地抽了几口，就又还给了他们。

"我真没想到，烟竟然这么可口，谢谢！"说罢，便转身走了。刚走了几步，他又转回来对士兵们说：

"今天的事，我也有份，希望这种事情不会再发生第二次。要知道，你们的将军可是最讨厌抽烟的。"据说，自此之后，再也没有士兵抽烟了。

一个善于处世的人在与他人交往的过程中，总会巧妙地给他人保留一份颜面。对于尴尬难言的事，没必要当众宣布，更没必要撕破脸皮，弄得不欢而散；那些不便说的话要对人进行暗示，使其做好心理准备，在私下里进行一切，既维护了别人的面子，也达到了自己的目的。

处世小秘笈

人都爱面子，你给他面子就是给他一份厚礼。有朝一日你求他办事，你的这个人情他自然是会还的，即使他感到为难或不情愿。操作人情账户的精要就在这里。年轻人须切记：能意会的就别再言传，给别人留点面子，对自己大有裨益。

为人处世要留有余地，不要得理不饶人

"人情留一线，日后好相见"是流传在民间的一句俗话，意思是说，凡事不要做绝，要记得为彼此留有余地，这样，不管以后在什么场合碰面，都不会感到难堪，不会陷入尴尬境地，更不至于让对方看到你就咬牙切齿地恨你。

《菜根谭》教人们如何处世，其中有"锄奸杜幸，要放他一条去路。若使之一无所容，譬如塞鼠穴者，一切去路都塞尽，则一切好物俱咬破矣"的劝世诫句。意思是说，如果想把那些邪恶奸诈之人铲

除杜绝，就要给他们一条重新做人、改过自新的路径。如果使他们走投无路、无立锥之地的话，就好像堵塞了老鼠洞一样，堵死了进出的所有道路，一切好的东西也就都被咬坏了。

人在面临绝境时，大部分都会拼到最后。这给我们以深刻警示，那就是，斩草除根固然重要，但是，置人于死地也往往容易激起更大的反抗，成败反而会在瞬间换位。因而，在征服者已经把对手置于必败之地时，不妨试着给他留条生路。

不追穷寇的事例在《三国演义》中就有。

曹操平定河北后，率领将士包围了壶关。曹操当时下令："城池攻破以后，把俘虏全部活埋。"可是一连打了几个月，城池都没有被攻下来。大将曹仁进言说："围城一定要让敌人看到逃生的门路，这就是要留一条生路给敌人。如果你告诉他们只有死路一条，敌人就会人人奋勇守卫。况且城坚粮足，攻击只会带来人马的伤亡，围攻更会旷日持久。如此下去，不是什么好办法。"于是，曹操采纳了曹仁的意见，城上的守军最终投降了。

《孙子兵法》中说过："攻敌时要让敌人有路可退，若是把敌人团团围住而不留一条活路，敌人在走投无路的情况之下只好决一死战，倾全力反击。若留下一条退路给别人，这样在日后办事时也就留下了一条退路给自己。"

按照这种为别人留条退路的退让之法去做的人都是那些懂得人情事态的人，这种良好的效果也只有深知进退之道的人才能收到。

唐朝京兆万年人任迪简，考中进士后，在天德军使李景略那里任判官。有一天，李景略在军中宴请宾客，结果任迪简因故迟到，依照规矩应当罚他喝一大杯酒。可侍吏在倒酒时，不小心将醋当成了酒，倒了满满一大杯给任迪简。任迪简刚放到嘴边，就知道是醋了，但想到李景略平常严厉苛刻，如让他知道此事，一定会处斩那个倒错酒的侍吏。于是，便忍酸硬是把那一大杯醋全都喝了下去，把那个侍吏的过错帮忙掩盖了过去，又找借口说这酒太淡了，请求李景略另换酒。任迪简回家后，接着就病倒了，咯血不止，但仍没有把此事外传出去。后来，不知怎么被军中的将士知道了，众人都被感动得流下了眼泪，李景略也深受感动，没有责罚那位侍吏。

正是因为任迪简宽宏大度，对他人的过失能够宽恕和原谅，因此，受到了军中上下的敬重。

在生活中，我们会时常碰到很多让人感到无奈的事，有时候也会碰到一些恶意的、真正对不起我们的人，如果不学会宽容，你自己就会被无穷无尽的烦恼所包围，不知何时才能解脱出来。相反，面对一个小小的过失，一句轻轻的歉语，一个淡淡的微笑，就会带来包涵谅解，这就是宽容。

宽容于事，宽容于人，无非是不去逞强斗狠罢了，但我们收获的却是和谐、安然、宁静与友好，其善莫大焉。宽容者，善以待人，能容人处且容人，能让人时且让人。将心比心，多给别人一些关怀和理解，你才会得到别人的尊重，因为人总是喜欢和宽容厚道的人交朋友，正如著名作家萨迪所说的："谁若想在困厄时得到援助，在平日里就应该宽容待人。"

"她要能卖得好那是不可能的，我敢打赌，如果超过一百万本，我就把鞋子吃下去。"这是一位脱口秀主持人针对美国总统克林顿的夫人希拉里写的自传的辛辣评价。那些喜欢把话说绝的人往往会受到上天的捉弄，没过几个星期，希拉里的自传就畅销了一百万本。主持人是时候履行诺言了。

没错，他的确吃鞋子了。不过，鞋子的质地不同寻常，主持人吃下的是鞋子形状的蛋糕，是总统夫人特意为他定做的。那味道一定棒极了，因为它里面加了叫宽容的调料。

面对主持人的嘲讽，希拉里并不是猛烈地回击他或等着看他吃鞋子，而是用一种幽默宽容的方式巧妙地化解了这场矛盾。蛋糕鞋子因宽容而更加美味可口，总统夫人也因宽容而更加让人敬佩。

"得饶人处且饶人"，就是给对方一条生路，让他有一个台阶下，留一点面子和回旋的余地给对方。在占优势的情况下，放对方一马，他自然会记住你的好，来日相见也好说话。争强好胜，使对方下不来台，常常不会有好结果。对于明智的人来说，就算自己能做得非常好，也绝不逞一时之强，干使他人难堪的蠢事。在处理人际关系时,这一点非常重要。

一个年轻人有时能容忍他人的固执己见、自以为是,但对自己的恶意污辱和致命打击却很难容忍。但只有以宽容的态度"尽释前嫌""以德报怨",世界才会变得更加美好。有一颗体谅他人的心,就仿佛获得了一把钥匙,它能开启未来紧闭着的大门。

处世小秘笈

只有以宽容的态度"尽释前嫌""以德报怨",世界才会变得更加美好。有一颗体谅他人的心,就仿佛获得了一把钥匙,它能开启未来紧闭着的大门。

要谦虚谨慎,不要争强好胜

《庄子·则阳》有这样一个故事:

从前,在蜗牛的左角上有一个国家,叫触氏国;在蜗牛的右角上有个国家,叫蛮氏国。为抢夺土地,两个国家经常发生战争。而且,每次战争都要在战场上弃尸好几万,狠命追逐败敌,等到返回十天半个月都已经过去了。

蜗角上能有多大地盘,值得如此大动干戈。这看起来很可笑,但是,这种可笑的事人们自己往往也会做。元代石子章在《竹坞听琴》第二折中就对这一滑稽场面做了描述:"都为那蜗角虚名,蝇头微利,蚁阵蜂衙,将一片打劫的心,则与人争论高下,直等待那揭局儿死时才罢。"

大部分的人一陷身于争斗的旋涡,就非把对方逼上绝路才懂得收手。然而,这虽然让你吹着胜利的号角,但却也为下次争斗埋下了隐患。此时,放对方一条生路才是明智的做法,要为他留点面子和立足之地。

美国前总统富兰克林年轻时很骄傲,总是一副不可一世的态度,后来,有一位朋友将他叫到面前,用很温和的语言说:"你从不肯尊重他人,事事都自以为是,你给了别人几次难堪之后,谁还愿意听你夸耀的言论?你的朋友将会一个个远离你。因此,你再也无法在别人那里得到经验与学识,而你现在所知道的事情,老实说,真的是太少了。"

富兰克林听了这番话后,很受震动,于是,决心痛改前非。从那以后,他处处注意,言语行为谦恭和婉,谨慎小心,以防别人的尊严受到损害,不久,他便从一个被人敌视、无人愿意与之交往的人,变为了极受人们欢迎的成功人物。

留一步,让三分,这是一种谨慎的做人方法,适当谦让不但不会给你带来危险,反而是寻求安宁的有效方式。在生活中,除了必须坚持原则问题外,对于小事,对于个人利益,都不必过于在意,身心会因小小的谦让而感到愉快,此外,谦让还会带来人际关系的和谐。有时,"退"即是"进","舍"就是"得"。

智慧地让步,能避免一切无价值的纠缠,不是无能,不是胆怯,不是懦弱,而是大度、智慧和勇敢。

在我们的现实生活中,适时的放弃也体现了一个人的智慧。当你与他人有矛盾或产生冲突的时候,只要不是什么原则问题,你完全可以舍弃争强好胜的心理,甚至甘拜下风,这样,就有可能避免两败俱伤;当你在生活中与人发生摩擦时,保持缄默,舍弃争执,就可以唤起对方的恻隐之心,换取和谐相处。

马辛利任美国总统时,许多政客反对当时的一项人事调动,在接受代表询问时,一位国会议员脾气暴躁、粗声恶气,一开口就大骂总统。但马辛利却视若无睹、不吭一声,任凭他骂得声嘶力竭,然后才用极委婉的口气说:"你现在怒气应该平和了吧?按道理,你没有责问我的权利,但现在我仍愿意详细地解释给你听。"

这几句话把那位议员说得羞愧万分,其实,不等马辛利总统解释,他已经使那位议员折服了。也许你会以为马辛利总统是个“没有脾气的人”,其实恰恰相反,他这个人的脾气非常大,只是他有一股比脾气更大的自制力,能够暂时压住脾气罢了。

试想,如果马辛利得理不饶人,运用自己得理的优势和职位,咄咄逼人地进行反击的话,对方是不可能认输的。由此可见,当双方处于尖锐对抗状态时,得理者的忍让态度,能使对立情绪“降温”。

有句话说得好:“得饶人处且饶人。”人在有理的时候不要咄咄逼人,更不要对别人的“小辫子”抓住不放,而要有足够大的胸怀能容人容事。《法华经》云:“诸有修功德,柔和质直者,则皆见我身。”柔和者,慈悲也,忍耐也。不论对方对错,不打压、不挑剔、不嫉妒对的,不打击、不讽刺、不轻视错的,不打棍子、不扣帽子。佛眼相看,慈心相向,令人觉得如春风拂面,让人感觉像到家了一样。

初入社会的男女,年轻气盛,对新知识新观念接受得很快,富有开拓创新精神,这是一种难得的人才优势。但如果把这种优势误作为恃才傲物、追求名利、哗众取宠的资本,那就很容易走入狂妄自大、争强好胜的误区。在社交场合,无论你知识多么渊博,口才多么犀利雄辩,都应该时刻严格约束自己,保持谦恭的态度。

同在一片蓝天下,舌头碰到牙的时候是在所难免的,如果太认真太较真儿,非去咄咄逼人辩出个你对我错,争出个你高我低,只会是使两人之间的摩擦升级,小事变大。如果在无伤大雅的小节、细节末节的小事上谦让一点,就能够从不必要的纠缠中挣脱出来,从而去争取大局的利益。能够谦让一点去处理人际关系的人,是比较洒脱的人,这样的人也是具有大智慧的人。

处世小秘笈

每个年轻人都有自己的个性,在某些方面都可能不同于别人。因此,人与人相处常常会有大大小小的矛盾产生,当这些矛盾摆在我们面前时,不可以为“狭路相逢勇者胜”,因为胜的同时,一份友情也就随之消失了。

发现错误时,要用商量代替指责

心理学家研究表明,谁都不愿在公众面前曝光自己的错处或隐私,一旦被人曝光,就会感到难堪或恼怒。因此,在交际中,为了顾全他人的面子,当你准备指出别人的过错时,最好能把指责变为商量。

有一个领导在找下属谈话:“这个问题是我们今天要探讨的重点。”“我觉得在这一点上你的做法似乎有些不妥。”这是对某一局部环节作强调,而不是一览无余地推及全部。口气中带有商量、劝慰的味道。一般人都容易接受这样的批评,从而起到促使其正视问题、改正错误的作用。

但如果这样说:“你真是屡教不改啊!”“我看你这辈子是不会好了!”说者可能出于无奈,恨铁不成钢,但对听者来说,无疑是一种宣判,因此,他是不会从内心深入接受的,自然也就起不到批评的作用。因此,在批评别人的时候,千万要留一点余地给别人,不要把事情做得太绝了,那样反而会适得其反。

批评他人时,不可不顾及他人的感受。那种不管别人出了什么差错,都要当着众人的面给予指正的做法,除了会造成被批评者的心理抵触之外,对于解决问题没有任何帮助。因此,在指出别人错误的时候,应采取更高明的手段。例如,你在提醒别人时可用若无其事的方式或者是用你自己做错的方式,这样一定会收到很神奇的效果。

戴尔·卡耐基认为,在与别人相处时,应该学会尊重别人,避免使别人受到伤害。积几十年研究和体验之精华,卡耐基把与人相处时避免伤害的艺术展示给了世人。

卡耐基把他与侄女之间的相处经历简单地说给了我们。

几年以前,他的侄女约瑟芬·卡耐基离开堪萨斯市的老家,到纽约担任卡耐基的秘书。她那时19岁,已经高中毕业三年了,但根本没有任何做事经验。而现在,在西半球,她已成了最完美的秘书之一。

不过,在刚刚开始工作的时候,她身上还存在很多缺点。有一天,卡耐基正想开始批评她,但马上又对自己说："等一等，卡耐基。约瑟芬的年纪比你小了一半，你的生活经验几乎是她的一万倍。你怎么可能希望她有与你一样的观点、冲劲、判断力——尽管这些都很不起眼。还有，19 岁时的你又做了些什么呢？还记得你那些愚蠢的错误和举动吗？"

诚实而公正地把这些事情仔细想过一遍之后，卡耐基获得结论，他当年比现在 19 岁的约瑟芬的行为差远了，而且，他很惭愧地承认，他并没有经常称赞约瑟芬。

从那次以后，每当卡耐基想指出约瑟芬的错误时，总是说："约瑟芬，你犯了一个错误，但上帝知道，我所犯的许多错误比你更糟糕。你当然不可能天生就万事精通，成功只有从经验中才能获得，而且我年轻时根本比不过你。我自己曾做过那么多的傻事，所以，我不想批评你或任何人。但难道你不认为，如果你这样做的话，会更聪明一点，不是吗？"

卡耐基说得好："假如能在思考一两分钟之后，说一句或两句体谅的话，对他人的态度作宽大的谅解，就可以减少对别人的伤害，保住他人的面子。"因此，当你要对他人提出批评的时候，请事先冷静地想一想，使用怎样的方法才能够既达到指出他人过失、使当事者受到教育的效果，又给别人留了自尊和面子。

也就是说，你在点破别人的错误时，一定要注意维护对方的脸面，保护他的尊严。如果指出对方的错误时过分直率，就等于剥夺了对方的尊严，撕破了对方的脸面，同时也就等于宣布自己是不被对方欢迎的人。这样，即使你的意见再好再有用，它的"效益"也难以发挥出来。因此，只有对方认识到你是站在他的立场上点破他时，才会接受你的批评，并感谢你的提醒。

因此，在批评之前，要尽量先创造一种尽可能和谐的气氛。做错事的一方，是很有可能产生不自主的抵触情绪的。即使他表面上接受，内心也不一定能接受。所以，要先让他放松下来，然后再开始你的批评，这样达到的效果才会更好。

大多数年轻的批评者，往往把重点放在指出对方错的地方，但是，对于什么是对的方法却无法明确地说明。有人批评别人："你这样做真是太蠢了！"这样的话让对方听了之后，只会觉得不服和反感。但是，如果你在指出对方的失误以后，再谦虚地提出建议，效果就会大相径庭。

从某个角度来说，批评的目的在于使被批评者觉悟，从而使他们的行为得以纠正。批评人不能把人看死，也不能把话说偏。正确的批评方法是：批评时把握好分寸，措辞严厉但不过头，给被批评者留有机会改正错误。

点破别人的错误要抱有同情心。这里的同情不是要对他的错误加以同情，而是要考虑对方得知错误后的心情，只有这样的批评才不会不顾及对方的心理感受。

友善比攻击更容易征服他人

法国作家拉·封丹写过这样一则寓言：有一天，北风和南风对谁有更大的力量在进行争论。北风说："当然是我，你看路上那些穿着外套的行人，我打赌，我可以比你让他们脱下外套的速度更快。"说着，北风首先来了一阵冷风，凛冽刺骨，结果行人为了抵御北风的侵袭，把大衣裹得更加严密结实了。而南风则徐徐吹动，顿时风和日丽，行人因为觉得身上温暖，便解开纽扣，然后把大衣也脱掉了，结果南风获得了胜利。

这则寓言告诉我们：温暖胜于严寒。我们为人处世，手段专制、强暴的做法，不会有助于解决问题，有时甚至还可能适得其反，所以，对待一切都要宽容、温和。只有采用正确的方法，才能把事情办好。

声名远播的律师丹妮尔·韦波斯特被许多人奉若神明。他那极具权威的辩论始终充满着温和的字眼，让人回味无穷、记忆深刻。在他的辩论中，经常出现这样的词句："这有待陪审团加以斟酌"

“这里有些事实，您应该还记得吧”“这也许值得再深思”等。没有威胁、没有高压手段、没有强硬的言辞，也没有攻击人的论调，韦波斯特所用的处理方式都是最柔和、冷静、友善的，但却不失其权威性，他成功的基石正在于此。

温和待人、和颜悦色适用于所有的人与人之间的关系。温和与友善不但能使两颗敌视的心之间的距离很容易地缩短，而且还能感染周围的人，让大家觉得很高兴。温和是一种力量，能引起心灵的沟通、情操的畅行，会让人驱散心中的浓雾、拂去心底的怨恨、摆脱沉沉的阴影。

著名哲学家斯宾诺沙说过：“人心不是靠武力征服的，而是靠爱和宽容大度。”温和待人在现实生活中所体现出的力量也是巨大的。因为批评会让人不服，谩骂会让人厌恶，羞辱会让人恼火，威胁会激怒他人。唯有温和才能让人无法反抗、无法阻挡、无法躲避。据说，在林肯的总统办公室里还挂着这样的条幅：“宽容比批评更能改变人。”指出别人的不足时，同样也应宽容别人所犯的错误。

印度民族英雄甘地在回忆自己的成长过程时说过：“是父亲那崇高的宽容态度挽救了我。”甘地出生在一个小藩王国的宰相之家，从小就爱撒娇，也没有十分开朗的性格。少年时期，由于好奇，他染上了烟瘾，后来为了买烟，他开始偷钱，偷兄长和家中的钱，而且越陷越深。渐渐地，他觉察到自己偷别人的钱，背着父母抽烟的行为太可耻了，一想起来，就觉得没脸见人，而且心里也感觉非常痛苦，最为严重的是，他甚至想过结束自己的生命。当他终于忍受不了痛苦的折磨时，便在日记本上写下了自己的整个堕落过程，鼓足了勇气交给父亲，并渴望得到父亲的严厉批评、惩罚，使内心的痛苦得以减轻。父亲看后非常生气，心情十分沉痛。但是，父亲深爱着孩子，并没有责备他，只是流下了十分伤心的泪水，久久地凝视着儿子。甘地看了父亲痛心的样子之后，更加悔恨、内疚、自责，深感对不起父亲对自己的期望。从此，他发誓要将错误改正过来。

1754年，率部驻防亚历山大市的华盛顿已升为上校，当时正值弗吉尼亚州议会选举议员，有一个名叫威廉·佩恩的人对华盛顿支持的一个候选人持反对意见。有一次，华盛顿和佩恩就这个问题展开了一场激烈的争论，其间，华盛顿失口说了几句侮辱性的话。结果，身材矮小、脾气暴躁的佩恩怒不可遏，就用手中的山核桃木手杖把华盛顿打倒在地。华盛顿的部下闻讯而至，要为他们的长官报仇雪恨，但华盛顿却阻止并劝说大家心平气和地退回营地，一切由他自己来处理。翌日上午，华盛顿托人带给佩恩一张便条，约好在一定酒店见面。佩恩想当然地认为华盛顿会让他道歉，以及提出决斗的挑战，心想一定会有一场恶斗。

到了酒店，令佩恩大感意外的是，他看到是酒杯而不是手枪。华盛顿站起身来，笑容可掬，并伸出手来迎接他。“佩恩先生，”华盛顿说，“人都有犯错误的时候，昨天确实是我的过错，你已采取行动挽回了面子。如果你觉得已经足够了，就让我们握手表示和好，做个朋友吧！”

这件事就这样以欢喜的结局落幕了。从此以后，佩恩成了华盛顿的一个热心的崇拜者和坚定的支持者。

想使一个人臣服，最好的办法不是财色引诱和武力征服，以德服人才是上策。苏联著名教育家苏霍姆林斯基曾经这样讲过：“有时，宽容引起的道德震动，会产生比惩罚更加强烈的作用。”

“若你见我时紧握拳头，”威尔逊总统说，“我想，我可以保证，我的拳头会握得比你的更紧。但是，如果你来找我说：‘我们坐下，好好商量，看看我们为什么会意见不同。’我们就会发现，彼此的距离其实并不是那么大，也并非有那么多不同的观点，反而更多的是一致的观点。同时你还会发觉，只要我们有耐心、诚意和愿望去沟通，我们就能沟通。”

如果年轻的你想让一个人接受你和你的意见，那么，首先你要让他觉得你十分友善，是全心为他着想。虽然你不能强迫别人赞同你，但却可以用引导的方式，温和而友善地使他屈服。温和友善与激烈狂暴相比，前者永远更有力量。

处世小秘笈

你不能强迫他人同意你，却可以引导他们，只要你有温和友善的态度。曾经有一句格言：“一滴蜜汁比一加仑毒药能捕到更多的苍蝇。”所以，要化解冲突，请记得：态度一定要友善才行。

冤家宜解不宜结，要学会化敌为友

生活在这个世界上，不可避免地要与形形色色的人打交道，当然也免不了会出现矛盾，从而发生不愉快的事。一旦遇到这种情况，如果让矛盾激化，那事情就可能变得一塌糊涂，你也可能因此失去一个朋友，而多了一个敌人。所以，最好的解决办法就是彼此宽容，和平共处。

比如，你和同事的关系一直不好，双方都存有戒备甚至敌对心理，都不愿主动向对方示好。这时，如果你能主动退让，或传递一个友善的信息给对方，或为对方做一件友善的事，则很可能从此化干戈为玉帛，但是，这一步往往不容易跨出。人与人相处最难的莫过于真心诚意地相互忍让、彼此包容。遇到问题，只要不关系到大是大非的原则，如果都能够宽容对方、理解对方，多一点替对方着想，恐怕就不会有那么多的不高兴发生了，我们生活的天空就会变得阳光、彩虹多一些，风雨、乌云少一点。

当然，从实际情况看，人们一旦结仇，彼此之间伤了感情，伤疤就会存于心灵上面，要做到不计较是很难的。因此，需要当事人有足够的勇气、较高的思想修养，还要能够自己把自己说服了，这样才能奏效。美国第三任总统杰斐逊与第二任总统亚当斯从开始交往出现矛盾到后来的彼此宽容就是一个生动的例子。

杰斐逊在就任前夕，到白宫去想告诉亚当斯说，他希望针尖儿对麦芒式的竞选活动并没有破坏他们之间的友谊。但据说，杰斐逊还没有开口说话，亚当斯便咆哮起来："我是被你赶走的！是你把我赶走的！"从此，两人数年再也没有交往，直到后来，杰斐逊的几个邻居去探访亚当斯，这个坚强的老人仍在诉说那件难堪的事，但接着又冲口说出："我一直都喜欢杰斐逊，现在仍然喜欢他。"回来后，邻居把这话传给了杰斐逊，于是，杰斐逊便请了一个双方皆熟悉的朋友传话，让亚当斯也知道他的深厚友情。后来，他收到了亚当斯的来信，两人从此开始了美国历史上最伟大的书信往来。

这个例子告诉我们，宽容是一种可贵的精神、高尚的人格。

不计前嫌是一种很高的思想境界，这种方法能消除对方的积怨。不论在同事之间，还是在家人亲友之间，采取摒弃前嫌的言行，不仅对化解已有矛盾、恢复和发展人际关系有帮助，而且还有助于自身良好形象的树立，从而赢得舆论好评，营造良好的人际环境氛围。

诺贝尔和平奖获得者，南非黑人领袖纳尔逊·曼德拉是一位赫赫有名的国际政坛人物，他一生都努力推行反对种族歧视的政策，因此，当局监视并逮捕了他。在度过了长达27年失去自由的监禁生活后，1990年2月17日，南非政府宣布无条件释放曼德拉。

曼德拉在76岁高龄双鬓花白时，在南非首度不分种族的大选中获胜，成为了南非第一位黑人总统。在就职典礼上出现了5万人。就职仪式开始后，曼德拉起身致辞欢迎来宾。他先介绍了来自世界各国的政要，然后他说，虽然他很荣幸能接待如此尊贵的客人，但他最高兴的是当初他在罗本岛监狱服刑时，看守他的3名前狱方人员也能到场。接着，他邀请他们站起身，并分别将他们介绍给了大家。

曼德拉被关在罗本岛总集中营的一个"锌皮房"内，成天打石头，还做石灰采取的工作，有3个人专门负责看守他，实际上，他们对他并不是很好，总是寻找各种理由虐待他。

但是，当曼德拉出狱当选总统以后，他在就职典礼上的举动震惊了整个世界。曼德拉博大的胸襟和宽宏的精神，让南非那些残酷虐待了他27年的人羞愧得恨不得找个地缝钻进去，也让到场的所有人不禁产生了敬佩之情。

曼德拉用出狱当天的那种心情说："当我走出囚室，迈出监狱大门的那一刻，我已经清楚，自己若不能把悲痛与怨恨留在身后，那么，我就跟没出狱一样。"

曼德拉以博大的胸怀书写着一个坦荡而豁达的胸襟，体现着一种容纳百川的气度。

人生在世，每天都要遇到很多人，包括冤家和朋友，有智慧的人只论及朋友，不把冤家当对头。

因为他们知道，人生斗不了几十年，所以，在他们眼里，利益是永远的，而敌人却不是。

宽容是一种崇高的境界。一般来说，宽容别人并不困难，关键要看自己的心灵如何进行选择。如果我们选择了宽容，从此放下仇恨的包袱，向对方绽放友善的微笑，这样一来，对方将会把阳光洒向大地，而我们也收获了一份心灵上的感动。或许我们还会因此多了一位人生路途中的知心好友。

用宽容这个武器，可以化解世界上的所有矛盾。不懂得宽容的人需要先从自身找问题，他们应该记住这句话：“当你伸出两只手指去谴责别人时，剩余的手指刚好是对着自己的。”

处世小秘笈

若你想把敌人变为朋友，就得迈出第一步，否则，就不会有任何进展。当矛盾出现在你和他人之间时，要主动示好，采取寻求和解的行动，这样才能赢得和谐的人际关系，从而享受幸福的人生。

主动认错是勇于负责的表现

一个人做错了一件事，老实认错是最佳办法，不要为自己进行辩护和开脱。日本最著名的首相伊藤博文以“永不向人讲‘因为’作为人生的座右铭，这是一种做人的美德，也是一门处理人际关系的最高深的学问。

有些年轻人在工作中犯错误时，就会找出一大堆借口来为自己辩解，并且说起来振振有词、头头是道。比如，“交货迟延，责任全在企管部门”“质量不佳，则是质检部门的责任，与我没有关系”“我的工作都是依照公司的指示去完成，错不在我！”等。

也许有人认为找借口为自己辩护就能掩盖自己的错误，从而将责任完全推掉，但事实并非如此。也许老板会原谅你一次，但他心里一定不舒服，甚至会对你产生“怕负责任”的印象。你为自己辩护、开脱，不但不能改善现状，而且还会产生负面影响，让情况更加恶化。

有一个毕业于名牌大学的工程师，有学识、有经验，但犯错后总喜欢为自己开脱。工程师应聘到一家工厂时，厂长对他很信赖，事事让他放手去干。结果失败了很多次，而每次失败都是工程师的错，可工程师总能为自己找一条或数条理由来辩解，并且说得头头是道。因为厂长并不懂技术，常被工程师驳得无言以对、理屈词穷。可是，厂长看到工程师不肯承担责任，反而找理由推脱，心里很是恼火，最后，只好将他炒了鱿鱼。

虽然承认错误很好，但终究很少有人会愿意承担错误。心理学家高伯特说：“人们只会在过去的不痛不痒的事情上才‘无伤大雅’地认错。”这话虽然说来不胜幽默，但却是事实。许多人是明知有错而不愿承认错误，因为他们认为承认错误很丢人。面对指责，他们在竭力地辩解，而这些辩解反过来又加深了他们的盲目自大。

那么，我们犯了错误之后该如何呢？如果你犯的是大错，那么，这个错误就会被大家所知，因此，你的狡辩只会徒增他人的嫌恶。不认错和狡辩对自己的形象有强大的破坏性，因为不管你口才如何好，又多么狡猾，你不承认错误换来的必是“敢做不敢当”“没担当”之类的评语。之后，别人会不敢信任你，甚至抵制你，拒绝和你合作。而最重要的是，逃避错误会成为一种习惯，最终使自己丧失面对错误、解决问题和培养解决问题的能力的机会。所以，认错的好处大于坏处。

那么，为什么要诚实认错呢？你也许会说，诚实认错，那不是要独担责任并付出代价吗？有时候碰到没有担当的人，的确会如此，但几乎没人不会“高招贵手”的，他们会想：人家都认错了，还要怎么样？事实上，能承认自己错误的人，往往能得到别人的原谅。

其实，如果对自己的弱点和错误能坦诚相对，并勇敢地承认它、面对它，这样，不仅能弥补错误所带来的负面影响，使自己在今后的工作中更加谨慎端正，而且还能加深别人对你的良好印象，从而使他毫不犹豫地原谅你。

乔治是一家商贸公司的市场部经理。他在任职时曾犯过一个错误；他没经过仔细调查研究，就批复了一个职员为纽约某公司生产5万部高档照相机的报告。但相机生产出来准备报关时才发现了“猎头”公司早就挖走了那个职员，那批货如果一到纽约，就会无影无踪，货款自然也会杳无踪迹。

乔治不能立即想出补救方法，于是，一个人在办公室里焦虑不安。这时，老板走了进来，他的脸色非常难看，想质问乔治事情的缘由。但还没等老板开口，乔治就立刻坦诚地向他讲述了一切，并主动认错：“这是我的失误，我一定会想尽一切办法挽回损失。”

结果，乔治的坦诚和勇于认错并担负责任的勇气打动了老板，老板答应了他的请求，并拨出一笔款让他到纽约去考察一番。经过努力，乔治联系好了另一家客户。一个月后，这批相机被转让了出去，价格比那个职员在报告上写得还高。最终，乔治的努力得到了老板的嘉奖。

主动承认错误，自然而然地体现了你的勇气与责任感。首先就让对方了解自己的缺陷或者不足之处，往往会收到出人意料的效果，更会赢得对方的好感与信任。

所以，当我们有理的时候，我们就要试着温和地、有技巧地使对方认可我们的观点；而当我们错了，则要立刻真诚大方地承认。因为主动认错会给人以谦恭有礼、勇于负责任的好印象，收获也会高出预期很多。

处世小秘笈

人非圣贤，孰能无过，有时甚至还会一错再错。既然错误是不可避免的，那么，可怕的并不是错误本身，而是怕明知道错了却不愿意改。

要学会察言观色，不让上司丢面子

我们都知道，中国人爱面子，尤其是官场上的领导者们，更加看重面子。他们很注重下属对自己的态度，并且往往以此作为检验下属对他们是否尊重、是否会看眼色行事的一个重要“标准”。在此起作用的并不单单是文化的潜意识，更是上司从行使权力的角度出发，维护自己权威的需要。这种需要因受到公开的检验而变得更加强烈，甚至是必不可少。

察言观色的下属并非消极地给领导保留面子，而是要在一些关键时候、“露脸”的时刻给领导争面子，这样，才能得到领导的赏识。

慈禧爱看京戏，看到高兴时常常还会赏赐一些东西给艺人。一次，她看完杨小楼的戏后，将他招到面前，指着桌子上全部的糕点说：“你可以得到这些糕点，带回去吧。”

杨小楼赶紧叩头谢恩，但是，糕点不是他想要的，于是便壮着胆子说：“叩谢老佛爷，这些尊贵之物，小民受用不起，请老佛爷……另外赏赐点……”

“那你想要什么？”慈禧当时心情愉快，故并未生气。

杨小楼马上叩头说道：“老佛爷洪福齐天，不知能否将一个‘福’字赐给小民呢？”

慈禧听了，一时高兴，马上让太监送上毛笔、墨水、宣纸以及砚台，举笔一挥，就写了一个“福”字。

站在一旁的小王爷看到了慈禧写的字，悄悄地说：“福字是‘示’字旁，不是‘衣’字旁！”杨小楼一看心想：这字写错了！如果拿回去，必定会遭人非议；可不拿也不好，慈禧一生气自己的脑袋可能就保不住了。要与不要都不可以，尴尬至极。慈禧此时也很为难，既不想让杨小楼拿走，可说不给又觉得难为情。

这个时候，旁边的大太监李莲英眉头一皱，笑呵呵地说：“老佛爷的福气，比世上任何人都要多出一‘点’啊！”杨小楼一听，豁然开朗，连忙叩头，说：“老佛爷福多，这万人之上的福，奴才怎敢领呀！”

在慈禧正不知如何下台时，听两个人这么一说，马上就顺水推舟，说道：“好吧，改天再赐你吧。”就这样，李莲英避免了二人的尴尬。

领导者既然是人不是神，决策就难免有失误。即使一贯正确，群众中也可能出现与其对立的观点。这时，也许有些人会与群众同一战线，同领导对着干，这可就糟透了。这样做无疑是掉进了自己走不出的陷阱。聪明的做法是，当领导和群众不和时，你应该大胆地站出来帮助领导解释与协调。

作为领导人，当最需要人支持的时候你支持了他，他自然会把你当自己人。实际上，上级与下属的关系是十分微妙的，它既可以是领导与部下的关系，也可以是朋友关系。一旦你与上级的关系发展到知己这个层次，较之于同僚，你就具有了很大的心理优势。你也就可能因此而得到上级的特殊照顾与支持。

方经理在处理公司业务时，由于疏忽，让公司惹了麻烦，被总经理批评了一顿，并扣发了他们部门所有员工的奖金。这样一来，大家都很有怨气，认为全是方经理一个人的错，造成的责任却要由大家来承担，所以，一时间怨气冲天，方经理处境极其尴尬。

这时，秘书小刘站出来对大家说：“其实方经理在受到批评的时候还在为大家求情，要求总经理只处分他自己而不要处罚大家。”听到这些，大家就不再那么生方经理的气了。小刘接着说：“方经理从总经理那里回来时很难过，表示下个月一定尽全力夺回奖金，把大家的损失通过别的方法弥补回来。”小刘又对大家讲：“其实，这次失误不单是方经理的责任，我们大家也有责任。所以，请大家体谅方经理的处境，齐心协力，把公司业务搞好。”小刘的调解工作效果显著。按说这不属于秘书的工作范围，但小刘的做法让方经理感到很轻松自在。

接着，方经理又推出了自己的方案，进一步激发了大家的热情，很快圆满解决了问题。小刘在这个过程中起到了很大的作用，方经理对他当然另眼相看。可见，善于为别人排忧解难，确实有利于更好地工作。

例如，在公开场合受到上司不公正的批评、错误的指责，会让自己处于被动中。但你可以一方面私下耐心做些解释，另一方面用行动证明自己。而最不明智的方法就是当面顶撞。既然是公开场合，你下不了台，反过来上司的情况也同你一样。其实，如果上司在一怒之下发起威风时，你给了他面子，这本身就埋下了伏笔，设下了转机。你能坦然接受批评，他在潜意识中就会产生内疚或感激。

因此，年轻人在日常工作中发现领导有错时，千万不要当众纠正。若错误与大局无太大关系，其他人也没发现，不妨“装聋作哑”。假如领导有了明显的错误，必须要纠正其错误时，最好寻找一种既能使领导意识到而又不影响他人的方式，让人感觉领导自己发现了错误而不是由下属指出的，如一个眼神、一个手势甚至一声咳嗽都可以让问题得到解决。

事实上，每个上司都喜欢能及时挽回自己面子的下属。如果你能与上司搞好关系，在适当的时候，为上司填补工作上的漏洞，维护上司的尊严，就等于为自身发展铺好了道路。

处世小秘笈

每个上司都需要得到下属的尊重，因为只有这样，才有权威感和优越感。因而，在必要的时候，给上司一个台阶，自己的未来也会更有保障。

与人相处要有所保留，不要“过度投资”

人际交往要有所保留，初入社交圈的年轻人常犯的错误之一就是“好事一次做尽”，以为自己全心全意为对方做事就会令关系融洽、密切。但事实并非这样。因为人不能一味接受别人的付出，否则就会产生心理不平衡。“滴水之恩，涌泉相报”，这也是使关系平衡的一种做法。

好事几乎都被做尽了，也会带给你出人意料的结果。对于一个有劳动能力、智力健全的人来说，独立、付出都是内部的需要。在人际关系中，如果只能满足一方某种需要，那么，这种关系维持起来就比较困难。所以，在成功的人际交往中，遵循心理交往中的功利原则非常重要。这一原则建立在人的各种需要（包括精神的、物质的需要）的基础上，人际交往就应该满足人们活动的需要。

心理学家霍曼斯早在1974年就提出人们之间的交往是一种社会交换，这种交换同市场上的商品交换所遵循的原则是一样的，即人们都希望在交往中得到的大于或等于付出的。请注意虽然是得到的大于等于付出的，但如果得到的大于付出的，也会令人们心理失去平衡。

向一个人伸出热情之手无私地帮助他，的确很重要，但更为关键的是，不要伤害对方的自尊。帮助一个人，要体现自己的好意，同时也要了解对方是不是真的需要帮助，不然的话，你的帮助就是多余的。

其实，每一件事都有一个度，都讲求恰到好处。给人好处也是如此，过滥、过随便都可能是好心办坏事。助人可以给人心灵以温暖，但如忽略对方的心理感受，也可能会伤害别人。

一个商人在街头看到一个衣衫褴褛的铅笔推销员，顿时对他产生了同情。于是，他把一元钱丢进那人怀中，就走开了。

可没走几步，商人好像听到有人在大喊，他一回头，只见那个卖铅笔的人红着脸冲自己大声说："你为何不由分说地给一个健康的推销员一元钱？"商人赶忙转过身来，从卖铅笔人的摊位上拿起了几支笔，他语带歉意地解释道："对不起，铅笔被我落下了，希望你不要介意。"卖铅笔的人说："你我都是商人，我卖东西，而且有明码标价。你给我一元钱，为何却不愿意拿铅笔呢？你是不是瞧不起我，认为我是一个需要人怜悯的小贩？"商人连连说"对不起"，然后离开了。

一眨眼几个月过去了，在一个社交场合中，一位穿着整齐的卖铅笔的人与商人又见面了，他双手递上名片，并且自我介绍说："您可能已经不记得我了，我虽然不知道您的名字，但您永远活在我的心中。是您伤了我的自尊。我一直不认为自己是乞丐，即使您跑来给了我一元钱，我也仍告诫自己：我是一个商人！"商人听了，尴尬地笑了笑。

由此可见，给人好处，要给得恰到好处。若不能掌握详细情况，便胡乱给人好处，给得好了皆大欢喜；给得不好，不仅会触了霉头，而且还会伤害到自己和别人。所以，我们要为自己和他人保留余地。这样，才可以防止一些不好的事情发生。

所以说，人际交往要有所保留，留有余地，做好事不能一步到位、一次做尽，这是平衡人际关系的重要准则。

比如，给人送礼不在乎多重。这是因为，当你送给对方很重的礼物时，你或许有事相求，或许希望得到更贵重的东西，而对方也不会随随便便地收下你的厚礼，他也在猜测：你到底在打什么主意？收下这些礼品是否会给自己带来麻烦？所以，收礼时会十分慎重，甚至会干脆不收。在两个友情不深甚至素昧平生的人之间，礼越厚情越淡，有着越浓的"交易"意味。当你刚与对方认识就送许多礼品给对方，然后要求他帮你办事时，很明显你是在用这些东西与他做"交易"。即使他收下了，也不可能马上为你办事。在这种情况下，送礼者与收礼者心里都不舒服。

在你无求于对方时送礼，才是礼轻情义重的体现。你送给他礼品，仅仅是为了进一步加强彼此之间的友情，并没有其他额外的意思。当对方生病时，及时去安慰关心，这时你送的礼品虽小，对方也能欣然收下。你送的礼轻又无事相求，对方收你的礼时也会轻松一些。

同理，若你想为别人提供帮助，而且要和别人维持长久的关系，那么，不妨适当地给别人一个机会，让别人有所回报，避免对方因内心压力而使双方的关系疏远了。而"过度投资"，不给对方喘息的机会，就会让对方的心灵窒息。留有余地，双方的呼吸才能自由舒畅。

处世小秘笈

帮人时，"过度投资"会给人压力，若一次把好事全都做了，使人感到无法回报或没有机会回报的时候，愧疚感就会让受惠方远离你。

以退为进，逐渐迈向成功

“为善之端无尽，只讲一让字，便人人可行”，古贤之语揭示了退让的真正内涵。因此，当你同别人发生矛盾并相持不下时，你就应该学会退让。这并不意味着你丢失了应有的尊严，相反，你在化解矛盾的同时又在别人心中埋下了宽容与大度的种子，不但别人会高高兴兴地接受，而且你还会受到别人的敬佩与尊重。

宋朝的富弼教训子弟说：“这个忍字，是众妙之门。若已奉行清廉和节俭，再加上容忍，还有什么事办不好呢？”

富弼处理事务时，每一件事都要反复思考，不论大小。因为太过小心谨慎，就会有人批评他、攻击他。一次，别人没有缘由地把他给骂了。有人告诉他，谁谁在骂你。富弼听后回答说：“大概是骂别人吧。”可那人又继续说：“是指着你的名字骂的，怎么会是别人呢？”富弼想了想回答说：“恐怕有人跟我同名同姓吧。”因误解而骂富弼的人听后惭愧不已，于是，赶紧找机会向富弼道了歉。

忍让蕴含在包容的力量里。如果说忍耐是智慧必不可少的条件，那么，包容则是一个人的智慧的最好体现。不该较真儿的就应该忍耐，该化解时就将恩怨放下，对别人无意的过失要真心原谅。

给人一个台阶，往往会得到友情，赢得信赖。《菜根谭》中讲：“路径窄处留一步，与人行，此是涉世一极乐法。”其实，给别人留余地就等同于留余地给自己。不让别人为难，不让自己为难，这就是让三分、留余地的妙处，同时，这也是人际交往的良方。

在日常生活及烦人琐碎的工作中，矛盾是不可避免的，很可能会出现这样或那样的失误与差错。遇到这种情况，有的年轻人用恶毒的语言攻击对方，针锋相对，甚至大打出手，结果是两败俱伤。不是得不偿失，而是没“得”，只有“失”。失去了友好情感和和谐关系，甚至失去了生命。其实，有摩擦有矛盾，只要不是恶意攻击，不是严重的敌我矛盾，就应该为他人着想，主动承担责任，说一声“对不起”。这样，剑拔弩张、急风暴雨就会化干戈为玉帛，成为和风细雨。

美国总统林肯以伟大的业绩和完美的人格赢得了人们发自内心的敬仰，他的许多事迹被人们世代传颂。但他在成长道路上也曾因为爱得罪人而吃了不少苦头。

他总批评他人吗？是的。当他年轻的时候，在印第安纳州的鸽溪谷，他不只是批评，甚至还写信作诗挖苦别人，并且把那些信件丢在别人必定会发现的路上。其中有一封信所引起的反感持续了一辈子。林肯在伊州春田镇处理律师业务时，甚至投书给报社，公开攻击他的对手。

1842 年秋天，他嘲笑一位以自负好斗著称的名叫詹姆斯·史尔兹的爱尔兰人。林肯在《春田时报》刊出一封未署名的信，讥讽了他一番，镇上的人都很高兴。史尔兹是个敏感而骄傲的人，气得怒火中烧。他查出写那封信的人是林肯，于是，立即跳上马，去找林肯，跟他提出决斗。林肯不想跟他斗，他反对决斗，但又不得不为了脸面而决斗。对方给他选择武器的自由，因为他的双臂很长，于是便选择了骑兵用的长剑，并跟一名西点军校的毕业生学习舞剑。决斗的那一天，他和史尔兹在密西西比河的一个沙滩碰头，准备决斗至死方休。但是，在最后一分钟，这场决斗被他的助手阻止了。

这是林肯一生中最恐怖的私人事件。在如何做人方面，他学到了无价的一课。他从此再没有写过一封侮辱人的信件，他再也不嘲笑他人了。从那时候起，他几乎没有为任何事批评过任何人。

在别人犯了错误，尤其是在你的利益被牵扯进去时，能否以一颗宽容的心来对待，是衡量一个人素质高低的主要标准。包容不仅仅是弱者的座右铭，而且是强者积极接纳生活的一种乐观的态度。一个人经历一次包容，就会获得一次人生的机会，经历一次忍让，将会打开一道爱的大门。借助包容的力量，你可以实现理想，有一番作为。

退让是生活的艺术。看似简单地对别人做出善意的举动,却又何尝不是对自己内心的充实和肯定呢?理智地退却,大度地谦让,你将会在海阔天空的灿烂天地中自由驰骋。

处世小秘笈

常言道:"退一步海阔天空。"因为让一步就等于为以后的前进留下空间。在道路狭窄的地方,大家如果争先恐后,谁也不愿意让,每一个都往前挤,那么,这路就会越发狭窄,谁也不容易过去。若是你停下来,给人让道,那么,你自己也会轻松通过。

第五章　细枝末节显才智

做大事更要注重细节

美丽在一家房地产公司做电脑打字员,她没有因为学历不高而自卑,而是实实在在地工作着。美丽的打字室与老板办公室只隔了一块大玻璃,她可以很清楚地看到老板的任何举止。但她很少向那边多看一眼,而是认真做好自己的本职工作。

美丽每天的资料都忙不完,她知道,工作认真刻苦、待人正直、不搞个人小集团是她唯一可以和别人一较高低的条件。因此,她处处为公司打算,连打印纸也不舍得浪费一张。如果不是要紧的文件,她会双面打印,就工作中这一个简单的细节,她就为公司的办公耗材省了不少钱。一年后,公司资金运作困难,同事们议论纷纷,一时间,公司里人心浮动,有的同事干脆跳槽了。但美丽却没有想到自己的利益,她想:公司必定是哪里出了状况。于是,她直接找到了经理,把自己的想法告诉了经理。经理觉得美丽是一个很有思想的女孩,并认真分析了她的建议,觉得有可行之处,于是,权衡利弊,最后根据她提出的想法制定了方案,并决定立即实施。一个月后,公司迎来了新的业务,公司的状况有了好转,美丽也因此被提拔为项目部主管。

随着公司的发展壮大,每一丁点儿的浪费都可能导致成本的急剧攀升。老板在维持公司运转的情况下,自然希望员工能够替公司节约运营成本。其实,这很容易做到,在许多时候,有成本观念就是要注意节约,包括节约各种资源,也包括工作效率的提高,节约时间。而这些小细节对于想得到上司赏识和重视的你来说,是非常重要的。

你不要以为一滴水、一度电不算什么,每一个东西长期积累后的成果都是惊人的。从小事做起,也能将"大"的意义体现出来。

一个粮食仓库的看管员,粮食一进库,他就把遗留在麻袋上的粮食和落在仓库门口的些许粮食都收集起来。日复一日,年复一年,十几年过去了,他已收集了多达5吨的粮食。虽然在有些人眼里5吨粮食根本没什么价值,但正是这五吨粮食代表了他的成本观念。

老板在任何时候都会信任和重用这样的员工,因为老板放心他们。你在公司里如果也能时刻注重成本的话,你的老板一定会在用人的时候想到你,有晋升机会的时候也会想到你。

处世小秘笈

小事可以组成任何大事,现实中的无数事例证明:做好每一件小事,是一个人走向成功的关键所在。年轻的你,只要抱着一颗平常心,认认真真做好每一件事,就一定会获得成功的机会。

做事要脚踏实地,不能好高骛远

在生活中,每一个人都有这样的体验:当你在沙堆里的时候,无论费多大的劲,总没有你在水泥地上跳得高、跳得远。其实,成功也是如此。如果你好高骛远,把平凡的工作忽略掉,那么,就会像在沙地上跳高一样,必然一无所成。

对于一个想有一番成就的人来说,只有脚踏实地,沉得下来,才能取得成功。那些成功的人都是脚踏实地的务实主义者,他们每天都在认真做好每一件事,不管这些事是多么的微不足道。

有人会说:"我没有必要去做这份工作。我堂堂一个大学生不该做如此琐碎的事。"因此,这种人会看不起现有的工作,不肯脚踏实地、全力以赴。他不满、不安、不快乐,并且毫不掩饰自己的情绪。最后,他失去了这份工作。其实,真正受害的是这个人本身,因为他失去了锻炼的途径。

任何一份工作都值得你脚踏实地用心去做。就像演艺圈流传的一句名言:"没有小角色,只有小演员。"

永骏大学刚毕业便来到香港,想踏入影视界,但没人雇用他。迫于生计,他只得在一家咖啡馆当男侍。但永骏从不灰心丧气,他认真尽责、动作熟练,永远笑脸迎人。过了几个月,一位常来的客人问他:"我想你该不会一直做男侍吧?你还想做什么工作呢?"

他回答:"我想做影视方面的工作,因此,我上晚间的班儿,白天出去找工作。"

原来,这个客人是一位著名的唱片商,他正要找一位年轻而有能力的助理。于是,他安排永骏面谈。结果,永骏得到了这份工作。

永骏正是实践了"脚踏实地"的原则。他认为,他不但没有被男侍的工作所阻碍,而且还以此为晋级的台阶,只是出乎意料的是,这一步一下就跨得这么远、这么快。

处世小秘笈

刚入社会,无论年轻的你有多么优秀,都很有必要从基层做起。无论做什么事、担任什么职位,都要脚踏实地、全力以赴。在你能力增长的同时,你的心智也会随之成长。

创新的关键在于注重细节

谈到创新,多数人的脑中首先闪出的念头就是"大"而"巨"的"战略",而不是鸡毛蒜皮的琐碎事件。其实,微小的创新也是战略,甚至是更高层次的战略。因为它很微小,所以容易被决策层和管理者忽视。在市场细分、管理细致的年代,较为失策的做法就是忽略微小的战略。

管理大师彼得·杜拉克曾经说过:"行之有效的创新有时是在一些毫不引人注意的小事上开始的。"而这些不引人注目的细节,往往就会激发人创新的灵感,从而让一件简单的事物发生一次超常规的突破。杜拉克还说:"创新并非是虚无缥缈的东西,它要做的只是某件具体的事。"企业要真正达到推陈出新的目的,就必须做好"成也细节,败也细节"的思想准备。否则,根本无法做到真正的创新。因此,创新绝不只是"以大为美",对企业活动中的任何一个细节都不可以忽略。

日本的东芝电器公司1952年前后曾一度积压了许多电扇。七万多名职工为了打开销路,想了很多办法,仍然没有任何起色。

一天,一个小职员向公司老板提出了一个建议:将电扇颜色由原来的黑色改为浅色。当时,全世界的电扇都是黑色的,包括东芝公司的。这个小职员的这一建议立刻引起了公司领导的重视。经过研究,公司采纳了这个建议。第二年夏天,东芝公司推出一批浅蓝色的电扇,结果大受欢迎,在市场上还掀起了一阵抢购热潮,几个月之内就出售了几十万台。从此以后,在日本,以及在全世界,再也不存在一模一样的电扇了。

只是改变了一下颜色,就开发出了一种大大畅销的新产品,公司也因此渡过了难关。由此可见,改变电扇颜色的想法,其经济效益和社会效益何等巨大!

其实,还有很多类似的例子,譬如咖啡的发明也是如此。

早在500多年前，有一位名叫科尔迪的阿拉伯牧羊人不经意间发现一只山羊异常兴奋，整天在草地上蹦来跳去，尽情撒欢。他非常好奇，决定弄明白情况，于是，便开始留意那只山羊的一举一动。

通过几天的连续细微观察，他发现那只山羊特别爱吃山坡上一棵树上的红浆果，并且吃后就兴奋起来。好奇心驱使他也吃了那棵树上的一些红浆果，不一会儿，他也异常兴奋了起来。

从那之后，每次到山坡放牧，科尔迪都会摘红浆果来吃。有一次，他在吃红浆果时，凑巧被一位路过的欧洲传教士看见了。科尔迪细细说出自己的观察和体验，传教士听后当即采摘了一些红浆果。回到住所后，传教士用水将红浆果仔细清洗，用水煮汁，耐心品尝。开始尝的时候有点苦，然后，整个人都感到神清气爽，神采奕奕。从那以后，他每天必喝红浆果饮料。经过传教士的热心宣传，四周的群众也开始照做，一起分享着饮用后的振奋。实际上，那种红浆果汁就是现在许多人都喜爱的咖啡。

通过这个故事可以看出：只要专注细节，就会有更多创新出现。

处世小秘笈

谈到创新，多数人的脑中首先闪出的念头就是“大”而“巨”的“战略”，而不是鸡毛蒜皮的琐碎事情。其实，微小的创新也是战略，甚至是更高层次的战略。

要注意把握信息

众所周知，现代社会是一个信息社会，在日常生活中，你常可以听到这样的事：一条信息赚了很多钱，一条信息救活了一家企业，一条信息使一个穷光蛋一夜暴富。对那些优秀的商人而言，信息就是金钱，信息就是命根子，是他们经济利益最大化的根本保证。谁对得到的信息反应最为敏捷，并迅速采取行动，谁就能占据有利市场。

其实，任何机会本质上都是信息。信息收集得越多，机会得到的越多，这是不证自明的道理。

有一位商人，在与朋友闲聊时无意间听到下面的话：今年滴水未降，但据天气预报部门预测，明年将是一个多雨的年份。说者无心，听者有意。商人从朋友的话里看到了潜在的巨大商机：什么与下雨最相关？答案是：雨伞。

说干就干，商人立马开始调查今年的雨伞销售情况，原来积压了很多。于是，他同雨伞的生产厂家谈判，决定低价收购大量雨伞。

很快第二年到了，雨果真下个没完。商人囤积的雨伞一下子就以高于进价六倍的价格出手了。就这样一个来回，商人在短期内就赚了大量的钱。

广东湛江家用电器公司的“三角牌”电饭煲如今已是大家耳熟能详的品牌，成了人们重要的生活用品之一。但它曾经严重积压过一段时间，公司面临倒闭的绝境，而正是一条不经意间得到的信息，将这一切都扭转了。

当时，公司经理李秀栾正与人闲聊，得知湖南正在平江召开“以电代柴”规划会议的消息，于是当机立断，立即带上产品到了平江，向与会人员介绍公司的产品情况，打动了“以电代柴”试点县的领导，立即与他签了一批合约。接着，李经理又组织公司的科研人员开发出一系列相关的配套产品。这样一来，靠着一条消息，这个公司不但走出了困境，而且还开辟了更多的项目，有了更好的生意。

要想有效利用信息，就要善于观察生活，思考时注意将信息与机会相结合，信息才能被转成机会。

美国著名发明家兰德研制出的瞬时显像机震惊了世界，可谁又知道，这种显像机的诞生靠的竟是一条极易被人忽略的信息，而这条信息来自兰德的女儿。

一次，兰德给爱女照相，小姑娘撒娇说："爸爸，我要立刻看到照片！"兰德听到的这样一句话，竟成了一条重要的信息。于是，他立即开始研制瞬间显像机。经过半年时间的努力，终于研制成功，兰德将它取名为"拍立得"，因为它能在60秒内迅速洗出照片，故又有"60秒相机"的称号。现在，"拍立得"已经遍布全球，而兰德也被永载史册。

年轻人在求职、择业的过程中，收集信息同样十分重要，多一条信息，就多一次人生的选择；多一条信息，就意味着比别人多一条路；多一条信息，便多了一个改变的机会。所以，年轻的你，平时就要仔细体验观察生活，无论是从报纸、图书上看到的，还是从别人口里听到的，都要认真仔细地去思考，判断这些消息对自己而言是否真的有价值。如果你确定这条信息很有价值，那么，你就应该抓住机会，立刻按照这条信息所指引的方向努力去做，这样，你就会得到幸运女神的眷顾。

赵强是一位刚毕业的大学生，就要离校了，却仍未找到理想的工作。眼看周围的同学都找到了工作，他无奈之下，只好出校门独自闲逛。在公共汽车上，他与一位陌生人闲聊起来。这位陌生人告诉他，自己刚从一家公司面试回来，但那家公司最后还是放弃了他。赵强灵机一动，认为这是一个有价值的信息。于是，他继续与那人攀谈。原来，有一家电脑公司刚刚成立，还在招人，因为公司规模尚小，所以除了在公司门口贴了一张招聘广告之外，再也未做什么其他宣传。听完这些，赵强立即下车直奔该公司而去。凭着自己毕业于名牌大学计算机专业的文凭，他最终获得了这份工作。而今，他已坐到了公司副总的宝座，主管程序设计工作。

处世小秘笈

现代社会是一个信息社会，信息的重要性不言而喻，甚至对人们的生活和事业的成功起着决定作用，谁抓住信息时越快越准，获取的机会就会越大越多。

一见如故不一定是好事

有的年轻男女初次见面，便一见钟情，甚至在不知情的条件下，便定下终身。虽然一见钟情并不一定是坏事，但当一个陌生人短时间内向你示好时，你要经过理性的、慎重的考虑后，再做出具体决定。

德军准备发动进一步的侵略，这次的目标是S国的一个重要城市。若此次大功告成，希特勒称霸全球的野心将会进一步膨胀。这一次的行动计划是在绝对机密的情况下制订的，就连世界上最高明的间谍对获得情报都束手无策。

一天，德军最高作战部机要秘书查理在小酒吧中邂逅了年轻漂亮的女画家丽莎小姐。对艺术狂热的查理与女画家大有相见恨晚之意，两人从喜爱的画家到绘画流派都是如此相似，甚至在生活中，都有很多相同的细节。两天之后，两人便坠入了爱河。女画家丽莎表示将把自己的爱和艺术都献给查理。

共同的理想和兴趣让两人几乎毫无秘密可谈，从人生到爱情、从生活到工作，他们之间不存在任何隔阂。

战斗开始了，德军受到了重创。看来，对方很清楚地知道德军的行动计划。

不久之后，军事法庭对机要秘书查理进行了审判——他把最高机密泄漏给了S国女特工——也就是称为丽莎小姐的女画家。

我们与人交往时可能不会遇到特工，但一见钟情的爱情还是要谨慎，做出决定时要小心。

处世小秘笈

当一个陌生人短时间内向你示好时，你要经过理性的、慎重的考虑后，再做出具体决定。

第六章　包容智慧须掌握

只要你愿意就可以解开心结

不论遭到别人误解还是误解别人，只要没有将误解解除，就可能成为人生中的一道阴影。所以，产生了误解，一定要及时消除，不要等误解进一步深化时再来解决，时间越长，误会愈深，解决起来就会愈困难。

在通常情况下，人际关系中容易产生误会的人有以下几种：交谈交往极少者，对双方的个性都不了解者，性格内向者，自视清高者，个性特别者，神经过敏者，狂妄自大者，说话不经仔细考虑者，爱挑剔小节者等。与上述这些人交往，不论是初次的还是多次的，你都要注意你的言行是不是容易导致歧义的产生，有没有被人误解的可能性，或者你是否对他存有偏见和误会。如果发现有误解后，你就可以借一次家宴、一次舞会、一次公关活动，或一次约会、一个电话互诉衷肠，将心比心，解开疙瘩、冰消雪融，重归旧好。

若对方对你的误解已经很深，已形成偏见，甚至将你当做敌人，这时，你首先可以通过间接的方式，动用误解者的亲信，让他在你们中间做桥梁、做媒介，把误解者的怨气、意见和你的诚意在双方间传达疏导。当传达疏导到一定程度时，你就可以直接与其解释交流、消除误会了。

处世小秘笈

如果你没有机会与其进行直接交流，或者觉得直接解释交流有些难为情，那么，用书信的方式，详尽地阐明自己，也能做到和平共处。

做事要有分寸，不要不留余地

因把话说得太满而给自己造成窘迫的事例屡见不鲜。小杨与同事之间有了一点摩擦，很不愉快，便对同事说：“从今天起，我们断绝一切关系，从此井水不犯河水……”可这话说完还不到两个月，这位同事就成了他的上司，小杨因先前讲过的话而感到尴尬，于是只好辞职。

其实，把话说得太满，就像把杯子倒满了水一样，再也容不下任意一滴水了，否则就会溢出来，抑或是像把气球打满了气，再充气就有爆炸的可能。

杯子留有空间，就不会因为再加进其他液体而溢出来；气球中气不满便没有爆炸的可能。要知道，凡事总会有意外，留有余地，可避免“意外”无处可放。人说话、做事留有余地，便不会因为“意外”的产生而尴尬，从而可以很轻松地放手。

我们可以见到一些政府官员在面对记者采访时习惯使用一些不确定的语言，如可能、尽量、研究、或许、评估、征询各方面意见……他们使用这些字眼的原因，就是想为自己留有余地。否则，一下把话说死了，结果不是自己说的那样，那该多难堪啊！

那么，如何做到为自己留有余地呢？

与人交往，不要口出恶言，“誓不两立”之类的话千万不能说，当然，杀父之仇、夺妻之根例外。

不管谁对谁错，最好是闭口不言，这样，才能为日后合作留有余地。

人的一辈子很长，变化也很多，所以，对人不要轻易下判断，诸如“这个人一辈子没出息”“这个人完蛋了”之类属于“盖棺定论”的话语切忌乱说。

世界上的事情是复杂多变的，生活中有很多事情我们难以预料它的发展趋势，有的也不了解事情的发生背景，所以，切不可乱下定义。不给自己留下退路，就会给人留下把柄。

做事不要太绝，要学会宽容

古人在建房子的时候，都会在需要的地方适当留一点空间，这样，才不会出现拉裂或挤压变形等现象。可以说，这就是通过不完美的形式造就完美的境界。人生在世，为人处世要留缝隙，任何事情都不要做得太绝，得饶人处且饶人。宽容别人就是宽容自己，予人方便就是予己方便。

有一头大象在树林里散步，由于光线比较暗，不小心将刺猬的家踩坏了。大象很惭愧地向刺猬赔礼道歉，但刺猬还是不能原谅大象。

一天，刺猬看见躺在地上睡觉的大象，心想：“机会来了，我要报复大象，至少，我可以咬这个庞然大物一口。”

但是，大象的皮特别厚，刺猬想咬动根本就不可能。苦思冥想后，刺猬终于想出了一个好办法。刺猬发现可以进攻大象的鼻子，于是便钻进大象的鼻子里，狠狠地咬了一口大象的鼻腔黏膜。

大象感觉鼻子里一阵刺痛，猛地打了一个喷嚏，刺猬被射出好远，且摔了个半死。

好久，刺猬才从地上爬起来，痛不欲生。于是它对前来看望它的同伴提出忠告：“要记住我的惨痛教训，不要太记仇了！”

生活中有些人往往表现得像上面故事中的刺猬，小肚鸡肠，无理争三分，得理不饶人。朋友之间只因为一句闲话就争得面红耳赤，形同路人；邻里之间因为孩子打架而引起大人纠纷，老死不相往来；夫妻之间因为家庭琐事同室操戈，劳燕分飞。如此等等，不一而足。如果是大是大非的问题，自然应当不失原则地论个黑白分明，甚至可以为追求真理而献身。如果是非原则性问题，则该放过他们就最好放过。

其实，留一点缝隙，也就是为自己留一条后路。如果我们什么时候、什么情况下都工于算计，事事锱铢必较，不留一点缝隙给别人，不让自己牺牲一点利益，那么，人与人之间必定会出现剑拔弩张的局面。得饶人处不饶人，只会对自己造成伤害。

为人处世留缝隙，得饶人处且饶人。不让别人为难，自己也会过得很舒坦；让别人活得轻松，就是让自己活得潇洒。这就是做人要留有余地的好处。

不管是谁，都一定要谨记：权力不可使绝，金钱不可用绝，言语不可说绝，事情不可做绝。

处世要积口德，切忌贬低他人，抬高自己

唐冬与李朋一起出差去某地采购一种紧缺物资。他们到达时，当地已无货供应，要下个月才会有货。没有办法，唐冬和李朋只好空着手回到公司。可是，在向领导汇报时，李朋竟对领

导说："年轻人就是贪睡，那天早晨如果小唐早点起来，我们可能就买到货了。"唐冬说："本来就已无货供应啊，这与起得早晚有何关系呢？"这时，领导连忙批评唐冬说："老李说得对啊！你应该接受，以后改正！"唐冬听了领导的批评，只是一味地叹气，已无辩解的需要了。不过，从此以后，唐冬就疏远了李朋。久而久之，领导再派人与李朋一起出差，大家也都借故推辞。

除了李朋这样善于对比自己与他人，从而贬损他人、抬高自己的人，还有些人为了达到贬损他人的目的，将丁点儿的事无限放大。

周严与文惠同在一科研所工作。周严勤于笔耕，一年之中竟发表了20篇论文，而文惠却仅发表了一篇。文惠不服，因而在年终考评会上自我评述说："我今年只写了一篇文章，但质量是很高的，绝不像那些写得多的粗制滥造的文章。"显然，文惠这是在贬低周严，而抬高自己。

王彬是省高教局的哲学老师，他从同学处获得了"成人教育处组织政治经济学统考"这一信息，于是回校对任政治经济学课的许晓军说："你们政治经济学统考，这个消息你知道吗？"许晓军说："我现在还未听到任何消息。"在年终考评会上，王彬说："许晓军教政治经济学，却对政治经济学统考一点也不关心，统考消息还是我告诉他的。我比他还着急，许晓军一点责任感都没有。"这样一比，他似乎成了一个责任感很强的人，而别人倒是一点责任感都没有了。

更有甚者，为了抬高自己、贬损他人，竟然捏造事实，陷害他人。面对此类指责，受害人往往有口难辩。

赵光波自我感觉良好，但单位的人却都不怎么喜欢他。因此，他常常感叹社会冷漠无情，责怪同事寡情。然而，真的是这样吗？非也！原来是赵光波自以为很了不起，每逢单位开会、年终考评，他都喋喋不休地贬损他人，以显示自己"崇高的思想""非凡的业绩"和"卓越的才能"。因此，同事们都认为他太不知羞耻了，太不像话了。于是，大家便都不买他的账，使他陷入了孤立无援的境地。显然，他的人缘不好，原因就是他为了抬高自己而常常贬低他人。

那么，为什么有些人会千方百计地贬损他人、抬高自己呢？其原因显然是出于虚荣的心理和不服气的心理。有些人为了显示自己的高明和非凡，往往喜欢和他人比较，自以为通过贬损他人就能够抬高自己。

处世小秘笈

为人处世一定要积口德，不要贬损他人、抬高自己。

要注重与人合作

一切事业成功的基础都在于合作精神。美国国务活动家韦伯斯特曾说过："人们在一起，可以做出单独一个人无法做好的事业；智慧、双手、力量结合在一起，几乎是万能的。"年轻人初入社会，一定要学会合作。

一位大学生，有雄心壮志，毕业两年后下海经商，却屡战屡败。后来，几个朋友要与他一起合伙做生意，但被他拒绝了。在他失意的时候，把所有人的建议和帮助都拒绝了。他相信总有一天，他会依靠自己的力量和能力取得成功。可是一年后，他又一次失败了。这次，他的哥哥说："你不要这样封闭自己，要有合作精神，和能给你提供帮助的人一同合作、取长补短，这样，你才会成功。你不要认为这是在利用别人，因为在你与别人合作实现理想的同时，你也帮助你的合作对象实现了理想。这是一件很公平的事。"后来，哥哥的忠告促成了他的成功。

凡是取得巨大成功的人，都懂得合作的巨大力量。他们大多善于从同伴那里汲取智慧，从同行者那里获得前进的动力。刘备、关羽、张飞在桃园三结义的时候，都是无名小卒，但他们却都有不同的才能。刘备虚怀若谷，善于容纳方方面面的意见和人才，具有杰出的统帅才能；关羽和张飞则具有高超的武艺，是很罕见的将才。三个人互相补充、互相协助，终于在蜀地成就了一番霸业。这足以说明，合作的力量是无穷大的。

在21世纪的今天，每个年轻人都提倡个性，提倡独立自主。但这并不是说要做“独行侠”，也并不是要排斥合作。你没有钱，可以让有钱的人帮助你；你没有技术，可以请有技术者与你共创事业；你不善经营管理，可以与有经验的人合作。只有这样，大家才能团结和睦，共同协作，通过共同努力取得成功。

其实，人的一生都在与他人合作。当我们与别人合作的同时，我们也受到了别人的回馈，合作愈多，回馈也就愈多，你也就愈富有。

不要害怕吃亏

张女士既无背景，又无高学历，却在商界取得了巨大成功，原因就是她能很好地与同事进行交往。她对周围人非常体贴，甚至超出了别人的意料。

若是你去她家做客，她会热情欢迎，并让人多待几天。即使她经济拮据，内心有很多烦恼，也不会在别人面前表露出来，而是用微笑和热情来接待你，甚至在你回去的时候，还要送些小礼物给你。

平时在办公室，她帮同事联系客户、整理文件、接打电话，只要能帮的忙她都帮。朋友问她何以如此，她说：“像我这样没什么优势的人，如果要与别人来往，就必须令对方感到和我来往会得到一些好处。”

就是靠着好人缘，张女士在生意场上混得风生水起，并迈向了成功的大门。其实，张女士与人相处的秘诀很简单，就是主动地、心甘情愿地吃一些亏，而这种吃亏也给她带来了很大的好处。

工作了的年轻人一定要铭记：“吃亏就是占便宜”，因为这是积累工作经验、提高做事能力、妥善处理人际关系的技巧之一。

第七章　人脉哲学需知道

要进行长期的情感投资

人既然能够因为情而放弃生命，那么，为“感情投资”，利用感情帮助自己达到目的又有什么关系？

在生意场上，你遇到了与你有缘分的人，有了成功的合作，感情自然也会融洽起来。这就是我们常说的“有缘”。有缘自然有情，关系好的时候，相互间合作是自然之事。但是，即使有“缘”，双方能够心灵相通，要保持长期的相互信任、互相关照的关系也不那么容易，仍然需要不断进行“感情投资”。忽略“感情投资”,就会将好不容易因“缘”而建立的合作关系变成对立,将人情变成敌意。在商场上,每个人都在追求自己的利益,很容易互相起疑心。

即使在生活中,忽略了“感情投资”,你的人际关系也会因此受到损害。很多年轻人都有这种毛病,一旦双方感情好了,相处融洽了,往往就会忽略双方关系中的一些细节问题,不再主动去进行感情“投资”,去维护自己的责任,该说的话不说,该解释的不开口解释,总认为“反正我们关系好,解释不解释无所谓”。结果,日积月累,问题就很难化解了。

而更不好的是,人们关系亲密之后,对对方的要求也就会越来越严格,总以为别人对自己好是应该的;稍有不周或照顾不到就有怨言。由此极易形成恶性循环,最后对双方造成伤害。

应该做到经常进行“感情投资”,从生意场到日常交往,都应该处处留心,善待每一个合作伙伴和亲朋好友,而且要从小处、细处着眼,落在实处。

“感情投资”就像感情账户上的储蓄,平常将感情一点一点地存入这个账户,使对方信任你,那么,当你遇到困难,寻求他人帮助时,就可以及时取出账户中的感情“额度”。有了它,即便犯有什么过错,别人也容易原谅你。即便你没把话说清楚,有点小脾气,对方也能理解。

如果说建立相互信任、相互帮助的人际关系有何秘诀的话,那就是不断增加感情账户上的储蓄,这是最好的办法。自己乐于助人,积极主动地给他人提供帮助,从一点一滴做起,日积月累,就会使感情账户上的储蓄不断增加。反之,不肯增加储蓄而只想大笔支取的人是无人理会的。你毫无储蓄,到需要用钱时,账户上出现赤字便无钱可用,那就只有欠债了。但欠债总是要还的,到头来还是要储蓄。

处世小秘笈

人都是有情感的,“情”字是任何人都逃脱不了的。尽管有人感叹当今社会“认钱不认人”,但无论在生意场还是日常人际交往中,“人情生意”从未间断过。

关爱能帮你赢得更多的朋友

几乎每一个二十几岁的年轻人都有这样的愿望:“我希望自己有好多好多的朋友,成为一个受人欢迎、为人所乐于亲近的人。”其实,这个愿望并不难实现,对任何人而言,如果能在言谈举止中表现出关爱与友善,那么,你自身的吸引力就会在不知不觉中大增。你就会如同磁石一般,吸引众多的朋友。朋友多了,就自然能成为受欢迎的人,也能处处得到他人的扶助。有些商人虽然缺乏大量的资本,却能吸引很多顾客。他们的事业与那些资本雄厚但缺少吸引力的人相比,肯定会有更显著的进展。

所以说,吸引他人最好的方法,就是要关心他人的事情并对其感兴趣。但不要过于做作,你必须真诚地关心。在社交上,还应说他人爱听的话。在谈话和做事的过程中,要赞扬他人的长处,而不是揭他人的短。要知道,关爱朋友的人,能获得更多。一个心中有爱的人,常常能赢得人心。

许多人不能吸引他人,是因为他们的心灵与外界是隔绝的,能让他们专注的人就只有自己。久而久之,自己便陷入了孤独的世界。

某位青年才俊,不知道是什么原因,几乎没有人欢迎他,即使他参加一个公众集会,人人见了他也都退避三舍。所以,当别人寒暄谈笑、其乐融融之时,他却只能一个人独坐墙角一隅。

这个人为什么不受欢迎,连他自己都不明其中的缘由。他才华横溢,又是个勤勉努力的人。每天工作完后,也常常和同伴一起娱乐。但他往往只顾自己的乐趣,而经常让他人下不来台,最后,让很多人一看到他就避而远之。他绝未想到,他的自私才是他不受欢迎的主要原因。他谈话的内容总是围绕自己,对他人的事情却总是漠不关心。每当与别人谈话时,他总是要把谈话的中心集中在自身或自己的业务上。

处世小秘笈

一个人如果只以自己为中心，就不会吸引他人的注意力，同时也就会使别人对他感到厌恶，以至于人人都不愿意和他相处。那么，怎样才能让他人“感兴趣”呢？主要是能够设身处地地为他人着想，能够推己及人，真诚地关心他人。

怎样让他人成为自己人

在人际交往中，彼此会相互影响。这种相互影响或无意或有意。有意影响，即一方对另一方有意施加影响，以便把对方的某种行为矫正过来。实际上，施加有意影响可以有许多技巧，“自己人效应”就是其中之一。“自己人效应”是指说话时，更信赖也更容易接受“自己人”所说的话。所谓“自己人”，是指对方把你与他归于同一类型的人。

只是向人们提出好建议是远远不够的，要说服别人按照你的建议去做，就需要增强和充分利用“自己人效应”，让人们喜欢你。运用“自己人效应”的秘诀，就是缩小与他人的距离。而影响他人对你产生好感的因素有很多种，以下这些策略可以让他人对你产生好感。

首先，就是外表的吸引力。这里所说的外表，外貌长相仅是其中一项，其余还包括言谈举止。而这些跟我们的相貌、衣着一起，形成了给他人的第一印象。自己的相貌自己无法做主，但你一定要注意自己的言谈举止，这决定了你能否受他人欢迎。相信很多人都会有这样的看法：漂亮就等于人品好。其实，这就是“自己人效应”的具体表现，因为一个人的某一个好的特征会影响人们对此人的整体评价。

其次，应强调双方的共同点，使对方认为你是“自己人”，从而使你提出的建议易于被接受。物以类聚，因此，有着相同兴趣、观点、个性、背景的人们更易亲近。所以，你想要对方信赖你，就要先和对方缩短心理距离，与之处于平等地位，这样就能提高自己在人际交往中的影响力。

再次，要有良好的个性品质。良好的个性品质是增强人际影响力的重要因素。心理学研究证明：具备开朗、大度、正直、坦率、实在等良好品质的人，有较强的人际影响力。反之，则是最不受欢迎的人，同时也就在人际交往中毫无影响力可言。所以，每个人都要加强培养自己良好的个性品质，使自己的人际影响力增强。

最后，则是称赞。从心理学角度来说，每个人心中都有被赞赏的渴望。而发自内心的称赞，更会激发人的自信和热情。

处世小秘笈

从心理学角度来说，每个人心中都有被赞赏的渴望。而发自内心的称赞，更会激发人的自信和热情。

凡事要给人留面子

其实，我们完全可以这样说：你每给别人一次面子，就多一个朋友；而你每驳别人一次面子，就多树立一个敌人。

公元前605年（周定王三年），郑穆公去世，郑灵公即位，公子宋和公子归生辅助灵公执政。二人都是郑国贵族，在朝中拥有很大的势力。

一天早晨，当二人要拜见灵公时，公子宋食指大动。公子归生有点诧异，忙问是怎么回事。公子宋笑了笑说：“没什么，我平常如果食指跳动的话，这天就能吃到好东西。上次出使晋国，我吃了石花鱼；后来出使楚国，吃了天鹅肉；还有一次吃了合欢橘，在吃之前食指都会跳动，没有不灵验的。只是不知今日又有什么美味可吃了。”

两人一路说笑着来到朝门之外，正碰见内侍在喊宰夫入朝。公子宋问侍者：“何故传唤宰夫？”内侍答道：“有人从汉江来，带回一个重达200斤的大鼋，献给了灵公。灵公叫宰夫杀掉，将其炖的肉汤让各位朝中大夫品尝。”

公子宋听了，洋洋得意地对公子归生说：“怎么样？我的食指是不是很灵？”

进朝后，灵公见二人面露喜色，就问他们有何喜事如此高兴。公子归生不敢隐瞒，把事情一字不漏地说给了灵公。

灵公听罢，半开玩笑半认真地说：“我决定着你食指跳动的灵验程度！”

到了吃饭的时候，郑灵公请大臣入朝，品尝鼋肉。

大家坐的位置由官职大小决定。

灵公先品尝了一下，连连称鼋羹鲜美，遂命人赐群臣鼋羹，且一人一鼎，并要求从最下席开始。这样一来，在上席中坐第一、第二位的公子宋和公子归生就落到了最后。眼看诸大夫一个个都得到了赐羹，最后只剩下了一鼎，宰夫问灵公要赐谁。

灵公随口说道：“给归生吧。”于是，宰夫就把最后一鼎给了公子归生。

公子宋对众人得到赏赐而唯独自己没有，感到又羞又愤，怒火中烧。

郑灵公看到窘迫中的公子宋，哈哈大笑，指着他说：“我命令要遍赐群臣，谁料偏偏少了公子宋一人。看来这是天意，公子宋不该吃鼋肉啊。你的食指跳动哪里有一点灵验呢？”

一听此话，公子宋完全明白了。为了挽回面子，他把君主与臣子之间的礼节给忘记了，突然起身走到灵公面前，并用手夹了灵公鼎中一块肉，放入口中，并反讥灵公说：“我已经尝了鼋肉，食指跳动哪一点不灵验呢？”说罢便不辞而别。

灵公被公子宋的行为激怒了。他气得把筷子一摔，愤愤地说：“公子宋也太无礼了，竟敢如此欺君。难道他不怕掉脑袋吗？”吓得归生等人跪在地上连连为公子宋求情，但灵公仍然怀恨在心。

本应该快快乐乐的品鼋会，就这样郁闷地结束了。

从此，郑灵公同公子宋就结下了仇恨。公子宋惧怕郑灵公有一天会报复，竟在这一年的秋天派人刺杀灵公，并与公子归生商量另立了君王。

这个历史故事警示世人：要好好对待他人的面子。

若你是职场上的管理者，当下属有成绩时，要舍得给面子。因为这是对下属最好的激励，这样，下属才会卖力工作。当下属犯错时，也要注意留面子。下属有了过错，特别是非原则性的过错，领导应该宽容大方，给下属留有余地。这不是提倡不讲原则、老好人主义。这里说的留点面子，是指对犯错者以“治病”为出发点，点到为止，促其自省，给他改过的机会，相信他会很感激的。

如果你是下属，既要给领导面子，也要给同事面子，因为这能让领导觉得自己很重要。所以说，融洽人际关系，对你的事业发展有帮助。

处世小秘笈

老话说：“人活一张脸，树活一张皮。”学会给对方留余地、留面子，是人际交往中的一条基本原则。

创业需要有良好的社会关系储备

假如你毕业后要下海经商，那么，你就必须做好社会关系的储备。在这个看不见硝烟的战场上，若人际关系网不够大，创业根本就不可能。在人际关系这张网上，网织着很多关系，如人缘关系、业务关系,甚至还网织着办事的渠道、信息的来源等。它是一种奇妙的东西,可以说是无处不在。这种东西已渗透到了社会关系的方方面面,甚至已渗透到了人的心灵深处。它不但影响个人的行为,而且也是影响社会存在的重要因素,自然也影响和决定着你的生意的成败,决定着你的创业的成败。如果社会关系良好,在创业的时候就会得到许多人的帮助,使你早日成功。

其实,不仅在生意场上创业是这样,此道理同样也适用于其他领域的创业。良好的人际关系和社会关系是必不可少的创业准备,而且准备得越多、越好,你就能越快地创业。因此,明智的创业者在创业之前,如果他对某个企业感兴趣,就会尽力结识这个行业里的知名人士,虚心向他们请教,聆听他们的教诲,并把这些作为重要的资源储备起来,使得它们在创业时起到作用,帮助自己解决许多实际问题。这就是很多成功的人都有许多本名片册的原因。这名片册不仅仅是一个工具,而且还含有大量的社会资源。它就是众多成功人士叩开成功大门的敲门砖。

那么,储备社会关系有哪些方法和原则呢?实际上,有很多方式可以用来储备社会关系,不同人有不同的方法,但一些方法和原则是统一的,主要有以下几点。

1. 多团结人,别轻易树敌。在与人交往中,你可能会碰到各种各样的人。在各种类型的人中,你喜欢的、不喜欢的人都会存在。对于你喜欢的人,交往起来非常容易,团结这些人并不难。但问题的关键是:和你不喜欢的人相处友好很难。

那么,如何和你不喜欢的人建立良好的人际关系呢?你一定要想办法找出你不喜欢的人的优点,并且尽量包容他的缺点。如果你能做到这些,也许就能与你不喜欢的人结为朋友了。

2. 成功人士多结交,失败者要避免接触。古语说:“近朱者赤,近墨者黑。”多结交成功人士的原因,就是你可以从这些成功的人身上学到大量有用的东西,他们的优秀品质时时刻刻都能使你的缺点暴露出来,从而可以成为你学习的模范,他们成功的事例能不断地激励你在创业中前行。如果和这些成功者有良好的关系的话,这些人可能还会伸出友谊之手,在关键时刻教你一招或者拉你一把。相反,和那些失败者或者不如你的人交往,不但学不到有价值的信息,而且很难帮助你创业。因此,和优秀的人交往,和成功者交往,这是进行人际关系储备的一个重要原则。

3. 尽量多地和社会名流建立关系。社会名流都是一些对社会有影响的人,这些人社会关系复杂,办起事来比较容易。若能与这些人交往,将来一定会对你有好处。但这些名流往往都有自己固定的交际圈,普通人想进入名流的交际圈很难。而创业者绝大多数在创业之前都没有名气,社会背景不优秀。因此,结交这些人更是难上加难。但这并非完全没有可能,你可以从几个方面入手和名流交往:如多了解有关名流的资讯,托人引荐,多去名流常出没的地方,多参加社会公益活动。这样一来,你就有可能结交他们。当然,与这些人交往时,要想通过一次接触就建立很好的关系也是不容易的。但只要注意把好印象留给对方,以后多创造一些接触机会,你和社会名流也能建立较为牢固的关系。

处世小秘笈

只要注意把好印象留给对方,以后多创造一些接触机会,你和社会名流也能建立较为牢固的关系。

创业者务必要交的几类朋友

朋友多了路好走,人际广有助于创业成功。一般来说,创业者在无大损失的情况下,不妨真诚友善地对待他人,慷慨大方点儿。但是,要花心思栽培则不必,因为并非每一个人都值得花时间和精力去结交,甚至孔子也说过“无友不如己者”。不过,以下几类人,是每个创业者务必要着重结交的。

银行家。最善于做生意的人都很善于管理钱财。那么，钱从何来？当然，最主要的还是靠银行。所以，与银行家多多交往，一般都会有好处。

大客户。无论有没有生意来往，大客户一定要结交，因为许多大生意都是从吃小亏开始的。先来些免费服务、额外服务，是为将来赚大量钱财铺路。今天做不成生意，也许明天就能行。

推销员。不管与其做不做生意，都不要得罪推销员，并且一定要不时地见见推销员，和他们聊一聊。同行如敌国，从同行中难以得到行内的秘密，但推销员是行业中消息最多的人。只要有人跟他们谈，他们便无保守秘密的义务。因此，即使公司没有采购部门，也仍要打开这个情报来源。

竞争对手的员工。从这里你也可以获得重要情报，在适当并且有利的情况下，可以在一定程度上展开交往。

材料的供应商。与他们建立良好的关系，你便会拥有人家缺的料，材料涨价你已入了货，再加上账期长一点、服务好一点，就能大大提升你的竞争力。

律师。公司的"司法门神"，有官司时，律师会帮你解决。关系好的，还经常有很多的免费咨询服务，有助于逃脱法律纠纷。

会计师。公司的"财神"，只要认真替你考虑如何合理避税，就算对你有好处了。

你可能会心存疑问：这些专业人士愿意结交我这样的创业者吗？他们会不会看不起我呢？其实，专业人士在公司大多是"高级打工仔"，光干这专业一般赚的钱不多。因此，工薪阶层或一般的专业人士可能会看轻其他人，而有思想的专业人士则不会——他今天或许很潦倒、一事无成，但机会一旦来临，他一夜暴富的机会就会很大。

对年轻的创业者而言，广结人缘并不是意味着每个人都要结交，而是应该将交往的重点放在对自己的事业有影响的人身上。

不要把仇恨看得太重

本雄开了一家小吃店，可由于手艺不精，根本不能与马路对面的小吃店相比。于是，本雄想出了一个主意，想趁机整一下对面小吃店的老板。

一天，本雄来到小吃店，要了一碗汤面，并在服务员没注意的时候，在碗中放进了一只自己早已准备好的死蟑螂。

"喂！来一下！"本雄高声叫道。

女服务员忙走过来，本雄厉声指责说："你们的面条里竟然有蟑螂！这种东西在面条汤里还能吃吗？"女服务员看到面汤上漂浮着的蟑螂，大吃一惊，只能不停地表达歉意："对……对不起……"听了道歉，本雄反而更变本加厉，他凶狠狠地训斥说："去叫你们老板来！我有话同他说！"

女服务员慌忙跑到后厨房去了。不久老板就来了。当他看到碗里的蟑螂时，深深地鞠了一躬："太对不起了，这件事我们无话可说，但这似乎只是我们一时的疏忽。"

"说什么？一时的疏忽！"本雄对老板怒目而视。

其他客人都把视线集中了过来。老板仿佛有话很难说出口的样子，皱起了眉头，请本雄到后厨房去。

厨房里有一只又大又深的装着面条汤的汤锅，老板把本雄带到了锅前，压低了嗓音说道："我说这位客人，其实，本店汤里有秘不外传的调料。请您看一下……"

本雄伸出头往汤锅里一瞧，只见汤上有许多只蟑螂漂着。

"呃……呃呃……"本雄只觉得胃中翻江倒海，于是便跑到近处的水池旁开始呕吐起来。本雄刚止住呕吐，便对站在他背后一直看着他的老板说：“用蟑螂给面条汤调味儿，你们欺骗顾客呀！我不能坐视不管！我一定要告诉每一个人！”

本雄这么一吓唬，老板假装很害怕地说：“蟑螂？您指的是这个吗？”老板用手指了指菜板，那上面放有竖着切开的半个紫茄子和四五个状似蟑螂的茄子碎片儿，“这很容易做出来的呀！”

老板手拿一个汤匙似的器具，在茄子上一摁，一个蟑螂形状的茄子片儿就出来了。

“混蛋！你在耍我！”本雄骂道。

老板坦然地说道：“话说回来了，您在前堂看到了蟑螂，为何没有恶心呕吐呢？”

本雄被问愣了，只好灰溜溜地走了。

回到家里，他越想心里越不舒服，可想起那老板的态度，真是没得说，手艺又好，人家生意好是无可厚非的。这时，他感到有点惭愧。

第二天，本雄来到对面小吃店里，真诚地给老板道了歉：“昨天真是对不起，你的宽宏大量实在让我感动。作为同行，我真的佩服你。”

老板听了，只是笑着说：“其实没什么，我们都是生意人，应该这样的。只要你用心努力，我相信，你一定能做好的。”

于是，两人握手言和，并把对方都当做了朋友。

处世小秘笈

俗话说：“同行是冤家。”但是，无论你是否创业，在生意场上，都不能像对待敌人一样对待竞争对手。你应该看到对手的优势，以此来弥补自己的缺点。当你放下“仇恨”的目光时，敌人就可能成为朋友。

要学会利用“老乡”情绪

中国人有很重的乡土意识。与家乡有关的话题，会使人们的感情迅速深化。再者你拥有很强的交际能力，将会让你很快在不熟悉的地方交到第一个知己，并使其成为你结交其他朋友的好的出发点。

有一次，小高从武汉坐火车去深圳找工作，一位乡下老大爷坐在自己对面。当他向列车员打听换车的车次时，小高突然听到了自己家乡的口音。

“大爷，您家是在内蒙古赤峰吗？”小高问。

“对呀！你是不是有亲戚在赤峰呀？”大爷满面笑容地问。

“哦，我就出生在那里。”

“这么巧，我就是赤峰人，是去深圳看女儿的。快说说，你的爷爷奶奶是谁？”大爷的语气已经急切起来了。

于是，小高说出了已过世的太爷、爷爷的名字。大爷一下把小高的手抓了起来，不禁惊叫起来：“哦，原来老高是你爷爷呀，论起辈来，你的爷爷还是我的远房舅舅呢。你小时候又白又胖，你爸在上海上学，你妈下地，你奶奶常背着你去我家呢。哎哟，做梦也没想到，隔了三十多年，咱们能在火车上相遇。”大爷又是兴奋，又是感叹。

后来，小高成了大爷一辈子的好友。由此，小高认识了大爷在深圳做人力资源的女儿，并顺利地步入了职场。

处世小秘笈

当你背起行囊身处一个陌生的城市，周围都是不认识的人时，在适宜的场合，不妨问一下对方的老家。如果恰巧对方是你的老乡，那你们的交往就可以很顺利的发展。

第八章　勿做应酬场上的看客

寒暄的重要性

寒暄，也就是人们见面时打个招呼，对别人表示礼貌和关心。寒暄是交谈的润滑剂，它能在两个陌生人之间架起一座友谊的桥梁。因此，寒暄是人际交往中至关重要的一部分。

由于两人初次见面，彼此间都不太了解，往往易陷入无话可说的尴尬场面。此时，年轻人不妨以一些寒暄语作开头，比如，“今天天气好像有点热”，或者“最近忙些什么呢？”等。虽然寒暄什么并不重要，然而，正是这些话才使初次见面者免于尴尬的沉默。

寒暄是冲破戒备障碍的有效方法。开始正式交往之前，应有几句话的寒暄或问候，虽然它本身并不正面表达特定的意义，但是在沟通中却至关重要。因为寒暄能迅速拉近彼此的距离，能使不相识的人相互认识，使不熟悉的人相互熟悉，打破沉默，使气氛轻松活跃。

20世纪80年代，意大利著名女记者法拉奇打算到中国对邓小平进行一次专访。但是，此前中国与西方世界冷战达几十年，法拉奇非常担心对邓小平的专访不能成功。于是，她翻阅了许多书籍去了解邓小平，在看到一本传记时，她注意到邓小平的生日是1904年8月22日。于是，她有了一些想法。

1980年的8月22日，邓小平接受了法拉奇的专访。

“邓小平先生，首先我谨代表我们意大利人民祝福您，祝您生日快乐！”法拉奇彬彬有礼地说。

“我的生日？我的生日不是明天吗？”邓小平分辩道。原来，繁忙的工作使邓小平已经忘记了自己的生日。经法拉奇这么一说，邓小平被弄迷糊了。

“不错的，邓小平先生，今天的确是您的生日。我是从您的传记中知道的。”法拉奇信心十足地说。

“噢！既然你这样说，就算是吧！我从来都不知道我的生日是什么时候。就算明天是我的生日，我也已经76岁了。76啊，早就是衰退的年龄了！这值得祝贺吗？”显然，法拉奇的问候已经让邓小平对她有了好感，所以，邓小平还和她开了个小小的玩笑。

“邓小平先生，我父亲也76岁大寿了。如果我对他说那个年龄是衰退的年龄，那么，他会给我一巴掌呢！”法拉奇也和邓小平开了一个小玩笑。

邓小平听后，哈哈大笑。“他做得也许对。不过，我相信你再也不会这样对你父亲说了，对吧？”

这样就形成了十分融洽而轻松的采访气氛，接下来便是法拉奇此行的真正目的，她将谈话引入正题。“邓小平先生，我想请教您几个大家都十分关心的问题，不知道我有幸得到您的答复吗？”

“我尽自己所能吧，尽量不扫你兴。我总不能让远道而来的客人空手而回吧！众所周知中国是个礼仪之邦。”

由于法拉奇在采访开始前用得体的寒暄营造了一个良好的气氛，所以，邓小平的回答很让她感到满意。

与一个未曾谋面的人见面，一般只有两三个问答的回合，最好先做一般性的寒暄，如问候、互通姓名、谈论一些无关紧要的话题等，尽量不让对方感到尴尬、不触及对方隐痛、不引发对方不愉快的回忆，但是应该有共同的话题。

寒暄要选择一个恰当的时机。充分了解对方当时的心理需要，再决定打招呼的方式和表情。比如，对方家里刚发生不愉快的事，你从其面部表情上就可以判断出来，这种情况下你的招呼更要注意，声音不要太大，语言尽量低调，不要太热情；或用询问式的语言、安慰的语气来打招呼。

如果对方脸上喜气洋洋，那么，你就可以高调热情地与他打招呼，把温暖传递给对方，进而展开话题。

男士向女士打招呼，语言可热情一些，但要适度，开玩笑不要太过分，否则会让对方觉得你太轻薄。

寒暄言语的长短、内容的繁简、寒暄往复次数，要与交谈双方关系的亲密程度成正比。

在温馨的气氛营造成功之后，尽量及时引入正题，切不可过分寒暄，否则对方会认为你过分热情，可能会因此提防你。总之，初次见面，寒暄要适度，既要热情亲切，又不要阿谀奉承，要做到温和有礼。这样，才能使对方乐于接近你，从而想和你进一步交往。

处世小秘笈

与人初次见面，气氛会因为几句得体的寒暄而变得融洽，如果运用得巧妙得法，双方会因此打成一片，同时也会很快拉近距离。

恰当的介绍可以打开新的交际之门

在社交礼仪中，介绍的礼仪是非常重要的一个环节。因为年轻人在任何场合都有可能接触到一些素昧平生的人。通过清晰的介绍，可以让你结交新朋友和合作伙伴，也可以为谋求新的职业打开门路，从而开始新的里程。

在家庭交际场合，不要过于拘泥礼节地介绍，倘若大家都是年轻人，就更应以自然、轻松、愉快为宗旨。介绍人说一句“我来介绍一下”，随后作简单的介绍，也不必过于讲究先介绍谁、后介绍谁的规则。最简单的方式是直接报出介绍者姓名。也不妨加上“这位是”“这就是”之类的话以加强语气，这样会使被介绍人感到亲切自然。在把一个朋友向众人作介绍时，说句“诸位，这位是某某”也就可以了。但在一些庄重和正式的场合，介绍就不能太过于随意，要有一点介绍规则。

1. 介绍的顺序

先将男士介绍给女士：在介绍一男一女互相认识时，要把男士先介绍给女士，在介绍过程中，应先提女士的名字，然后再提男士的名字。比如：“李小姐，我来为你介绍一位朋友，这是陈先生。”有时也有一些例外情况。如果你要介绍一男一女认识，而男的年纪比女方大很多时，则应该将她介绍给这位男士，以表示对长者的尊敬，比如：“张先生，给你介绍一下我的外甥女。”

先将年轻者介绍给年长者：把年轻者引见给年长者，以表示尊敬前辈长者，比如：“李阿姨，这是我的表妹小红。”“张伯伯，我请您认识一下我的朋友小付。”在介绍中，应注意有时虽然男士年龄较大，但还是要向女士介绍男士。

先将职位低的介绍给职位高的：介绍职位有高低差别的两个人互相认识时，要使职业高者的地位突出，先将职位低的人介绍给职位高的人。比如：“王总，这位是××公司的总经理助理刘女士。”注意，这里我们先提到的是王总，因为王总职位比刘女士高，尽管王总是一位男士，但是也不先介绍他。

若职位高低与年龄、性别存在冲突时，介绍的规则还是以职位为先。也就是说，即使职位低者为女性或年龄较长，也应该介绍给对方认识。

先将未婚女子介绍给已婚女子：比如：“孙太太，让我向您介绍一下，这位是李小姐。”注意，当无法辨别被介绍者是已婚还是未婚时，则不太在意先后顺序，可随意介绍，比如：“张女士，我可以把我的女朋友杨小姐介绍给您认识吗？”

把家人介绍给同事、朋友：假如女方是你妻子，那你应该首先介绍对方，然后再介绍自己的妻子，这样才不失礼节。向外人介绍自己的亲属时应尽量避免称呼上的混乱，如果向别人介绍自己的公婆时，只简单地说：“爸爸”“妈妈”，用意虽善，但却容易让人混淆，最好还是说：“这位是我婆婆。”

这个道理也适用于介绍岳父母上。

2. 介绍的内容

在给他人作介绍时，首先要实事求是、简明扼要地把双方情况介绍清楚，如姓名全称、职位、与自己的关系以及认识对方的目的等，让双方知道怎样称呼对方，明白双方交流的意义。

在介绍对方时，切忌厚此薄彼，不可以对一方介绍得面面俱到，而对另一方只简单介绍几句。也不可以对一方冠以“这是我的好朋友”，而对另一方就不这样说了。

介绍两个从未谋面的人认识时，不要只是寥寥数语道出各人的姓名就算完成，而应该尽量让他们多知道一些对方的事。一来可以让气氛更加轻松，二来亦可为他们之间的交谈先铺一条道路。如：“小敏，这位是小张。我知道你正好要找个名摄影家学习摄影技巧，他在这方面很在行，而且他是很乐意帮助别人的。”或是：“海明，惠宁上星期刚从谷关度假回来，谷关你不是已经去过了吗？”主人如此起了穿针引线的作用之后，便可以“功成身退”，他们的交谈也就轻松自如了。

介绍完毕后，被介绍者双方应依照合乎礼仪的顺序握手，并且问候彼此。问候语有“你好”“很高兴认识你”“久仰大名”“幸会幸会”，如果有心，还可以进一步介绍自己。

作介绍前，应考虑被介绍人双方有无相识的必要与愿望，所以，可以事先征求被介绍人的意见，以防介绍时冷场。如“请允许我介绍你们认识一下”，然后把对方的情况详细地介绍一下。

看清对方的喜好，给予对方恰当的称呼

很多年轻人在职场中都遭遇过“称呼的尴尬”，“老板”“老大”“老总”……到底该对老板怎么称呼呢？而同事之间，怎样称呼才合适？叫名字太鲁莽，叫哥哥姐姐有些别扭，叫官衔又有巴结的味道。

其实，称呼除了作为交往中最基本的礼仪能够体现个人的修养外，一个小小称呼还可能对自己在单位工作是否顺利有直接影响。称呼运用得恰如其分，可以拉近上下级、同事之间的关系；运用不当则会导致很多麻烦。

金先生在一家公司工作，一次，为了表示与领导亲热，他把部门经理称作“刁王”，结果可想而知，屡被“穿小鞋”。“哎，那个人也太小肚鸡肠了，称呼也这么计较，不知道怎么做到经理的。”金先生后来跟同事念叨了此事，同事不耐烦地说：“这事，还真是你自己做得不妥当。人家都是经理了，你这么叫，他会很难堪的。”

晓玲进入单位的第一天，领导为她引见部门同事时，她非常恭敬地称对方为“老师”，大多同事都欣然接受。当领导带她来到一个女同事面前，让她先和这位女士学习时，晓玲更加恭敬地叫了她一声“老师”。可这位女同事却连忙摇头：“大家都是同事，不要叫我老师，直接叫我名字就可以了。”晓玲觉得叫姓名不尊重，老师又让对方觉得生，她突然不知如何是好了。

其实，很多人都遇到过这样的难题。根据智联招聘的调查显示：95%的新人曾遭遇称呼烦恼。而且即便是老员工也会经常遇到称呼的烦恼。职场当中小小的称呼真可谓一名之立，旬月踌躇。

“新人一出口，便知有没有”，走入职场，第一课就是称呼礼仪。冒冒失失、没大没小的职员，没有人会喜欢。在职场上，尤其是在工作场合，你怎样称呼别人，能表达出你心里是否对人尊重。人们对你心里是否有他很在意，而称呼就能表明你的心里是怎么想的，言为心声嘛。

中国是礼仪之邦，而职场称呼作为一种相互之间交往的礼节，越来越受到人们重视。正是因为礼数多，不能小视，称呼的难度也随之加大。而且随着时代变化，人与人之间的称呼也悄悄跟着变化。现在，如果谁还在不适当的场合，把女孩子叫做小姐，称呼女士为大姐，就会引来异样的眼光。因此，为避免“祸从口出”，真的要仔细琢磨。

刚到一个新单位，要先问问同事或者留心听听别人怎么称呼，不要冒冒失失地想当然地称呼对方。如果实在不清楚该怎么称呼，第一次也可以客气地说："对不起先生，我是新人，不知道我该怎么称呼您？"不知者不怪，一般情况下，他都会告诉你如何称呼。

也许对方会要求你直接叫他的名字，但作为一个新人，你最好不要那样叫。礼多人不怪，即便是生疏一点，也总比不尊重对方的"自来熟"要好，因为让你直呼其名完全有可能是对方的客气。而且，在职场上，最好不要表现得过于亲昵。亲昵，可以表现在下班后的非正式场合。

职业顾问认为，其实称呼没有必要绝对化、固定化，情况不同称呼也不同。新进入一个单位，最好熟知它的企业文化。而同事之间的称呼是企业文化的一种体现，一个企业以什么类型的称呼为主，能体现企业管理者的风格个性。

欧美企业拥有自由的氛围，无论是同事之间，还是上下级之间，一般都互叫英文名字，即使是对上级，甚至老板也是如此。如果用职务称呼别人，反倒让人觉得和周围环境格格不入。

在由学者创办的企业里，按照创业者的习惯，彼此多以"老师"称呼。此外，在文化氛围浓厚的单位也可以用"老师"这个称呼，比如报社、电视台、文艺团体、文化馆等。

在注重团队合作的企业、学习型企业里，大家基本不看重等级之分，大家以行政职务相称的情况比其他企业要少，一般都直称姓名。而在等级观念较重的企业，最好以行政职务相称，如张经理、陈总等，表示尊敬对方。

在私下里，同事之间称呼就比较随意了。女孩子可叫她的小名，如丽丽、小燕等；对男性可称"老兄""老弟"等。不过，昵称的使用要把握分寸，要因人因地而异。

既要做到称呼得体，又要看场合。在办公室、会议室、谈判桌上等正式场合，要用正式的称谓；而在聚餐、晚会、活动等娱乐性的场合里，称呼可以随意些。

处世小秘笈

称呼得体，也是给旁边的人做了个榜样。在别人面前给对方面子、尊重对方，对方就会觉得你很职业。这样的人，往往有很多被提升的机会。

赞美可以增进人与人之间的情感

常言道："好言一句三冬暖，恶语伤人六月寒。"不是只有爱慕虚荣的人才喜欢赞美，所有人都希望有人肯定和赏识自己。

可以说，赞美可以建立友谊，是一种非常理想的黏合剂，它不但会把老相识、老朋友团结得更加紧密，而且还可以把素不相识的人连接起来。适度地赞美他人是一种增进双方友谊、促进共同进步的交际艺术。我们发掘了对方的长处，将使他感到光荣，从而更加爱惜自己的长处，甚至能培养比目前更为优越的长处；而对方也会反过来帮助你、赞赏你，这个过程是双赢的。

二十几岁的小杨大学毕业以后想进入到某公司，他没有盲目地去公司应聘，而是花费了很多精力，广泛收集该公司经理的有关信息，对这位经理的奋斗史有了详细了解。那天见面之后，小杨是这样开口的：

"我很愿意到贵公司工作，我觉得能为您做事是我最大的光荣。因为您是一位依靠个人奋斗取得事业成功的人物。我知道您10年前创业时非常艰辛，只有一张桌子、一位职员和一部电话，经过您的艰苦奋斗，才有了今天的事业。我很钦佩您的这种精神。我正是奔着这种精神才前来接受您的挑选的。"

所有事业有成的人，都很喜欢想想当年奋斗的经历，当然也包括这位经理在内。而小杨一下子就抓住了经理的心理，一番话引起了经理的共鸣。因此，经理兴奋地和他谈论起自己成功的创业史。小杨一直坐在旁边仔细聆听，不时以点头来表示钦佩。最后，经理向小杨很简单地问了一些情况，终于拍板："我们就需要你这样的人。"

人人都爱听赞美的话。当我们听到别人对自己的赞赏,并感到愉悦和鼓舞时,不免会对说话者产生亲切感,从而拉近了彼此的心理距离。人与人之间的融洽关系就是从这里开始的。

在许多场合,适时得当的赞美常常会发挥它的神奇功效,林肯曾经说过:"每个人都渴望被赞美,包括你我在内。"人人都渴望赞美,这是人们的共同心理。无论是朋友之间、夫妻之间、师生之间、父母和子女之间,还是领导与下属之间,都很有必要互相赞美。

态度诚恳、热情洋溢地直接赞美对方,不仅能表现自己的涵养、友善,迅速博得对方好感,而且能使对方感到自我价值被人赞同、认可,觉得自己与这个陌生人能沟通,从而产生共鸣,希望能进一步地交往。

王楠看到同事小林参加成人教育自学考试,成绩颇佳,一年过了好几门功课,便真挚地对小林说:"你真有本事,在繁忙的工作之余,自学考试能获得如此不错的成绩,真是厉害!"小林听后不但从心中油然升起一股自豪感,而且还对王楠感激颇深。小林常在报刊上发表文章,王楠读了后,不但当面夸赞小林学识渊博,而且背后也对小林的才能赞赏有加。

一次,有几个同事议论说:"小林哪儿都好,就是不爱说话。"而王楠却说:"小林是惜言如金,其实他很内秀,'做的比说的好',他文章写得很好,很有才华和水平。"后来,王楠赞美小林的话被人传到了小林的耳朵里,小林在感激之余,对王楠更刮目相看了。

若干年后,小林通过拼搏和奋斗,得到了领导的提拔。因为他对王楠的为人处世和文化底蕴一直很赞赏,后来,经小林的建议和组织的考察、群众的评议,王楠被提拔到了中层干部的岗位上。

赞美表明你尊重别人,是送给别人的最好礼物,是搞好人际关系的一笔暂时看不到利润的投资。它表达的是你的一片好意和善心,传递的是你的情感和信任,储存的是你日后办事的无形资本。

当你与他人谈话时,对于你所了解和知道的情况,一定要大力赞美,要给予真诚的肯定。真诚而得体的赞美,就像投资,送给别人你的赞美,你收获的将是友谊和好人缘。

俗话说:对症下药,量体裁衣。所以,恭维也要"因人而异"。年纪大的人总希望别人不忘记他"想当年"的业绩与雄风,因此,同其交谈时,可对他引以为豪的过去大加赞赏;对年轻人不妨语气稍为夸张地对他的创造才能和开拓精神赞扬一番;对于有一定地位的国家干部,可称赞他为国为民、廉洁清正;对于知识分子,可称赞他知识渊博、宁静淡泊……当然,这一切都要是真实的,切不可虚夸。

总之,要赞美就一定要找到值得赞美的地方。而要想找出别人可赞美的地方,就要努力去发现、去挖掘,只要用心,我们就能够在最短的时间里获得想要的东西。

真诚的、恰当的称赞是使人内心保持坚强的燃料。因为只有别人赞美他的时候,他才能感觉得到别人对他的认可和他自身的价值。

小恩惠可以换来大回报

在生活中,年轻人大都会有这样的体会:如果你得到了他人的帮助,你就会觉得应该回敬人家一份礼物;如果别人送给你一件生日礼物,你就会觉得也应该送给他一件礼物;当你的朋友请你吃了顿饭,你一定总是惦记着要回请他……这是为什么呢?因为我们的决定对心愿有影响。

所谓的互惠原理,概括起来说就是一方的行为造成了另一方一种欠债的感觉,因此,另一方就会运用类似的行为来消除负债感。一个人如果接受了人家的恩惠却不回报,就会被他人疏远。从理论上说,互惠原理认为我们应该尽量去报答他人为我们所做的一切。在某些特殊情况下,如果由于能力有限而不能回报,大家也不会完全谅解他。一般来说,社会对不遵守互惠原理的人的确有一种发自内心的厌恶。

美国康乃尔大学的雷根教授曾做过这样一个实验：

邀请实验对象与雷根教授的助手乔一起给一些画评分。实验分为两种情况：其一，乔在评分休息期间，出去一会儿，买了两瓶可乐，把一瓶给了实验的对象，并告诉他说："我去买可乐，也给你顺便带了一瓶。"当时可乐是10美分一瓶。其二，乔在评分休息期间出去后，并没有给实验对象带任何东西。当评分结束后，乔请实验对象帮他一个忙，说他目前正在卖彩票，如果他卖出的彩票最多，他就会得到50美元的奖金，当时，彩票是25美分每张。实验目的就是在两种不同情况下比较乔卖掉了多少彩票。实验结果是：第一种赠可乐的情况下卖掉彩票数目比第二种情况多2倍。

仔细分析后，我们很容易发现，互惠原理之所以可以成为有效的交际方式，其中一个重要的原因就在于它会使人的心理产生负债感。对每个人来说，这种负债感都是迫不及待要卸下的重担。一旦受惠于人，就如同芒刺在身，全身都不对劲儿。而我们之所以会痛痛快快地给出比我们所收到的多得多的东西，就是想尽快从这种心理重压下解放出来。

互惠原理的威力在于：即使是一个陌生人，或者我们不喜欢的人，如果先施予我们一点小小的恩惠，然后再提出自己的要求，也会增加我们同意的几率。而这个使我们产生负债感的恩惠并不一定是我们主动要求的，它完全可以是强加到我们头上的。但即使这个好处是不请自来的，这种负债感也同样存在。

黑尔·克里希纳会社是一个发源于印度的宗教团体，在20世纪70年代，这个团体的收入呈暴发式增长，其原因就在于他们采取了一种"先施舍后乞讨"的募捐方式，在募捐请求提出之前，先把一份小礼物送给路人，如《圣经》、神学杂志、一朵花等。

互惠原理在生活的各个方面都同样适用，比如，别人想求你办事的时候会先拉拢拉拢你，给你送个礼物、请你吃个饭，你还好意思不帮忙吗？再或者，你现在有求于你以前帮助过的人，知恩图报的人往往会赴汤蹈火、在所不辞地帮助你。

钱钟书困居上海写《围城》的时候，窘迫过一阵。那时没人买他的学术文稿，于是，他写小说的动机里就有了养家糊口的成分。恰巧这时黄佐临导演了他夫人杨绛的四幕喜剧，并及时支付了酬金，这才帮助钱钟书渡过了难关。时隔多年，黄佐临导演之女黄蜀芹之所以能独得钱钟书亲允，开拍电视连续剧《围城》，实际上是因为她怀揣了一封老爸的亲笔信。钱钟书是个别人为他做了事他一辈子都会记着的人，黄佐临四十多年前的义助，钱钟书终于回报了。

互惠原理的能量非常大，因为这是社会中人的天性，很多所谓好面子、慷慨的人会对这个原理更为敏感，因此，他们更容易产生负债感，能够迅速而丰厚地加报你。

从社会学的角度来看，人际关系是在人与人的交往中形成的直接的、可感知的心理关系，实际上也蕴涵着一种价值关系。因此，互惠与互利也就很自然地成为调节人际关系的一个准则。

换句话说，想让别人对你印象好，首先要做到与对方在心理上互惠，它是社会交往中常用的变通之术。能"舍"方能"得"。舍得之间暗藏玄机，意境深远，需要你自己仔细琢磨领悟。

处世小秘笈

在筹集募捐之前，给人们发送小礼品或者鲜花等物品，就会增加人们掏钱的可能性。

事后道谢在人情关系中很重要

在日常生活中，我们经常听到诸如"谢谢您""多谢关照""拜托"之类的客套话。这样的客套话可以表达对别人的感谢，能沟通人与人的心灵，从而建立融洽的人际关系。正所谓"客套多，朋友多；朋友多，好事多"，这句话十分有道理。因为客套可以帮助我们认识许多朋友，缩短与他人之间的距离，交往也会因此变得简单容易。

很多时候，客套不仅能表示礼节和谦虚，更能证明尊重对方。所以，年轻人在求人办事时，即使对方只满足了你的一点点请求，虽然让你很不满意，也应真诚地说一声“谢谢”。如果你连一声谢谢都不说，只把感激之情埋在心底，就会使对方心情不好，他不仅会觉得自己的劳动成果没有得到肯定，甚至还会认为你对他不尊重，今后再也不会帮助你了。

很多人都有一个弊端，用人前好话说尽；事成后，半句问候也不言。让人觉得世态炎凉，伤透了被求者的心，以致被求者以后对登门相求的人不肯轻易应诺。因此，在被求者为你办完事之后，即便你事先送了礼，也别忘了再道声谢，温暖一下他的心，这样的结局才会很圆满。

擅长日常交际的人，就像精通交通规则一样谙熟客套的法则，正如培根所说：“得体的客套如同美好的仪容，是永远的艺术。”日本松下电器公司的创始人松下幸之助，就是一个很讲客套、很会运用客套的老板。他在交托下属去执行某一件事时，会说：“这件事就麻烦你了。”遇到员工时，他也会鞠躬并说“谢谢你”“辛苦了”之类的客套话，有时甚至还会亲自给员工斟一杯茶，或者送给员工一件小礼物。正是由于松下幸之助善用这种客套来激励员工，员工才会死心塌地地为他效力。

你对他的衷心感谢也会换来真心相报，日后，对方还会很愿意帮你。

小彭是一家电脑公司的编程员，一次在工作中遇到了一个难题，他的同事向他伸出了援手。同事一句提醒的话使他茅塞顿开，很快就完成了工作。小彭很感谢这位同事，并请这位同事喝酒，他说：“我非常感谢你帮助我完成那个计算机程序……”

从此，他们的关系变得更加亲密，小彭也因此在工作上获得了很大的成绩。

小彭很有感触地说：“一种感恩的心改变了我的人生。我对周围人的点滴关怀和帮助都怀抱强烈的感恩之情，我要竭力回报他们。结果，我不仅工作得更加愉快，所获帮助也更多，工作也更出色了，结果，我很快就获得了加薪升职的机会。”

如果你在别人帮助你之后表示你的谢意，那么，彼此的关系就会因此发生变化，拉近了彼此距离，感情就有了呼应和共鸣。对方在兴奋欢悦之余也会给予你更多的关照、更好的回报，这样就会有更加友好和谐的交际气氛。

无论是什么人都应该学会感激为你办事的人。事情办成后，找个时间去向为你提供帮助的人表示感谢，这种做法会让当事人心里感到很温暖。登门致谢，不同于有事相求，你不必重“礼”相加，多送几顶“高帽子”，多说几句感谢话，温暖一下他的心就够了。要知道，事成后登门致谢是至关重要的一个环节，它对你有着不言而喻的好处。

事成后登门致谢，可以开门见山地表示谢意，“那件事多亏了您的帮助，如今都办成了，我特意感谢您来啦！”这样一句话，就会让对方心里阳光明媚。少了些功利，多了份悠闲，彼此更容易沟通。

我们也可以换一种说法：“您看，上次让您帮忙，没少给您添麻烦，如今事情已经快妥了，我心里却总觉得过意不去。这不，今天过来跟您坐一坐，聊一聊……”相信如果你这样说，他的心很快就会被你捕获。

人情就是财富，而人际关系最基本的目的和技巧就是结人情、有人缘，有了人情方能左右逢源。除了事成之后要致谢，逢年过节，也不要忘记打个电话、发条短信问候一下。一张小小的卡片，就将浓浓的情意传递了过去，让帮助过你的人对你产生特殊的感情，以免日后有事相求时，如同狗咬刺猬无从下口。

求人帮忙是被动的，而事成之后的谢恩是主动的。如果别人觉得这人知道如何办事，那么，求别人办事自然会很容易，甚至不需要你开口。因此，可以说，事后致谢是人情关系中最为精明的一招。

处世小秘笈

向别人表示你的感谢是一个积极的举动。你感谢过的人，会希望将来再次受到你的感谢和肯定，因为他看到自己对你的帮助能够被你认识和赞赏。

讲好“场面话”能让你更受欢迎

年轻人一踏入社会，出去应酬的机会就增多了，这些应酬包括去别人家做客、赴宴、参加酒会及其他聚会等。不管你是否满意，这些应酬都少不了“场面话”。

那么，什么是“场面话”呢？简言之，就是讲让主人高兴的话。既然是“场面话”，也就可想而知是在那个“场面”才讲的话，这种话不一定代表你内心真正的想法，也不是一定要有事实依据，但讲出来，就算主人明知你“言不由衷”，也会非常开心。

在一个鸡尾酒会上，有个商人模样的老外过来跟达子打招呼，达子马上放下冰橙汁与他握手。他笑问道：“为什么你的手这么冰冷呀？”达子赶紧解释，说是橙汁的原因。对方马上摇头：“不不不，你只需要说‘但我内心是热的’就行了。”

达子被这样一句话敲醒了。其实，对方并不关心为何他的手是冷的，而他也并无义务解释为何自己的手是冷的。不过是两个陌生人找个话题混个脸熟而已，讲一些能博个笑脸的话就可以了。

有些人在思想上没有场合意识，不管什么场合他都习惯从主观意识出发，什么话都说，丝毫不顾及他人感受，这样往往会冒犯别人。比如，在寿宴上对着寿公寿婆大谈人寿保险的好处；对着孕妇说，如今养孩子有什么好！翅膀长硬就飞了；对新郎新娘说今天喜宴的菜好吃极啦，下回别忘了再请我，我一定前来捧场；别人就要出远门旅行了，却对他大谈今年发生了多少飞机失事的意外事件……你一定不想成为这样的冒失鬼吧？那就少不了要讲“场面话”。

人生需要掌声，不管是给别人还是给自己。因而，在公众场合，要时刻注意自己的言行，切忌有口无心。在日常生活中，我们不妨把帮助和赞许别人的表情挂在脸上，给别人多“捧捧场”。

“场面话”就是感谢加称赞，如果你能讲好“场面话”，就一定会有助于你搞好人际关系。那么，该怎么说“场面话”呢？以下的例子可以作为参考。

——去别人家做客，对于主人的邀请要表示感谢，称赞菜肴的精美丰盛可口，并看实际状况，称赞主人的室内布置、小孩的乖巧聪明等。这种场面话所说的有的是实情，有的是偏离实际的，但只要不太离谱，听的人基本上都会感到高兴，而且他高兴的程度与人称赞的多少成正比。

法国总统戴高乐在1960年访问美国时，在一次尼克松为他举行的宴会上，尼克松夫人费尽心思地布置了一个美观的鲜花展台：在一张马蹄形的桌子中央，鲜艳夺目的热带鲜花衬托着一个精致的喷泉。聪明的戴高乐将军一下就看出这是主人为了欢迎他而精心设计制作的，于是，不禁脱口称赞道：“这次宴会布置得这么漂亮雅致，女主人一定花了不少心思。”尼克松夫人听了，心里乐开了花。事后，她说：“大多数来访的大人物要么不加注意，要么不屑为此向女主人直接道谢，而他总是想到和讲到别人。”可见，赞美他人的一句简单的话，会带来多么好的反响。

——赴宴时，要称赞主人选择的餐厅和菜色，一定不要免去感谢主人邀请。

——参加酒会，对酒会的成功大大赞赏一番，说明你是如何有“宾至如归”的感受。

——参加会议，如有机会发言，要称赞会议准备得周详。

——参加婚礼，除了菜色之外，一定要记得称赞新郎新娘“郎才女貌，是天造地设的一对”。

说“场面话”的“场面”当然不只是这些，不过，一般离不了这些场面。至于如何说“场面话”也没有一定的标准，要根据具体情况而定。要点到为止，不要讲太多，太多了就会显得虚伪。这也就是说要掌握好场面话的火候与分寸。

总而言之，说“场面话”也是一种处世智慧，在人性丛林里进出久了的人都懂得说，也习惯说这些“场面话”。这不是罪恶，也不是欺骗，而是一种“必要”。如果你能讲好“场面话”，那么，别人一定会欢迎你。

处世小秘笈

善于应酬的人，也就是公认的社交高手，能把“场面话”讲得很漂亮，从而掌握了让他人愉悦的遥控器。这样的人，大家肯定都会欢迎。

劝酒要有窍门

正如任何场合都有适合自己环境的礼仪一样，酒桌应酬也有自己的礼仪。事实上，喝酒也能反映出一个人的格调、品位和文明程度。有些年轻人喝酒，举起酒时什么都不看便一饮而尽，甚至显得极其狼狈、粗俗不堪。而会喝酒的人就完全不一样，他们懂得怎样品酒，并且懂得怎样劝酒。

劝酒既是艺术也是学问。一位杰出的“祝酒专家”，不仅善于祝酒，而且还善于闻出对方致辞中的“韵味”，从而作出相应的反应。

劝酒是中国的独特现象。很多已经想戒酒的人，在劝酒的过程中碍于情面都不得不喝一点酒。而劝酒的诀窍就在于合理运用幽默。喝酒就是让人娱乐和放松的，倘若在劝酒时能适时地幽默一下，这无异于给丰盛的宴请增添一剂新鲜的调味料，使吃饭饮酒又有了别样的风味。

国画大师张大千有一段广为流传的劝酒佳话：

1946年初夏，张大千在上海小住后要返回四川老家，弟子们为他设宴饯行，请来了梅兰芳等社会名流。平日，梅兰芳是滴酒不沾的，这一次，张大千却到梅兰芳面前，面带微笑地举起杯子说：“梅先生，你是君子，我是‘小人’，我先敬你一杯！”这句话让所有的人都吃了一惊。张大千先生却朗声笑道：“你是君子——动口，我是‘小人’——动手！”这时，满座宾客恍然大悟，顿时哄堂大笑。梅先生更是乐不可支，欣然举杯，一饮而尽。张大千这句劝酒词妙就妙在一语双关：“动口”既指梅兰芳是唱戏的又表示请梅兰芳喝酒，“动手”既指自己是作画的又表示自己要敬酒。

劝酒的窍门概括起来有以下几点：

1. 看准对象

劝酒的时候一定要看准对象，酒桌上并不是每一个人都要劝并且都能劝的。首先，对酒量小的人不要劝。人家本来就喝不了太多酒，如果再劝的话，就会使他难堪了。其次，对喝酒特别实在的人，比如，你倒多少他就喝多少的人，也不要劝。这样的人自己就能喝好，也能把握好度，如果你劝的话，他控制不了这个度，就会喝多。最后，和女士一起吃饭的时候，不要对女士劝酒。因为劝女士喝酒很不礼貌。

那么，应该劝什么样的人喝酒才是有效并合适的呢？一般认为，对酒量较大但还没有喝多少酒的人，应当劝酒。这样，对方既能感受到你的热情，而且喝多了也没有什么事儿，从而会很欣然地接受你的劝酒。

2. 把握好时机

宴会刚开始的时候不要劝酒，因为这时候每个人都会根据自己的酒量适当喝一些，所以，这时劝酒往往显得画蛇添足，不劝也能喝，又何必非要劝呢？

此外，宴席要结束的时候也不要劝酒。“天下没有不散的宴席”，其实大家都喝得差不多了，倘若你再劝酒，大家心里都会很难受。而且，宴会结束时劝酒还容易让别人喝多。喝多之后，酒后失态是小事，如果发生其他意外，恐怕连后悔都来不及了。

所以，劝酒的时候一定要把握好时机，最佳的劝酒时机是在宴席进行到一半的时候，这时候劝酒最能活跃酒桌气氛，也最容易劝酒成功。

3. 分清场合

最适合劝酒的场合应该是在具有喜庆气氛的酒桌上，如乔迁之喜、升学之喜、新婚之喜等。

有些场合不适宜劝酒。比如，不了解彼此的人第一次坐在酒桌上喝酒，互相还不了解对方的性格和酒量，这时，就不太适宜过分地劝酒，即使劝，也要掌握好分寸。再比如，在别人悲伤的时候喝酒不宜劝酒。因为对方心情很差，所谓“借酒消愁愁更愁”，如果再一味地劝酒，就会导致对方饮酒过多。另外，上下级在一起喝酒的时候也不宜劝酒。下级劝上级喝酒的方法本来就很少，最后往往以牺牲自己为代价；相反，上级劝下级时，下级还必须要喝。

4. 劝酒语要文明

劝酒的时候，绝对不能使用粗俗的劝酒语，要文明、真诚，要将当时的氛围体现出来。比如，“为我们第一次合作就取得了圆满的成功，干一杯”“感谢您对我无私的帮助和热情的鼓励，我敬您一杯”。像这样文明高雅的劝酒语，能把敬酒者的心情恰当地表达出来，令人回味。相反，不雅的劝酒语会暴露出一个人内心的粗俗，这样是非常失态的。因此，不管是好友聚会还是商务宴请的场合，如果不能确定言语的效果，最好还是多加小心。

总之，在劝酒的时候要把握好分寸，因人而异，因地而异。劝酒不要盲目，那样不但起不到调节气氛的作用，而且还容易节外生枝，破坏原本友好的关系，甚至发生其他意想不到的后果。

处世小秘笈

劝酒要讲究方法，尤其是在正式的政务宴会上更要注意劝酒的礼仪，否则，轻则洋相尽出，重则有损公务形象。

面对争吵要学会打圆场

年轻人在生活中会遇到很多这样的情况，比如，自己的上司所处的局面很尴尬，自己的朋友和别人争吵不休，这时候，你很有必要为他们解围打圆场，使他们不致陷于尴尬之境，最终达到“你好我好大家好”的目的，起到硝烟开头和气收场的效果。

一次老同学聚会，大家见面分外亲热，聊得非常开心。这时，一位男士对一位女士信口开河地说道：“当初你可主动追求过我，现在还喜欢我吗？”按理说，在老友重逢的气氛中，这些话虽然有些不妥，但也无伤大雅。但是，这位女士那时心情极差，竟然脸色一变，气呼呼地说：“你神经病！谁会追求你这种心理龌龊的人。”她的声音很大，在场的所有人都听到了，都觉得很尴尬，顿时场面冷了下来。这时，另一位男士站了起来，笑着说：“我们小妹的脾气还是没变啊！她喜欢谁，就说谁是神经病，说得越厉害越让人受不了，就表明她越喜欢。小妹我说得没错吧？”一番话，让大家都想起了大学时的美好生活，不由得七嘴八舌，互相开起玩笑来，同时也平息了这声风波。

从这个事例我们可以得到这样的道理：在交际中遇到尴尬的场面时，要做到审时度势，准确把握双方的心理，然后运用说话技巧，借助恰到好处的话语及时出面打圆场，化解尴尬，让交际活动正常展开。

1. 转移话题，制造轻松气氛

在交际场合中，如果某个较为严肃、敏感的问题弄得交谈双方很对立，导致交谈无法正常进行了，那么，就可以暂时避开这个话题，用一些轻松、愉快的话题来活跃气氛，把双方的注意力转移，或者通过幽默的话语将严肃的话题淡化，使原来僵持的场面重新活跃起来，从而缓和尴尬的局面。

2. 找个借口，给对方台阶下

一些人常常在交际活动中陷入窘境，原因是他们在特定的场合做了不合时宜不合情理的事情，于是就进一步造成了整个局面的尴尬和难堪。在这种情形下，就要换个角度或者找个借口以合情合理的解释来证明对方有悖常理的举动在此情此景中是正当的、无可厚非的和合理的，这样一来，就解除了对方的尴尬，正常的人际关系也能得以继续下去了。

3. 善意曲解，化干戈为玉帛

在交际活动中，交际的双方或第三者由于彼此说话不合适而造成误会，常常会说出让人意想不到的话语，做出一些怪异的行为，从而出现了尴尬和难堪场面。为了缓解这种局面，我们可以采用故意“误会”的办法，假装不明白或者故意不去理会，从善意的角度来做出有利于化解尴尬局面的解释，也就是善意地曲解事件，将局面朝有利缓解的方向引导转化。

4. 审时度势，让各方都满意

在某种场合中，当交际双方因彼此不满意对方的看法而争执不休时，根本很难说清是非对错，作为调解者应该理解争执双方此时的心理和情绪，不要厚此薄彼，防止增加双方的差异，而是要对双方的优势和价值都予以肯定。在这个基础上，提出双方都能接受的建设性建议，这样，就容易为双方所接受了。

一次，学校举行文娱活动，教师和员工被分成两个组，自行编排和表演节目，然后进行评分。表演刚结束，坐在下面的人就分成了两派，吵得很厉害。眼看活动要陷入僵局，主持人灵机一动，对大家说：“到底哪个组取胜，我看应该具体情况具体分析。教师组富有创意，激情四溢，应该获得创作奖；员工组富有朝气，精神饱满，应该获得表演奖。”然后给每个组都颁发了冠军奖。

这位主持人在评比出现矛盾的局面时，他并没有参与到争论中去，而是强调了两个小组的不同特点和优势，充分肯定了每个组的表现，结果大家也就容易接受了。

在交际中遇到尴尬的场面时，要做到审时度势，准确把握双方的心理，然后运用说话技巧，借助恰到好处的话语及时出面打圆场，化解尴尬，让交际活动正常展开。

第九章　把握好交友这根弦

要宽容和理解自己的朋友

在佛界里有这样一副楹联：“大肚能容，容天下难容之事；开口常笑，笑世间可笑之人。”这副名联告诉我们，做人就应该要豁达大度，学会宽容。人上一百，形形色色。在错综复杂的社会里生活，朋友之间的交往难免会有摩擦、误会，不同的生活环境、性格品质、知识层次、爱好追求和目标要求等，更加决定了朋友关系的敏感性与脆弱性。

每个人都希望自己被完全接受，包括优点和缺点，甚至一些怪癖，希望能够轻轻松松地与人相处。所以，一个人若是能让我们感到轻松自在、毫无拘束，那么，我们是很愿意和他在一起的。也就是说，我们希望和能够接受我们的人在一起。专门找人家错处而吹毛求疵的人，是不会被人喜欢的。

与朋友相处时，我们不能设定标准，让别人按自己的准则办事，更不能要求对方完全符合自己的喜好，使他的行动完全符合自己的要求。请给对方一个自我的权利，甚至要接受对方的特别爱好。

一位心理学者和一位有名的精神科医生共进晚餐。当谈论到人际关系中的容纳问题时，这位医生说：“如果大家都有容纳的雅量，那我们的患者就不存在了！精神病治疗的真谛，就在于医生找出病人的情绪不定，并接受他们，同时也让病人自己接受自己。医生们静静地听患者的心声，他们不会以惊讶、反感的道德式说教来批判他们。所以，患者敢于讲出自己的一切，包括他们自己感到羞耻的事和自己的缺点。当患者觉得有人能容纳、接受他时，他就会接受自己，从而就更有勇气向美好的人生大道迈进了。”

对对方的缺点与短处睁一只眼闭一只眼，伸出友谊的双手去接受他们，这种做法很消极。积极的做法应该是挖掘出对方的长处，而不是光停留在忍耐对方的缺点上。

有一天，一位父亲带着自认为是无可救药的孩子来看心理医生。那个孩子已经被严重灌输了“自己没用”的观念。刚开始，他一言不发，无论怎样询问、启发，他就是不开口说话。心理学家也束手无策。后来，心理学家从他父亲所介绍的情况和所说的话里找到了医治的线索。他的父亲坚持说：“这个孩子没一点好，我看他是没指望了，无可救药了！”

于是，心理学家开始应用承认的方法，找出他的长处，甚至说他在这个方面非常有天赋，还颇有高手的意味。他家里的家具被他刻得到处是刀痕，他经常因为这个受到父母的惩罚。心理学家买了一套雕刻工具送给他，还送了他一块上等的木料，并把正确的雕刻方法教给了他，而且不断地鼓励他说：“孩子，你是我所认识的人当中最会雕刻的一位。”

从此以后，他们频繁地接触。在接触中，心理学家慢慢地找出其他事项来承认他。有一天，这位孩子竟然不用别人吩咐而自动去打扫房间。这一举动惊呆了所有人。心理学家问他为什么这样做。孩子回答说：“我想让老师开心。”

其实，人们都渴望着他人的承认，要满足这个欲望其实很简单。宽容就是承认，它能让友谊在互相承认的温馨中长存。

处世小秘笈

我们要学会宽容，没有宽容就没有友谊，没有理解就没有朋友，只有懂得容纳和承认，才能接受五湖四海的朋友。

朋友之间要经常保持联系

感情是越联系越深厚。再好的朋友，如果不联系的时间很长，再见面时就可能变成陌生人了。与朋友建立“关系”的最基本的原则就是：要和朋友保持联络，不要等到需要获得别人的帮助时才想到别人。

你有没有这样的体会：当你遇到某种困难，想让朋友帮助你时，却突然想起来，过去有许多时候，本来应该去看他的，结果你却没有去，现在有事相求才去找人家，会不会太唐突了？会不会遭到他的拒绝？这样的情况下就会懊悔为什么“平时不烧香”呢。

黄蜂与鹧鸪找农夫要水喝。鹧鸪许诺它可以替葡萄树松土，可以让葡萄更好地生长，结出更多的果实；黄蜂则表示它能替农夫看守葡萄园。但农夫一点也不心动，对黄蜂和鹧鸪说：“你们平时都哪里去了，不口渴的时候怎么不帮我？”

这个寓言告诉我们这样一个最简捷精炼的道理：等有事相求时再提出帮人家，就来不及了。

中国人讽刺临事用人的做法：“平时不烧香，临时抱佛脚。”俗话说得好，“平时多烧香，急时有人帮”。

所以说，和朋友主动联系很有必要。试着每天打5～10个电话，这样，不但能扩大自己的交际范围，而且还能维系旧情谊。如果一天打通10个电话，一星期就有70个，一个月之内，便会有约300个。这样一来，你的人际网络每个月大概都会有很多“有力人士”为你疏通关节。

法国有一本《小政治家必备》的书，书中教导那些想在仕途上做出一番成就的人，必须搜集至少20个将来最有可能做总理的人的资料，并熟记于心，而后要有规律地经常拜访他们，和他们保持较好的朋友关系。这样一来，这些人里只要出现一个总理，自然就会为你的仕途铺开一条坦途。

现代人生活节奏都很快，因而没有时间进行过多的应酬。日子一长，许多原本牢靠的关系就会变得松懈，朋友之间逐渐互相淡漠，这是很可惜的。所以，一定要珍惜朋友之间的友谊，即使再忙，也要经常与朋友沟通感情。

在现实生活中，很多人都把“感情投资”淡化了，一旦交上某个朋友，就不再重视培养和发展双方之间的感情。长此以往，两个人的关系自然就淡了，甚至最后成了路人。

由此可见，要经常性地进行“感情投资”，不可似有似无。要做到常联系、常沟通，这样，到时才能用得着、靠得上。

人们在礼仪性的道别时，总不忘加一句“有空来玩”。不管这句话是否发自肺腑，听后都会让人感到温情四溢，认为自己为他人所接受和欢迎。

在朋友之间，建立良好的人际圈也需要这样的方式。

事实上，我们不需要做很多，只是有时间去朋友家走一走就可以了。也许只是随意地寒暄几句，也许是进行一次长谈，总之，我们在努力加深对方对自己的印象，从而让彼此更加熟悉更加亲密。

中国是礼仪之邦，碰上婚丧嫁娶等大事，亲戚朋友都要参加，而送礼是许多场合都少不了的。这是几千年来的传统，这非常有必要，因为这是亲朋好友经常保持联系的一种方式。如果你常年关门闭户，既不“出去”，也不欢迎别人“进来”，那你就会处于孤立状态。

遇到朋友的人生大事，如果时间允许要尽量参加。如果实在脱不开身，也要写信或托人带点什么，将自己的心意带到。

如果对方遇到了什么困难，就更应加强联系了。如果朋友发生了什么事，比如生病或遇上不幸的事，应马上想办法去看看。平时因为工作忙没有时间经常见面，但朋友遇到困难时要鼎力相助或打声招呼，这样才能显出你们之间的深厚情谊来。“患难与共的朋友才是真朋友”，在困难时段帮助他一次，别人会铭记于心的。

如果要多交朋友，建立一张人际关系网，就要积极主动地去烧香。不要光有想法，必须将它化为行动。

在这个世界上，各个行业都有许多出类拔萃的人物，他们在各自的行业里有着非同小可的影响。可利用与他们接触的机会和他们建立良好的关系，这对你的前途非常有帮助。不要等待，一味地等待只能使你错失良机。你应该积极地、一步一步地去做，不要认为很为难。

如果你想广泛结交朋友，就需要主动地了解对方的兴趣爱好。你可以通过多种方式得到他们各方面的信息。比如，平时相处时多观察了解，打听询问他的朋友，或者查阅他的个人资料等。

有一个人，当他要结交新朋友时，总是费尽心思去了解对方。于是，他四处请教这些人，问他们是否认为生日会影响一个人的性格和前途，并找机会参加他们的生日宴会。然后，他悄悄地把他们的生日都记下来，并在日历上一一圈出，以免忘记。每每到了某个人生日，他就送点小礼物或亲自去祝贺。很快，那些人就对他有了深刻的印象，并把他当做好朋友了。

在人与人交往中，会出现一些交际的好机会。多一些有益的朋友，就会让你多一些机会。

“独木难支大厦”，朋友在关键时候帮你一把，能助你事业成功。所以，要时刻注意结交朋友的好机会。

比如，朋友请你去参加一个生日聚会、舞会或者其他活动，不要以自己忙为借口，因一时懒得动身而拒绝。因为这是一个让你去结交新朋友的好机会。又如，新同事约你出去逛逛商店或者看场电影什么的，你最好也不要随便拒绝，因为这个机会会使你们的关系得到发展。

处世小秘笈

而真正善于利用关系的人，眼光都比较长远，知道要早做准备，未雨绸缪。这样一来，在紧急关头就会有意想不到的帮助。

恰当的拒绝是友谊长久的重要因素

当我们求人帮助时，别人不恰当地拒绝会深深地伤害我们的自尊心。同样，当别人有求于我们时，也很可能因一句话而搁浅多年的友谊。因此，学会恰当地拒绝是让友谊长久的一项不可缺少的内容。如果你不想惹人气恼、遭人记恨的话，就不要随便拒绝别人。即使拒绝别人，也要“有话好好说”。

小刘和小王是一对从小一起长大的“铁杆”哥们儿。

大学毕业后，小王就职于某区人事局，小刘则被分配到了一家企业工作。一天，小刘携带礼品来到小王家，开门见山地说：“哥们儿，我想换个工作。不管怎样，这事你得帮我。”论交情，小王该帮。但他只是一般干部，实在是心有余而力不足，于是，便对小刘如实说道：“我虽在人事局工作，但无权无势。我倒是想帮，不过现在能力太有限了。你看看还有没有其他办法。”之后，小刘转而求其他的门路，终于如愿以偿。虽然小王最终没帮他的忙，但他深知小王的苦衷，很能理解小王，至今他们还保持着良好的友谊。

在这里，小王知道自己“能力”有限，很快就把小刘回绝了。这既免去了一旦答应而无法兑现的苦恼，也使朋友有机会另找门路。所以说，“拒绝”他人，一定要有充分可信的原因，不要让对方产生“关键时刻不帮忙”的想法。如果你对自己的能力估计过高，口头允诺下来，但最终无法办到，反而会使对方产生“帮忙不卖力”的误解，使两个好朋友之间产生隔阂。

小殷十分喜欢摄像机，下了无数次决心后，用自己多年积蓄将心仪已久的进口摄像机买了回来。他一有空便围着它转，对它爱不释手。不久，一位要好的同学跑来，说下星期他外出旅游想借用小殷的摄像机。说实在的，让这位同学带这么个高级玩意儿去旅游，小殷真害怕他弄坏了。但不借又怕伤了多年的友谊，所以不好意思拒绝。于是，小殷便不置可否地对同学说：“到时候再说吧。有空一定借给你。”

对于这类勉为其难的要求，小殷不说借与不借，实际上是为自己的最终拒绝做了一个铺垫。如此既保全了双方的面子，也不至于让局面太尴尬，又回绝了对方的要求。小殷的同学如果是个明白人，一定会心知肚明，知“难”而退。

对好朋友提出与你合作办事的要求、建议，如果你不喜欢，你不妨调侃一下，开个玩笑，转移目标，换一种方式拒绝对方的要求和建议。

小蔡下海经商多年，如今已是“大亨”了。他屡次三番地劝好友小楼辞职，和他一起投资经商。小楼是一个求稳怕风险的人，不谙经商门道。可他又不好生硬地拒绝小蔡的好意，于是便调侃说：“人家都说我没有财运，发不了财。如果我和你一起做生意，不但我会输得精光，到时还会连累你……”一个玩笑，小楼明白无误地表露了自己的态度。小蔡听后也不再勉强了。

虽然是一对亲密无间的好朋友，但人各有志，不能勉强。拒绝好朋友的好意建议更要讲究艺术性，用调侃的方式来拒绝对方，绝对是一个行之有效的方法。

好朋友需要双方长期的理解、宽容、互助来共同维系，要珍惜爱护这份情谊。当对方的要求不符合自己的愿望时，拒绝一定要得体。

处世小秘笈

当无法满足好朋友提出的请求、条件和愿望时，你要学会委婉地向别人说明原因，尽量取得朋友的信任和理解。

说话要有分寸

在与朋友的交往中，有时你结识了新朋友，即使你对他有一定的好感，但毕竟刚刚认识，交情不深，根本就没有深入地了解对方，因此，过早深交、讨好就显得不合适了。

比如，你刚来到一个新公司，同事对你表示友善和欢迎时，大家一起外出午餐，有说有笑，无所不谈。你和其中的一个同事很谈得来，他乐意把公司的种种问题及每一位同事的性格都说给你听。你自己对公司人事一点也不了解，自然也很珍惜这样一位"知无不言，言无不尽"的朋友，于是，彼此显得相当默契。对方被你当做知己，因此，你将平时看到的不顺眼、不服气的事，也都向这位朋友倾诉，甚至批评其他同事，把心里的闷气和他讲。

如果对方永远是你的忠心支持者，就不会有太大问题。但须知"来说是非者，便是是非人"。你了解这位朋友有多少？你与对方不过有短暂的交往，交情真的深厚吗？为这一时之快，你说了不该说的话，对方就掌握了你的把柄，随时随地都可以加害于你。如果他把你曾批评其他同事或上司的话公之于众，试想，你在这个公司还待得下去吗？

在社交场合中，大家见面不管熟悉与否，都会点头致意，彬彬有礼，说话时像老朋友一样相互问好，热情开放，这是基本的礼节。

在这样的场合，不能什么话都说。能说三分的话，千万不要说到四分。否则，将会出现你所不愿看到的结果，甚至会让你受到很大伤害。

有这样一个寓言：

一只虱子常年住在强森的床上，但强森一直没有发现它。

一天，一只跳蚤来拜访虱子。虱子一高兴把不该说的秘密都给告诉了跳蚤："这个人的血是香甜的，床铺是柔软的。"跳蚤不过是路过这里，听了虱子的秘密之后，就不想走了。当天晚上，在强森进入梦乡时，早已迫不及待的跳蚤立即跳到了他身上，在强森身上狠狠地叮了一口。强森在梦中被咬醒，愤怒地在床上寻找到了虱子，把它掐死了。而虱子到死也不知道是自己的大意引来了这场灾祸。

在人际交往中，刚结交一个朋友就掏心掏肺，用心和他交往，"受伤"的可能性会很大。

在一次聚会上，小王与另一家公司的业务员相遇，两人很投缘。两人耳热酒酣之后，小王把自己公司将要开展的业务计划对这个业务员说了。一个月后，当小王的公司把新的业务计划投入实际运作时，客户却告诉他们已有别的公司在做了。

所谓"逢人只说三分话"，所以，重要的话千万不能说。这"三分话"，应该是风花雪月，应该是柴米油盐，应该是天上地下，应该是山海奇观，应该是稗官野史……总而言之，应该是无关紧要的一些内容，虽然说得头头是道，说得兴味淋漓，说得皆大欢喜，但其实是言之无物，这就是防止"交浅言深"的有效方法。

生活中有些人交朋友很失败，事业做得也很失败，其中重要的一个原因就是把什么话都告诉朋友。

有句老话叫做"祸从口出"，为人处世一定要把好口风，自己该说什么、不该说什么，都要好好想想，心里得有个小九九。

你的秘密可能是私事，也可能是公事。如果你把这些告诉给你的朋友，那么，这些秘密就不再是秘密了。

如果你是职场中人，你的同事知道了你的秘密，如果他是个有心机的人，虽然不在外面传播你的秘密，但在关键时刻，他会把你的秘密当武器来回击你，使你在竞争中失败。一般来说，个人秘密大多是一些不甚体面、不甚光彩，甚至是有很大污点的事情，如果让人抓住这个把柄，你的竞争力就会大大削弱了。

一对好朋友可能会因为各种原因而中断友谊或分道扬镳，甚至反目成仇。由于以前对彼此都不防备，所以清楚地知道彼此的内情外事，一旦关系破裂，就会翻起老账揭对方的短处，使双方都特别痛心、没齿难忘。

不分青红皂白地把一般朋友当做知心朋友，动辄一吐心曲，是交友中最不该触犯的大忌。特别是与朋友交情微酣或话语投机之时，更要注意把握口舌关，该说的说，不该说的千万不能说。如果你觉得别人在倾诉知心话，而自己却不把心掏出来就亏欠了人家似的，这就错了。人际关系并不是一成不变的，今天是知己但明天可能就成了对手，你的知心话或许就会成为明天握在他手中的把柄。给自己留一点余地，留一条后路，这样才不会把自己置于危险的境地。

朋友之间相处，话不可露尽，这样对别人对自己都好，这才是交友之道。两个人恰似两条铁轨，平行着才能走远。心灵和情感上的某些东西是无法替代的，正如两条铁轨不能相交一样，心灵也需要适当地保持距离。

处世小秘笈

人和人之间的交往有一个误区，那就是交浅言深。人与人之间是在交往中逐步建立感情的。就算是朋友，也不可能见一面就知道他是朋友，要知道，“逢人只说三分话，不可全抛一片心”。

千万不要得罪小人

“君子而诈善，无异小人之肆恶；君子而改节，不及小人之自新。”这句话的意思是：假如把自己伪装成一个善良的君子，那么，和恣意作恶的小人就没什么区别；君子如果改变自己好的操守志向，还不如小人痛改前非。和君子相对的是小人，君子易交，小人难防。

明枪易躲，暗箭难防。不得罪小人，你的把柄就不会被小人抓住，这样，才不会在阴沟里翻船。于是，古人传下来一句话，以告诫后人——宁得罪君子，不得罪小人。有些人在这句话上添枝加叶，又成了另一句话——宁得罪十个君子，不得罪一个小人。说这些话的古人吃过小人的苦头，所以，他们才不敢得罪小人。

那么，为什么“宁得罪十个君子，不得罪一个小人”呢？这是因为君子会反思自己，不会与你计较太多；而小人却会长久地记恨你，绝不会轻易放过你。君子一言不合就拍案而起，而小人却善于背后报复。得罪了君子，我们知道什么原因得罪了他，知道如何补救。但得罪了小人，却让我们如坠云雾之中，哪天遭害了也想不起是谁。

与君子相遇，足够幸运。君子谦恭、忍让，很难让人得罪，因为他通常对你的所作所为一笑置之，甚至会给你一些真诚的意见和建议。但如果与小人相撞，那就太不幸了。他们造谣生事，挑拨离间，有仇必报，拍马奉承，落井下石，而且总是戴着面具示人。他们是善于制造陷阱的工厂，举手投足之间，就能让你寝食难安。

然而，我们最需警惕的，倒还不是小人，而是伪君子。这么说的原因何在呢？这是因为伪君子往往隐藏最深，他们要么沉默寡言，以胸有城府的形象出现，要么就是假装热情真诚，让你觉得他是你这个世界上最好的朋友，甚至为了你可以两肋插刀、万死不辞。殊不知，这就是他最欺骗你的地方。对待这种人我们要保持高度警惕，不要被人骗了还感谢他！

《笑傲江湖》中岳不群行走江湖20多年，处处行为周正、为人坦荡，人称“君子剑”。但实际上，他伪装自己的目的却是为了得到《辟邪剑谱》，最后竟然不顾女儿的终身幸福，置林平之于死地；对结发之妻巧言令色、百般蒙蔽，可谓费尽心机，最后，君子剑的形象轰然倒塌，伪君子的嘴脸也暴露无遗。

像岳不群这样的虚伪之人，在他人面前装着一副正人君子的样子，他们的内心世界和外在表现有着巨大的反差，甚至矛盾。从一定程度上来说，伪君子比真小人更高一级。真小人是低档的无赖，而伪君子则是高档的小人！跟这样的人打交道，倒不如和那些真心改过的真小人交朋友。

这天，广告公司的策划总监刘志浩莫名其妙地被老板训了一顿。他觉得非常委屈，于是就跟自己的同事黄春明说了起来。黄春明表示极其理解他。说完了，志浩心里好受多了。

可几天后，公司宣布，解除刘志浩总监的职务，改由黄春明担任。刘志浩无法接受这样的安排，愤然辞职了。后来才知道，原来黄春明在上司面前偷偷告了他一状，把他们那天的谈话添油加醋地告诉了上司。而这位上司又恰巧喜欢偏听偏信，就决定让黄春明取代他在公司的位置。其实，黄春明对这个位置已经眼红很久了。

黄春明是真正的假君子，表面上跟人称兄道弟，可以“抛头颅洒热血”，但突然就会背后一刀，让你死得非常难看。这说明，伪君子比真小人更可怕。我们容易分辨真小人，他们或不讲道理，或刁钻泼辣、蛮横粗暴，表现出赤裸裸的卑鄙无耻，让我们未见其人先闻其味，有充足的时间去提防。而伪君子就不一样了，他往往挂着正派的面具，说话做事挺有“道理”，让你难辨真假，极易上当受骗。

处世小秘笈

得罪了君子，到最后可能还结识了一位朋友。因为君子只认理、不记仇，事情过了便云淡风轻。得罪了一个小人，便多了一个敌人，从此以后就别想过安稳日子了。

对人不要太苛求

《汉书》中有句话说：“水至清则无鱼，人至察则无徒。”意思是说，如果河水太清，鱼儿就存活不下来；一个人太苛刻了，就很难交到朋友，没人敢跟他打交道。每件事都有利弊两面，从一方面来说，水清本来是个好事，鱼儿在混浊的水中容易窒息。但水太清了，就不能为鱼儿提供生长需要的食物了。同样，对别人苛刻要求的话，也就没有朋友了。

与人交往不求尽善尽美，要善于接受与自己不同的事物，这样就能够让自己得到更多的机会。

“苹果Ⅱ”微电脑的开发者乔布斯和沃兹有一个重要的合作者是马克库拉。其实，他们最开始接触的合作者是一个叫唐·瓦尔丁的人。

当唐·瓦尔丁第一眼见到乔布斯时，看见乔布斯穿着牛仔裤，散着鞋带，留着披肩长发，蓄着大胡子，怎么看都不像一位企业家。于是，唐·瓦尔丁就把这两位奇怪的年轻人介绍给了另一位风险投资家马克库拉。

马克库拉原来是英特尔公司的市场部经理，十分精通微电脑。他并没有在意乔布斯和沃兹的样子，而是先对乔布斯和沃兹的“苹果Ⅱ”样机进行了考察。最后，马克库拉问起了关于“苹果Ⅱ”电脑的商业计划。但乔布斯和沃兹只对技术精通，根本不懂商业买卖，二人面对马克库拉的提问，一下子面面相觑，说不出话来。但马克库拉并没有因为这样而对他们失望，而是决定和这两位年轻人合作，并出任董事长。

唐·瓦尔丁因为对乔布斯和沃兹的外表形象要求过于苛刻，而丧失了一个有可能是他一生中最重要的成功机会。而马克库拉却与他相反，并没有责备乔布斯和沃兹，而是更深入地接触和了解他们，所以他成功了，他抓住了人生中这一重要机会。

我们总会遇到各种各样的人，肯定有很多不是我们的同路人，无论是志趣还是性格都与我们不合，甚至格格不入。但这并不能成为我们拒绝与人合作的理由，有时不要苛求完美。

有了铁路，再建一条公路，甚至再加上高速公路，分工合作，才能发挥出最高的实力来。有人说：“我们每个人都是被上帝咬了一口的苹果，都有不同的残缺，都有这样那样不尽如人意的地方。”确实如此，所以，你必须让自己接受这个事实。如果你过于追求完美，对人求全责备，那么，一定会严重影响你的人际关系，导致没有一个人敢跟你交朋友，你因此也就丧失了成功和幸福的机会。

一个人在社会交往中，不能太苛刻，否则你身边的朋友会越来越少，甚至会陷于孤独。要知道，严于律己、宽以待人是交友中我们应提倡的基本态度。孔子说：“宽则得众。”意思是说，宽厚地对待他人，你就会得到更多人的拥护。前苏联作家高尔基说：“爱找别人阴暗面的人，自己也常失掉光芒。”屠格涅夫也说：“不会宽容别人的人，也不配得到他人宽容。”如果一个人身边缺少朋友，除了不善交往之外，也应该在交友的心态和思想方法上找一下原因。调整好心态，以宽厚的态度和辩证的方法对待他人，你就会有更加光彩的生活。要知道，孤独并不是美丽的！

其实，待人苛求者，通常是由于利欲，或者由于妒忌，或者因旧恨使然，或者是利益上发生了冲突，总是站在自己角度看问题，就不免会过多、过分地责怪别人，苛求他人，从而就可能失去很多朋友。如果能克服私欲，换个角度，调整一下心态去看问题，情况就完全不一样了。人常说，心底无私天地宽！

芸芸众生，性格各异，你不可能喜欢每一个人，你也不可能得到每个人的喜欢。在现实生活中，很多人对自己不喜欢的人嗤之以鼻或敬而远之，但这种做法显然有些偏激了，势必对人际关系和事业发展带来不好的影响。

处世小秘笈

要允许别人与自己不同，须知“方便有多门，根机有多种”；更不必要求人人都顺从自己的意思，眼耳鼻舌各司其职，才能构成一个健全有用的人。

待人要宽，律己要严

对于别人的过失和错误应该采取宽恕的态度，但是，如果自己犯错误就不能宽恕；对于自己遇到的困境和屈辱应当尽量忍受，如果别人遇到困境和屈辱则要尽自己最大的努力帮助他。

某位著名的IT经理在总结自己的成功经验时说：“人生在我看来很简单，归根结底就是八个字，‘严于律己，宽以待人’。如果做到这八个字，那么，许多事情都能豁然开朗！”这位经理所说的，正是《菜根谭》所推崇的处世之道——待人要宽，律己要严。

待人为何要宽呢？是为了让他人能及时改正。律己为何要严？因为如果不严就会放松自我约束，让小错误发展成大错误。这是一种规范的待人之道，也是和人打交道最重要的原则。它的核心是强调自悟：对事物的标准，要有一个超然的体悟；判断是非，要有一个尽可能客观公正的把握。一个人具备这样的高贵品格，他的成功就会水到渠成。

大明王朝著名的开国元勋徐达战功赫赫，但他从不因为功高而目中无人，而是律己甚严。

徐达处处跟士兵同甘共苦。军粮不济的时候，他主动少饮少食，把口粮节省下来分给他们；大军还没扎好营寨，他坚决不提前进帐休息；士卒伤残，他亲自慰问；如遇上兵士牺牲，他会更加重视，筹集棺木将其安葬。

在生活方面，史书里有记载说：“妇女无所爱，财宝无所取，中正无所疵，昭明乎日月。”朱元璋曾经把一块好地皮赠赐给了他，但是农民的水路刚好经过这里。家臣看到有这个好处，于是就用这块地皮谋取私利，向农民征收“过路费”。徐达了解此事后，马上将此地上缴官府。

朱元璋杀了大批功臣，只有徐达幸免于难。他病逝于南京之后，朱元璋为之辍朝，悲恸不已，把他追封为中山王，并将他的画像陈列于功臣庙第一位，称之为“大明第一功臣”。能逃过朱元璋“诛杀功臣”的屠刀，不得不说是徐达的严于律己、宽以待人发挥了极大作用。

在现实中，我们往往又是怎样做的呢？如果你注意观察，就会发现，许多人会采取与之相反的方式，刚好颠倒了这句话，变成了“严于待人，宽以律己”。对自己很宽松，什么都能做，不会羞于做了坏事。但要求别人却特别苛刻，犯一点错误就看在眼里，记在心上，有一点小事对不起自己就喋喋不休。

“以圣人望人，以常人自待”，意思是说，用圣人的标准要求别人，却用常人的标准对待自己。像这样的人，他交不到几个朋友，做起事情来，也不能和别人顺利合作。因为他不懂得什么叫做“恕人”，只知道用最苛刻的标准去要求别人，用最宽松的标准对待自己。这表现出了一个人的自私。

为什么不想想，你有什么资格这么要求别人？又有什么资格如此放任自己？

一个这样的人，往往不能客观地看待问题。一旦遇到不顺的处境，就会抱怨别人对他怎么不好，社会又如何不公。社会上这种人很多，他们总认为自己怀才不遇，觉得全世界都是凶手，全都对不起他。他们永远不知道问题出在哪一环节，眼睛始终盯在别人身上，从来不反思自己，到头来，吃亏的肯定还是他自己——长此以往，一定不会有人喜欢他。即使是一个深爱他的人，也终将离他而去。

这是为人处世的要点——以责人之心责己，就会减少很多过失；以恕己之心恕人，就可以维护良好的人际关系。所以，请将心比心，对别人的理解多一点，以一颗宽容之心对待他人！

处世小秘笈

“人之过误宜恕，而在己则不可恕；己之困辱宜忍，而在人则不可忍。”

要多记住朋友的好

传说有两个阿拉伯朋友在沙漠中旅行，在旅途中吵架了，其中一个被另一个人扇了耳光。被打的人觉得受到了侮辱，一言不语，在沙子上写下：“今天我被好朋友打了一巴掌。”他们继续往前走。到了沃野，他们就决定停下。后来，被打巴掌的那位差点淹死，幸好朋友把他救了出来。被救起后，他拿了一把小剑在石头上刻了：“今天因为我的好朋友我捡了一条命回来。”

朋友在旁好奇地问他：“为什么你被我打了之后，你要写在沙子上，而现在却要刻在石头上呢？”

这时，另一个人笑了笑，回答说：“当被一个朋友伤害时，把它写在最容易忘记的地方，风会负责抹去它。相反，如果被帮助，我们要把它刻在心里的深处，任何东西都磨灭不了它。”

这个故事向我们阐述了这样一个道理：与朋友相处时，朋友对我们的帮助要铭记于心，而朋友对我们曾经造成的无心的伤害要尽快忘记。

从前有一个孤儿，先后被两户人家收养。

他13岁的时候，第一户养了他五年的人家，因为要收养自己亲戚家的一个儿子，于是，狠心将他送了人。

第二户人家只养了他一年，就不情愿给他出上学的费用了，并把他驱逐出门。

他14岁，被人抛弃习惯了，再也没有了哀求的欲望，只能流落街头。

他从垃圾桶里捡些剩饭吃。后来，他认识了一些流浪的孩子，跟着他们一起卖花、擦皮鞋、捡破烂。

20岁时，他在一家建筑公司当泥水工，从此不再流浪了。

22岁时，他通过努力取得了自考文凭，顺利进入一家公司当起了推销员。

还有什么苦他没有吃过呢？他无所畏惧，每一天都是在进步，都是在获取。不久因为他业绩突出，当上了销售部经理。

再后来，他自己开起了公司，当上了老板。有了钱，也就有了房子、车子，拥有了很多的东西。

他现在除了父母亲情什么都有。于是，他决定将他的两对养父母都接来与他同住，他还叫他们“爸爸”“妈妈”，给他们好吃好住。

他的助理，也是曾经跟他一起流浪过的朋友说：“你疯了，曾经你的养父母那样对你，你还想给他们养老送终啊？难道你忘记他们抛弃你、虐待你的事情了吗？”

他说：“是的，我都忘记了。我为什么要记住呢？我已经经历太多的苦难了，我没有道理还将那些铭记于心。”

他接着又说：“我只记得因为他们曾经给我口饭、给我张床，我才没有被饿死、冻死。如果没有他们，我早就离开人世了！”

你是否也有过凡是别人得罪自己的地方，总想找个机会报复一下，以取得心理平衡的心理？凡是对方帮过自己的事，却转眼就忘了，就像什么都没有发生过？像忘恩负义、过河拆桥、恩将仇报等成语，说的就是这些人。

著名诗人萨迪说：“谁想在困厄中得到援助，就应在平日待人以宽。”要牢记别人对我们的恩惠，洗去我们对别人的怨恨，这样才会有快乐而有意义的人生。我认识一位搞编剧的朋友，他在一次喝酒时说：“我只记着别人对我的好处，不记得别人对我不好。”因此，这位朋友受到了大家的欢迎，拥有很多至交。事实上就应该如此——要永远记住别人给过我们的帮助，要乐于忘记别人愧于我们的地方。

乐于忘记其实是一种心理平衡的办法。要知道，和别人生气是拿他的错误惩罚你自己。老是念念不忘别人的“坏处”，其实最终受害的是自己的心灵，搞得自己痛苦不堪，这又何必呢？这种人，轻则自我折磨，重则可能进行疯狂的报复。乐于忘记乃是成大事者的共同之处，只有既往不咎的人，才能甩掉心里沉重的包袱，大踏步地前进。乐于忘记，也可理解为“不念旧恶”。人要有一点“不念旧恶”的精神，因为在许多状态下，人们误以为“恶”的未必就真的是“恶”。退一步说，即使是“恶”，但如果对方心存歉意，诚惶诚恐，你也不必追究他的恶，以礼相待，对他格外地亲近，也会使为“恶”者感念其诚，改“恶”从善。

处世小秘笈

一个人境界的高低决定其成就的高低。如果一个人只记住别人的坏，而把别人的好全都忘记，那么，必定是一个心胸狭窄的人。这样的人无论做什么事都放不开，锱铢必较，必定一事无成！

一定要记住新朋友的名字

卡耐基曾经说过：“人们最熟悉、最甜美、最妙不可言的声音就是自己的姓名。在交际中，得到别人好感最简单的方法就是牢记他人的名字。”

现代社会生活节奏越来越快，社会交际越来越频繁，每天你都能结识新的朋友。不管是朋友聚会、社交应酬，还是价格谈判、公司会议，都要与新面孔打交道。你可能会习惯性地跟别人握手、聊天、交换名片，可一转身你就忘记他了，以至于闹出这边刚说完“久仰，久仰”，回头又问“您贵姓”的笑话。

记住新朋友的名字不仅是交际的需要，在工作和生活中更是必不可少。如果你总是记不住别人的名字，不但会让人觉得你很不礼貌，而且还可能在重要场合因小失大。

某学院来了一名新老师，据说他办事干练，水平很高，学院对他寄予很高期望，可不久他就辞职离去了。原来，他每次上课点名，都是以点学号开头：“001，002，003，004……009号来了没有？”“026号起来回答这个问题……”学生们各种好听的名字都被这些空洞的数字取代了。上他课的学生对此感到很不舒服，到后来，很少有学生去上他的课。

你应当意识到，如果你不去重视别人，又怎么会有人重视你呢？叫出名字虽然只是尊重别人很小的一个方面，但一滴水映照出整个太阳，这一点就能反映出你的品位。尽管叫出别人的名字并不意味着那个人多么重要，但却表示了你尊重对方。

当你新交的朋友从你的口中听到他自己的名字时，一定感觉特别舒服，因为每个人都渴望得到他人的尊重。每个人都有被重视、被尊敬的心理，哪怕他很平凡，叫出他的名字在一定程度上也满足了他的这种心理需求。因此，在交往中，必须要将别人的名字牢记于心。

一个推销员去拜访一个叫尼古得·玛斯帕·帕都拉斯的客人。前去拜访之前，特地用心记住了他的名字。当推销员向他说出“早安，尼古得·玛斯帕·帕都拉斯先生”时，他惊呆了。原来，因为他的名字比较晦涩又难念，别人都只叫他“尼克”。他对推销员激动地说：“先生，我在这个地方居住35年了，除了父母之外，我没有被别人用全名叫过。”后来，这位先生接受了推销售的推销。

其实，这位先生接受推销员推销的产品并不一定是对产品本身有兴趣，可能在更大程度上是因为这位先生从那位推销员那里感受到了尊敬。

记住别人的名字，是一种礼貌，更是与人相处时对他人的尊敬。另外，能记清楚新结识朋友的名字，还能给你带来更多的机会。所以，在忙碌之余，不妨尝试着去熟记你每一位新朋友的名字吧。也许在你最需要帮助的时候，他们能给予你一些最需要的东西。

美国钢铁大王卡内基不仅是闻名世界的企业家，更是人际交往高手。相传他在10岁的时候就发现名字对一个人有多重要。事情是这样的，卡内基照顾的兔子生下了一窝小兔，但他却没有足够的东西来喂养它们。后来，他告诉伙伴们，谁能为小兔子采集到足够的苜蓿和蒲公英，他就会以谁的名字来给这些小兔子命名。这样一来，就调动了伙伴们的积极性。他们争先恐后地去外面采野草，而且还比较谁的兔子长得更快。这件事让年少的卡内基印象深刻，也对他以后的事业带来了深远影响。

那些在历史上有所建树的人，没有谁不知道尊重他人的积极意义。记住别人的名字其实就是迈出了尊重他人的第一步。设身处地地想一想，如果一个人与你打过几次交道，却怎么也想不起你的名字，而一个与你只见过一面的人，却能随口叫出你的名字，在难以言说的尴尬与喜出望外的兴奋之间，哪一个更能被你接受？

20世纪美国最受人民爱戴的总统罗斯福，在还没有被选为总统前，去参加一个盛大的宴会。席间坐着许多他不认识的人，但这些人都是非常有身份地位的。罗斯福明白，在自己的竞选过程中，他们的帮助对他来说很重要。那么，该如何与宴会中的这些新朋友打交道呢？

罗斯福找到了一个他熟悉的记者，从记者那里问到了这些人的名字以及他们的一些情况。然后，他从容地走到陌生人面前，热情地叫出他们的名字，而且与他们谈了一些有趣的事情。结果，此举大获成功。那些本来就对罗斯福有敬仰之心的人见他如此亲切，就更加坚定决心支撑他了。

所以，无论如何，我们都要用心将别人的名字牢牢记住！因为熟记他人的名字，不仅会得到别人加倍的尊重，甚至还会得到更多真情回报。

人生在世，会与许多人萍水相逢。我们记住了一些朋友的名字，也有很多相交不深的朋友的名字我们没有记住。在一个很短的时间内，要记住一个新朋友的名字、头衔、相貌、籍贯等确实不那么容易。那么，怎样才能快速记住他人的名字呢？

拿破仑三世解答了这个问题。他说：“事情很简单。如果没听清楚别人的名字，就说：‘请原谅，您的名字我没听清楚。’如果名字特殊，就问：‘您的名字怎么写？’谈话时，要尽量多地提到对方的名字，努力把对方的名字同其本人的个性特征和整个外表联系起来。如果那人的脸很特殊，我就会非常关注他的名字。我空闲之时，会把别人的名字写到纸上，然后，把它记在心里，反复念几次，这样，我就能记住和我交往的每个人的名字了。”

看来，不仅要记住，还要用心记住别人的名字。初次见面就要弄清对方的姓名，好留下初步印象。如果你记性不好，那就请多记几遍，尽可能在谈话中反复重复对方的名字，并在脑海中把对方的面孔和名字仔细对照，平时多加留心，做到这些，成为交际高手之日就不远了。

记住新朋友的名字是快速拉近两个朋友之间的距离的好方法。对于刚开始交往而又不太熟悉的朋友，愉快地叫出他的名字，会让他倍感亲切。

不掺和朋友的家事

清官难断家务事，家家都有一本难念的经。这本难念的经里有各种鸡毛蒜皮、五花八门的事，有油盐酱醋的细枝末节，有家庭收支的艰难平衡，有老人孩子的负担拖累，有兄弟妯娌的闲言碎语。小到不值一提的家庭琐事，大到威胁家庭团结的婚外恋情，真是无所不包。一个“家”字，看起来虽轻巧，但担起来可不轻。

如果你自己家里的事情都没有搞清楚，那么，千万不要去搀和朋友的家务事。即使你想帮忙，以减轻他的烦恼，也往往是好心办不成好事，到头来越帮越忙。

王英性情豪爽仗义，韩华是她的一个好朋友，两人是从小玩到大的好姐妹，现在工作了，虽然不是天天在一起，但隔几天也得电话、短信联系着。

这段时间，韩华公司上了新项目，比较忙，两人联系的次数也就少了。一天，王英和朋友聚会，听人说，韩华的男朋友移情别恋，把韩华给甩了。听了这话，王英火冒三丈、气急败坏，她心里想：我以为她真忙呢，原来是在家伤心呢。这事不能这么算了，一定要狠狠地教训那个朝三暮四、无情无义的臭男人。

于是，王英叫了几个要好的朋友，把韩华的男朋友拦在半道痛打了一顿。

韩华得知男朋友受伤后，心急如焚地赶到，她看着自己的男朋友被打得“惨不忍睹”，伤心得不得了。正当她打算报警时，王英给她打了个电话，兴冲冲地说：“华，我已经帮你收拾了那个忘恩负义的男人。他再敢跟你分手，我绝不饶他。”

韩华这才知道是王英干的，当时就生气了。

后来，韩华渐渐疏远了王英。

王英根本不知道，她从朋友那里听来的关于韩华和她男朋友分手的消息只是以讹传讹的谣言。其实，韩华只是和男朋友闹了点小别扭。这样一来，残局无法收拾，不光韩华和男朋友难以和好如初，就连王英和韩华也很难再做朋友了。

这里所说的“不要瞎掺和”是说你不应该盲目地掺和，因为你不可能对你朋友的情况全部了解。朋友的好多事情你可能只看到了冰山的表面、长城的一角。所以，就算你们关系再亲密，也千万别瞎掺和朋友的家事。否则，可能适得其反，越弄越糟。不要瞎掺和，不是说对朋友的事不关心、不过问。朋友的事你自然应该关心，但一定要谨慎，以防弄到最后出现大家都下不了台的情况。

小梁夫妻二人都是火爆脾气，经常隔三差五地为一些鸡毛蒜皮的事情吵架，同事兼好朋友小冬总劝他们。前不久，小梁约小冬一起出来吃饭，在饭桌上，小梁跟小冬说，这几天他妻子打电话找他时，就说他还在公司忙新项目。小梁说他最近和妻子闹了点矛盾，心情不好，暂时不想回家。

小冬觉得这事情也不是大事，于是就随口答应了。果不其然，小梁的爱人打电话过来问丈夫在不在，小冬满口应承：“在，公司最近刚接了个项目，事情特别多，我也在加班呢。小梁这几天晚上就在我家睡了，我家离公司近嘛，嫂子就放心吧。”小冬为人向来敦厚老实，小梁的妻子听小冬这么一说，就没怎么多问。

这样过了一周，一天，小梁的妻子突然来到公司找小冬，说家里的老父亲病了，打电话给小梁怎么也打不通，让小冬通知小梁赶紧回去。小冬听后立马慌了神，赶紧寻找小梁的下落。小梁终于回来了，满脸晦气。小梁的妻子让他去交住院费，小梁“哇”的一声蹲在地上哭了起来，原来,他已经赌输了家里所有的积蓄。

实际上,小梁前几天不回家是偷偷跑去赌博了。小梁本想把前几次输的钱捞回来就不再玩了,可没想到越陷越深,越输越多,把家里的积蓄都输光了。小梁的妻子听了这话,顿时号啕大哭。小冬看到场面没法收拾,只得赶紧将自己的银行存款取出来,先把医药费垫上了。

此时的小冬追悔莫及,没想到自己帮小梁敷衍的话却出了那么大的差错。虽然主要原因在小梁,可小冬心里怎么也过意不去,如果不是自己当初欠考虑,没问清事情真相,怎么会让朋友陷入这样的境地?不到半年,小梁的妻子就和小梁离婚了。

这件事虽然已经过去很久了,但它给小冬心里造成的巨大阴影却怎么也挥之不去。

其实,互相包庇是朋友之间经常会犯的毛病。殊不知,这种做法有时候不但维护不了朋友夫妻之间的感情,反而还有可能起到破坏作用。俗话说,清官难断家务事,即使是关系再好的朋友,在没弄明白之前,也最好不要掺和人家的家事。因为这样瞎掺和进去,可能非但没能帮上朋友什么忙,有时反而会让自己良心不安。

处世小秘笈

你不是能洞察一切的天才,也不是全知全能的上帝。如果你还有一点自知之明的话,就请不要瞎掺和朋友的家事。不是说"清官难断家务事"吗?清官都解决不了的事,你又何必逞能呢?

不要乱发脾气,以免因小失大

发脾气反映了一种非常复杂的心理,它不但会让平时文雅的人失去理智,满口的粗鲁脏话,而且还会让温和的人露出面目狰狞的表情,甚至做出拍桌子、掀翻一切的疯狂举动。

发脾气在生活中十分常见,就像吃饭、睡觉和聊天一样。它可能会在你和爱人的吵架中出现,可能在老板对你粗暴指责的那天露脸,赶时间上班时被车流堵在了路上也可能导致你在车里一边狂按喇叭,一边破口大骂……暴跳如雷、张牙舞爪之后,随之而来的便是一句接一句的:"气死我了!"

当你发脾气的时候,你会磨牙、脸红、心跳加快、肌肉紧张……身体也会快速升温,肾上腺素和去甲肾上腺素等化学物质会在体内激增,你会有种愤怒如火山爆发一样喷薄而出之感。你的身体似乎已经做好了搏斗的准备。

没有人敢说自己是无敌好脾气,不会发火。发脾气是因为你的情绪愤怒了,你对身边的人或事感到无法容忍了。

想想你无法控制愤怒而造成的后果吧。如果你在老板面前乱发脾气,你很有可能因此丢掉工作;如果你在同事面前乱发脾气,放心吧,你以后的日子不会好过的,你的任何细小失误都会快速传入老板的耳朵;如果你在朋友面前乱发脾气,不好意思,你的友谊将被呼叫转移;如果你来到恋人面前还是总发脾气,那么,等待你的爱情结局只能是"此情可待成追忆"。

所以,如果你不想得到这些结果,那就请你慎重把握自己的脾气。是的,你很愤怒,也很生气。但是,别忘了问自己:这份工作是我还需要的吗?我以后还会与他们合作吗?我还需要这份友谊吗?这份爱情我希望它能够持续到底吗?

如果你觉得这份工作对你的价值高于心情的畅快,如果你觉得还将有求于同事,如果你觉得因一时的痛快错失一个重要的朋友不值,如果你觉得恋人的重要性远胜于自己所受的委屈,那就请你让自己冷静下来。

发脾气时说的那些伤人的话称起来不重,但朋友的心却会因此被伤得很深。不要以为你发脾气理所应当,也不要认为是朋友就不会介意你的脾气。要知道,棍子和石头只能伤人筋骨,你的朋友却会因为你的恶言恶语而心寒。一时冲动所造成的后果,就像在你朋友的身上插一把刀子,即使日后刀子被拔出,伤口会逐渐愈合,伤痕也永远都不会被抹去。

所以，每当你要对朋友运行发脾气的程序时，请记得在前面加载复核程序。如果你控制不住，那么，你的生活将会因此失去很多重要的朋友。

当你对朋友生气、感到特别不爽、心情压抑时，你可以大哭一场。当然，你需要找个没人的地方，相信你的怒火会随着畅快淋漓的泪水而消失。你也可以找一个知心的好友，或对着镜子里的自己倾诉憋屈的情绪。你还可以燃起忘忧草，放下和朋友“战斗”的旗帜，让紧绷的弦放松一点，再放松一点，然后走进一个充满梦境的国度。除此之外，你还可以来点野蛮的，例如对着一个枕头猛打，一脚踢飞一个易拉罐。

跟朋友生了气，还可以采取不停吃零食这种较特殊的发泄方式。你可以咬着牙、切着齿，心里抱怨着那个惹你生气的朋友，越吃越狠。将你心中怨恨的朋友变为手里的零食，然后一口吞下去。

此外，你还可以在对朋友发火之前，先从一到十反复数两遍，然后再想想是否发脾气，或者每次脾气爆发之前做几下深呼吸。

有位政治家在台上演讲，突然有人在台下大声骂他：“臭狗屎，垃圾。”顿时，全场寂然无声，台下的听众都不知道面对这样尴尬的局面，政治家会采取什么样的措施来处理。但政治家并没有愤怒，依然面不改色、脸带微笑地回了一句：“这位先生，请不要着急，您所说的环境卫生问题，我马上就会讲到。”

如果你有一个足够好的心态的话，你还可以像上面那位政治家一样用幽默代替愤怒。在朋友故意讽刺你的时候，运用幽默，不但会化解怒气，而且还会显得你很有风度。如果你一定要计较的话，那只会让怒气增加。

原谅朋友的高傲，学会谅解朋友曾经的妒忌，原谅朋友曾经对你的憎恨。当朋友对你不公平时，如果你能原谅他，那就应该原谅；如果你觉得你无法原谅那个惹你生气的朋友，那就忘记他。这样一来，你就不会在自己所受的委屈、愤怒和失望中继续沉溺。你也将能迅速地从愤懑的情绪中走出来，从而让自己的内心变得更坚韧强大。

处世小秘笈

不管是男人还是女人，孩子还是老人，富人还是穷人，也不管你是何种学历，受教育程度怎样，都无师自通地学会了发脾气。但发脾气只会把事情搞砸。

关键时刻才能看出谁是真正对你好

赤眉军将赵喜围困，他与好朋友韩仲伯等数十人，带领着一帮老幼妇孺，爬上屋顶逃走。一路上，翻山越岭。韩仲伯担心自己的妻子年轻貌美，恐遭人强暴而连累自己，于是就想将妻子遗弃在途中。尽管赵喜再三劝他不要这样做，可韩仲伯还是丢下妻子，自己逃命去了。为了掩盖韩仲伯妻子的美貌，赵喜把泥土弄在了她的脸上，并让她坐在小车上，自己推着她走。一路上，他们多次躲过了危难。

建武二十六年，在光武帝如集的内戚宴会上，夫人们纷纷称赞赵喜笃义多恩。她们告诉皇上：“当年遭赤眉之祸逃离长安，能够活下来全靠了赵喜的救助。”光武帝也因此十分赞许赵喜的义气。后来，赵喜被光武帝征召入京做了太仆。光武帝夸奖赵喜说：“你不但为英雄所保荐，就连妇女也怀念你的恩德呢。”于是，光武帝重赏了赵喜。

勇于救人于危难境地的人，会受到别人甚至是敌人的尊重。

晋代有一个叫荀巨伯的人，有一次他去探望重病的朋友，正好赶上城池被敌军所破。于是，朋友劝荀巨伯：“我病得很重，你自己赶快逃命去吧！”

但荀巨伯却没有把朋友丢下独自逃走。

门被踢开了，几个士兵凶神恶煞地闯了进来，冲着他喝道："全城人都跑光了，你们竟如此大胆，难道不怕死吗？"

苟巨伯指着躺在床上的朋友说："我不能丢下病重的朋友独自逃命。"

敌军被苟巨伯的真挚言语和无畏态度深深打动了，说："想不到这里的人如此高尚，我们怎能忍心侵害这样的人呢？走吧！"说着，敌军就撤走了。

患难见真情，苟巨伯在危难的时候没有弃友人而去，敌人被他的诚心所感动，他因此救了友人和自己的性命。

三国时期有个叫骆统的人，袁术害死了他的父亲，母亲改嫁做了华歆的小老婆。八岁那年，他跟随亲戚回老家会稽，母亲为他送行。骆统拜辞了母亲，径直离开，没有回头。母亲很是难过。亲戚对骆统说："你回去劝慰一下吧。"骆统说："如果我回头劝慰，不更增加了母亲的痛苦不舍和思念吗？"骆统对母亲很孝顺，而且性格慈悲、乐善好施。有一年因天旱粮食歉收而闹饥荒，乡邻及远方的亲友们都缺吃少穿，生活非常困难。骆统很想救济他们，怎奈家中粮食太少，因此终日悲伤，不思饮食。骆统有一姐姐为人和善，品性温良，因为丈夫刚去世，暂时住在娘家。她见弟弟天天满脸戚色，茶饭不思，于是便问他因何事发愁。骆统说："乡邻亲友们都没有粮食吃，我哪里忍心独自吃饭呢！"姐姐说："原来是因为这件事，你为什么不早告诉我，哪至于把自己为难成这样呢？"接着，她就把自己家中的粮食拿出来送给了骆统，然后又把这事告诉母亲，母亲对于姐弟俩的这种善行义举很是赞扬支持。骆统把粮食全部分送给了乡邻。在骆统的帮助下，乡邻们顺利度过了饥荒。乡邻们很是感激，全乡也因此都知道了骆统的美名。

人生不会顺风顺水，难免会碰到挫折或面临困境。这时候，最需要的就是别人的帮助。这种雪中送炭般的帮助会让绝望无助的人永生难忘。

人们总是可以敏感地觉察到自己的苦处，但对别人的痛苦却反应迟钝。他们不了解别人的需要，也不愿意花费自己的时间去关心。有的甚至知道了也佯装不知，大概是因为没有亲身经历过吧。

虽然很少有人能达到"人饥己饥，人溺己溺"的境界，但不时体察一下他人的苦痛是我们应该做到的，要时刻关心朋友，在朋友身处困境时伸出援助之手。当朋友身患重病时，你应该多去探望，多谈谈朋友感兴趣的话题。当朋友遭到挫折而沮丧时，你应该给予鼓励："失败是成功之母，再接再厉，下次再来。"当朋友不高兴时，你应该关切地问他："有什么事情吗？"这些适时的安慰会像阳光一样温暖受伤者的心田，让绝望者看到希望。

正所谓"疾风知劲草"，往往在关键时刻人们才能发现谁对自己是真正的好。

要注意观察人心的变化

在每个人的生活工作中，无论哪行哪业，只要存在着人与人之间的交往，就离不开对人的心理体察。政治家善于猜测他人的心理，而商人为了得到顾客的欢心则更是绞尽脑汁。即使是我们普通人，大到为了成就一番事业，小到日常生活里不要吃亏，也都要清楚认识人类心理的基本规律。

对人的定位和评价，不是一件一成不变的事。要知道，人是始终变化着的，所以，不到最后，就不可轻易下结论。古人有"盖棺论定"之说，这就说明对于一个人的认识是漫长而复杂的。了解了人的这一特点，就可以帮助我们正确认识、评价他人。所以，要谨慎投入感情和利益，以免因为人的变化而使自己处于被动，从而蒙受打击和损失。

清代重臣曾国藩便是一位善于慧眼识才的人。清廷派驻台湾的总督刘铭传就是由他推荐

的。刘铭传在后来成为了知名的台湾名匠,他督促修建了台湾的第一条铁路。刘铭传被任用,还有这样一个令人深思的故事:

当李鸿章将刘铭传推荐给曾国藩时,还有两位候选人。曾国藩为了测验他们三人中谁的品格最好,便故意约他们在某个时间到曾府去面谈。三人都按时准点到达,曾国藩却故意不出面,让他们在客厅中等候,并对他们的言行进行暗中观察。只见其他两位都显得很不耐烦似的,不停地抱怨;只有刘铭传一言不发,而是仔细欣赏墙上的字画。后来,曾国藩考问他们客厅中的字画,结果也就可想而知了。

后来,刘铭传出任台湾总督。

由此可见,身处人性丛林之中,要注意观察人情的变化,这才有利于明析是非,以决定自己的取舍。在生活中,只要根据对方在为人处世时表现出来的蛛丝马迹,进行换位思考,就能发现其本质真相。

一个人的内心想法决定着他的行为举止。尽管人心叵测,变化多端,但还是有迹可寻的,只要掌握住人的思想脉络,他便会毫无秘密可言,使之就范也就不费吹灰之力了。表面的东西是一定要认真识别的,如果为其伪装所迷惑,判断就会有误,方法也会失当,一切努力都会白费。

北宋时期,王安石在担任宰相期间,过于宠信吕惠卿,他夸奖吕惠卿说:"吕惠卿办事不打折扣,用心勤勉,他是朝廷中难得的人才,好好栽培他,一定会对国家人民有利。"

实际上,吕惠卿是个阴险小人,为了获得王安石的信任,故意装出一副正直勤恳的模样。一次,他假装气愤地对王安石说:"现在有不少人抵制新法,根本没把国家百姓放在心上,我真不知这些人是何心肠?要是只为私利为官,那他就没有报国之心了。"

王安石最欣赏忧国忧民的人,由于被吕惠卿的虚情假意所蒙蔽,王安石渐渐地把他当做了知心朋友对待,和他无话不谈。

反对变法的大臣司马光被排挤出朝廷,离京前特意给王安石几次修书,都是提醒王安石要防范吕惠卿,他在信上说:"认人不清,看人不准,最终会有坏处的。"

王安石认为司马光是在挑拨关系,别有用心,因此,刻意不理睬这些提醒。他甚至还当面鼓励吕惠卿说:"有不少人说你的坏话,但我还是相信你的为人呐!你放手尽情去做事,我不会约束你的。"

此后,吕惠卿总是找借口和王安石饮酒聊天,把王安石说过的一些激进话,有意地记录了下来,以备他日攻击王安石之用。此外,他还将王安石的手信好好地收藏了起来,并把其中犯忌的话语摘出来,收录成册。

然而,王安石却对此毫不知情。有人在旁看得清楚,对他说:"看一个人的品质如何,要看他后半生的表现,这才是准确无误的。当你得势的时候,自然有人会恭维你,这个时候的朋友,未必可靠啊!"

但王安石依然一意孤行,不听他人劝告。后来,吕惠卿向神宗皇帝上报了王安石的"罪证",于是,王安石被神宗皇帝逐渐疏远了。

王安石被迫辞职后,吕惠卿对王安石进行了一系列打击。他把王安石的两个弟弟贬到外地,肆意诬陷王安石危害国家,任人唯亲。王安石十分后悔,但此时已经太晚了。

王安石错用了吕惠卿,对他的事业造成了不可估量的损失。他过于相信自己的个人感受,却不相信旁观者清的事实;他刚愎自用,最终没有落到好下场。

在这个复杂多变的大千世界中,面对千姿百态、不同面孔的人,我们如何去把握、怎样去认识,就成了社交的一个重大问题。然而,我们交朋结友的对象毕竟是人,所以,只要拨开人的层层迷雾,对他人洞察入微,从细微处进行掌握,就一定能够识别出形形色色的人心。

当然,在实际生活中,年轻的我们不可能把所有事儿的本质都看清,并由此进行正确的判断,毕竟良好的观察力和判断力需要时间和经验阅历的积累。然而,我们能做的是:凡事多思考,保持怀疑态度。

社会生活中的人际关系可以说是一种“长期的测验”。就算你并不刻意去检测他人，但是，你可以根据一个人的一举一动进行你的检测，这些检测的累积，很自然地就会形成你对他的评价。所以，留意别人的一举一动，从而了解他人的内心想法，这样才会在人际关系之中略胜一筹。

处世小秘笈

身处人性丛林之中，要注意观察人情的变化，这才有利于明析是非，以决定自己的取舍。在生活中，只要根据对方在为人处世时表现出来的蛛丝马迹，进行换位思考，就能发现其本质真相。

不要对别人随便说出你的秘密

我们或许经常看到这样的年轻人，他们特别爱侃，性子又特别直，喜欢向别人掏心窝子。虽然这样的交谈能够很快拉近人与人之间的距离，使你们之间很快就能相处融洽起来，但心理学家调查研究后发现，事实上，只有1%的人能够严守秘密。所以，在你的人生中面临困境，如失恋、婚变之类时，千万不要向你的同事倾诉；当你的工作出现危机，如工作上不顺利，对老板、同事有意见有看法时，你更不应该在办公室里向人袒露胸襟。职场上人事关系复杂险恶，你不害人，但必须要有防人之心，把自己的“私域”圈起来当成办公室话题的禁区，轻易不让“公域”场上的人涉足，这是一个成熟的人应当有的自知之明，也是竞争压力下的自我保护。

俗话说得好：“逢人只说三句话，千万莫把心底掏。”这也就是告诉我们，千万不要让别人知道自己的秘密。还有另外一句话：“祸从口出。”意思就是说，每个人都应该给自己的嘴上加把锁，防止说话时不留分寸，说话大大咧咧、毫不遮掩，结果只会给自己带来灾祸。

曾经有人做过这样一个测试，有人在办公室里故意告诉身边一个人一条无关紧要的花边新闻，结果这条新闻一下子就在办公室里传开了。所以，你对并不完全了解的人说话要注意嘴风要牢，能说三分的话，千万不要说到四分。切忌心血来潮时把秘密告诉给不合适的人，因为真正的秘密只能由一个人知道，否则你就会受到伤害。

所以，你不要期望别人为你保守秘密，请将它深埋于心。实在忍不住想要说出口的秘密，可以写在一张白纸上，然后再烧掉，这很明智；而把它告诉别人后，再让别人为你保密，这实在是不切实际。

李锐是一家电脑公司的技术人员，平时与老板的关系也特别好。一天下午，李锐加班加得很晚，老板请他吃晚饭。几杯酒下肚后，李锐头脑一热，告诉了老板自己打算开一家电脑公司。

老板一愣，不过很快就平复了下来，并鼓励李锐说：“年轻人应该多闯闯，我支持你。”李锐说：“我现在的技术还说得过去，但对销售还是一知半解。”老板接着说：“你可以边干边积累嘛。凭你的能力，再干上两年就能独当一面了。”李锐说：“不过您大可以放心，两年之内我是不会走的。”

一周后，公司又招聘了一名技术人员，并通知李锐被解聘。李锐一脸茫然，便去找老板询问。老板和蔼可亲地开导他说：“在我的公司里，你该学的都学完了。你应该多干几家公司，这样才能丰富自己的经历嘛。我是从你的自身发展考虑才忍痛割爱的。”

李锐蓦然醒悟自己为什么被炒鱿鱼了，正是由于自己的酒后真言，才让老板抓住如此“富有人情味”的把柄！

在你和别人一起分享一个秘密的同时，你往往会因这个秘密同对方拴在了一起。这会妨碍你灵活机动地处理事情，因为当要进行实际处理时，你往往会考虑他的利益，这往往使你做出违背原则的事。同时，对方也可能会在关键时刻，拿出你的秘密作为武器回击你，使你最后一败涂地。

在现实中，上司受制于下属、老实人反被朋友陷害的事例不胜枚举。所以说，害人之心不可有，防人之心不可无。

有一个道理必须牢牢谨记：这个世界并不是总充满温馨怡人的亲情和友情，还有许多时间和场合里充斥着伪情和欺骗。因此，不要将自己的秘密随意地告诉他人，那样会被居心不良的人当成击败你的利器。

处世小秘笈

每个人都应该给自己的嘴上加把锁，防止说话时不留分寸，说话大大咧咧、毫不遮掩，结果只会给自己带来灾祸。

说话前要多加考虑

中国有句俗话："言多必失。"人处在不同的状态下，有着不同的心态，说话的内容也会不同。心情愉快的时候，看事看人也许比较符合自己的心思，可能会说不少好话；有时心情不愉快，讲起话来不免会愤世嫉俗，讲出许多过头的话，从而引来很多不必要的麻烦。而且，你的话多了，其中自然也会与周围人相联系。别人在传话的过程中也难免会加入他个人的主观理解，等到你谈的内容被谈话对象听到时，就很有可能已经变味了，势必会造成误解、隔阂，从而结下莫名其妙的是非。

另外，一个人说话的时候要是管不住自己，说得多了，言语中就会自然而然地暴露出许多问题。例如，你对事物的态度，你对事态发展的看法，以及对未来的计划等，都会从言语中流露出来，从而被你的对手所了解，使其能通过有效的办法来战胜你。

言谈的灾祸，有以下两种：一是对身边的人和事评头论足，正是这种不考虑后果的高谈阔论惹怒了上司和同事，导致工作中处处艰难；二是在众人之中鼓唇弄舌，搬弄是非，像长舌妇一样，今天道东家长，明天说西家短，这种缺少修养的言谈，会引起别人的反感。

贺敦是隋朝的一名大将，为国家立下了汗马功劳，因为对朝廷赏赐不公心怀不满，便口出怨言，结果被权臣宇文护逼令自杀。临死时，他叫来儿子贺若弼说："我因口舌而死，这个教训你一定要铭记于心！"接着，用锥子将贺若弼的舌头刺出血来，让他牢记从此要慎行少言。

贺若弼一开始牢记父亲的教诲，经常以"君不密则失臣，臣不密则失身"来提醒自己，遇事三缄其口。可随着他在隋朝的功劳日大，地位日高，便逐渐淡忘了父亲的教训。同父亲一样，他也因对朝廷封官不满而大发牢骚，把官职也丢了。他不仅不引此为戒，反而口无遮拦，于是被逮捕入狱，继而被处以死刑，落下了跟父亲一样的下场。

常言道，病从口入，祸从口出。做人若常喜欢津津乐道，四处传播八卦小道消息，喜欢谈论东家长西家短，乐于神侃吹牛，这些绝对都不是什么好事。这种现象若不及早纠正革除，总有一天，会自食苦果。我们身在职场，要切记遇事三缄其口，不留神的话，很可能就会自毁前程。

西班牙有句谚语说："失足尚可挽回，失言无法补救。"如果你不想因言多必失带来困扰，那就不要管不住自己的嘴巴，以避免"说者无意，听者有心"。

有一次，一位年轻的女孩到深受爱戴的牧师圣菲利普那里寻找帮助。圣菲利普明白了女孩的缺点，其实，女孩不是什么坏心眼的人，只是她喜欢说闲言闲语。而这些闲话传出去后就会给别人造成非常不好的影响。

圣菲利普说："你不应该谈论他人的缺点，而这是你苦恼的症结，现在我命令你要为此赎罪。你到市场上买一只母鸡，走出城镇后，边走边拔鸡毛并把它撒在路边。你要一刻不停地拔，直到拔完为止。完事之后你回到我这儿来。"

女孩觉得这是非常奇怪的赎罪方式，但为了将自己的烦恼消除掉，她立即按照指示去做了。她买了鸡，走出城镇，并遵照吩咐拔下鸡毛。最后回到牧师那里，告诉他自己按照他说的做了一切。圣菲利普说："你已完成了赎罪的第一部分，现在要进行第二部分。请你回到原路上，捡起所有的鸡毛。"

女孩为难地说："您是在说笑吧，这不可能做到。在这时候，它们已经被风吹了一地。也许我可以捡回一些，但是绝不可能把所有的都捡回来。"

"你说得对呀，小姑娘。那些你脱口而出的愚蠢话语不也是如此吗？你不也常常从口中吐出一些愚蠢的谣言吗？你有可能跟在它们后面，把它们全部唤回吗？"女孩说："不能，神父。"

"那么，当你想说些别人的闲话时，要将自己的嘴管好，不要让这些邪恶的羽毛散落路旁。"

粗心的人说话常常不经仔细思考，只想满足一时的口舌之快，而忽略了"听者"的闻后所想，结果无意中得罪了别人，却还不自知。有些年轻人的确是个话篓子，但是，你要明白哪些话能说，哪些话不能说。该沉默的时候保持沉默，这才是聪明人的作为。

孔子在《论语》里曾多次提到，君子"敏于事而慎于言"。意思是说，君子应做到办事迅速，言语谨慎。有人说，少说多做岂不是吃亏了？其实不然，这样做才是聪明人的表现。

少说话多办事，这个道理人人皆知，它是你职场生存的基础。说话太多，就容易被上司认为轻浮。但这一点很多新人都不自知，直到经历了多年的蹉跎之后才恍然大悟。你要明白，职场是一个做事的地方，控制着你命运的上司们指望看到的是一个热爱工作的人而不是说闲话的人。

处世小秘笈

"病从口入，祸从口出"，这句话确实有一定的道理。大多的灾祸是从自己的言谈中招来的，因而，只有慎言才能少祸。无论在生活还是工作中，都要少言多行。

要与小人保持距离，但切忌得罪小人

为人处世，谁都不愿意与小人打交道，但这不是你能决定的，谁都不可避免地会碰到小人。职场时刻都存在着"小人"，他们的造谣生事、挑拨离间、兴风作浪很让人讨厌。所以，对待这些人，必须讲究方式方法，要和他们保持一定的距离，切忌得罪小人。

唐朝的杨炎和卢杞两人同任宰相。杨炎善于理财，又善于为文作诗。而卢杞除了巧言善辩之外，别无所长。他嫉贤妒能，一直筹划着怎样谋害他人。同在政事堂办公，杨炎不愿同卢杞同桌吃饭，经常找借口在别处单独吃饭。于是便有人向卢杞进谗言："杨大人看不起你，不愿跟你在一起吃饭。"卢杞将这个仇牢记在了心里，他千方百计地想陷害杨炎。

当时，有一个藩镇割据势力梁崇义趁势生起一场叛乱，德宗皇帝命令另一名藩镇李希烈去讨伐。杨炎觉得不妥，说："李希烈为人凶狠无情，并无建功却妄自骄傲，不守法度，若是在平定梁崇义时立了功，恐怕今后更是张狂。"

但德宗已经下定了决心，对杨炎说："你不要插手这件事！"可杨炎还是不听皇上的命令，坚持向皇上直言进谏，这使对他早就不满的皇帝更加生气了。

不巧赶上天下大雨，李希烈一直没有出兵。卢杞深知这有利于向杨炎发难，于是便对德宗皇帝说："李希烈之所以拖延不肯出兵，就是得知了杨炎一直不同意的消息，陛下何必为了保全杨炎的面子而影响平定叛军的大事呢？可以考虑先辞去杨炎的宰相职位，让李希烈放心！"

这番话看上去完全是在为朝廷考虑，并无一句对杨炎的正面攻击，卢杞排挤人的手段就是这么高明。德宗皇帝被他的花言巧语所迷惑，免去了杨炎的宰相职位。

从此卢杞独掌大权，杨炎也就避免不了受他的进一步迫害。杨炎在长安曲江池边为祖先建了座祠庙，卢杞便诬奏说："此地一向被认为乃是帝王气象，早在玄宗时，宰相萧嵩就曾把寺庙建在那里，玄宗皇帝不同意，令他迁走。现在杨炎又在那里建家庙，肯定是有谋权的狼子野心！"

因听信谗言早就想除掉杨炎的德宗皇帝便以卢杞这番话为借口，把杨炎发配到了崖州，随即将他处死。杨炎刚愎自用，将对卢杞的不满挂在脸上，最终被卢杞所害。

小人特别善于琢磨别人，为极小的恩怨不惜付出任何代价。虽然小人们的实力并不那么强大，但他们不择手段，极有可能做出任何卑鄙的事情。与小人发生冲突，纵使你赢了小人，也会为此付出代价，惹得一身腥。俗话说"新鞋不踩臭狗屎"，所以，对于那些不择手段、阴谋多端的小人，还是避一避为好。

"宁得罪君子，不得罪小人"，这句话在为人处世中极其有用。在对付小人方面，唐朝名将郭子仪就为我们今天的"职场安全"做出了一个有利的示范。

"安史之乱"平定后，有一次，恰逢郭子仪生病，有个叫卢杞的官员前来探望。此人乃历史上声名狼藉的奸诈小人，相貌奇丑，大家纷纷讨厌他的长相。正因为如此，郭子仪听到门人的报告，立即让身边人躲了起来。卢杞走后，姬妾们十分困惑不解地问郭子仪："许多官员都来探望您的病，我们都无须回避，为什么此人前来就让我们都躲起来呢？"郭子仪微笑着说："你们真是不了解他呀，这个人相貌极为丑陋，而内心又十分阴险。你们看到他万一忍不住失声发笑，那么，他一定会心存忌恨，一旦他得势后，我们的家族就要遭殃了。"

后来，卢杞当了宰相，果然大肆进行报复，把以前所有得罪过他的人统统陷害掉了，却唯独对郭子仪比较尊重，并未对其进行什么迫害。这件事充分反映了郭子仪对待小人的办法之高明。

所以，如果你既不想把自己降低到与小人同等的地步，也不愿意和他有任何不快，那就睁只眼闭只眼，心里想着多一事不如少一事，尽量不与小人发生正面冲突。

尽管小人的确令人憎恶，但年轻的你疾恶如仇地与其划清界限其实是不明智的。因为你和他们的隔离实际上是一种变相的对抗，这的确说明了你是一个正直的人，但他们会想方设法把你这面"镜子"打碎。如果你直接攻击甚至揭发小人，那你就中了小人的计了。这显然是不明智且十分冒险的。

明智的做法是：避免与小人关系过于密切，但也不要疾恶如仇地和他们划清界限，因为他们最需要的是自尊和面子。因此，与奸诈狡猾的小人来往，只能"虚与委蛇"，大可以表面上看起来融洽，实则时时戒备；似是尊敬，实则求其疏远。这样才能不给人落下口实。

此外，还有一招是，可掌握住其把柄，在需要的时候随时进行敲打，让他老老实实，不敢欺负你。毕竟是做贼心虚，这对他而言自然是十分担心的，不但不敢再排挤打击你，而且也会大大收敛他的不轨行为。

处世小秘笈

与小人打交道时务必考虑周全，要尽力避免与之发生正面冲突。因为小人会不择手段地算计别人，即使你再聪明也要时刻提防小人。

在失意的时候，不要随便吐露烦恼

我们总能看见这样的年轻人，他们总是有着满腹的埋怨，时常不停地发着牢骚。比如，自己工作的年限比别人长，工资却没有比人高；平时工作比别人做得多，奖金拿的却不是理想的数；因为电脑的原因忙了很久的资料丢失了；在公车上被偷了所有的财物；又把心仪已久的工作丢掉了……

其实，发牢骚是一种正常的心理现象。在漫长的人生旅程中，总会有各种不满意的地方，总会遇到各种不称心的问题，也就总会产生各种各样的情绪问题，不可避免地会含有许多的抱怨。

但发牢骚也要分时间、分场合、分对象。不同的时间、不同的场合，牢骚所起的作用因人而异。有时，在某一时间、某种场合可以对某一对象发牢骚，有时则不能。所以，不能随时随地想怎么发牢骚，就由着脾气地乱发。

有些人会不断地将自己的不幸与烦恼向别人倾诉，希望能通过这种方式让自己的心情得到平静。然而,他们却忽略了:这样会同时给自己和别人带来不少的困扰。

在人们的生活当中,会遇到很多的不如意。有些人往往会被这些事情所困扰,以至于陷入不能自拔的境地。他们会不断地将自己的烦恼和痛苦告诉别人,企图得到心理上的慰藉。然而却忽略了这样一个问题:当向别人倾吐自己的烦恼的时候,也同时给自己和别人造成了负面影响。

柳仪个性柔弱,十分多愁善感,当她有心事时必定会立刻找人诉苦。她在大学时代曾经有过一段罗曼史,后来因为某种原因结束了,可她始终无法忘记这件事,打那之后,每当她与人聊天时,都会过度哀怨地告诉对方自己内心的痛楚。

有一次,柳仪去参加同事的生日晚会,结识了一个同事的朋友。散会之后,同事的朋友抱怨:“我再也不要去见你这位朋友了!她一直在说大学时代如何认识某人、如何伤心地分手……我一句话也插不上,可又不能将她的诉苦给打断了,只能耐心地等她说完。”

任何人都会遇见失意的事,包括事业上的失意、感情上的失意、家庭上的失意。事实上,在这个世界上真正让人舒心的事很少,即使有舒心的事,人们也很容易淡忘,而心中紧紧牢记的事并不十分愉快。失意可以说是让人难受的事,搁在心里不找人倾吐更痛苦。心理学家认为:把失意的事藏在心里还会造成心理的疾病,所以,应该找个人倾诉一下心声。在与他人进行倾诉时,你的确会感到轻松些,消解一些心理的压力。但过多地向人诉说自己的烦恼就会带来不良的后果!

有些烦恼、失意或是希望得到他人理解的问题,你应该把这些话说给心理医生或是值得你信赖的家人和朋友听,千万不要逢人都像祥林嫂一样反复诉苦,这样不但无法激起对方的心理共鸣,反而会引起他人的反感。

以下是一些向他人诉苦的缺点:

1. 向他人诉苦,无意中塑造了自己无能、软弱的形象

虽然每个人都会有失意的事,但如果你向正春风得意之人吐露失意的事,那么别人就会直觉性地认为你是个无能或能力不足的人,要不然怎么会失意?或许他嘴上不说,但心里多少会这样想,而且一讲失意的事,就可能因情绪失控而一发不可收拾,甚至会把不必要的麻烦带给别人,这才是最尴尬的一件事。即使你的失意情绪能够引起别人的安慰,也只能得到一时慰藉,但你却会因此变成一个无助的人。

2. 吐露失意的事,留下的是自己的不佳印象

很多人评价别人都靠个人的主观印象,一般来说,自信、坚定的人,留给别人的印象自然会很好。如果他是个事业有成的人,就会获得更多的尊敬。如果你的失意事让别人知道了,他们就会下意识地对你产生不良印象。他们对你的态度也会很自然地转变,由尊敬、热情转变为轻视和冷漠。

也许在你发牢骚的时候,可能不会发现听者有心。打小报告的人正在寻找材料好去告密,你的议论正好为他的拍马屁提供了时机。也许传到上司耳朵里的是经过别人加工的话,你辛勤工作的成绩,可能会因几句牢骚话而变为无用功。

3. 吐露失意时有可能会说出一些坏话

说别人的坏话和抱怨的情况是同样的,或许当时内心感到一吐为快,但你的听众可能会无法忍受,甚至还会这样暗想:“不知道这人在私底下怎样讲我的”,因而失去对你的信任,甚至还会对你反感之极。

所以,在与人进行交流时,轻松愉快的话题应是首选的,尽量不要提及个人过去不愉快的经历,以免让对方觉得沉闷、无聊,从而对你形成负面影响。

处世小秘笈

吐露失意的事,不管是主动吐露还是被动吐露,都会带给自身和他人许多困扰。

不要轻易信赖他人

人性究竟是善还是恶，绝非三言两语就能够说清楚。在现实世界里，年轻人在与人打交道时的确要谨慎小心，对人不妨考虑一些防范对策，以应不时之需。否则，等事情发展到糟糕的程度时，再防范就为时已晚了。

在现实社会里，存在着不可避免的狡诈和欺骗，大到国际争端，小到个人关系，人生从某种角度来看就是一场战争。在这场战争中，为了求生存，必须有谨慎的生活方式和态度，这样，才不至于落入某些人的圈套，沦为他人阴谋的牺牲品。

两只蟋蟀虎视眈眈，随时准备扑上去置对方于死地。

他们的主人始终看着战局进行得如何。

"我说，我们冷静地来聊聊。"蟋蟀甲发出了和平信号。

"你说有什么能聊的？"蟋蟀乙问。

"你我这样咬得天昏地暗，非死即伤，而人们却在一旁看我们的内斗。每想至此，我都会满腔悲愤。"蟋蟀甲说道。

"大哥，此话有理，我们就是不咬，也要将我们的决心展示给他人。"蟋蟀乙说。

突然蟋蟀甲乘蟋蟀乙不备，凶狠地咬在了蟋蟀乙的身上。

"大……哥，你怎么……"受了重伤的蟋蟀乙话未说完，就满腹迷茫地死去了。

"先生，你的方法真有效！"蟋蟀甲朝他的主人大喊大叫。

我们有时会遇到别人对你甜言蜜语，许诺你各种有利条件。人们都喜欢听甜言蜜语，而种种好处更使人陶醉。然而，最甜蜜的语言，也许是最毒的药物；最称心如意的条件，也许是最深的陷阱。

梅里特兄弟是由德国移民到美国的，定居在密沙比。经过辛苦的努力工作，兄弟俩积攒了一笔钱。后来，他们意外地发现，密沙比有丰富的铁矿。于是，两人决心低调处理，成立铁矿公司。他们不动声色地收购地产，铁矿公司就此经营起来了。

洛克菲勒早就对这个铁矿垂涎三尺，正在他预备发起进攻时，梅里特兄弟的铁矿公司已经开始经营运转了。于是他决心伺机行事，要得到这个铁矿。

1837年，美国商业陷入了经济危机，梅里特兄弟的铁矿公司也有了危机感。兄弟俩愁眉不展，一次，本地的一个牧师来到他家，兄弟俩恭敬地邀请牧师到家中做客。在闲聊中，梅里特兄弟提起了一片惨淡的经济危机，并对牧师说铁矿公司也陷入了危机之中，资金周转不灵。

这位"热心"的牧师说："你们怎么不早些告诉我呢！我可以帮助你们渡过难关！"兄弟俩听了这话不禁喜出望外，对牧师说："请问您对这个问题有什么看法？"牧师说："我有一个朋友，看在我的面上，他是可以支援你们需要的周转资金的。"兄弟俩说："您真是个好人，我们真是无以回报啊！"牧师问："你们要多少钱？"梅里特说："42万元。"牧师大笔一挥便写下了介绍信。兄弟俩问："那么利息怎么计算呢？"牧师大方地说："利息随便意思一下就行了。这样吧，比银行利率低2厘。"

兄弟俩当时便已经喜出望外了，他们竟遇到了这样的好事。牧师拿出笔墨立了一张借款字据："今有梅里特兄弟借到考尔贷款42万元整，利息3厘，空口无凭，立此据引以为证。"梅里特兄弟念了字据，发现没有任何问题，便在字据上高兴地签了字。

半年之后，这位牧师又来到梅里特兄弟家里，一进门，他便满脸严肃地告诉兄弟俩："我的朋友是洛克菲勒，今早他给我发了封急电，要求马上将那42万元贷款收回来。"

可梅里特兄弟此刻哪来的42万元偿还呢，无奈之下，只好被迫上了法庭。

原告律师说："借据上清楚地注明了是考尔贷款。考尔贷款是贷款人随时可收回的贷款，所以，它的利息要低于普通的贷款，根据美国法律，借款人或者立即还清借款，或者宣布破产！"

在这种情况下，兄弟俩只好宣布破产，将产业卖出，洛克菲勒也就成为了受益人。

由此可见，身处瞬息万变、风云莫测的生意场，必须要持有严谨审慎的态度。虚假的需求信息、深藏欺诈的报价、吹得天花乱坠的广告，或许就是表面风光的骗局。因此，与人合作，要永远对你的对手保持警惕和戒备。

自从在这个现实世界中生存以来，我们必须与各种各样的人打交道，会与许多说不清的风险相遇。如果不严加防范内外风险，就可能造成生命财产、情感、事业等诸多方面的损失。

处世小秘笈

一个人活在世上是需要质疑心理的，一个人的生命不能维系在单一的事情上，可以怀有质疑的态度。对身边的人和事带有淡淡的质疑，你才不至于陷入良好的自我感受、自我封锁的绝境中。

同情要有度，切忌过分付出

农夫和蛇的寓言与东郭先生和狼的故事大家都已经十分熟悉了。它们带来的启示是：善良和同情一定要分对象，如果对坏人抱有同情心，不但得不到好的回报，他们甚至还会反过来加害于你。

有这样一则寓言：

> 一匹狼跑到牧羊人的农场，试图抓一只羊羔，这时，牧羊人的猎犬追了过来。这只猎犬非常高大凶猛，狼意识到可能无法逃脱了，于是便趴在地上流着眼泪哀求，发誓它再也不会来打这些羊的主意了。猎犬听信了狼的花言巧语，看了它的眼泪，感到非常不忍，便放了这只狼，想不到这只狼在猎犬回身的时候，纵身咬住了猎犬的脖子，幸亏主人及时赶来，猎犬才保住了性命，但猎犬的伤势十分严重，它伤心地说："我原不应该被狼的话感动的！"

善良有时可以发挥很大的感化力量，但"过分善良"也会给人带来生活上的障碍，甚至是致命弱点。正如上述寓言中描述的，猎犬为此而差点丢了性命！

> 公元前638年，宋襄公攻打郑国，楚国作为郑国的盟国不能丢下郑国不顾，于是，楚王派成得臣为大将，出发进攻宋国。
>
> 宋襄公与司马子鱼紧急研究对策。司马子鱼问宋襄公什么是战胜楚国的法宝，宋襄公回答说："我国虽然兵甲不足，但尚未丧失仁义道德。从前武王只有三千猛士，却战胜了殷纣王的上万军队，其中，仁义起了很大的作用。"于是，宋襄公在战书的末尾批上了十一月初一，将作战地点定于泓阳，又命令人制作一面大旗插在大车上，旗上写着"仁义"两个大字。但司马子鱼发现问题不像宋襄公想象得那么简单，便私下里对乐仆伊说："战争本来讲究的就是谋略运用与厮杀，如今却说'仁义'，势必会陷我方于危险之中！我们一定要小心行事，尽力保全我们的国家。"
>
> 楚军陆续渡河后，司马子鱼请宋襄公下令出击，并说："楚军在天亮才渡河，说明他们怀有轻敌之意。我们应在他们渡了一半之时，乘其不备发动进攻，如果让他们全部渡过河来，楚兵多我军少，恐怕不能得胜，您看怎样？"但宋襄公却指着那面"仁义"大旗说："你心里可有'仁义'？我堂堂正义之师，岂有趁敌军渡一半而出击的道理？"司马子鱼不禁焦虑。
>
> 不久，楚军已经渡河完毕。此时，司马子鱼又对宋襄公说："楚军正在布阵，尚未形成队列，现在立即击鼓进攻，楚军不会有任何反击的机会。"宋襄公往他脸上吐了一口唾沫，呵斥道："呸！你贪图一次冲锋获得的小利，就不怕不配千秋万代的'仁义'之名吗？我们乃是仁义的正义之师，岂有趁敌人没列成阵就进攻的道理？"司马子鱼只能再次暗暗叫苦。楚兵摆好阵势，队伍声势浩大，宋军人人面带惧色。此时，宋襄公才迟迟发令击鼓开战，楚军也将战鼓敲响了，宋襄公自己举着长矛和护卫的官兵驱马向楚军阵营冲锋陷阵。
>
> 成得臣见宋兵来攻，悄悄传令到军中，打开阵门，只放宋襄公一阵车马进阵。经过一阵冲杀，宋军大败，那面"仁义"大旗也被楚军夺走了。而宋襄公也是伤痕累累，右腿中箭，折断了膝

中之箭，根本无法站起来。幸好司马子鱼将他放到了自己车上，并且用自己的身体挡在前面，奋勇向外冲。等到冲出楚阵，身边军队已全部阵亡。成得臣乘胜追击，大败宋军。司马子鱼与宋襄公连夜逃回都城，没有多久宋襄公便因伤去世了。

心慈手软对政治家、军事家来说，都应该算是致命的弱点。因为他们面对的是残酷血腥、你争我夺的战斗，对敌人的仁慈就是对自己的残忍，这是显而易见的道理。

例如，楚汉之争本来是你死我活的事情，可项羽在关键时刻却对刘邦心慈手软，放虎归山，而最后项羽只能落得“霸王别姬”的下场。

“过分善良”会成为你的弱点，它会成为别人打败你的把柄，在眼泪、温情、请求、孩子似的无辜与可怜之下，最大的受害者也只会是你自己。它会弄得你是非不分，成为你人际上、前途上的绊脚石。

那么，那些心软之人如何生存呢？难道注定要做个被利用者吗？这种人应该训练自己的思考与判断，用理性和智慧来指引自己的行为，而不应沦为感情的俘虏；要经过某种历练，才能成长、成熟，变得越来越果断。

仁义和善良不是不应该有，而是要看清对象再加以施予。真正的善做人者大都懂得把握同情的分寸，不会盲目无知、一股脑儿地付出一切。否则，一不小心，就会让自己成为最大的受害者，同时也会将宝贵的善良、同情白白浪费掉。

处世小秘笈

“过分善良”容易动摇意志与理性，因此，常在放弃自己的立场之后，导致自己伤痕累累。

与人交往需要适当的距离

在现实生活中，年轻人应该都有这样的经验和体会：一个在你心中享有很高威望的人，与其亲密接触一段时间后，对方的缺点会逐渐暴露在你面前，你就会在不知不觉中改变自己对其原有的看法，甚至变得失落，并且心生厌恶之情。即使恋人、朋友以及师生之间也不例外。按理说应该是交往得越深，就越容易相处，相互之间的关系也会越好，然而，实际情况却不是这样。原因何在呢？这其实可以用心理学上的距离法则来进行说明。

“距离法则”又称“刺猬法则”，这个法则非常有意思：在寒冷的冬季，两只困倦的刺猬企图抱在一起来避寒，但是，由于它们各自身上都长满了刺，紧挨在一起就会刺痛对方，以至于无法安全地睡觉。因此，两只刺猬就分开了一段距离，可是，这样又实在冷得难以忍受，所以，它们就又抱在了一起。尝试了许多种姿势后，它们终于找到了一个比较合适的距离，既能相互取暖又能让对方睡得舒服。人际交往过程中的“心理距离”也是这样。

在人际关系中，所谓的“距离法则”，便是人与人之间的相处不能距离太远，太远了，关系就会显得生疏，从影响力的角度考虑，便无法施加影响；但也不能距离太近，因为过于接近就会变得过于亲密，势必会出现摩擦、厌烦，同样也会难以施加影响。

通用电气公司的前总裁斯通在工作中就很擅长运用“距离法则”，尤其在对待中高层管理者时更是如此。在工作场合和待遇问题上，斯通从不吝啬对管理者们的关爱，但是在私人交往中，他从不要求他们到家做客，当然也不会去他们的家中。正是这种保持适度距离的管理，使得通用的各项业务突飞猛进。与员工保持一定的距离，既不会使你高高在上，也不会使你与员工互相混淆身份。这也可以称为是一种最佳的管理状况。掌握了这个原则，也就掌握了成功的秘诀。

在上下级之间，领导者大都十分珍视自己的尊严，有了尊严才有神秘感，才能获得别人的关注。一旦上下级之间过于亲密，就会很容易丧失这一神秘感，领导者的吸引力也就会荡然无存了。

在人际交往中，关系亲密到一定程度，也就意味了疏远的开始。所以，为了避免这种过分亲密而带来的危机，就必须在心理上保持一定的距离，要有相对独立的经济，交往相处方面要坚持有效的距离。

肖丽和于嫒是老乡，又考到了同一所大学，大学期间，两个人相处得非常好，可以说是事事交心，而且对对方一切情况都相当熟悉。大学毕业后，她们都准备在学校的所在地广州发展。为了省钱，她们合租了一间房子，两个人同睡一张床。两人刚开始的时候都非常高兴，聊了一个晚上。

但好景不长，肖丽在吵闹、有光的环境下很难入睡，而于嫒的工作会有夜班，一到上夜班的日子，下班回来都要晚上10点多，还要睡前做宵夜。面对这种不一致的作息时间，虽然双方都知道互相迁就，但不满也日益增加了起来。再加上生活中的柴米油盐使两人之间很难一一算清，结果两个人渐渐不像之前那样亲密无间了，房间里充满了“冷战”的氛围。

一天，于嫒上床睡觉的时候动静大了点，肖丽再也忍受不住了，积攒了几个月的矛盾像火山一样爆发了，两个人纷纷数落对方的缺点，最后争执起来。两个人就这样分道扬镳了，从此以后再也没有找过对方。

其实，很多时候，人与人之间拥有一点点神秘很重要，太过亲密反而会让彼此不能更好地容纳对方。对此，心理学家分析说：“受到的教育、环境、习惯不同，每个人的想法、意见、观点自然而然也会不一样，如果人们能够保持一定的距离，就能遮盖这些差异，就像小小的误差在普通的计算中能被忽略一样。相反，如果人与人之间的距离过于近了，这些不同之处便会像精确计算中的小数点之后的诸多数字一样，一一呈现在人们的面前，人们很难忽视这些不同的存在。”

有适当的距离的确能产生美。因此，应当培养自己保持一定距离看他人的习惯，同时，也不要时时刻刻把自己的透明度设置为百分之百。没有秘密的内心的确能体现出自己的坦荡，但也会因此失去应有的人际距离，会给之后的人际关系留下矛盾的隐患，从而使人际关系方面有压力。因此，必须掌握好相处的距离。

人与人之间的交往，一定要把握好分寸。尽管我们有着良好的愿望，希望自己所拥有的人际关系亲密度越高越好，但心中一定要牢记：“亲密不可无间，美好需要距离。”

处世小秘笈

过于亲密，则会对朋友的私事干涉太多，于是好事没把握好度，便转变成了不好的影响，造成两个人之间的矛盾，让怨恨取代了友情。

凡事都要学会留一手

俗话说：“防人之心不可无。”这的确是十分有道理的话。这个世界纷繁复杂。举一个开车的例子，即使你老老实实遵守交通规则，但却有人无视交通法规横冲直撞，这时，你只能规避防范了。各色人生活在世界上，什么样的事情都可能发生。社会是现实的、复杂的、多变的，年轻的我们也要适应，不能太天真、太简单、太幼稚，需要认真地保护好自己。

曾经有这样一个古代传说：

传说猫收了老虎为徒弟，教它诸如发威、怒吼、卷尾、剪扑之技，但猫考虑到虎比自己庞大几十倍，若是日后它欲反扑于自己该怎么办？于是，就保留了一手爬树的技巧，未将此技教给老虎。果然，老虎觉得自己已把本领全学到手了，就和猫翻了脸，一怒之下欲将猫吞下，猫“嗖”地蹿上树顶，老虎没想到猫竟然还留了这样一手绝活，于是，只能望着树上得意洋洋的猫气得吹胡子瞪眼。

在为人处世上，如果没有留一手绝招，他人就很可能会把你踩在脚下。所以，聪明的人都会留一手，以防不测。只要你手中留有一个可以绝对制胜的绝招，那么，在任何时候，你都能处变不惊，从而获得胜利。

曹操是个老奸巨猾的谋略家，为给自己留下后路，为了防止部下对自己有不利的行为，就告诉他周围的侍从说：“在我睡觉时，你们不能随便靠近我，因为我会在梦中杀人。”有一天，他假装睡着了，有一个好心的侍从看见他盖的被子掉了，正想把被子给他重新盖上，不料曹操突然坐起来，挥剑把侍从杀死了，然后，回到床上若无其事地继续睡觉。醒了以后，他假装不知地问道：“是谁把侍候我的人杀了？”大家知道这件事后，每逢他睡觉，就无人再敢靠近他了。曹操说：“要是有人想害我，我的心里就会有所感觉。”大家对此表示不可置信。有一天，曹操把他最宠信的侍从叫到身边，对他说：“你怀里藏把刀，悄悄地来到我身边，我会告诉大家我能感知到，你只要不把这件事的实情说出去，我保证不会加害于你，事成之后我还会重重地报答你。”这个侍从信以为真，所以，在被捕以后并没有感到一丝害怕，最后却被曹操下令处死了。死到临头这个人才大呼上当，但为时已晚。从此以后，人们都相信曹操有这种遇危的感知，想谋害他的人也就不敢动手了。

我们虽不可为了保护自己而过于谨小慎微，但必须要有防人之心。做人始终都要留一手，以防患于未然，遇事多留几个心眼，这样才能确保自己事事不受陷害。

在现实生活中，个人的生活和事业都离不开利益二字，所以，人与人之间会产生内心的竞争和排斥，就算是关系最好的朋友，也可能在切身利益面前取利而弃义。明枪易躲，暗箭难防。要记住，这个世界不会永远都是温情和友善的，在许多时间和场合还充满着伪情和欺骗。

在某市机关的一个科室里，杰与辉是很好的朋友。两人曾经是同窗，现在还是同事，所以两人一直惺惺相惜。后来，局里要在杰与辉之间选拔一位中层领导。他们俩都有着杰出的能力，尤其是杰，能办事，为人也不错，有很高的呼声。

几天后，结果下来了，令大家吃惊的是，中选的不是杰，而是辉。大家对此纷纷表现不解。原来，在辉得知这次选拔是在他与杰之间进行时，他的内心不甘落后，于是，他暗下决心，一定要把杰挤掉。但他也明白，如果搞公平竞争，自己肯定赢不了杰，要获胜只能用些伎俩。于是，他四处活动，对上司们毕恭毕敬，除大大夸张自己的能力外，还处处给领导一个暗示——杰有许多缺点，他不适合这份工作。辉与杰相处多年，十分清楚对方的过失，再加之辉又编造了一些似乎很有说服力的证据，最终，辉在这场较量中意外取胜。

朋友变成同事，这关系并不是很美妙。因为你们彼此都知根知底，很容易就会揭对方的伤疤。所以，处于竞争当中的同事要有防范之心，特别要对知根知底的“朋友”防一手。杰之所以处于一种“防不胜防”的被动尴尬境地，就是他在这方面失误了。

人生并不是一盘棋局，但人人都在心里下着一盘棋。你与他，他与别人，因时因地不同，都有可能成为对手。更何况，只有在与对手的竞争过程中才会让自己成长得更快，也只有在与人相处时时刻为自己留一手，才不会拖自己的后腿。

处世小秘笈

人生并不是一盘棋局，但人人都在心里下着一盘棋。你与他，他与别人，因时因地不同，都有可能成为对手。

第四篇

年轻人职场智慧攻略

第一章　求职面试时的智慧

自卑是导致面试失败的重要因素

年轻人走出校门，寻找适合自己的工作是当务之急。面试是其中最基本的一个环节，也是很重要的一个环节。有的毕业生一走进就业市场就心里发怵，一坐在考官面前，心里便七上八下。面对激烈的竞争，觉得自己这也不行，那也不如别人。有的毕业生不正确地放大自身劣势，如身高不理想、相貌不佳、人际交往不擅长等，或是认为自己的专业没有前途。此外，还有的人对自我能力评价过低，不能充分认识自身的长处。结果，在第一步定位上出现偏差，即使自己完全能够胜任，也不敢去应聘待遇更好、前景更光明的职位。

使这类人甘愿放弃更好工作的便是自卑心理，自卑心理让他们缺乏自信心，不愿主动与他人一较高下。在激烈的择业竞争中，自卑心理必然会阻碍成功。

那么，如何消除自身的自卑心理，从而决胜职场呢？这就要求年轻人要冷静、理智、公正地评价自己和他人。

自卑心理往往是努力发挥优势争取成功的途中，由于受到挫折，对自己的能力产生怀疑而造成的。存在这一心理的人们，不妨多做一些力所能及、把握较大的事情。成功后，便会认可自身现有的能力，每一次成功都是对自信心的强化。建立自信是长期战略，切不可操之过急。应从一连串小小的成功开始，通过不断的成功来表现自己和确立自信，从而不再认为自身能力不足。表现自己时，要选择适合自己的目标，不能一口吃个胖子。要循序渐进地锻炼自己的能力，逐步用自信心取代自卑感。

有自卑感的人常常性格内向、敏感多疑。因此，锻炼品格至关重要。有自卑感的年轻人要强迫自己融入集体活动，在活动中培养自己的坚韧性、果断性以及勇于进取等优秀品质，从而确立自信，战胜自卑。

克服自卑心理可以通过努力奋斗，形成自己在某领域的优势，以专长代替劣势，从而消除心理上的自卑。某一器官能力欠缺，而另一器官功能突出，如盲人尤明、聋者尤聪，这是大家常见的。其实，人还存在心理上、才能上的补偿现象。勤能补拙、扬长补短，就是器官补偿作用在心理上的表现。华罗庚说："勤能补拙是良训，一分辛苦一分才。"请记住：每个人都有值得骄傲的长处。其次，每个人都有自己的长处和短处，要学会扬长补短。亚历山大、拿破仑，他们生来就身材矮小，在世人眼中这便是生理缺陷。但他们并不因此自卑，而是扬长避短，以后天努力战胜先天不足，并立志在军事上取得成就。经过不断努力，最终他们都成功了。所以说，人的某些缺陷和不足并非是命中注定不可变更的，而要看自己愿不愿意改变。只要找到正确的补偿目标，就能克服自身的缺陷或者以其他长处代替劣势。

此外，自我暗示法疗效也非常显著。这指的是个人通过积极的自我暗示、自我鼓励进行自助的方法。自我暗示在行为中表现为个人自我评价，它与人的行为之间有很大的关系。消极的自我暗示导致消极的行为，而积极的暗示能促进人积极努力。其实，每个人的智力相差并不是太大，我们在做事的时候，要经常积极地自我暗示："别人能做的我也一定能做好。"要始终坚信"我能行""我也能够做好"。成功了，自信心得到加强；失败了，我们也不应气馁，不妨告诉自己一两次胜负不会决定人生成败，只要努力前途一定更光明。

伟人之所以难以高攀，不过是因为众人选择了仰视的角度。其实，最有意义的比较是自己跟自己比。每个人都应根据自己的兴趣、爱好、能力、特点等来确立自己的事业和人生道路，扬长避短，积极进取，最后实现人生的价值。这样一来，以往的失败经历就会成为今后的经验而不是阻碍，进而能够使你自信地面对求职。

每个人都有自己的弱点和优点，我们应该自信地接受自己的优点，同样，也要正视自己的劣势，这样就能正确地与人比较，在看到自己不如人之处时，也发现自己的闪光点。

无畏无惧，方能成功

二十几岁的你，是不是曾因为畏惧而失去过很多难得的面试机会？那么，到底是何种畏惧导致我们裹足不前呢？

担心被拒绝。初次求职的年轻人初入陌生的职场，迫切地希望得到他人的承认，得到面试方的肯定。然而，所求愈多，恐惧愈深。

如果得不到这份工作，结果将会怎样？如果不被认可该怎么办？所有难题都被放大，并对求职者的行为产生影响，求职心态也会每况愈下。而当你不再根据自身的能力和热情来展示自己，而选择一味地追求得到承认和赢得赞许时，那么，你需要认清自己的处境。你费尽心思得到他人的承认，但却忘记了自己的存在。最终，你将与近在眼前的成功机会擦肩而过，被畏惧所左右，而无力发挥你的全部潜能。而克服这种畏惧的最佳途径就是直接与你所畏惧的成功人士面对面接触。这是为什么呢？在多数情况下，你与他们的距离难以跨越，因为与他们接触不多，你会凭空将一些虚幻的想法加在他们身上。但其实你的臆想可能有误，他们也许平易近人，而非拒人于千里之外。

对未来没有把握。因缺少远见而轻言放弃的例子俯拾皆是。1967年，瑞士手表制造商在其研究中心发明了电子石英表。然而，他们却拒绝进行大规模生产和市场试验。谁会要一块没有发条的手表呢？在接下来的十年中，瑞士手表商为此付出了市场占有率从65%下降到了不足10%的惨重代价。出现这一结果的原因在于，日本公司利用瑞士公司的发明，大规模生产、推广了电子表，迅速抢占了市场。这与部分因为缺少自信而轻言放弃的人是十分相似的。

畏惧使人裹足不前，对捉摸不定的未来的恐惧使你不愿轻易改变现状，对你而言，虽说可能目前的工作环境等多方面都不适合自己，但未知的将来却可能更加可怕，因此，悲观者宁可现在受苦，也不愿改变。

聪明地冒险是对付这种畏惧的一剂良药。走出校园、步入社会就是选择了前进在通往未知未来的路上，那么，为何还要因未来未知而放弃呢？

畏惧是一种心病，所以只能用"心药"来医。而这药需自我生产。冷静地剖析自我，选择无畏，勇敢地创造未来吧。

摆脱依赖走向成功

二十几岁的年轻人，在求职或即将走向工作岗位时，依赖性很强。根据一份“中国大学生就业状况调查”的数据显示，有41.61%的大学生认为父母长辈的人脉是求职的最佳资源。在来自大城市的学生中，这一比例更是高达51.29%。

依赖心理产生于独立意识丧失和独立能力不足。在现实生活中，常可看到一些因依赖而被动等待，不去积极进取的年轻人。虽然单凭父母“门子硬”能够找到“好”的工作，但因无力单独完成工作任务而常引起单位的不满的例子也不在少数。

这一现象是多种社会原因综合导致的，一方面，在传统的东方教育体系中，父母将孩子视为掌上明珠，不愿缺乏社会经验的孩子在社会上吃苦，于是，就一手包揽了一切。虽然父母也想让孩子独立，但在实际生活中却没有给孩子一个独立的机会。父母的这种“溺爱”教育，让孩子养成了依赖的习惯。另一方面，严峻的就业形势给年轻人的机会很少。“人多岗少”是当下就业形势的主流。家长希望在少有的岗位中，能一步到位地给孩子提供就业机会，让孩子在残酷竞争中胜出。而不少二十几岁的年轻人也表示，他们觉得依靠父母并不光彩，但实在是“形势所迫”，因为你的家庭背景和社会关系在某些时候会直接关系到求职的成败。甚至有人认为，家庭背景与人脉才是求职场上的通行证。依赖父母不仅是求职的捷径，在某些时候，甚至成了必要条件。尤其是在僧多粥少的当下，找工作靠关系、靠父母已经成为大学生的“共识”，甚至还有人直言：“大学生找工作就是比爹！”

面对日益白热化的求职竞争，只有摆脱依赖心理，牢固树立自主、自立意识，才能在竞争中生存、在竞争中胜利。不仅要学好专业知识，还要注重扩大自己的知识面，拓宽自己的视野，注重在实际工作中培养能力，以及独立工作的能力，注重理论和实践相结合，树立独立自主的创新意识，有针对性地弥补不足，为自己择业、就业做好充分准备。

所以，二十几岁的年轻人要知道：依赖心理与独立工作是矛盾的。而找工作本身其实就是一个摆脱依赖的过程，标志着独立自主的人生的开始。所以，求职时切不要存有依赖心理，勇敢地离开温室去拼搏吧。

靠关系，或不想通过公平竞争而想靠捷径、侥幸取胜，短期胜出而对长期有害。即使你靠关系获得了较好的职位，但如果不能胜任工作，也是迟早会被淘汰的。

选择最适合自己的职业

二十几岁的年轻人在找工作时往往只考虑工作与专业对不对口，却很少考虑父母为自己选择的专业是否适合自己；要么是不分企业、不分行业、不分工作，盲目发送求职简历；要么是在求职简历的求职意向一栏同时填报多个职位，而对自己没有一个明确的定位；要么是在就业压力下，只要对方愿意接受自己，就不管该行业和该工作是否适合自己，立即签订三方协议，而且可能一下就签了三五年。

迫于就业压力，年轻人如此选择也是无奈之举。但这些做法都带有一定的盲目性，没有站在一个长远角度来考虑自己的就业问题。若尚未理性选择便盲目求职，那么，三五年之后，就很可能发现自己仍然面临着选择的困境：为工作与自己不匹配而烦恼丛生，甚至感觉工作给自己带来疲劳和痛苦，工作了几年也没做出多大的成绩；如果辞职重新选择别的行业或职业，那么，很可能意味着放弃现在积累的社会资源与经验，不得不付出很高的“机会成本”。

解决方法是在求职之前，克服盲目心理，选择适合自己的职业；而且在入职之后，不管能否适应工作，都需要调整心态，以便尽快在工作岗位上做出成绩。

走向社会，对于二十几岁的年轻人来说，急需处理好适应角色、进入角色和选择角色的人生三步曲，克服落差感，做好自我心理调适，建立职业自信心，建立和谐的人际关系，尽快适应角色。步入社会，意味着学生角色向职业角色转化的真正开始。年轻人渴望被职场前辈认可，但从业之初，往往被指派做近似打杂的体力劳动或被频繁轮岗；曾经是学校里的优等生，如今却只是一名普通员工；学的是热门专业，却做着与专业不相关的事情。评价标准的差异，期望值的跌落，都给年轻人造成心理困扰。

适应角色阶段的心理调适重点在于明确自身的地位与职业要求，安心于工作岗位，克服心理上的落差感。进入职业角色是用已掌握的本领，通过具体工作为社会付出，独立作业，主动肩负职业责任。在这一阶段，应当尽快告别学生角色和校园思维模式，全身心地投入到工作岗位中去。要动态地看待就业，不论是高才低聘，还是期望值跌落，在未来都会有所变动。

处世小秘笈

要知道，真正的人才绝不会被永远埋没。坚定信心，从小事做起，培养意志品格，不怕吃苦。荀子说：“不积跬步，无以至千里；不积小流，无以成江海。”这应作为年轻人的座右铭。

即使能力突出，也不要狂妄自大

二十几岁的年轻人才出校门，都认为自己才学出众。但是，你一定要记住：纵使卓越，切勿自大。不仅是初入职场，而且在求职时年轻人也必须明白这个道理。

希腊哲学家对“卓越”与“狂妄”做了引人深思的论述，他们相信每一个人都有责任把自己的潜能发挥得淋漓尽致。但同时，这种自信要保持良好的“度”，不能自欺欺人地认为自己具有超越现实的能力，扩大为自我膨胀幻想，如陷两难深渊，因此，失败的命运便是不可避免的。

诚然，敢自以为是的人定有卓越之处。但自身的优点必须运用得当，不然，就会深陷“狂妄”的囹圄。

做到纵使卓越而勿自大很难，智者会亲前者而远后者。背道而驰的结果，可能是一生成就得之极少，而懊悔却巨大，成为发挥最佳潜能的障碍，甚至让人丧失把握命运的力量。

老子对此有精辟的概括：“知人者智，自知者明。”要抱着归零心态和珍惜心态去求职。要明白步入职场是从头开始。应聘的时候，不要把大学学历或者学校的牌子当做光环、当做资历。必须勇敢地面对未知世界，把你过去的经验和知识都归零。只有归零，才能更快地学习新知识；有了归零的心态，便绝不会自以为是，不会认为自己拿到大学文凭有多么了不起。那么，便不再认为受挫吃苦是过不去的坎。“进科龙的新毕业大学生都得先下车间做生产线上的工人，体验两个月，了解生产线和产品。”很多知名企业都用这种方式改变入职新人“只能做管理人员，只能坐办公室”的错误想法。

珍惜就是要珍惜你现在的一切，尤其是在校学习的机会。无论未来的工作是什么，只要能学到东西，能有所收获，就要用珍惜的态度来对待。懂得珍惜的人都知道感恩惜福，也会明白吃苦是为以后积累经验。从哲学意义上来界定，归零心态和珍惜意识应该是基于对社会环境和自身价值的认识，它符合用客观、运动、辩证的观点审视我们自身和周围环境的要求。在这个意义上，归零心态和珍惜心态则远远超越了日常生活中的行为和态度，它让人远离傲慢，远离自以为是。同时，作为一种人类特有的能力和自我反思，总结经验的能力能促使我们不断进步。只要拥有良好的归零心态和珍惜心态，成功就会不期而至。

处世小秘笈

在卓越与狂妄之间，我们要小心翼翼，警惕自大自负。狂妄不仅会影响到我们求职，甚至会影响到今后的工作、生活乃至人生。

求职场上切忌浮躁

二十几岁时，面对求职就业的压力，浮躁情绪偶尔爆发也是正常的。但如果长期处在“浮躁”状态下，以及因为浮躁而做出盲目的选择，就很容易阻碍自身发展，求职的成功概率也会因此大打折扣。

当我们心不在焉的时候，当我们坐卧不宁的时候，当我们打算半途而废的时候，当我们为鸡毛蒜皮的小事斤斤计较的时候，当我们急功近利的时候，当我们盲目地与人攀比的时候，浮躁便犹如幽灵一样，无声的盘踞在我们心中。它会腐蚀我们宁静的心灵，让我们自寻烦恼、喜怒无常、坐立不安、犹豫不决；浮躁会侵蚀我们的意志品质，让我们浅尝辄止，东一榔头西一棒，这山望着那山高；它会贿赂我们凡人的肉体，让我们耐不住寂寞、守不住信仰，从而轻易放弃我们坚守的梦想。

浮躁的人喜欢与别人比，但总是比不过别人；浮躁的人急功近利，但总是捡了芝麻丢了西瓜；浮躁的人总想做大事，但却忽视身边的小事。

此外，还有些人在就业择业时只盯着眼前利益，一心只想进大城市、大机关，去沿海发达地区，到挣钱多、待遇好的单位。甚至为了一时利益进入自己完全陌生的行业。这种心理可能会使你获得暂时的成就感和满足感，但从长远发展来看并非明智的选择。

而要想彻底铲除“浮躁”之根，就要求我们要学会专注。专注能让我们有不随波逐流的力量，避免头脑发热失去自我，更不会发出“外面的世界很精彩，这里的世界很无奈”的感慨。他们不会盲目地跟随某种力量。在外人看来，他们可能是“众人皆醉我独醒”的异类，是“做我自己”的偏执狂，但这种远离浮躁的标新立异却是取得成功的关键要素。

总之，浮躁不仅容易导致自身短视，容易导致不能专心做事，而且还会造成求职的失败。所以，要想找好的工作，务必心平气和，切忌浮躁，不做要“头重脚轻根底浅”的墙上芦苇。

处世小秘笈

浮躁是用人单位最忌讳看到的。所以，浮躁一旦表现出来，就很容易让企业放弃你，降低你被录取的可能性。

不要与人进行盲目的攀比

“小张去了上市公司，小李去了外企……看来看去都比我好，可他们都没我能力强，我怎么就得去一般的小公司呢？我只进大公司，不在小地方工作！”

世界上没有两片相同的树叶。大学生的“就业攀比”就是在和别人做无谓的对比，这种“面子”上的较量，输赢都会对自己造成伤害。如果实现不了自己的目标，攀比者必然会情绪低落、心态失衡，为一时的面子而陷入高不成低不就的困境。

在用人单位眼里，现在的求职者往往高不成低不就。他们认为，现在的年轻人不愿意吃苦，专业知识又不能直接运用于实践。这样的成见固然跟用人单位对求职者的具体情况不完全了解有一定的关系，但主要原因还是来自求职者自身。

不与他人攀比，只考虑是否适合自己，也在很大程度上体现了自身的成熟。近年来，越来越多的大学生选择了当村官、下社区、进民企，不少年轻人甘愿舍下既得的或把握很大的高薪职位。这本身就是大学生们心态日益成熟的表现。清晰的定位，务实的态度，再加上长远的眼光，具备这些的年轻人一定有好的工作。

那么，如何才能不攀比，寻找适合自己的工作呢？

首先，要珍惜学习机会，在校园积累专业能力。虽然证书不代表能力，但用人单位在筛选面试材料的时候，资格证书却是入场券。如果你学的是会计，最好能拿到注册会计师资格证书；如果你想进外企，最好能有足够高的托福成绩和良好的英文听说读写能力；如果你想成为公务员，你最好先是党员，并且积累了一定的行政工作经验。

其次，找工作时不受专业局限，拓展综合知识。用人单位之所以愿意录用研究生，其实是因为他们宽口径的专业背景。因此，要拓宽自己的就业面，在读书期间多接触时下热点和未来焦点，使自己成为一名复合型人才。

在主动求职前，必须先认真分析自己的性格类型、爱好特长、技能水平等，了解自己的价值观、就业倾向、就业态度，分析自己的求职技能和技巧，明确自己所为所不为，客观分析自己的竞争力如何。要以战胜自我为职业目标，而不是一味地与他人攀比。

再次，要吃苦耐劳，从基层做起。作为一名新人进入公司，由学生转变为企业员工时，有太多的技能需要学习和掌握。在新岗位上，只有吃苦耐劳，才能在实践过程中积累更多的经验，从而更快更好地进入工作状态。

最后，要对自己投出的简历负责。很多同学在投简历时都怀着“广撒网、多捕鱼”的思想，他们坚信投简历的量变会引起质变，多投就意味着机会多。但当面试机会真正出现在眼前时，他们却因为不了解应聘岗位而与工作失之交臂。所以，在面试之前，我们应该对应聘的单位有充足的了解，珍惜每份简历可能带来的机会。

相信做到了以上几点，在不断有意识地加强自身能力的同时，明确自身优势劣势，就一定能消除求职时盲目的攀比心理，找到适合自己的工作。

命运为每个人准备了不同的机会。努力寻觅自己中意的工作，这种做法本身没有错，但要明白一点：工作是找给自己干的，不是找给别人看的。

制作简历应避免的四大毛病

找工作时离不开一份好的简历。如何撰写简历，在无声的简短文字中刻画自己，给面试官留下深刻的印象，已经成了求职者十分在意却无能为力的事。

以下是制作简历时应避免的四种毛病：

简历病症1：厌写症——“一页纸简历”

一位人事经理看简历的时间不超过30秒，冗长的简历意味着求职的失败。于是，“一页纸简历”便应运而生。虽然为简历“瘦身”很有必要，但一页纸简历适用于一些管理者岗位，却不适用于以技术和专利为条件的岗位。以招聘开发工程师为例，HR要在简历中看到应聘者的实践经历、能掌握何种语言等信息，这并非一页纸就能写下的。另外，还有一些学生缩排字号，这样会影响阅读效果。如果一页纸写不下所有内容，那就不妨写一份简明记录岗位所需的工作经验和技能的简历。

简历病症2：贪靓——盛装简历成潮流

当今社会，各色封面、数码冲印照片、用Photoshop特制的简历已成为潮流。有学生随简历附送VCD，还有学生在简历里插入大量艺术元素，更有甚者在简历的第一页写上“通缉伯乐”。过分为简历“扮靓”往往适得其反。比如，给简历设置封面，在HR看来既麻烦又不环保。当然，简历应该朴素还是华丽不能一概而论，比如会计、硬件工程师等强调严谨性的职位，需要的就是朴素的简历，而有的广告公司招募的是“创意鬼才”，应聘这种职位时，在简历设计方面独出心裁是必需的。

简历病症3：大嘴症——极尽夸张之能事

很多学生为了证明自己解决实际问题的能力，在描述实习经历时常用到“负责公司某某项目”这样的语句。更有学生在进行个人评价时，只字不提自己的缺点。恰当的用语是一份合格简历所必需的，人事部门都清楚公司不会把某个项目交给一个实习生。“负责”之类的语句只会让人感觉言过其实，所以，用“协助”会更合适。

简历病症4：偷懒症——一份简历投遍天下

很多学生广投简历。而为了省事，许多学生在应聘不同公司、不同职位时，都会递上一份内容相同的简历。

实际上，企业对不同岗位应聘者的需求不同。比如，招聘技术型人才时，看应届毕业生的简历会比较注重其专业成绩、相关技术成果；如果招聘管理型人才，除了要看所学专业和学习成绩外，还会注重校内、社会的实践环节等。

在制作简历时，要避开以上误区，结合专业情况，按职位不同而制作不同的简历，这才是最恰当、最明智的。

处世小秘笈

如果你想找个好的简历模板、样本、范文，上网一搜就是一大堆。但好的并不是最适合你的，如稍有不慎，就可能画蛇添足，甚至造成求职障碍。

了解面试官的心理

面试就是面试者和求职者之间的一场心理战。作为应聘者来说，掌握面试官的心理，只要做到“明白他的心”，就能变被动为主动。因此，年轻人应适当学习一些心理学，分析面试官的语言、行为和心理特征，有准备、有针对性地参加面试，就能提高面试的成功率。

最初印象和负面加重倾向。国际调查显示，至少有 85% 的考官在面试真正开始前，已根据应聘者的应聘资料对其产生了最初的印象。最初印象几乎决定了求职的成败。根据心理学的原理，如果你给人留下的最初印象不好，那么，要想改变这种印象是很困难的，这就是负面加重倾向的作用。针对面试官对最初印象的重视，我们就应当认真准备自己的应聘资料，尽可能让正面信息多于负面信息。当然，更不要因为自己不得体的穿着打扮、不经意的小动作而给考官留下糟糕的印象。

雇佣压力和暗示。所谓雇佣压力，是指考官承担必须招聘足够数量优秀人才的压力。考官的雇佣压力对应聘者来说是个机会。有人曾做过实验：将人力资源经理分成两组，其中一组被告知他们的工作量与招聘任务的指标还相差很远；而对另一组的人说，招聘任务马上就要完成了。结果，被告之离招聘任务相差甚远的那组，对应聘者更重视，评价也更高。

当然，大多数应聘者并不知道雇佣压力。但是，在面试中，考官完全可能不自觉地使用某种暗示。由于急于完成某岗位的招聘任务，考官可能会无意识地用暗示来表现这种情绪，甚至主动引导应聘者正确回答问题。比如，他们会说：“外语事务你没问题吧……根据你的经历，对某技术问题可能不成问题吧。”在大部分情况下，暗示以更隐晦的方式传递。比如，考官认可你所陈述的，他会面露微笑，或轻轻地点头。因此，不失时机地把握考官的雇佣压力，及时地接住暗示，并沿着这条路走下去，你就可能达到目的。

在面试中，要尽可能给面试考官留下赏心悦目的印象。这里所说的赏心悦目不仅是指应聘者的穿着打扮，而更强调求职者在应聘时的眼睛、面部表情。调查显示，积极调动表情，甚至用简单的小动作来表现自己情绪的应聘者的成功率要远高于那些面无表情的木讷应聘者。

此外，在面试过程中，应聘者会被要求同时回答问题。了解这些问题背后企业真正的潜台词，对你的面试成功也很有帮助。

你了解公司吗？——希望你对自己要应聘的单位深入了解，其中包括了解公司今后大的定位和方向。

你了解这一工作吗？——希望你明确自己的岗位和责任。回答的好坏能反映出你的工作意向，以及是否具备相关技能或迫切希望开发这些技能。

你能够做好这一工作吗？——需要提供过去解决相关问题的经验。

你具备这些品质吗？——需要陈述自己的意志品质，如创造性、精力、诚实性，而这些东西是从你的简历上难以了解的。以此来了解你的性格等软实力是否适合这一工作。

你团队合作能力如何？——许多工作需要团队来实现目标，通过这一问题来确定你是不是能和大家友好相处、共同合作,这一点很重要。

处世小秘笈

面试官以下三种心理倾向需被重视:最初印象和负面加重倾向、雇佣压力和暗示、赏心悦目。

用微笑展示自信

良好的自信心是一切成功的基础。自信会让你更好地认识自己的社会地位,这样你就能精神饱满地开始全新的一天。虽然自信不是财富,但它会带给你更多的财富。当你真正地进入到工作中时,拥有并保持自信,你就会拥有发言权,从而得到升迁的机会,不断被要求做更高层次的工作,成功自然离你越来越近。

这里说的自信是建立在对自身的正确评估上的,并非盲目的自信。假设为获得好岗位、好职位,采取了“先入为主”的虚张声势的方式,把夸张和自负当自信,以先靠“两片嘴”“蒙”过第一关,后面再去“补”也不迟的心态去面试,结果往往会到岗后力不从心,原形毕露,误人误己。

这里的自信是建立在正确认识自己能力的基础上的,是能够单独面对职业压力和责任魄力的信心。作为年轻人,有自信当然是好事,但如果自信不是以“内功”为基础反而仅靠嘴说,那么,这种自信心就不叫自信,而该叫自吹了。

不可否认的是,由于缺乏社会阅历和工作经验,二十几岁的年轻人直接找到一份好工作确实不易。但这只是外因,阻碍你找到一份能够发挥自己潜力的工作的心理上的最大障碍其实正是你自己。人类最大的弱点就是自贬,即廉价出卖自己,这样的事在日常生活中比比皆是。例如,面对心仪已久的招聘职位,却没有采取任何行动,因为他自卑地想:“我能行吗?竞争的人太多了,我的能力恐怕不足,何必自找麻烦?”结果,永远丧失了宝贵的机会。对于刚进入社会的职场新人而言,求职面试时的自信对获取一份工作尤为重要。这时,一定要做好面试的全面准备工作,即物资准备、心理准备、研究准备、问题准备、仪表准备、礼仪准备,并对面试中的每一个环节进行仔细分析、认真研究,只有准备充分的人才不会紧张。

处世小秘笈

不打无准备之仗,自然心里有底,不慌不忙,充满必胜的信心。怀疑自己,注定被怀疑,相信胜利,必定能成功——微笑着展示自信吧!

怎样才能培养亲和力

亲和力代表了人际交往的水平。亲和力的高低常常取决于人的性格特征,如有的人生来不爱笑,有的人天生喜欢独处,有的人天生爱热闹,有的人天生具有丰富的幽默细胞。人们相信他们喜欢的人,希望被别人认可。其实,面试的时候也是一样,好的交流者能产生出“亲和力”,畅通交流渠道,提高成功率。

以下是培养亲和力的几个重点:

1. 深刻认识自我

人贵有自知之明。一个人只有深入地了解自我,才能正确对待自己。因此,先深刻地认识自己是真正具备良好的人际亲和力的基石。每个人在成长的过程中,都会遭遇伤害或产生隐忧,许多人可能拥有自卑的童年,或者自傲,或者是以自我为中心,或者曾经遭受到各种各样的心灵创伤,这些问题的存在,显然会对进入职场后亲和力的展示造成阻碍。因此,要深刻地认识自己和了解自己,若希望童年的遭遇不会干扰现在的人际交往，就必须从自我反省开始。

不断地进行人际交流实践，并加强自我在实践中的体验和感受。先理性地审视自己，再换位思考，从而进行亲和力的培养，这是加强人际亲和力的重要过程。在不断的人际交流的实践中，别人作为一面镜子，可以折射出自己的另一面，从而从别人的身上发现自己的缺点和缺少的优点。在与他人交流的实践中，不断解决具体问题，积累经验，随时地修正自己。有一些人在童年时代就很少有和人交往的机会，虽然他们天性开朗活泼、热情向上，可是，由于封闭的家庭环境，亲和力能力被忽视，他们成年以后渐渐成为一个木讷寡言、容易紧张害羞的人。有的人在青少年时代很少和人交往，缺乏实践的机会，在他们成年以后，由于各种原因进入与人交流很多的行业，如从事销售等专门和人打交道的职业，渐渐地，在实践中加强了亲和力。所以，培养亲和力必须在实践中进行。

2. 自我意识扩大化，加强人际包容能力，换位思考，理解他人

对每个人来说，儿时的成长环境都是性格形成的基础，而他所生长的家庭环境和社会环境给他的自我意识打下了一个烙印，因此，对人会有自己的独特的看法。在与人沟通交流时，这些看法会影响到对他人的评价。当他以自己的世界观、人生观和价值观去评价他人时，就会认为他人的想法不可理解。所以，与人和谐相处要正确认识自己固有的观念，要不断地放下自己固有的价值观标准，能耐心地倾听来自他人内心深处的声音，就能感知以往被自己忽略了的全新的内心世界。在不断重复的过程中，他的自我意识就会扩张，不断洞悉别人的内心，自然能够善解人意，增强亲和力。

3. 防止烦躁情绪的干扰和破坏

当人们处在高度的压力下，就会出现焦虑的情绪，欲望也会不断地从潜意识中浮现出来，让人处于烦躁中不能自拔。虽然懂得人际交往和亲和的原则，可是生理状况不允许他们做得很好。所以，他们不由自主地发脾气，不停地纠缠于芝麻绿豆的小事，渐渐地，便会在无形中给自己的亲和力制造麻烦，人际亲和力也就会因此下降。

亲和力真是一个微妙而重要的东西，它拥有巨大的潜能，所产生的巨大力量为你带来的将不仅仅是面试的成功，更会给你今后的职场人生注入生命力，让职业生涯精彩无限。

处世小秘笈

怎样才能具有良好的亲和力呢？亲和力不是在短时间内一蹴而就的，它需要在点滴小事中逐渐积累。

树立良好的第一印象

心理学家认为，第一印象与外表、肢体语言及谈话有关。一个并不刻意的眼神，一个毫不起眼的细小动作，都会被面试官注意到。而第一印象一旦形成，便很难改变，所以说，第一印象往往决定了你是否能拥有这份工作。因此，你要珍惜这仅有的一次机会。平日的自我修炼对第一印象至关重要，它有助于让自己把握好这仅有的“第一次”。

在形成第一印象的因素中，除了外貌长相，身体语言也很重要。有研究表明，在人际交往中，身体语言的信息要比语言的内涵更丰富，外延更广。在现实中，我们大多数人都是以直观迅速的方式去理解别人的肢体语言的。大多数时候，我们能由此获取积极、消极信号。为了建立良好的第一印象，心理学家建议，坐的时候要两脚着地，坐和站的时候不要手臂交叉，还有，要注意眼神接触等。

需要提醒的是，只有人的身体语言传达的信息和其语言内涵同步时，才可能赢得他人的信任。心理学家曾研究发现：两批被试者按要求向他人陈述假话与事实，说假话的受试者会下意识地远离谈话对方，而且身体向后靠，肢体活动较少，但面部笑容反而增多。

展开有效的谈话是树立良好的第一印象的有效举措之一。在面试中，求职者对自己的经历及能力的表述应该简明扼要，适可而止。在与考官的问答中，面试者一定不能打断对方，要注意谈吐谦逊、自然，这样既让面试官信任自己，也表现出了亲和力。

日常生活中的经验积累很重要，比如，找到适合自己的打扮风格、不断学习和充实自己、适时展现自己的气质和风采。还有，某方面的专长也会给人留下一个美好的第一印象。在面试的时候，要将自己“用心”地展现出来，拉近与面试官的距离，用第一印象向面试官说：“我就是公司需要的那个人。”

处世小秘笈

在面试中，求职者如果能维持良好的眼神交流、端正的姿势和与言语内容一致的表情，就可以让考官相信你是值得信赖、可以共事的人。

通往职场的“五步法”

第一步：仔细听讲

理想的面试是在经过充分的调查、对用人单位的招聘岗位了如指掌的基础上参加的。请记住，面试是一种动态的活动，突发情况很多，且时间又非常短促，可能还来不及考虑就已经发生了。因此，即使事先准备得很充分，也要重视面试过程，首先是要用耳朵听，然后再对所听到的话做出反应。这样就能很快地进入角色，让自己转变成一个保证努力工作和解决问题的潜在的合作者，面试成功率就增加了20%。

第二步：引起注意

能参加面试，就说明你目前的状况比较适合这一工作。因此，要采取主动，用各种办法来引起对方的注意，如形体语言、着装、一句问候语，在短暂的面试时间内给面试官留下长久的好印象。“早上好，先生。来贵公司参加面试我很高兴，相信我是符合贵公司要求的。”或者说：“来贵公司参加面试，我很高兴。看来我会符合贵公司的需要的。”如此一来就能给对方留下好印象。其目的是在短短的面试期间，让面试官记住你，并优先考虑你。这样一来，你就获得了20%的成功。

第三步：激发兴趣

要让对方对你产生兴趣，首要任务就是展示岗位所需的潜力，从某方面来激发聘用者的兴趣。努力把自己想说的话表达出来，这样才能达到目的。例如，“在校期间我长期担任学生干部”或“我为院里做过一些管理工作”，这类缺乏调节的信息是无效的，因为太过于宽泛了。“我专门处理学生会中学习方面的具体问题”“我在学校组织过大型运动会”，要让考官了解你的能力体现在哪一面。这样一来，成功的几率又增加了20%。

第四步：促其动心

要说服人是一件比较难的事情。因此，必须察言观色，推敲对方心理，听出“购买信号”。这些信号可能很明显，如对方会说“我对此有兴趣”等。考官大多数时候都会使用暗示，如“请多告诉我有关……”或“你能在……方面谈得更具体一点吗”。明确或暗示的表达都证明，这些“购买信号”表明你按对了按钮。激起“购买信号”后，你的重心就在于发现能持久引起对方积极反应的事情。这样一来，你就又为自己赢得了20%的成功。

第五步：督促对方

假定在面试快要结束时，你仍然对这份工作感兴趣，但对方并没有做出十分明确的暗示，那么，就可以试试这个问题：“我什么时候可以得到您的答复？”或者：“我想早点得到回复。”请记住，这最后的20%更多的是靠机会了。

处世小秘笈

年轻人怎样才能在面试中脱颖而出，获得职场通行证呢？在许多成功的事例中，我们总结出了五个步骤，简称“五步法”。

不要陷入“自杀式”的雷区

自杀式一：奋不顾身

奋不顾身面试1：

“你有五分钟时间介绍自己。”

“我没什么特殊之处……”

自杀理由：给你一个机会，就是让你证明自己是优秀的。考官要了解你的优点，关键是你如何寻找。但是，你这样的回答会让人认为你是胆小自卑的人。

奋不顾身面试2：

“请简单介绍一下你自己。”

“这次我准备得不充分……”

自杀理由：你的意思本来是：我还可以更好的。但对方获取的有效信息却是：没准备好还来干吗，太不尊重我啦！

自杀式二：天花乱坠

“说说你的优点。”

“（像小学生背课文一般）我团结同学、尊重老师、热爱生活、兴趣多样、积极主动……”

自杀理由：优点不是越多越好，而是越真实越独特越好。毕竟几乎没有人可以既“团结同学”，同时又“独立研究，刻苦钻研”，还要“积极投身社团”。浑身优点就等于没有特点。

自杀式三：我要借工作学习

“你希望从这份工作中得到什么？”

“我希望通过这份工作增长才干，开阔眼界。”

自杀理由：公司又不是学校，是希望你过来干活的，工作中学习是以更好地工作为第一要务的。你居然准备拿我们的工作机会练手？我们还是另外找更踏实的人吧。

自杀式四：过度关注报酬

“你还有什么问题吗？”

“我想问一下薪酬和待遇能提高些吗？”

自杀理由：一般来说，工资完全可以在网络上获得相关信息，或者私下沟通。在大公司面试的时候，这样的问题无疑让人反感。因为很多HR会认为，就业是一种双向选择，你还没有展示你的能力呢，我凭什么选择你？因此，建议在双方确定签约时再提出此问题。当然，就这个问题，每个人都有不同的意见。有人认为，面试时提这个问题说明你很有信心。

自杀式五：我会努力的

“你对新工作采取什么样的态度？”

“（眼神坚定，满脸通红）我会努力工作，竭尽全力。”

自杀理由：商业社会，态度不等于能力。不管你是全力以赴还是认真努力，完成工作任务才是第一位的。不管你是心不在焉还是兢兢业业，只要圆满完成了工作任务，那就是好员工。你可以尝试提供你准备的具体的行动步骤和目标，除此之外，其他保证都是无效信息。

自杀式六：我应该……

“如果你给一份……的任务，你会怎么做？”

“我应该能够做好……”

自杀理由：我应该能够做好，反过来就是说，我不能完成也情有可原。企业是用结果说话的，应该做好，那做不好的部分谁来承担责任？这是一个责任心的测试。但是，“应该”者失败了。

如能避免犯以上错误，跨越上述“自杀式”表述的雷区，成功的几率就会更大。

刚从大学毕业，年轻人往往会成为“面霸”，但却总不成功。经过分析，原来是有40%～50%的人陷入了“自杀式”陈述雷区。

电话面试时要沉着

对于大学毕业生来说，电话面试没有神情或肢体语言交流，表现余地相应较小，仅能凭声音传达个人信息。那么，电话面试究竟有哪些要注意的事项，应聘者又该如何应对呢？

1. 电话面试会问什么

为了确认求职简历的真实性，企业人事部门会首先核实应聘者信息，以防遗漏，检查是否有不符合事实的地方。此时，应聘者必须冷静快速地回答问题，哪怕回应得有一点迟疑都会给对方造成说谎的错觉。因此，最好将简历放在手边，看着自己写下的信息回答。

其次，对简历内容确认之后，面试官会针对应聘岗位提问专业背景常识，比如，你的专业技能、对应聘职位的看法，有时会问得很细。对于这些问题，千万不要慌张，要快速思考问题的关键，尽你所能，如实回答。

在回答一些专业问题时，你的答案要准确，要尽量使用专业术语，并要用简短的语言表达清楚，重点突出，不能眉毛胡子一把抓。

任何面试都是“双选”，双方都在交流，而不是面试官单方面“审问”应聘者。面试官会对应聘者提出各种问题，以此来衡量你是否适合本公司。同时，应聘者也可以就自己关心的问题向考官发问，但最好不要提及薪资待遇问题。因为这类问题容易让人觉得你过于功利。

2. 接听电话要冷静

“知己知彼，百战不殆。”想从容面对电话面试，必须明确自己在与谁通电话。因此，要问清面试官的名字与公司名称，并确定自己名字的读音和拼写。当然，对应聘公司的信息了解得越多，就越容易应对面试。其一，容易理解面试官的提问；其二，当面试官了解到你提前对公司有所了解时，会对你产生好感，通话氛围也会自然得多。如有可能，最好提前准备一份你要问面试者的问题清单。此外，你还需要整理出一份你的专业能力清单，这会让你的实力一目了然。

同时，还要养成手边放便笺和笔的习惯，记录对方的问题要点，以便更好地做出回答。请记住，如果接电话的时候不知道说“你好”，而是光说“喂”，“印象分”就差了，面试成功的几率也就低了。

3. 语速适中

在面试过程中，不要机械地背诵你所准备的材料。讲电话时，语速要适中，吐字发音要清晰，表述要简洁、直截了当、充满热情，使得谈话有趣而易于进行，太快的语速可能造成对方遗漏信息。

如果问题没听清楚，要很有礼貌地再次询问细节，不要不懂装懂。回答时，要尽可能表现得谦虚有礼，不要旁敲侧击。要记得，请求面试官说得更清楚一些是正确的做法。如有必要，甚至还可以要求面试官适当解释一下他提的问题。

在接受电话面试时，感到紧张是很自然的，但要让自己在通话中放松下来。如果你说得太急，面试官会很难听懂你的意思。一旦你感觉到很紧张，而且在说到一半时突然卡住，那么，最好停下来，深深地吸一口气，然后说：“对不起，请让我再来一次。”请记住，要尽量让语言充满活力，简洁有力。值得一提的是，外资企业的电话面试大多是用英语交流的，只要英文不差，听清楚对方提问，简要作答就可以了。

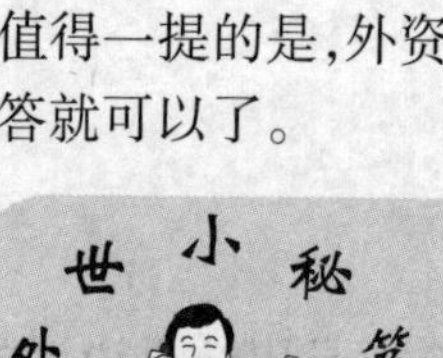

有的企业在收到简历之后，会先进行一次选择，用人单位往往用打电话的形式进行首轮面试。电话面试的时间一般在20～30分钟，用以核实求职者信息和与人交流习惯。

不要过分"推销自己"

一些对某公司、某职位希冀已久的应聘者在整个面试过程中，往往容易只顾努力地"推销自己"，而不顾及面试官的反应。

一位综合素质很优秀的应聘者就是因为没有把握好"推销自己"与"过分推销自己"之间的"度"而最终被淘汰。她在90分钟的面试中，集中精力详细描述了自己取得的每一次成功。有时，她讲得太深入，面试官不得不制止她。起初，她详尽的回答的确使考官很受感染。而如是再三，考官的耐心就用完了。用他自己的话说，他开始只想提一些只要用"是"或"否"就可以回答的问题。

这位应试者太专注于"推销自己"了，而事实上，她的简历已经详细陈述了她的所有历史，包括长期就职于外企，以及快速的提升等等。而考官想知道的是在专业背景以外，她是一个什么样的人。但对于向她提出的每一个问题，她总是举例证明她已经拥有的成绩和经验。从考官的角度来看，应试者多少有一些傲慢、专横、自以为是。她忽略了考官的感受，把一个双向式的交流变成了一个单方面的演说。过分热衷于以自己的实力赢得考官的肯定，结果却适得其反。她很快被要求停下来。尽管考官完全相信这位应聘者的专业营销能力，但却对她是否是一个能合作完成任务、具有亲和力的人产生了怀疑。

在以上例子中，应试者用尽心思做各方面准备，对公司和公司的战略也进行了认真的研究，并融合了自己的经历和职业目标。尽管她热情很高，但她显然忽略了一点：过于"卖力"地自我推销，反而产生了不好的效果。

处世小秘笈

实际上，"推销自己"与"过分推销自己"之间有着非常清楚的界线。成功的求职者是不会越界的。

第二章　懂得职场基本规则

职场必备常识

每一位合格的士兵都是从摸爬滚打的三个月新兵生活走出来的，而刚刚走进职场的"新兵"们，也将面临3到6个月的"新兵生活"。如何扮演好新兵的角色，让领导和同事接纳自己，是这些新兵们必须努力做好的"功课"！这是因为，在这段"新兵生活"期间，办公室所有人都会看着"新兵"、时时刻刻观察"新兵"，"新兵"们的举手投足都会成为在用人单位去留的依据。在此期间，以及今后的职业生涯中，"新兵"们除了要遵守公司的各项制度之外，一些职场常识也是必备的。以下几方面是职场中生存必须要知道的常识：

1. 尊重他人的私人空间

在办公室里，狭小的私人空间不容侵犯。"打搅了""不好意思"是有求于人或打断别人工作时必不可少的话。另外，进入别人办公室前要先敲门，不要对他人办公区域的信件或文件好奇，更不能翻看同事的便笺本。

2. 讲究办公室礼仪

(1)电话：若你要找的同事恰巧不在，不要让他的助理记录较长的信息，而是应请他转拨至电话录音，留下你的姓名、内线、信息摘要，之后挂断。

(2)复印机：当你有一大沓文件需要复印，而其他人仅复印一份时，应让他先用。如果复印纸用尽，谨记添加。若纸张卡塞，应先处理好再离开。出现解决不了的故障要及时寻求帮助。

(3)走廊：如非必要，别打断同事间的对话。假如你已经打断，那么，要同时顾及两人的感受，一切不可厚此薄彼。

3. 保持清洁

(1)办公桌：不要在抽屉里存放食物残渣，否则你的桌子有可能会变成苍蝇密布的垃圾堆。

(2)公共厨房：别将未洗的咖啡杯放在洗碗池内，也不要将不能分类回收的垃圾倒入垃圾箱。此外，要避免用微波炉加热气味浓烈的食物。若菜汁四溅，一定要擦拭干净。若你喝的水是最后仅剩的，要联系人来送水。

(3)洗手间：如厕后，谨记冲厕，并确保所有"东西"已被冲走。厕纸告罄，要及时添加。垃圾一定要放进垃圾桶内。

4. 有借有还

假如同事顺道替你买外卖，请先付所需费用，或者及时归还费用。若你刚好钱不够，也要在第二天还清，因为办公室内没有人好意思讨债。同样的，虽然公司内的用具并非私人物品，但也须有借有还，不然，也许会耽误他人工作。

5. 严守条规

无论公司多么自由，也要严于律己。可能没有人会因为你早下班15分钟而责备你，但是，大模大样地离开只会令人觉得你对这份工作不投入、不敬业，使无法准时下班的同事反倒觉得自己多事。此外，也别使用公司的资金或物品作私人用途，如打长途电话等。

6. 学会发出自己的声音

老板赏识那些有自己头脑和主见的职员。如果在公司听不到你独有创建的声音，那么，你在办公室里就很容易被忽视。因此，要学会在适当的时候发表自己思考过的观点，敢于说出自己的想法。只有这样，才能被领导和同事认为是重要的人。

7. 守口如瓶

即使同事在某项工作上的表现不尽如人意，也不要在背后说他的坏话，否则，会不利于同事之间的相处和合作。

多数上司通常极其厌恶是非之人。因此，不要在同事中或对上司讨论他人或公司。不要向上司打小报告，搬弄是非。对上司讨论他人会让他觉得虽然你是"局内人"，却未能专心工作。如果被告知公司的机密，谨记别泄露一字半句。

8. 不要成为"耳语"的散播者

耳语，就是在别人背后说的话。办公室内人多口杂，容易产生八卦。有时，你可能不小心成为"放话"的人；有时，你也可能是别人"攻击"的对象。这些耳语，比如领导的用人原则、谁又有绯闻等，就像噪声一样，破坏办公室整体的工作效率。聪明的人要懂得，该说的就勇敢地说，不该说的就绝对不要乱说。

9. 切忌插话

在别人发表意见时中途插话是一件极没有礼貌的事情，它会让你的形象大打折扣。在会议中(或任何时候)，请留心别人说的话。如果有补充或不同的想法，不要急于说，要待适当时机再提出。

10. 不要在办公室互诉衷肠

我们身边总有这样一些人，他们特别爱闲聊，性子又特别直，尤其喜欢抱怨。虽然这样的交谈能够很快消除不熟悉的人的排斥心理，使你们之间很快变得友善、亲切起来，但心理学家调查研究后发现，99%的人都会散布这些秘密。所以，在私人的工作或生活出现危机时，应该尽量避免在工作场所里议论，此时，不妨找几个知心朋友私下畅谈一番。

11. 别炫耀自己

如果你的专业技术过硬，如果你是办公室里的红人，如果大家都赞扬你，你就可以在办公室里任意炫耀自己了吗？当然不能。任何时候，你在职场都要保持谦虚，否则，将会无人愿意与你合作。俗话说："不要在可怜的人面前炫耀你的幸福，不要在不幸的人面前炫耀你的好运。"同样不要显示自己有多么了不起，否则会招致别人的嫉恨。

12. 切忌把与人交谈当成辩论比赛

在与人交往中，语音语调中的情感比内容更重要。使用亲切的语言时，即使说话内容很严重，也容易让人接受。因此，说话时，语气要友善，给人一种亲切感。不顾及他人感受的交谈，往往会引起别人的反感。

在日常的交谈中，很少有人对所有的事都看法一致。这时候，不要像开辩论会一样，必须把对方说服。如果一味地好辩逞强，只能让人拒绝和你交谈。久而久之，你不知不觉就成了不受欢迎的人。

13. 学会称赞别人

现代人可能太忙，往往忽略了对别人的积极回应（例如说声“谢谢”和赞美的话语），忽略了这种看似简单却有效、随时能在不经意间给你提供帮助的表现。此外，称赞别人的其他好处还有：同事会提醒你今天老板的心情极差；同事会在任务到限期前不断催促你。如果对此积极做出正面回应，便可能得到不可估量的回报。

14. 别虚耗时间

在工作中，虚耗别人的时间是最常见的过错，很多人习惯单独加班或在家工作，只是想在没有任何妨碍的情况下完成工作。因此，为了不浪费大家的精力，就应做到：

（1）电子邮件内容要简明扼要：可用标题显示“紧急”，内容也务求简洁。

（2）别占线：假如在你和别人正使用电话谈话时，忽然有更重要的来电，那么，应请第一谈话方先挂线，迟些再回复他。

（3）准时：对准时的人来说，没有人愿意等待迟到的开会者。假如你是会议负责人，那么，请在会议前一天提示与会者会议议程。会议的举行时间最好是在下班前30分钟，因为此时人人都赶着下班，会议能更有效地进行。此外，会议必须准时开始，不要等晚到者。

（4）别烦扰上司：不用事事不分大小向上司汇报。若真需要上司的帮忙，应先预备答案再寻求他的指引。

（5）别多嘴：虽然同事之间倾谈并无不妥，但也要注意自律。在别人忙碌而自己闲暇时，最好避免令同事分心。若你的同事经常进入你的房间，可试试背着大门坐；若情况难以控制，那么，不在办公室内设会客椅，会使对方知难而退。

处世小秘笈

每一位合格的士兵都是从摸爬滚打的三个月新兵生活走出来的，而刚刚走进职场的“新兵”们，也将面临3到6个月的“新兵生活”。如何扮演好新兵的角色，让领导和同事接纳自己，是这些新兵们必须努力做好的“功课”！

不宜在办公室里讨论的话题

在办公室里与同事交往离不开语言，但语言技巧是至关重要的。俗话说：“一句话说得让人跳，一句话说得让人笑。”例如，下面这些话题就很不适合在办公室里谈论。

1. 不交流薪水问题

很多公司不喜欢职员之间打听薪水，因为薪金数额差别很大，所以，发薪时，老板有意单线联系，不愿公开数额，不希望有人传播。同工不同酬是老板常用的手段，但它是一把双刃剑，用好了，是奖优罚劣的一大法宝，用不好，极易引发同事间的冲突，而且最终会掉转枪口，直指老板。这是老板最不愿意看到的，所以，老板对“包打听”之类的人总会格外防备。

有人以自己的信息为诱饵钓取他人信息，比如，先说“我这月工资……奖金……你呢？”如果他比你钱多，他会假装同情，心里却暗自得意。如果他没你多，就开始嫉妒你了，表面上可能是一脸羡慕，私底下却往往不服。这时候，你就该小心了，你最不担心的人可能害你最惨。

首先，不做这样的人。其次，如果你遇人不淑，要学会回避。当他把话题往工资上引时，你要尽早打断他，说公司有纪律不谈薪水。如果不幸他语速很快，已经把公司薪水问题放上桌面，也不要紧，可以用外交辞令予以冷处理："对不起，我不想谈这个问题。"如此之后，一般就不会有下次了。

2. 不谈家庭财产之类的私人秘密

不是你不坦率，而是坦诚是有条件的，世上从来就没有不分原则的坦率，什么该说什么不该说，心里必须有谱。

就算你刚刚买了别墅或利用假期去欧洲玩了一趟，也不是在同事间显摆的资本。有些快乐，分享的人不应是同事。

3. 不说野心勃勃的话

在办公室里大谈人生理想显然很滑稽，打工就安心打工，理想要和亲人、友人共享。在公司里，如果挂在嘴边的总是"我要当老板，自己置办产业"，就很容易被老板当成"敌人"，或被同事看作异己。如果你说"公司里除了老板我最重要"，或者"35 岁时我必须干到部门经理"，那你就很容易为自己树敌，成为众矢之的。

工作上有进取心是值得肯定的事，但没必要在办公室畅谈。因为你和同事在客观上存在着竞争，你公开自己的理想就等于向同事挑战。

在公司，轻松愉快的聊天能够创造和谐的工作氛围，使大家能够更融洽地相处。只要闲聊不涉及敏感话题就不会适得其反。

4. 不在办公室谈私人生活

无论失恋还是热恋，都不要把情绪带到工作中来，尤其是讲述自己的经历。办公室里容易聊天，但如果说起来只图痛快，不看对象，事后往往会懊悔不已。可惜说出口的话覆水难收。以同事为密友有百害无一利，职场是竞技场，每个人都可能成为你的对手。即便是合作很好的搭档，也可能突然变脸。他知道你的私事越多，就越容易攻击你。

比如，你曾告诉她自己的丈夫有过外遇，她这时候就有可能说："连自己老公都不能搞定的人，公司的事情怎么放心交给她。"职场上风云变幻，环境险恶，不能不小心提防同事。

处世小秘笈

同样的目的，但表达方式不同，听话者获得的信息也不同。在办公室里要做有心人，有些话不可乱讲，不然会惹祸上身。

办公室中应注意的问题

作为一个新人，怎样迅速地融入集体内，赢得大家的好感呢？怎样绕开办公室的雷区，使自己轻松地与同事交往呢？以下就是针对这些问题的方法：

1. 不要任意渲染同事恋爱的谣言

一位法国文豪说："年轻的女性最关心别人的恋爱了。"事实上，几乎所有办公室都有这种现象，很多人喜欢揭发他人心中的秘密与隐私。更有甚者，喜欢捕风捉影，扩大秘密，给当事人造成很多困扰。

初入职场，遭遇恋爱谣言时，首先，自己不要做谣言的"广播人"；其次，不要对谣言发表任何见解；最后，要拒绝听取那些添油加醋的谣传，礼貌地阻止对方的谈话，避免对别人造成伤害。

2. 客户请你吃饭要先请示上司

因为客户和你是在工作中相识的朋友，虽然客户请吃饭不过是表示一点心意，但事实上，他并非是请你私人，而是请公司的代表人。另一方面，如果不请示便接受对方的款待，正应了中国的一句俗话："吃别人的嘴短，拿别人的手软"，在业务上，也许会因此而受到对方人情的压力。由此而产生的业务关系比较复杂，最后也许会给你的主管带来不便。公司与大多数客户由于合作的关系而彼此有交往，应该以商品的品质或工作上的服务来吸引彼此成为伙伴。因此，不要轻易接受客户的邀请。当对方邀请你时，是否能接受对方的招待，不要自己依据经验而定，最聪明的方法就是和你的主管商量一下。

3. 不要眯着眼看客人

曾经有这么一个笑话：

> 说有家公司的女职员老是用眯眯眼看客户，客户对此很不满。这家公司的老板听说之后，留心观察了这位员工，原来传说是真的。一问才知道她是近视眼，又不戴眼镜，只好用眯眯眼看人。由于她常要眯起眼睛才能把事物看清楚，这种不礼貌的行为对视力恢复无益，而且也得不到别人的好评。
>
> 其实呢，她本人却没有注意自己的看人方式。可是，被看的人却认为她这种眼光就像在怀疑别人一样，常常会引起不快。因此，不愿带框架眼镜的新人要赶快去配一副隐形眼镜。如此一来，不但可以提高工作效率，也不会给客户留下坏印象。

4. 避免同事间的金钱往来

俗话说："如果你想破坏友谊，只要向对方借钱就行了！"同事之间，金钱往来是大忌。"王小姐，你能不能先借我300元，我急着交房租，钱不够！"如果你借钱的次数多了，同事就不敢再借给你了。如果不得已借了同事的钱，要在约定时间归还，不要影响到自己的信誉。遇到大家一起分摊费用时也一样，如果你连续几次说："今天我没带钱来！"日后便没有人与你分摊了。

5. 避免穿着太名贵

切勿穿得比自己的老板更好。当老板与这样的下属一起出现在陌生客户面前，假如陌生人不清楚，把下属当成了老板、把老板当成了随员，老板一定会在心里把该下属打入"死囚"的行列。

处世小秘笈

工作中，一些业务往来密切的客户，有时可能会请你吃饭。这种时候，你应该先请示上司再接受别人的邀请。

办公室中男女不可忽略的优势

古龙曾经写过一本小说，名叫《七种武器》。那么，职场中的男女如果要让办公室同仁喜欢你，都需要什么武器呢？

1. 女人的武器

第一种武器：漂亮

在职场中，那些有着闭月羞花之貌、令人一见倾心再也难忘的美女数量是极为有限的，因此，漂亮的女人常常会受到别人的优待。在职场的女人要赢得同仁喜爱，就要懂得怎么改变自己、弥补自己的先天不足。从服装、发型等各个方面改变自己，从气质上更靠近职场丽人。

第二种武器：沉默

唠叨是女人最致命的弱点，而沉默则适合所有的职场女士，更是美女们的杀手锏。善于使用沉默，是心理成熟稳重的代表。

第三种武器：镇定

女人天生不是镇定的动物，容易为小事尖叫。下回再想发出尖叫的时候，你就马上给自己一巴掌，习惯了你就长记性了。时间长了，镇定自然就产生了。到那时候，即便你的心已经要跳出来了，别人也只当你胜似闲庭信步，都会佩服你临危不惧的胆略，觉得你具备独特的领导能力。

第四种武器：文静

你要像个假小子一样，成天东撞西撞、丢三落四，谁还能放心交代给你什么事？你当然也不能像四五十岁的家庭妇女东家长西家短地传话，你要做得起码像半个淑女，学会用微笑来回答或中断你认为有损同事关系的交谈。

第五种武器：干练

雷厉风行的美女会让人敬畏、崇拜，这样的美女的暗恋者极多。女同事越多效果越好。

第六种武器：自信

你应该明白，女人拥有职场半边天，你也应该知道你的权利和男同事是平等的，你更应该了解自己的能力不次于任何人。所以，你完全可以用充满自信的目光去注视同事和客户。

第七种武器：健康

现在，没有人会为娇弱美人倾心，在工作场合，你成天一副痛苦相，别人看着也难受，还觉得你矫情，你不是让自己为难吗？其实，职场最容易使用的武器，那就是健康、快乐！其中的含义无须多说，你只需要明白，它们是你职业生涯的成功法宝。

2. 男人的武器

第一种武器：温柔

在办公室里，如果你不是说一不二的老板，那么，你就要学学女孩子的温柔。温柔的含义有很多，比如，你说话语气要表现得有张有弛、轻柔适度，声音不能太大，即便已经怒火冲天，也要切记先露出你的笑容；走路的时候，别大步流星，不妨慢一些，给人稳重踏实的感觉；面对异性，更要有一种体贴的成分。绝大多数女人都会欣赏男人的温柔，她们会因此获得安全感。

温柔要用得恰当，否则会让人觉得别扭，性别反调。更有甚者，还会给异性错误的暗示：他爱上我了？

第二种武器：仔细

你工作做得越仔细，其他人工作越省事，合作越顺畅，你的任务完成得也就越完美。上司、同事都挑不出你的错儿来，自然会给你很高的评价。

第三种武器：专注

专注工作的男人最有魅力。对待工作严谨、认真、负责，会让领导赞赏不已，而且还会得到同事的尊重。另外，专注工作也是唯一能提升专业水平的途径。

第四种武器：果断

工作遇到难题不拖泥带水、瞻前顾后，敢于承担责任，让大家知道你的意志品质。

第五种武器：主动

主动干活、主动工作的男人，从来都是受女同志欢迎的好伙伴，也从来都是上司眼里可以放心任用的好职工。

第六种武器：诚实

真正诚实的男人不是很多，因为男人好打赌、好吹牛，一旦把话说得太大太满，诚实的程度就不值得相信了。希望同事信赖自己，你最好先做一个诚实的男人。

第七种武器：大方和大度

大方和大度的男人在职场很受欢迎，那些为芝麻绿豆斤斤计较的人，会让同事敬而远之。相反，不记仇而大方大度的人非常容易引起同事的好感。他们会觉得和你在一起不累、踏实、很轻松，不会认为你小肚鸡肠、不可深交。

处世小秘笈

做到让别人喜欢，性别的魅力是不言而喻的。在这一点上，要知道男女迥异，工作场合和其他场合当然也不同。

办公室中不可轻视的人

1. 财务

在传统观念中,财务部门只是负责做财务报表、开单据。但在经济增长、数字至上的市场中,财务人员已经从传统的配角逐渐走入参与决策的权力核心。他们精通每个部门的事务流程,而对金钱的追求是老板重视他们的动力。另外,很多部门都需要和财务部门打交道。如果在报账等事情上和财务人员发生了矛盾,那么,日后棘手的事会愈来愈多。

2. 人事

进入公司要靠他们,求得生存也要靠他们,加薪提升更要靠他们,他们的存在就是为了管人。偶尔迟到、早退也许不算什么,但是只要他们想做,随时随地都可以揪你的小辫子,以往再优秀的表现也会因此一笔勾销。老板最需要敏锐的耳目。记住,即使你在办公室里打个哈欠,背后也有一双发亮的眼睛在盯着你。

3. 秘书

由于秘书工作的特性,使得这一职位与老板最为亲近,扮演着老总的亲信、参谋的角色。她们虽然权力不多,但是每一句话都举足轻重。她们随便的几句话,既可以使你多年的努力毁于一旦,也可以使你平步青云。她们是关键时刻帮你或推你下水的人,因而,必须和她们和谐相处。

4. 心腹

他们可能是老总的旧日同窗好友,可能是童年伙伴、邻居,甚至是老板的妻子。如果他们发起威来,管理层都要退避三舍,更何况是你?大哥大姐无处不在。进入公司的第一件事,就是发现这类人,并敬而远之,这是你的最佳选择。

5. 邻桌

最了解你的人伤你最深,公司中谁是最了解你的人?你每时每刻都与谁相处?谁能把你打电话的内容听得一字不漏?他就是你的邻桌。合作关系一旦变为竞争,你平日不合规定的行为都会成为他取胜的筹码。因此,要尽量在邻桌面前保持警惕。

6. 总务

表面看来,他们显得无足轻重,不那么显山露水。但他们却是工作正常运转的基础,小到一本记事簿,大到办公设备,难道你想让这些琐事败坏你一天的情绪,甚至引发不必要的矛盾争执?总务无所不包,当然也包括你的提拔任免。所以,对他们要有礼貌和耐心。申领一本簿子按规定程序办有什么大不了,这总强过让总务觉得你看不起他们。

7. 网管

如果换个名称称呼,你会对他们刮目相看——资讯管理人员。在信息时代里,信息就是公司的资本和生命。他们不仅管理全公司的电脑系统,而且还掌握着公司最机密的资料,当然也包括你的一切秘密。只要他们动一动手指,你的所有资料都可能不翼而飞,到那时再后悔可就太晚了。

在办公室里,有些人是不能轻视的,即便是你不喜欢他们。往往一些你不在意的人,甚至职位不重要的人,在关键时候会让你大吃一惊。

如何成为职场明星

职场明星在任何条件下都能把工作做得更好,使别人相形见绌。他们对公司利润的贡献要比别人多得多,因而经常被称为"一比十",意思是说,一个人的贡献和力量超过平凡的十个人。在多数的公司或集团中,明星的比例占 15% 到 20%。他们如何成就自我?归根结底,是他们对待与处理其工作的策略。智商、创造力、社交技巧或学历等，这些与工作能力和潜力比都不重要，重要的是如何将自己的特质运用在工作上。为此，你不妨试试下面这6种策略。

1. 学会差异化竞争

职场中优秀的人很多，你如何在起跑阶段就脱颖而出？这就要学会差异化竞争。所谓差异化竞争，通俗地说就是在某一方面成为独一无二的。比如，同样都是打字员，一个人一分钟可以打50个字，另一个人一分钟可以打100个字，这样，后者就具备了打字上的竞争力。当两个人打字的速度相同，每分钟都能打100字的时候，那位懂得photoshop的人，就成为独一无二的了。这就是差异化竞争。

2. 增强自己的团队合作精神

现代社会分工越来越细，由几百人、几千人共同参加的工作项目越来越多，单打独斗的时代已经过去了。要想成为职场明星，就要懂得合作的艺术。一个精通业务的员工，如果仗着自己比别人优秀而傲慢地拒绝合作，或者合作时不积极，倾向一个人埋头苦干，这是十分可惜的。群体智慧会超越个体，你应该学会借助他人的力量使自己更优秀。

3. 自我管理，积累资本

职场明星之所以很成功，很大程度上得益于自我管理。他们虽然服从上司的管理，但他们的心从不受到束缚，几乎顽固地坚持着自己的理想，为此甘愿承受重负；在行为上果敢坚毅、不动摇；他们对人生总是充满积极向上的热情；他们有着行之有效的自律生活，以及踏实的生活态度。所以，他们理当受到生活的厚遇，在平庸中脱颖而出。他们不会坐等主管指挥，自己在项目完成前半年就开始自问："我的档案中还有什么特殊经验？下一项任务如何能体现我对公司的重要？"职场明星每时每刻都在思考：我怎样才能使自己活得更有价值？哪些经历和技能是我真正需要的？他们深知，职业责任是自己的而非公司的。

4. 精心经营职场人脉

现在，很多职场人都开始懂得人脉的重要性。某公司的公关部经理李小姐，为了便于与人联系，制作了人脉关系通讯录。她在每个行业下面的栏目内，注明自己积累的人脉。"没有的就先空着，这样，还能随时提醒自己去挖掘和逐步完善。"李小姐说，她每个月都会对这张人脉图做一次整理，随时添增新的信息，这就等于她的职场人脉无所不在。这张人脉图为李小姐的工作开展提供了很多有效的帮助。

5. 学习扩大视野

一般员工习惯用自己的观点去看世界，而职场明星则会换位思考，他们必须了解各方面的观点和意见，并不时问自己："我的上司对此怎么看？客户们对此怎么看？我们的对手呢？"他们能够从实例中总结经验，发展出认知模式，然后应用于自身。他们也将每项任务视为经验的积累，尝试完成不同的任务。而一般职员则仅盯着自己眼前。

6. 不夸大自我的领袖能力

职场明星的特殊之处是有能力带领一组人完成工作，而不是在所谓的领袖的伟大理想和魅力上。他们充分了解并发挥了3种领袖特质：拥有广博的知识、适时的创造能力、能细致照顾每一个组员。职场明星拥有执行力和领导力，他了解自己的责任是建立组织中的动力，同时也不遗漏任何细节，例如，准时开会、设定目标等。

在好莱坞，流行一句话："一个人能否成功，不在于你知道什么，而是在于你认识谁。"因此，立志成为职场明星的新人，必须精心经营自己的职场人脉。

要学会应酬

有人是这样解释应酬的：应酬就是为了达到某种目的，即使不愿意去也不能逃避。为了自己的相关利益,去那些平日坚决不涉足的地方,做一些自己不情愿做的事情,说一些自己不情愿说的话,见一些自己不情愿见的人。常听一些人抱怨社会上的应酬:"白天工作辛劳不说,下了班还要跟客户、同事联络感情,简直'痛苦'极了。"可是,职场竞争如此残酷,要想达成合作,当硬性条件都具备的双方竞争时,彼此的"感情"往往是达成合作关系的临门一脚。如果你喜欢广交朋友,对你来说,职场应酬就可能是件轻松且愉快的事儿;但如果你不善此道,那么,不妨试试下面的方法:

1. 寻找"志同道合"的人畅聊

友谊是人生最重要的内容之一。人人都需要朋友,如果认为朋友宜精不宜多,就先跟聊得来的人交朋友,平时打电话关心对方,或是工作结束后一起去放松一下。谈话内容不要刻意只锁定在工作上,可以多聊些兴趣爱好。这样做,可以为以后与其他人之间的应酬做好预演。

2. 了解参加各式应酬的目的

很多交际应酬虽不需要有太多压力,但对个人而言,体力和钱财的付出是不可避免的。一个星期如果天天下班后与客户、伙伴聚会,体力可能也吃不消。年轻人时常会面对下班后有聚会的情况,先不要拒绝,试着广泛参与各式应酬,在此过程中观察哪些人跟自己比较聊得来,或是哪些人也许就是潜在的合作者。

3. 做应酬的主人

在能力和条件允许的前提下,你要主动邀请别人参加应酬。不要总把应酬当做讨对方欢心的事情,要在应酬形式上多动心思,兼顾双方爱好。如果你和对方都恰好比较喜欢运动,那么,不妨相约一同去健身,只要双方愉悦就好。

4. 积极参加使自己放松的应酬

并不是所有的应酬都有不可告人的目的,有些应酬也可以放松自己的身心。比如,在下班后的聚会中,人们倾向于创造轻松氛围,这样,更容易使人轻松地交换意见、建立友谊。如果你还认为这是多余地付出,就只能说明你是庸人自扰。试着结交新朋友,真诚地从他们那里学习生活和工作的经验,轻松地交流思想。这样,既能缓解工作压力,同时又拓展了人脉。

处世小秘笈

应酬不是十恶不赦的罪犯,关键要让自己积极应对。

要充分有效地利用时间

时间是宝贵的,我们总希望在有限的时间里做自己喜欢做的事情,创造更大的价值。但很多时候,职业中每一次收获都要长时间的付出,而这些时间是不能吝惜的。

时间也是成本,投入成本就要获得相应的收益。也就是说,长时间从事某事,要保证这段时间的效益,这就涉及了时间的管理问题。时间管理的目的是在规定时间创造更大价值。那么,如何最大限度利用时间呢?刚踏入社会的头几年,职场新人的职业目标还不是非常明确。如果愿意,可以做多方面的尝试,因为你还有相对充裕的时间来进一步明确自己的岗位工作,从而完善你的职业目标。但是,你必须注意,时间是有限的,你的这个尝试期不能拖得太长。一般来说,初入职场者开始三年如果能小有所成的话,那么,之后工作上机会会更多。所以,要抓紧时间,切莫白了少年头,空悲切。而在具体的学习过程中,就要明确自己的优势,并将其尽量放大,然后去推销自己,为自己争取一个好的职业平台。没有经历挫折、困难,你就不可能成长、成熟;没有遭遇背叛,你就不可能懂得真诚的可贵;没有残酷的竞争,你就参不透生存的艰辛……每个职场人都必须经历这些。

除了要把握以上关键点外,还要明确怎样在有限的时间内创造最大效益。通俗地说,就是如何才能花更少的时间学到更多的知识,这就要掌握些学习方法。

1. 坚持系统的整合、学习

聪明而有效学习的人,总是能够将知识融会贯通,举一反三,激活已有知识经验,构成一幅大的画面。这就是对知识的整合学习。知识整合要求建立知识经验体系而非死记硬背每个独立的知识点,它将看似不相关的知识、经验连接到一起,形成一个完整的知识体系。

2. 优化学习方式和习惯

学习方法会形成学习习惯,要想使自己能够自觉地将每件事、每项知识都以整合性的思维去举一反三,就要在学习习惯、思维习惯上突破自己。

第一,使你要学习的知识、经验变得鲜活。研究显示,处于亢奋状态中的人,能接收更多鲜活、生动的信息。将知觉与想象灌入平淡的知识有利于让知识变得生动有趣,从而方便人们理解接纳。因此,不妨运用丰富的想象力,将知识调动成鲜活的东西,以利于吸收!

第二,正确运用比喻法则。知识整合的关键是建立完整系统。比喻本是一种文学手法,用于将两件不同但有相似之处的事物相联系,这与知识整合的核心不谋而合。用比喻将复杂的知识简化,以达到言简义丰的效用。这样做,既能有效摄取知识,又有利于激发自己的发散性思维。

第三,像小孩子那样去学习。用10岁儿童探究的热情来解释知识。不过,重点是你要试着剥去那层复杂的外壳,让知识以最原始、最简单的方式为我所用,使自己清楚地认识到事物的本质。

第四,善于与过去相联系。今天被分派了不熟悉的专业任务,需要一个新的知识点来解决,并由这一点勾连起旧有的知识经验。将这种思维方式持续下去,直到你把很多的知识、事情和经验等联系在一起,你的知识就能实现突破性的增长。

第五,严谨思维,不留空隙。在工作中,如果在某事上发现自己在某方面存在专业不足,那么,一定要特别留意。立刻查缺补漏,避免再次发生类似情况。

第六,压缩简化,抓住主干。当你面对杂散、冗长而无聊的知识碎片时,要尽量压缩这些信息,通过图片或记忆法将其转化为有效信息来记忆。

第七,养成良好的记录习惯。随时随地将新知识记在便笺本上,并以发散性思维将其与以往的知识进行联系。记住:写的过程也是思考的过程,需要不断修正。所以,哪怕是潦草的构图,也能节约日后集中学习的时间。

处世小秘笈

珍惜自己已有的发展平台,只有持之以恒才能铁杵磨成针。面对各种困难、挫折,都要胜不骄败不馁,因为初入社会必须经历一些事情,早经历就会早成熟。

三思而后行

"学而不思则罔,思而不学则殆。"这句话强调了思考的重要价值。歌德曾说:"谁没有用脑子去思考,到头来,他除了感觉之外将一无所有。"行动是思考的结果,做事前先在头脑中规划,才能开始行动,而且思考要占有事件开始到结束的五分之四的时间。思考的工作做足了,留下20%的时间实施就足够了。

瓦特在观察开水的小事中思考发明了第一台蒸汽机;牛顿看到苹果落地,经过冥思苦想,发现了万有引力定律。科学家因思考而精彩。"生命应留些时间思考",这句话不仅说出了思考与学习、思考与工作、思考与生活之间的内在关系,也道出了我思故我在的真谛。只有善于思考的人才能不断提升自身的价值,让生命绽放最美的色彩。

"只有思考力而没有执行力只是成不了大事罢了,然而只有执行力而没有思考力则很危险。"这是国学大师翟鸿燊说过的一句话。它准确表达了思考与行动的相互依存。

有这样一个关于思考与做事的哲理故事:

母鸡和猪商量一起卖鸡蛋和火腿肠,母鸡出鸡蛋,猪出火腿,按三七分成,母鸡分三成,猪占七成。猪认为拿到七成收益是赚到了,于是,没有思考就欣然同意了。它显然忽略了自己的成本,母鸡只要下蛋就能得到利润,而自己却要付出生命的代价。

如果行动前没有经过充分思考，那么，执行能力越强，离既定目标越远，导致的灾难就越严重。这是一个看似可笑的故事，但却生动地证明了事前思考的重要性。

余敏是某公司的技术员，两年前的一次紧急出差令她“终生难忘”。缺乏经验的双方在联系前，并没有了解彼此的意图，也没有与余敏等技术人员进行必要的沟通。等余敏到达现场之后才发现，客户方几乎缺少所有的技术条件，工作陷入了瘫痪状态。作为服务商在现场唯一的代表，身为技术人员的余敏只能一方面联络总部准备技术条件，一方面忍受远道而来的客户方的冲天怨气。事后，余敏深刻反思：“做什么事情都应该先想清楚了再做，想都没想清楚就做那是瞎做，只会越做错得越离谱。”做一件事，如果没有明确目的，那是做的什么事？之后，不管事件多么紧急，即使上司再三催促，余敏也都要经过一番周密的思考之后再开始行动。因为她知道，计划阶段的小小瑕疵，很可能会在执行阶段成为致命的漏洞，所耗费的人力、物力、财力，可不是计划阶段的小小一瞥这么简单了。每个初入职场的新人，可能也都遇到过类似余敏这样的情况。因此，要时刻提醒自己思考的意义，一定要在思考充分之后再开展行动，以免走冤枉路。

职场如此，人生更是如此。因此，三思而后行比较保险，重来和半途而废的代价都是惨重的。

处世小秘笈

思考可以化解矛盾的症结，打破僵化的思考模式，以便构建新的思维和理念。古今中外，凡成大事者都养成了勤于思考的习惯。思考不仅创造了人类历史上的成就，也将这些生命的领地进一步拓宽了。

用七步开启职场新人的职业人生

作为职场新人，职业起步至关重要。从本质上说，这还是一个学习阶段，只不过学习的不仅是写在书上的“死”知识，更多的是工作规则以及方法和技巧等。很少有新人能够一进入工作环境便如鱼得水。在这一阶段，所有人都认为自己能做好，雄心勃勃，但现实往往让他们很失望。陌生的环境、复杂的人际关系、长时间单调的低薪工作、没有成就感……几乎所有的毕业生都要面对这些困境。

其实，对于新人而言，这一切都是正常的，因为任何一个工作场所，对于新人多少都有些排斥心理。新人是新增加的竞争对手，是新生的敌对力量，会让“老人们”感到心里恐慌，承受的压力更大。而新人们因为缺乏社会经历和工作经验，其手足无措的茫然，又让老将们内心非常不屑。“老人们”的压力和不屑合成排斥力量，会让新人们无所适从。但是，新人作为新鲜血液，他们有着很多老同事身上缺少的激情和活力。因此，职场对于新人还是保持着欢迎态度的。所以，初涉职场的年轻人，不要轻视自己的力量，无需把排斥力量看得过重。

第一步：集中火力，全力以赴

面对新工作、新局面，你需要打起精神来，积极与新同事相处，迅速熟悉新业务，给新客户营造良好印象……这时候，你绝对不能疏忽大意，必须摆脱其他干扰。尽量不要让私人电话打扰工作，减少不必要的交际活动，也暂时忘掉家里的烦心事，全身心地投入是完全有必要的。

第二步：不要总是揽事上身

记住，你不是超人，公司雇你是为了某一个特定的岗位。做好你职责范围内的重要工作就可以了，不要忙着给其他部门提建议、搞策划。手头抓一大摊不该你管的事，结果往往丢了西瓜捡了芝麻，反而把自己的任务给耽误了，而且还要承担责任。集中精力做好自己的事，不仅合理，而且聪明。

第三步：保持中立，避免卷入是非圈

同事间免不了聊聊天，说说是非。只做消遣，听听即可。仔细倾听，察言观色，认真琢磨，以判断哪些是可信的，哪些是无稽妄言。不过，用不着急于显示你的主张，毕竟你还是新人，对公司内幕及人事纷争还不完全了解。盲目地发表意见，说不定就会站错立场，甚至得罪了他人还毫不知情。

第四步：学习适应企业文化

企业文化是指企业和企业人的思想和行为。不同行业公司职能不同，公司的规模有大有小，公司的层次有高有低，这样就形成了每个公司独有的文化氛围。企业文化是公司发展的软动力，往往比技术更重要。因此，你要学会适应公司文化。一个不能适应公司文化的人，必然不适合长期在公司从事工作。

第五步：迅速进入状态，创造绩效

新人进入公司后，公司会给其一个月左右的观察时间。这个阶段，公司通常对新人没有绩效要求。但是，如果你能在这个时期迅速地进入状态，创造出绩效，就会很快得到同事和老板的赏识。因此，你要提高学习效率，通过延长工作时间，或者向同事请教等多种途径来提高自己的工作能力。

第六步：不要忽视办公室着装

步入职场后，新人要注重自己的着装，整洁大方的着装会让自己加分不少。新人的着装风格不能与公司文化冲突。套装、皮鞋、公文包虽然是职场的标志性穿着，但不一定就是最适合的装束。如果老板对着装没有要求，老同事都以个人喜好为着装标准，那么，你的“严谨”装扮就会显得格格不入。另外，穿着也不要百无禁忌，过于招摇会落下不稳重的名声。因此，应根据不同时间、地点、场合选择相适应的服装。

第七步：不求完美，允许自己犯错

在高速的工作中，不少职场的先锋们都变成了 24 小时工作狂，为工作欢喜为工作忧，工作中一味地追求完美。一旦在工作中遇到挫折，就会灰心丧气，长期沉溺于负面情绪之中。这样做只能增加自己的心理负担，并不能解决问题。做事往往过犹不及，追求完美超过了一定的度，就会变得不完美，甚至把自己逼到死胡同。长此以往，心里就有可能系上解不开的疙瘩。因此，要允许自己适当犯错。

处世小秘笈

只要提前做好充分的心理准备，学习、理解并按照岗位生存方法执行，就一定能够胜任自己的岗位，并最终取得认可，成功迈出职场生涯的第一步。

第三章　职场礼仪中的智慧

写求职信应注意的礼仪

一般来说，阅读求职信的人是公司的领导层。因此，要特别注意此人的姓名和职务，书写要准确，万万马虎不得。因为他们第一眼从信件中接触到的就是称呼。最初印象对信的内容及最终效果有着至关重要的作用，因此要用心对待。

在写求职信时，可能并不明确信件的阅读者，所以，在求职信件中可如此称呼，如“某某公司负责人”“某某公司经理”，也可称“尊敬的先生（女士）”等。你写这封信是为了应聘，带有“私”事公办的意味，要用公司社会礼节，不能有奉承之意，以免有“套近乎”或者阿谀、唐突之嫌。一定要注意礼貌。

在此之后，要写应酬语，起开场白的作用，这体现了你是否讲礼貌。问候语可长可短，即使短到只有“您好”两字，也不能省略。

接下来是正文，正文要写你要说的话，即写信人要说的事。

求职信的正文内容包括以下五层：

1. 个人情况
2. 应聘职位
3. 优势条件
4. 深入了解的渴望
5. 用于求职的职业装照片。

正文从信笺的第二行开始写，前面空两格。正文内容千差万别，写法也多种多样，但都要以内容清楚、叙事准确、文辞通畅、字迹工整为原则，此外，要警惕错别字和病句。书写要简明扼要，但要突出重点。个人优势要详略得当。

结尾要附上祝福和问候，虽然只有几个字，却能够拉近写信人与收信人的距离，也有不可忽视的礼仪作用。祝福与问候也有格式要求，一般分两行书写，上一行前空两格，下一行顶格。祝福语可以是如“此致”“敬礼”“祝您工作顺利”之类，也可以根据实际情况，传递自己的美好祝福。

最后，不要忘记署名和日期，为表示礼貌，要在名字之前加上相应的“求职者”或“您未来的部下”等。

> **处世小秘笈**
>
> 求职信即为求职而写的自我推荐信。求职信的质量会影响你是否能顺利得到一份工作，因此，要注意到上述这些事项。

打求职电话时应注意的礼仪

打求职电话时要注意以下几点：

首先，要确认求职电话的必要性。一些招聘启事十分模糊，有时让人莫名其妙，为了探个究竟，就需要打电话确认一下。但是，如果招聘启事中的应聘要求、岗位说明、薪资等均较为详细，或者标注有“请将个人简历发至……”或“谢绝来电”等要求时，就没必要打电话，以免引起对方反感。

其次，打电话之前要详细阅读相关资料，设想一下对方可能要问的问题。有些公司在电话中就进行第一关口试，合格后才能进入面试。如果没有充分的准备，太自以为是，结果就可能让人失望。另外，打电话时要选择适宜的接听环境，这样，才能更清楚地听到对方的讲话，不要边走边打。

再次，打电话要选择适宜的时间。一般来说，在上班后半小时左右是比较合适的，这有利于强化记忆和印象。此外，在以下时间内不要打电话，如距离上下班半小时内、午休时间。

第四，要注意谈吐礼貌，说话要真诚。电话接通后，谦虚地询问来电单位，说出要找的人的姓名或部门，如果对方就是受话人，必须先礼貌问候；如果碰巧接听者不对，应有礼貌地询问如何能打电话给接收者，若不在现场，对方去找人或表示转告、转接时，应致谢。通话结束时，应该礼貌地说声“再见”。和缓的语速和语气也会让对方产生好感，听到对方把话筒放下，再把电话挂掉。在谈话过程中，要注意语气，给人留下开朗、活泼、朝气蓬勃的印象，但不要炫耀口才，应把握好“度”。

第五，通话内容要简洁，突出重点。一般招聘电话只适合询问要点，如招聘启事是否还有效，自己是否符合对方要求，如果招聘单位有意向面试，可约好见面的时间、地点，且记准记清。过于冗长的谈话不仅会影响对方的工作、浪费对方的时间、影响公司电话畅通，同时也会给人留下犹豫不决的印象。

> **处世小秘笈**
>
> 求职电话，多是从招聘广告上看到的，给刊登出来的联系人打电话，询问招聘的具体细节。打求职电话十分重要，若能在电话中留下良好的印象，就会起到“先声夺人”的效果。

面试时应注意的礼节

1. 求职者要做到知己知彼

求职面试时，首先要尽全力了解面试流程，要尽可能详细地分析公司现状，最好能有自己的独到见解，让考官在众人中注意自己。

其次，给自己一个准确的定位，认真谨慎地选择求职岗位，只有冷静分析你适合什么样的岗位，才有利于个人价值的实现，从而极大地提高面试成功的几率。

2. 面试的仪表礼仪

仪容要整洁。主要指面部，洗脸要全面清洁，如眼角、耳后、脖子等易被人们忽略的地方。男士需要刮干净胡须，避免异味，要勤洗澡，不抽烟，面试前仔细刷牙，不吃有刺激性气味的食物，以免口气熏人。如果是女士，要画适合自己的淡妆，以自然为宜，做到清新、淡雅，精神饱满即可。

发型要适宜。发型与个性特点和着装要一致。面试时，对发型总的要求是端庄、文雅、自然，避免太前卫、太另类的发型，同时也要配合自己的岗位要求，比如，秘书要端庄、文雅，营销人员要干练，出入车间发型要简单安全。若是长发，在面试时，切忌让头发遮住脸庞，除非是为了掩饰某种生理缺陷，否则一定要让考官看清楚你的脸。男士最好选择短发，做到前不覆额，侧不遮耳，后不及领。

着装要得体。应聘者服装要适宜。首先，着装要整洁。只要把衣服洗得干净、熨烫平整即可。其次，要简洁大方。避免过于繁琐、花哨，不要有五颜六色的花纹和金属装饰。女士求职服装一般以西装、套裙为宜。而男士则应选择颜色适合自己的衬衫、平整的夹克或西服。第三，衣服色彩要符合身份。要避免“色彩斑斓”，应该选择柔和的颜色，这样的颜色具有亲和力。此外，还要考虑到应聘的职位，选择不同的色系。最后，还要选择合适的饰品，不宜佩戴一走动就发出响声的饰物。配饰一定要与服装统一。切记，一定不要穿休闲或运动鞋，皮鞋要干净明亮。

3. 面试的举止礼仪

举止主要指站和坐两方面，站坐姿势暗示了应聘者的修养和内涵。所以，很有必要注意举止礼仪。

面试时的站姿。务必做到站得端正、稳重、自然、亲切。做到挺胸抬头，眼神集中，面带微笑，微收下颌，吸气收腹，两肩外张，两臂自然下垂，两腿并直。女士可两脚并拢。站立时，全身不够端正、双脚叉开过大、双脚随意乱动、无精打采、自由散漫都会让面试官极为反感。

面试时的坐姿。特别指就座和坐定。入座时要轻而缓，小步走到座位前，看准位置轻轻坐下，避免动静过大。女士需要处理裙口以免走光。坐下后，上身保持挺直，头部端正，注视着面试官。坐稳后，身子一般只占座位的2/3。两手掌心向下，叠放在两腿之上，双腿保持自然，大腿与地面平行，两脚平落地面，两膝之间保持适当的距离，男子以松开一掌或两拳为宜，女子两膝两脚并拢为好。最主要的是要自然放松，面带微笑。面试过程中，注意力要集中在考官面部；身体不可前仰后仰或歪向一侧；四肢不要晃动。双腿不宜敞开过大，更不要将小腿放在大腿上晃动。要特别注意这些细微的动作。

面试时的手势。不能随意摆弄文具，这样会显得很不严肃，分散对方的注意力。不要乱摸头发、耳朵，这可能让面试官认为你没有处理好清洁工作。用手捂嘴说话是一种必须改正的习惯。

4. 面试时的一些细节

准时赴约。守时是一种美德，迟到折射出的是对面试不够用心，而且常被看作是一种不礼貌、对主考官不尊重的行为。所以，最好提前10分钟到场，提前感受环境，消除紧张感，让自己调整心态，平稳呼吸，以免面试时过于慌张。

尊重接待人员。到达面试地点后，要与接待人员打招呼，服从接待人员的统一安排。需知，有些单位的面试在这个时候就已经开始了。

重视见面礼仪。进门时应先敲门，即使房门虚掩，也必须象征性地敲门，得到允许后，轻轻推门而进，然后顺手将门再轻轻地关上，整个过程要轻快利落、少噪音，以显示个人良好的习惯。随后面向考官问好，当对方说“请坐”时，一定要说“谢谢”，然后才能在指定的位置坐下，而且要注意保持姿势。

注意保持良好的表情。面试时，要保持自信、大方、从容的微笑，这是应聘者被认为优秀的前提，同时也能拉近面试双方的距离。另外，面试时的目光也很重要，应自信坦然地注视对方，不可游移不定，更不能环视四周，引起考官反感。

把握告退的时机。面试官有意结束面试时，要适时起身告辞，对考官表示感谢，离开房间时务必轻轻带上门。离开前要对接待者说“谢谢”和“再见”。

最好在面试后致信道谢。面试结束后，如果想让对方认为自己礼貌有加或解释面试失误，最好再给面试官写封感谢信，篇幅要短，一方面致谢，另一方面再次说明自己的诚意。

5. 面试时的谈话礼仪

面试时要学会使用敬语和谦词。如，称呼应聘方要使用尊称“贵”，称“贵公司”，也可以直呼“我们公司”。另外，“请”“谢谢”等敬语要常挂在嘴边，避免平时的口头禅，更忌出言不逊，以免造成人格侵犯。

紧扣主题。有的人面对面试官的提问时，急于展示自己，一个人旁征博引不停地说，以致掺杂诸多无关话题，最终偏离了面试问题。这样，不仅会被认为抓不住重点，而且逻辑思路也不会明晰。另外，要冷静理性地陈述个人情况，不可编造谎言、夸夸其谈、炫耀自己，这只能使面试官心生反感。在回答问题时，切记对方想知道什么就告诉什么，尤为忌讳的是问少答多、问多答少。

最好用普通话进行交谈。一般大企业都认为普通话是素质的一部分，应尽量做到发音准确，吐字清楚，语速适中，语调不宜过高，但也不能太小，让考官听不清楚。

交谈时，态度要诚恳、谦逊，不能让人感觉自己很强势，如果自己需提出要求，也应尽量使用不卑不亢、商量协商的语气，而不要狂妄自大。

切忌中途打断考官的谈话，随意插话，造成喧宾夺主的效果，这是极不礼貌的行为。

注意聆听他人。面试官说话时，一定要用心倾听，不要东张西望，好像面试与自己无关。

处世小秘笈

面试时，除了向面试官出示必要的或被要求出示的书面材料，最主要的还是当场对话。因此，对话是面试成败的关键。

电话面试应注意的礼节

在接到企业打来的电话时，应首先礼貌地问好，即使对方看不到，也要怀着尊重的态度站立，保持笔挺的姿势，这样能让你的精神更加集中，以便更高效地回答问题。

在回答对方的提问时，不能急于回答，一定要让考官说完问题，如果不能马上回答对方的问题，可以思考几秒钟，但要注意，太长的思考时间会引起对方反感。回答问题时，语速不要过快，发音要准确清晰。如果对方没有听清楚，应该放低语速，不急不躁地重复答案，不能有急躁或不耐烦的语气。回答问题时，要始终面带微笑，即使看不到，对方也能感受到你的亲和力。

在电话面试的过程中，还要注意以下几点：

1. 如果你同时应聘几家企业，在投完简历以后，必须分别熟悉他们，做到心中有数，尤其不能混淆公司和申请职位名称。这样，在电话面试的时候才不会慌乱。

2. 在电话面试之前，放一份简历在身旁。如果对方从你的简历中提问题，你的回答会准确得多。

3. 在电话面试之前，假如自己会因为紧张而对谈话技巧掌握不足或交流不够自如的话，可以找一个朋友进行练习。让朋友扮演考官给你打电话，在电话里交替提问和回答。在这个过程中要注意你说话的语调、停顿等，留心你说话的内容，让朋友帮助反馈信息。反复练习，直到你感到满意为止。

4. 在电话面试的过程中，你要仔细地倾听并保持精神的高度集中，手边必须有便笺和笔，连同你的简历和笔记本也要放在电话旁边。详细记下你被问的问题和十分重要的信息以及要点。这些记录在你通过电话面试，进入面试环节时很重要。

5. 在电话面试的过程中，不要长久地不出声。快速地概括你的主要观点、要点，这需要良好的逻辑思维能力和语言组织能力。思维和语言能力都非一蹴而就的，需要在日常生活中经常练习。

6. 由于你看不到对方，所以，你不要指望从招聘者语言之外的途径中获取线索，而应高度关注他说话的语气。同时要使自己的表述积极向上、冷静理智、简明扼要，使得谈话更易于进行，也让对方有与你见面沟通的欲望。

7. 务必准确地记下电话面试者的名字（拼写要正确）、联系方式和地址、邮编，以便进一步联系。

处世小秘笈

电话面试是面试的形式之一，目前颇受企业的青睐，只有在电话面试中脱颖而出的人才能进入面试，因此，要做好电话面试的充足准备。

初入职场需注意的礼仪

1. 办公室仪容礼仪

在工作期间，最好穿工作装，即便公司没有统一化要求，也不能穿着太随意。

（1）对男士的要求。

衣、裤口袋整理服帖，口袋里不要放任何东西，否则会破坏整体的形象。衬衣袖口可长出西装外套0.5～1厘米，但不能过长，不然衣服看起来会像是借的。衬衣领口要整洁，纽扣要扣好。领带要平整、端正。西裤不能有皱纹。裤型要不紧不松，合身妥帖，长及鞋面。鞋不能破损，鞋面要擦亮，不要留有碰擦损痕。擦鞋时不要忘记鞋底和侧边。

男士的发型要大方，头发长短适中，干净整洁，不要有异味异物或者过多的护发品。脸上皮肤不要太干涩或油光。养成经常剃须的好习惯。双手甲缝干净不藏污纳垢，手指头没有多余的手指死皮。

（2）对女士的要求。

穿商务套装显得干练，是女士的首选。如果穿齐膝一步裙，裙子的长短、松紧、版型都要适合自己。领口要整洁，选择简洁大方的衣领，可佩戴精致的小饰品，如点状耳环、细项链等，不要佩戴太夸张、太突出的饰品。鞋的款式要大方简洁，鞋面底侧要干净、装饰少。

工作期间宜化淡妆、施薄粉、描轻眉、唇浅红。头发应保持干净整洁，避免大量喷发胶或定型产品，发型大方、得体，前发不要遮眼遮脸。指甲要精心修理，保持自然形状，不能留太长的指甲，可用白色或粉色的指甲油。

2. 工作期间的礼仪

（1）积极诚恳地工作。诚恳踏实的工作能为新人的工作素养加分。在工作岗位上，即使感觉自己不能完全胜任，也要全力以赴，如此才能赢得上司和同事的认可和尊重。工作一段时间后，刚入职场的新鲜感褪去，枯燥单调感袭来，就需要调整心态，主动热情地完成工作任务，而不要在任务表的压力下被迫完成。一个合格的新职员，在工作中不但要有持之以恒的决心，也要有后来居上的雄心。

（2）从一点一滴做起。刚刚步入职场，你可能只能做一些诸如打电话、打印文件之类的琐碎小事。在这期间，你会认为自己已经被忽略，但是，你要明白，几乎所有人都经历过这个阶段，这个阶段是卧薪尝胆的过程，更是追求成功的起点。这些接电话、复印之类的体力活是日后成功的基础。

(3)不断提高自己的素养。想要在新人中快速脱颖而出,就要依靠自己的勤奋和智慧,要多向身边的人学习,挖掘自己的潜力,不断汲取前进的力量,抓住机会提升专业能力,这样才能在职场中游刃有余。

(4)切忌道听途说。办公室是八卦集散地,必须小心对待,最好远离那些喜欢谈论别人是非的人。面对流言蜚语,要学会独立思考,而不能添油加醋。不要被帮派斗争绕进去,做好本职工作,使自己成为值得信赖的人才是关键。

3. 初入职场的礼仪禁忌

很多职场新人在人际交往上都存在问题,无法快速融入企业环境,给自己的工作带来了诸多困扰。无意间触犯禁忌也许是造成这种困扰的主要原因。

(1)唯我独尊。现在的社会鼓励个性发展,但是,企业也需要部门合作和整体运作。很多工作都需要用集体的智慧和力量去完成,企业要靠大家的力量来运转,而不是个人的独秀,乃至个人英雄主义。无论你多么优秀,都不能失去同事的支持和合作。所以,不要把自己孤立起来,自我封闭只会让自己成为众矢之的。

(2)假装"成熟"。很多职场新人不愿意被他人歧视,说自己是新手;还有的人以为到了一个全新的环境,自己的过去可以一笔勾销,可以把自己的瑕疵掩盖起来。事实上,缺点是掩盖不了的,比如,你在人际交往问题中暴露出来的性格缺欠和阅历不足,都会在工作中体现出来。你越想掩盖,就越容易暴露自己的短处,如果不抓紧机会提升自我,必将受其限制。所以,不要假装"成熟",而应正视自己的缺点,及时弥补不足,反而能深受其益。

(3)自视清高。初入职场,来到完全不同的环境,校园先锋不一定是职场成功者,学历、奖状未必就是可靠的资本。你要谦虚谨慎地对待老同事。要时刻问自己"你可以为团队做什么贡献?"而不是总急于表现自己。企业对高学历的你期望值很高,一旦希望破灭,带来的会是更大的失望。另外,不要以学历为衡量标准,而应该抱着"先来者为师"的态度,多向他们请教,从点滴小事开始向他们学习,有益无害。

(4)只对自己人礼貌。一些职场新人只认识本部门的少数人,为了尽快拉近和他们的关系,常常对他们表现得谦恭有礼,而对公司其他不认识的同事则"视而不见",这是很失礼的,而且也不利于公司的团结。从礼仪的角度讲,所有人都是平等的同事关系,应该对他们一视同仁,对所有的人都以礼相待。

(5)看高不看低。不少毕业生初入职场,认为只有老板和上司才是掌握自己命运的人,只要和他们搞好关系,自己就会前途广阔,于是,对其他人尤其是职位不如自己的同事不屑一顾。殊不知,这种想法会让你成为孤家寡人。事实上,你身边的每个人都是你潜在的竞争对手和合作者。

(6)让老板或上司提重物。跟老板或上司出门洽谈业务时,要抢先提东西、开门、开电梯,男女同事一起出行,男同事要举止大方得体,帮女士提提东西,开关车门,这些贴心的举手之劳,将会为你赢得更多朋友。

(7)使用公共设施缺乏公共观念。公司里的公用工具是服务所有人的,比如,电话、传真、复印机等,要特别注意爱惜保护它们。工作期间要减少私人事务,尤其是闲聊,以免影响他人工作。也不要把自己的私事带到单位处理。

(8)随便挪用他人东西。未经许可即随意挪用他人物品,用完后也不告知对方,是非常失礼且缺乏教养的行为。同事会因此认为被侵犯,从而对你产生防范心理。

(9)偷听别人讲话。这被认为是最需警惕的行为之一,尤其是在办公室。两眼紧盯打电话的人,全神贯注地偷听会让你成为粗鲁的人,而如果偷听的内容涉及商业信息,还可能使你惹上违法犯罪的麻烦。所以,别人在打电话或聊天时,最好暂时回避一下。如果只是要学习电话技巧的话,可以另找机会或当面求询,偷听是绝对不会被原谅的。

(10)对同事的客人表现冷漠。无论是谁的客人,进入办公室都应受到主人的礼遇,而你当然是主人。做主人的冷着脸把客人推掉,因为陌生就不打招呼,都是有失风度和有违教养的表现。

处世小秘笈

职场新人走出校园，人生的角色发生了重大的变化，这是一个人开始走向独立和成熟的标志，也意味着辛苦的蜕变。要适应这种转变，让自己顺利开启职场的成功之门，就一定要懂得举手投足的礼貌，做到胸有成竹。

职场称呼须知

职场称呼妥帖，不仅可以增进人际关系，而且会让你受到大家欢迎，反之却会为人际交往设障。

1. 职务性称呼

以交往对象的职务相称，以示身份有别、敬意有加，是最广为接受的。可以直接称职务，也可以在职务前加上姓氏，当然还可以在职务前加上姓名。此种称呼在会议等严肃场合很适用。

2. 职称性称呼

对于具有职称者，特别是针对技术行业中的高级职称人员，在工作中宜直接以其职称相称。称职称时可以只称职称，也可以在职称前加名或姓。多用于比较正式的场合。

3. 行业性称呼

依对方所从事的行业称呼。一些特殊行业从业者，可直接称呼对方的职业，如老师、医生、会计、律师等，也可以在职业前加上姓氏、姓名。

4. 性别性称呼

对于商业、服务业的从业者，大家普遍公认按性别的不同分别称呼“小姐”“女士”和“先生”。

5. 姓名性称呼

对于比较熟悉的人，一般可以直接称呼对方姓名。

处世小秘笈

对称呼的巧妙运用，会为职场带来不少乐趣，让彼此拥有愉快的工作气氛。事实上，这也是屡试不爽的新人成功职场催化剂。

职业人士应注意办公室形象礼仪

1. 表里如一

一个人要“由内而外，表里如一”。人们尊重内外一致的人，厌恶口是心非、表里不一的人。要做到这一点，有五个原则要遵循：

(1)调节心情，拥有良好的身心状态，养成良好的生活习惯。

(2)安分守己，坚持原则。

(3)抓紧机会学习，独立思考，不从众。

(4)态度真诚，礼貌周到。

(5)熟悉礼仪，进退有节。

2. 用幽默展现真实的自己

在职场内部，同事和领导更欢迎开朗、热情幽默的人。因此，将幽默感融入平淡的言语，能让你迅速打开交际局面，使气氛轻松、活跃、融洽。尤其是在矛盾冲突集中时，幽默、诙谐可在很大程度上缓解紧张的气氛，使朋友、同事冷静下来，恢复友好氛围。此外，幽默还是含蓄地拒绝对方要求和说出自己想法的有效途径。

3. 多使用谦称

谦虚的态度会让你成为受欢迎的人，可以用“敝公司”或“本公司”“本店”或“我们”作为谦称来指代自己的公司。用姓加职务称呼公司同事,如"张经理""李科长""王秘书""赵主任"等。无论在什么场合,谦虚都是一个人的美德。要知道,人际交往中最受欢迎的称呼就是谦称。

值得注意的是,一定不要将职务搞错,如果你是公司的新职员,不熟悉称呼上的习惯,要谦虚求教于资历深厚的前辈。平时遇到人事变动,同事和上级的头衔可能会更改,对此也要多加留心,不然就可能会惹祸上身。

4. 求人帮忙礼为先

求人帮忙时,要考虑到对方的时间和心情,仔细斟酌所求之事别人是否能替你办到,会不会令对方感到为难。求人帮忙时还要充分考虑事情的性质,如果是举手之劳的事,不妨直截了当地告诉同事。一旦涉及部门合作,此时一定要请示自己的上司,得到批准后再去实施。如果是私事,切勿强人所难,斟酌好同事的能力和意愿,不要增加他人的负担,或者造成双方矛盾。请他人帮忙时,务必把所托之事说清楚,把详细资料交到对方手上。许多人认为求人办事难,其实,只要找对人,诚心相求,以礼相待,求人办事也可变成一件容易的事。此外,请求别人办事时,态度要平和,不卑不亢,不需要低三下四、低人一等。

5. 巧妙拒绝,礼仪开路

"不"虽然好写,发音也简单,却是最难说出的话,许多人认为,拒绝别人一般都会使人感到失望。事实的确如此,但该拒绝时还是应该果断地说"不",但要注意礼仪。请注意,回绝他人时,要考虑他人感受,语气一定要柔和,语言一定要婉转,否则会伤害求人者的自尊心。

(1)拒绝非本部门同事的请求。本公司其他部门的同事可能时常需要你的帮助,如果你无法答应对方的请求,需要回绝时,可以说:"对不起,我真的是没有空,目前正在做的事很紧急,不能为你效劳我感到非常抱歉。"如果对方所托之事是公事,也需要跨部门合作或协调,这种情况下就可以直接向对方说明:"很抱歉,这件事我不能私自解决,请与我们领导协商吧!"这样一来,对方既不会觉得没面子,也不会认为你是有意推脱。

(2)拒绝他人时注意应有的礼仪。回绝时要斟酌语气、动作和用语等。不要在没有听完对方请求的情况下就断然拒绝,对方等待你的回答时,要回答得明确而有礼貌。要掌握拒绝时的相关礼仪,否则会被认为素质不高。

6. 办公室的礼仪禁忌

除了家之外,办公室是职场人一生停留时间最长的地方。所以,也应该像爱护自己的家一样爱护办公室。但是,办公室成员和家人又是有区别的。因此,除了以上要讲的礼貌外,还要小心不触犯办公室中的禁忌,不要因为失礼而破坏良好的同事关系。

(1)忌在办公室内大声说笑。在办公室聊天、谈论私事、八卦是责任心不足的象征,而如果你说到高兴处,忘乎所以,旁若无人地大声喧哗,必然会影响到那些正在埋头工作的同事,从而造成别人对你的坏印象。

(2)忌同事之间咬耳朵。大家一般认为,悄悄话必然是不能在桌面上说的事情。在众目睽睽之下与同伴耳语是很不礼貌的事,这是对其他同事的怀疑和警惕,不但会招致别人的注视,而且会让你的形象大打折扣。

(3)忌对同事的私事说长道短。每个人都厌恶别人议论自己的秘密。嚼舌是一种缺乏风度教养的行为。在办公室这类公共场所搬弄是非、揭人隐私,必定会惹人反感,让人"敬而远之"。

(4)忌喋喋不休地讨论自己的健康状况。没有太多同事对你的健康检查或过敏症感兴趣。不要无休止地阔谈自己的身体情况,如果他人不主动说也不要询问他人的健康状况。有严重疾病的人,如癌症、动脉硬化、关节炎等,对这类话题很敏感。

(5)忌不合时宜地谈论有争议性的话题。和相对陌生的同事交谈应谨慎地避免谈及一些具有争论性的敏感话题,如宗教、政治、党派等,这容易伤及刚建立的友好关系。

(6)忌表情大煞风景。表现出你的风度,即使遇到了很多倒霉事,也应尽量保持微笑。没有同事会对情绪低落的人有兴趣。你低落的情绪,无疑会给办公室蒙上一层阴霾的色彩。

(7)忌办公桌杂乱无章。保持办公桌整洁,把与工作无关的东西收起来。不要在办公桌上摆放随身听、食物、镜子、化妆品等太多私人物品。尤其不能把东西放在公用桌上。此外,办公桌下面也不能作为杂物柜,并且要经常进行清理,将自己的物品摆到办公桌旁边的过道更是非常无礼的表现。下班前把桌子收拾好方能离开办公室。

(8)忌在办公室闲聊。不要总在工作时间说私事。工作时,不要和同事闲聊与工作无关的事情。在盥洗室、开水房、吸烟室等非办公区域,也不能凑在一起闲聊,因为这会被认为是偷懒。要尽量放小说话的声音,以免打扰他人。

(9)忌在办公室吸烟。大部分办公室都是禁止吸烟的。在可以吸烟的区域,首先要询得他人的同意才可吸烟,另外,要注意环境,烟灰、烟头要放在指定区域,不小心弄脏的区域应当立刻清洁,以减少清洁人员的工作强度。

(10)忌谈论东西的价钱。自己的衣饰都没必要展示,也不要追问别人衣服和饰物的价钱,这都是不礼貌的行为。

(11)忌老生常谈过时的主题。避免谈论那些会让人觉得你过时的内容。

(12)忌说没有品位的笑话。无聊的笑话会让说话者显得没有品位和情趣。通常人们觉得自卑或能力差的人才需要讲无聊的笑话。

(13)忌传播别人的谣言。办公室的矛盾往往是由谣言引起的,谣言止于智者,请记住:无论是“添油加醋”,还是真实可信、确有其事,一旦说出口,都会对他人造成伤害。

处世小秘笈

每天以气质出众的形象现身,不但可以突出自身品位、修养,还可以增加个人魅力,获得他人好感。

接打电话时应注意的礼节

1. 打电话的礼仪要诀

(1)时间。上午8: 00~11: 30、下午2: 30~5: 30被认为是谈工作的黄金时间。除非有紧急事件,否则尽量选择在最佳时机打电话,这样不会占用私人时间。同时,还应注意各个国家和地区的时间差,以便在最佳时间联络对方。

(2)文明性语言。在电话交流中,语言承载了信息和情感的全部内容,文明得体的语言能够突显出一个人的文化修养与素质。因此,要学会大方得体地使用文明用语。与对方通话时,要彬彬有礼、热情大方。如不小心打错电话,切忌一惊一乍反复责问对方,然后“啪”地挂掉电话。应该及时向对方真诚地道歉:“非常抱歉,我打错电话了。请您见谅。”然后,重新核对电话信息。如果态度生硬、没有礼貌地挂掉电话,就会给对方留下文化素养不高的印象。

(3)致告别语。电话交流结束以后,接听者要等主叫一方要求结束通话。如果对方是长辈、上级、贵宾或女性,应等对方挂掉电话以后,再将话筒放下,否则会被认为缺少教养。

(4)语气与情绪。接打电话时,一个人的语气、语调可以传送细致微妙的情感。不要让不良情绪影响打电话的效果。打电话前应调整好情绪,切忌急躁、烦恼、不安,不要让对方被自己情绪所影响,进而产生不舒服的感觉。保持良好的心情,让对方通过声音也会被你欢快的语调所感染,从而乐于与你交谈。由于面部表情会影响声音的变化,所以,即使在电话中,也要抱着“对方看着我”的心态去应对。

(5)控制打电话的时间。提前打好腹稿,打电话时,简明扼要地说明问题,整个过程要情绪饱满、友好和善,然后礼貌地结束。电话交谈所持续的时间以3~5分钟为宜。如果此次谈话需要的时间较长,应先征询对方的意见,确定对方时间允许再继续,或者另外约定时间。

(6)环境因素。要在安静的环境中打电话。旁人的说笑声、吃东西的声音,还有其他刺耳的声音不仅会影响倾听效果,更会让对方对你产生反感情绪。

(7)求人办事,要承担电话费。如果你正有求于人,请将电话打过去,主动承担电话费。例如,给外地朋友打电话寻求帮助,他刚好没有时间或不在,这时,你应该另选时间打电话,而非让对方把电话打回来。有求于人还让对方承担电话费,是很不合宜的。

2. 接电话的注意事项

(1)铃响即接。现代职场高速运转,一个办公桌上摆着两部电话是很常见的,一般要在电话响过三声后马上接听。电话铃声响一声大约3秒钟,若长时间无人接电话,对方就会认为等待耽误了他的时间。即便电话离自己很远,在听到电话铃声后,如果此时附近没有其他人,也应该用最快的速度拿起听筒。电话响了15秒以上才被接听,应该先向对方道歉。否则,只是"喂"了一声,会让对方感觉自己的等待得不到补偿,而且怀疑公司的工作效率,只会给对方留下恶劣的印象。

(2)准备好笔和本。如果有重要事务或电话号码需要记录却找不到便笺,不仅误事,而且会给对方留下你工作态度不佳的印象。所以,应事先在电话机旁准备一个本子和一支笔,避免出现上述情况。

(3)口齿清晰。口齿清晰、言语简洁是接听电话的基本要求。接电话时不能吃东西,更不能与旁人交谈,这会让对方觉得你不重视他。谈到人名、地名、数字或重要的句子时,应放慢速度,最好向对方确认,必要时重复一遍,方便对方记录。如果对方提出了不好解答的事情时,你可以婉转地转移话题或另约时间,避免一时口误引起矛盾。

(4)接听电话要专注。不要认为接电话是小事就心不在焉。不要一边看电视、报纸、杂志,一边接电话,这样会让你错过一些重要的信息。当你不得不要求对方重复时,对方会认为你是有意怠慢他,对他不够尊重。

(5)殷勤转接。当对方需要的接听者是同事时,应让对方稍候,然后迅速地帮对方找接话人,如果碰巧同事不在,不要不解释就挂断电话,应向其说明情况,让其稍后再拨。如对方需要,可代为传达信息,并准确做好记录。如对方不愿意留言就结束通话,不要打听,以免失礼于人或惹祸上身。

如果发现对方拨错了电话,不应直接挂断或责怪对方,而应向其解释,告之本单位或本人是谁。可能时,不妨告诉对方怎样获取正确号码。

处世小秘笈

电话是现代通讯的主要工具,它具有传输信息快捷、使用频繁的特点,所以被推广到各个领域。职员的专业素质也可以从他对电话礼仪的掌握程度得到体现。掌握电话礼仪是一个成功职场人的基本功。

转接电话时应注意的礼节

1. 转接电话的基本礼仪

(1)接电话的语言要始终如一。有的人拿起听筒时很客气,会说:"您好,请问您找哪位?"放下听筒就语气大变:"嘿,小王,一个大妈找你""有个外地口音的家伙找你"。记住,前后务必要用同样客气的方式叫人,即使对方听不到,也最好不要这么做,这是一种必须要纠正的恶习。

(2)转接要迅速,若需要让对方长时间等候,一定要说明。若被叫者外出要告知主叫方。不要一面让人等着,一面撂下电话就找人聊天去了,完全不记得找人接电话。

(3)不要一转再转。最好帮对方直接转接或者让被叫者直接接电话,没有条件的话,给主叫者找到能直接接通或者很容易转接到的电话号码,不要一转再转。否则既耽误时间,又容易误事。

(4)如果对方要找的人不在,要在征得对方同意后留下记录。比如,什么人、什么时间打的电话,要说什么事情(要以主叫人同意为前提)、对方有什么要求(比如一回来马上回电话,或不必回电直接去现场)。很多人经常忘了记录,或者记录不完整,能够转达的信息很有限,以至于造成好心办坏事的局面。

(5)在确认对方的姓名时,应使用暗含赞扬的词语,如,某人姓孙,可以问:"是孙中山的孙吗?"

不要用习惯用语，尤其忌讳用贬义词，如，“您是张冠李戴的张吗?”“您是瓜田李下的李吗?”这些都会引起对方的不快。

(6)转接电话时，你经常不能确认主叫者与被叫者的关系。这时，如果对方要求你告诉他要找的人的电话，除非得到被叫者授权，否则，不能将他的电话号码随意告诉对方。否则可能严重干扰被叫者的私人生活。

(7)如果对方要找的人不在，你可以请对方重新选择打电话时间，或者想法子为对方做补救措施，比如，帮忙联系要找的对象。

(8)如果转接不当，导致断线，要记得向对方解释和说“对不起”。

(9)帮别人转接了电话，无论什么情况，都不要谈论二人关系，更不要捕风捉影、散布闲话，否则既显得没有教养，也会造成同事间的矛盾。

2. 转接电话的禁忌

(1)打电话时音量过大。无论要找的是同一个办公室的同事，还是其他办公室的同事，在转接电话时，都不要大声招呼对方接电话。否则，既会让接电话者难堪，也会造成同事们的不便。这是很失礼的行为。

(2)把电话里的情况描述给要接电话的人听。有人会不经意地说：“是个小姑娘，声音娇滴滴的，是你对象?”这是不礼貌的。一方面，对方既然在，接了电话自然知晓是什么人找他，另一方面，你这样的描述和询问本身就是对别人隐私的干涉，也会让对方很不舒服。

(3)审问打电话的人。有些人在接听电话时喜欢对对方严加审问：“你是谁？你是哪个单位的？你跟他什么关系？你怎么知道这里的电话的?”问对方这些问题，是非常没有礼貌的。

(4)主观臆测，传播小道消息。有些人喜欢在转接电话后猜测打电话人与要找的人的关系，及打电话来的缘由，不仅自己猜测，还将自己的想法告诉给其他同事，让很多人都知道，闹得沸沸扬扬。此举非常不妥，是礼仪中的大忌。

3. 电话洽谈的礼仪要求

掌握了电话礼仪，有助于认识更多人，更好地塑造自身形象，进而让自己成为一名优秀的职业者，得到老板赏识的机会也会增多。电话洽谈时应注意以下几个方面的礼仪：

(1)控制时间。大部分人都不太喜欢打电话时间过长，所以，在电话洽谈时，一般不超过15秒就必须迅速地进入正题，免得对方很不舒服，影响工作质量。一般情况下，简单地自我介绍后，就应该立刻切入主题。

(2)扬己之长。电话销售时，要将自家商品或服务内容做一个简短而生动的介绍，将最吸引人的内容在最短的时间里传达给对方，让对方在短时间内知道最鲜明的亮点。特别要注意，不要贬低别人的商品，否则只会收到不好的效果。

(3)时刻掌握主动权。让对方牵着鼻子走是电话洽谈的大忌，这会使自己完全处于被动状态。反应要敏捷，当事情朝着对自己不利的方向发展时，应寻找恰当的理由挂断电话，以免麻烦缠上身。如果对方逼迫你就某一问题做出答复时，你可以告诉他，等到见面时必定给他一个合理的答复，以得到部分时间缓和一下。

(4)不轻言放弃。电话洽谈本身的难度决定了其较低的成功率，倘若一开始并未取得成功，不要轻易放弃，继续和对方约定下次洽谈的时间，不要急于求成，也不要就此放弃洽谈。

(5)避免敏感问题。政治问题、个人隐私、宗教信仰等比较敏感的问题不宜出现在电话洽谈中，万不可故意伤害对方、突出自己。也不要说一些毫无边际、阿谀奉承的话。

4. 接打手机的礼仪

手机响了，应该立即接起。接打手机，首先要让对方知道自己的名字。正与人谈话而非得接听手机的话，要说：“对不起，我先接个电话。”为方便他人和自己，尽量不要关机，最好不要对来电置之不理。不宜在狭窄的公共场所(如电梯、人行道)打手机。

在聚会时应关机或调整手机为静音状态，最好不要主动打电话。但如果拒接打进来的电话也是非常失礼的。这时可以在接电话后小声说明自己正在忙，等会给对方打过去。

逢年过节给亲朋好友发短信祝福时，最好根据所发送人的特点，写一些有个人特征的信息，不宜一味地群发流行短信。

手机打开后，最好时刻放在身边，把手机放在能随手拿到的地方，千万不要手机响了，翻箱倒柜、遍寻不着，终于找到的时候，对方也挂断了。

自己用的手机尽量由自己接听，不要让家人、朋友当接线员，更不要无事生非替别人接手机。信号不强时，最多“喂”三次后，就选择放弃，这样做比较好。

有一些场合手机不应开机：

开会、听音乐；上医院、乘飞机；图书馆内；演讲、典礼仪式。

铃声要与场合相适宜。成年人不宜用搞怪的铃声，以免造成不必要的麻烦。手机铃声的音量调到自己能听见为宜。

开车的时候，为安全起见，最好用免提设备。不管你的移动电话有多么高档，也不要炫耀。

在没有得到对方许可的情况下，万不可用手机照相，这样做不仅是非常不礼貌的，而且还侵犯了他人的隐私权。

更改号码时应在第一时间以各种方式让朋友知晓。

处世小秘笈

工作中常需要替别人转接电话，转接电话做得好会让别人受益，但是，如果不注意礼仪，随性而为，就容易适得其反，好心做坏事，严重者会造成同事间的矛盾。所以，帮人转接电话也要注意礼仪。

怎样与同事融洽相处

怎样才能与同事融洽相呢处？

1. 尊重同事

相互尊重是处理好任何一种人际关系的基础。平日工作时，要给同事以足够尊重，给同事的个人喜好和习惯以足够空间。同事之间没有亲缘关系，亲友之间一时的失礼，还可以恢复亲情关系，而同事之间的关系是以工作为纽带的，一旦失礼，创伤就难以愈合。因此，处理好同事之间的关系、互相尊重显得尤其重要。不在背后议论同事的隐私，这也是尊重同事的表现。每个人都有隐私，隐私与个人的名誉密切相关，在私底下讨论别人的事情，会造成他人的名声大损，双方的关系也会朝着不好的方向发展。

2. 金钱往来清楚

在平常的工作期间，可能要向同事借钱、借物，但无论借什么，都要尽快还清，如果所借金额较大，应该主动提出给对方打张借条，使双方关系更好处理。如果所借钱物不能及时归还，一定要特意说清楚。在物质利益方面，万不可贪图一时便宜而让同事的利益受损，否则会大大降低自己在同事心目中的地位，也会影响以后的工作进程。

3. 学会帮助

无论是在生活上，还是在工作中，倘若同事有难，最好及时地咨询，并尽自己最大的努力帮助他们。同事有困难，大都会向亲人寻求帮助，但作为同事，应主动问询。对力所能及的事情应尽力帮忙，这样会增进双方之间的感情，使关系更加融洽。所以，当同事有难时，更要伸出援助之手。

4. 学会主动道歉

与同事相处的时间越长，失误或者误会越难免。如果出现失误，最好主动言和，征得对方的谅解；对双方的误会应主动向对方说明，切不可小肚鸡肠、耿耿于怀。只有真诚地待人，同事才会更信任你。

5. 用幽默缓解尴尬

在工作期间，有时会出现一些尴尬的气氛，双方也会比较紧张，这时候，幽默的言辞能发挥独特的作用。而想让幽默化解工作中的尴尬气氛，也需要恰到好处，以免伤害彼此感情。

身在职场，一定要处理好与同事的关系，只有与同事和睦相处，才会更容易地开展工作。工作不同于生活，同事不同于朋友，在与同事发展友谊时尤其要谨慎，有些人一定要注意。

1. 被上司视为“眼中钉”者

当你进入一家公司以后，时间一长，就会认识各种类型的同事，但是，如果你发现上司将某个或某些人视为“眼中钉”，那么，你要留心，不要与这样的人走得太近，否则，你也可能会受到牵连。不过，你也不需要故意给他们找茬，只需要保持适当的距离即可。

2. 爱占小便宜者

有些人喜好占便宜，这些人同样把这个坏习惯带到了公司，他们以为“顺手牵羊不算偷”。偷拿单位的资产，如签字笔、打印纸以及其他的办公文具等。虽然这些文具物品对整个公司来说微不足道，但一旦被老板知晓，他们肯定没好果子吃，甚至会身败名裂，更不用说想在单位进一步发展了。这种爱占小便宜的行为看起来问题不严重，但公司一旦有较严重的事件发生，上司就可能怀疑到这种人身上，所以，身在职场，要时刻保护自己，以免产生不必要的麻烦，距离这些人远一些为好。

3. 交浅言深者

倘若你刚进公司，可以通过工作上的需要和平时的闲谈来拉近与同事之间的距离，这无论是对你还是对你的同事，双方都能接受。但要注意的是，一定要谨慎，有的人刚认识你不久，便与你称兄道弟，有时甚至把他的苦衷和委屈也向你倾诉，可不要被他的言语所骗，他们可能另有别的打算。

4. 喜欢搬弄是非者

进入职场以后，随着时间的推移，你会遇到这种人：他们热衷于讨论是非，整天挖空心思探寻他人的隐私，到处说上司的坏话，以及哪个同事有外遇等等。这种人在工作上马马虎虎，但却热衷于同事间的事情，有时也会挑拨你和同事间的感情。倘若你真的与同事有小矛盾的话，他就只站在旁边静观其变，甚至拍手称快。和这种人在一起时间久了，不但会受到同事的厌恶，就连上司也会因此不看重你。

5. 经常传播小道消息者

若刚进新公司，很快就会看到有的人很活跃，经常散播一些谣言，制造紧张的气氛。比如，“公司面临破产”“公司债务如何庞大”等，这些话不仅让同事们很不安心，而且会造成大家的工作不便。公司领导对这种人更是深恶痛绝。如果公司要裁员，毋庸置疑，他们肯定是要被裁的，所以，要与他们保持一定距离。

处世小秘笈

身在职场，人际关系是融洽、和谐，还是经常发生摩擦，这会直接关系到自己工作和事业的进步与发展。学会人际交往方面的知识，处理好同事关系，营造融洽的职场氛围，有助于提高工作效率。

与上司相处时应注意的礼节

1. 尊重你的上司

在工作中与上司打交道，还是需要在一些礼节上下些功夫，即使你的上司在能力、经验等各方面都不如你，也不要当面指责，更不要辱骂他。倘若心里有对公司的不满，最好待之以礼，即使再不满意，也不应当对上司不敬，此举只会让你看起来不成熟、没有规矩、不懂礼节。

当众辱骂上司不但会让你的形象扫地，而且还会毁掉你的前途。如果你的上司是那种不记前仇的君子，不跟你算账还好一些，只要当面道过歉，他原谅了你，就不会有什么事。可如果你的上司是那种心胸狭窄的人，表面上看他不在乎，而实际上却会对你打击报复，处处找茬儿，那你的发展就会很受阻。

退一步说，倘若你真把上司拉下马，也未必是有利于你的，因为你的所作所为全部被其他人看在了眼里，让别人认为你是一个“不懂得礼节、好斗、善斗”的人。除非你想尽各种手段讨好他们，否则别人都会防着你，毕竟他们也还想在公司继续干下去。而更严重的是，你把上司“赶走”了，上级也不一定重用你，因为你上司的下场就是他们的前车之鉴。他们怕和你接近，怕你欺负他们，如此一来，你的选择只能是辞职。如果你认识不到自己的缺点，相信到哪个单位都会吃亏。

如果你年轻气盛，不小心骂了上司，但还想在公司继续干，那么，赶快向对方道歉，这是唯一能弥补的措施，虽然不一定有用，但不去道歉，后果是很糟糕的。

2. 和上司打招呼

与上司见面时，首先应热情主动地与上司打招呼，表现出大方与沉稳，不要表情夸张或忸怩作态，更不要等上司主动与你说话，否则，领导会觉得你很自大、目中无人。

如果当你想与上司打招呼时，恰逢上司与别人相谈甚欢，没有时间及时回答你的问候，你应该向上司微笑点头以示敬意。打招呼不同于说客套话，打招呼比较简短，如“早上好”“您好”“您早”就已足够。不要跟上司长谈，倘若对方没有重要工作等着处理还好，如果对方急着做某事而你却喋喋不休地说起来没完没了，自然会招人厌烦。这就不是打招呼了。打招呼时最好不要问：“您干什么去？您去哪里？”这是对他们隐私的侵犯。

3. 握手

与上司握手时，首先要注意的是：不要先于领导伸手，一定要等上级伸手后你再伸出手去迎合；要保持好握手时间，也不能过于用力，要适度和舒服。工作中，和领导行握手礼的时间并不固定，因此，要时刻让右手干净整洁。

不论上司是男性还是女性，当上司欲和你行握手礼时，一定要表现出热情。你可以用双手与上级握手，但与异性上司握手则不应该这样。

4. 各司其职

社会客观地赋予下属与上级这两者以不同的社会地位，也就是说，二者有各自负责的事情，尤其是作为下属的职场新人，在工作上不可越权。如果对领导者的越权严重，就会使领导的权益受损，使领导意图无法得到贯彻，不仅与上司的关系会恶化，也会造成同事间的关系恶化。如果下级替代了上级，同样也不利于同事间关系的处理，会影响工作秩序，妨碍领导职能的发挥，严重者会使一个单位出现混乱局面。所以，下级一定要把握做事尺度，凡事不越位，各司其职，这样关系才会更加融洽。

5. 正式场合使用正式称呼

下级对上级的称呼也很有讲究，正式场合要尽量用正式说法。对上级的称呼应该严肃、认真，若你是刚来公司，还不十分清楚各位领导的职务、姓名，在称呼领导前应向资深人士请教，这样，你就会得到答案的。

在正式场合，万不可使用简称，把处长简称为处，对“张局长”称其为“张局”等，这样是不尊重领导的表现。在上司面前提及亲朋好友及同事的话，应该称呼其先生、小姐或直接称呼其名字，不能称“哥儿们”“老兄”“小鬼”等。当然，随意称呼外号更是不妥。

6. 做好本职工作，为上级出谋划策

倘若你想受到领导的欣赏，首先要做的事就是出色地完成本职工作。面对不太复杂的事情，更要如期完成。否则，领导可能会把你看成是无能、愚蠢、懒惰之辈，这对以后的工作开展是很不利的。除了本分工作外，也要尽量为上级出主意。在日常工作中，你要主动为领导排忧解难，积极地向领导提出建议。当领导遇到难处时，倘若你能理解领导，理解其难处，领导就会被你感动。这样，上级既不会忘记你的及时出手帮助，又会认为你是他的“高参”，是他的得力助手。倘若上级青睐你，你的发展也会顺风顺水。

7. 掌握与上级谈话的技巧

在与上级交谈的时候，除了要遵循一般礼节外，也要因地制宜，你要弄清楚谈话的场所、时机以及谈话的背景，也要时刻注意领导的心情，只有这样，才能博得上级的欢心。下级在与上级谈话时应该时刻注意以下几点：

(1)选择好的时间、地点。同领导交谈,一定要把时间、地点安排好,这样,交谈起来会更顺畅,更安心静气。比如,可以选择在办公室交流工作中较为严肃的内容,在路上的话,可选择些简洁的事情聊,因为时间有限。

(2)说话要直接,不绕弯子。说话要直爽,以最简洁的语言表达自己想要说的内容,别让领导很费解。

(3)谈话时要运用一定的肢体语言。在上下级交谈时,可以适当地用手、眼、头的动作及面部表情表达言外之意,传输内心之情,这样,效果会更佳。但是,要把握尺度,肢体语言要适量。

(4)与上级交谈时,不能沉默。上下级交流时,要有问必答,否则,气氛会很尴尬,领导也会对你有意见,难免产生误解。

(5)保持自己的人格。下级与上级交谈时,要保持自己的尊严,哪怕会紧张害怕,也要保持自己的人格。同时,要认真听上级说,上级讲话时,不能心不在焉,更不要随意插话或打断讲话。

处世小秘笈

作为职场新人,一定要把与上司的关系处理好。其实,与上级的关系处理并不难,上下级之间只要以礼仪为桥梁,和睦、友好地相处将不是一件困难的事情。

辞职时应注意的礼节

以下几方面是辞职时应注意的事项:

1. 提前通知公司

一般情况下,公司在雇佣你的时候就会在劳动合同中约定,如果你要辞职,要给公司提前通知,最迟是半月或一个月,最好给公司以足够多的时间考虑。即便合同中没有硬性规定,你也应该提前几天告诉公司,以免你的突然辞职导致公司职位空缺,给公司带来损失。提前将辞职决定告知公司,一方面,可保证工作能继续有效地干下去,另一方面,公司也可以早有准备。所以,尽量减小因为辞职而给公司带来的影响,这是基本的礼貌。尽量不要临走才告诉领导,然后第二天就结工资走人。

2. 辞职信不可缺

不论哪个员工辞职不干,对老板来说都是值得反思的事情,他最想知道的、最想看到的也是你的辞职理由。但是,有些真话说出来反而很伤人,不但让老板难堪,对自己也是伤害,还不如写封辞职信,找一些别的理由,如“我要去进修”“家里有事情要处理”等。当然,也可以把想说的话提出来,但是,一定要切记,说法要委婉,更不要指名道姓,把事情说清楚就行了。

此外,写辞职信也要讲究格式,正确的格式如下:

标题。正文第一行正中间标明“辞职申请书”。标题要醒目,字体要大。

称呼。要求在标题下一行顶格处写出接受辞职申请的单位组织或领导人的名称,随后跟上冒号。

正文。正文是申请书的主要部分,正文的内容有三部分。

首先,表明辞职的意愿,要直截了当地讲明。

其次,说明辞职原因。该项内容要求将自己有关辞职的详细情况一一列举出来,形式要完整,要有逻辑性。

最后,要写明自己提出辞职申请的决心和个人的具体要求,恳请领导帮忙等事宜。

结尾。写致敬话语。如“此致”“敬礼”等。

落款。辞职申请的落款要求写上辞职人的姓名及提出辞职申请的具体日期。

另外,无论公司如何,你一定要记着感激它对你的培养以及同事给予你的帮助,毕竟公司还是帮助了你成长。

3. 站好最后一班岗

在提出辞职或者递交辞职信后，还要再等一段时间。别忘了，在这段时间里，你还是公司的员工，你需要站好自己的最后一班岗。很多人认为自己不再干了，不再与公司打交道了，于是就放松自己，马虎应付。这样，公司也不会对你有好印象，可能把你之前的功劳都抹杀掉。

此外，别以为马上要离开，有些话就可以说出来了，于是大倒苦水，说出以前受的冤和怨。这是相当没脑子的做法，也是不礼貌的。明智的做法是，管好自己的舌头，让自己平静下来，不要抱怨，更不要炫耀。何况这些话如果传到当事人的耳朵里，当事人定会记仇，这样只会让自己多树敌。

此外，还要注意尽量清楚地交接自己手中正在使用的公物，不带走任何物品。名片夹也没必要带走，你只应拿走属于你的私人用品和你本人的名片。

4. 做一回好老师

在交接工作的过程中，短则几天，长则一个月左右，甚至还会更久。在这段时间内，你要把工作交代好。对于接替你的人，你要大方一些，做一回好老师，带带新人。你在职期间，积累了一些资源，如果你带走这些，一方面，可能会使新人无法开展工作，另一方面，原单位也会很不放心。如果你不主动把工作资源留下来，哪怕仅是一点点，原单位对你的印象也会大打折扣。

另外，如果有必要，你还可以把工作职位说明和工作经验以文件的形式留给新人，让他尽快熟悉工作，相信他会特别感动的。

5. 与原单位保持联系

有的人辞职了，觉得已无牵挂，于是就断绝了和原单位的一切联系，此举并不好。尽管你辞职了，但大家关系不错，所以，经常打个电话或写封电子邮件与原单位的老同事、老领导们叙叙旧，应是一件惬意的事。再说，世界这么小，说不定还是同行，以后碰面，还是有机会合作的。另外，若是工作中有难言之隐，也可以向老领导、老同事们请教，对自己也是很有帮助的。如果原单位需要你帮忙，你也应尽量献出微薄之力，这样，你就会赚得很多欣赏。

处世小秘笈

辞职只是从一个公司到另一个公司，甚至换一个行业，不是决裂，所以，也要注意应有的礼仪，拿出你的风度，即使临走前，也要保持好形象。

第四章　与上司相处的智慧

怎样才能做好下属

如果你的工作完成得很好，你的业绩也不错，下属们对你也很满意，但你的上司却可能不喜欢你，因为你只知道做自己的工作，只知道怎么管理你的下属，却未与上司处好关系。所以，不管你是主管也好，普通职员也好，你一定要学会当下属，学会让你的上司喜欢你、器重你、提拔你。

倘若你想与上司处好关系，下面八点你一定要认真地去做：

1. 主动报告你的工作进度

当领导的心中往往有个不快，不知道下属的工作内容，每天似乎都很忙，又不好意思经常去问他。因此，做下属的一定要主动报告自己的工作进度，让上司放心，万不可等工作很长时间做完后再汇报。有时，即使小小的一点错误，时间一长也可能越变越大。所以，应尽早向上司报告你的工作情况。一有错误，他就可以纠正你，避免犯大错误。

作为一个下属，你要多主动向上司汇报工作，让上司知道，让他放心，但实际上却很少有人这么做。对上司来说，管理学上有句名言："下属对我们的报告永远少于我们的期望。"由此可见，上司都希望从下属那里得到更多的报告。因此，做下属的越早养成这个习惯越好，这样，才会更快得到公司的赏识。

2. 对上司的询问有问必答，而且要清楚

做上司的会觉得下属回答问题时的样子让人受不了，"蔡小姐，昨天交代你的报表做好给我。""知——道——了，老——总，你没看到我在写吗？"倘若你是上司，你一定会非常不喜欢，甚至痛苦。而她很能干，你不能把她辞掉。

如果上司问你话，一定要有问必答，最好是问一句答三句，让上司清楚。答得比问要多，会让上司放心。答得比问得要少，会让上司忧虑，从而也就失去了做一个好员工的机会。

回答上司的问题时，还需要注意一点。上司进来问我们话时，应立即站起来，这是基本的礼貌，很多人没有这种习惯，上司问问题自己仍坐着。这一点，在日本很适用。日本人在问下属问题时，下属都要坐着。

3. 努力学习，充实自己，以了解上司的言语

做下属的，脑筋要转得快，与上司思维保持同步。你的脑筋会不会转得比你的上司快呢？一般不会。你要向上司看齐吗？肯定要的。今天他能有资格当你的上司，肯定有他的一套，有比你厉害的地方。如果你去联想集团当一个副总，你的脑子会不会比柳传志还快？大概你的答案会是否定的。柳传志能够领导联想，能够把联想发展成今天这种规模，一定有众多需要你膜拜和学习的优点。因此，你不仅要努力地学习知识技能，更要用心向上司讨教，这样才会听懂上司的言语。他说出一句话，你要能知道他的下一句话讲什么，了解他的说话风格，跟上他的思维。如果你不去努力地学习，你的上司想到20公里处，你才想到5公里的地方，你们的不同还很大，他是没法提拔你的。很多人都想超越自己的上司，这是值得鼓励的。但要超越自己的老板，先要学会他那一套，然后再谈超越他。若你都没有向你的上司看齐，就更谈不上超越了。因此，做下属的要不断地学习，学习你的上司，不断充实自己，才会提升自己，上司才会想着重用你。

4. 接受批评，不犯二次过错

日本一家电器公司的老板准备物色一位职员去完成一项重要的工作。在对众多的应聘者进行筛选时，他只问一个问题："在你以往的工作中，总共犯错有多少？"他最终把工作交给了一个犯过多次错误的员工。开始工作前，他交给该员工一本《错误备忘录》，嘱咐道："你犯的错也是你工作的表现，但你要记住，同样的错误属于你的只有一次。"这说明，上司允许员工出错，但不希望下属犯同样的错误。

人非圣贤，孰能无过？人不可能不犯错误，聪明人的可贵之处就是能在每次犯错误之后，接受教训，及时总结经验，不再犯一样的错。但一个人要能真正做到不犯二次过错，其实是非常不容易的事情。第一次犯错应称为不明白情况，第二次叫不小心，而第三次就叫故意了。不要以不小心作为犯错误的借口，更不要主动找错误。如果你对你的上司说："老总，您放心，这是我第一次犯这个错误，也是最后一次。"你敢讲这种话，是非常不简单的，尽管如此，你也应往这个方向发展。

5. 不忙的时候，主动帮助别人

这是一个强调团队精神的时代，公司的成功要靠整个团队。团员间相互配合，也需要互相之间的帮助。一个人不忙时，要主动帮助他人，表现出强大的团队精神。在麦当劳，如果没人扫地，店长就会去扫，而且也会帮人点餐。倘若一队的人很多，其他队人很少，一定会有人说：那边的客人请到这边来。麦当劳文化的一个重要特点就是快速的服务，做到这一点的重要原因就是在员工不忙的时候，主动帮助他人。其实，这也是美国公司的重要文化特征之一。这是人家的长处，我们应该学习。

今天你帮助别人，不但表现出了你工作的认真，同时也是有利于你自己的良好作风。因为有一天，你需要得到别人援助的时候，别人也会来帮你。在现实中，很多人崇尚本位主义。自己不忙时，说人家忙是应该的，他忙是活该，我休闲叫应该。如果一个组织存在这种思想，那么，它的员工就很难成为"一家人"，其凝聚力也会很低很低。

6. 毫无怨言地接受任务

再完整的人事规章和岗位说明里，都不可能把人应做的每件事都讲得清清楚楚。有时会临时跳出一些事来，下属必须立刻去做。假如有一位重要的客户要来公司，为表示诚意，公司要有人迎接。这是临时的事情，职务说明书里是不会有的。那么，被派的人会说："凭什么要我去？我已经下班了，当时我来时，你们又没有讲过要这样做。"倘若你一直这样斤斤计较，你在一个组织里是很难出头的。临时性的工作不能空置，你要一口答应，一肩挑起，而且要毫无怨言。如果你毫无怨言地去做了，上司会记在心里。他即使当时不说，也会利用另外的机会表扬你、奖励你、回报你。一人不要太斤斤计较。中国有一句话："吃亏是福。"吃亏就是占便宜。这是很有道理的，因为你在一个地方付出了，一定会有机会回报回来的。一个公司的成功要靠全体的努力，面对临时性的工作你要毫无怨言。

7. 对自己的工作主动提出改善意见

如果你的上司说："各位，我们来研究一下，可否把工作流程整理一下？"严格说来，这样的话不应该由你的上司来讲，而应该由你来讲。所以，每过一段时间，你就应该想一下，这个改善工作有必要吗？如果你是你所干工作的专才，而你的上司不是，他有了改善的观点和主意，想出了改善办法，你就应该感到羞愧。

8. 想得到的利益让上司为你争取

不要在领导面前直接计较个人的利益得失。倘若你总是向领导争取利益，并且超出了他的承受能力，他就会感到很不舒服。如果"利益"是你"争"来的，领导虽作了付出，但并不愉快。他在心理上会认为你是个"格调"较低的人，觉得你很愚蠢。倘若上司心胸狭窄，与他争利益得失反而会把你的功劳一扫而光，一点好处也得不到，"名"也会丧失。最好的办法是让领导主动地给，而不是你去"争"。

处世小秘笈

不管你是主管也好，普通职员也好，你一定要学会当下属，学会让你的上司喜欢你、器重你、提拔你。

工作中切忌与领导作对

实际上，上下级的关系不可能像你想象中的那样和谐，工作中的领导和被领导的关系就是最正常的关系。由于所处的位置不同，所考虑的侧重点也有所不同。因此，没有哪个员工没被领导批评过。这个时候，员工一定要有正确的态度，冷静地思考：领导为什么批评我？

梁巧丹的工作是网页设计，她能力很突出，工作也很认真，还时常有令人眼前一亮的创意。

有一次，她在工作中与领导出现了不和。梁巧丹为了通过网页将产品成功地外销到公司的新市场，费尽了心力。每到晚上，她都主动加班，坚信自己的设计理念是最棒的。对于制作中的每一个小细节，她都认真地处理。

距离客户约定的时间越来越近了。领导找到了梁巧丹，让她抓紧赶工。可梁巧丹有自己的坚持，延后了几天，等于在客户要发飙前赶紧做了出来。对此，领导没有表扬梁巧丹的夜以继日，而是因为工作流程的不顺畅，狠狠地教训了她。

这一次的批评让梁巧丹记在了心里。一方面，她每次准时交任务。可另一方面，梁巧丹始终对老板的批评有所抱怨。有时候在工作谈判中，她就流露出不满，对客户讲有的细节做得不够好，是因为自己的领导根本不懂得设计，又加上只图利润，总是会让她赶工，因此，方案的质量会受影响。

在梁巧丹和客户的沟通中，客户对她很满意。但是，她在公司很明显地被"边缘化"了。不知道为什么，梁巧丹发现自己无论有多少客户，不管自己多么优秀，她就是拿不到丰厚的奖金，也并未得到提升。公司开会时,领导对她的态度越来越恶劣,这让她的工作环境也恶劣了起来。因为同事们都是看领导脸色行事的,时间一长,梁巧丹很不自在,她终于在反思中明白了自己失误在了哪里。

任何领导对客户量都是很重视的,要知道,还有很多客户本身就是领导的朋友,领导不可能不知道员工在客户面前对自己的评价。如果记恨领导,对客户说领导的不是,那么,领导的报复就会立竿见影。梁巧丹也非常后悔,她终于懂得了身为一个老板,对公司发展有大责任,主观意识肯定很强。她不该因为记恨领导而造成了自己的受排挤。

在公司里,不管事情如何,无论自己的领导是什么样的人,一定要记住一条铁律:如果一个人和自己的领导作对,即使只是心理上和自己的领导不融合,那么,他迟早会被赶走的。

在这里,还要强调的一点是,如果领导没有给你想要的待遇,最正确的做法是什么呢?如果你还想得到你想要的,你就要继续忍下去,在领导面前,要努力做出毫不介意的姿态,强迫自己用更积极的心态去工作,这样走下去的时间会长一些。

处世小秘笈

只有在心理上懂得领导是必须尊敬的人,与领导意见相对时,放下“仇恨袋”,发自内心地认可领导的权威地位,理解领导的本意,才能更好地工作,才能在公司扎稳脚跟。

要勇于提出不同见解

旅鼠是巴菲特等投资大师“开涮”最多的动物。它们最特别的地方是会自杀式地季节性迁徙,一大群的旅鼠排着队、盲目地向海边走去而淹没在海中。前面的旅鼠已经葬身大海,但后面的仍继续前进,它们会一直向前。关于这个现象,大师巴菲特还有句妙语:“当某种行为已成为习惯,理性通常会萎缩。”

这个心理学效应在职场中给人们的启发是巨大的。

没有一个人敢说自己身在职场,不揣摩领导的想法,实际上,很少有人明白其中的道理,大多数人都认为老板最喜欢的员工就是一味地服从、讨好领导的人。但实际情况并不是这样,领导更加了解“毛毛虫效应”的可怕性,他们都知道人都会从众,人比毛毛虫和旅鼠好不到哪里去。

这种现象很普遍,就像很多女人总是不懂得如何留住男人的心。但是,跟古代嫔妃学习一下吧,武则天不是仅仅靠着美色就打动皇帝的,她有着清醒的头脑,皇帝因此需要她的出谋划策。

李默虽然在一个不错的单位,但他的表现却非常平庸。

有一次,陪同公司的大领导张先生一起去外地谈一个大项目时,大家都没把李默当回事,这些大项目所有的环节沟通的进程和节奏都是由张先生掌握的。

在本来很顺利的谈判过程中,公司的产品却遇上了另外一家对手,对方的产品与本公司的雷同,尽管公司有很多优势,可政府部门由于对方的出现而犹豫了。面对这种情况,张先生马上召集随行的人员,开了一个小会,讨论应该怎么办。普遍意见是要降价保底,以保证项目顺利地进行下去。

大家商议完后,张先生例行公事地问了一句:“还有人有意见吗?没有异议的话,我就去谈判了。”

没想到,李默站起来说:“张总,我认为这个项目,我们不应该这么随便地降价,因为如果我们调价,损失就太严重了。”

大家顿时被吓住了,张先生马上说:“说出你的理由。”

李默说:“现在还没有具体的数据和分析报告,因为您说现在就要去谈降价,我就是提一下我的看法。在我看来,我们做这个项目,最终是要获取利润。所以,我们不能轻易降价,而对于谈判对手来说，他们更看重的不是利润，而是政绩。"

这番话说完，张先生也反思过来，他也分析了客观的原因。的确，在其他公司还没有开发出产品的时候，这种竞争关系还没有构成，而只是"假想敌"。因为李默及时的否定和提醒，让他得以冷静下来思考。

后来，事情的发展果然如李默说的那样，公司未采取任何措施，顺利签单。也因为他这次的勇气，使他获得了张先生的信任和器重，事业也自然而然有了大跨步的发展。

当一个人和大多数人一样去讨好自己领导的时候，他就必然丧失了领导对自己的好印象和信任。因为溜须拍马的人很多，领导会把这个人也当做只懂溜须拍马，没有真才实学的小人。

没有哪一个掌握着公司发展前途的领导仅靠恭维就能把业务做好。他们最需要的就是在自己举棋不定的时候，或者在自己作出错误判断的时候，有人能站出来，帮一下他们。当然，要敢于提出不同意见，提意见的方式也很重要，而且最好用数据和客观的实例帮助领导做出正确的分析。

处世小秘笈

领导身处高层，每个决定都与企业发展有着莫大的关系，没有人有资格认定领导层的人只喜欢应声虫，而不希望自己的员工靠着冷静的头脑成为自己的左膀右臂。

工作情况要及时汇报给上司

在工作中，我们常会因为对上司的意图理解得不全面而使工作发生偏差，导致劳而无功。有的时候，我们心里很难受，还听到领导这样说："如果不是因为一直以来你什么都不说，我不知道你的想法，今天你也不会有这种尴尬！"

这句话引起了很多人的烦恼，很多人的确存在和领导的"沟通障碍"，遇到困难的时候怕开这个口会让领导觉得自己能力不足。但事实是：如果你善于卸责，领导对你就不会太信任；但如果你不懂得为自己争取应得的，你也是自己吃黄连，也不配担当大任。

其实，在工作中，保持良好的汇报习惯是非常有意义的，最好的办法是把工作结果讲给领导。上司都很忙，能听你汇报的时间很短。如果你的汇报过于冗长，很可能会引起上司的反感，这样就会得不偿失。所以，你要先说结果，万不可一直说工作过程。比如，"领导，我现在已经安排好工作事宜了，我等候您的通知，听您的安排！"

此外，还要注意打破沉默，汇报工作也要及时快捷。汇报也具有时效性，及时的汇报才能发挥出最大的效力。当你终于完成了一项艰难的任务，或者解决了一个疑难问题的关键时，第一时间找上司汇报效果最好。不及时汇报的话，上司就可能已经失去对这件事情的兴趣了。你还应做好周计划和周总结，并及时提交，让领导对你放心。

成可刚刚升职做了一个小部门的主管，他第一次当小领导，对领导自是万分感激，于是，就想好好管理，给公司做出贡献。

其实，成可的部门只有他和两个同事。在成可的努力下，部门的业绩很好。在成可当主管的半年后，业务量突飞猛进地增长。业务增多固然让大领导高兴，但也把成可和同事们累得喘不过气来。

成可没有跟领导说，他愁眉苦脸地撑了三个月后，甚至忍不住私下抱怨大主管：他怎么没看到我们这么辛苦，还把新的业务一直交过来，甚至有的时候还挑剔我们做得不够完美。

有一天，领导与成可谈工作，问到了近期公司产品的销售量。

成可一直有这样的一个思路，那就是和自己的同事从小客户入手。毕竟大客户实力大，竞争也残酷些，他选择了一些小客户进行公关，想先占领小客户，再转回大客户。

可是，大领导非但没有表扬成可和同事们所做的努力，却这样问："公司的销售有什么目标?"

成可说:"一年后,我公司产品的市场占有率要达到12%。"说到这里,大领导已经非常生气地说:"那工作就要盯在大客户身上!"

此时,成可爆发了,他说:"我们部门人太少,如果要谈大客户,我们还需要更多的人,我都快撑不住了!"

没想到,领导又开始责怪他:"你怎么不跟我说?我一直等着你来跟我多要几个人,没想到你竟然什么都没说。所以我以为,你们还可以顶住这些工作量。是你自己的沉默制造了自己和你那个部门同事的负担!"

及时向上司汇报,会使你与上司建立一种良好的互信关系,上司会自动对你的工作进行指导,有助于你工作的开展。

千万不要越级行事

行有行规。在一般的职场中,其组织机构都是逐级构成的,绝大多数成员都有直属上司、顶头上司。在工作中,越级报告是不合规则的,所以,不要直接与顶头上司说明你的看法或争取权益,除非万不得已,否则,这种做法不会有好结果。

通常打越级报告是一种危险的行为,有很多附带恶果,往往容易伤害到自己。顶头上司不喜欢越级报告,一般会"退回原级处理",你也不会如意。这还有可能导致你与直属上司之间关系恶化,因为你这样做明显是对他的不尊重。事后,即便他仍雇用了你,也难对你委以重任。若其他同事都知道了,他们就可能会攻击你,使得你"里外不是人"。就算你的报告是非常正确的,你也是破坏了单位的正常运行程序,顶头上司也会倍感不适。即使你成功了,他们也早已有了疙瘩,认为你对他们也可能采取同样的行为。所以,一般情况下,最好不要打越级报告。

陈星所在的公司安排了一项重要的工作项目之后,主管想了很久,犹豫不决,难以下决定,拿不出可行的方案。这时,陈星没有多想,直接向总经理说自己承担这项任务没问题。他的这种做法无疑严重地伤害了部门主管的感情。

其实,他应绞尽脑汁想办法,分担部门主管的压力,拿出方案来。这样一来,不仅为部门主管解了忧,也给主管留下了好印象。而就在部门主管需要帮助的时候,陈星不但没有给予安慰和分忧,反而雪上加霜。这种做法使部门主管对他很不满意,事后不久,就找了个理由把陈星辞退了。

在工作中,你打定主意要越级上报时,需要先检视一下自己的动机,是为公司利益着想,还是为了个人利益?确认了这一点,你也有主意了。

在工作中,如果你有好的建议和想法,就要遵守行规,也就是要注意逐级上报。即使你要越级报告,也最好先与直属上司进行沟通,这样,效果才会好。

千万不要小看自己的领导

在职场中,有不少人抱怨领导的时候,都会说领导的能力并不强,只是机遇好,也许是其他原因,才让专业知识不强的他坐在了一个比自己高的位置上。事实果真是这样吗?

打个比方说，有的领导专业知识很强，但缺乏主见，做事情也怕担责任，比员工还害怕承担后果，员工有不解，他只会说："等我再找上级批示，然后回复你。"这样的"人才"领导会比误以为的"庸才"领导更让人郁闷。

对于个人来讲，你可以选择公司，但是上司是流动的，你没有选择上司的权利。员工的工作归根结底是为公司的利益，完全围绕着企业的管理者展开的，所以，要深刻理解领导的功能，做出积极的配合。坦白说，你需要让领导明白你。但是，如果老板的决定使你暂时不能够理解，那么，就只有唯一的选择，那就是尊重领导！

成英华是一个房地产公司的外聘总监，在商场打拼多年。照理说，下属应很尊重他。可是，随着不断接触，员工们发现，关于房地产的分析，成英华是一窍不通。当员工向成英华汇报的时候，成英华根本就不会仔细研究员工递交的数据，也不审理账务。

还有，公司有大客户看房子的时候，客户提出一些太专业的问题，成英华经常是让手下的得力人员去回答问题。直到决定是否合作时，成英华才会拍板。财大气粗、给出优厚条件的客户，成英华未必会和他签约；而有的客户，大家觉得给出的条件一般，成英华又会出人意料地签约。

于是，员工们最不明白的问题就是：为什么这样的"庸人"可以坐在这么高的位置上？后来，突然发生的一件事情更让大家费解了。公司拿出了一笔资金投入一片地产，经过大家的准备分析，大家一致认为选择A地区收益是最好的。可是，成英华却看中了B地区。大家一考察，发现B地区人口稀少，基本上没有什么发展空间。即使房子建好了，也可能没人来住。

但是，成英华对B地区相当满意。他认为，B地区有着天然的优势，很多城市的人们都厌倦了城市里的喧嚣和忙碌，会选择来B地区享受生活。

两个选择可谓是各有好坏，大家争议了很久。但是，因为A、B地区都有客户竞争，成英华便毫不犹豫地拍板投资B地区，这让大家非常气愤，觉得成英华不是个好上司。后来，甚至有几个专业知识特别丰富、对成英华不满的人选择了主动离开。

成英华很平静地给员工办理了离职手续，表现出了一个领导的风范。他在开会的时候，未多说一句话。他只是告诉大家，他敢于有这样的判断，也敢于承担任何后果。他本人不愿意多解释，因为在成果没有出来之前，所有担心都是白费的。

果然，过了不到一年，形势发生了逆转。随着城市包围农村，城市人想走出喧嚣的城市生活，成英华在B地区开发了农家乐，而且越办越火，成绩斐然。由于B地区是低投入、高收入，因此，收入很快就远远超过了投资A地区的收益，让当初持异见的人大开眼界。

大家这才明白，成英华并没有错，"庸人"是自己。领导之所以成为领导，重要的不是专业知识，而是在重大事件出现时，能够有决断的勇气、高瞻远瞩的眼光！

处世小秘笈

很多时候，我们并不完全了解领导，其实，他并不需要有多强的专业知识，因为他不是某个专业的技术员，他要做到正确决策，并且要为自己的每一个决策承担责任。

要与领导保持一定的距离

李钟然是林主管打球时认识的，后来林主管对他很满意，让他来到了公司。

李钟然和林主管打球的时候就摸透了林主管。比如说，天太热，需要买水，林主管从来不掏钱。李钟然买回来后，他只说声谢谢，拿过水就喝。抽烟的时候，也从不抽自己的。通过这些观察，李钟然看出林主管是一个非常爱占小便宜的人。于是，进入公司之后，他有时会故意让林主管占便宜。

周六、周日的时候，李钟然不但陪林主管一起打球，还时不时地请他搓一顿。每次李钟然出差回来，都会给林主管捎东西。终于有一天，酒过三巡之后，林主管非常高兴，他真诚地拍着李钟然的肩膀说："兄弟，在咱们公司，咱们就是自己人。"

李钟然自是十分高兴，赶紧拜林主管为大哥，而林主管拿到了好处之后，也总要"意思意思"。一次，趁经理高兴的时候，林主管就替李钟然说了几句好话，李钟然的工资提高了，果然是"兄弟情深"。

李钟然也经常在发工资的时候，买点好酒好菜去林主管家里吃饭，跟对自家人一样。可李钟然这个人有一个非常不好的嗜好，就是好赌。有一次，他缺钱了，就把手伸向了林主管的老婆。

林主管本来就是那种一毛不拔、净占别人便宜的铁公鸡，对李钟然凭着和他有点交情就随意打自己算盘的做法相当恼火。他心里想，烂泥扶不上墙，于是，打定主意不想与李钟然再来往。但是，林主管同样是一个非常有心计的人。他表面上很平静，对李钟然说："我家钱刚借出去了，对不住你了，兄弟，再找别人解决一下困难吧。"

谁知第二个月，李钟然发生经济危机时再次偷偷向林主管的妻子提出借钱。林主管当然不愿意，又找理由没借给他。可是，李钟然又前后多次去林主管家借钱，真让林主管怒火中烧。

结果，李钟然拿到了一张辞退通知，原因仅是李钟然未按时上班。对于这次迟到，林主管并未罚钱，只是"语重心长"地对李钟然说："兄弟，你的迟到，我管得了，可以不罚你的钱。但经理打定主意要辞退你，我也无能为力。"

做领导的都是演戏高手。林主管在李钟然感激涕零的时候，果断地开除了这个"兄弟"。

如果李钟然在与林主管交往时能适当地保持距离，也就不会被辞退了。在职场，一定要冷静地与领导打交道，与领导交往过密往往会给自己带来意想不到的危险。领导就是领导，与其距离太近只会伤到自己。

领导就是领导，无论他多么赏识你、看重你，你都不能和他走得太近。

面对"多头管理"要冷静，切不可冲动行事

当你面对多位领导时，你应该听谁的？这就是一个非常现实的、经常摆在人们面前的问题。只有正确解决，出事时才不会不知所措。

公司的两位经理意见不合。由于公司并购导致人员增加，公司决定搬家，换到面积更大的办公室。这一次，在对办公室如何装修的问题上，黄经理和杜经理的意见又有了不一致的地方。

由于公司并购重组，各项支出都很多，所以，这次新办公室的装修费用很有限。黄经理觉得：应该把有限的费用花在员工个人的办公空间上，保证员工有个舒适的环境。而杜经理认为：办公室是公司的门面，装修应该首先把公司门面、接待室等对外形象方面做好，剩下费用再搞其他。

这时，装修工作具体由两人负责，一个是魏敏佳，一个是关天鹏。关天鹏是一名非常耿直的员工，由于与领导意见不合，他竟然和黄经理吵了起来，给人留下了"不好管"的印象。

杜经理心想，关天鹏今天跟黄经理过不去，说不定哪天又跟自己不合，自己如果重用关天鹏，是否会令黄经理下不来台？最终，关天鹏成了牺牲品，一个经理用开除关天鹏的办法向另一个经理送了人情。

魏敏佳则分别站在两位领导的立场考虑，并不以自己一时的得失决定支持哪位经理。她

以一种旁观者的清醒，预见到被卷进权争之中的后果，告诫同事要头脑清楚。而且，她积极地想办法，终于有了一个方案。

她并没有马上去找任何一个经理商量新办公室装修的事情，而是打定主意先来一个讨论会，主题是让各部门经理就新办公室装修问题发表意见。她已经按照杜经理对新办公室的装修意见，设计成了装修的具体实施方案，在会议中让各部门经理针对这个设计方案来展开讨论。也就是说，新办公室的装修重点在门面装饰、对外形象宣传上，员工办公地方则不要求精细化、复杂化。

当然，会议讨论之后，每个部门都提出了不同的看法。会后，魏敏佳完整地记录了各部门经理对装修问题的意见，并把讨论结果告知了两位经理。

接着，魏敏佳找到黄经理汇报工作。关于新办公室的装修事宜，每个部门都有各自的打算，而且各自僵持不下，不能达成共识。无奈，黄经理只能让魏敏佳把新办公室装修的事情搁置一阵。

讨论会之后，各部门经理都知道了这次新办公室装修费用有限的事实。于是，他们都在通过各种途径为自己的部门争取更大的利益。这让杜经理觉得员工的意见也很重要。

最后，魏敏佳找到了合适的机会，就向杜经理与黄经理递交了一份新的办公室装修方案，在尽量少花费用的前提下，满足了加强门面装饰、公司形象宣传和员工个人空间舒适宽敞的要求。结果，方案顺利通过！

目前，很多公司把这种“多头管理”行为看做是“办公室政治”的一种，在这种情况下，下属通常会成为“政治”的牺牲品。所以，当“多头”给出几种不同的任务指令时，倘若要保护自己，首先就是不能自己拿主意，否则责任只能由自己一个人硬扛。“多头”意见不统一的时候，无论采取何种措施，下属都会对不住一头。所以，唯一的处理办法就是努力让他们的意见统一。

其次，本着对工作负责的态度，应该从实际工作的具体情况出发，让上级明白事情的发展状况，并分别与各位领导在私下说出该领导和另一位领导意见的合理地方，总结两者的优点，说出自己对这个问题的具体建议，让他们能体会到对方的观点和难处。

当然，一定要注意的一点是，要保持乐观、积极。面对多个领导的时候，不能逃避，要有成熟的心智，这样才能帮助你在公司的“权力斗争”中立于不败之地。退一步说，即便因此事而选择离开公司，如果新单位再出现类似情况，又该如何应对呢？正面思考的意义就在于，要知道领导也是聪明的，领导也不会故意和员工过不去，只是他必须提出自己的意见，证明自己的存在。所以，考虑好解决办法，再互相沟通，才是正确的做法。

处世小秘笈

正面思考的意义就在于，要知道领导也是聪明的，领导也不会故意和员工过不去，只是他必须提出自己的意见，证明自己的存在。所以，考虑好解决办法，再互相沟通，才是正确的做法。

面对困难要从容

在职场中拼搏，我们也许可以不聪明，也可以没有独特的手腕或口若悬河的谈吐。但是，无论你从事的是哪一行，都要沉稳，不要太急于求到自己内心的一个答案。因为当你着急想把心中的圆画圆的时候，你手下的圆就会开始走形。在职场中，问题越是迫在眉睫，越应该从容沉稳。

陈丰悦与刘刚刚同时进入公司客户联络部，入职不久后，他们两人发现公司联络部是个苦差事，甚至有的时候，两人都会对电话产生反感。到了下班的时候，两个人甚至厌倦了说话。

这样大的工作强度和烦琐的工作事务，令人非常劳累。但是，陈丰悦并未死心。他觉得自己的辛苦工作肯定会有结果的，只要做的时间一长，拥有了客户资源，和同事打成一片，这份工作照样可以安身立命。

但是，刘刚刚却坐不住了。他觉得联络是个非常苦的工作，做好了功劳是公司业务员的，做错了就挨一顿批。于是，在被批了几顿后，刘刚刚选择了不再忍耐，辞职离开了。

但是，陈丰悦却是很沉稳。他觉得，工作就应该进行到一定的程度再来要效果。于是，一年后，陈丰悦的工作表现非常好，这份响当当的成绩已经得到了公司的认可。后来，还发生了一件大事，那就是客户联络部主管带着三名同事一起跳槽，部门资格最老的陈丰悦一个人担起了联络部所有人的工作，每天加班至晚上11点，辛苦到了极限。陈丰悦用这样的付出证明了自己的实力和忠诚。

可是，当陈丰悦按自己的规划走到这一步的时候，老板却让他疑惑了。领导既没招人，也没给他涨工资，只是从别的部门调来了两个临时工帮助陈丰悦撑着。忙了两个月后，满腹委屈的陈丰悦向人事部门递交了辞职申请。

陈丰悦走后，有一天问候旧公司的同事。人事部的主管接到短信非常激动，他觉得陈丰悦走了还不忘旧友，于是就多了句嘴，对陈丰悦说："陈丰悦啊，当初领导做出这个决定，就是想考察你的组织管理能力是否胜任主管一职。给你派了两人，看你怎么安排能够用三个人顶上以前的五个人，哪怕你们三个人干不好这份活，可好歹也能撑上三个月。没有合适的人选，主管也就是你的了。"

听完这些话，陈丰悦忍不住埋怨自己："到最后，自己还是着急，没沉得住气，以致造成了缺憾。"

很多时候，尤其是在遇到职业发展的瓶颈时，倘若解决不了，就无法为下一个成功铺就台阶。所以，这时候，有的人坐不住了，觉得自己应该迅速给自己的发展找到答案，马上获得更好的职位和更高的薪水。

但实际上，此举是急功近利的表现，由于缺少对职业发展规律的认知，没有意识到职业发展的连续性、持续性、不可中断性，使得辛苦积累而成的核心竞争力很快消失。大部分的人对自己进行再定位的时候，一般不会太准确，或定位模糊，或找不到切入口，或实施起来力不从心等等，这些都给他们攀登更高的目标带来了很大的障碍。在这样的状况下，从职位中得到自己想要的也就不容易了，付出的时间成本和心理成本也是相当大的。

正确的做法是保持自己的步调，静下心来好好分析自己在能力方面有哪些优势，然后将这一优势与自己的职业能力结合起来。结果，你会对自己有更深的了解，搞清楚这份工作究竟适不适合你心中所想。一份适合自己的职业和长远的规划才是解决问题的真正良方。

处世小秘笈

在职场中拼搏，我们也许可以不聪明，也可以没有独特的手腕或口若悬河的谈吐，但是，无论你从事的是哪一行，都要沉稳，不要太急于求到自己内心的一个答案。

如何面对领导的批评

每一个人都不可能永远不犯错误。犯了错误之后，有的人会第一时间指出错误所在，这就是犯错误者的福气。倘若一直没有人提，我们也许就不知道自己犯了错误，就会在错误的道路上越走越远。

有人提出了批评，无论接受与否，至少批评会让我们知道自己犯了错误，会引起我们的警觉。只要我们注意，那么，我们在今后的生活里就会少犯或不犯同样的错误。其实，批评是工作中的家常菜，是不可或缺的。

有一天，领导气愤地来到办公室，把洪元力喊了出来："你谈的大客户被人抢了，你知道吗？

你是怎么跟的？这么重要的事情，你就不先告诉我！”

洪元力表现得很沉稳，他没有马上认错。他很平静地说，他知道客户流失的真正原因，而且他相信领导也不会不了解这样一个情况——那就是在一个商业的现实交易中，洪元力的公司给出的价格非常低，即便他对客户再好再周到，也照样留不住客户。而对手公司给的价格奇高，因此，出现这种现象也是情理之中的。

重要的是这个情况洪元力已经向领导汇报过了，而领导也向上一级说过。但是，因为上一级未及时答复，因而导致失败。洪元力知道领导的怒气可能来源于大领导的迟钝。所以，他表现得非常平静。

他知道，订单丢了，上司的压力很大。领导要推卸责任，员工就成了背黑锅的，这种责难跟你的业绩或人格并没有什么密切的关系。

洪元力想到反击和丢下烂摊子、撒手不管都是不明智的。于是，他很沉着地对领导说：“我非常希望为公司拿下订单，但最终没拿下我很抱歉。但你看，我们是不是先坐下来讨论一下怎样更好地向老板解释呢？”

听到这句话，领导也缓过劲来。他看到洪元力能够和自己站到同一个战壕，共同思索面对大老板的应对方案，于是也不再生气了，而是与他共同讨论下一步棋怎么走。

面对无端的指责，洪元力一句话就化解了领导的怒气，也顺利地解决了问题。所以，不要一挨骂就吓自己，不要这么想：“今天挨领导骂了，他是不是对我有意见？我是不是要失去工作了呢？”面对批评，一定要保持头脑清醒，那就是：钝感 + 敏感 = 利避害。钝感就是感觉迟钝。对上司的一句批评、同事的一个恶意眼神，这时需要钝感，让它们远离工作。然而，对于被指出的工作错误、各种解决问题的途径等任何能提高工作能力的方面，就应该保持敏感，学会在工作中不断地积累经验，让自己快速成长起来。

对于被指出的工作错误、各种解决问题的途径等任何能提高工作能力的方面，就应该保持敏感，学会在工作中不断地积累经验，让自己快速成长起来。

了解老板的喜好，做老板喜欢的人

不可否认的是，老板们还是喜欢和自己一样喜欢公司、期盼公司成长、并对公司辛勤付出的员工。所以，作为员工，要向老板学习，要用心地发现他的优点，并告诉自己：你又获得了一次学习的机会。这样的心态会让老板的强大对自己不再是压力，而是变成了一次好的发展机会。

成刚强从事设计工作，目前在一家著名设计室工作。

对他而言，重要的是成为设计室的骨干人物，因为这家设计室的创始人有着全国一流的设计思想。而对于设计室来说，成刚强懂得如果做一名小兵，自己总会待在一个模板里，也永远只是一个没有进步的执行者。他觉得已经接触到了一流的人物，那么，接下来要与领导多接触，拓展自己的发展之路。

这家设计室的领导高先生是一个严肃得一丝不苟的人，但也会参加舞会等活动。有一次聚餐的时候，高先生的太太也参加了，她随口说了一句：“前两天，我叫老高和我一起来这儿吃饭，他还不答应，非要和你们过来吃。”

凡是和高先生有关的事情，成刚强都会特别留意。是的，他想起了原本定的聚餐时间是昨天，但后来改到了今天，原因是昨天工作室人数凑不齐餐厅的优惠要求。而为了优惠，最终改了就餐时间。

成刚强看到了高先生的做事风格，因为高先生是凭自己的能力打拼出来的。据说，当他的设计作品不被认可的时候，曾经到处借钱，还免费给人设计，吃了很多苦头。如今，尽管高先生已小有成就，但他依然保持了以往的节俭作风。他很少开玩笑，成刚强印象中只有一次，就是说要“少吃饭，多工作”。有时候到了中午，高先生随便吃个饼就顶过去了。

之后，成刚强一直寻找机会，终于找到了一个时机。有一天，高先生给他钱，让他去订桶装水。成刚强认真地比较了一下桶装水的价格，最后选择了一家。然后，他又想尽办法，争取了一定的优惠条件，随后，才拿着节约下来的钱敲开了高先生办公室的门。

成刚强在日常工作中也非常节俭，比如，他养成了随手关灯、不用电脑的时候就关闭显示器的好习惯。一次下班时，高先生看到成刚强正在检查所有人的显示器，直到得知所有的显示器都关闭了，才关好灯出门。

这些和高先生一样的习惯，不出意料地受到了高先生的欣赏。

不久，成刚强就被提升为组长，主管日常工作事宜。高先生也亲自指点成刚强进行设计，给成刚强以足够的发挥空间，然后去领导设计室其他人的工作。

成为老板喜欢的人，不光是为了公司，更是为了你自己。

处世小秘笈

不可否认的是，老板们还是喜欢和自己一样喜欢公司、期盼公司成长、并对公司辛勤付出的员工。所以，作为员工，要向老板学习，要用心地发现他的优点，并告诉自己：你又获得了一次学习的机会。这样的心态会让老板的强大对自己不再是压力，而是变成了一次好的发展机会。

要经常出现在领导的面前

很多人可能都抱怨过自己得不到领导的赏识和重用，说领导总看不到自己的付出。可是，当老板对面有一个空座儿的时候，你不坐，而是选择在一个视线找不到的角落。殊不知，想要领导注意和赏识自己，就得不怕抛头露面，就应让领导看到你，就得在与领导的交谈中多方面地展示自己。

文尔刚是公司中少有的在和老总相对而坐的时候，高高地抬起头与老板四目相对的人。而老总最欣赏的就是这种敢于面对挑战、无畏惧感的人。而且，工作中出现问题，他向来临危不惧，具备坦然的气质。是与生俱来的不怯场的性格和能言善辩的才华给了文尔刚足够的勇气。

最早引起领导注意的是，每次开会，文尔刚总是坐在老总的对面。每次老板坐定后，文尔刚和老板的视线都保持在同一条水平线上。谈到一些事情的时候，老板总是会与他有更多的眼神交流，同时也会对文尔刚的发言更加留意。

其实，文尔刚刚入职场时，他发现了一个现象，那就是每次开会时，其他同事都会早早地往会议室跑，提前把位置选好。而当文尔刚去的时候，会议室已经满满当当了，只剩下老板对面的一个空座儿。

本来文尔刚想着自己刚到公司，不要太出位，随便一点比较好，但又觉得自己没犯错误，没理由选一个角落坐。于是，他干脆就坐了老板对面空着的那个座位上。会议开始了，老总开始展望公司未来，滔滔不绝、口若悬河。

恰逢两人正面相对，老总于是就更加关注文尔刚的反应。当老板提出一个问题的时候，发现文尔刚有所思考。正巧文尔刚是新来的员工，老总就让他谈谈想法。文尔刚机智的言语让老总在瞬间就记住了他的名字。于是，老总就特意为文尔刚安排了让很多人都很意外的工作，顿时给了文尔刚很大鼓励。

没过多久，老板让文尔刚任其助理，这份工作给了文尔刚更好的发展机会。他可以管理公司内部的人员，把公司的内外关系处理好。而开会时，老总对面的空座儿也成了文尔刚的专座，这似乎已经是约定俗成的了。

每当老总委派任务的时候，文尔刚总是在老总面前拍板保证。后来，文尔刚认识到，目前的工作虽然责任更大，任务更重，但限制与压力却因为权力的提高而变小了。所以，他时刻给自己信心，化目前的压力为动力，去发展自己的管理才能，扩展自己的人际关系。

看了上面的故事，你是否明白老板对面的空座儿的重要性？要想老板多赏识自己，就要多在领导的视线范围内展现自己。这样一来，你的机会会更多。

处世小秘笈

想在职场中得到更好的发展，一定要有魄力，记住这样一句话：你不是老鼠，领导也不是猫，没有人吃得了你。

不要过分表现自己，给上司造成威胁

很多人都厌倦领导的“提防之心”，但又不能忽视它的存在，每一个职场人都可以对此表示厌恶、蔑视，却无法回避。对于个人而言，无论能力多强，无论内心是否有“争功”之心，在把握不够的情况下，都必须调整自己的言行，特别是在稍有成就时。

某公司准备上市，但缺乏国际化人才。董事会想破例从外面引入一名具有国际工作经验的人才。于是，从外资企业被挖过来的高级经理人温东成了公司的市场总监。

温东长期在外企工作，办事风格就是直接。刚到公司的时候，他就对公司提出了很多的意见，自然引起了很多人的不满。但是，温东不以为意。他认为只要自己将公司的市场业绩提高，其他的都不用在意。

当大伙为温东的作风而议论纷纷的时候，总经理曾多次示意支持他，这让温东感觉内心很踏实。接下来，温东采取了很多举措，基本将他在外企中所操作的那套成熟的运营模式搬了过来。温东的很多方案甚至没有得到总经理的批示，就直接施行了。但是，总经理并未指责过他。

甚至有一次，在总经理拟定整个推广计划之后，温东又突然提出新方案，想启动全新的销售推广手法。他的想法几乎否定了所有人前面的工作，而且由于从未有过先例，因此风险很大。

总经理虽然不太同意在如此匆忙的时间内进行全盘调整，但见温东意志很坚定，也就勉强同意了。后来，令人遗憾的是，温东的计划没有成功，公司损失惨重，业绩相对以往非但没有提高，反而还有所下降。

结果，董事会将总经理狠狠批评了一番。让人没有想到的是，在董事会严厉的责问面前，总经理竟然一口将所有责任承担了下来，替温东扛过了这一关。这令温东很是过意不去。后来，温东做了具体的市场调查，终于在下一次的市场表现中使公司有了好的收益。

董事会再次召开了会议，总结经验，表彰“功臣”。会议结束后，在庆贺的场合，温东喝了很多酒，说话就随便起来。他当着很多人的面说：“这次的成果其实也不算什么，我以前做的开发比这次的成果大得多了。只不过，在公司，很多时候工作受到限制，未能充分施展能力。如果给我一个更大的平台，那我会做出更好地推广方案给你们看……”

听到这句话后，总经理只是叹了一口气。一个星期后，当温东再次自作主张地行事时，总经理当着公司所有人的面，把他训斥了一番。自此，温东的方案再也没有被总经理批准过。一个月后，温东被迫辞职。

温东的话不但伤了总经理的心，而且对总经理很不利。试想，这样的员工又有哪位上司喜欢呢？因此，在公司不要过分地表现出自己的优越感，让别人对你郁结烦心。只有给别人安全感，你的发展才会更好。

几乎所有的老板都讨厌看见一个喋喋不休地夸耀自己的员工。请记住，一个人的能力即使自己不说，业绩出来后，其他人也都会看到。

雪中送炭比锦上添花更让人感激

俗话说："与其锦上添花，不如雪中送炭。"每个人都对雪中送炭之人怀有特殊的好感。某位公司主管如是说："我部门有一位员工，每次我正焦头烂额时，他一定会出现。例如，我们部门每次开讨论会遇到思路瓶颈的时候，他总能想出新意帮助我们；我有急事需要用车或上班迟到需要用车时，只要我打个电话，他一定会到……所有这些都会让人心里很暖。虽然事情一过去我们又各忙各的，但一到逢年过节，我总是会给他发个信息或者打个电话问候。"

一位名叫科斯加的商人对自己的成功如此总结道：努力站在别人的立场为他们着想。他说："当你是一名员工时，应时刻考虑上司的感受，给上司一些同情和理解；当你成为别人的上司时，你要经常考虑员工的利益，给他们一些鼓励，让他们感受到上司在物质上或精神上给予他们的帮助。"科斯加回忆自己的成长之路，向人们讲述了这则使他从一名售票员成为几家大食品公司股东的成功定律。科斯加还认为这则成功定律是一种推动力，能改善工作环境和氛围。如果一名员工经常站在上司的立场上去思考问题，多替上司着想，对上司充满感激之情，那么，他的身上就会散发出一种善意，会传染至周围的人身上。如果你能得到上司与同事们的理解和赞赏，那么，你在公司的地位和薪金待遇将不可同日而语。

在工作之余，为自己目前所拥有的一切而感恩，为自己的工作而感谢上司，真诚地为你的上司排忧解难，为上司多着想。莎士比亚曾说："朋友间必须是患难与共，这样的友谊才是真的。"其实，这也可以推及到上下级的关系上去。你的上司即便算不上你的朋友，但当他有困难时，依然要义无反顾地奉献出自己的力量。你带来的也许是他正好需要的物品，就是理解之情。这些对他而言就如久旱土地上的一场甘霖、冰天雪地里的一盆炭火。而这一场甘霖、一盆炭火，就能使你从众人中突出。

在职场上，对身处困境的上司仅仅有担忧之心是不够的，应该及时提供帮助，使其渡过难关。这种雪中送炭、分忧解难的行为最易引起上司的感激之情，从而也扩展了自己的人际关系。

清除阻碍你前进的"绊脚石"

花青从名牌大学中文系毕业，在积累了两年文秘工作的实践经验后，到另一家外企做文秘工作。他原以为人都得从基层干起，假以时日，凭自己的文凭和水平十有八九是能升职的。工作时间一长，他发觉自己有劲无处使了：办公室主任不给自己分配工作，别人都累得要死，自己却特别轻松，于是他只能主动请缨，没想到上司不是打哈哈，就是置之不理……事后才知道，主任用这招赶走了很多人！

若在同一科室、部门，相比之下，自己干得好，但又无足轻重，甚至无事可做；只要犯错，不管大小，上司都会抓住机会训斥一番；自己取得成绩后，上司不但不高兴反而生气；上司不愿意与你交往，经常没好脸给你看，甚至是背后恶意中伤你……如果累计三条以上，你就要注意了，这就是上司对你“感冒”的信号。在他手下，你是永世不得翻身的，甚至会被辞退！

在职场，升职就意味着对你工作能力、水平的认可，也意味着可以加薪。因此，锲而不舍地追求升职就成了职场人奋斗的主要目标之一。尽管你十分努力，但由于上司的个人因素造成优秀的你该升没升，这让人很难受。失意的你在看了上面的案例后应及时甄别自己是否处于无望升职的境地，努力避免在一棵树上吊死，果断转身，找到对自己发展有利的地方，或许就会“柳暗花明又一村”了。

面对“绊脚石”，上司一般有三种态度和行为：

选择一：处处跟他作对，拉帮结派拆他的台，造他的谣，跟上司说他的坏话，让他做不下去，自动或被动滚蛋。这条不大靠谱。实际上没有任何好处，你跟他斗来斗去，影响业绩和单位形象，自己也会受损失。其结果很可能是：他被老板炒了鱿鱼，你的后果也不好。

选择二：努力配合他做好各项工作，做出成绩来。在各个方面突出他，会让上级注意到他，力促他升迁。他升迁之后，你接替他的岗位不也很好？而且，他坐到了更高的位子，作为他从前的亲密战友和得力助手，他自然会对你有所顾忌。

选择三：联系猎头公司，为他选一个更好的地方，有更好的职务和收入。他走人，你替补。这跟第二种方法有异曲同工之妙。区别可能在于，你的支持少了一些人，但他有了新的圈子后，会有新的人力资源，于是，他的人力资源也就成为你的人力资源。当然，这要以你们关系不错为前提。

处世小秘笈

应及时甄别自己是否处于无望升职的境地，努力避免在一棵树上吊死，果断转身，找到对自己发展有利的地方，或许就会“柳暗花明又一村”了。

妥善处理领导让你办的私事

在一般情况下，如果上司让你帮忙做一些私事是对你的信任。是否帮忙，则要看情况而定，要看你跟领导的关系是纯粹的上下级关系，还是私交关系很好。如果你跟领导没什么私交，就要看领导让你办的私事，是否会造成工作和生活的不便，或者会不会超过一般的人情世故的范畴。比如，交电话费、帮忙去拿或送点东西这类事情，次数不多的话没问题，但不要当成习惯。否则，你会成为专门干这种小事情的人。大的私事，涉及你家人的，则除了要看事情本身之外，还要看领导的作风。即使是你的家人不需要花很大的力气就可以帮上忙的，领导也是为人比较宽厚的，你心里也要有数，知道哪些该帮哪些不该帮。如果领导觉得利用你的人脉是理所当然的，或者需要办的私事是让你的家人非常为难的，则要坚决地拒绝。但拒绝要注意技巧，不要让对方觉得难堪，影响工作。拒绝的时候，口气要温和，要把话说清楚。

帮领导办私事无可厚非，这也属于同事间沟通的一个方面。帮忙讲究个有来有往，如果只是纯粹地帮领导干私活儿，而反过来领导又不帮你，那就等于把上下级关系搬到了生活当中。倘若你很不舒服，为领导老找你帮忙办私事而心烦，甚至想逃避，就表示事情已经超过了界限，应立即拒绝。

但不少时候，领导只是把你当做同事，需要通过你的人脉关系帮忙办些私事。假如你觉得自己帮不上忙的话，可以坦白地和领导讲清楚自己的理由，或者只帮一部分而已。不要一边不敢拒绝，一边心里又很难过。如果你的领导是一个开明的、有素质的领导的话，是会理解你的，不会计较这些。

值得提醒的是，不要因想与领导搞关系，就主动帮领导做各方面的私事。因为领导没有开口之前，你主动帮忙，有可能会犯了忌讳而不自知。此外，若不能把事情做好，也不要乱包乱揽，做砸了反而让你吃不了兜着走。

长期为某个领导办私事还有可能引起其他同事的误会，如果有一天遇到晋升或者加薪，别人会小看你本身的能力，会怀疑你是和上级搞关系才有今天的成果的。

怎样应付职场中的“冷暴力”

所谓“职场冷暴力”，即指上司或群体用非暴力的方式刺激对方，使对方心灵受到伤害的行为。其主要体现在让人长期饱受讥讽、漠视，甚至于停止日常工作等刺激，使人在心理上压抑、郁闷。比如，精神虐待、心理战、人与人之间的冷漠无情、自尊的伤害、“穿小鞋”、逼人自动辞职等各种手段。

职场中的冷暴力现象很多，如果我们碰见了，就不能漠视，一定要重视并且通过一些有效的方法来解决它。倘若遭遇冷暴力，你可以试试以下方法：

1. 沉着冷静型：以“冷”治“冷”

如果领导漠视和忽略你，那么，一定要弄明白原因在哪。如果不是自己主观心理太过狭隘的话，完全有理由对领导说“不”。无论谁都别惯他的臭毛病，对他也可以以牙还牙，以其人之道还治其人之身。但有一点，一定要加强自己的业务，不要让他抓住什么把柄。同同事也要把关系处理好，建立自己在职场上的威信。即便是领导对你再有意见，你做得让群体都无可挑剔，他也会无计可施。

2. 还击型：做真实的自己，该出口时就出口

如果跟领导发生了争执，双方心里都会不舒服，有时直截了当地说出自己的诉求也非常重要。该出口时就出口，千万别闷在心里，让自己抑郁。不要伪装得太厉害，轻轻松松做自己。只有目光短浅的人才会为迎合领导而改变。倘若不能再忍下去，换个东家也没什么大不了的，千万别让一时的冷暴力从此摧毁你的十足自信和光明前程。

3. 反客为主型：团队力量大

人是群居性动物。放下自己的清高，豁达开朗些，也是与人为善之道。而且与时俱进，培养时下流行的大众喜好，也会让自己的生活丰富起来。团队力量大，别让自己太“孤立”，做好这方面的功课，并不是趋炎附势、唯利是图的作风。

倘若上下级关系处理不好，也不能融入同事圈中，种种“冷暴力”不仅让你孤单，也会让你失去更多应得的利益。因为同事的关系并不能永远维持，只有永远的利益。

第五章　与同事和谐相处的智慧

用真实的自己对待工作和同事

职场中与人相处非常讲究，谁也不想成为一个不受欢迎的人，但一味迁就、讨好别人也不是办法，所以，一定要学会猜对方的心里。初入职场，可能很多都不懂。不懂的都可以问，但不要给别人留下“装”的感觉。否则，以后的麻烦会很多。

大学毕业后，张燕就进入一家大企业工作。由于刚毕业、没有任何工作经验，她对工资待遇没有任何要求。所以，对于第一份工作，她的热情很高涨。

上班第一天，漂亮的张燕就给大家留下了深刻而良好的第一印象。为表现得更好一些，她把办公室的杂活全包了：打水、扫地、擦电脑桌。同事们有事求她，张燕总是放下自己手头的活儿，为大家帮这帮那的。不久，所有人提起张燕，没有不说她好的。

可是，时间一长，繁琐的工作细节让张燕有点吃不消了。有时候，要给同事帮忙，自己的工作就出现了错误，又加上同事们的好印象，她更加紧张自己的失误，更加进入不了放松的工作状态了。于是，形成了恶性循环，工作也表现得一般。

时间一长，领导对张燕有了不满，觉得她虽然长得非常漂亮，但缺少内涵。于是，她的美丽也成为了一种轻浮，而且加上张燕给同事们提供的服务太多了，领导看她不够稳重，以为她总是想走捷径，不好好工作，反而把时间和精力放在“搞关系”上，对待工作不认真。领导对她的意见越来越大，后来找机会指出了她的不好。

这对张燕的打击就更大了。后来，她直接选择了拒绝，有同事再找她帮忙的时候，她就直截了当地拒绝，地也不扫了，水也不打了。有一天，有个同事小张让张燕帮忙打印一份文件。遭到拒绝后，小张开玩笑地说了一句：“张燕，你可真变了，你刚来的时候，对我们那么好，有人觉得你是装出来的，我还不信呢。”

听了这话，张燕真的想痛哭一场。她觉得职场充满了困惑和痛苦，竞争这么强烈，让人喘不过气来，就连以往建立的良好人际关系都经不起一丁点儿波折，她顿时感到很受冲击。巨大的落差让张燕顿时失去了信心，对工作也没有了激情。

要知道，作为一个年轻人，领导很容易认为你的热情和激情都不缺，但还是对年轻人不放心，认为他们没有长性。所以，你可以恰好表现出另一面，表现得沉稳一些，以长期始终如一的表现，赢得领导的肯定。除此之外，在和同事交往的过程中，也别猜别人的心思，不必苛求自己呈现给别人的形象多么完美，以免别人对你的“期望越大，要求越高”。可以把真实的自己呈现出来，让别人看到你的缺点，这样会得到别人的信任。一般人都是想方设法去掩饰自己的缺点，如果有人有意暴露自己的缺点，大家就会觉得这个人很诚实，从而对其产生信任感。

倘若你是职场中的新人，你一定要注意，无论最初这份工作令你多么开心，你都要放稳自己的心态，一定要有平常心，让自己一步步开始。

了解团队的重要性

在社会中，我们每个人都不能脱离团队与对手单打独斗。要重视团队中的成员，学会依靠大家、依靠集体。对于当今社会的激烈竞争来说，这一点更为重要。进入新世纪，各种知识、技术不断推陈出新，市场的要求越来越多。没有人能够穷尽企业发展的各项技能和知识，即使在自己熟悉的领域，也不能靠自己的力量，全面实现工作目标。在更多的情况下，个人能力已很难完全处理各种错综复杂的信息，并采取切实有效的行动。

所以，这就要求组织成员之间进一步相互依赖、相互关联、共同合作，共同建造团结的队伍。例如，在办公室中，参加同一个项目的人，就能集中起来对不常见的问题提出创新的解决方法。针对一些棘手的问题，团队内广泛的技能和广阔的知识面与个人的才能和知识面相比，具有绝对的优势。

在一家大型的外贸公司中，领导将李相、张昭和何辉分到一组，让他们共同负责一个重大项目。

很显然，在这个项目小组里，李相和何辉都很有才能。张昭基本上是一个跟从大家工作与学习的小角色，虽然业务能力和谈判经验都不足，但却有熟练的英文读说写能力。

他们三个人到了外地，要谈判一个大项目。为了谈价格，他们制订了很多方案。当然，张昭通常就是听李相和何辉的争论。他们二人都有着丰富的谈判经验，对项目也各有看法。他俩常常为一个问题、一句话争论得面红耳赤。

后来，正式谈判开始，李相发现，当自己开始实施自己的方案时，尽管何辉会有竟见，但还是能够积极给予支持与配合。于是一致对外，谈判也没有出错。

对方当然不甘心被李相等人牵着鼻子走，于是在最后关头，他们突然想出一招，要求李相所在的公司满足他们的优惠条件，而且，必须在三天内回复他们。这个突然的变化让李相、何辉和张昭陷入了矛盾之中。究竟应该怎么办？他们第一时间向领导汇报。可是，领导的回复也非常简单，那就是，他们三个人已经成为一个团队了，出现问题的时候，不应该寻找外援，应拧成一股绳赶紧想办法，马上实施。因为无论领导有多大的能力，他没有出现在现场，根本就不了解具体的情况。于是，三人只能硬着头皮绞尽脑汁地想。对于这个限期，李相认为这不过是对方在最后时刻的"困兽一搏"。他对何辉说："想一想，倘若三天后不回复他们，他们也不可能在三天内寻找到新的谈得比较成熟的合作方。如果我们答应了，我们就会有很大损失。"但何辉并不这样看，他认为，对方限制时间是三天，就应该先从各种不同的角度来检查对方的提议。可以在期限截止前，尽早向对方提出缓和的做法。可能的话，先缓住对方，再重新订立一个期限。这么做，就可以免于成为所设定的期限下的牺牲品。

可是，李相并没有按照何辉的方案执行。他明确表态，谈判只能按照原来的条件实施。令人惊喜的是，谈判竟然成功了。

谈判非常成功，回到公司之后，公司重赏了三人，他们得到了一笔丰厚的奖金。李相打听到张昭和何辉的奖金和自己一样多，非常不满意。领导就对他说："尽管谈判成功是因为你的点子，但对于一个团队来说，你们三个人是平等的。张昭负责了你们三个人的全部行程安排，而且在你和何辉两个人之间打圆场，弥合裂痕。而何辉最后想的方案也是非常稳妥的，帮助你提出自己的点子。所以，平分奖金是最合适不过的。"

很多人误以为，利益在职场中不能共享，"团队"只是做戏。其实，团队组建的必要性应该引起每个人的重视。举个例子来说，即便团队成员经验不足，但他任劳任怨，也没有人有权利可以蔑视他的辛勤劳动，况且，不管一个人的能耐有多大，也不可能自己把所有的事情都包下来。只有在团队中保持谦虚的心态，才能受到团队成员的认可。

处世小秘笈

作为个体，为了自身与团队的发展，就不能和团队对抗，因为不和谐的行为只能产生不和谐，只有包容才能产生包容。只有在你发自内心地称赞团队时，别人才会说，你才是最棒的！

与同事和谐相处应因性格而异

你在职场中所接触到的人，必然会有与你合得来的，也有不甚相投的。性格合得来也好，合不来也好；你喜欢也好，讨厌也罢，你都要把关系搞好。你必须积极主动地努力适应职场中各种性格的人，这样，你的工作才可能顺利进行。倘若你知道了这个道理，就应想办法与各种不同性格的同事和睦相处。那么，与同事和谐相处的秘诀是什么呢？

首先，要摸清每个人的特点，再根据性格类型采取与之相应的交往方法和原则。比如，对于那些心思比较细、注重礼节的同事，要以礼相待。如果你采取无所顾忌和粗鲁的方法与之谈话和相处，你就不可能与他们建立起和谐融洽的人际关系。相反，对于那种不注重礼节的人，如果你过分注重细节、小心谨慎地应对，就会让对方很厌烦，关系也就不好处理了。

其次，要把心态摆正。为了与人建立起和谐的人际关系，尤其是那些与自己性格合不来的人，你平时多用心、多留心是非常必要的。很多时候，若你从另一个角度想问题，改变一下自己的观点或态度，你们的关系就会有所改善。

因此，当你困惑于某位同事的难对付、很棘手时，千万不要让这个阶段迅速发展成为个人感情的好恶阶段。此时尤其重要，因为一旦发展到讨厌的阶段，再想变成喜欢是相当困难的。

即便两人性格不合，你也绝不能陷入讨厌对方的情感之中去。只有保持中立与冷静的态度，才是上上之策，关系才会朝着好的方向发展。

在你与那些不好应付的同事谈话时，你不能讨厌，而是应始终保持开朗、热情的语气，他们反过来对你也会客气很多。

第三，要多与他人沟通。无论是谁，刚开始都会先合不来，进而不知不觉地回避与对方交往。这样一来，关系只能继续恶化。

越是与某位同事合不来，你就越要增加与他交流、沟通的次数，主动与对方多沟通。这样做，可以增进彼此的了解，掌握对方的性格，消除误会与偏见，从而理解彼此，最终达到消除隔阂的目的。

第四，不要随便持疑。在工作中尽量做到不从对方的言语表面或者对方的表情、态度、动作等非语言的部分妄加推测对方的意图。换句话说，也就是不要在人际关系上疑神疑鬼，这一点非常重要。因为公司中有些人不善于表达情感，属于情感内敛型，他们受到猜测的几率很大。通过多接触、多沟通和多交流，你会推翻以前的很多成见，彼此之间的关系也很可能因此得以好转。

处世小秘笈

要多与人交流和沟通，主动地伸出橄榄枝，你就能在职场中轻松愉快地与人相处。

要努力让别人认可你

有句流行的话，那就是“说你行，你就行，不行也行；说你不行，你就不行，行也不行”。在工作中，凭一己之力很难完成大的工作量，一个项目的开展是需要多方面的因素促成的。很难想象，没有上级和周围人的支持，一个人做出的成绩会有多大。这时，就会出现这样一个现象，那就是，若同事都说这个人干不下去了，这个人就会发现自己真的“不行”了，因为大家的怀疑能够动摇他的信心，而且他人行动上的不支持也会给他增添巨大的阻力。

那么，怎么样才能让别人说你行呢？其实，这种遭别人说不行的人，往往是因为自己先给别人传递出了“我不行”的信号！一个人想让自己成为什么样的人，首先得学会演戏。当你的“表演”达到了自然的境界时，你的发展也会顺利起来。

刘柳在一家非常不错的公司上班，她的学历最低。刚入职的时候，同事们谈论什么事情，她挂在嘴边的一句话就是“不知道”。有人就非常夸张地说：“天呀，你连这都没听说呀，真难以相信。”每当这个时候，她就感到很自卑。

刘柳忍受不了这种打击，她知道自己自卑的心理会阻碍她在工作中的发挥，但没有办法，她只能硬着头皮“装”。于是她下定决心改变自己。

从全套的“职场丽人”的装扮，到语言举止，刘柳让自己一定要表现出自信的、积极的气质，她不再心虚地和别人说话，她声音爽朗干脆，而且不懂的事情，她会第一时间查阅。以前她的时政知识非常匮乏，于是，她就给自己订了三份报纸，定期看报纸，看新闻知识。重要的是她也能强迫自己一字不落地看完。现在，在大家讨论的时候，她也能够发表自己的观点了。遇到公司开会，领导征集大家意见的时候，不管别人怎么样，刘柳都积极思考，让自己在同事面前发言。

转眼两个月过去了，刘柳感觉周围的氛围发生了变化，再没有哪一个同事敢轻易地嘲笑她了。同事对她的评价改为“自信”，因为她给大家建立的形象就是这样的，也没有人质疑她学历低、没有头脑。相反，大家一致认为，刘柳虽然学历低，但能和大家共事，也说明刘柳很优秀。

又过了半年，一件激动人心的事情发生了，刘柳升职了！对此，她是没有信心的，但她还是装作胸有成竹的样子，出现在大家面前。果然，大家一致通过，领导对她升职的总结是：她积极自信的工作态度，将会带动和影响他人，公司的发展也会更好。

若想得到正面评价，就要注意，不要让别人把自己看成透明人。其中最重要的一条就是不要轻易对同事暴露自己的不足。职场中大部分是竞争的关系，大部分人不会为你的缺点，去帮你弥补、改正。那么，暴露自己又有什么意义呢？相反，若别人看到你的缺点太多，在心中对你的评价也就变得非常低了。

这就形成了一种恶性循环，那就是，平时交往中你对一些人很信任，什么都对他说，但当你工作的时候，他却不再支持你，反而第一个反对你的人就是他。

如果你的同事在你面前充分地暴露出他的缺点，例如他既不自信，又不稳重，那么，当他要进行一个决策的时候，你心里也会有一个大问号。所以，请记住这样一句话：不自信怎么办？要先从装成自信的样子开始。然后，也一定要记住的是，对于自己的缺点，还要有自信去弥补，没有人生下来就是什么都会的。只要你做出计划，向着心中的目标努力，你会得到你的期望！

处世小秘笈

一定要记住的是，对于自己的缺点，还要有自信去弥补，没有人生下来就是什么都会的。只要你做出计划，向着心中的目标努力，你会得到你的期望！

要相信自己，以免被算计

贾京华4年前自某名牌大学毕业后，就担任公司的技术人员，刚开始时的工资是2000元；3个月后，因自己业务能力突出，他的工资增加到了5000元。贾京华在一个偶然的机会下认识了王总。

王总很欣赏贾京华，而且贾京华的年龄也非常有优势。于是，王总就以月薪6000元为条件，将贾京华挖到了自己公司，与李震主管共事。

贾京华一来到李震的部门，同事对他都很热情。贾京华也在工作中表现出了出色的能力，因为良好的技术能力，同事们也打心里敬畏他。

可是，第一个月工资下发完，贾京华非常吃惊。他发现，自己工资卡上的工资只有3000元。他以为发错了工资，于是马上联系了单位的人事部。人事部的人对他说，是领导这么决定的。

于是，贾京华第一时间找到主管。李震看到了贾京华一脸的怒容，就马上安抚他说：“王总没有对你讲公司有试用期吗？员工工资跟试用期挂钩，很多人的离职都是不能接受试用期造成的。的确，对于成熟的员工来说，这一点是不合理的。但是，公司的规定就是这样，试用期长短不一……”

听了李震的话，贾京华很气愤，尤其对于长期从事技术工作的他而言，大脑更是“一根筋”。李震又大吐苦水，说起公司的一些制度要求很严格，很多员工也抱怨，可他也是爱莫能助。

听完这些，贾京华立即就给李震打了招呼要离职，未等王总批示，就怒气冲冲地离开了公司。

贾京华走了之后，李震就跟王总说了。他说：“贾京华不能接受公司有试用期的规定，上班第一天，我告诉他公司规定有试用期。但是，他还是认为自己发工资的时候可以拿到6000元。所以，这次工资一发下来，他就跟我打招呼离职了。”

王总听完，也只是叹了口气。待李震离开之后，王总对自己的助理说：“可惜呀，贾京华这个年轻人，我们给他内定的试用期非常短，只是一个月的时间。但是，他连这都不能等。我并没有把他当技术人员看待，我想让他代替李震当主管。”

助理问：“那李主管呢？”

王总说：“能者上，庸者下。我原本认为他到了部门之后，有技术优势，再把工作熟悉一下，就可以轻而易举地取代只懂一点技术皮毛的李震。”

此时的李震，在贾京华离职后，迈着轻松的步伐，回到座位，打赢了这场战争！

为什么犹太人做生意那么成功？很重要的一个原因就是犹太商人在商务活动中不为感性所控制，不轻信别人。他们只相信根据客观事实做出的判断，因此，做生意才能如此长久。

对于个人来说，如果有的同事在你面前诋毁公司，或者是咬舌头，或者……你是积极配合，还是怒目而视？其实，在这个问题上，最好不要相信任何事情。

无论对方说什么，都应该用自己的大脑思考一下，判断一下是真是假，不要让自己的心理被别人所操纵，最重要的一个根据就是判断说话人的目的和辨析眼前的客观事实。

当发现别人骗你时，不必与他力争，更不必怒目而视，因为职场中的人，个个都是演员，对方肯定早已准备好答案回答你。所以，最应该做的就是默默地做好自己的事，不轻易被人鼓动，相信自己的判断。只有这样，才不会被算计！

处世小秘笈

在职场中，人们都说要多讨论多借鉴，但一定要注意一点：多听，更要多想，不能轻易相信别人的评论。只有相信自己，别人才会没那么容易占你便宜。

工作要量力而行，别占不属于自己的位置

一名称职的教授在本职工作上非常出色，他觉得自己当校长是没问题的。可事实是，他当了校长后，总感觉自己力不从心。在职场中，这种现象非常多。每个人都想往上爬，想争夺更高的权位。高职位就像骨头，当上级留下一块骨头的时候，自己就忽视了能力匹配问题，忘了反思这块骨头究竟自己能不能啃得动。可抢到骨头才发现，骨头不是想象的那样。但再来一块骨头，还是会像饿狼抢肉一般。没抢到就心生怨恨，虎视眈眈地盯着抢到骨头的人，陷入永无休止的争斗。世界上每一种工作，都会有不能做好的人。总会有能力不足的人被调到一个不胜任的职务上，他会在这个位子上原地踏步，工作开展得也不会顺利。对于组织而言，一旦组织中的相当一部分人员被推到了其不称职的位置，组织里的人就不能高效地干活儿。效率低下，导致平庸者占据了不平庸的位置，使组织的发展受到严重影响。

梅红军和李国庆是领导非常器重的两个人，两人私交也很好。

年终，公司举办策划评比大赛，每个人都可以做出 PPT 展示自己的成果。胜出的人不但会有优厚的年终奖，领导也会给出大大的 surprise。

梅红军非常积极，为了一个创意，他常常深思熟虑，就连细枝末节都注意到了，他满心欢喜地准备好了所要展示的 PPT。

李国庆并没有重视这次的推广策划方案，而且，他对市场调研也不在行。他知道，对于公司那些严谨的领导来说，没有精确的数据，设计只是个空架子。最让他郁闷的是，居然在最后一天，他才知道，由于部门领导在工作上的欠缺，领导的 surprise，是获得评比第一名的人，可以代理该部门的领导者。

怎么办？怎样填充方案呢？在方案征集截止日的最后一天，李国庆突然叹了一口气说：“红军，这个推广怎么做呀，我绞尽脑汁，还真的没有什么好的创意。我做了一个 PPT，你帮忙提提意见，我好修改一下。”

梅红军连想都没想就答应了。李国庆的方案做得很不好,没有什么创意,梅红军就只能和李国庆说说字体颜色等小细节的问题。说的时候,李国庆听得很认真。听完了,就很随意地对梅红军说:“我能不能学习一下你的方案?”

梅红军犹豫了一下,但因为李国庆的态度非常诚恳,而且一想到明天就要开大会了,李国庆想改也来不及了。

第二天开会,由于李国庆来公司的时间长,按次序先发言。出乎意料的是,李国庆的PPT所用的推广创意居然和梅红军的一样。在讲解时,李国庆对老板说:“有一部分数据在另一个电脑里,电脑发生了故障,我不能够提供精确的数据,就简单介绍一下吧。”

接着,李国庆就将梅红军研究的数据结果当众分析了出来。梅红军被吓了一跳,他没想到李国庆会抢自己的功劳。他没有胆量说出原先准备好的方案,也不敢申诉,只好弃权。后来,李国庆的方案获得了老板的认可,顺利地当上了领导。

坦白来讲,李国庆偷了梅红军的创意,便是占了别人的位子。终于有一天,他出事了。因为推广方案是别人的,虽说他知道数据的增长趋势,但具体数据还是没有查清楚,在执行方案时出现了漏洞,又无法及时修正,最终没有成功。后来,领导得知这个方案不是他自己做的,而且出了重大的工作事故,就不再把李国庆视为人才了。

职场中永不停息的是向上爬,或者是把别人拉下马,把别人踩在脚下当台阶。对个人而言,虽然我们每个人都期待着不停地升职,但工作的目的不仅是“爬”。与其在一个无法完全胜任的岗位上勉强支撑、无所适从,还不如找一个游刃有余的岗位好好发挥自己的专长。

不是你的功劳,你就不要去抢,众所周知也好,无人知道也罢,抢别人的功劳总不是成功的捷径。没有秘密是可以永远保守的,一旦你抢别人功劳的事情被人发现,你将会无脸见人,不仅被抢者会成为你的敌人,你在别人心中的印象也会变得很差。只有自己亲手创造的功劳才是自己的财富,别人的东西终归是别人的。要想永远不被别人陷害,在职场中获得真正的认可,就要凭自己的真本事去创造,投机取巧的做法终究会害人害己。因此,不要去做夺取他人功劳而又自毁前程的傻事。

处世小秘笈

身在职场,不抢功、不夺功,这样的人不仅人际关系好,在职场中的生存时间也会长。

学会用“不”字的艺术

一个只会向别人妥协的人不但自己受了委屈,而且还会被认为是老好人、能力低、不堪大任,且容易被人利用。尽管你初入职场,你也要学会用“不”字的艺术。只要你说“不”时的方式没错,同事们就会觉得你是一个有原则的人,会更加尊重你。

习华和童飞才来公司一年,都被公司领导看重。习华是部门里公认的老好人。他为人非常随和,除了自己部门人的请求,即使是其他部门的同事有需要帮忙的时候,习华也都会尽自己的能力去帮助。他甚至能和门卫、保洁人员唠家常。习华也有很多兴趣爱好,公司组织的各项文体活动,只要习华出场,立马掌声雷动。

童飞的能力是非常强的,由于胜人一筹的业务能力,领导和同事们对他评价很高,大家总喜欢接近他,通过与他交流业务上的问题,得到收获。哪怕是领导开会,也会让部门经理与主管带上童飞一起讨论。

由于主管离职,需要选择新的主管。大家觉得,童飞的胜算比较大,因为童飞具备领导的气质。

可是，一个偶然的原因，发生了一件事情。一个同事有个业务谈判，在要签约的时候，其他部门的人也蠢蠢欲动了，想抢这个大单。对于总经理来说，反正业务都是本公司的，所以“睁只眼，闭只眼”，并不出面表态。马上就要签约了，但未决定最后人选。

此事与考核会有牵连，大家知道这个合同对于部门来说非常重要。童飞在心里打起了小算盘，他觉得自己面临升职，多一事不如少一事，最好不掺和，以免让总经理为难。

可是，习华却要去找总经理报告。很多和习华要好的朋友都劝他，千万不要冲动做了错事。可是，习华很平静地回答说：“不论谁升职，在我看来，坐在这个职位上的人更应该具备公正地处理事务的能力。”

习华找到领导后，领导说：“此事跟你八竿子打不着，你回去吧。”

但习华没有放弃，他像变了一个人似的。以前，每当领导分配任务的时候，他都是一脸和气，任劳任怨。但现在，他据理力争，说：“您老强调团队的重要性，这件事情，并不仅仅是我们部门的利益，或者是个人自己的小算盘。试想，如果我们公司内部都出现抢单的行为，以后还怎么和其他公司竞争呢？”

考虑了一下习华的想法，总经理又了解了一下具体的情况，最后，还是出面指示让其他同事去签约。大家看到这个情况后，就暗暗决定在主管选举的时候给习华投票。可是这时，总经理要宣布升职名单。

听到这个消息后，所有的员工都暗暗地想，肯定是童飞的了。习华为了同事的一点利益，和总经理争论，直到达到他想要的目的为止，给总经理造成了很大烦恼。

可没想到的是，总经理的任命通知发到了习华手中。因为在总经理看来，主管是要有一定的规则，懂得给自己的部门争取利益的。这样一来，同事对他的评价才会高，为他干活肯卖劲，部门的成绩才会好。

处世小秘笈

在工作中，在与同事的相处中还会有互相竞争的成分，所以，也要学会说“不”。不要因软弱而主动放弃自己的权利，但一个只会拒绝别人的人，大家也不会喜欢他。

微笑可以化解矛盾

办公室向来就是矛盾的集中地段。对于个人来讲，倘若与同事有矛盾而大声吵架，对个人的专业形象和信心就会有无形的坏影响，因为这也体现了此人的能力有问题，不但领导在心理上对此人的印象会大打折扣，就连同事都会觉得这个人难以相处，并敬而远之。

姜达通和江民俊是同一部门的两个职员。两个人的能力不相上下，有时候领导征求意见的时候，两个人就互相不以为然，有点自以为是。

后来，两人面临争科长职位的竞争，谁会先升任科长是部门内十分关心的话题。这让两个人的冲突更加白热化，从而开始互相挑刺找茬。

快到人事变动时，两人已闹得不可开交，好几次互相指责，揭对方的短。科长及同事们怎么劝也无济于事。有一次，两个人大吵起来，姜达通对江民俊说：“别以为别人不知道你常常利用职位之便，单独见一些工作中的合作伙伴，让他们为你办事，这属于假公济私。你为了给自己办事，还做事情骗领导。”

江民俊听到姜达通的指责之后，也恼羞成怒：“你做得就好吗？平时，你骂领导不难听？每当出台新政策，你不是都很不满吗？事后，你又单独到领导办公室大赞政策的英明。”

这一次吵架让两个人风度尽失，说了很多难听的话，他们彼此都认为即使传到领导耳朵里，对方的损失也比自己大。

可是，没有想到的是，两人的愿望都落空了，科长的职位被其他部门资质平平的一个职员获得了。因为他们把不该说的说了出来，在众人面前暴露了各自的缺点，领导非常恼火，认为两人都不够提升的资格。

不到一个月的时间，他们两人都进行了深刻的反思。如果再不解决问题，不但共事的时候会磕磕绊绊，而且他们知道，倘若不是个人能力好，可能早就被辞退了。

那么，该怎样去补救呢？姜达通非常后悔，因为毕竟是他先在大庭广众下抖出江民俊隐私的。他希望扭转这一状况，主动向对方说对不起。这时，江民俊似乎仍处于极度失望中，他也觉得自己做得有些过分，也没有好办法道歉。

思前想后，姜达通想了一个方法，他简单地向江民俊道歉："对不起，我实在有点过分，这是第一次也是最后一次。"

江民俊本来以为姜达通还会为自己狡辩些什么，可是，看到姜达通并不假情假意，也没有重提旧事，两人便和好了。当然，两个人之间难免还是有嫌隙，工作中还是有意见不合的时候。但在领导看来，他们已经能够放弃个人恩怨，拧成一条绳前进了，而同事们因为姜达通和江民俊的强强合作，也比较好做事了。

终于，两个针尖对麦芒的对手不再相互敌视，部门的氛围也变得和谐很多。

领导都怕内部不和，没有哪个领导不希望自己的手下能够放下成见，共同为自己做事。这就要求一个人在工作中要学会发现别人的优点，欣赏别人的优点。不改变自己就难以改善同对方的关系，按照自己的标准来改造对方是一件难于上青天的事。尤其是不要戴有色眼镜看对方，把别人当做敌人。

所以，同事之间不值得刀光剑影或你死我活，把情绪、氛围搞好，是为工作加温的良方。如果真的讨厌某个人，若真想给他颜色看，那就用微笑面对他。不久你就会发现，最让人讨厌的人也开始变得可爱了！

处世小秘笈

同事之间不值得刀光剑影或你死我活，把情绪、氛围搞好，是为工作加温的良方。如果真的讨厌某个人，若真想给他颜色看，那就用微笑面对他。不久你就会发现，最让人讨厌的人也开始变得可爱了！

了解并利用"办公室政治"

霍敏是一个非常用心的女孩，她的努力是最多的。有时候，大家一起聊天，利用老板不在的时间逛街，她也要坚持工作。有时候，同事们出去玩，手头有没做完的工作，霍敏会看一下自己的安排，如果有空闲时间，就会尽量帮助他人。一提起霍敏，大家都觉得她很好。可是，在经济收入和职位方面，霍敏的付出与收获却不成正比。她的努力让老板感觉这名员工非常踏实可靠，也喜欢帮助别人，从来就没有想到这样好的员工也会有情绪。于是，霍敏就往往成为加薪和培训时最容易被忽视的人。

这让霍敏非常失落，但她并不愿意改变自己的这种性格，也不好意思主动跟老板提加薪。虽然她无法做到心如止水，但她仍是一如既往地认真工作。

一个偶然的机会，霍敏的一个在另一家公司上班的朋友约她吃午饭。因为要去的地方是非常高雅的西餐厅，所以，霍敏就不像平常和同事一起订外卖那样随便，而是先把脸部好好收拾一下，然后再出门。

很快同事们就看到了，大嘴巴的同事彦青萍问道："霍敏，不吃午餐了，要去干吗呀？"

霍敏不愿意多聊，于是就说："XX 公司的朋友约我。"

彦青萍又问："哦，那可是一家比咱们公司还大的公司呀，你朋友负责哪方面工作呀？"

霍敏想都没想就说："哦，做行政工作。"然后就匆匆出门了。

没想到，就这样一件事却引起了同事们的猜疑。不多久，大家就隐隐约约地知道霍敏和另一家公司有联系，她会跳槽去另一家公司。因为大家都是背后谈论，所以，霍敏认为自己没有必要辟谣，自己的工作是尽职的。

可是，大家看到她沉默的态度，就相信是真的了。后来，这个消息传到了领导的耳朵里，领导竟专门找她谈心。

看到老板的重视，霍敏想抓住机会。当老板问她是否有跳槽的打算时，霍敏沉着地回答："虽然那家公司对我感兴趣，但我在这里工作了三年，也喜欢在这个公司。我的想法很简单，还是留在公司好好工作。"

听到霍敏的回答，领导才意识到，这名员工已经兢兢业业地为公司毫无怨言地工作了三年。如果不是这个偶然，可能这名有价值的员工就真的流失了。于是，没多久，霍敏的工资就默默地涨了两倍。

霍敏成功地利用流言为自己赢得加薪，这正是"办公室政治"的合理利用。人是政治的动物，办公室也不例外。即使你能力很强，也要懂得"办公室政治"，这样在办公室的政治游戏中，才能保护好自己。

处世小秘笈

只要在办公室里，别的人总是会有意无意地关注你。这里要解释的一点是，不必因为担心卷入"办公室政治"，就不跟任何人搭边。这样的清高，只会让自己在需要帮助的时候后悔。

不要轻易得罪那些看似不重要的人

在工作中，你会发现自己的周围总有几个"懒得出奇"的同事，上班总要迟到，似乎感觉不到职业上的危机感，也不怕有一天被辞掉，逍遥地行走于职场。这会不会让你感到非常费解，或者你会不会想——我是不是也可以这样？

看了下面的案例，你也许就会明白了。

仁祺耕是一个非常上进的销售人员，他的业绩非常好。有一次，他连续三个月给公司搞定了几十万元的大单子。

平时，仁祺耕就把自己全部的精力都用到了工作上。他只关心工作的事情，从不关心其他人的心情。他最不喜欢部门里的一些同事上班的时候上网闲逛，也没什么追求。他对莫小米特别的不喜欢，这个女同事简直令他鄙视，居然一整天不给客户打一个电话，大模大样地在办公室里看韩剧。有一次，她还上班吃爆米花，咯吱咯吱的声音让仁祺耕觉得很烦。

仁祺耕从来不和莫小米接触，也不管闲事，他只用实力说话。因为做出了良好的业绩，领导给了他提升的空间，让他专门负责一个部门的工作。仁祺耕知道，这是领导层的重用，他不想让看重他的人失望。同时，他也认为，作为领导，就要有所改变，要关心别人，要关注自己手下每一个人的发展情况。

于是，莫小米首当其冲地被列入了他考虑的开除人员名单。在他看来，不积极进取的人就不能待在部门里，他喜欢的员工，包括他自己，对工作都要认真负责。于是，他开始在与上层领导交流的时候，有意无意地向领导传达不喜欢莫小米的信息。

仁祺耕需要领导的同意，因为毕竟莫小米是从公司开业就一直待在公司里的老员工。没有领导的支持，他缺乏底气。可是，每次说她的事，领导都微笑不语。他内心暗暗纳闷，为什么领导一直非常支持自己的很多决定，却对此总不表态。

他耐心地又对莫小米观察了一段时间，得出的结论是，莫小米是不干事的人。于是，仁祺耕决定，只要时机成熟，就一定会坚持开除莫小米。可是，莫小米还待得很好。经历了一个突发事件之后，仁祺耕才明白自己的错误。

公司的产品进入了销售淡季,可是,因为莫小米的缘故,她的亲戚是对口的采购人员,于是进行了一次大规模的采购。短短两个星期,莫小米就给公司带来了500万元的经济收入,与任祺耕的季度销售额有一拼。

原来,这个懒员工对公司的发展居然起到了如此重要的作用!

如果你的周围有貌似应该被开除的同事,但他仍待得很好,一定要在心理上重视这个人。要知道,再无能的领导也不会把工资给一个没有价值的人,所以,千万不要得罪他。

你可能会认为这是偶然。其实,没有纯粹的偶然,因为你不知道一张简单的面孔背后会和公司有着怎样错综复杂的利益关系。一个看起来一无是处的人,只要能安安稳稳地坐在自己的位子上,背后肯定有别人不能及的势力。

若想在单位有长远发展,一定要摆正心态,应该允许自己的同事有独特的放松方式。即使有出格的地方,也不必气恼并处之。哪怕自己是领导,也要给下属一些宽容。即使内心反感,也要给人以宽厚的感觉,领导也照样有得罪不起的人。如果得罪了不该得罪的人,员工将对他的不满报复到公司,最终,受伤的会是自己。

处世小秘笈

任何时候都不要轻易得罪你认为不重要的人。只有把本职的工作做好,这才是对自己最安全的保护。

男女搭配工作,效率更高

俗话说:“男女搭配,干活不累。”在实际工作中,男女之间确有不同,能有效地进行互补。不论从生理方面还是心理方面来分析,男女之间确有一些方面可以互补,如男性偏重理性,女性偏重感性;男性胆子较大,女性却比较细致,不容易出纰漏。

有的时候,我们会看到公司里男下属喜欢女领导,或女下属喜欢男领导。

林洁是一个典型的女权主义者。在公司里,她的员工全是女性,成绩也很好。最近,她与公司扩容招聘的负责人发生了争执。因为扩充要招聘员工,人事处想多招男同事,可林洁说:“为什么招男员工?我这里的女员工做出的工作成绩绝对不比男员工逊色。而且,女员工比较细心,语言表达能力比较强,更容易出成果。”

可是,人事处领导仍坚持意见,认为男性总想在女人面前表现自己的男子汉气概与聪明能干。女人也愿意在男人面前表现自己细心认真的一面。长期阴阳失调肯定会使情绪失衡,因此,单位要注意男女比例。后来,争执一直没有结果。领导也开导林洁,他说:“林洁呀,男女搭配,干活不累。很多女员工一有活动就累得人仰马翻,其实完全可以找些帅哥来帮帮你们。”

林洁不以为然地说:“男员工就一定能吃苦吗?其实女性更加坚强,同性群体也能更好地团结在一起。”

后来,领导做了一个测试,让女性互为搭档和男女搭档相互竞赛,看看哪一对的工作效率高。

测试的内容是两组独立完成一个项目。很快,几个小组的测试成绩出来了,大家的完成时间和程度相差并不太大。然而,调查结果显示,男女搭档比女女搭档的员工感觉更轻松。

这是因为男女搭配时,女性和男性的优势得到了充分的发挥。在找项目的时候特别辛苦,常常需要一天的时间去多个地方出差,比较累人。这时,在男女搭配的一组同事中,男性的优势就凸显出来了,那些男同事主动承担主要任务,也未把出差看得很痛苦,而是非常轻松地完成了最初的工作任务。

接着,到了出合同等比较细致的活儿时,女性的工作要多一些。这样的有效分工,自然减少了工作强度和压力，因此失误也少了很多。

事实胜于雄辩，看到最后的结果，林洁不再固执了，她意识到，原来很多工作让男性去处理，也不是看不起女性。例如，当工作需要员工经常加班的时候，男性可能更适应这样的工作环境。

后来，她也赞同招聘方案，给自己部门招聘了几个有头脑又肯做事的男员工。

在工作中，女性的细心、谨慎与男人的进取、大胆，以及在创意设计、实际操作等方面的优势相结合，从而达成良好的互补。这种互补非常有效，可以使得男女通过工作上的分工，彼此都从事自己熟悉的、擅长的工作，产生协同效应，工作的效率也能提上去。

对于女性来说，敏感有时好有时坏。如果女性过于敏感，甚至达到多疑的程度，凡事都考虑得过于复杂，对工作和人际关系都没有好处，有时甚至会因为想得多而对别人产生误会、发生争执。这时，敏感就不利于工作的开展。

和女性相比，男性力量要大很多，但也要注意自己的生活细节。例如，要维护自己健康的职业形象，不要在办公室开过分的玩笑，要宽容对人，不要为了一点小利争得脸红脖子粗，让别人觉得自己不是个男人。

如果能够避免以上这些不利因素，男女搭配的职场将是生气勃勃而又轻松愉快的！

处世小秘笈

除了利用异性效应选择自己的工作搭档，搭配做完工作之外，在职场中，利用自己性别优势的时候，还一定要注意到这样一个问题，即在发挥优势的同时，要尽量避免自己的缺点。

“曲线沟通”的艺术

“曲线沟通”是一种外交艺术，是个人成长的逐步完善。所谓曲线沟通，就是在保持“和气生财”这样一种关系状态的基础上去创造各种进一步沟通的可能。殊不知，任何形式的沟通的根本前提就是“和”。懂得曲线沟通并且有过“曲线沟通”经验的人就知道，有时候，你退了一步，看着吃亏，其实不然，暂时不想计较之后，一些奇迹就发生了。

与曲线沟通相反，凡事都很直的人，很难处理好人际关系。人们往往对这种直来直去的性子赞赏有加，甚至将他们与那些阴谋诡计者作比较来夸奖。这在传统的人际关系上无可厚非，但现代社会已发生了变化，这样的直率似乎有点跟不上形势和要求。这是因为，现代人的关系都比过去广泛和复杂了。倘若一直坚守着“直爽”的阵地，不懂一点曲线沟通的艺术，迟早会得罪人。

一个职场新人在自己的博客里记录了这样一件事：

我去年进入一家公司，在市场部工作。我的顶头上司是位女经理，平时待人随和。她让我起草一个标书，是关于写字楼的装修方面的。接到任务后，我既兴奋又紧张，因为这是我第一次独自制作标书，稍有闪失就会影响竞标结果。我加班加点，日夜不停，终于在一周内完成了工作，怀揣着20多页的标书来到女上司办公室。经理大体看了一眼，然后说：标书先放这里，你先回去吧。

标书制作得怎么样？她满意吗？这些我都心里没有底儿，感到很是不安。第二天早晨，经理仍没有答复。我知道以前也有这种情况，同事做的标书交到上司那里没有了任何音讯，这时，只有一个结果，就是没通过。正在我胡思乱想时，一个经验丰富，也是我们部门资格最老的男同事过来关切地说：“小秋，你的标书做得怎么样了？需要帮忙吗？”我赶紧把自己备份的标书拿给他。他用红笔在标书上做了大量修改，对一些数据和资料做了矫正。花了半天时间，我们俩又把标书重新做了一次。我再次交给经理时，我注意到她的脸上有一丝笑容闪过。后来，公司如愿以偿。在庆功会上，上司表扬我标书做得好，立了很大功劳。

我心里更加感激那位男同事了，便请他吃饭以表感谢。饭局中他告诉我，其实是经理让他帮助我的，交代得也很清楚。男同事最后说："可能是经理怕直接告诉你会打击你的积极性吧，所以采取了这种'曲线沟通'方式。"此时，我才恍然大悟，对经理更是另眼相看。

人与人的交往中都会发生碰撞、矛盾，这是很正常的。有了摩擦，处理得好，那些摩擦矛盾可能会很快烟消云散；若处理不当，则会有很多烦恼出现，甚至影响整个工作的进展和效率。有时候，走直线行不通，不妨绕个弯试试，这样也许会更好。

有了摩擦，处理得好，那些摩擦矛盾可能会很快烟消云散；若处理不当，则会有很多烦恼出现，甚至影响整个工作的进展和效率。有时候，走直线行不通，不妨绕个弯试试，这样也许会更好。

第六章　与下属相处的智慧

善待下属，才能得到下属的回报

在现实生活中，有很多声名显赫的人，会记得只见过一两次面的下属的名字，在电梯中或门口遇见时，点头微笑之余，叫出下属的名字，下属会又惊又喜。于是，这种富有人情味的上司必能获得下属的衷心拥戴。

吴起是战国时期著名的军事家，他在担任魏军统帅时，与士卒同甘共苦，下层士兵都很喜欢他。当然，吴起这样做的主要目的是要让士兵在战场上为他卖命，多打胜仗。他的战功大了，待遇自然提高了很多。

有一次，一个士兵起了疮。作为一军统帅的吴起，竟然亲自用嘴为士兵吸吮脓血，全军都非常受鼓舞，而这个士兵的母亲得知这个消息时却哭了。有人奇怪地问道："你的儿子不过是小小的兵卒，将军却不顾身份为他吸脓血，你为什么哭呢？你儿子能得到将军的厚爱，这是你家的福分啊！"这位母亲哭诉道："这哪里是爱我的儿子呀，实际上是让我儿子死心塌地地跟着他。想当初，吴将军也曾为孩子的父亲吸脓血。结果打仗时，他父亲格外卖力，冲锋在前，最终战死沙场。现在他又这样对待我的儿子，估计他也命不长了！"

吴起真的只是单纯地视兵如子吗？自然不是，他这么做的主要目的是要让士兵在战场上为他卖命。作为上级，只有和下级搞好关系，赢得下级的拥戴，下级才会有动力，从而促使他们尽心尽力地工作。俗话说"将心比心"，你若期待别人对你的态度好，自己就要先那样对待别人。只有先付出爱和真情，才会有好的收获。

项羽是一个力拔山、气盖世、"近古以来未尝有"的英雄，是楚国的贵族，是推翻秦王朝的第一等功臣。在灭秦战争和楚汉战争中，项羽的能力很强，攻无不克。而刘邦则是个贫民、流氓，是一个酒色之徒，战绩也很不好，也没有攻克过几座城池。秦亡之时，项羽握兵40万，而刘邦仅有10万兵马，实力远不及项羽。但是，经过楚汉战争，刘邦却得了天下，而项羽则自刎乌江。

那么，为什么项羽这个大英雄却败在了实力较弱的一方的手下呢？究其原因，还是刘邦得人心，项羽失人心。刘邦引军入咸阳，与民约法三章，即"杀人者死，伤人及盗抵罪"，深得民心。项羽入咸阳后，则屠咸阳，杀子婴，焚宫室，血洗关中，收其宝货妇女据为己有。这样一来，民众对项羽很不满。

另外，项羽刚愎自用，不知笼络人才；而刘邦却非常谦虚，知人善任。项羽用了范增，可关键时刻不听其建议，鸿门宴放走了刘邦，留下了巨大后患。而刘邦则想尽办法将人才聚在自己身边，如萧何、张良、陈平、韩信等，个个能谋善断，为刘邦打天下付出很多。

每一个下属都希望得到上司的尊重，也只有对下属真正付出的将领，才会有尽心竭力的士兵效命疆场。作为上级，只有和下级搞好关系，赢得下级的拥戴，才能促使他们尽心尽力地工作，从而提高工作效率。

处世小秘笈

有句话说得好："得人心者，得天下；失人心者，失天下。"在职场，一点点感情投资，就可以换回下属百倍的回报。即便你的下属不多，也要掌握一些与下属相处的规则，与他们打成一片。

信任别人有利于事业的发展

让下属信任你，是企业上司试图达到的一种理想的用人状态。所谓"疑人不用，用人不疑"，道理是一样的。经理人一旦把工作交给员工，就要完全信任他们，而不要过多地进行干涉。

首先要相信下属，这样下属才会反过来相信你，企业才能散发出坦诚、信任的清新空气。当上司对下属敞开心扉坦诚相见时，员工也会打开紧闭的心门，对企业更是十二分地付出。

三国时的孙策，十几岁就统率千军万马，横扫江东，声震四方，年轻时就已经大有作为了。他的部下对他非常忠诚。那么，孙策为什么能得到部下的拥护呢？只因为他信任部下。如果没有他对部下的信任，他的成就也没这么大。

孙策对太史慈的重用就充分地表明了他对部下的信任所产生的良好效果。当刘繇被孙策杀得大败，败兵四处逃命的时候，孙策派太史慈去招纳刘繇的部下。这时，身边的人都担心太史慈会因恋旧主而一去不返。而孙策却说："太史慈为人并不会这样，你们放心好了。"他亲自为太史慈设宴送行，握住他的手问："何时归来？"太史慈说："不过两个月。"果然，过了50多天，太史慈就率领着浩浩荡荡的队伍回到了孙营。

太史慈能够顺利招纳刘繇的部下与孙策的信任分不开，因为知道孙策很相信他，太史慈才能全心地为他效力。不过，能做到用人不疑的人很少。有些上司就无法像孙策一样信任自己的部下，最终将人才流失掉了。

南宋本来是有机会收复中原失地的。当岳飞连打胜仗时，宋高宗却连下十二道金牌急令岳飞班师。"十年之功，废于一旦！所得诸郡，一朝全休！社稷江山，难以中兴！乾坤世界，无由再复！"而当岳飞从前线回来后，却被秦桧以一个"莫须有"的罪名给速速处死了。宋高宗如此胆小又昏庸的君主怎可能收复失地，保祖宗基业？他宁愿信一个来历不明的秦桧，也不相信岳飞，宋高宗就如此自毁长城了。等到宋孝宗再想收复失地之时，后悔已晚矣。

相对于宋高宗，刘秀算是一个比较聪明的君王。即使他不相信一个人，也不会全部否认此人，时刻都为自己留有余地。

东汉初年，冯异为刘秀打了很多胜仗。他不仅英勇善战，而且忠心耿耿。当刘秀转战河北时，屡遭困厄。在一次行军途中，部队弹尽粮绝。饥寒交迫之际，正是冯异奉献的粮食使刘秀摆脱了困境。此外，他也为刘秀出谋划策。他治军有方，为人谦逊。每当诸位将领相聚各自夸耀功劳时，他从不掺和。因此，人们称他为"大树将军"。

冯异长期转战于河北、关中，甚得民心，为刘秀打天下立下了汗马功劳。这自然引起了同僚的妒忌。一个叫宋篙的使臣前后4次上书，诋毁冯异，说他控制关中，擅杀官吏，威权至重，百姓归心，都称他为"咸阳王"。冯异也担心自己远离朝廷会引发刘秀的猜忌。于是，他一再上书，请求回到洛阳。刘秀对冯异也很担心，可西北地区却又少不了冯异这样一个人。

为让冯异对他放心，刘秀便把宋篙告发的密信送给了冯异。这一招的确高明，既可理解为对冯异深信不疑，又暗示了朝廷早有戒备，恩威并用。冯异很快回信。刘秀这才回书道：“将军之于我，从公义上讲是君臣，从私恩上讲如父子。我对你十分信任，你又何必担心呢？”

说到底，刘秀还是无法对冯异充分信任。不过，他也只能选择信任冯异。只有这样，冯异才能更加对他忠心。所以，他用这个方法，既试探了冯异，也让冯异觉得君王对自己还是信任的。

用人者都知道信任别人对事业会有很大帮助，但真要做到这种程度，需要勇气、需要胆量、需要气魄，以致很多公司都不能充分信任下属。很多上司在吩咐下属去完成某项工作时，总免不了会想：“这件事交给他去做妥当吗？他能完成吗？他可能透露给别人吗？”

如果你想让你的下属全力以赴地去完成你交代的任务，那你就要充分信任下属，即使你心里对他不信任，也要让他感到你对他充分信任。

处世小秘笈

要相信下属，这样下属才会反过来相信你，企业才能散发出坦诚、信任的清新空气。当上司对下属敞开心扉坦诚相见时，员工也会打开紧闭的心门，对企业更是十二分地付出。

与下属相处要保持适当的距离

常言说：距离产生美。恋人之间需要距离，与下属相处也要保持一定的距离。

李某之前爱较真儿，是非分明，是个性情中人。可是，自从当上老板以后，他发现，这样的性格让他很难做事。对下属好了，他们蹬鼻子上脸；对他们不好，他们又会偷懒。于是，他向专家咨询如何处理好与下属的关系。专家说：“第一，要善待下属；第二，要和他们保持距离。”李某说：“这话是矛盾的。怎么可能既要善待他们，又要和他们保持距离？”专家说：“只有善待下属，他们才能够为你出心出力。历史上就有很多这样的例子。比如，诸葛亮之所以卖命地辅佐刘备，就是因为刘备很会收买人心。”李某感慨：“是啊，士为知己者死。收买人心是最厉害的管理招数，尤其是在中国这样一个重视情义的国家。”专家说：“一定要把握好中间这个度，那就是对待下属好是好，但一定不能与他们称兄道弟，距离是一定要保持的。上司保持好了威信，才能管理好下属。而威信的建立，首先需要距离。”

人都有“得寸进尺”的惯性。你要是对他近乎些，久而久之，他便会由最初夸赞这位上司没有架子、工作作风好，变得和你没大没小、称兄道弟，说不定还会将自己的意愿与你的指挥相统一，最后很可能比你还威风。比如，某公司服务部的经理小陈就是与下属走得太近，后来每一次分配工作，下属都要跟他争论，搞得小陈自己相当被动。

人还有“宰熟”的心理。对接触不多的人或陌生人，因为摸不清底细，便不敢轻举妄动。没有了距离，大家相当熟络，对彼此的生活习惯和兴趣爱好都很熟悉。根据你的喜好投你所好也好，知道你的弱点采取相应对策也罢，别人对你的每一步都很熟悉。如此，你是上司还是被监控的对象，甚至是被利用的傀儡？

上下级保持距离也是一种领导艺术，这样可以树立权威形象。孔老夫子曾说过：“临之以庄，则敬。”意思是说，上司和下属不能走得太近，留给下属一个庄严的形象，下属才会敬畏并服从你。

无论上司多么尊重你、赏识你，下属都不能得寸进尺，应该摆正自己的位置、约束自己的言行，不对上司做出出格举动。尤其不能当众损害上司形象，那将直接损害上司的权威。上司对下属的尊重体现的是一种胸怀，下属保持谨慎是应尽的职责，双方都应做好自己该做的事。一个人的性格决定了对他人的喜恶，在这一点上，上司也不能免俗。如果上司和下属之间不能保持一定的距离，下属之间就会因上司与每个人的亲近程度不同而产生嫉妒、关系紧张等一系列不良后果。连刘关张三兄弟都不能免俗，更何况我们这些俗人呢。

戴高乐曾经说：“没有神秘就不能有威信，因为对于一个人太熟悉了，就会产生轻蔑之感。”一个下属对上司屈膝奉迎乃至行贿,并非他尊敬上司,往往是因为其自认为和上司关系到了很密切的程度,可以通过阿谀逢迎来玩弄上司,达到自己的目的,满足自己的私欲。与下属保持一定距离,可以减少下属对上司的恭维、奉承、行贿等行为。

黑格尔曾说过:“仆人眼里无英雄。”仆人眼里为什么没有英雄?因为仆人每天和他在一起,服侍他吃喝拉撒睡,总是看到他与常人表现一样的方面。而在寻常人眼里,英雄都是以一种居高临下的姿态出现的,令人仰望,却不能靠近。因此,人们眼里的英雄往往十分完美、神秘。

许多人都无法把握上司的变化无常,一时优柔寡断,一时又坚韧不拔、无坚不摧,让人摸不清他究竟在想什么。其实,这才是正确的上司形象。出色的上司会隐藏自己的思想感情,喜怒不形于色,使别人无法揣度他的底细,这样就能保持一定的神秘性。一般来说,城府不深的人易受操纵。保留神秘感能防止被人操纵,让人产生一种深不可测的畏惧。当别人不知道你下一步将做什么时,他们便会小心翼翼地对待你,而不敢轻易地利用你。

“与群众打成一片”,许多人都会炫耀这一点。但是,是不是距离越近越好?不!“群众”的一些特点和每个人的一些固有习性是一样的,使你不得不把距离适当拉开。

要“扬”“抑”适中

处理许多问题时,上司都应换位思考。比如说服下属,很多时候并不是没把道理讲清楚,而是由于你不替对方着想。如果换个位置,上司为被劝说者做些考虑,这样沟通就很容易成功。

聪明的上司都很会打官腔:对对方某些固有的优点给予适度的褒奖,使对方得到心理上的满足,使其在较为愉快的情绪中接受工作任务。如果下级在工作时有做错的地方,特别要注意,不要直言训斥,要帮他分析出错的原因,找出改进的方法和措施,并鼓励他一定会做得很好。斥骂只会使下属产生不平衡的心理,而且很难平复,对以后的工作会留下隐患。

上司应该了解“三明治”批评法。所谓“三明治”批评法,是指遇到不如意的人或事,不要直接批评,而是要先使用赞美,然后使用小小的批评,最后再去赞美。

美国一位著名社会活动家曾推出一条原则:“给人一个好名声,让他们去达到它。”事实上,被赞美的人会主动做出巨大成绩。一个人具有某些长处或取得了某些成就,他还需要得到社会的承认。诚心诚意地赞扬能满足一个人的自尊,那样,任何人都可能会变得更加努力、勤奋。因此,作为上司,你应该努力去发现你能对部下加以赞扬的小事,寻找他们的优点,形成一种赞美的习惯。

下级工作难免会出现不足或者是失误。上司要及时指出,这样,企业才能保持良好发展。那么,当下属出现失误时,上司就需要使用“三明”治批评法。

你的公司要求上班时间穿职业工作装,可是有一天刘小姐没有穿,你又不能不管。你应该这么说:“嘿,小刘,你今天很有活力(第一步——赞美),如果再穿上工作装的话(第二步——其实是批评),你会更精神、更漂亮(第三步——赞美)!”

这种批评方式,就像三明治,在面包的中间夹着其他东西,故称为“三明治”批评法,台湾和日本的管理人员使用的较多。

使用了“三明治”批评法,每个人都会感受到鼓励,带来的效果也很显著。所以,要学会使用积极正面的语言去形容消极负面的事情。如果你希望一切事情都向好的方面发展,就要把一切你需要改变的,用积极正面的语言来进行沟通。

你是上司,和下属去打保龄球比赛的时候,下属抛过去的球打倒了7个。作为上司,可能会有两种表达。其一:“真厉害,一下就打倒了7个,不简单!”这种语言是激励,下属听起来很舒服,其反应是:“下次我一定打得更好!”其二:“竟然还有三个没打到!你是怎么搞的?”下属听了之后心里会很不平衡,其反应是:“我还打倒了7个,要换了你还不如我呢!”两种不同的做法和不同的语言,前者起到激励的作用,后者只会带来消极和逆反。积极的激励和消极的斥责,对于下属的影响会是两种截然不同的结果。而“三明治”批评法把消极的批评和积极的鼓励混在一起,有着突出的效果。

美国著名的女企业家玛丽凯·阿什就采取了“先表扬,后批评,再表扬”的做法,并收到了理想的效果。她说:“批评应对事不对人。在批评前和批评后,都应设法表扬一番。总之,使谈话在开始和结束时都要有良好的气氛。如果你能用这种方式处理问题,那你就不会把对方臭骂一顿,也不会把对方激怒。有些经理在下属犯错时,必将当事人臭骂一顿。主张这样做的人认为,经理应当把自己的怒气发泄出来,给对方一顿教训,绝不可心慈手软。发泄以后,再用几句话鼓励一下对方。从理论上说,一切似乎都将恢复正常。尽管一些研究管理办法的顾问极力鼓吹这种方法如何好,但是我不敢苟同。下属在被骂后心里很害怕,显然绝不会听到你在骂够之后才补充的那句带点鼓励的话。这是毁灭性的批评,而不是建设性的批评。无论是谁,都有强烈的自尊心,都希望受到表扬而不希望受到批评。”

下属在被骂后心里很害怕,显然绝不会听到你在骂够之后才补充的那句带点鼓励的话。这是毁灭性的批评,而不是建设性的批评。无论是谁,都有强烈的自尊心,都希望受到表扬而不希望受到批评。

怎样才能合理批评

人都希望自己被认可。每一个员工都希望自己的成功能得到别人的赞扬,从而有一种满足感。作为上司要充分认识到这一点,这种方法既节省精力和金钱,又简单易行,起到的效果往往也比较理想。因此,在激励员工时,一定要让员工心里产生一种满足感。员工感到自己得到了承认,并受到尊重,达到了自我实现的满足感,才能促使自己去努力工作。

上司难免要批评下属,但是作为上司,你不要把它当做想当然的事情。当你伤害了下属的自尊心后,他会产生消极情绪,开始怠慢工作,严重者还会愤而辞职。所以,用人时一定要牢记:不能当众伤害他们的尊严,必须时刻保住下属的面子,更不能挫伤他们的积极性和干劲儿。

批评可以让人改正错误,但批评也要讲究艺术。恰当的批评会提醒下属改正错误。反之,则会适得其反,弄巧成拙。因此,上司要想纠正错误、批评员工,一定要注意场合,最好在没有别人在场时进行。否则,再温和的批评也有可能刺激受批评人的自尊,因为他会觉得在同事面前丢了面子。或许他以为你是故意刁难他,或许认为你这个人小肚鸡肠、不通情达理,甚至在心里责怨你动机不善。如果批评人不注意场合,就会带来许多的副作用,如果受批评者心生怨恨,就不会达到批评的目的。

如果必须在现场当众批评人,那也一定要注意语气和措辞。要以不刺伤他人的自尊为前提,否则就很难达到批评人、改变人的目的。

纠正别人、批评别人时,尽量选择婉转的措辞,不能夸大其词,不要生硬直露,更不要纠缠旧账。措辞不当会激怒对方。比如,“你必须听我的,改变那种做法,否则……”这种命令威吓很难使人心服口服,即使可能出于下级服从上级的原因,他表面上服从了你,但他的心里一定会怨恨你。命令威吓是最伤人自尊的。如果这样说就会显得婉转:“这种做法不符合上面的规定,会带来很多麻烦,我们看看怎样做才更好。”

很多批评本身是善意的,但由于措辞不当,导致对方怨恨,甚至关系破裂,反而弄巧成拙。善意但不讲究措辞的批评往往会导致所谓“好心没好报”的后果。

在批评、纠正员工之前,要考虑怎样才能更准确、更委婉,更能达到目的,而不要直率得让人觉得你粗俗简单、容易伤人。

保全他人面子的办法是给他人留下台阶、留下退路,让他人体面地退却。当对方已经明确表明某一态度和意见时,找一个安全合理的理由就能纠正他的想法,这个理由既不使他丢面子,还可使他真心地纠正自己的想法。就事说事地把责任推给模糊的第三者,使当事人有台阶可下,也是一个聪明的做法。

周总理是一个和蔼可亲的人,但他同样也面临批评、纠正别人错误的问题。通过下面的例子,我们来看看周总理批评人的艺术。

> 1971 年“9·13”事件中,林彪摔死在蒙古温都尔罕。这一事件影响巨大,出于对国家安全的考虑,此事对外绝对保密。当时,我国驻蒙古大使馆官员察看现场后,派秘书孙某回国向周总理汇报。中建的一位同志一起乘机返回。周总理让符浩同志到机场去接。符浩把孙某接到招待所,而让中建公司的同志回家过夜,嘱咐他绝对保密。当晚,符浩向周总理汇报情况。大家坐定,周总理问:“和他一起回来的还有谁?”符浩答还有中建公司的一位同志,已经回家了。没等他说完,周总理的双眉猛然一蹙,脸色一下子沉了下来,厉声打断他:“你当过兵吗?”周总理非常了解符浩,知道他是行伍出身。这个问题显然没那么简单。符浩一怔,顿时感到问题的严重,立即答道:“我马上把中建公司的那位同志找回来!”于是,他连夜驱车找到了中建公司的那位同志,并报告了总理,总理这才长嘘了一口气。

在上例中,周总理委婉地暗示批评,它包含着丰富的“潜台词”:“你当过兵吗?难道不知道保密的极端重要性吗?你要时刻保持一个军人的警惕性。”古人说:“引而不发,跃如也。”总理的这种批评方式就起到了这种作用。他没有全盘托出,对于一个长期共事、有着丰富经验的下级来说,只需点到为止,无须长篇大论地开导批评,对方自然就会领悟,并马上纠正其错误。这种方式适用于比较熟的下属,确有响鼓不用重锤的妙处。

批评应就事论事,首先不伤害他人自尊,同时也要给他人一个台阶下。激烈的措辞只能使之心生怨恨,反而背离了你的根本目的。

给人一棒子之后,别忘了再给个甜枣,千万不要一棒子把人打死。严厉地指责完部属之后,对其做得好的地方要给予表扬。为了让挨了骂而沮丧万分的下属拥有重新冲刺的勇气,适时地安慰是很重要的。但是,安慰要得法,可别让对方以为你是因骂了人后悔才安慰他,这样会让对方看轻你,并产生侥幸心理。所以,必须在斥责与安慰之间保持一段适当的时间,这一段时间最好是在半天到一个礼拜之间。

处世小秘笈

在激励员工时,一定要让员工心里产生一种满足感。员工感到自己得到了承认,并受到尊重,达到了自我实现的满足感,才能促使自己去努力工作。

学会激励员工

下属要拍上司马屁,同样上司也要拍下属马屁。激励是指一切协助达到满足个人需要的欲望或动力,它包括过程、物质或态度。管理人员通过一些刺激、推动等方法,来协助员工达到公司及个人的预期目标,这就是激励员工。

许多经理认为,称赞下属太多,下属就可能因此变得骄傲自大,并且懒惰,这是一种错误的观念。既然做了管理者,就要成为一个为下属喝彩的上司。这就是说,一个管理者必须是第一个注意下属优秀表现的人,并且要及时称赞他们。

在公司里,管理人员和普通员工都希望自己的工作能被肯定。谁也不愿意自己辛辛苦苦地干了半天,却得不到上司的半点肯定。假如上司长期不肯定员工的工作,那么,他今后肯定会失去工作的积极性和主动性。上司如果了解员工这一心态的话,就要随时给予员工必要的鼓励,以达到激励士气、鼓舞人心的效果。

同样,当下属呈上的是最好的工作作品,而上司却没有任何反应时,很容易让下属感慨,觉得何必这么辛苦工作，何必这么严格要求自己。因此，工作品质就会渐渐下降。慢慢地，他们的工作表现必定也会变差。毫无疑问，任何人都想得到别人的激励和肯定。因此，当一个人费尽心思干完一件事后，你至少应对他说一句："嘿，干得不错。"

某公司的一个员工发明了一样东西，公司老总立刻对这个员工说："这是一个非常好的产品。"随后就投放了市场，很快就取得了很好的效益。在精神上，员工得到了激励，而且满足了"自我实现"的需求。随后，在颁奖大会上，公司老总除了为这位员工颁发奖金和证书外，还给她的父母和儿女买了礼物，这位员工当场就感动得流下了眼泪。这位员工不仅得到了精神鼓励，而且还有物质奖励。可以设想，他以后一定会更努力地为公司效劳。

对于员工，不论他们的建议多么微不足道，他们的想法多么少，上司只要发现，就要给予适当的鼓励。即使是简单的一句"谢谢"，也能让员工感受到自己被关注。听了这句话，员工的工作心态也会变得轻松很多。

通常情况下，上司会这样评价员工：工作是否达到了目标，对事业有无贡献，是不是进步了，有没有造成损失。有些上司硬将这几点放在一块作为评价的标准，没有同时达到，就得不到奖励。但事实上，几乎没有员工能同时达到这些标准。因此，上司应从鼓励员工的愿望出发，只要员工能达到其中的任何一项要求，就应当给予表扬和奖励。

某公司经理经常巡视各工作场所。一旦发现工作出色，或者在动脑筋设计新方案的员工，他就在全体员工集会时当众加以赞扬。

数年后，这个公司的一位退休人员说："几年前，我曾为公司设计出一种新产品，得到了经理的奖励。当经理开会提到这件事时，我很惊讶，也很受感动。多年来，默默为公司所做的努力，终于以这种形式得到了经理的承认，我感到非常满足。而且，在退休欢送会上，经理又再度提起这件事，我禁不住流下了眼泪。"

处世小秘笈

这个小小的例子说明，员工的努力工作得到承认后是何等的愉快、何等的激动。员工的努力工作如果能经常被赞赏的话，他们在精神上就会满足。

学会倾听下属的心声

在你驾驭别人之前，必须学会关心别人。下属中最普遍的抱怨形式就是唠唠叨叨，把自己的一肚子不满倾倒出来。对此，上司绝不能忽视。相反，你一定要做下属的听众。

当一个人想同你谈话，却遭到你的拒绝，这是最羞辱他人的做法。有什么人那样对待过你吗？如果有谁那样对你，你就会背离谁，就会从谁身边走开。当别人不听你说话的时候，你的感情就可能被深深地挫伤。但这并不是你的罪过。

认真听别人讲话时，你必须把你自己的兴趣放到一边，把你自己的好恶隐藏起来，不要表现出任何偏见，至少暂时需要这样。在听人讲话时，你必须将自己100%的注意力集中到对方身上，细心倾听他所说的话。调动全部精力于别人的话语中，你能够做到这一点，也必须做到这一点。

完全忘掉自己。这一点对于一向以自我为中心的大多数人来说，一开始是比较困难的。对于我来说，世界要围绕着我旋转，我是一切事物的中心。但就你而言，世界又要围绕着你旋转，你又是一切事物的中心。每个人都想成为这个中心。除了睡觉以外，人们把大部分时间都花费在企图得到某种重要的社会地位上去了。

但是，如果你想驾驭别人，就一定不能那样做，你必须训练自己的意识，将强调自己的习惯向后移动一下。你不能总想着受人瞩目，而要让别人占据一会儿那个位置。

假如给你很多钱让你忘掉自己，用足够长的一段时间去听别人讲话，你会怎么样？你肯定还能接受吧。

要有耐心。有耐心也不是一件很容易的事，尤其是在你有急事要办，可旁边的人却在说可有可无的话时，就更不容易耐住性子了。有的时候，他简直把你逼得走投无路。你只好硬着头皮听，恨不得他赶快把话说完。但每次听完之后，你又会肯定他说的话，因为他的建议正确而又合乎逻辑。当然，偶尔你也不得不听一些废话。但与那些好主意相比，这些可以忽略不计。

最好的锻炼耐心倾听的办法就是不批评人，不急于下断语。不管你怎样忙，都不能这样。在你发表看法之前，最好是冷静地思考一番。尤其是那些可能损伤对方的自我意识、尊严和自尊心的事情，就更不能轻易下断言了。要知道无用的批评从来不能驾驭别人。

如果你认为能够以牺牲别人为代价，获得驾驭人的卓越能力的话，或者不用关心那个人和那个人的生活福利也可以获得驾驭人的卓越能力的话，那么，让笔者告诉你：这种想法是错误的，那是万万办不到的。想要驾驭别人，就必须对别人有好处，否则你就不会拥有驾驭别人的能力。

处世小秘笈

驾驭别人的最快捷、最方便的方法之一就是用同情的心理，竖起耳朵倾听他们的谈话。要成为一个好的听众，你必须学会什么都能听得进去。

实惠的鼓励可以激励员工更好地工作

每个人都希望别人认可自己所做的事，希望别人肯定自己点点滴滴的进步，希望上司的目光能够投向每一个角落。大多数员工都希望贤明的上司像上帝一样，无所不知、无处不在，不仅能看见战功显赫的功臣，也看见默默无闻却冲锋在前的士兵，还要认清上司来了就拼命表现，而上司一走就耍滑偷懒的人。关注勤恳工作的员工，给予他们奖励，最容易激励他们做好日常工作，让上司放心。

小胡任职于某一外企，由于长时间处于繁重的工作压力下，并且不时地加班，使得他的厌烦情绪与日俱增。他在工作中经常烦躁不安，甚至产生了换工作的想法。正当他苦苦挣扎时，上司把他叫到办公室，肯定了他近期的工作，然后给了他一个大红包。拿到红包后，小胡心情也舒畅了。原来自己的努力没有白费，工作成绩得到了上司的认可。从此，小胡又怀着愉快的心情去上班了。

如果你的下属工作勤恳，十分卖力，长期默默地为你工作，使你的公司蒸蒸日上；如果你的下属能提出建设性的意见，使你深受启发；如果你的下属具有良好的表现，给公司带来收益，为公司做出贡献……那么，你作为上司，绝对不能吝啬金钱，要不失时机地暗地里送一个红包。这会让所有的员工都感觉到上司的眼睛是雪亮的，都认为自己的努力不会白费，多流一滴汗水就会多一分收获。

每个公司都有各种员工：有勤奋而忠诚执著的人，他们始终能默默地工作，值得信任；有敢想、敢说、敢干、富有创新精神的人，但他们由于经常无所顾忌而得罪他人，人缘不好；也有喜欢“溜边”“耍滑”、制造事端、夸夸其谈者。上司要深入了解员工，注意那些优秀的工作者，对他们的出色表现及时给予奖励，也要关注和关心默默无闻的普通员工，肯定幕后英雄的辛劳。在日常工作中，虽然大多数人并不在意自己付出了多少辛勤劳动，但他们确实在乎上司是否承认自己付出的努力。如果他们努力一番却无人所知，就会变得懈怠消极。当这种情形发生时，他们只得采取不再卖力或消极怠工的行动以示反抗。

事实证明，暗地里送红包是鼓励员工拼命工作、激发工作热情的好方法。它向员工表示，上司很清楚员工的工作表现。员工表现得好，就会得到红包。得红包的员工在感激之余，必定会加倍努力。

外国公司大多实行送红包的制度，老板认为谁工作积极，就在谁的工资袋里加钱或另给红包，然后将奖励理由写在一张纸上。奖励的理由各种各样，有奖励个性特点的：如员工工作认真而勤奋、踏踏实实、富有创造精神、热爱本职工作、有能力等；也有奖励工作业绩的：超额完成任务、本月无残次品、质量检查认真负责等。也可以根据一次偶然的事情实施奖励，例如：某员工想出了一个好点子，检修工因细心而避免了一个小事故，某员工为办公室和谐做出贡献等，不一而足。什么时候送红包，也是灵活多样的。可以是临时的，也可以是定时的。每周、每月、季度和年终奖等都可以用暗奖。当然，它并不排斥明奖的作用。

红包里的钱，根据奖励的对象特点、奖励的目的及上司可以支配资金的数量灵活掌握，数量可多可少。一般来说，平时奖金数目要小一些、季度、年终奖金数目要大一些；偶然做的好事奖励要少一些，好的工作作风给公司带来巨大收益，红包里的数额可以大一些。

暗地里送一个红包，不会引起其他员工的不满。因为谁也不知道别人有谁得了红包，得了多少，所以很少发生纠纷。而当众发奖则容易产生嫉妒，造成混乱，好事反变坏事。如果每个人都干好工作，评奖就会浪费精力，并掺杂人缘及不客观因素，从而影响正常的工作。

处世小秘笈

上司送的红包产生的作用很奇妙。有时候，上司在每个人的工资袋里都加了同样的钱，可每个人都认为只有自己享受了特殊的奖励。结果，下个月大家都很努力，都想拿到更多的奖励。要想使红包真实地发挥刺激作用，上司不仅要公正，还要善于观察。

做大事者应不拘小节

《郁离子》中讲了这样一个故事：

> 赵国有个人家中老鼠成患，于是就去中山国买了一只猫。中山国的人给他的这只猫不仅捕鼠，而且还咬鸡。过了一段时间，赵国人家中的老鼠被捕尽了，不再有鼠害，但家中的鸡也被那只猫全咬死了。于是，赵国人的儿子很不理解："为什么不把这只猫赶走呢？"言外之意是说它做了好事，但也犯了错。赵国人回答说："这你就不懂了，我们家最大的祸害在于有老鼠，不在于有没有鸡。有了老鼠，它们咬坏了我们的衣服，偷吃咱家的粮食，穿通了我们房子的墙壁，毁坏了我们的家具器皿。不除老鼠，我们就要挨饿受冻。没有鸡最多不吃鸡肉，赶走了猫，老鼠又会为患，为什么要赶猫走呢？"

这个故事说明：如果只是盯住别人的缺点和问题不放，就没有办法去团结人，更不能充分发挥人才的积极性！

同样，在处理事情的时候，以偏概全，一味地强调细枝末节，就不能抓住要害问题去做工作，头绪杂乱，没有重点，不知道从哪里下手才是正确的。因此，无论是用人还是做事，都要分清主次，不要因为一点小事而影响了整件事的发展。须知金无足赤，人无完人。我们要用的是一个人的才能，而不是他的过失，所以，不要只关注过失。

古人把是否追究小节看作是一个人能否成大事的关键。他们提倡的是胸怀大局，不纠缠于细枝末节，看重的是人的才干，而不是只看存在的问题。包容别人的过失，不因为人存在哪一方面的缺陷就放弃使用，这是忍小节的中心内容。所以，《列子》中讲："不追究琐事才能成就大功业。"历史上那些明智的统治者正是认识到了这一点，才广泛地招贤纳士，集合天下有智慧的人为自己服务，从而实现自己心中的抱负。相反，嫉贤妒能，因为别人有一点小问题，就置人才于不用的人则十分愚蠢。

> 宁戚是卫国人，他一边在车旁喂牛，一边敲着牛角高歌。齐桓公见了，认为他非同寻常，打算起用他管理国家。臣子们听说了此事，觉得慎重起见，应多了解一下有关宁戚的背景，就劝齐桓公说："卫国距离我们齐国不算远，可以去了解一下他的背景。如果他确实是个有才德的人，再使用他也不算晚呀！"齐桓公听了以后说："你们之所以建议我派人去打听，是怕宁戚有些

什么小毛病、小错误而对他不放心。如果因为一些小毛病就舍弃他，不使用他的真正才能，这正是世人失去天下贤士的原因。”随后，齐桓公力排众议，提拔重用了宁戚，让他做了上卿。齐桓公充分认识到作为一个统治者，在用人时应该关注什么。所以，他才能不计较人才的小毛病，对有才能的人进行提拔重用，使自己成为霸主。如果不看人才的主流，而用条条框框去限制用人，又有哪一个人能够符合被重用的标准呢？

相传子思住在卫国，向卫王推荐苟恋时说：“他的才能可以率领500辆战车，可任命他为军队的统帅。这个人可以让您天下无敌。”卫王说：“我知道他的才能可以成为统帅，但不能重用他，因为苟恋曾经当过小吏，去老百姓家收赋税，吃过人家两个鸡蛋。”子思说：“圣明的人选用人才，就像高明的木匠选用木材一样，抛开它不可用的部分，用它可用的部分。杞树、梓树虽有一围之大，但有几尺腐烂了，可木匠并没有因此放弃优良的木材。为什么呢？那是因为他知道几尺腐烂的木材的危害很小，最后能做成非常珍贵的器具。现在，您处在战国纷争的时代，要选取可用之才，如果只是因为两个鸡蛋就不用栋梁之材，这种做法太不可取了！”卫王再一次拜谢说：“愿意接受你的指教。”

两个鸡蛋差点埋没了一个军事统帅，要不是卫王能够认真听取子思的意见，哪里再去找一个领兵打仗的干将呢？苟恋的故事给职场的上司以启发，用人要择大弃小，要看重下属的优点，忽略下属的非原则性错误。

处世小秘笈

有些上司喜欢对下属找茬，事实上，这样做是绝不可取的。要做大事，就需纵观全局，不可纠缠在小事之中。

人格魅力比职权更有力量

有位部门经理常摆架子，下属工作稍不尽如人意，他便当众责骂。下属跟他稍微有点抵触，他就说人家反他。结果不到半年，一半多的员工都走了，还剩几个也跟他磕磕碰碰。而同部门的另外一个经理却非常有涵养，很尊重下属的人格和利益。所以，大家都喜欢跟着他。

如果管理者具有人格魅力，他不用指挥和监督下属，下属也会竭尽全力把工作做好，因为下属觉得跟你很亲近，值得为你卖命。具有人格魅力的管理者，无论他在不在这个位置上，下属也一样会尊重他、听从他的意见。即便离职后，下属也会一直记得他。

有些经理总喜欢耍威风、自以为是，对下属指手画脚，稍不顺心就骂出很难听的话。老实的下属遇到这样的上司通常会唯唯诺诺，这更长了他的威风。有这样一个经理，他对下属非常刻薄，动不动就辱骂员工。有一个员工实在受不了了，一天经理骂他的时候，他便恼火地回敬了一句：“在这里你是老大，到了外面你什么都不是！”自那以后，那位经理才收敛了很多。其实，下属尊重你、听命于你，并不是因为你的能力，而在于你所处的位置。一旦你离开了那个位置，你很可能什么也不是。

有这样一个形象的寓言故事：

一只四处漂泊的老鼠，有一天终于在佛塔顶上安了家。佛塔里的生活实在是幸福极了，它既可以在各层之间随意穿梭，又有源源不断的贡品可享受。它甚至还享有别人所无法想象的特权，可以随意咀嚼那些不为人知的秘籍；人们不敢正视的佛像，它却可以自由地在上面爬动。兴起之时，甚至还可以在佛像头上留些排泄物。每当善男信女们烧香叩头的时候，看着那令人陶醉的烟气慢慢升起，它猛抽着鼻子，心中暗笑：“可笑的人类，膝盖竟然这样柔软，说跪就跪下了！”有一天，闯进来一只野猫，它一把将老鼠抓住。“你不能吃我！你应该向我跪拜！因为我代表着佛！”这位老鼠抗议道。野猫讥讽道：“人们向你跪拜，只是因为你所占的位置，而不是因为你！”说完，就把老鼠吃了。

一个管理者的权力主要来源于职权和个人魅力。很多管理者习惯于前者，但如果过于依赖职权，就会使下属产生反感，对你的工作安排只会消极应付，而不会很乐意地全力以赴。等你离职后，往往会人走茶凉，甚至下属们会在心里庆幸。但如果你注重自己人格魅力的提升，效果就截然不同了。

处世小秘笈

一个管理者的权力主要来源于职权和个人魅力。很多管理者习惯于前者，但如果过于依赖职权，就会使下属产生反感，对你的工作安排只会消极应付，而不会很乐意地全力以赴。

上司的领导能力决定下属的办事能力

大部分管理者都希望自己的下属能够办事得力，以便自己能省心。但有些管理者总责骂下属做事做不到他心坎上，经常鸡蛋里挑骨头，不断地责怪下属，最后下属也在长期责骂中无所适从。他们越来越看不惯上司，彼此间的矛盾自然就越来越大。而且，管理者也常羡慕别的管理者的下属如何顺心、得力，自己的下属却似乎一无是处。

有一个主管总觉得他的一个文员太安静，太传统。她每天只能做些打印文件、填写报销单、填写申请等简单工作，平时带去出差也只是老实地跟在旁边做些记录。而且由于那位文员老实，别人都喜欢指挥她，这更让主管看不惯，从心里觉得她低人一等。于是，找了个机会，主管把那位文员辞退了。接下来的事情却出乎意料：文件没人打了，基层工作没人做了，部门堆积了一堆琐事。这时，主管才想起了那位文员的好，想把她招回来时，人家已经成了别人的得力助手。

其实，并不是下属无能，而是相处太久，就会只看到对方的缺点，或者戴有色眼镜去看待对方，总觉得下属不顺眼。这样做，根本看不到下属的长处，潜能也被埋没了，反而在一片责骂声中让下属丧失了信心。其实，每个人都有他的长处。作为管理者，最重要的是把下属的潜能挖掘出来，避其短而用其长，物尽其用，人尽其才，让他充分发挥出他的价值。如果你老是以直觉去判断下属，你就可能会错失良才。

有这样一个人，他买了栋带着大院的房子。一搬进去，他就全面整顿那院子，杂草杂树一律清除，种了许多喜欢的植物。某日，原先的屋主拜访，大吃一惊地问："那棵最名贵的牡丹哪里去了？"这时，此人才发现，他竟然把牡丹当杂草给铲了。后来，他又买了一栋房子。虽然院子更为杂乱，但他却按兵不动，果然冬天以为是杂树的植物，春天都开出了繁花；在春天看起来是杂草的，夏天成了锦簇；半年都没有动静的小树，秋天居然有了红叶。直到暮秋，他才真正认清哪些是无用的植物，而大力铲除，保存了珍贵的草木。

许多上司常常因为表现在下属身上的一些假象，而戴着有色眼镜看待下属；因为下属表现出的一些缺点，而将下属当皮球一样踢掉。其实，在用人大师的眼里，没有废人。正如武功高手，无需名贵宝剑，摘花飞叶即可伤人，关键就看如何运用。其实，人们都有相同的毛病，将自己看得过高，自认样样都最好，而别人个个都不如自己，唯有自己看自己才顺眼。这是非常错误的，因为世上每个人都有些优点值得欣赏和学习，就看你如何去发掘和开发。

处世小秘笈

俗话说："一将无能，累死三军。"没有无能的下属，只有无用的上司，什么样的上司带出什么样的下属。不同的上司会使同一个下属展现不同的价值。

要学会尊重和维护下属的利益

有些上司比较自私，或者比较偏心，总是利用自己的职权来侵犯下属的利益；而下属也因为长期积累的怨气，对上司进行报复。例如，搜集一些不利于上司的证据，暗地里进行攻击；到处无中生有地造谣、诋毁上司的名声；上司遇到麻烦时假装没有看见，反而落井下石；有的甚至跟上司明刀明枪地干，工作上磕磕碰碰，成了公司的笑柄。

在很多管理者的眼里，可以随意指挥下属，可以利用职权来处置下属的利益。例如，某位下属业绩比较突出，能力比较强，本来升职机会应该给他，你却利用职务之便，把机会给了与你关系亲近的人；下属做的工作，你却剥夺了他们的劳动成果；你还强占了公司部门的利益。而工作中，你又常常要求下属卖力，紧密配合自己，这本来就是一个矛盾。老是伤害下属的利益，还怎么维持良好的工作关系呢？很多上司跟下属关系闹得很僵，关键原因也在于此。

有个公司的部门主管，做人很吝啬。公司刚开始推行目标管理，业绩突出的部门每个月都有一笔奖金。于是，他鼓励下属们努力干，拿了奖金一起去吃饭，结果大家都很努力地工作。一个月后，他们拿到了500元奖金。没想到，钱被主管私下霸占了。接着，他又鼓励大家努力，争取拿多点奖金，下次给大家发福利。可等到下个月600元奖金到手后，他却提出让下属们自己掏钱去旅游。反复几次，下属们就一点激情也没有了。他还有让人讨厌的一点：下属做的工作都要经过他检查，然后再以他的名义发出，显得下属没有一点功劳。如此一来，大家对这个主管都很反感，四处散布其污点，使那位主管的小气传遍全公司。因而他也一直没得到重用。

管理者要想取得成功，必须得到下属的忠心支持。如果下属都纷纷背叛你，那你的工作也很难开展。而要赢得下属的忠诚，眼光就应该放长远一点，不能只看重眼前小小的利益。如果你侵犯了下属的利益，他们就会反抗你，让你遭受重大损失。所以，作为管理者，应该抱有“共赢”的思想，尊重和维护下属的利益，下属自然会勤恳努力，同时也能提升部门的凝聚力和你的人格魅力。

处世小秘笈

作为上司，要让下属忠诚于你，就必须学会尊重下属的利益。切莫利用自己的职权侵犯下属的利益，否则无穷的矛盾将从此开始。

不要约束下属的潜能，要让他自由地发挥

许多管理者在工作中常常会无意识地有这种错误的想法：不相信下属的能力，似乎大大小小的事情都要亲自插手才能做好，才能让自己放心，或者害怕把一些权力下放给下属，会导致自己大权旁落。如此一来，管理者紧紧地抓住权力，每天下属的工作都要他亲自安排，具体怎么做都要交代清楚，并要求做完后及时向他报告。有的甚至还越俎代庖，本该下属去做的事，他却总是去干扰。下属做任何事，以及每天的行踪，都要向他汇报。这样做的结果是什么呢？大家经常可以看到一些管理者整天忙来忙去，最后把大事给耽误了。挨了老板的批评，管理者就说这是下属的错，责怪下属都是“猪八戒”。

诸葛亮的个人能力是无可厚非的，无论是他的下属还是他的敌人，都对之赞誉有加，他也确实治国安邦、行军打仗，无一不精，且上知天文、下知地理。为了治理好蜀国，为了不辜负刘备临终时的嘱托，他真正做到了鞠躬尽瘁、死而后已。然而，他掌握着蜀国的实际权力，作为一个上司，他有两个方面是不称职的：一方面，他事必躬亲，这样一来，大小事他都自己去做、自己去干，他手下的人没有展示自己的机会，丧失了积极性；因为所有的事情都已由他设定好了方法和步骤，手下的人只要按部就班就行了。另一方面，还是归因于上一方面，由于诸葛亮太过

努力，使得下属缺乏锻炼，也就没有为蜀国培养多少接班人才，唯一一个姜维还是投降过来的，降将的身份使得他一直不能放开手脚去施展自己的才能与抱负。

在有些公司里，管理者认为，员工只需要做好本职工作，所有的事都由管理者来决定，所有的计划都由管理者来发布。他们认为，责任就是由管理者来承担的，这是天经地义的事情，员工只是用来干活儿的。这就会让员工心里产生自己只是一个小角色的想法，他的工作积极性又从何而来呢？

我们都知道，每个人都喜欢自己感兴趣的事。如果管理者让自己的员工真正地参与到计划中，并主动承担责任和义务，无形中就为员工提供了一个相对愉快的工作环境，能够极大地将员工的工作热情调动起来，使之全身心地投入到工作中去。因为他们认为这项计划中有自己的信念和想法，成败也有自己的责任，从而会全身心地投入到工作中，自己也愿意为此付出全部精力，并且还要自发地去学习新的知识来弥补不足。

韩国有一家工厂，实行的管理制度很独特，即让职工轮流当厂长，管理厂务。一日厂长和真正的厂长一样，拥有处理公务的权力。当一日厂长对工厂有批评意见时，要详细记录在工作日记上，并让各部门车间的员工收阅。各部门、各车间的主管必须接受批评并改正。这个公司实施"一日厂长制"后，大部分当过"厂长"的职工，对工厂的向心力都大为增强。工厂的管理收到了显著的成效，竟然节约了200万美元的生产成本。厂方把部分节省下来的钱作为奖金发给全厂员工。这样做，全体职工皆大欢喜，而同业者则望尘莫及。

处世小秘笈

你要挖掘出下属的潜能，就要给他空间去发挥。如果把员工技能知识比作一朵鲜花的话，管理者为员工提供展示自己的机会，无异于是给这朵鲜花浇上了水，不会让它在干旱中枯萎，这朵花也会越开越鲜艳。

应循序渐进地培养下属

人都是趋利性的，做上司的如果一味地培养下属，不提防下属，把手里的激励手段一股脑儿给了下属，将来必然养虎为患。不要认为你对他好，他就会很忠心，很多人都认为只有利益是永恒的。如果有一天你满足不了他了，他就会给你找茬。所以，激励下属要做到细水长流，太容易到手的东西没有人会珍惜。很多时候，哪怕只是小小的头衔，也不要轻易授人，最好能够激励部属通过公平竞争的手段去获得。

有位游客在乡间旅行，看到一位老农把喂牛的草料铲到一间小茅屋的屋檐上，不免感到奇怪，于是就问道："老公公，你为什么不把喂牛的草放在地上，方便它直接吃呢？"老农说："这种草草质不好，我要是放在地上它就不屑一顾了。但是，放在屋檐上，它勉强能够着，它就会努力去吃，直到把全部草料吃个精光。"

在工作中，有些管理者很真诚地培养下属，往往毫无保留地把自己的经验和知识传授给下属，能给到下属的利益或奖励也会全力去争取。这样的上司按道理应该受到下属的拥护和爱戴，但现实中往往并不如此。如果你把下属的能力训练得和你一样，那你就会受到威胁。如果他不满足于你的激励，他就会处心积虑地想取代你，或者振翅高飞。

人都是追求利益、追求上进的，如果让下属一下爬到一定高度而停滞不前的时候，下属往往就按捺不住了，就会暗地干坏事。不要以为你以前对他很好，他就会记住你的恩情。职场上很少有知恩图报的人，就算当面不跟你斗，也会在背地里暗算你。如果感觉实在替代不了你，他就会另谋高就。

某公司一位生产主管以前很关爱他的助理，助理刚入职时还是名应届大学生，没有任何工作经验。所以，上司教给了他整个生产环节方面的知识。开始时，下属对那位主管也比较忠心，死心塌地为他做事。但一年后，已经有了江湖经验的下属开始表现得不安分了，喜欢做些显眼的工作，喜欢在公司老板面前表现，喜欢玩弄上司，甚至用软件从上司计算机里盗取资料。上司也看出了他的不安分，开始处处设防，甚至有时压制他。下属马上就翻脸了，跟别的老板合作，想共同扳倒那位主管。后来，一番苦斗失败后，一看升职无望，他便匆匆离职，跳槽去了一家外企。

处世小秘笈

事实证明，应该循序渐进地培养和奖励下属。如果一次性把下属的胃撑大，那你以后就不好控制他了。

不要随便给下属开空头支票

人都是趋利的，以利诱之，便能调动他的积极性。所以，上司常靠这种伎俩拉拢下属。有的上司不管能不能兑现，都信口开河地给下属开各种各样的空头支票，而下属也常信以为真，于是很有激情地为上司办事。比如，鼓励下属说："你好好干，主管的位子我留给你。""有机会我跟上面的上司说一说，给你加薪，或者给你出国学习的机会。"但这些根本不是他所能办得到的，或者他对每个下属暗地里都这么说。在下属没有察觉之前，这的确是个妙招，能让下属死心塌地、不遗余力地为你做事。但很可惜，这种情况并不多见。

某单位一上司就是使用这一招的高手。他刚调入该公司的时候，由于他是别的单位招聘进来的，没有自己的亲信。为了把新下属都拉拢过来，他专门安排一段时间让下属有事去找他。很多下属都是愁眉苦脸地进去，却满脸微笑地出来。原来，这位上司事先调查了下属们的情况，等下属去找他的时候，他能先说出下属想说的。例如，看到两地分居的，他就对下属说："好好干，等有机会我就把你对象调到市里来，让你一家人团聚。"看到始终没有升职的，他就鼓励说："我知道你工作做得好，资历又老，等有机会我把你调到某岗位去当上司。"所以，他一上台就得到了大家的拥护。但后来大家才发现，直到他调走，也没有兑现一个承诺。

在职场中，很多管理者为了拉拢下属，喜欢给他们开一些空头支票："等有机会我就提拔你。""等我上去了，你就坐我的位置。""等我跳槽了，我就带你离开这个破公司，给你弄个好工作……"这一招短时间内还比较管用，但到该兑现时而没法兑现，这时，下属感到自己被欺骗时，你就麻烦了。下属不但会与你反目成仇，还会到处宣扬你的劣迹，坏你名声。因为他一旦信了你的话，便把赌注都押在你身上。等有一天发现你在欺骗他，那种失望和气愤是可想而知的。

某公司一位品质部的高级主管，在公司干了很多年也没能升职。手下就一个助理和一个文员，势单力薄。主管刚接手公司的ISO体系维护工作，由于人手少，工作不好开展。为了鼓励下属，他便承诺："等工作忙完，轻松点后，我们一起去吃饭唱歌。"公司ISO证书已到期，需要换证，工作量非常大，他又鼓励下属说："等换证评审通过后，我把你们提升上去，助理升主管，文员升助理。"结果，等到评审完后，公司升他为主管，他却拿着这个职位到外面去招人，想招兵买马，扩充实力，好升经理。结果，下属们发现受骗后，立即与上司翻脸，产生了逆反心理，还把上司平时乱七八糟的事统统宣扬开来，损害了上司的名节，也让他的经理梦最终泡了汤。

所以说，不要以为下属就好欺骗、好调摆。不要把下属当做附属品，他们也有他们追逐的利益。只有能满足他们的利益，他们才会积极地配合你的工作；而一旦你给他们开空头支票，侵犯他们利益的时候，他们就会翻脸不认人，不但让你的工作开展不了，而且由于他们与你长期相处，知道你很多秘密，可能会给你带来很多恶劣影响。

在没有实力兑现承诺之前，不要随意对下属许诺。否则，就可能会引发下属的不满，进而导致工作不能顺利进行。

第七章　职场竞争中的生存智慧

不要把怀才不遇当做借口

“怀才不遇”者似乎随处可见，这种人有的确实怀才不遇，因为客观环境无法配合，但为了生活，又不得不屈就，所以痛苦不堪。虽然千里马常有而伯乐不常有，但这种情况主要还是自己造成的。很多人有一点才华就自以为是，看不起能力、学历比他低的人。可是，社会上的事很复杂，并不是你有才能就可以得其所。别人看不惯你的傲气，就会在心里骂你。

而另外一种“怀才不遇”的人根本是自我膨胀的庸才，他之所以无法受到重用，是因为他的无能，而非别人嫉妒他。但他并没有认识到这个事实，反而认为自己怀才不遇，于是，到处乱发牢骚，大吐苦水。结果呢？有的辞职，有的外调，有的还待在基层，有的则还在原单位继续“怀才不遇”下去。

我们常会看高自己的能力，而把别人的能力看得很低，也就是我们习惯用自己的优点去对比别人的缺点。一旦有了这样的心态，在公司就很难融入集体，总瞧不起别人，觉得别人过于庸俗。

老子说：“海纳百川，有容乃大。”即使你真的是能力高于别人，如果没有团队协作精神，那也是成不了大气候的。更何况，这世上真正的天才本来就很少，我们自己的怀才不遇更多的只是一种错觉。有了这种错觉，就不愿意踏踏实实地做小事，更何谈“敬业”呢？一个不敬业、不愿与人协作的人，显然不会被重用。这样的人又怎么可能不怀才不遇呢？

才华是不可能被埋没的，是金子就会发光。世间常有伯乐，你就是自己的伯乐。

> A和B毕业于同一所大学，并且同时加入了一个工程组。在最初的一两年时间里，他们俩都差不多，但项目组的其他成员和上司却早已清楚A与B不同的工作方式和处世风格。A是一个乐观积极的人，总是积极地解决各种困难；而B很聪明，善于预见问题，但却喜欢推卸责任。几年的工作中，他们一直是同学、朋友和搭档。但几年后，A是越挫越勇，而且也在这个过程中积累了丰富的经验，被同事和上司看好；而B则养成了知难而退的习惯，自以为自己很聪明，但也因此受到了上司的批评，同事们也不喜欢他，工作也没有什么提高，从未能独当一面，在生活上也是很不如意。

在同样的环境中，为什么A伴随着困难迅速成长起来，而B则面临被淘汰出局的危险呢？相似的教育背景、相似的成长历程、相似的企业环境，由于个体的不同，他们之间产生了相当惊人的差距。由此看来，造成这种差异的根本原因是个体的不同。这其中起主导作用的并不是个人的才华，而是每个人对待工作和生活的不同态度。

不可否认，有的人确实会因为环境或者其他的原因而暂时不能得到施展才华的舞台，但这并不是埋怨别人、消极懈怠、感叹“怀才不遇”的理由。我们常说“机会总是留给有准备的人”，那么，何不把这当做努力的动力，积极地做好准备呢？“怀才不遇”往往是一种消极的工作态度，对工作没有一点好处。“怀才不遇”感觉越强烈的人，越容易把自己孤立在小圈子里，无法参与其他人的圈子。这样一来，显然不利于工作。所以，我们一定要丢掉这种心态。

要记住，“怀才不遇”是失败者的借口。诚然，社会上有许多不公平的事，要摆脱不公平的境况，就要加倍地努力，使自己出人头地。长期抱有“怀才不遇”的偏见，只会使人变为真正的外强中干之人。

处世小秘笈

很多人有一点才华就自以为是,看不起能力、学历比他低的人。可是,社会上的事很复杂,并不是你有才能就可以得其所。别人看不惯你的傲气,就会在心里骂你。

让自己的工作无可挑剔

想让你的工作无可挑剔,就要一丝不苟地去完成工作。这需要很高的敬业精神及非常认真的工作态度,同时还要做事一丝不苟,对待小事和对待大事一样谨慎。

“不积跬步,无以至千里;不积小流,无以成江海。”生命中的大事是由小事积累而成的,没有小事的累积,也就成就不了大事。只有认识到这些,才能懂得关注工作中那些以往认为无关紧要的小事,培养做事一丝不苟的美德,成为深具影响力的人。培养了这种精神之后,足以让生命产生天壤之别。

每一位老板都知道,找到一个愿意为工作尽心尽力、一丝不苟的员工是多么困难的一件事。公司里总会蔓延一些不良的作风,而无论大事、小事都尽心尽力、善始善终的员工却极为罕见。

尽管我们进行了多次社会改革,但思虑欠周、漫不经心、懒惰成性等恶习依然泛滥成灾。在庞大的失业和无业队伍中,这些毛病随处可见。他们如果不能意识到自己的不足之处,并且努力加以改正的话,往往无法得到一份令人满意的工作。即使得到了工作,也很难长久地立足。

“适者生存”的法则并不是仅仅建立在残酷的优胜劣汰的基础上,而是基于倾心敬业、认真工作这一原则的,这个原则是绝对公平的。若非如此,社会美德如何能发扬光大?社会又如何能取得进步?

有一位退休的老员工告诫他刚参加工作的儿子说:“无论你以后做什么,一定要全力以赴、一丝不苟。能做到这一点,前途就会一片光明。世界上到处是散漫粗心的人,那些善始善终者始终是供不应求的。”

有许多老板,他们自始至终都在期盼能胜任工作的人。这些老板所从事的业务并不需要出众的技巧,而是需要谨慎、朝气蓬勃与负责的态度。他们不停地聘用员工,而这些员工却因为粗心、懒惰、热情不足、没有做好分内之事而频繁遭遇解雇。

许多人没有一丝不苟的精神,原因就在于贪图享受、好逸恶劳,背弃了将本职工作做得完美无缺的原则。

有一位年轻人几经努力终于进入了一家很不错的公司。但在具体工作安排上,员工管理部门为他安排了几个工作岗位,他都不满意。有的岗位他勉强留下了,也没有全心地投入。结果是不到一年,他便被公司辞退了。

不知道他需要什么满意的工作,他可能要为找到自己满意的工作而永远地找下去,直到人老体衰、什么都干不了为止。

现实中有不少这样的年轻人,他们认为成功者都碰到了好机会,却没看到成功者都是从小事做起的。

他们甚至也不知道职位的晋升是建立在忠实完成工作职责的基础上的。事实上,如果你不尽职尽责地完成你的工作,老板就会认为你是一个没有潜力和价值的人。但与此相反的是,很多年轻人在求职时常这样问自己:“做这样平凡的工作,会有什么发展前途呢?”但是,平凡的小事中往往蕴含着巨大的机会。

一个人成功与否,取决于他是否做什么都力求做到最好。成功者无论从事什么工作,他都绝对不会轻率疏忽。因此,你在工作中必须让自己做到最好,尽量做到100%。这种工作作风与你的工资毫无关系,因为任何一个从事工作的人都应该把自己视为一位艺术家而不是工匠,要永远保持热情和信心。

只要你把工作做得比别人更准确、更专注、更完美、更迅捷,你就永远不会被淘汰,你就能在职场竞争中永远立于不败之地。

处世小秘笈

职场竞争其实就是工作态度和工作能力的竞争。如果一个人能够通过努力,把自己的工作做到尽善尽美,那么,他不仅仅不会被竞争对手打倒,而且还会被领导重用,可说是收到了不战而胜的效果。

努力成为工作最出色的人

如果你想在公司里获得最优秀员工那样的成绩,办法只有一个,那就是在工作中比他们更卖力。

在许多人的潜意识里,总认为公司属于老板,自己是替老板打工的,再有热情,再有业绩,得好处的还是老板,与己无关。这种想法很容易让自己变成工具,天天按部就班地工作,缺乏活力,有的甚至趁老板不在就没完没了地上网闲聊或打盹。这种想法和做法是在自毁职场前程,今天的失业大军中有很多就是这种被淘汰下来的人。

无论在什么情况下,你都要使自己成为最看重自己事业的人,以及最关心公司经营状况的人。所以,作为员工不要吝惜自己的私人时间。把分内工作做完之后,应尽量找机会为公司做出更大的贡献,让公司觉得聘用你物超所值。

每件事都有改进的余地,抢先在老板提出问题之前已经把答案奉上的行为是最得老板之心的,因为只有这样的职员才能为老板分忧。工作交到老板手上后,他就不用再为此占用大脑空间,可以腾出更多的精力思考别的事情了。

西方一位著名企业家曾说:"我欣赏的是那些能够自我管理、自我激励的人,他们不管老板是不是在办公室,都是一如既往地勤奋工作,从而永远都不可能被解雇,也永远都没有必要为了加工资而烦恼。"

可以说,只有对自己严格要求,才能做得比别人好,而不用别人来强迫或督促。要想达到事业的顶峰,就不能只是在老板面前装模作样,任何真正的成功都是厚积薄发、积极进取的过程。

要想达到事业的顶峰,你就要具备积极主动、永争第一的品质,不管你做的是多么普通、枯燥的工作,也不能随心所欲、马虎了事。只有这样,你才有机会成为最优秀的员工,因为勇于负责、令人信任始终是成功人士的特质。

幸运之神只会垂青对工作积极热情的人。要善于寻找一切工作的机会,积极主动、超额圆满地完成老板交给你的任务。这样一来,不仅可以成为优秀员工,甚至可以成为一个优秀的管理者。

处世小秘笈

每个职场上在现有条件下干得最出色的人,才是成功的人。

只有不断提高自己的能力,才能不被他人超越

职业能力是企业发展的动力,也是自己参与职场竞争的最大本钱。员工只有不断提高自己的业务能力,才能长久地立足于职场。但是,没有哪一种能力是万能的,可以适用于各种职业。因此,每一位员工必须清楚自己必须具备的能力,以及自身具有的潜力。

一个刚刚毕业的新职员往往比那些懒于学习的老职员更受老板欢迎。同样,如果他在工作中

不勤于学习，拥有新知识的人就会取代他，这就是职场优胜劣汰的规律。所以，要想在职场中站稳脚跟，就必须认真地对待工作，在工作中总结经验，学习最新的知识，并且学以致用。只有这样，你才能不断地获得成长，为自己规划出理想的职业生涯。

在一个公平的社会里，有的人之所以有很高的地位，是因为他们已经具备了必要的能力。假如你的职业生涯计划包括工作升迁，那么，你就要有胜任新工作的能力。为取得新的能力，你必须丰富个人的成长经验。

在职攻读机械学位的飞机技师克里斯总结上述观点说："我的工作虽然不稳定，但我希望这份训练能帮助我在这里待得久一点，如果不能，它也能帮助我找到另一份工作。"他因为对自己的前途有设想而降低了对未来的恐惧。

今天，新知识、新技术层出不穷，每一位员工只有不停地学习，才能生存下去。要想成为一个优秀的员工，必须树立终生学习观。商业时代很多拥有某种专门技术的人常常显得知识狭窄，这种仅在技术方面片面发展的趋势不能适应社会的需要。在很多职业中介机构的名录里，登记着无数受过教育的失业者的名字，其中的大部分人都是因为自己没有进一步发展能力而被人超越，走上了失业的道路。每个人既有的知识和技能很容易过时，因而，只有"不断自我更新"，才能避免工作上出现危机。

工作每天都有新情况、新挑战，每天都要面对新事物，学习与工作相辅相成，工作就是学习。能够适应工作，实现自我而不被淘汰，靠的是实力，而实力来于自身。虽然有很多机会会来到我们身边，但要是不愿学习的话，也必然会被社会所淘汰。只要天天学习，就会天天有进步、天天有机会，工作才会富有生机。

此外，员工要想被上司欣赏，还必须重视企业的各种培训，并给予积极的配合。因为企业培训的目的就是要使员工成为知识丰富、业务熟练、爱岗敬业的人，在工作中撑起一片天，并借此增进员工之间的团结精神及相互间的依赖关系，使企业具有良好的文化基调。

总之，你如果能够不断提高自己，就不会被别人轻易超越，你就不用担心被淘汰出局，就会拥有一个光明的前途。

聪明的员工会掌握每个机会学习、发展技能以及寻求能使自身成长的任务。与其依赖公司或全凭运气，不如自己想办法。

什么是核心竞争力

核心竞争力之一：学历

所谓学历，主要包括学校、科系、学位。如果没有高学历，那么，出国留学或报考国内硕士班，就是一个很好的补救方法，可以把之前的低学历隐藏起来。尤其是现在国内研究院所广开大门，从"硕士在职班"到"产业硕士班"，拿个好学校热门科系的硕士学位，就会打开各种渠道。另一个补救方法是选择学历门槛较宽的工作，例如，部分服务业、处于成长阶段的公司或西北的地方企业。这些行业由于在人才竞争上处于劣势，对学历也不敢要求太高，不妨先在这类工作中累积一定的资历，因为"资历"要比"学历"更管用。

核心竞争力之二：证照

除了法律、会计、医疗等行业要求从业必须要有证照之外，目前包括金融业、信息业、房地产业、美容业、餐饮业、健身业这几个行业，以及制造业的环卫部门，也都有"证照化"的发展趋势。如果你的学历条件较差，专业证照可有效弥补你学历的不足。

在学校里学习的专业只是你踏上专业之路的第一步。许多行业所特有的专业技能，学校无法提供，只能在工作实践中学习。所以，在最初的"学徒期"，不要太看重薪水待遇，学习机会才是最重要的。要把工作当成学校的延伸，良师就是主管和资深同事，要像海绵般虚心学习，这样专业技术的“马步”才扎得稳。过去所谓“一技之长”，现在却变成了短肋，因为现在单一技能的人才过剩，如果能跨领域培养多重专长，将迅速拉开你的领先距离。

核心竞争力之三：听说读写算能力

我们从小就培养听说读写算的基本能力，从生活到工作都离不开这几种能力，但新生代在这方面却有“退化”的现象。很多主管抱怨新进员工的电子邮件词不达意、不知所云；行销主管也发现年轻一代虽然创意十足，却写不出像样的文案。除了传统的听说读写算，办公室软件的运用也成了新的基础能力要求。很多企业以为新生代都对计算机了如指掌，招聘条件通常不会注明要熟悉办公软件，等到录用后才发现，不懂 Powerpoint、Excel 的新人竟然为数不少，有人甚至连用 Word 绘制简单的图表都不会。

总之，沟通表达能力、文字表达能力、外语能力、数字能力、逻辑思考能力、办公室软件运用能力，都不可被忽视。

核心竞争力之四：表达能力

不论你是工程师还是业务员，都要学会作报告，要懂得如何进行一场会议，要会做基本的企划提案。要能提出新颖的想法，遇到问题要具备分析解决的能力，对外部客户要掌握服务的技巧、具备良好的说服力。一名外商银行主管表示，他用人一定用国外留学归国的 MBA，因为即使是国内名校出身的商学院研究生，也普遍缺乏作报告的能力，那么又如何去跟客户提案呢？

核心竞争力之五：好性格

“性格决定命运。”这句话用在新人求职上，再贴切不过了。很多企业主管领教过“草莓族”的不能吃苦耐劳、不能承担压力和挫折、缺乏小组合作精神、忠诚度与责任感低、追求卓越的成就动机不足，因而在新人的筛选上，更加重视性格特质。虽然科技业用人最看重的是技术，但在产品研发过程中，常要加班完成工作。因此，工程师的毅力与抗压性很重要。在服务业，性格特质更决定了服务质量，多数服务业都希望员工心思细腻、有同情心、有爱心，以及拥有阳光般的热情与亲和力和不厌其烦的沟通协调能力。

核心竞争力之六：经验的历练

跨国公司常用“论调”的方法培养人才，让你在不同部门与国家之间培养阅历。历练的多寡，决定你究竟可成大器，还是只能做一颗小螺丝钉。对社会新人来说，包括社团活动、打工实习、校内外比赛、项目研究、海外游学，都是极为有用的历练。而对职场新手来说，对于上司交办的高难度的陌生任务，不可视为畏途，多参加具有挑战性的项目，争取外派出差的机会，能给自己更多的职场历练。

核心竞争力之七：丰富深厚的人脉

人脉往往会在你意想不到的时候给你带来巨大的帮助。但是，“贵人”不会无端从天上掉下来，所以，平时就要勤于耕耘，而且眼光不要“看高不看低”。人脉是一种相互牵连的“共荣”关系。在你利用别人前，要先多为别人尽一份力，先有付出才会有回报。此外，人际关系学的另一门功课，在于建立包括与同事、主管、部属、客户的一系列良好关系。就算不是朋友，也不要成为对头，以免卷入复杂的办公室政治中。

核心竞争力之八：职业好形象

除了研发工程师每天面对机器外，诸如业务销售、公关、教育训练、行政、法务……绝大部分的职务都是属于“人对人”的工作，因而要注意管理好个人形象，把形象与专业说服力联系在一起。即使各行业所要求的形象不同，但“品位”是共通的原则。

核心竞争力之九：情报通达力

进入知识快速“折旧”的年代，如果仅停留在学校里学习的知识上，很快就会跟不上时代。但是，徒有持续学习的上进心还不够，更要懂得如何快速有效地在浩如烟海的信息中“淘金”，从而掌握最有用的情报和信息。现在是速度决定胜败，谁有较快收集信息的能力，谁就掌握了赢的先机。因此，如今各个行业都把“情报搜集”列为“绝对必要的工作技能”。

处世小秘笈

没有一技之长很难成功，但除了专业技能之外，成功还需要很多条件，这些条件就是你的“竞争力”。

不要忽视“软能力”

软能力与人的情商很有关系，是社会心理学术语。它们是社交礼仪、人格特质、语言沟通能力、品德和乐观态度、个人习惯的体现。它们把我们个人与同等硬能力的他人区别开来。而硬能力是职场上对专业技术的要求，体现的是智商水平。

软能力是相对硬能力而言的。后者是可定量的专业能力，是你从事某种职业所必需的工作技能。如果你是医生，硬能力指标就是医生执照；你治好了或救活了多少病人，这种业绩可定量地显示你的硬能力。如果你是学生，硬能力就是学习能力，它可用你每科的成绩和学历来定量。

某杂志社想要招聘一名校对员。在业务知识考核后，复试的应聘者被带到了总编的办公室面试。小美经过10分钟的面试后，总编起身象征性地将她送到门口。不想小美突然停住脚步，说：“总编老师，谢谢您的接待！不过我还想多说一句，我刚才发现您的办公室的电线老化了，如果再换一个自动跳闸的保险装置，就可以排除安全隐患！”

你猜怎么样？第二天下午，小美就接到该总编的电话：“你被录用了！”该总编录用小美的理由是，“校对工作需要细心的人来做，她应该是可靠的！”

这件小事体现了这样一个道理：在职场中“硬能力”可以让你在业务能力上过关，而“软能力”则能让你在关键之处脱颖而出。

中国留学生魏力和美籍华人汤姆同时毕业于美国一所名校。当时，一家顶尖美国银行正在筹备亚太部，他们经过层层考核，一起进入这家银行。

魏力拥有该校物理博士学位，有严重的鼻炎，眼睛深度近视，性格内向，给人的第一印象不佳。他的英文相当好，但不具备当众演说的能力。公司雇佣他，是因为他数学很好，可以帮银行搞信用风险模型。在这里，博士学位和出色的英语水平是魏力的硬能力。银行经过面试考核，就给了他正式的OFFER。虽然当时有面试官质疑他的交流能力，但他有一流的建模能力，属于当时银行急需的人才。出色的硬能力让魏力得到了他梦想的工作。

汤姆是本科生，在美国土生土长的华人。因为受家庭传统的华人文化影响，他身上很好地融合了中国人的谦逊和美国人的自信。他数学远不及魏力，却很自信，中文也不错，当众演说能力很棒，发音很标准，而且阳光、精力充沛、谈笑风生、幽默、有魄力。这些软能力非常出色。面试官都很喜爱他。他也因此得到了工作。

在建模型的初级阶段，常常要加班。结果，魏力病倒了，模型建成后关键的第一次 presentation（专业陈述，即工作汇报），只能由汤姆代替他作报告。汤姆不懂之处，在电话里向魏力请教。模型出成果后的工作汇报，魏力本来可弥补上次的缺席，但他却很紧张，陈述得结结巴巴，很令人失望。大老板们都听不懂这模型到底好在哪里，统计结果如何解释。最后，汤姆帮他缓解了尴尬，用非常简明扼要的通俗语言解释给大老板们听。

如今，汤姆已是这家银行亚洲信用风险部的首席官，金融危机中裁员时，魏力被淘汰了。虽然他的硬能力远高于汤姆，但软能力的缺失导致了他在职场中的失败。

处世小秘笈

俗话说：“黄金有价玉无价。”在职场，硬能力是“金”，软能力则是“玉”。

不要太过在意别人的看法

机会到来时是最关键的时刻。这样的时刻,往往就是把握机会的时刻。很多人在职场中,关键时刻不敢表现,丢弃了自己的意愿,总是为别人的标准而活,在别人的评判里找寻自我的价值。他的信心很容易被别人打击,因为他过于在意别人对自己的看法。

王乐一直以来都是一名普通员工。有一天早晨,她和同事张娜娜走进办公大厅后发现,地上已是一片汪洋,原来暖气管在昨天爆裂了。

面对这种情况该如何是好呢?一时间,楼道内乱成了一锅粥。这时,王乐挺身而出,安排同事们帮忙清理地上的水。同事张娜娜却酸溜溜地说:"你在这操什么心啊?不关咱们的事,看物业公司怎么处理吧。"

可是,王乐没有在意张娜娜的语气,她似乎什么都没有听到,马上安排大家去"挽救"地上泡湿的文件,然后主动给物业公司打了电话。

就这样,一件棘手的事情,在王乐的安排下,在很短的时间内就处理好了。当赶到办公室的领导听说此事时,地上已经清理得如同从来没有发生过事故一般。

领导一问,原来是王乐这名员工起了关键作用,她不被别人的评价和反对而干扰,敢于挺身而出,承担责任。这个冷静果敢的女孩,因为良好的心理素质和出色的表现,得到了领导的重视。

王乐的命运被后来的一件事改变了。有一次,领导做出了一个决定,就是严格公司的考勤制度。为此,领导单独开了个会,对此做了说明:当公司形成一个好的风气的时候,虽然开始时员工们辛苦一些,但是不久就会建立良好的企业氛围。

说完这句话之后,领导就问大家的意见。当时,所有人都沉默不语,没有人做出回应,场面非常的尴尬。但是,王乐依然不顾别人的冷眼,她第一个站出来支持领导的决定。

更出人意料的是,王乐说明自己的观点之后,大家都被她的诚意所感动,也没有一个人认为她在"拍马屁",她的坦荡和勇气为大家所敬佩。因为公司纪律松散,的确让很多人也有"国将不国"的感受。领导提出来的时候,大多数人只是不好意思马上表态,害怕和其他人的意见冲突,从而引起别人的反感,于是存有私心,不肯表态而已。

王乐,这个在公司发展的过程中,只要自己感觉是对的就去坚持,只要坚持就忘记了自己私利的女孩,最终成为了公司的核心人物。

处世小秘笈

不要太在乎别人,太在乎别人的看法只能扰乱自己的方寸,活得沉重。只有我行我素,不为别人的目光违背自己的心意,做自己真正想做的,才能在职场上游刃有余,成就一番事业。

怎样才能脱颖而出

应职场中,最可贵的就是要在一群人中脱颖而出,因为敢于迎接竞争是很多人都无法突破的事情。其实,对于职场来说,要完成这一步飞跃,首先要跨越心理障碍。很多自认为优秀的人,往往脱不了"不争"的窠臼,以为只要是金子总有一天会发光,却不知道现在的时代,领导已经没有那么多的耐心去市场挖金子了,他们只会天天琢磨着剥削员工。所以,在发光要趁早的年代里,如果你不跳出来,是没有多少人有耐心去发掘你的。

梁天晴和贾鹏飞是同一部门的两名员工,一个是大学毕业,一个是高中毕业,而且,贾鹏飞还在餐馆做过服务员,他进入公司靠的是假学历,这也一直让梁天晴瞧不起贾鹏飞。

人事部门发现后找她谈话的时候，贾鹏飞也没有表示出胆怯，简直就是镇定自若。她说：“我渴望这份工作，有那么多的竞争者，我必须想办法让愿望实现。而且，到了公司之后，我兢兢业业，每天来得最早，走得最晚。我虽然没有学历，但是我也不挑待遇。我的年纪也还非常小，作为女孩，我可以把最有精力的几年时光奉献给公司。我一直想就此事向公司作出解释，我做假学历是不对，但我一直想等工作做得更好的时候再跟领导说……”

一番话让人事经理感到了她的软实力，而且以这个理由开除她也的确会给这个女孩造成巨大的伤害，况且自己还要再去招聘；此外，她在公司干得确实不错，她的工作也的确不需要太高的学术文化背景。而且贾鹏飞的人际交往能力很强。无论遇到什么人，她都不仅能巧妙应对，还能迅速解决问题。

梁天晴骨子里有一种清高，总看不起贾鹏飞。有时候，她非常看不上贾鹏飞总是喜欢在午餐时凑到主管的桌前，告诉主管自己刚刚学过的管理学课程或者她自己读了一本什么书，而贾鹏飞所说的那些，梁天晴很早以前就掌握了。还有贾鹏飞读的所谓的“新书”，自己一星期以前就读过。贾鹏飞还很爱表现，有时候甚至会将梁天晴私下跟她探讨的那些不甚成熟的想法拿到会议上去讲。

梁天晴对自己的要求是很高的，既不会在茶水间闲谈，也不会出现在上司的午餐桌前。开会时，她几乎从不发言，总担心自己的见解不够优秀。

不久，有件事让梁天晴很吃惊。梁天晴实在看不出贾鹏飞究竟有何过人的能力，当自己还在调整心情、不断学习、与世无争的时候，贾鹏飞却很快升职了，因为主管非常欣赏贾鹏飞，对她的评价是积极向上、富有魄力、敢说敢做，具备可贵的领导才能！

贾鹏飞的自信、主动、敢说敢做让她很快地升了职。公司开会的时候，为什么很多人从不发言，是因为害怕别人觉得自己的话其实大家都想到了？事实上，大多数人都存在这种恐惧。但最重要的是，如果敢于将自己的想法表达出来，你就可能成为一个更好的公共场所发言者，对自己的想法也会更自信，你所获得的个人成就和赞誉就一定会更多！

总之，任何时候都应该相信自己的观点，这是竞争中的王者气质。其实领导选择你，并不取决于你是否真的合适，真的才华横溢，能做出惊天动地的大事，真的能把市场吃透，而是取决于你是否让领导在心理上感觉你很适合、感觉你才能出众、感觉你胸有成竹。

处世小秘笈

如果敢于将自己的想法表达出来，你就可能成为一个更好的公共场所发言者，对自己的想法也会更自信，你所获得的个人成就和赞誉就一定会更多！

解决职场“倦怠期”的五个步骤

第一，自我检查。从工作满意度和职业激情度看自己的状态，两个项目各 100 分，60 分为及格线，60 分以下说明倦怠程度很严重，程度随分数变化，满意度和职业热情理论上存在结果不一致的可能，结果会体现自己对外在和内在需求的偏重。

第二，重新挖掘职业价值。转行或跳槽不一定是好选择，在原岗位寻找突破口，也许会有新的机会。

第三，树立职业标杆。列举自己崇拜、尊敬、认同的职场成功人士，分析他们的成功经验，向他们学习。其实，自己的老板就是一个很好的榜样！最好的选择是跟老板学习。

第四，拓展自己的交际圈。读 MBA、EMBA、加入高尔夫俱乐部、参加经理人俱乐部，甚至组织行业里的竞争对手，结识“武林豪杰”，选择好圈子，表现最好的自己，相信会有惊喜发现，职业倦怠就会抛到九霄云外！

第五，一直保持学习的好习惯。活到老，学到老！

只有跨过了“倦怠期”，才能充满激情地进行每一天的工作。

处世小秘笈

在职业倦怠期，员工的战斗力会降低，也会影响自己职业的发展。如果自己是领导，倦怠情绪还会蔓延整个团队。所以，要尽早克服职业倦怠。

如何做好辞职前的事

如今，几乎没有人一直待在一个公司里，辞职已经是职场中常见的事情。但辞职前应该怎么做，许多人并不是很明白。尤其对于年轻人而言，辞职前一定要考虑清楚。但是，一旦作出辞职决定，就应该做好以下事情：

第一，先给领导发邮件，表达近期想要辞职的愿望。辞职尽量不要当面提出，这会让领导在惊讶的同时感到很尴尬。

第二，和领导面谈是必要的，但要找对时机。不要在领导心情特别好或者特别忙的时候找他谈辞职的事情。在你看来很重要的离职事件，在领导那里也许并不那么重要。所以，不要在不合适的时候给他添堵。

第三，跟领导明确阐明自己会再干一个月，让公司去寻找替代人员，这一点最重要。领导不太担心一个人的离去，但他会担心影响整个公司的运作。而一旦他认为你的离开已经将影响降到最低，自然会对你留有好印象。

第四，在离职前的一个月里不要透露风声给其他员工。一来如果事情又有变化，比如自己最后改变了辞职的想法，那会很尴尬，二来会影响公司的工作氛围。

第五，在离职前一周时间，要对同事公布即将离职的消息。因为这个时候，人又会开始犹豫。如果之前经过深思熟虑的决定绝对是正确的，现在的犹豫其实多是情绪使然。所以，借助公布这一行为，可以坚定自己辞职的决心。而且给同事们一周的时间做心理准备，不会显得特别仓促，以免引起大家的猜疑。

第六，越是临近离职，越要把工作做到最好。这也是“走好最后一圈”的道理所在。因为这样最容易给领导留下好印象，而且这种评价说不定会传到新老板那里。

也许有人会说，直接走人就行了，干吗管那么多？其实不然。辞职前期就像竞走比赛中的最后一圈，很多人就是因为轻敌而栽在了这里，使之前漫长的努力都付诸东流。要知道，一个人在职场中的成功不仅需要能力，也需要依靠人脉。一般在跳槽的过程中，新东家都会严格审查你的职业经历，有的公司甚至审查得非常详细，他们会了解你的前任领导和同事是如何评价你的。而如果你没有走好辞职前的“最后一圈”，让前任领导或同事对你评价不佳，那么，你很可能就会在下次求职中遇到磕绊。

处世小秘笈

如今，几乎没有人一直待在一个公司里，辞职已经是职场中常见的事情。但辞职前应该怎么做，许多人并不是很明白。尤其对于年轻人而言，辞职前一定要考虑清楚。

只有团结协作，才能取得胜利

从前，两个路人在经过多日饥饿的折磨后，已经筋疲力尽了。就在面临死亡的时候，他们意外地在一间废弃的屋子里发现了一根鱼竿和一篓鲜活硕大的鱼。一个人抢到了一篓鱼，另一个人则拿了那根鱼竿。带着意外的收获，他们各自分开了。

得到鱼的人走了没几步，便将鱼烤着吃了。他狼吞虎咽，还没有好好体味鲜鱼的肉香，就连鱼带汤一扫而光。没过几天，他再也得不到新的食物，最终饿死了。另一个选择鱼竿的人只能一边挨饿,一边拿着渔竿,一步步地向海边走去,准备钓鱼解饿。可是,当他已经看见不远处那蔚蓝的海水时,他浑身的最后一点力气都使完了,他只能看着海水而死去。

看到这样的结局,上帝感到很无奈,决心再导演一次。于是,又有两个饥饿的人同样得到了上帝恩赐的一根鱼竿和一篓鲜活硕大的鱼。可这两人有合作精神,他们并没有按各自的喜好选择后分开,而是商定互相协作,一起去寻找有鱼的大海。

一路上,他们饿时每次只煮一条鱼充饥,以有限的食物维持着遥远的路程。经过艰苦的跋涉,在最后一条鱼被吃光时,他们终于到达了海边。从此,两人开始了以捕鱼为生的日子,每天都能吃饱了。几年之后,他们有了各自的家,有了自己的渔船,过上了幸福安康的生活。

几十年过去了,他们居住的海边已经发展成为一个渔村。村里人都继承了两位创业者留下的传统,互相帮助,互相协作,取长补短,共同发展,很快,渔村就成为了一个发展很好的地方。

上帝看到这一幕,终于欣慰地笑了。

只有团结协作才能取得胜利,个人的力量是很渺小的,不会成就任何事业。这个故事虽然简单,但是寓意颇丰。

对于一个组织而言,如果组织中的成员不去注意别人,而只考虑自己的工作,那么,很可能因协调不善而出现问题。特别是对于流水线生产,这种工作是一环扣一环的,彼此之间必须具备高度的协作精神,这样生产出的产品才能保证质量。如果一个环节出了问题,就有可能导致整个流水线出现问题。对于一个企业而言,则会带来巨大的损失。

一个人做事情的时候不去考虑别人或者根本不注意和别人的合作,彼此缺少沟通,他肯定做不好工作,也会影响到别人的工作,因为在整个工作中他也属于其中一个环节。一个有协作精神的员工,才能在工作中与同事友好相处。只有这样,他才能真正做好工作。

我们强调团队意识和团队精神,其实质就在于强调一种互助协作的精神,就是每一个人都能充分地意识到自己是团队中的一分子,为了整个团队的利益,大家有责任互相合作、互相支持,团队的胜利也是每一位成员的胜利。

在世界上所有植物当中,美国加州的红杉是最雄伟的。它的高度大约为 90 米,相当于 30 层楼那么高。一般来讲,越是高大的植物,它的根应该扎得越深。但是,红杉的根只是浅浅地浮在地表而已。这样它就会非常脆弱。只要一阵大风,就能把它连根拔起。

可是,为什么红杉却生长得很好呢?

原来,红杉不是独立长在一处,而是一片儿一片儿地生长,长成红杉林。大片红杉的根彼此紧密相连,一株连着一株。无论多么大的风雨,也无法撼动几千株根部紧密相连的红杉林。

成功的生存,不能只依靠自己的力量,任何人都必须依靠他人才能获得更大的成功。如果彼此孤立地营造自己的小天地,就没有扩充的空间了。

彼此协作,无论对于个人还是企业,都是生存的根本。忽视了人际关系的和睦,缺乏协作的精神,很不利于良好的生存。

处世小秘笈

在当今职场,人与人之间的互相依赖越来越重要。不论你做什么工作,要想一个人取得成功,那是不可能的事情。如果你撇开团队、集体,真要去单打独斗的话,成功的概率会非常渺小。

要多向高手学习

谁都得承认同事之间存在着竞争关系,但良好的竞争会促进思考。没有谁天生就比别人聪明,成功也不是随便就能取得的。与其关注那些看不着、够不着的闪亮的明星们,还不如约上比你强的职场同事一起吃午饭,学习他们的优点,克服自己的缺点。

邢娜娜在单位里一直很快乐。可是有一天，随着一名新员工的到来，她就不那么快乐了。

这名新员工的名字叫王娟，她来的第一天就出尽了风头。主管亲自带她来认识各位同事，向大家介绍时，毫不避讳地说王娟是公司为了拓展北方市场从其他公司挖来的市场推广精英。

王娟也自信满满，非常大方地和众人打招呼，这时，巨大的压力压在了邢娜娜肩上。这个很强的同事和她在一个部门，吃饭时会叫上娜娜一起去。每当王娟抛出“橄榄枝”的时候，邢娜娜总是找借口回避。

她很抵触这种自信的人。可是，第一次的策划会就让邢娜娜重新认识了王娟。领导说完方案后，让王娟发言。谁都知道第一个发言的人是最为难的，很难把握怎样提意见最合理。

可是，王娟不慌不忙地讲了自己的看法，思路新颖，条理清晰，关键之处解释得很全面、详细，所有人都很佩服她。待她发言结束后，领导抑制不住兴奋的心情，总结道：“感谢王娟给我们带来了新的思路和更广阔的信息来源，大家给她鼓个掌吧！”

这给邢娜娜留下了深刻的印象，而且让她明白自己确实没有王娟强。之后，有一个让邢娜娜苦恼了三个月的方案，王娟用一天的时间就理清了头绪，并联系各个媒体帮助邢娜娜推动方案。

中午的时候，她主动叫王娟一起去吃饭。吃饭的时候，两个女性在一起，难免闲聊。娜娜真诚地说：“那一天，你提的意见太精彩了，在短短的时间就把问题回答得那么好。”

王娟也坦诚地说：“它们并没有看起来的那么简单。我用十几分钟陈述的问题，是我以往对类似问题的思考和总结。”王娟没有细讲她以往付出的努力，但短短的一句话却让娜娜受益匪浅。此后，她开始关注王娟的优点。

她得出的结论是，只有自强不息才能得到更多。娜娜在工作上用王娟激励自己做事，慢慢也走上了一条薪水飙升的职业道路。开年会时，领导端起酒杯向王娟致谢，同时也对娜娜举杯致谢！

面对比你强的同事，你不必感觉自己遭遇了巨大的压力，因为压力往往会带来动力。不要担忧别人的强大，关键是要重整旗鼓，学习别人的优点，用事实证明自己的能力，创造更好的业绩。

处世小秘笈

与其关注那些看不着、够不着的闪亮的明星们，还不如约上比你强的职场同事一起吃午饭，学习他们的优点，克服自己的缺点。

小人会让你进步得更快

有时候，工作显得很枯燥，在工作中控制自己的情绪和心理也不是一件容易的事。比如说，很多人知道自己工作的时候偷懒，效率非常低，但却不想主动改变。可是，如果让偷懒的人与爱打小报告的同事一起工作，那结果就截然不同了。

在公司的一次重新调整中，孟清与她的大学同学赵楠楠成了对桌，孟清心里感到很不安。

孟清非常了解赵楠楠，赵楠楠在大学的时候和舍友的关系处得非常不好，常说舍友的坏话，而且常打压别人以争取利益。她知道自己坐在赵楠楠的对桌一定会受到赵楠楠的监控。

孟清时刻都在戒备赵楠楠，她感觉工作非常辛苦。以前上班的时候，有时候忘记打卡，她就悄悄地溜到座位上，也没有人深究过。但是，想到对面坐的是赵楠楠，孟清每天早上都按时上班，从不迟到。当她准时踏入办公室，看到对面坐着赵楠楠的时候，内心就会非常坦然。

以前，孟清常常会在上班时间上网聊天。可是，自从赵楠楠坐在对面后，她就克制自己不使用聊天工具，因为赵楠楠会突然装作很随意的样子走到自己的身后。

更让孟清感到苦恼的是，正因为对面坐了这样一个人，工作有困难的时候，她根本就得不到赵楠楠实质性的帮助，凡事只能靠自己。面对领导的时候，她也必须一个人独自斟酌好应该怎样汇报工作，再没有人跟她商量或者为她出谋划策了。结果，孟清在短短一个月的时间里完全变了一个人。

赵楠楠带来的巨大压力，影响了孟清的心情。直到有一天，她觉得自己也许应该感谢赵楠楠，因为领导对她说："小王，最近你的表现非常突出，我发现大家都爱上网聊天，有时候上班时间一玩就一个小时。只有你，兢兢业业地工作，从来不做和工作无关的事情。"

孟清看了一眼对面竖起耳朵的赵楠楠，心里顿时坦然了。

打小报告的同事，有时候的确会让你成长更快。对于这只背后的眼睛，你既可以理解为——他在不停地抓你的把柄，可能陷害你；更可以理解为——他在监督和更正你行为上的纰漏，让你不会轻易犯错误。

所以，对待这些人要冷静、宽容，更要提醒自己没有必要逃避和惧怕这样的人，他们有时会让你更快地成长。但也要记住：不要与他们深交。

应对小报告的策略

在一个单位中工作，不可避免地会得罪人。如果被你得罪的人是"小人"之辈，你便不得不提防他在领导面前进你的"谗言"。如果领导是一个实事求是的人，就会忽视这些小报告。但如果领导耳根很软，黑白不分，"小报告"就会对被诬陷者构成威胁。一个聪明的职场人士，应该掌握应对小报告的策略。

第一招：先发制人

一般而言，那些散布流言蜚语告"黑状"的人，为了使自己编造的"小报告"发挥陷害人的功效，总是要研究人们的心理。在经常陷害别人的过程中，这些人也逐渐"摸索"到这样一个规律，即：从总体来说，人们往往对第一印象印象深刻，一旦形成，就很难改变了。

比如说，某人对张三既没有好感，也没有恶感，并没有什么特别的印象。如果在这时有人对他说张三如何道德败坏、品行不轨等等，那么，他即使是对于该人的话并不言听计从，可在内心深处却着实开始怀疑张三的人品，心理上也对其呈现出厌恶的苗头。等到张三自己或者另外的人再为之辩白，说那些攻击张三品行的话语纯属恶意中伤时，也已经有些晚了。

这是因为，这些观点同前面形成的第一印象发生了冲突，所以很难改变；且除非这个后来的印象特别强烈，或不断地重复很多次，才有可能改变或冲淡先前的第一印象。这就好比是一张白纸，第一幅画总是清清楚楚，可若要在画过的纸上再画一幅，就要花费多倍的力气，而且原先纸上已形成的图画也很难彻底地消除。

那些善于制造"小报告"的人很会把握人们的这些思维特点和心理特点，他们总想方设法地做到捷足先登、先发制人。而被"暗箭"伤害的人往往由于疏于防范，使自己以后变得很被动。有些人甚至连辩论的机会都没有，就白白地被人坑了一下。

所以，我们要防止被人打小报告，就要做到克敌制胜，就不能总是"棋行后手"，而应该积极地行动起来，在那些打"小报告"的恶人告"黑状"之前，抢夺先机，从而击败流言蜚语。

第二招：针锋相对

采取"针锋相对"的对策，只有选准目标，才能防范和反击"小报告"，并且要针对滋事生非的奸人的逆行，采取公开论战的方法，对其所散播的流言蜚语进行大胆地揭露和坚决批驳，并名正言顺地对其卑劣行为进行斥责。

首先，主动出击，把所发生事情的原委详细客观地公布给大家，使人们对此都有一定了解。

其次，与打"小报告"的奸人进行公开论战，把不实之词和客观事实全部摆出来。

再次，帮助和引导人们把客观事实与"黑材料"相互对比、推敲，进行参照。

这样一来，那些小人所提供的"证明""材料""报告"的真假虚实也就昭然若揭了。

第三招：利用第三者

利用第三者来对付小报告，可以给人们一种更加真实可靠的印象。

汉武帝是个能干的皇帝，但到晚年也变得糊涂起来。他竟然任用了一个叫江允的无赖。

江充为了自己的私利，陷害了很多人，最后冤案居然落到了太子头上，说太子诅咒武帝，并在太子府中挖出了事先安置的木偶。太子无法辩白，恼恨江充，便把江充杀了，自己也只能逃去别的地方。

之所以会出现这种情况，是因为汉武帝疑心病极重，以为周围的人都要害他。江充也是充分利用了这一点，诬陷太子。在这种情况下，当事人自己已经不可能辩驳自己的清白。这时，有一个叫令狐茂的山西上党人，上书汉武帝，指出太子无辜，江充奸诈，并举出历史上种种事例，希望他不要被谗言迷惑。这样一来，汉武帝才醒悟过来。不过，令人痛惜的是，那时太子已被追捕的人杀害了。

如果没有比较超脱的旁观者勇敢地介入，江充的谗言是很难被拆穿的。

第四招：不给小人以把柄

奸邪之人在打“小报告”“告黑状”诬陷他人时，总是想方设法地抓住被侵害者身上的一点把柄，然后无限夸大，使劲攻击，这不仅是那些喜好搬弄是非、挑拨离间之辈的做法，一切坑人害命的奸邪小人也都如此。

然而，俗话说：“身正不怕影子歪。”如果你为人办事都做到实事求是、襟怀坦荡、正直无私，做一个值得重用、值得信赖的人，那么，奸邪之人就不敢有非分之心，谗佞之徒也难以抓住打“小报告”诬陷害人的把柄，因而，也避免了一切祸患的发生。

处世小秘笈

千万不要得罪小人。对这样的人，需要敬而远之，从规范自己的言行开始，不给对方可乘之机，就能变祸为福，走稳职场之路。

怎样正确面对职场中的诋毁

处在职场或者商场中，任何人都不能保证自己永远不会被人诋毁。每一个成熟的人都明白诋毁对自己的伤害有多大，它足以毁灭自己的形象。

被人诋毁是非常棘手的事情，因为这真的非常难以处理。这是小人的手段，它和君子间的议论完全不同。令人更心寒的是，当一个人遭到诋毁的时候，很难有人站出来说“公道话”，此刻越解释事情就会越糟糕。

如果一个人平时的口碑非常好，人们接触他的时候，就会往好的方面想，也会更多地关注到此人的优点。但是，如果一个人平时没有给大家留下什么好印象，那么人们对他的印象就很难扭转。所以，对于诋毁这件事情来说，问题关键不在于真相是什么，而是看你平时在大家眼中是怎样的人。

唐光钧是一家大型公司的高管，有一次，他得罪了一名女员工张小妹。

张小妹长得非常漂亮，是一名普通的工作人员，也一直渴望得到更好的待遇。有一天，她约唐光钧吃饭。唐光钧以为张小妹可能要向他反映一些问题，就毫不犹豫地答应了共进晚餐。

吃饭的时候，他们才交流了一小会儿，他就知道了张小妹的真正用意。对于唐光钧来说，他虽然不是谦谦君子，但关系到公司内部的事情他还是非常谨慎的，他不想被这种有心计的人利用。于是，他打着擦边球就从张小妹的话题旁边溜了过去。吃完饭之后，唐光钧也主动地抢先付了账。

可以说，在这件事情上，唐光钧表现得很聪明。可是，吃完这一餐之后，过了没几天，就有人开始诋毁唐光钧，说唐光钧约张小妹吃晚饭，心思不正，但被张小妹拒绝了。

听到这件事情之后，唐光钧采取了最正确的做法，因为他知道很多人会根据他的反应来判断这个传言的真假。他对此置之不理。他认为，这样做大部分的人都会认为自己是无辜的。而且他采取了一个果断的行为，辞掉了张小妹。

但这并没有从根本上解决问题，张小妹离职的时候，居然给全部的同事发了一个邮件，声称自己被开除是因为唐光钧对自己的骚扰行为没有得逞。

看到邮件的唐光钧顿时就懵了，他已经感觉到了周围空气的紧张，这是一个非常阴狠的指控，它彻底动摇了唐光钧的威信。没有人怀疑张小妹所说的一切，因为唐光钧平时也的确喜欢和一些长得漂亮的女员工打情骂俏。此刻，面对这个诋毁，无论他怎样解释，也没有人会轻易相信他。

张小妹走了不久，唐光钧也不得不离职了。

人们都有这样的思维定势，那就是诋毁都是针对平凡员工的。只要自己做得好，就可以避免别人对自己的恶意诋毁和中伤。

人们对于人的心理认知存在盲点，举个简单的例子来说，迈克尔·杰克逊已经走到了流行乐坛的顶层，但还常有人诋毁他，而且全世界的人都相信了对于他的所有诋毁。

权位越高的人，越容易被人妒忌，人们宁愿相信流言。那么，在公司中也是如此，越是高层，曝光面就越广，别人也就越喜欢诋毁他。聪明的人平时就该给自己种下好名声，注意自己的生活细节和言行。如果平时塑造了良好的形象，关键时刻，你给大家留下的美好印象的晕轮效应就能给你带来保护。

这就是职场个人品牌的作用，个人一旦形成品牌，他在职场的关系就会发生根本性变化。如同企业一样，深入人心的品牌无需过多宣传和解释，人们对它是认可的。对于个人来讲，同样如此，人有了品格标签，就在职场中有了信赖标志。

处世小秘笈

如同企业一样，深入人心的品牌无需过多宣传和解释，人们对它是认可的。对于个人来讲，同样如此，人有了品格标签，就在职场中有了信赖标志。

要注意防范背后的暗算

你在职场中经历过这样的事吗？一天，一位与你关系不错的同事向你提出建议，帮助上司整理历年来的开会资料记录。虽然此举会增加你的工作负担，但也是一个表现自己的好机会，可以博取升职与加薪的机会。你欣然接受了这项提议，甘愿每天加班完成额外的工作，甚至没有丝毫怨言。可是，你怎样也想不到，对方竟然有一天会在上司面前指责你私自篡改会议记录。

面对这样在背后暗算你的小人，你要用以下方法去应对：

方法一：防人之心不可无

如果有一位同事建议与你一起完成额外的工作，在接受他的提议之前，应当把各人所负责完成的工作部分清楚地记录下来，为自己留一条后路。

方法二：认清对方甜言蜜语的目的

假如有人向你大送高帽，称赞你的工作能力如何惊人，无非是想让你帮他完成工作。你不要被对方的甜言蜜语所动，只需建议他如何做，无须由你亲自动手完成。

方法三：直接向上司汇报情况

如果怀疑同事的企图和行为，可以直接找上司谈一谈，以免徒劳无功。

方法四：远离小人同事

同事始终是同事，他并不是你最好的朋友，不要和他走得太近。

当你发现自己被同事利用时，你必定会怒不可遏，恨不得立刻拆穿他的西洋镜。但同时，你又要明白，冲动行事肯定不会有好结果。面对这种情况，要怎么做呢？例如，有位同事经常公开赞扬你的工作表现，对你的办事能力钦佩不已，但实际上他另有目的，就是努力踩你的搭档，以使你与搭档闹崩，然后他就可以乘机捞一把。

面对这种情况，当对方再次故意公开赞扬你时，你不妨中断他的说话。

“奇怪，你对我特别捧场。其实，这个任务不是由我负责的，我的搭档很能干。我认为，你的赞美词十分适合他。”这既让他无可奈何，又对搭档表明了心迹，真是一举两得啊。

若对方是试图获取情报，有心挑拨，你的一番话不但没有让他查到半点线索，还间接拆穿了他。

总之，职场中发生和遇到的很多事情，并不像表面那样简单，他们的目的都很复杂。必须提防陷阱，小心被小人暗算。

处世小秘笈

你在职场中经历过这样的事吗？一天，一位与你关系不错的同事向你提出建议，帮助上司整理历年来的开会资料记录。虽然此举会增加你的工作负担，但也是一个表现自己的好机会，可以博取升职与加薪的机会。

第八章　职场求人的智慧

要善于利用人际关系网

人与人之间的关系，就是人际关系，或者叫人际网络。具体是指人与人交往过程中所产生的各种社会关系的总和。在不同的环境下，在不同的发展阶段，人际关系也各不相同。这些人际关系大体上可以分为三类。

1. 以“感情”为基础的各类人际关系。这种人际关系的基础是人的感情，它包括亲情、友情和爱情等。

2. 以“利害关系”为基础的人际关系。这种人际关系是因人与人之间的某种利害关系而形成的。如同学、同事、买卖合同、上下级形成的关系等。

3. 陌路关系。是指因为偶然原因相互之间发生的一定的交往关系，一般是指萍水相逢的关系。如乘车、问路时与某人暂时形成的人际关系。

茫茫职场每个人都显得那么渺小，要想获得别人的重视、出人头地并不是容易的事情。那么，如何才能事业有成、实现理想呢？这就要借用某种媒介去赢得他人器重，认真地进行分析，发现自己可以利用哪些能够引人注目的强项和优势，把自己推销出去，让能够帮助你发展的人们重视你，进而赏识你、器重你，为你的发展提供帮助，这是人际关系的妙用。那么，人际关系如何发展呢？这就要你最大限度地利用可利用的资源。

玛丽大学毕业后，到一家旅行社工作。在这里她是那么普通，上司不会注意她。然而，玛丽有着较高的文化修养和较强的公关能力，她不仅有出色的工作能力，而且还有很深的文字功底，曾在多家社科报刊上发表过旅游公关题材的文章，对旅游公关和经营有独到的见解。为了搭建自己的人际关系网，把自己推销出去，进而达到在事业上很好地发展的目的，玛丽想寻机去向总经理汇报自己对做好旅游公关、开发旅游资源的设想，并送上载有自己文章的刊物。那么，如何寻机呢？这可难坏了玛丽。在偶然的一次同学聚会中，玛丽谈及此事，恰好同学的亲戚认识玛丽上司的老婆。由此，玛丽的文章及个人都被推荐到了总经理那里。

虽然在很多人眼中，这是一个大弯子，但玛丽利用一切可以利用的资源的做法还是收益颇丰的。总经理浏览了玛丽发表的文章后说：“你的文章很有见地，这些想法值得考虑。你经常在媒体上发表文章吗？”玛丽答：“总经理别见笑，我虽已发了近百篇文章，但都微不足道。”数月后，玛丽被调到公关部，让她从事旅游公关工作。一年中，玛丽实施了多例公关策划，使自己的才能得以充分发挥，给公司带来了巨大的效益，由此，她更加赢得了总经理的器重，被委任为公关部经理。玛丽通过亲戚关系、同学关系等最大限度地搭建人际关系网，赢得了上司的器重，实现了凸显自己和发挥才能、发展事业的愿望。这是每个职场人士都必须发扬的好方法，也是生活需要的精神。

职场中还有很多途径可以帮你铺开人际网络，只要你用心地去思考和挖掘。比如，赢得强者的体恤就未尝不是一种很好的人际交往策略，但这又不同于求人可怜。在生活中，优势者对劣势者、强者对弱者的体恤，是一种遵循世道人心法则的智行善举，它往往会在人群中产生向心效应，提升自己的亲者风度、尊者风范，你可利用其人脉资源。这也是铺开自己人际网络和提高自己人际网络质量的重要途径。

再比如，富有爱心和同情心也往往会给你带来意想不到的人际收获。俗话说："善有善报。"中华民族自古至今一直传承着感恩的优良传统，"滴水之恩当涌泉相报"被世人奉为道德行为准则。所以，以这种传统的交际理念去开掘利用人脉资源，仍然有着强大的惯性作用，能为你带来意想不到的结果。乐善好施，也许有时并不能及时得到回报，但广泛而长期地助人，有朝一日总会遇到贤人并以恩报恩，你的人脉资源也会由此而被扩展。因此，"助人而人助"这句话在人际交往中，在你开掘利用人脉资源去发展和壮大自己事业的过程中，定会得到有力的印证。因此，人际关系的建立不能急于求成，是需要先付出才能得到相应的回报的。

处世小秘笈

人与人之间的关系，就是人际关系，或者叫人际网络。具体是指人与人交往过程中所产生的各种社会关系的总和。在不同的环境下，在不同的发展阶段，人际关系也各不相同。

"攀爬关系"的方法

初入社会的你首先要与同事攀好关系，包括与自己的直接上司、与部门里最受尊重的同事、与团队里资格最老的前辈，特别是自己以后开展工作需要求助的那些业务精良的对象，哪怕是与自己一样新进的员工也不例外。因此，锻炼自己"攀爬关系"的才能就先从与上述各类人之间的关系开始吧。

1. 正确、得体地称呼每一位同事

正确得体地称呼同事，能使同事间的关系变得亲密。每个人都有一种特殊的情结，就是喜欢别人呼唤自己时的声音与神情。切记不要忘记在办公室里称呼自己的同事，甚至你不妨有意制造一些称呼同事名字的机会。不管你信不信，这样做可以使你变得更亲切。

2. 做个快乐的人并将快乐传递给每一位同事

世界的每个角落都需要快乐，任何集体都欢迎快乐的人。虽然工作是严肃的，但没有人规定工作中一定不能有乐趣，与同事在良好的环境中相处，会使大家工作得更卖力、更持久、效率更高。所以，你不妨试着让同事在工作的疲累中花点时间取乐一下，既可作为休息，又可增进同事间的友情。判断自己和同事能否相处的方法，就是看自己能不能与之一起玩乐、一起享受和分享快乐。不妨一试哦！

3. 做个有心人，必要的时候以感动拉近彼此的距离

每个人都有自己在意的日子或者事情，比如结婚纪念日、生日。在这些时候，你送上自己最真的祝福，对方往往会很感动，从而会拉近你们之间的距离。记住，在同事特别的时日，别忘了送一份特别的礼物。这种礼物不一定要多贵重，但一定要特别，让对方感受到你的友好。

4. 真诚地帮助同事，其实就是在帮助自己

正所谓"得道多助，失道寡助"，真心地爱同事、帮助同事，实际就是在帮助自己。有的人总会被同事们抱怨。他从不把办公室的中心价值、同事们的口号和约定放在心上，他总是一切以自己为重，有时还自私到不惜打击他人而得到利益。这就是老百姓常说的害群之马。因此，我们要爱同事，爱同事其实就等于爱自己。因为当今社会竞争日趋激烈，人们更注重团队的协作，而你作为团队的一分子，不仅一天中和同事在一起的时间很长，且你的成就大小、快乐多少都与同事有密不可分的关系。并且，同事间早已生成一种存亡与共的亲密关系，任何一个人都可能会影响到你，你也可能影响到任何一个人。所以，要做关爱同事的知心人，不要做那个害群之马。

5. 不吝啬自己对同事的崇拜，并坚持用语言和行动表达

每个同事身上都有值得自己学习的东西，都取得过独特的业绩。这时候，可以表现出你的羡慕之情。虽然人们一向看重了不起的成就，但是，不要忘了每天频繁地发生在身边的一些小事，比如同事在一通电话后讲定了一单新合同，比如同事专业考试得了好成绩，比如同事想出一个简单的方法解决了困扰大家许久的问题，你的赞美不要仅仅保存在心里，而且也要让他人知道。有许多方法可以让他知道。亲口将你的赞美说出来，再送他一样小东西做奖品，而这份奖赏无须刻意去找。它可以是一块蛋糕，一杯咖啡，也可以是一叠从办公桌上顺手拿起的公司便笺。总之，不要忽视取得“小成绩”的同事，要将自己的赞美恰当地送给每一位同事。

处世小秘笈

在职场中要建立属于自己的人际圈子，主动去攀关系非常重要，而攀关系最有效的方法就是先做一个追随者。当每个自己追随的人接纳你时，你的人际网络也就逐一地建立起来了。

送礼的技巧

送礼是一门学问。送礼的功夫是否到家，能否做到既能打动人心，又不显山露水，这是求人能否成功的关键。从客观上讲，送礼受环境、时间、风俗习惯的制约；从主观上讲，送礼因目的、对象而不同。一般来讲，送礼都有很明确的目的，无非是有求于人和联络感情，后者的实质目的也是将来有事互相照应罢了。因此，我们要掌握的就是送礼这门艺术的各种技巧。

1. 送礼要因人而异

送礼最忌讳的就是千篇一律，不能投其所好。送礼时，针对不同地位、不同性格和品位的人，所送的礼品也各不相同。对一个事业心很强的人，若能送些含有“大展宏图”“马到成功”之意的礼品，他定会心满意足；给一个艺术气息很浓的人送一些太俗的东西，一定会引起别人的厌恶；如果给商人送礼，就一定要送些“财源广进”“生意兴隆”之类的礼品。只有投其所好，才能一举打开局面，否则还不如不送。

2. 认清送礼的时节

一般送礼都是要有些噱头的，不用费心费力寻找的“噱头”就是节日和一些特殊的日子。如“每逢佳节倍思亲”，逢年过节自然会让人想到与亲人团聚，这时不妨送上一些吉祥、团聚之物；“六一”儿童节，大人就会考虑给小孩送些学习文具、玩具之类的礼品。因此，在不同的时间赠送不同的礼品，表达的感情也不同。千万不能送不合时宜的礼物，这样会显得你没有诚意，有糊弄了事的嫌疑。

3. 要分清楚送礼的环境

送礼也要看环境和场景。比如，“兰舟催发，执手相看泪眼”是情人离别的意境，如送上饰品之类，则更能将绵绵真情表达出来。火车的一声长鸣，四年同窗，今朝各奔天涯，给亲爱的学友留下一本纪念册或精美的电话簿，自是情深意长。不同的情景需要不同的礼物来表达心意。

4. 送礼时要遵守约定俗成的定律

国与国之间，民族与民族之间，都有很多不同的风俗。因此，要切记“十里不同风，百里不同俗”这句话，送礼物时还要考虑风俗禁忌。在中国，有些汉族地区春节时喜欢送猪肉类食物，这在回族或信仰伊斯兰教的国度里则是诬蔑祖宗的象征。所以，千万不要因为风俗而影响了送礼的结果，否则就会造成不必要的麻烦。

5. 注意交接礼物时的方式方法

礼物最好当面送，并且要双手将礼品奉上。西方人接受礼物的习惯是当面打开包装，欣赏一下礼品。有时送礼的人还可介绍或说明一下礼品。

6. 礼物"分量"要适中

我国自古就有"千里送鹅毛，礼轻情意重"的典故。礼品讲究适度原则，要轻重得当。一般来讲，礼品太轻意义不大，很容易让人产生被轻视的感觉，尤其是关系不算亲密的人更是如此。而且如果你礼太轻而求别人办的事难度较大，几乎不可能成功。但是，礼品太贵重，又会使接受礼品的人有受贿之嫌，特别是对上级、同事更应注意。除了某些爱占小便宜又胆子特大的人之外，一般人就很可能婉言谢绝。有的在收下之后会付钱给你，要不就会在日后设法还礼，这样做岂不是强迫人家消费吗？如果对方拒收，你钱已花出，留着无用，就开始后悔了，就像人们常说的"花钱找罪受"，何苦呢？因此，根据对方能够接受的程度，选择轻重适当的礼品，既能联络感情，又使对方欣然接受，而且还能保证办成你所求之事。

7. 态度一定要友善，言辞要得体

送礼能否达到预期效果，还在于态度、语言、行动是否得体。平和友善、落落大方的动作并伴有礼节性的语言表达，正是受礼方乐于接受的。而那种像做贼似的，将礼物偷偷地放在某个地方，不仅达不到馈赠的目的，甚至会适得其反。在介绍赠送的礼品时，应该强调的是自己对受赠方所怀有的好感与情义，而不是强调礼物的实际价值。否则，就会让对方觉得有重利轻信之嫌，效果也就不会达到。

总之，送礼是一门学问，值得我们每个人好好研究。

处世小秘笈

根据对方能够接受的程度，选择轻重适当的礼品，既能联络感情，又使对方欣然接受而且还能保证办成你所求之事。

赞美拥有无穷的魅力

赞美有着巨大和顽强的力量。得到他人的赞美会使你自信满满，给予他人赞美会使你更加快乐。赞美往往能够拉近你与对方的距离，别人也更愿意答应你的请求。赞美的力量如此神奇，主要是因为你满足了对方的自尊心。戴尔·卡耐基认为，正常人有健康和生命的保护、食物、睡眠、性生活的满足、子女们的安全、自重感等基本需要，而既深切又难以满足的就是自重感，这是一种痛苦的，而且亟待解决的人类"饥饿"。如果谁能诚挚地满足这种内心饥饿，谁就可以玩弄他们于自己的手心。林肯也说过："人人都喜欢受人恭维。"

"人类本质里最深远的驱策力，就是希望具有重要性。"美国哲学家约翰·杜威说。想想吧，你的老板多久没有赞美你了？你又有多久没有给身边的人赞美了？

一位美国青年去长岛看望亲戚。有一天，他与爱人的姑妈在家中闲谈。青年热忱地赞美老姑妈家的老房子，问："这房子建于1890年吗？"老姑妈回答："正是那年建造的。"青年说："这使我想起我出生的那栋房子——非常美丽，建筑也好。可这些现在人都不在乎了。"青年的话使老姑妈十分高兴，她怀着回忆的心情说："这是一栋理想的房子，我们梦想了多少年，没有请建筑师，完全是我和我丈夫自己设计的。"她还高兴地带着青年去参观各个房间。青年对她珍藏的法国式床椅、英国茶具、意大利名画和一幅曾经挂在法国封建时代宫堡里的丝质帷幔大加赞美，这也使得老姑妈喜笑颜开。她执意送给青年一辆新汽车。青年不肯接受老人的汽车。老姑妈坚持说："这部车子是我丈夫去世前不久买的，自从他去世后，我一直没有坐过。我把它送给你，因为你很会欣赏美。"年轻人瞠目结舌，他没有想到自己的赞美会使姑妈这样有感触，更没想到"赞美也能出效益"。

当你去求人做事时，一定要运用好赞美的武器，它可以使你们的沟通更加顺畅。美国"钢铁大王”卡耐基，在1921年付出一百万美元的超高年薪聘请一位执行长夏布。许多记者问卡耐基：“为什么是他？”卡耐基说：“因为他最会赞美别人，这也是他最值钱的本事。”因为人总是喜欢被赞美的，无论是6岁的孩子还是古稀的老人都一样。

那么，怎样去赞美别人呢？怎么把握这个尺度呢？

1. 赞美要针对一件事，而不是人

可以这样赞美一个厨师：你一星期有一半的时间会到他的餐厅吃饭，这就是非常高明的恭维。美国著名小说家柯恩是铁匠的儿子，他没有上过学。可在他去世时，他却是世界上最富有的文人。他喜欢诗词，读遍了罗赛迪的诗，还写了一篇演讲稿，歌颂罗赛迪学术上的成就，并且还给罗赛迪寄了一份。罗赛迪很高兴，认为一个年轻人对他的才学有这样高超的见解，一定很聪明，就请这个铁匠的儿子来伦敦当他的私人秘书。这份赞美改变了柯恩的一生，让他最终取得了举世瞩目的成就。

2. 赞美不是阿谀奉承

赞美不等于拍马屁，也不是阿谀奉承。如果你的赞美毫无根据，只是说“你真是太好啦”或者“我对你的佩服如滔滔江水连绵不绝”之类的话，就不会有人相信你的诚意！所以，一定要把握好赞美的度和出发点。

3. 赞美的前提和基础是一定要真诚

要用真诚的心去赞美。如果硬是把一个人的缺点或者不足拿出来大赞特赞，怎么会引起别人的好感？

4. 有求于人，赞美先行

赞美往往是求人或者打开局面的先行者，一定要加以利用。

柯达公司的伊斯曼发明了透明胶片后，成功地摄制了电影。同时，他本人也成为巨富。但他和普通人一样仍然渴求着别人的赞赏。伊斯曼建造了伊斯曼音乐学院和凯本剧场纪念他的母亲。纽约优美座椅公司经理爱达森希望能承包该剧场的座椅工程。但是，伊斯曼极忙，脾气也很暴躁。如果你占用了他5分钟以上的时间，这笔生意肯定就泡汤了。当爱达森被引进伊斯曼的办公室时，他正忙于工作，抬起头摘下眼镜问来人有何见教。爱达森说：“伊斯曼先生，你的办公室让我很羡慕。如果我有这样一间办公室，我一定很高兴在里面工作。我是从事室内木制品经营的，我从来没有见过这么漂亮的办公室。”伊斯曼高兴地说：“我差点忘了，多谢你的提醒，这间办公室我确实非常喜欢。可现在工作忙，没把太多精力放在这上面。”接着，他兴致勃勃地向爱达森介绍起办公室的英国橡木壁板、自己设计的室内陈列等，不知不觉就从装修办公室谈到了国家大事。5分钟早就已经过去了，爱达森自然也获得了自己想要的合同。

处世小秘笈

赞美是欣赏和感谢，它带给人的喜悦是巨大的。一张冷漠的面孔和一张缺乏热情的嘴是很令人失望的。因此，赞美是一种难得的竞争力，也是一种特殊竞争力。

求人要把握机会

生活对每个人说：“你必须求人。”可是，很多人并不赞同这种观点。证明“你必须求人”是正确的，下面的这两个故事是很好的例子：

战国时期，有个名叫许行的楚国人来到滕国。他和自己的几十个门徒的衣服都是粗麻织的，靠编草鞋、织席谋生，以能不求他人、自耕自足为乐，并据此指责滕国的国君不明事理。在许行看来：人不能向人求助，不能依赖别人。所以，身为一个真正贤明的国君，他既要替老百姓服务，还要和老百姓一样自耕自食。如果自己要靠别人来供养，却不动手耕作，那就不能算作是贤明的国君。一个叫陈相的人把许行的所作所为及其主张告诉了孟子。孟子问陈相：“许行吃的粮食都是自己耕种收获吗?”陈相回答:“是的。”孟子接着又问:“那么,许行一定自己织布才穿衣吗?他戴的帽子也是自己做的吗?他亲手烧制煮饭的锅吗?他耕作用的铁器也都是自己亲手打制的吗?”陈相笑着回答:“都不是的。这些物品都是他用米、草鞋、草席这些东西换来的。”孟子说:“既然是这样,那就是许行自己不明白事理了。”从孟子和陈相的对话可以看出,谁也不可能在不求于人的条件下获得生存和发展。社会这个关系网本身就要互帮互助。

一个人找到上帝,想弄清楚天堂和地狱的区别。上帝没有把答案直接告诉他,而是带他去了地狱。地狱里有一口大锅,里面装满了食物,这里的人却一个个骨瘦如柴。他们每个人手中都拿着一个长柄的勺子,柄太长,食物送不到嘴边,更不用说送进嘴里了。所以,他们什么都吃不到。接着,上帝又带着这个人去了天堂。同样的大锅,同样的长柄勺,天堂里的人却能吃得很饱。原因很简单,因为他们都是互相喂着吃饭的。

这两个故事说明,生活中任何事情的完成都必须靠人与人之间的交往与互助,人与人之间离不开互帮互援、互求互助。当人与人之间相互友爱、互相帮助,生活就是天堂;反之,就是地狱。你会选择住在地狱还是天堂?答案显然是后者。

求人的最终目标是成事,那么,如何才能获得别人的帮助,使自己完成想做但凭自己一人又做不成的事儿呢?这就需要抓住机会。

有一个美国孩子贷款的故事:

有一个美国人从十几岁开始就到一家银行贷款,最初是50美元。只要一到期就归还,非常守信用。一段时间后,他将贷款金额增加到100美元,还是到期就归还。大学毕业时,他需要一笔200万美元的资金来创办一家属于自己的公司,于是就到银行申请贷款。银行很快就批准了他的贷款,公司也顺利地成立了。在经济不景气的时代,一个刚毕业的大学生,银行怎么会给予他这么大的信任呢?原因很简单。因为从他在银行的第一笔贷款到他大学毕业,将近10年的时间,他累积了很好的信用记录。同时,在办理借款时,他积极主动地与银行的管理人员接触,上至总经理下到营业员,都和他们成为朋友,累积他们对他的信赖感,于是,最后轻松得到了这一笔200万的资金开创自己的事业。这个美国孩子一直在为自己的未来创造基础,当这个基础累积到一定程度时,事情就顺理成章地办成了。就像我们在求人时,当就很多问题不断地交流沟通后,使对方产生同情或者兴趣时,就是自己“见缝插针”的最好时机,也是成事的最好机遇。

彼克是一个美国人,但他生于波兰,在贫民窟长大,生存条件很残酷。他只读过6年书,很小就开始当报童、做杂工。这样一个穷孩子看起来似乎没有任何成功的希望,机遇与幸运对他来说实在太少了。然而,13岁那年,他偶然间读到《全美名人传记大成》,之后有了一个奇妙的想法,他决定要和那些名人直接交往。他的方法很简单:写信。在每一封信中,他都提出一两个能激起收信人兴趣的具体问题。结果,他的方法非常有效,他收到了很多名人的回信。此外,只要他知道有名人来自己所在的城市参加活动,无论如何都要进入那个场合,与所仰慕的名人见上一面。见到名人时,他用简洁的语言表明自己的看法,不多打扰便礼貌地离开。就这样,他认识了很多各个领域的名人,其中还包括后来当了美国总统的加菲尔将军。后来,彼克创办了《家庭妇女》杂志。凭借多年与名人的交往,他邀请他们为杂志撰稿。被他邀请的名人也很乐意执笔,杂志很受欢迎,也很畅销。彼克自己也因此脱离了贫困的生活,在出版界声名大噪。彼克的做法让人叫绝却又合情合理。他利用自己的智慧获得别人的同情与关注,并借助这种同情和关注与名人结识,就是为了在以后发展自己的事业。

这就是求人的时机和技巧,对方表现出同情和兴趣的时机很重要。这也是求人的潜规则之一。

处世小秘笈

生活中任何事情的完成都必须靠人与人之间的交往与互助,人与人之间离不开互帮互援、互求互助。当人与人之间相互友爱、互相帮助,生活就是天堂;反之,就是地狱。

先亮出自己的实力更易求助成功

亮出自己,才能引起别人的注意。有这样一个故事:台湾某保险公司有位出色的营销员,在一次会议上作自我介绍时,她是这样说的:“有只小猪在跳迪斯科,现在你们知道我的名字了吧?”台下响起一片回应:“猪——会——摇!”她微笑着点头说:“倒过来念试试。”众人恍然大悟,倒过来便是她的名字——“姚慧珠”。这样的自我介绍很有特点,要让人记不住你的名字都难。这就是亮出自己的第一步。

周明良毕业后的求职经历就是亮出自己使别人欣然接纳的一个过程。大学刚毕业时,周明良看到一家知名公司在招人,就写好简历投了出去,不久就收到了应聘通知。面试那天,周明良提前到了这家公司的总台,看到总台两位小姐一边整理报纸,一边接电话,旁边还有几位找公司相关人员办事的人员在等待。半小时后,总台接到了要求周明良到董事长办公室面试的电话。

在去办公室的路程中,周明良依然细心观察着。进了董事长办公室后,周明良又环顾了一下董事长办公室。当他坐定后,董事长想问他一些情况时,他说:“董事长,在您面试我之前,能不能让我先说一些到贵公司的感受与体会?”董事长说:“当然可以,请说吧!”于是,他说道:“我到公司总台,看到有好几个来办事的人都等了很久。可是,因为总台边上没有凳子,他们是站着等的,据说他们有的等了1小时了,站累了不得不蹲在边上。我想,能否在总台边上摆上一些桌椅,再摆一个饮水机。这样的话,客人的等待过程就没有那么痛苦了。另外,还可以在桌椅旁边摆一个小书架,上面摆上公司的简介、产品介绍,以及企业自办的内刊,让他们更多地了解公司,他们就不会在大厅里吵闹了。这岂不是两全其美的事情?”

“在我上楼的时候看到了卫生间,卫生条件体现出一个企业对公司员工的人文关怀。但是,我看到卫生间门上挂着的标牌档次很低,没有统一制作,也没有中英文标志。楼道上的垃圾桶,就是一个铁桶,而且还没有盖子,里面的脏东西都让人瞧见了,很不雅观。我们这么好的企业,经常会有人来参观,这些细节会对公司的形象有损害。二楼办公室与三楼办公室的牌子大小、式样、颜色、字体不统一,还有办公室里的办公桌大小、式样、颜色也非常乱,这说明贵公司管理上不够规范。我在上楼时,还看到有几名员工工作很懒散,没有速度,挡住了我的路。这说明贵公司忽略了对员工细节方面的管理。我想,应该在楼道挂上‘轻声、快步、靠右走’的小字幅。”在这个过程中,董事长一直耐心听他讲。

董事长的举动,周明良都看在了眼里。于是,他又继续大胆地说:“在二楼,您提出的‘欲做事,先做人’的企业理念很好,可是字体太小,不醒目,没法更好地引起员工的注意,也不利于给参观的上司和嘉宾留下深刻的印象。据说您提出的很多理念都很好,都可以制成统一的标志,挂在每个楼道上。到了您的办公室,我看到办公桌和椅子很高档,后面还摆着一个金鱼缸,里面有些漂亮的鱼。这可能是您的爱好,也有利于您休息和放松,但如果放一个书橱就显得更有品位了。我想能否把金鱼缸这种休闲的东西放在另外一个房间,在您办公室再摆一个书架,放些书籍。再在您的背后贴一张企业理念或您最欣赏的一句话的字幅……”

就这样,面试的时间很快过去了,董事长只简单地了解了一下他的情况,面试就结束了。后来,周明良很幸运地被公司录用了,并且安排在总裁办。周明良的面试似乎是自己在给公司面试,但就是这种巧妙扭转,把自己的实力亮了出来。面对这支潜力股,董事长怎么能不动心呢?

很多人在应聘或者求人办事时,都让自己显得很被动,甚至连大气都不敢出,将自己的“命运”全部寄托在对方的情绪上。其实,这时候多谈谈你自己的想法、看法,往往能展现自己的实力和才华,从而让对方刮目相看,为成事增加必要的筹码。

处世小秘笈

要想别人帮你，先要亮出自己的实力，才有机会争取到那些成功人士的青睐，因为成功人士的投资是要讲求回报的。

同学之间要保持联系

即使你在学生时期交往的范围很有限，不太引人注目，你也大可不必因此而受限于昔日的交往，使想法变得消极。这是因为，每个人踏入社会后，都可以搭建一个成功的人际关系网，绝大多数的人会受到洗礼而变得相当注意人际关系。因此，即使与陌生的人来往，通常也能相处得很好。由于这种缘故，再加上曾经拥有的同学关系，你可以完全重新展开人际关系的塑造。换言之，不要拘泥于学生时期的自己，而要以目前的身份来展开交往。

1. 保持联系，加深关系

在校期间，同学每天在一起学习，打打闹闹。一旦毕业，亲疏远近就要靠自己维持了。所以，同学之间应多多联系。要知道，大千世界茫茫人海，与人相识是一种缘分。虽相处时间不长，但这中间的关系值得珍惜，也值得保持。如果你与同学分开后，还能保持一种相互联系、愈久愈坚的关系，那会对你的一生带来莫大的帮助。这其中的有利方面，也许是你从未想到的。

2. 参加同学会，办事时求得照应

在现代社会中，由于物质的极大刺激，使很多人变得鼠目寸光。特别是在同学关系上，相聚时漠然处之，分开后互不来往，“你走你的阳关道，我过我的独木桥”，直到遇到困难时才想到同学，那就会为时已晚。

有些人在与同学分开之后，还经常保持联系，或经常举办同学会，这实在是一种十分有见地的方法。一年一小会，10 年一大会。大家虽已不是学生，但关系会愈聚愈坚，彼此相互照应，随时给予别人帮助，这就是中国所特有的人际关系。它说明同学关系已到了一个更高的层次，不受时间、空间所限。只要有“聚”，同学之情就会持久愈浓！

许多人在与同学分开之后就不再联系了。等到再碰面时，就会发现很难找到共同话题。如果托同学办事，就显得非常艰难。所以，平时一定要注意和同学培养、联络感情。只有平时经常联络，同学之情才不至于疏远，有困难时才容易取得帮助。

处世小秘笈

同学关系是很值得珍惜的，同学关系是最纯洁、最稳定的友谊。同窗之谊，犹如朋友之情，但一定意义上又有别于朋友之情。成为同学，也是一种缘分，相识、相处、相知、相助，同窗关系历久弥坚，助益良多，何乐而不为？

与人相处要慢慢接触，不可过分热情

布朗先生参加一个社交聚会，交换了一大堆名片，握了无数次手，却不记得别人的名字。

几天后，他接到一个电话。原来是几天前见过面、也交换过名片的“朋友”，因为那位“朋友”的名片设计得很特殊，给他留下了深刻的印象，所以记住了那人。

这位“朋友”也没什么特别的目的，只是想和他聊聊，就像是故人一样。

布朗先生不大高兴，因为他和那个人没有业务关系，而且也只见了一次面，那个人就这样打电话来聊天，让他有被侵犯的感觉，也不想和那人继续聊下去！

其实，这种情况经常会出现在社会生活中。以这位“朋友”来看，他有可能对布朗先生的印象颇佳，有心和他交朋友，所以主动出击。另外，也有可能是为了业务利益而先行铺路。但不管基于什么样的动机，他采取的方式不受人欢迎——操之过急。

拓展人际关系是名利场上的必然行为。但在社会上，有一些法则必须注意，这样才能达到预期的效果，才不致弄巧成拙。

这个法则为“一回生，二回半生不熟，三回才全熟”，而不是“一回生，二回熟”。“一回生二回熟”还太快了些，“一回生，二回半生不熟，三回才全熟”则是渐进的，而且是长期的。之所以要运用此法则，主要有下面两个理由。

一个是每个人都有戒心，这是很自然的反应。一回生，二回就要“熟”，对方对你采取的绝对是“关上大门”的自卫姿态，甚至认为你居心不良，因而不想与你接近。名人、富有或有权势之人，更是如此。

另一个是每个人都有“自我”。你若一回生，二回就要“熟”，必定会采取积极主动的态度，以求尽快接近对方。也许你的热情会被对方感受到，而给予你热情的回应。可是，大部分人都会有自我受到压迫的感觉，因为他还没准备好和你“熟”，只想打发你而已，很可能第3次就拒绝和你碰面了。

“一回生，二回熟”的缺点还不只上面提的两点。因为你急于接近对方，所以很容易在不了解对方的情形下，忽视了对方的话题和立场来持续两人交谈的热度，这无疑是暴露自己。若对方不是善类，你岂不是自掘坟墓吗?

处世小秘笈

在现代社会生存发展，需要广泛的人际关系，但朋友是需要花费时间去交往的。太过心急，只会使对方因反感而逃避。所以，搞关系也要循序渐进，一步一步慢慢接触，这样拓展出的人脉才是长久稳定的。

患难见真情

世事沧桑，人生多变，起起伏伏，实难预料。达官贵人，一夜之间可能变成普通百姓；巨富大款，一夜之间也可能一贫如洗……在商品社会，这种现象并不罕见。落魄的原因各不相同，有的是政治原因，有的是思想品德败坏，还有的是决策失误。原因不管是主观的还是客观的，对于落魄者来说，从天上掉到地下，其痛苦心情可以想象。在这种际遇地位剧烈变化的情况下，不少人自惭形秽，觉得没脸见人；也有的则更加自尊，对他人的态度很敏感。

而从人生的角度来看，每个人都不是一帆风顺的，总有落魄、受挫折的时候。当人们落难的时候，不仅自己倒霉，同样会影响到身边的人。远离而去的，可能从此成为陌路人。同情、帮助其渡过难关的，他可能会记一辈子。所谓患难朋友、莫逆之交，往往就是在最困难的时候结交的。这才是值得珍惜的友情。

在“文革”中，有一位上司被关了牛棚，没有人敢接近他。他感到很苦闷，一度丧失了生活的信心，想要结束自己的生命。这时，他的一个部下不怕受连累，主动去见他，给他带去日常用品，并开导他，甚至狠狠地批评他的轻生思想，告诉他要相信未来。于是，他坚持了下来。后来，这位上司平反后，十分感谢他的这个部下，并把他当成知己。这个部下得了重病，他拿出自己的全部积蓄给部下看病，后来，又把部下接到自己家里休养。

对待落魄者的态度，不仅可以看出能否与他成为真正的朋友，也是对一个人品质的考验。在朋友困难的时候，你伸出援助之手，他会非常感激你，并且终生难忘。且不论将来是否能够用得上这份情谊，单从感情的角度讲，你就多了一个好朋友。

处世小秘笈

任何事情都有两面性，倒霉有时也是一种幸运，至少有这么一点好处：可以认清谁是自己真正的朋友。

让小步，赢大利

会做人的人，也会在各种情况下与性格不合的人和睦相处。学会与不喜欢的人合作办事，是一种技巧，更是一种智慧。人往往喜欢接近志趣相投的人，同样也会远远地躲开那些自己不愿意打交道、不喜欢的人。然而，生活中没有那么多的顺心顺意，也不可能有那么多人能够与自己脾气相投。由于各种各样的原因，我们经常要与自己不喜欢的人，甚至是与自己敌对的人打交道，这时就要把偏见抛在一边，具有长远的目光，用真诚的态度对待每一个人，当然也包括你所不喜欢的人。

哈蒙曾被誉为全世界最伟大的矿产工程师，他毕业于哈佛大学，又在德国弗赖堡大学攻读了3年。毕业回国后，他去找美国西部矿业主哈斯托。哈斯托是个脾气执拗、注重实践的人，他对那些文质彬彬的专讲理论的矿务工程技术人员不太信任。

当哈蒙向哈斯托求职时，哈斯托毫不客气地说："我不喜欢你的理由就是因为你在弗赖堡做过研究，你肯定懂得没用的理论。因此，我不打算聘用你。"

于是，哈蒙假装胆怯地对哈斯托说道："如果你不告诉我的父亲，我将告诉你一句实话。"哈斯托表示他可以守约。哈蒙便说道："其实，在弗赖堡时，我没有学一点理论。我尽顾着实地工作，多挣点钱、多积累点实际经验了。"

哈斯托听后立即笑逐颜开："好！这很好！我就需要你这样的人，那么，你明天就来上班吧！"

聪明的人在与不喜欢的人相处时，或是在面对不同意见时，善于适当地退步。每当一个争执发生的时候，他们总是会想：关于这一点能否做一些让步而不损害大局呢？因此，无论在什么时候，与不喜欢的人相处合作的最好办法就是在小的地方让步，以便取得大的胜利。

处世小秘笈

让步并不代表妥协，而是为了赢取更大的胜利。

只有共赢，才是最大的胜利

林肯说："如果所有敌人都能成为朋友，这难道不是说把敌人消灭了吗？"把竞争对手变成自己的合作伙伴，实现了双赢，这自然是最好地利用了对方的力量，减少了对自己的威胁，这相当于使自己的实力大大地增强。

1957年，约翰·列侬还没有出名，他在一次小型演出中认识了15岁的保罗·麦卡特尼。演出结束后，保罗批评约翰唱得不对，吉他也弹得不好，约翰很不服气。于是，保罗用左手弹了一段漂亮的吉他，向约翰展示了他的天赋。而且他能把所有歌词都记住，这让约翰大为惊讶。约翰想，与其将来与他为敌，还不如现在就邀他入团。就在这天，20世纪最成功的音乐组合诞生了，约翰和保罗携手合作，组建了"披头士"乐队。这支乐队后来风靡全球，在历史上产生了深远的影响。

约翰的明智决定把对手变成了朋友。年轻人应该记住，你的竞争对手不是你的敌人。事实上，你与他们有着很多的相似之处。只有把你的竞争对手当做合作伙伴，才能取得双赢。在军事谋略中，保卫自己的一个办法就是利用对手。在充满竞争的经营环境中，如果你总是处于进攻的状态，就会在无形当中削弱自己的战略地位。

电视行业的一家公司为了抢占市场，开始大幅度降价，以此来削弱对手。大多数竞争对手十分愤怒："他们怎么可以这么做？整个行业都会被他们毁了的。"自然地，他们也开始进攻，降价更多，价格战于是无休止地持续下去。

然而，有一个公司却利用这场激动人心的价格战的机会，采取了不同的做法。这个公司只是稍微地降价，然后提供几项增值服务，包括同其他公司合作进行交叉促销，为销售代表举办研讨班等。当然，所有这些服务都使公司的成本增加了，但怎么也比不上单纯降价所导致的损失大。在很多公司被价格战拖得快要垮掉时，该公司已经扩大了市场份额，并且由于他们的服务满足了顾客的要求，该公司的产品销量也有了新的突破。

主动发起价格战和参与价格战的公司，企图把自己的竞争对手置于死地，结果自己也深受其害。而那家利用价格战的机会大搞增值服务的公司却大大受益。这说明，如果总是在争端中生存，自身的发展也会被限制。

台湾一家美容院在报纸上登广告说："从今天开始，凡是到本店来洗头的人都将获送一大瓶洗发精。"一瓶洗发精大概是600元台币。这家美容院张贴广告之后，店里就摆出了这瓶洗发精，同时为顾客写上名字、贴上标签，以后每一次到店里洗头就可以用属于自己的这瓶洗发精了，因为使用自己的洗发精，所以洗头的费用也降低了10%。

一大瓶洗发精大约可以使用40次，每一次洗头是180块钱左右，美容院因此就可以在一位顾客身上收入7200元钱，而一大瓶洗发精只用300元左右的进货成本。这样算来，经营成效不但大大增加，而且固定了消费群体。

而消费者一算，这样很划得来。从此，这家美容院的生意越来越好。

正是双赢思维使这家美容院获利，在这家美容院看来，只有共赢才是最大的胜利。

处世小秘笈

"取胜"并不意味着分清输赢。个人、团体，以至国家，都是为了赢得利益而竞争。能够获得共赢，为什么还要拼个你死我活呢？

第九章　提升职场应变能力的智慧

应变能力对成败有决定作用

一般来说，应变能力强的人都是聪明人，但聪明人的应变能力不一定都强。有些人平时善于思考，但反应不够快，遇到紧急情况就乱了阵脚。还有一些人喜欢墨守成规，常想着以不变应万变，结果常被一些突发事件搞得狼狈不堪。

20世纪30年代初，美国经济正处在大萧条之中，这对每个人来说都是一个灾难。当时，约翰·甘布士还只是一家织造场的小技师，他的前途也是一片昏暗。但是，当他得知那些倒闭的工厂甩卖存货的价钱很低，价钱低到一美元能买一百双袜子时，他就把自己所有的积蓄都用来收购低价货物。

不久，破产工厂见无人收购那些货物，便将它们全部烧掉了，甘布士立刻面临巨大的破产压力。但很快美国政府采取了紧急措施，出面稳定了物价。由于厂家焚烧了货物，没有了库存，物价开始一天天上涨。妻子便劝他等再涨高一点时再抛售，但他却毫不犹豫地马上抛售了。果然，他的存货刚刚售光，物价就降低了。在那样一个不景气的年代，甘布士凭借自己的远见挖到了人生的第一桶金。可以说，他的资质在那时就显露出来了。果然，凭着自己的不懈努力，他成为了美国百货业的巨子。

有一种蛾类昆虫在非洲和地中海一带生长，它们的幼虫孵化出来之后，就成百上千地集结在一起生活。在外出觅食时，通常是一只带头，后面跟着一群毛毛虫，一只贴着一只，前进时只排一列或两列。为防止自己不小心走岔路跟丢了，它们还一边爬一边吐丝。等到吃饱了叶子，它们又排好队原路返回。

这种毛毛虫的排队行为带来的作用很大。但是，人如果也像它们那样固执、不变通，就无法立足于这个变化的世界之中。而这种缺乏应变能力的行为在我们的生活中也是随处可见的，虽然不像那些毛毛虫那样夸张，但也颇为神似。有人有很多不错的办事策略，可是，一旦突然情况出现，事情的发展没有按预想的那样，就不知所措了。而等事情一过，各种奇思妙想都能想起来。这种人精于谋而拙于敏，很难处理好突发事件，不能算是真正的聪明者。真正的机会转瞬即逝，如果你不能随机应变，就会失去很多好机会。

处世小秘笈

在危难的时候，最需要的就是应变能力。面对事先无法预知的危险，如何才能化险为夷，这就需要有极强的应变能力。

怎样表现对上司的尊重

尊重上司不一定表现在面对面的时候，其余时刻也要尊重。如对别人说上司的好处，并且表现得忠心耿耿。同样的，上司也会如此回馈你。切忌背后议论上司，这是上司最为反感的。

你或许会听到别人埋怨上司。比方说，在同一位副总裁手下工作的另一位部门经理可能会这样对你说："他是个十足的白痴，我讨厌在他手下工作。"碰到这种情况，你不想给对方以期盼的同情和支持，就可以采取下面的做法：

1. 要求对方提供更多的详情

询问对方这样抱怨的原因。你可能会听到一则事例的详情，然后可能会这样回答对方："他确实有点感觉迟钝。可是，如果你希望彼此的隔阂能够消除，你应该直接跟他讲。"

2. 提出符合职业规范的解决办法

一旦你知道对方为何抱怨，就可建议对方与问题的源头直接接触："你为什么不去见见副总裁说明你的观点呢？大家都退一步，以后这种事就不会再发生了。"

3，表明你的忠诚

务必要说明你尊重指令传播环节。你不应该加入流言或埋怨之中，只要它们并非建设性的。你甚至可以进一步现身说法："如果我遇到这种事，我很可能会去见他，把事情摊在桌面上谈。"

如果你和你的上司发生冲突，而又不能使冲突得到直接的解决，你或许不得不强调你作为部门负责人的地位或在指令传播环节中越级报告。

假如你的顶头上司越过你去给你的下属分派工作任务，你可直接向他表明：这样做在部门中会引起矛盾。我给了他们一项工作任务，然后你再让他们干别的，他们的工作就会出现冲突。如果你能先跟我讲，我可以为你安排。我要求本部门的员工直接听我的调遣。

还有一种情况：你的顶头上司一直在骚扰你部门中的一位女职员。她已向你汇报了此事。为此，你找到了这位高级经理，请他别再继续这样做，可他并未收敛。在这样的情形又发生两次以后，你应该越级汇报此事。

此时，你需要遵守两条准则：

(1) 只有在特殊情况下才能打破指令传播环节。在几乎所有的情况下，你都应通过你的顶头上司行事，唯一的例外是发生像违法行为、性骚扰或私自把公司财产占为己有这样的特殊情况。如果一个问题不能通过与问题的源头直接进行接触加以解决，你就应有一种忠诚，这种忠诚超越了你对指令传播环节的忠诚，因为它表明你忠诚于公司。

(2) 经常以书面形式说明情况，仅仅对一种错误行为产生怀疑是不够的。如果你有问题要向高层提出，首先你要收集事实依据，用文件的形式把它们记录下来，然后为证实你报告的情况做好准备。比方说，一份有关敲诈勒索的投诉必须包括受害人的书面概述。如果你的上司指示你假造材料，或在其他方面违反法律，在你正式提出投诉前，你应该将交谈记录详细地写下来。如果你知道你的上司在进行违法的勾当，请写下你的证据。不要仅仅因为怀疑或道听途说就打破指令传播环节。如果你不能证实你反映的情况，就会影响你的事业和名声。所以，你处理此类事情时必须慎之又慎。

处世小秘笈

一般来讲，任何上司都希望下属听从指挥，一心一意，对自己忠诚，这是所有上司的心愿。在工作上，在日常生活中，多给上司出主意，及时反馈信息，这些都体现出了对上司的尊重。

用"以柔克刚"的方法对待上司的脾气

下属应该如何面对上司的发火呢？固然，上司发火，其理由不一定充分，其观点也不一定正确。但是，他有权发火，而且人的"火气"是易泄不易压的。所以，只要方式正确，你一样能灭了他的火。我们都知道，在日常生活中，水才能灭火，因为水主"静"、主"柔"。这就给我们一个启示：下级对待上级的发脾气就是要"以静制动""以柔克刚"。在上级发火时，切忌针锋相对。

上级生气时，理智最容易受到情绪的支配，很难冷静地分析问题和听取意见。许多人正是在"一怒之下"做出了遗憾终生的事情。所以，你必须明白，在上级情绪很激动时所做的任何辩白都是徒劳的，只会适得其反。

而且，心中压着"火"会很难受。现代医学证明，宣泄对保证身心健康有重要作用。也许你用某种手段侥幸使上级压住了火气，但它依然有爆发的可能，而且火气可能更旺，更不利于解决问题。所以，甘当上级的"出气筒"，不仅对上级有益，最终对自己也有利。

如果下级的确做错了事，就要主动检讨错误并积极改正；如果上级对下级的责难是错误的，那么，下级洗清冤屈也是应该的，但要注意，一定要给上级一个台阶下，而不能得理不让人，非要钻牛角尖。给上级一个台阶，使他有尊严感，就可以防止他为获取尊严而采取不利于你的行动。你给别人一个台阶，实际上也给自己留了一条后路。你不露锋芒，别人自然也不会以"锋芒"对你。

处世小秘笈

当下级遇到上级发火时，最好的办法就是硬起头皮来洗耳恭听，正确则心里接受，不对则事后再找机会说明。马上进行辩解是不明智的，因为这时解释只能火上浇油，让上司的火气更大。

面对犹豫不决的上司切不可匆忙行事

有些人生性谨慎，这样的人当了上司往往优柔寡断。他们凡事怕出乱子，胆小且缺乏当机立断的勇气。同时，面对问题时也处理得很拘谨，或者说是小心翼翼；工作上平平常常，毫无创意，更缺乏冒险精神。其性格内向、不善言谈，对下属往往缺乏热情。

这种个性会错过许多好机会，要想成就事业很困难。项羽就是一个最好的典型例证。

当年项羽的谋臣范增为除掉刘邦设了鸿门宴。在酒席上，范增几次用眼色向项羽示意，促其快下决心杀掉刘邦。而项羽却犹豫不决，对范增视而不见。范增又施一计，让项庄舞剑，想趁机杀死刘邦，也没有成功，樊哙反而吓到了项羽。后来，刘邦借口上厕所逃走，项羽还竟然有心情接受张良献上的礼品。结果是放虎归山，留下后患，最终自刎乌江。

有个外贸公司的职员想说服上司派员到国外出差，上司一直没有反应，且露出不高兴的脸色。听完他的解释后，上司就问道："那么，要派谁去呢？"

那位职员心想，我精通英语，且对国外的情形曾下工夫研究过，自己最能胜任。可是，他却失败了。

他事后开始反省自己的失败，发觉自己因拼命突出自己，便显得在态度上不够沉着。冷却了几天后，他再去说服其上司。这次，他说明了公司目前的种种问题以及国外的情况，并强调派员到国外调查实情是当务之急。

上司听后也越来越关注，并向他询问某些产品，然后说："那么，派谁去好呢？""当然是您亲自出马最好。"

一星期后，派员赴国外的事就得到了批准，去的人就是他和他的上司。因为他既会外语又通晓国外的情况，上司认为让他随行再好不过。赴国外出差，自然大部分的工作都由他来做。这项工作是他提议的，不过出面的还是上司。他只是要充分利用上司的力量，确保达到工作目的。所以，在面对此类上司时，切忌不可行事太匆匆。

处世小秘笈

与优柔寡断的上司相处，就要去推动上司，促使上司消除疑虑，早下决心。然而，要想推动上司采取行动，必须采用适当的方法。

怎样面对争强好胜的同事

也许一位争强好胜的同事惹得你很生气，但你并不觉得你们俩都有很强的好胜心会有什么不对。因为在现行的经济环境下，竞争都很残酷，何况是同处在一条起跑线上的同事呢？

你只是觉得他太过分了，把太多的人都得罪了。你觉得你是一个友好的竞争者，而他是一个动不动就骂人的家伙。

眼下就有一件事，与你那位难伺候的搭档有关。上司要求你和其他同事一起起草一份专题报告，分工完成章节内容，而且内容不能重复。等工作完成，会有一个专门委员将各部分内容加以汇总，而你们几个人的名字会在文中注明为投稿人。也许，这个任务在下达时，就已经包含着有意考核能力高下的竞争成分。

但你认为你的搭档简直就不是在进行公平竞争，他当着所有人的面对其他同事进行诋毁。只要一有机会，他就会奉承一起工作的同事。但在你请他提供一些信息资料时，那表情就像要他的命一样不情愿。而在他向你要求什么东西时，却总是胡搅蛮缠，得不到手绝不罢休。在部门会议上谈起彼此之间的争论，他也会这样咋呼："我不会让你们好过的！"他争强好胜的目的只是为了他自己，并非为了整个集体。

竞争可分为两种，一种是健康的，另一种是不健康的。你认为你的竞争心理是健康的，而你的搭档却不健康。这里，不妨请你就以下说法进行打分，一是为你自己，二是为你心目中搭档可能做出的回答。

1. 为了体现生命的价值，我必须做具有挑战性的事。
2. 别人都知道我的进取心很强烈。
3. 在我感到十分激动时，我能立即摆脱这种情绪。
4. 我可以使别人惧怕我。
5. 我很没有耐心。
6. 成功是我的最终目的。
7. 强压怒火是很困难的。
8. 我喜欢与人抗争。

9. 人们都认为我会成就大事。

10. 我的力气用不完。

最后打分的结果表明，绝大多数的人都认为自己的对手比自己的争强好胜心更强。这是为什么呢？也许你对搭档的成功并不嫉妒，但却绝不允许他以你的事业和精神健康为代价，因为你担心自己会垮掉。

那么，到底该如何看待此类人呢？

1. 竞争心强的人总是爱表现。

2. 正当竞争与不正当竞争之间的区别在于不正当竞争者可能不择手段。

3. "卑劣的"竞争者是不定时炸弹。

4. 如果让我与一个"卑劣的"竞争者结婚，要么就完全拜倒在他的脚下讨他的欢心，要么就和他一刀两断。

5. 如果一个"卑劣的"竞争者真的失去了控制，他很可能会对你造成伤害。

假如你完全赞同以上看法，那就表示你认为你的搭档很危险，难怪你会感到心烦意乱。他用敌意筑起了一道将你隔开的篱笆，而你将这种敌意看做是驱使他竞争的动力之一。与他交往，你很难得心应手地对付，甚至不清楚从何处着手去解决问题。假如你聪明的话，你应该首先在心理上做好准备，不能事到临头却唯唯诺诺。

如果你不想甘拜下风，那么，你必须计划好自己的行动。你想象着你正面对着你那位争强好胜的搭档，并直接告诉他你实际上是怎么看待他的——把你积存在头脑中的想法全部倒出来，无论这种想法多么恶劣，也要像竹筒倒豆子一样，颗粒不留。

现在，如果你正在工作，并且每天面对面和他一起工作，手里正拿着你们谈论的专题报告，他冲着你说："喂，我知道你并不很忙，请你看一下这份资料，里面有一部分内容需要你修改一下，我已经写得差不多了，你弄完后就打电话告诉我，但不要拖太久。"

在这种情况下，你只需直接说出你心里的感受，要直截了当，不要害怕，也不要掩饰。面对这类问题时首先千万不能逃避。像上述例子中的那样一位搭档常常会使别人远离他，因为他过于锋芒毕露了。他在自己周围画了一道清晰的小圈子，以利用别人实现他的野心。那么，拆除这堵蕴藏着愤怒潜能的壁垒乃是第一步。

你可以这样想：你整天随心所欲地摆布我，面对你那种疯狂古怪的表现、声嘶力竭的怪叫、怒气冲冲的面孔，我还有何尊严可言？

但是，你应该想到如今这种高度紧张的工作环境为那些争强好胜、渴望成功的人提供了完美无缺的舞台。如果你胆怯害怕了，无论是什么原因，你都会成为他攻击的对象。这个人要你相信你会输掉，而且，他都会当你已经认输了，所以导致了他的无所不为。

同时，你还可以这样想：我可能处境艰难，但我绝不是笨蛋。如果你以为我会束手就擒，让你生吞活剥，那你就大错特错了。

说到职位是不是牢靠，你应当体现你必不可少的价值。这一点非常重要，因为上司雄心勃勃，需要借助你的能力达到他的目标。一旦做到了这一点，你的自尊心就会进一步增强，并且认识到你在情感上是不会任人随意摆布的，别人休想敲诈你。

对付争强好胜的人，人们自然地倾向于"以牙还牙"，让他们尝尝自己所酿的苦酒的味道。然而，这种做法很难行得通。你应当从内心深处真正体会这些人给你带来的影响——愤慨、恐惧、焦虑；你也应该在他们面前表明你并不害怕，不会因他们的恐吓威胁而屈服，当然也不会因情绪激动而贸然行事。这可说是最佳的解决之道。

对同事，你可以不低头示弱。可以利用对方名声不佳的弱点，在正面指桑骂槐。不过，要是那争强好胜者碰巧是你的上司或老板，就不能这么做了，因为你不但要捍卫自尊心，而且还要保住职位。

面对“闷葫芦”的方法

有些人天生不愿表露喜怒哀乐，不爱说话，别人对他总是会有所防备——这些人到底心里有什么鬼？其实，他们只是不知道在众人面前如何表现自己而已，然而，给周围的同事传递的却可能是一种极不友善的信息。

同事终归是同事，他们不可能像家人那样理解、迁就一个害羞寡言的人。因为人们对这类寡言少语的人无可奈何，不愿在他们身上花费心思，而是选择简单地避而远之。然而，这些闷葫芦却从不注意自己的表现，依然我行我素，通常都没有意识到办公室的氛围被自己影响了。

闷葫芦似的员工令人同情，但别人很难忍受他们。比如说，你最近被提升为某个部门的经理，你信心百倍地走上新岗位，因为在与你同一层次的同事中，只有你升职了。结果，你常常会碰到这样的问题，你手下的一位业务主管工作业绩相当不错，只是总躲在办公室的角落里埋头做事，却不爱与人交流，也不表现自己，他不仅从不主动向你汇报工作或只是通过递送报表来完成，而且问十句也答不了一句。既像是个闷葫芦，又像是不尊重你，不知该如何着手，弄得你心烦意乱。

他上班很准时，分派的事也做得很好，并要求别人不要去烦扰他。若是他的属下有事需要帮忙，他倒总能非常耐心地教他们怎么做。问题在于，你所在的部门的办事效率正在不断下降。你意识到其中一部分原因是因为办公室里的每一位成员在他身边都感到诚惶诚恐，他们顾虑重重，生怕与他有工作上的来往，使正常的工作流程受到了影响。这种无形中产生的紧张气氛致使一部分工作人员无法集中精力工作。大家心里总免不了犯嘀咕，有什么值得他每天担心？还是很讨厌与我们相处呢？也许事情的关键还不在这里，而在于他压根儿就没意识到别人对他怎么想，而且也不了解他造成了多么紧张沉重的气氛，就像一块巨石压在每个人的心上。

你开始有些手足无措了。也许有时，你盯着某个地方开始发呆，试图找到一把钥匙，打开紧锁在他那神秘莫测的目光里的一切。当你意识到自己的情绪也开始冷淡起来时，你会感到害怕，赶紧表现出一片笑颜。你想把所有问题都摊在桌面上，但又觉得无从下手，或者认为这种做法对他根本就起不到任何作用。这时你很害怕与他接近。

为了解决问题，此时你应该检查一下对他所持的态度。

1. 你很厌烦性情孤僻的人，因为他们在考虑与你有关的事情时很可能持有消极态度。

2. 你认为寡言少语的人会对别人怎么想？他们会讥笑别人，或是等看别人的笑话，认为自己比别人要高明一些。

3. 寡言的人之所以疏远别人，一是他们害怕别人；二是他们不爱与人打交道；三是他们做了见不得人的事；四是他们害怕再次受到伤害；五是他们担心自己说的话不得体会引来别人的嘲笑。

4. 你无法想象自己会成为一个沉默寡言、离群索居的人，是因为你觉得若不与别人交流思想，就会产生被人抛弃的感觉。

5. 在你看来，相信一个沉默寡言的人比相信一个开朗友好的人困难得多。

你或许会认为，你的主管沉默寡言，他的情绪消极，他非常清楚自己没有说出口的事，从而导致你的误解，认为他总是在暗地里偷看别人的笑话，这样的人根本无法让你信任。但是，你同时又很同情他，可能在他的生活中也有自己难言的苦衷。

你无法设想自己也会成为一个沉默寡言的人，因为你觉得与人交往乃是生活有意义的必要条件。除了对你那位主管有一点同情色彩之外，千万不能对他表示认同。更深层的烦恼在于，你觉得如果不打开他的闷葫芦，你就无法获得成为一名成功经理的自信。

此时，你不妨改善一下与之相处的方法：静下心来和他谈一谈，别理会他呆滞的目光和木讷的神情，只是对他说你想说的话——“我知道我们相处得并不融洽，我们最好能够从头开始！”他也许会感到好笑，但是，作为经理必须承受手下的嘲笑。请记住，你为了当一名成功的经理，必须打开思想交流的通道，让他多开口说话，争取每个小小的胜利。你可以一面笑一面说：“我每天早上彼此说声‘早’，下班时说声‘明天见！’怎么样？”慢慢来，一起共事，总得有一套工作语言吧。

对于经理、主管、同事来说，与孤僻离群或寡言少语的人交流思想或共事的确很艰难。绝大多数人的态度表明很不愿与他们共事。离群索居的人在其内心往往也存在恐惧，害怕与别人交往。与此同时，他们的同事也对他们产生了很多不切实际的成见。

害羞寡言的人到底需要些什么？面对问题，他们想用自己的方式解决，然而却很难有机会做出有益的事。此时，你完全可以召集部门全体人员会议，利用布置任务的方式，帮助你那位沉默寡言的属下多向同事表达自己。

许多胆小怕事的人对于自己离群索居的性格的确有着某种幽默感。你让他主持几次会议，或轮流主持工作时，他会很干脆地拒绝——我决不干那种事。与管一批人相比，他们可能更愿意坐在一群人中间做一名聆听者。一步步慢慢地引导他，富有想象的上司以及一个团队中理所当然的骨干，理应帮助那些胆小怕事的人跳出他们的情感或不愉悦的经历的狭小圈子。

只要你善于抓住机会，这种做法往往是行得通的。

1. 在一个团队中，大家都有共同的目标，信任是在一起工作中建立起来的。

2. 一个人有了进步，别人都会高兴。

3. 集体乃是每一位成员的坚强后盾。

4. 集体中孕育着新的力量，胆小的人吸取这种力量后，就能更加开朗地和别人交往。

你应当设身处地为此类人想一想，你甚至可以听到他们心中的声音——我与这些习惯于抛头露面的人不一样，我有什么错？我也想同他们一样大笑、聊天、逗乐、讲自己想讲的话。我也恨自己怎么成了这个样子，别人为什么不理解呢？

此时，你可以做个换位思考。

如果我是一个害羞的人，别人最好能进入我的心里，帮助我，但不要惊吓我。即使你是一位雄心勃勃的人，恐怕也会对我产生一点恻隐之心吧。

也许是你过于沉浸在自己的业绩里，才对他产生不近人情的偏见，而忘记了把他当成一位需要帮助的同事来看待。

这就需要你先要让他们承认自己存在着某些问题。如果你是他的朋友，就可以巧妙地提出你愿意帮助他。如果他只是你的同事，可以把问题在讨论工作的过程中提出来，并一定要有信任感。如果你真诚地喜欢那个人的话，这种方法一定会有所帮助的。

处世小秘笈

利用集体的环境帮助那些沉默寡言的人走进集体之中，鼓励那些离群索居的同事参加一些社交性团体。要是你与一个不善与人共事的人相互信任，那么，你就可以主动帮助这个人操练一下如何处事为人，让他有改变现状的主动意识。

与小人相处的艺术

在职场中，小人同事是最讨厌的，他总是在你身边制造矛盾，或向上司、向同事散布你的谣言。与小人同事交往，虽然不情愿，却又不可避免。毕竟同在一处，冷落了别人也不能冷落小人，因为此类人最难防。在办公室中应对小人，既要考虑到以后还要继续相处，不能太过分，又要给他以警告。

你要学会避其锋芒，在小问题上不要与小人较劲、据理力争，在原则问题上则不能退让。当他眉飞色舞夸夸其谈时，不要把他们的谈话打断；当他故作神秘状探听你对上司的看法时，假装没有看见他；当他谈论同事隐私时，要装作没有听见；当他咄咄逼人时，要勇敢地反驳，不必害怕；当他造谣中伤时，要当面揭穿。

你要知道，但凡小人见利忘义者居多，而且很多小人因为舍得“投资”，所以，他们有广泛的人际网。利用这样一个特点，就可以在自己困难的时候，以利诱之，解决自己的困难，以小利换大利。

在你犯了错误之后，要找到错误的原因，明白能够引起什么样的后果。对于触犯刑律的，不要心存侥幸心理。你的这种心理会被小人利用。因为“世上没有不透风的墙”，一旦事情败露，你不仅会为你原来的事情承担责任，而且还要承担由小人造成的责任。

当你与小人接触时间长了，就会在不经意间抓住小人的小辫子或者把柄，但切不可声张，更不要将辫子还给对方。否则他会反过来害你。

在办公室中，有些人总是喜欢在上司面前打小报告。面对打小报告者，也要根据具体情况采取具体对策。上司如果是理智的人，他们根本不在乎小报告的真实与否，因为眼见为实。所以，对于这种小报告完全可以不理不睬，流言会自然消亡，而打小报告者也会幡然醒悟，认识到这样做对你根本没有什么影响。这样兵不血刃就取得了较好的效果，可能还会争取到一个新朋友。

小左工作非常出色，瑞很不服气，便多次向上司打小左的小报告，损害小左的名誉。小左对此虽然有所耳闻，但一直都装糊涂。某日，瑞正与上司讲小左的坏话，正好被小左碰见了。这下可让瑞无地自容了，只好红着脸听任小左的发落。出乎意料的是，小左依然假装没有听到，就像眼前的事情和他毫不相干，表现出极大的克制和宽容。瑞终于醒悟，感觉以前不应该那样对待他……

假如你想要使小人醒悟，你首先要使其明白自己是知道打小报告这件事情的，这样，他才能够知道你的大度。他们之所以多次陷害你，不仅仅是其心理需要，他们赖以生存的土壤就是自己的隐蔽。一旦隐蔽的身份被揭穿或察觉到，对方就会对自己有所警觉，他们才会克制一些。

如果被别人打了小报告，在气愤之余也要反省一下自己，从中吸取教训。对待小报告，应采取“有则改之，无则加勉”的态度。

某校教务处推举王老师到学校科研室工作不久，A君就到校长处放风说王老师底子薄、阅历浅、素质低，挑不起这个大梁，不能胜任这个工作，还不如让某某去。谁知道，A君的话不知怎么传到了王老师的耳朵里。但值得庆幸的是，王老师并没有受到这个小报告的影响。他丝毫没有被陷害所困扰，反而从这件事中发现了自身的问题所在，看到了自己努力的方向。几年之后，这所学校的科研工作每年都有新的成果出现，他承担的几个“九五”研究课题也都有了新的进展。

俗话说：“苍蝇不叮无缝的蛋。”当被别人造谣时，你必须弄明白自己是否妨碍了对方的利益，自己在人际关系处理方面是否存在某种缺陷，或者是不是自己的性格问题。

原因找到了以后，就可以坦率地找对方谈一谈，促其觉醒，同时还可表示自己在这个问题上的高姿态。这样一来，自然不会再有流言了。

黄某虽是男人却心胸狭窄，容己不容人。小明并不想得罪他，可既然同在一个办公室，工作中难免会有磕磕碰碰。小明的忍耐力已经很强了，可黄某依然得寸进尺，让小明十分反感。

小明在研究了心胸狭窄的人的弱点之后，决定采取以退为进的绵里藏针的策略，不再一味忍让，而是在退让中含有反击，让大家看到自己是在故意退让，让自己的同事都知道自己是为了顾全大局在忍耐，以求得公众的理解与支持，而并不是惧怕黄某，用自己的宽容反衬出黄某行事的不端。这种以退为进的策略果然有效，同事和上司都赞赏并支持他的做法。有道是众怒难犯。黄某为了自己在众人面前的形象也不得不有所收敛，并做出友好的表示。小明的第二步是小事继续容忍，让黄某有一种平衡的感觉，而在大事上则坚决反击，让黄某领教了绵里藏针的厉害，凡事不敢做得太出格。两个人虽然不可能很亲近，但也没有闹出太大的问题。

小人在办公室中的人际关系一般情况下都不会太好，同样是同事，物以类聚，既然与你的关系不好，自然也不能和他人友好相处。但小人一般与上级的关系比较好，可上级一般不会插手同事之间的事。在实施这种策略时，首先要把办公室中的人际关系分析清楚，防止自己受到暗算。虽然同事可能偏向于你，但真正在关键时刻出手的并不多。

在反击小人时，你应该注意时间和地点以及影响范围，使用的方法最好不要影响工作。影响工作后肯定会有上司出面，终归不会有结果。在迫不得已的情况下的反抗，应该向上司解释清楚，由上司进行调解，避免小人背后告状，被领导怪罪到自己头上。总的来说，对付小人时，你一定要处处小心，不可太过于大意，从而使自己吃亏。

处世小秘笈

与小人交往时，千万不可泄露自己的隐私。你要做的就是确保不要犯什么错误，在原则问题上始终保持清醒的头脑。与小人交往，要把结果考虑清楚，多向其他人请教，不能一意孤行。

受到欺负应如何处理

身在职场之中，因为某种利益之争而被人怨恨、被人忌妒，以致遭人暗算，甚至明火执仗，直接欺辱到你的头上来，这种事情非常常见。谁也不敢保证自己永远不受欺辱，永远一帆风顺。没准儿哪一天，你就会承受许多不白之冤。处在这样的境地中，仗义执言是行不通的，因为对方只讲强盗逻辑，不讲社会公理；舍生取义是不值得的，因为对方根本不讲情义。那么，一旦落到这样的境地，你该怎样寻找一些行之有效的办法解除自己的困境呢？

1. 给对方敲敲警钟

在这种情况之下，要把可能出现的后果摆在对方面前，包括法律的严重后果、社会舆论的后果和彼此人身的后果。也许对方的胡来是因为不知道这是违法的，一旦意识到自己的行为可能会给自己带来相应的灾难，那么，只要他还略有些理智，就会马上就此打住。

2. 唤醒对方良知

无论是谁，只要他还有一点人性，就都有起码的良知。对方做出了愚蠢的行为，可能是一时糊涂、鬼迷心窍。一旦从人性的角度唤醒对方的觉悟，也就相当于在为自己辩白。

3. 暂且退让

适当答应对方一些不合理的小要求，控制把柄以保住人格，以日后能脱身为限。主要目的是不使他再来侵害自己，以便保存实力，待机反击。

4. 找上司摆平

如果两者在同一单位，可找上司进行调解。若本单位上司姑息迁就，就逐级上告，直到问题彻底解决为止。

5. 找朋友摆平

患难见真情。当自己受人欺辱后，可找朋友诉说苦楚，让朋友帮助出主意、想办法，甚至直接出面与对方交涉，让对方做出道歉和赔偿。

6. 以牙还牙

如果对方很狡猾，使你既上了当、吃了亏、受了害，又拿不出证据，如哑巴吃黄连，有苦说不出，这可如何是好呢？最好的办法是伺机而动，请君入瓮，巧设圈套，以牙还牙，让对方得到相应的惩罚。

有时候传统观念中对女性的偏见仍未消除，因此，职场中的女士更要学会向别人说“不”。在某一杂志上，曾刊登过这样一篇文章：虽然女性的成功大于男性，但不少男人的大男子主义远没有灭亡。特别是当女人的能力强过男人，甚至成为上司时，他们总想以某种方式取得心理优势，经常“开玩笑”中伤女性自尊心。曾经有一位美国女性向法院起诉自己任职的公司，因为她无法忍受这种歧视女性的工作环境。

在这种时候，女性千万不能坐以待毙。可以对他说：“如果你下次再说打击女性的‘玩笑’，你将被口头警告。”总之，让他知道他得为自己的话付出代价。之后要和他单独谈一谈，让他给你说几个他最喜欢的“玩笑”。然后，可以很严厉地向他指出这几个问题：

1. 他的看家本事是奚落人？许多男人就是在以贬损别人为乐的环境中成长起来的。告诉他，办公室不是中学生耍嘴皮子的地方。作为他的主管，你评价一个人不是看他奚落同事的本事，而是看他是否懂得尊重别人。

2. 问问他是不是在什么人面前都说这种话？如果在自己的妻子、母亲、姐妹面前这么说，她们会有什么感受？请他找个时间就这个话题好好和她们谈谈。

3. 他是否愿意用这种口气开开他自己的玩笑？

4. 最后告诉他，如果他不能学会尊重他人，不能改变自己的行为，他将永远停止不前。

处世小秘笈

患难见真情。当自己受人欺辱后，可找朋友诉说苦楚，让朋友帮助出主意、想办法，甚至直接出面与对方交涉，让对方做出道歉和赔偿。

怎样面对孤芳自赏者

有些人喜欢孤芳自赏，对自己做的一切都很迷恋。遇到这样的人，你愈是软弱和忍让，他们就愈会得寸进尺，更加苛求。他们需要别人的喝彩和吹捧，而且胃口越来越大。等到要对付他们时，你就会感到无可奈何了，根本拿他们没办法。

无论你需要对付哪种类型的孤芳自赏者，你都得弄清楚自己对他们的态度。接下来，就是根据他们的长处促使他们为你所用。如果那位孤芳自赏者在为你工作，要做到这一点并不难。

只要孤芳自赏者的自负并没完全迷住自己的眼睛，他们还是会做些有用的事的。孤芳自赏者多以自我为中心，只有在谨小慎微者不敢逾越的地方才会有他们活动的空间。

这类人在战场上什么都不会害怕，因为他们认为自己是不可战胜的。在运动场上，他们也会碰碰自己的运气而跃跃欲试，因为他们相信自己会取得胜利。而在办公室里，他们潜在的天赋一旦找到了用武之地，就可以干出了不起的事业。人们也会关注、羡慕他们。然而，这不再是因为他们显示出来的自私，而是因为别人看到了他们的成绩。

"怎么，你竟然没有看到我？你可知道你错失了什么？"这是那些自命不凡的人常说的话。他们乃是上帝恩赐给这个世界的运动员、下属、天才演员或同事。

如果你主管某个部门，在你的下属中有一位孤芳自赏、自命不凡的家伙，他在办公室几乎受到每一位成员的骄纵，在办公室被大家宠坏了。你开始后悔当初在起用他时没有了解得更清楚些，同时你也不得不承认，他的魅力的确很大，他成了人人都感到亲切和喜爱的人。不过，他的工作做得还可以，学起来也很快。最糟糕的是，他与你的上司中的好几个人都很熟络！你弄不清他到底会跟他们说些什么整个部门就像按照他的规则进行的一场游戏，想要改变他是很不容易的事，因为大家习惯了对他言听计从。但你不想让他影响部门里管理规范严谨的作风，也不想让他毁了你自己的名誉。

因为他的言行举止对大家的影响已经在办公室里不知不觉地扩散开来，甚至开始影响到日常的工作程序。他已从一个为人友善、讨人喜欢的同事，变成了一个被宠坏的顽童，大量占用别人的工作时间，把大家的注意力也分散了。

孤芳自赏的人用他那讨人喜欢的性格让你疏于防范，尤其在枯燥乏味的办公室里，这一点更容易生效。对此，你曾在某种程度上采取了认同的态度，导致现在无法对其加以控制。其实，回过头来看看我们自己，我们发现自己有时也会自命不凡，只是我们不敢承认这点而已。

尽管在你的办公室里，绝大多数同事也已经看透了他，但要改变目前的状态，他们会不会出力就很难说了。因此，不要试图打击他的魅力或强迫别人也如此去做，那样的风险会更大。要知道，他只是一个更大的问题的一部分。你应当首先学会把对他的认同感消除。如果你能这样做，你的同事和下属也会学着这样做。所以，从现在开始，你对待自己必须绝对诚实。你不应当故意去讨厌他，冷落他，冲他发脾气，而是要弄清楚为什么他对你会有吸引力。然后再调整自己的心态，其余的事就会好办多了。

那么，孤芳自赏者到底是如何迷惑别人的呢？

1. 我很在意取得显著成功。
2. 人们把我看成理所当然的上司。
3. 我无法忍受孤独。
4. 我的父母一直宠爱着我。
5. 我宁愿去参加一次并不重要的社交活动,也不去看一部精彩的电影。
6. 我拜访的朋友比大多数人要多。
7. 我喜欢周旋在聪明人中。
8. 我喜欢别人关注我。
9. 我从不敢想象自己会意外受伤。
10. 我从不一个人去某个地方。

很显然,无论是谁都能接受以上看法。也就是说,在一般情况下,大家都很容易受到孤芳自赏者的蛊惑。在服务性行业和面向公众的行业里工作,很多人都有这种倾向。谁都喜欢交际,喜欢对别人产生影响,也喜欢成为别人关注的焦点。这虽然不会使你成为真正意义上的自命不凡者,但却会使你的感情变得更加脆弱。因此,你应当时刻提醒自己要把握好这个度。有这样一句话,不知你听说过没有——推销员是最容易被人推销出去的。

也许你觉得对他发脾气、当面顶撞他或者强迫他辞职等都不是好办法,而且目前还没有任何正当的理由采取任何一种做法。你很清楚他并没有错,是你和办公室的同事们不自觉地助长了他孤芳自赏的情绪,使他受到那么多人的注意,甚至还受到来自上司的重视。火就是这样不断燃烧的——是你不断满足他的需要。现在,你应该清楚地认识到,从你自己开始,不能再供给他充足的燃料了。

釜底抽薪也许太过突然,使人措手不及。尤其在你的公司绝对不能这么干,否则人家会认为你嫉贤妒能。不妨试试能否给予某种可以代替的东西,帮他几个小忙,使他意识到你们是真心想帮助他发挥长处,这很利于部门的发展。你可以试着透过他魅力的光环,找出他身上的长处——他精力充沛;他能把许多人吸引到自己身边;他能很快掌握新东西;此外,他还善于主持一个集体会议。

了解这些以后,再借助他的长处去完成那些有用的事情。

1. 如果他的长处得到了充分发挥,他就会成为部门中工作效率最高的人。
2. 如果他能发动别人从事一些建设性的活动,就可以带动别人学习。
3. 如果他能很快切入业务,他将有助于我们开发更多的新产品。
4. 如果他在经理会议上介绍我们的成果,也会为部门增添光彩。
5. 如果他能做到上面的一切,他也就不会再成为问题了。

你必须把任务规划好,把他的热情纳入事先筑好的渠道,这样就不必担心他会泛滥成灾了。不要总是念叨过去的事,要让一些自然而然的事逐渐改变你和同事们对他的看法和态度。

处世小秘笈

不管你的警觉性有多高,就孤芳自赏者而言,他们仍能逾越你的心理防线。他们中有些人是很聪明的,而且颇有迷惑性和诱惑力。你完全可以这样理解:对他是不是过于喜爱了,为什么会这样呢?

面对多重上司的技巧

很多时候,上司之间的关系都极为微妙,让人猜测不透。上司与上司之间甚至情若冰炭、势同水火,而如果你又同时与两位上司共事,你就不能不考虑"脚踏两只船"的问题。如果你不这样做,稍微有点疏忽,那么,其中任何一位都足以把你摆平,或者公报私仇。

你"脚踏两只船"还要踏得妙、踏得巧,否则极易翻船。你不能一开始就表明——你们两个之间的事我哪边都不卷入,我也不得罪任何一方。明智的办法应该是,要尽量协调他们之间的矛盾,至少不要在他们中间煽风点火，扩大事态。同时和他们多交流，表示自己很为难，受尽了“夹板气”。

如果甲上司叫你做某事，你明知乙上司会反对，就应主动跟乙上司谈：这是甲上司要我照他的意思做的，你看怎么办。在这种情况下，乙上司就明白了你的苦衷。即使你照甲上司的意思去做了，他也往往不会因此为难你。他会觉得你这样的下属也很不容易。还有一种情形，就是乙上司坚决不同意甲上司的意见和做法，他会直接找甲上司去交涉。或者乙上司不找甲上司交涉，而是把这个难题推给你。那么，你也要马上向甲上司说明乙上司的态度，并向甲上司请示该怎么办。

你只有巧妙一点，才不至于成为双方权力斗争或政治斗争的牺牲品，才会在夹缝中更好地生存，为自己铺起一条金光大道。而在现实中，有的人却不会这么做，他一开始就认为自己是属于某一方，或甲或乙，然后和另一个上司作对，甚至故弄玄虚，弄些小人的伎俩，加剧两个上司之间的矛盾，以“邀功请赏”。既然你“生”是某方的人，那么，你“死”也是某方的鬼了。一旦你的“主子”有事，你这个做“奴才”的也会受到影响。或者你所跟定的上司一旦调往其他地方或单位，你也是第一个被铲除的对象，而且没有人会同情你。你想要这样的结果吗？

处世小秘笈

你“脚踏两只船”还要踏得妙、踏得巧，否则极易翻船。

第十章　面对职场机遇的智慧

勇敢推开成功的大门

成功意味着财富：可以随意去你想去的地方；可以住最好的住房；可以让你的孩子享有最佳的生活与教育。

成功意味着地位：可以在职业与社交圈中赢得别人的尊重；可以拥有上司权和支配权。

成功意味着自由：可以避免生活里各种各样的挫折与失败、烦恼、恐惧；可以悠闲地待在岸边，享受生活的惬意。

成功意味着快乐、鲜花、掌声、幸福、荣誉、健康——总之，意味着你可以快乐地冥想、感谢：“谢天谢地，我终于站在了人生的金字塔之巅。”

因此，每个人都有追求成功的本能。人为成功而来，也为成功而活。绝大多数人能忍辱负重地走完人生的漫漫历程，就是因为对成功的渴望始终像一盏明灯，照亮了前进的道路。

然而，在现实生活中，拼搏了一生，仍然只能遥望胜利曙光的殉道者却也大有人在；误入歧途，越是努力却越偏离目标的悲情梦想者也不乏其人。他们渴望成功但又觉得毫无希望，渴望自信却又总是自怨自怜，渴望快乐但总是在唉声叹气。于是，他们面对人生命运，就无奈地得出了这样一个结论：人命天定。

很多人没能打开成功的大门，难道是他们缺乏资质？力道不足？还是缺乏成功的契机？

在这个世界上，除了牢门是紧锁的，其他的门都在虚掩着，尤其是成功之门。失败者之所以失败，往往是因为他们没有勇气去推开那扇门。

1968年，在墨西哥奥运会的百米赛道上，美国选手吉·海因斯撞线后，转过身子看运动场上的记分牌。当指示灯打出“9.95”的字样后，海因斯摊开双手自言自语地说了一句话。由于当时他的身边没有话筒，谁都不知道他说了什么。

直到1984年，一位叫戴维·帕尔的记者揭开了这个谜底。海因斯当时说的话是：“上帝啊！您虚掩着那扇门。”

自1936年欧文斯创造了10.3秒的成绩之后，30多年没人打破这个记录。以詹姆斯·格拉森医生为代表的医学界断言，人类的肌肉纤维所承载的运动极限不会超过每秒10米，这一说法在国际田径界非常流行。海因斯对这一点也确信不疑，于是，他把自己的目标定在10.01秒。为此，他每天以自己最快的速度跑50千米，因为他知道，百米冠军不是只跑一百米。后来，当他看到自己9.95秒的成绩之后，他惊呆了，原来10秒这个门也是虚掩着的。只要你付出艰苦努力，它就虚掩着，就像那根横在终点线上一碰即过的绳子一样。

海因斯不是思想家，但他却说出了这句深刻的哲理名言。人们在记住他为田径运动做出的贡献的同时，也时刻记着他的这句名言。

在人的一生中，有很多扇“虚掩的门”。然而，很多人只是站在门前，期盼着门自动打开，甚至都没有勇气想过要靠自己去推开它。还有一些人，不知道哪里有成功之门，即便近在咫尺，也仍旧看不清楚。因此，他们总是和成功擦肩而过。拿破仑说过：“我成功，是因为我志在成功。”伸展开你的手掌，生命线、爱情线、事业线都在你的手心上，你只需握紧拳头，这一切都将被你紧紧地握住。因此，在成功之路上，不要指望神会帮助你。上帝不会偏爱某一个人，只有依靠你自己，才能把那扇成功之门推开。

任何一个时代的人，都在渴望成功。成功意味着目标的达到、理想的实现、愿望的满足。

要拥有战胜困难的勇气

20岁时，海明威立志做第一流的作家。他每天辛苦写作，但所投的稿件全部被退回。在随后的3年时间里，他一共写出18部短篇、1部长篇和30首诗。不幸的是，妻子把他装有全部手稿的手提箱弄丢了。

24岁，他出版了第一部著作。这部著作只印了300册，没有在社会上产生任何影响。这时，他穷困潦倒，妻子也带着儿子离开了他。

家庭破碎、事业无望、经济窘困。一般人遇到这种情况可能会对人生失去希望，但他没有。虽然每一次的尝试带来的都是失败，但他仍然在继续尝试。因为他相信，只要用平常心面对失败，并且不害怕失败，就一定会成功。上天对每一个人都是公平的，有付出就会有回报。

第二年，他尝试用一种新的文学体裁创作了长篇小说《太阳照样升起》，引起各方的好评。此后，他继续尝试不同题材和风格的文学作品，不断写出好作品。《永别了，武器》成为了20世纪20年代的经典之作，《乞力马扎罗的雪》是这个世纪最成功的短篇小说之一，直到《老人与海》这部世界文学宝库中的珍品问世，20岁时的梦想终于实现了——做世界第一流的作家。

1954年，他凭借在文学上的突出贡献，荣获了诺贝尔文学奖。

海明威的经历告诉我们，只有不怕失败，成功才会越来越靠近你。当你缺乏勇气时，困难就很强大，你越畏惧，困难就越发不可逾越；而当你鼓起勇气战胜困难时，困难就是成功的加速剂，它可以让你到达成功的彼岸。

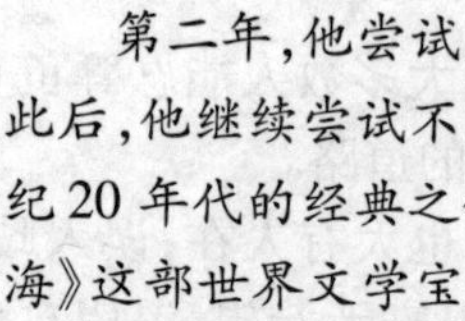

有一句名言：“时间顺流而下，生活逆水行舟。”在生命的历史长河中，困难总会光顾你。实际上，困难一直是与人为伴的。逃避和抱怨并不能阻止困难的到来。因此，我们应该以积极、乐观、坦然的态度对待困难，并且要迎难而上。

打破常规的束缚，赢得精彩的人生

成功的人往往是那些能够打破定势、在工作中有所突破的人，这种人正是各个公司都急于网罗的对象。

在一家公司里，总经理总是对新来的员工强调一件事："8楼那个没挂门牌的房间不能进。"他没有解释原因，也没有员工问为什么，大家只是把这个规定记在心里。

又有一批新员工来到公司，总经理又重复了上面的规定。这次，有个年轻人小声嘀咕了一句："为什么？"

"不为什么。"总经理说得很严肃，依旧没有任何解释。

回到岗位上，年轻人一直思考着总经理这个令人费解的规定。别人让他别管那么多，遵守这个规定，做好自己的事。但年轻人却执意要进入那个房间看个究竟。

他轻轻地敲了一下门，没有反应。再轻轻一推，虚掩的门开了。只见屋里有一个纸牌，上面写着——把这个纸牌拿到总经理办公室。

闻知年轻人擅闯"禁区"的同事劝他赶紧把纸牌放回房间，他们也不会告诉别人，但年轻人拒绝了。他拿着纸牌走进了总经理的办公室。

当他把那个纸牌交到总经理手中时，总经理惊人地宣布："从现在起，你被任命为销售部经理。"

"就因为我拿来了这个纸牌吗？"年轻人诧异地问。

"对，我等了半年才等到这一刻，相信你能胜任这份工作。"总经理自信地说。果然，销售部在年轻人的带领下，工作做得风风火火。

勇于走进某些禁区，突破常规的限制，打破条条框框的束缚，往往会得到许多意想不到的机会。而那些循规蹈矩、因循守旧的人，只能拥有普通人的平淡生活。

处世小秘笈

任何事情做得多了、干得久了，就会习以为常，要改变它，就显得很困难。须知，那些勇于打破常规的人，往往会取得出人意料的成功。

做自己人生的主人

某些时候，不是没有机会，而是我们不主动去创造机会。良机常要靠你自己去创造。有了这种认识，才能改变被动的状态，由被动地接受变成主动地拥有。

一个人已经45岁了，生活仍然不轻松。他特地跑去找一个有名的算命师，试图从算命师那里获得秘诀。

算命师问了他的出生日期，然后告诉他："你45岁以前生活非常拮据，事业也很不如意。你看我说得对不对？"

这个人觉得算命师说得太准了，于是，他对算命师佩服得五体投地。他崇拜地说："大师，你可真厉害！我命运很坎坷，一直都不顺利，我都快50岁了，还是一事无成。我50岁以后，是否就顺利了？"他希望算命师给他一个好的答案。

"50岁以后，你的处境仍然和现在一样。"此人失望地问算命师："为什么？难道我的命运就该如此吗？"

"因为你从不主动地改变不好的现状。"算命师说道。

"命运本非天定，成败自在人为。"条件永远不会自己改变。如果你不采取措施，为自己的愿望和理想付出努力，就永远摆脱不了现状。我们的生活充满了机会。积极主动的人善于创造机会，所以他们能成为强者，而那些弱者永远妄想机会会光顾他。如果你已经习惯了被动地等待，那么，没有人能拯救你、帮助你。想要自己拯救自己，就要主动地去捕捉机会。

有一天，毛毛虫问蝴蝶："我要怎样才能变成一只蝴蝶？"

"要成为蝴蝶，首先要渴望去飞行，其次要有勇气冲出束缚你的安全、温暖的茧。"

"那不就是死亡吗？我要等机会再成熟一点再出来。"

"表面看是死亡，实际上是新生。这就是现实生活中的差别。有的成为蝴蝶，有的则因等待而死亡。"

蝴蝶的话启示我们：主动掌控自己的人生，不要随波逐流。只有做自己的主人，才能成为真正的英雄。

处世小秘笈 主动，是拥有积极心态的体现。谁在生活中拥有了主动权，谁就是自己人生的主人。

勤奋可以带来"幸运"

1878年6月6日，一个名叫威廉·江恩的男孩子出生在美国得克萨斯州路芙根市的一个爱尔兰家庭。由于江恩的父母是爱尔兰籍移民，所以生活很拮据。加之当时美国经济不景气，江恩的母亲常常为一日三餐而发愁。

江恩小时候只读了几年书便早早辍学了，他不得不像大人一样为了生计而奔波。江恩在火车上送电报、卖报纸，贩卖明信片、食品、小饰物等东西，收入少得可怜，以贴补家用。与所有报童们不同的是，江恩放报纸的大背包里时刻都装着书。空闲的时候，当别的报童们纷纷去听火车上卖唱的歌手们唱歌或跑到街上玩耍时，他便找个安静的地方看书。

在读书的过程中，江恩意识到，驱动这个世界的动力是自然法则。

江恩的家乡盛产棉花，在对棉花过去十几年的价格波动做了分析总结后，1902年，24岁的江恩第一次入市买卖棉花期货便小赚了一笔。之后，他又做了几笔交易，每次都能赚到钱。

棉花期货上的成功促使江恩决心投资资本市场。不久，江恩到俄克拉荷马去当经纪人。当别的经纪人都将主要精力放在寻找客户以提高自己的佣金收入时，江恩却把美国证券市场有史以来的记录收集起来，夜以继日地分析数据，在那些杂乱无章的数据中寻找着规律性的东西。

当时，做经纪人的收入是很可观的。每到夜晚，江恩的许多同事便出入高级酒店，呼男唤女，而由于没有客户得不到佣金，江恩只能躲在狭小的地下室里穿着寒酸的衣服独自工作着。同事们笑他迂腐，笑他找不到客户，还暗地里给他起了个外号，叫"路芙根的大笨蛋"。

江恩对这些毫不在意，依然我行我素。他用几年的时间去学习金融市场和自然法则的关系，不分日夜地在大英图书馆研究金融市场在过往100年里的历史。

1908年，江恩30岁，移居纽约，成立了自己的经纪业务事务所。同年8月8日，江恩发表了他最重要的市场趋势预测法——"控制时间因素"。

经过多次准确预测后，他的名声逐渐大了起来。

许多人不理解江恩为什么能一次次对证券市场准确定位，更有一些人坚持认为这个年轻人根本没有那么大的本事，他的成功只不过是传媒在事实的基础上大肆渲染的结果。

为证明自己报道的真实性，1909年10月，江恩接受了一次实地访问。在杂志社人员和几位公证人员的监督下，江恩在10月份的25个市场交易日中共进行286次买卖，结果，264次获利，22次损失，获利率竟高达92.3%。这一结果被报道出来后，立即在美国金融界引起了轩然大波。人们惊呼，这个年轻人简直太幸运了！

以后的几年里，江恩在华尔街赚取的利润高达5000多万美元，创造了美国金融市场白手起家的神话。不仅如此，他提出的“波浪理论”还被译成十几种文字，作为世界金融领域从业人员必备的专业知识被广为传播。

很多时候，人们总会用“幸运”来形容一个人的成功。还有一些人会经常抱怨自己时运不济，抱怨人生中的“不公平”。事实上，幸运的得来靠的是一个人艰苦卓绝的努力与永不放弃的执著。

另辟蹊径，寻找新的机会

世界上本没有路，走的人多了，才有了路。如果你走的路总是别人走过的，从来不自己开辟新路，那你就永远处于后知后觉的状态，不可能超越别人。所以，要学会在没有路的地方开辟出属于自己的路。没有路并不能阻止前进的步伐，只有善于创造机会的人，才能留下自己的足迹，才能开创新的局面。

很早以前，短筒皮靴一度成为全美的一种流行时尚，皮靴业的商家都抢着制造这种短皮靴。

卡尔斯有一家规模很小的皮鞋厂。他很清楚，要和那些大型公司竞争，在短皮靴的生产上挣到大笔的钱几乎没有可能。那么，如何在市场竞争中获得主动权，自己创造挣钱的机会呢？

经过深思熟虑，卡尔斯立即召开了一个皮鞋款式改革会议，要求工人们发挥自己的创意，设计新款式鞋样。设计一旦被采用，可立即获得1000美元的奖金；所设计的鞋样通过改良被采用，设计者可获500美元奖金。

在几十种设计中，有3种设计比较时尚可行。然后，卡尔斯就将这3种新款式皮鞋试行生产。

这些款式新颖的皮鞋一上市，立即被抢购一空。

卡尔斯也因此成就了他的梦想——创办一家大型的皮鞋公司。

在没有战胜对手的机会时，不如像卡尔斯一样，另辟蹊径，寻找新的取胜机会。一个小小的创造，就可以在激烈的竞争中胜出。如果总是因循守旧地学别人的做法，是很难最终胜出的。

一位年轻的父亲带着年幼的孩子走在大雪覆盖的路上。

雪地上已经被扫出了一条窄窄的路，很多人都规规矩矩地沿着这条路缓缓走过。当这父子俩也走到这条路上时，儿子却调皮地要从雪上走。

父亲见了，便呵斥道：“快回来，别人没有走过的路有危险，小心摔倒了！”

孩子却用稚嫩的声音回答：“爸爸，你看，我并没有摔倒，还踩出了一条自己的路呢！”

父亲一看，一串小小的脚印延伸在儿子身后。而自己的身后，却依然是那条别人走过的路，没有留下任何痕迹。

成功者之所以成功，就是因为他们从来不跟在别人后面，然后抱怨前面的人抢走了机会，他们意识到没有机会时，马上就去寻找另一条通往目的地的道路。生活中，很多人失败，是因为他们总是相信过去，却从来不瞻望未来，也不寻找新的机会。

抓住灵感就等于抓住了成功的机会

1947年的冬天，在密歇根州的卡索波里斯，爱德华·洛厄正帮着他的父亲做木屑生意。这时，有一位邻居过来，问他们有没有木屑。她说，她的猫房里的沙给冻住了，她想换一些木屑铺上去。当时，年轻的洛厄就从一只旧箱子里拿出一袋风干了的黏土颗粒，让他的邻居拿去试试，因为这种材料有很强的吸附能力，并告诉她，当年他父亲卖木屑的时候，就是采用这种材料清除油渍的。结果，他的邻居试了以后，果然解除了燃眉之急。

几天以后，这位邻居又来了，她想再要一些这样的黏土颗粒。这时，洛厄突然意识到自己的机会来了。他马上又弄了一些黏土颗粒，总共装了十袋，分成五磅一袋。他把自己的新产品命名为“猫房铺”，并打算以每袋65美分的价格卖出去。但是，大家都笑话他，说这比铺猫房用的沙子贵太多了。

但令人惊讶的是，洛厄的十袋黏土很快就卖出去了。当这10个用户再次找上门来指明要买“猫房铺”的时候，洛厄开始兴奋了。一种品牌，一笔生意，一种使命，就这样开始了。

采用黏土颗粒作为猫房铺，人们反而越来越喜欢猫了。同时，洛厄也因此变得富有了。仅仅在两三年时间内，“猫房铺”的销售就达到了两亿美元。也许可以说，正是洛厄的发明改善了猫的生存条件，最终使猫取代狗成为在美国最受欢迎的宠物。

把握机会其实很简单，只要你抓住一时的灵感，成功离你就不远了。与此同时，也许还会给你带来很多的财富。

处世小秘笈

许多成功往往来源于灵感。紧紧抓住转瞬即逝的灵感，也就抓住了成功的机会。如果你想成功，不妨随时思考如何把握住一时的灵感。

要牢记责任，不要找任何借口

所有人都有这样的倾向，就是逃避责任。但人要想进步，就必须通过责任的磨炼。所有成功的执行人才，都有很强的责任心。因此，如果责任来临的时候，请背负起责任，千万别逃避，要对自己负责。

著名的美国西点军校有一个久远的传统。遇到学长或军官问话，新生只能有4种回答：

“报告长官，是。”

“报告长官，不是。”

“报告长官，没有任何借口。”

“报告长官，我不知道。”

除此之外，多说一个字都不行。

新生可能会觉得这个制度不尽公平，例如，军官问你：“你的腰带这样算擦亮了吗？”你当然希望为自己辩解。但是，你别无其他选择，只能有以上4种回答。

所以你只能回答：“报告长官，不是。”

如果军官再问为什么，唯一的适当回答就只有：“报告长官，没有任何借口。”

这既是要求新生学习如何忍受不公平——人生中不可避免地有很多不公，同时也是让新生学习必须承担责任的道理。现在他们只是军校学生，恪尽职责可能只是规范自己的仪容仪表，但是，日后他们肩负的却是其他人的生死存亡。因此，“没有任何借口”！

从西点军校毕业之后，许多人都成为了杰出将领或商界奇才，不能不说这是“没有任何借口"的功劳。

真诚地对待自己和他人是一种宽容,也是一种智慧。有些时候,与其为了寻找借口而绞尽脑汁,还不如对自己或他人说"我不知道"。

这既是诚实的表现,也是实事求是。

对此,齐格勒说:"如果你能够尽到自己的本分,要用自己的付出来换取工资,那么,总有一天,你能够随心所欲地从事自己要做的事情。"

进入公司,就意味着在你的人生中,你每天都要用结果来交换自己的工资,也要用结果来证明自己的价值。结果怎样,全在于自己,在于你是不是一名合格的员工或合格的管理者,在于你是不是真正对企业、对自己有价值!

夏小天快毕业时,被安排在一艘驱逐舰上实习。

这艘舰艇是3艘姊妹舰中的一艘,它们是由同一家造船厂建造的,来自同一份设计图纸,在6个月的时间里先后被配备到同一个战斗群中去。

派到这3艘舰艇上的人员来源也基本相同。它们都上过同样的课,经历过同样的训练,并从同一个后勤系统中获得补给和维修服务。

唯一不同的是,经过一段时间后,3艘舰艇的表现和结果却存在天壤之别。

其中一艘似乎永远无法正常工作,它无法按照操作安排进行训练,在训练中的表现也很差劲。船很脏,水手的制服也不规整,整艘船弥漫着一种缺乏自信、沉闷的气氛。

第二艘舰艇表现得不好也不坏,没有可圈可点之处。

但第三艘舰艇却和那两艘舰艇的表现有明显不同,它从来没有发生过大的事故,在训练和检查中表现良好。最重要的是,每次都能完满地完成任务。船员们也都信心十足、斗志昂扬。

为什么会有三种不同的表现呢?夏小天在写实习报告时,下了这样的结论:第一艘舰艇之所以不能正常工作,是因为舰上的指挥官和船员们总是找借口:"发动机出问题了!"或者:"供应中心不及时运送配件。"对结果没有敬重感。表现最好的舰艇则从来不找借口,总是齐心协力地拿出最好的结果。

沃尔玛连锁店中也有同样的事例。

每一个特许经营授权人都会明确地告诉你,连锁经营这种模式最令人不可思议的一点,就在于每个连锁店的营业额相差很大。

可他们无法解释:为什么两个处在类似位置,拥有相同的市场策略、运营系统、技术、设备和市场定位的连锁店,会有差距如此之大的营业结果?

表现不好的连锁店总是推卸自己的责任,把原因归结到店铺位置、个别店的特殊性或者本地区客户的特别态度上。但是,在任何一个具备一定规模的连锁店网络中,你总能发现有处于不利的地段却表现得更出色的店,也能找到那些具有同样问题但表现仍然出色的店。

所以说,他们的理由都说不过去。同时,表现优秀的人总能够找到令表现不好者头痛不已的所有问题的解决方法。

成功的员工从来不去寻找借口,他们只关注结果,并想尽一切办法去获得结果。他们只在意自己是否做了正确的事情,而不愿意为花费精力和资源却没有取得收益的事找借口。

亚斯原来在一家银行做普通的工作,后来受聘于一家汽车公司。工作半年之后,他想试试是否有晋升的机会,于是便毛遂自荐,给老板写了信。老板给他的答复是:"任命你负责监督新厂机器设备的安装工作,但不保证加薪。"

亚斯没有受过任何工程方面的培训,图纸也看不懂。但是,他不愿意放弃任何机会。于是,他发挥自己的领导才能,自己花钱找到一些专业技术人员完成了安装工作,并且提前了一个星期。结果,他不仅获得了提升,工资也翻了好几番。

"我知道你看不懂图纸,"老板后来对他说,"如果你随便找个借口推掉这项工作,我可能会让你走人。我最欣赏你这种对工作不找任何借口、用结果来说明实力的人！”

无论什么工作，找借口都是枉然的。对每个职场中的人而言，无论做什么事情，都要牢牢记住自己的责任，无论在什么样的工作岗位上，都要承担起自己的责任。不要用任何借口来为自己开脱，执行任务是不需要任何借口的。

请记住，任何伟大的人生都需要每天不断地积累。没有每天的结果，就没有人生结果的伟大。这就充分说明，你的人生价值完全掌握在你的手中！

正确做事要比做正确的事更重要

锁被发明的同时，钥匙也出现了，同样的道理，问题与方法也是共存的。而如何找到最高效、最合适的工作方法，是每一个员工都需要认真对待的问题。我们的工作，其实就是通过不同的手段解决问题、实现目标的过程。在这个过程中，最重要的就是选择好的方法。因为在正确方法的指导下，我们才能节省更多的时间和资源。这样做，不仅为我们节省了时间，更使我们在与别人的竞争中占尽先机，处于领先地位。

“正确地做事”强调的是效率，这样才能更快地达到目标。“做正确的事”强调的则是效能，其结果是确保我们的工作始终是在坚实地朝着自己的目标迈进。效率重视的是做一件工作的最好方法。如果我们的目标很明确，确保自己是在“做正确的事”，接下来要“成事”，就是“方法”的问题了。

优秀的员工就是能正确做事、更懂得做正确的事的人。他们的优秀正体现在重视工作方法上。他们非常清楚自己的生活方向，他们也善于控制时间，调节生活节奏，知道自己该在什么时间做什么事情。即便再忙，也要把工作和生活安排得井井有条。

“正确地做事”与“做正确的事”有着本质的区别。“正确地做事”是以“做正确的事”为前提的，如果没有这样的前提，“正确地做事”将变得毫无意义。只有做正确的事，才能正确地做事。试想，在一个车间里，员工在生产线上按照要求生产产品，其质量、操作行为都达到了标准，他是在正确地做事。但是，如果这个产品没有人买，这就不是在做正确的事了。这时，无论他做事的方式方法多么正确，终究做的还是无用功。

要正确做事，更要做正确的事，这不仅仅是一个重要的工作方法，更是一种很重要的管理思想。无论在什么时候，对于个人或组织而言，“做正确的事”都远比“正确地做事”重要。对企业的生存和发展而言，“做正确的事”是由企业战略来解决的，而“正确地做事”则属于执行问题。如果做的是正确的事，即使执行中有一些偏差，最终也不会影响大局；但如果做的是错误的事情，即使执行得完美无缺，对企业来说也是巨大的打击。

对企业而言，倡导“正确做事”的工作方法和培养“正确做事”的人与倡导“做正确的事”的工作方法和培养“做正确的事”的人，会产生两种差别巨大的行为效果。前者是保守的、被动接受的，而后者是主动的、进取创新的。

麦肯锡公司资深咨询顾问奥姆威尔·格林绍曾指出：“我们不一定知道正确的道路是什么，但却不要在错误的道路上走得太远。”这个告诫对所有人都是一个提醒，他告诉我们一个十分重要的工作方法，如果我们一时还弄不清楚“正确的道路”（正确的事）在哪里，那就先停下手头的工作吧，先把“正确的事”找出来。

找出“正确的事”这个过程就已经解决了许多问题。有时候，一个问题会摆到你的办公桌上让你去解决。问题相当明显，解决问题的办法也很清楚。但是，不管你要冲向哪个方向，想先从哪个地方下手，正确的工作方法只能是：在此之前，请你确保自己正在解决的是正确的问题——因为它可能并不是之前发现的那个问题。

其实，提高工作效率的方法是有机而复杂的，就跟医学问题一样。病人到医生的办公室说自己有一点发烧。他会告诉医生自己的症状：头疼、鼻子堵塞、嗓子痛。但医生不会马上就相信病人的结论。他会翻开病历，再问一些其他的症状，然后再做出自己的诊断。病人也许是发烧，也许是感冒，还可能是得了什么更严重的病，但医生不会完全依靠病人自己的判断进行诊断，而是要进行综合的诊断。

处世小秘笈

要确保你面对的是正确的问题，唯一的办法就是更深入地挖掘和收集事实。这也是优秀员工的工作原则：要正确做事，更要做正确的事。

第十一章　职场晋升中的智慧

升迁应具备的条件

为机遇做准备，并非想象中那么困难。虽然你还只有二十多岁，但已经到了要为未来做打算的时候。为此，需要注意以下几个方面：

1. 身体健康

“身体是革命的本钱”，当然，身体也是你获得晋升的本钱，这一点无须赘述。

尽管你有很好的才干，但身体总是出毛病的话，老板还是不愿把重任交给你的，因为他会怀疑你的身体能否承受这样的负担，担心你会误了大事。最让人无奈的就是力不从心。因此，为机会来临所做的第一项准备，就是保持良好的身体素质。

充足的睡眠、适当的运动和均衡的营养，是保持健康的三个关键。另外，每年进行一次身体健康检查，也有助于你及时发现潜伏性疾病，以便迅速采取必要的治疗措施。

现代都市人的娱乐生活往往离不开逛街、搓麻将、看电影等，因而完全不理会精神与体能的运动均衡，这会对身体造成巨大的伤害。不充分注意这一点，就会在不知不觉中加重精神负荷，神经也会越来越衰弱。神经衰弱会让人无法担负起更大的责任，而且也会使人容易遭受各种挫折的打击，变得一蹶不振，又何谈发展呢？

改善上述缺点的有效方法：一是要注意不要紧绷神经，保持轻松愉快的心情；二是别太执著于得失对错，不要想得太多；三是学会体谅别人，“得饶人处且饶人”，多从别人的角度去考虑问题。如果真能做到这3点，就会减轻你的精神负担。

另外，也要进行适当的运动。俗话说：“生命在于运动”“流水不腐”等，说的就是这个道理。

如果没有时间去公园跑步，可以尝试买几款健身设备放在家里，在临睡前或起床后，每天固定做半小时运动，使身体有机会排泄汗水，然后再洗一个澡，也能够放松肌肉和精神。

2. 人际关系良好

人与人之间的各种联系组成了人际关系。如果一方主动伸出友谊之手，而另一方毫无反应，必然会影响人际关系的建立。我们常说“感情是相互的”，就是这个道理。

有些人只选择与有影响力的人做朋友，轻视地位卑微的人，这是晋升的大忌。

在现代社会，人与人在人格和尊严上是平等的，并无高低贵贱之分。假如“狗眼看人低”的话，就会自食苦果，这种人不会有市场，别人对他也深为厌烦。因此，不要人为地制造一些升迁的障碍。请记住，人际关系的好坏直接影响到能否升迁。

所谓“十年河东，十年河西”，万事万物都处在不停的发展变化之中。人之命运也是如此，不会一成不变。今天的实习生，凭着个人的努力，也许明日即高升，比你还光耀。

因此,你要用发展的眼光来看待自己周围的人。不要小觑任何人,或许你认为无长处的那个人发展前途反而最好。此一时,彼一时,绝不可犯"探视症"。

人际关系是否良好,直接影响你的晋升机会。姑且不论潜在因素,单就表现来说,某些职业明显要求员工具备良好的人际关系,这于公司有利。和外界的关系越好,你获得的加薪幅度就越大,也就更利于晋升。

建立良好人际关系的秘诀有4个字:主动、热忱。不一定说要爱自己的对手,但是,在最低限度上,你也不要抨击他。这样做,实际上对你本人好处更大,他放松戒备更易于你进攻。所以,即使是为自己考虑,也不要过多得罪身边的人。

3. 学会克制自己

在人的一生中,不仅会有苦难,同时也会遇到不少利益的诱惑,甚至做出过于激烈的反应和悖理的行为。这种行为会直接影响晋升。因此,你必须具备克制自己的能力,免得一败涂地。

比如,盗用公款在一般人看来算不上什么。其实,这是极为严重的犯罪。无论所盗款项的数目是多少,性质都是一样的,必然会引发别人的不信任。有了这种印象之后,老板将永远都不会提升你。由此,"一失足成千古恨,再回首已百年身",若想从头再来,更为困难。

因此,在工作之前,一定要确立目标。这个目标,不是眼前诱人的钞票,而是更大更远的长久利益。

此外,对于一些意气之争,以平静心态处理即可,这样反而能获得更好的结果。如果互相谩骂,甚至拳脚相加,只能适得其反,暴露自己的弱点,使自己的形象受损。

4. 严守纪律

大多数老板非常重视员工的时间观念,并将其作为晋升的考核标准之一。当然,老板本人有可能并不守纪律,但这并不等于说你也可以这样做。

要了解老板的要求,尽量做到严守公司的纪律,这是你为升职加薪必做的准备之一。因为只有严守纪律,别人才会对你表示服从和服气。若一个升迁的员工无纪律意识、散漫异常,员工们必然不服,这种人定不会得到升迁。

5. 主动寻找问题

无风无浪、没有挑战性的工作,干起来尽管轻松顺利,但不利于展示你的潜力。商业社会是"攻"的世界,只会"守"的人是没有更大目标的,更谈不上脱颖而出。

因此,若你的工作任务不多,就应当在平淡的工作之中不断寻找出新问题,使老板能注意到你的进取精神。

这种进取精神,会使老板对你更为信任和依赖,因而对你会更加器重,也会想着把你提升到一个更高的职位。

当然,你所发掘和创新的事要有实践基础。假如胡乱创新,老板就会认为你是在浪费他的时间和金钱。若毫无根据地创新,老板肯定会很厌恶你。

6. 解决问题

老板所需要的员工,除了擅长发掘和创新之外,更要能够解决实际问题。

对于现实中存在的问题,或经由你发掘和创新的问题,若你提出恰当的解决方法,或者给出别具匠心的方案,便会给老板留下好印象,从而从下层中脱颖而出,为你的升迁铺平道路。

要善于解决问题,便要多关注生活,多思考,多用心,而且要注意学习新知识,遇到问题多问为什么,多思考解决方案。只有坚持锻炼,方能在实际解决问题时游刃有余。

处世小秘笈

为机遇做准备,并非想象中那么困难。虽然你还只有二十多岁,但已经到了要为未来做打算的时候。

要掌握公司的升职规律和程序

1. 推荐委任

一般情况下包括:单位推荐、群众推荐、侧面推荐。单位推荐、群众推荐是由下推上的方法,后一种推荐则是了解某人的单位或个人向被推荐者上司或向一个单位推荐,上司安排考察合格后方委任。

推荐员工是有目的性的,如某个岗位、某项工作、某项职务缺乏某方面的专业人才,而选拔、选举中暂时又难以发现这方面的人才,推荐则是最合适的方法。

2. 考试录用

考试录用一般具有公开性、竞争性、直接性的特点。因此,投机的晋升追求者机会不大。这需要你自己长期储备,要求有一定综合素质和实践经验的积累。

这并不是直接安排考试以录用人才,还要通过选举和委任来录用干部,一般主要是专业技术人员中的管理者、总经理秘书、助理等。

3. 民主选举

现在,群众选举越来越普遍,与群众打好关系也越来越重要。选举对一个人的提拔有几方面的影响:

(1)群众选举能够证明此人的威信大小。

(2)群众选举有一定的真实性,也有筛选性、竞争性。因此,选票多少是能否晋升的决定因素。

(3)在选举中要塑造好自己的形象,一个积极开放的人更能受人关注。

(4)制定有针对性、全面周密的实施计划至关重要。所以,想以此为晋升突破口的人,更要真心关注群众的要求和利益。

4. 招聘录用

当今社会,公开招聘录用人才已越来越普遍,了解其步骤才能有效晋升。

(1)公司一般会公开登招聘广告,对招聘工作的性质、业务范围和应聘人才的学历、资历、业务、年龄等方面都有一定要求,并对录用的待遇有所交代。

(2)考核。应聘者要先向招聘单位提出申请,递交简历,再参加笔试、面试,考试一般包括基础知识和业务知识。

(3)根据考试成绩筛选,经过评审团讨论,有时还有复试,最后确定被录用者。

处世小秘笈

不管哪一个公司和部门,升职规律和程序都是不同的。熟悉这些规程,将有助于你的晋升。

寻找有利于自己晋升的条件

1. "气质"匹配的单位

其实,不同公司的"气质"也不同。有的公司办事效率低,有的公司则是以赛车般的速度前进;有的公司标榜传统,有的公司却喜欢创新,不按常理出牌。总之,各有各的风格。

在你选择一份工作的时候,你应尽量选择公司文化和自身性情相似的单位。假如你是个不拘小节的人,在 IBM 或大银行做事,一定不能顺心,因为你必须一丝不苟,符合公司的规定。相反,像硅谷的电脑公司,它们对员工的要求就是把工作做好,这样的公司往往更适合你。

只有当你选择了与自己"气质"相符的公司时,才能尽快地显露长处。但万一你进入了一家与你"气质"不相符的单位,若还得不到晋升,出路只有一条——努力迎合单位的"气质"。

2. 心地善良的同事

在选择你的同事时,心地善良的同事更易相处。心地善良的人不会加害于你,不会在你提升的关键时刻给你脚下使绊，让你栽跟头。若他们的水平比你较差，那么，更能显示你的高明之处。

在人才流动中，不少人愿意离开大城市、大企业向乡镇、区街等基层部门流动，其目的便是避免强强相争，寻找发展自己才能的空间。

3. 不同标准的上司

在职场中，起点相同的人，机会应该是相近的。但是，在现实中却有的晋升得快，有的晋升得慢，有的没有得到晋升。与晋升迅速的人交谈，你会发现他们总是把上司的帮助和提携放在首位。晋升得慢的人，通常一副哀怨的脸面。所以，选准上司对于获得晋升是十分重要的。

选择上司时，不仅需要看上司的思想意识、是否关心下属及提携部下的能力等，还要看上司是否欣赏你的性情。

有一些人工作是为了迅速升迁，有的人则是追求比较安定的环境，有的人追求比较高的经济收入，还有的人要的是事业有成、名声显达。目的不同，对上司的要求自然也不同，选择上司的标准当然就不一样。

有的上司年轻有为，才华学识都在平常人之上，他们的前程通常顺利。他们积极上进，对集体荣誉看得很重。你如果跟着这种上司干，除了受累外，还很可能损害个人利益。但是，一旦他被提升，就会给你空出位置，这也有利于你以后的进步。这主要是因为他日益增大的权力更有利于对你的提携。而且你吸收了他积极进取的精神食粮，对你的晋升也会非常有利。

要想升职，就要有所出众，并且要选择合适的单位、合适的部门、合适的上司、合适的同事，这样才可平步青云。所以，寻找更多的增值砝码尤为重要。

找出自己能升职的条件

1. 毛遂自荐

当你知道某一职位或更高职位出现空缺，并且自己完全能胜任这一职位时，一味地沉默是不正确的，要学会争取，主动出击，表达自身真实的想法，尽量使你如愿以偿。

2. 预先提醒

在正式提出问题之前应有所暗示，表明你正在考虑这个问题，这样就不会在商量的时候发现他毫无准备。

如果上司确信给予你提升是出于对大局利益的考虑，那么，你的机会来了，晋升希望很大。若你的上司有所保留的话，你也会有所收获，会发现你选择了错误的职业，或这家公司并不真正适合你。

3. 用事实说话

你的要求一旦遭到拒绝，若赌气辞职往往会引起上司的不满。即便这招成功，你也会失去他的信任。

其实，若你认真写一份工作报告，总结一下你的工作，详尽列出你的成绩，就能使上司及时了解到你的业绩，为日后工作也有所准备。

4. 向上司表明你的可取之处

想要上司知道提升你会带来的巨额利益，你确需动一番脑筋。比如，可以告诉他，你的权力的扩大会使你为他完成更多的工作，处理事务的效率也会更高。

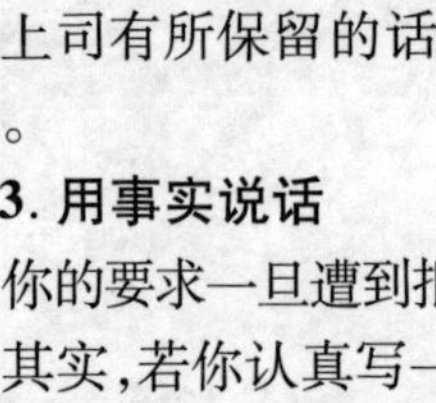

上司不会平白无故地给你升职、加薪，必然要有所依据。虽然没有一个固定的程序能够确保你获得升职和加薪，但你要得到升职和加薪，必须具有一定条件。在你具备一定的能力之后，要主动为自己找一个升迁的理由。

怎样才能得到上司的器重

在职场上，上司总是喜欢那些任劳任怨、不乱发牢骚、勤劳肯吃苦、工作认真的员工。但光有这几点还不够，以下几个方面也是需要你注意的。

1. 虚心请教

当上司取得了丰功伟绩的时候，往往会迎来一片赞美。作为下属的你如果也这么做，就不会引起上司的特别注意。因此，虚心请教更为明智。你可以恭恭敬敬地掏出笔记本和钢笔，真心诚意地请他指出你应该如何努力。这样做，往往会博得他的好感，他会认为你是更尊敬上司、虚心学习、很有发展前途的人。

2. 援助之心

上司也有上司的苦恼，他们可能会工作繁多劳累不堪，可能会因为事业发展阻力太大而不知所措，可能会因为家庭纠纷而沮丧不已。见到此种情形，很多下属都沉默无言，他们觉得上司都解决不了，自己更无力相帮。其实，你并不一定要实际帮助上司，只要你说出一句“我来帮帮你”的话语，上司就会深为感激。

3. 把握恭维尺度

有些上司自恃头脑聪明、交际广泛、背景深厚，极为自负，从而趾高气扬、骄傲自满，甚至目空一切、飞扬跋扈。要记得适当恭维这样的上司。他们喜欢旁人对他歌功颂德，反感对其批评指责，甚至厌恶那些对他们的“功”“德”毫无反应的人。所以，只要适当恭维他们即可。在恭维时，要抓住闪光点，最好郑重地讲给第三者听。这种恭维，不管是当着上司的面讲，还是在背后讲，都能起到很好的效果。

4. 真心崇敬

有的上司对部下要求非常严格，一旦发现下属存在缺点，便不留余地地指出，甚至一点也不顾及下属的面子。你要真心崇敬这样的上司，不要因为受到批评，哪怕是不公正、不合理的批评，而对上司心存不满。如果误解了上司的批评，便会因自我烦恼而失去最有价值的东西。心怀崇敬，就是要觉得上司是非常高大的人，是值得尊敬的人。这样相处下来，一定会让上司感到高兴，这样也会让自己得到益处。

5. 学会拥护

有些上司能力平平、成绩寥寥，着实没有什么突出事迹。但你不要因此就认定这样的上司就是不中用的人，他一定是有某些优点，才能得到提拔。总之，不论他是否值得你敬佩，你都必须拥护他。在这种类型的上司心里，极其渴望得到下属的拥护。如果下属们能够对外宣传上司的优点，一旦风声传到了他的耳中，他便会更为严格地要求自己，也会更加关心作为下属的你。

6. 懂得忠心耿耿

忠诚于公司便能赢得信任。许多管理者在挑选下属时，宁可要那些具有诚实品格的人，也不会要那些非常精明能干、频繁跳槽的员工。

7. 能够独当一面

上司的职责是使每一位员工在各自的工作岗位上发挥才能，创造全公司的良好效益。所以，他们迫切需要那些能够胜任工作的员工。上司希望看到员工聪明能干。也就是说，自己的工作应该自己主动解决，而不是上司指哪儿就去哪儿，上面说一句，下面动一下。这样一来，上司就不得不分出精力去指导具体的工作，便不能全身心投入自己的工作。长此以往，定会影响你的前途。

处世小秘笈

在职场上，上司总是喜欢那些任劳任怨、不乱发牢骚、勤劳肯吃苦、工作认真的员工。

是什么影响了你的晋升

如果你很久都没有得到晋升,便要留心找找原因了。

在金庸、古龙的武侠小说中,有很多身怀绝世武功的大侠。他们钢筋铁骨、刀枪不入,但也常常会有一两处容易被人置于死地的穴道,即“命门”。“命门”不被人发现便罢,一旦暴露出来,便性命危矣!

职场中的人亦是如此,功夫练到了何种火候?你的“命门”又何在呢?若有以下某种情形,多半是命门暴露,你自然与晋升机会擦肩而过。

1. 身无长处

在科学与技术飞速发展的今天,若没有自命不凡的天赋,那你就没必要把自己塑造成一个“全才”,但必须要有一技防身,不能身无长处。只有这样,才能移身。

2. 缺乏团队精神

社会是由人组成的。要想办成一件大事情,个人力量总归有限,特别是现在高新技术的飞速发展,使得社会分工越来越细化,一项工作往往需要整个团队的共同合作才能有效地实践成功。所以,在未来社会中,与伙伴、团队合作是常态。没有团队精神的人,自然不会是一个受欢迎的人。

3. 毫无创新精神

在这个瞬息万变、竞争激烈的社会中,那些勇于开拓、具有开创精神的人更加有市场。如果你是个别人发一发指令、你才动一动的“机器人”,那么,就可能会最先被淘汰。

4. 低效率行事

这类人动作迟缓,不会灵活适应变化。即使工作极其认真,但在快节奏、高效率的激烈竞争中,谁还会同情你呢?社会竞争不会留余地给你。

5. 求全责备于他人

每个人在工作中都可能有失误。当工作中出现问题时,最好协调解决,而不应该只在一旁评论指责、求全责备。若自己都做不到,让别人去达到这些要求,会很容易使人反感。长此以往,你不仅得不到同事信任,同时也禁锢了自己晋升的脚步。

6. 失信于人

已经确定下来的事情却经常变更,就会让别人无所适从。已经承诺的事却反悔,就会在大家面前失去信用。要知道,公司都不喜欢反复无常的人。

处世小秘笈

如果你很久都没有得到晋升,便要留心找找原因了。

升职离不开升值

对于主动要求升迁的人,公司会有两种看法:一种是该员工为公司创造了不少价值,管理能力不错,应顺势将他提拔上去;另一种看法则是不宜升迁。

如果是第二种情况,若紧急逼宫,强势争得更高的职务,只会朝不保夕,总有一天会被扫地出门。从现实情况看,许多公司对这些下属采用冷处理的方法,从精神上加以打击,直到下属意识到自身斗不过公司后离开为止。

那么,什么是升值呢?升值就是价值的提升,包括知识和能力两方面的提升。而对于职场人士,升职包括个人文化知识、工作经验、工作能力等各方面的提升,要不断积累经验,吸取教训,提高自己的文化知识素质,锻炼自己的决策执行等综合性能力。

美国密歇根火鸡快餐连锁公司在这方面就做得非常出色，它建立了完整的升职机制。这家公司以火鸡为主打产品，每一个职员都有相同的工作经历，首先从事基层的实习助理工作。公司努力使其中有责任感和独立自主精神的年轻人获得足够的升职机会，最终成为企业管理者。

第一阶段是实习助理。在这个岗位上，员工需工作6个月。他们要努力在这期间学习保持清洁与服务周到的办法，并从中获得管理经验。第二阶段和第三阶段分别是二级助理和一级助理。在这两个阶段，他们开始承担一部分管理工作，从细节积累经验。第四阶段是参观经理，只有在第二、三阶段获得足够的锻炼、积累足够的经验时，才能进入第四阶段。在成为经理之前，公司还要为其提供在密歇根大学为期20天的培训，加强管理知识基础。继续学习进修的员工，还有可能升职为公司的巡视员、地区顾问及总部经理。

升职离不开升值，这就需要不断学习和锻炼。若不学习，则可能贬值。美国国家研究会的一项调查发现：半数以上的劳动技能在短短的3～5年内就会脱离社会要求，而以前这种技能折旧的期限长达7～14年。现在，职业要求变化极快，所有的高薪者若不继续学习，无需5年就会再次变成低薪者。

在这个科技与知识发展一日千里的时代，知识技能日益更新，更需要不断通过学习和培训积累经验、更新技能。如能做到这一点，自然会得到公司信任，你会因自己的升值在众多的员工中脱颖而出，从而得到更快的升迁。

对于职场人士来说，在职场发展的身份证、名号不只是代号，而是包含了知名度、美誉度、雇主满意度和忠诚度的品牌，是个人谋求职业生涯发展的极有力量的密码。对于职场中人来说，自身价值与产品质量品牌一样具有重要作用。

如同产品一样，要形成知名品牌，提高品牌价值，质量是基础。对于职场中人，建立个人职业品牌的"质量"包含两个方面。一方面是职业能力，高质量的个人业务技能、超凡的工作能力是个人品牌的核心内容。在工作场所，能力不强的人很难建立个人品牌，就像一个产品，客户服务再好，如果三天两头出现问题，客户也会逐渐将其淘汰。另一方面是职业精神，这有助于赢得多方信任。

提高身价的途径有多种，不论哪一种，都需要努力和付出，这样才能建立个人的核心竞争力。提高身价可从3个层面努力：一是了解自己的喜好；二是了解行业和市场；第三是了解自身能力。找出你真正喜欢做的事，做到精而熟，其他的问题自然就迎刃而解了。请记住，机会只给有准备的人。

跳槽，在一定程度上是提升价值的一种方法。据相关调查显示，85%的中层员工认为，通过跳槽可以实现自我提升，从而获得更大的发展空间。在跳槽过程中，展示过去的工作成绩，充分展示自己的核心竞争力，提高身价并非难事。不过，要注意是否跳对方向。跳槽者要在充分了解职位的基础上，仔细分析自身实力。若发现现任工作与己不符，就要当机立断，选择放弃。但就个人发展而言，还是应该稳扎稳打、厚积薄发，经验积累到一定程度后，再寻找升值的机会。所以说，跳槽不是万能的。

在公司内部寻求晋升，提高公司对自身的价值预期，令身价大涨，这种升迁最有价值。做到这一点，首先要了解自己的长处和劣势，明晰职业定位；在建立人生发展规划时，分别制订出短期、中期、长期发展计划，提升知识、技能、人际关系。

证书不仅是进入职场的敲门砖，也是提高身价的第3条途径。有权威的证书展示你的能力，是时下年轻求职者偏爱的方式。企业考察应聘者，很大一部分也是以证书为依据的。要注意，这个证书要有所针对。其次，证书必须和自己的发展方向吻合。只有在合适的时机获得合适的证书，证书才有用武之地。

到外企寻求工作，是提高身价的第4条途径。外企不同于中国传统企业，凭借其独具特色的培训方式和企业文化，塑造、培养了大批掌握现代管理技巧和理念的中国白领。在外企工作过的人，往往眼光更开阔，更有能力应对外来挑战。外企的工作氛围、规范化的管理和培训机制，有利于提升能力。

处世小秘笈

对于个人而言，要在从低级到高级发展的过程中实现自我。在这个过程中，个人能发挥出最大的才华和潜能，而企业是否有发展前途，主要看员工是否能得到提升，而企业又能给升值的员工提供更大空间。

给自己创造一个空间

在工作岗位多年，工作也不错，却一直不能升职。你分析来分析去，觉得原因不在自身，而在你的顶头上司，那个安于现状的家伙。上司一直停止不前，他占着茅坑不拉屎，占着位子不腾地儿，你自然没有机会。他是你前进路上的障碍，是你的绊脚石。只要有他在，你永远没有机会——那么，你该怎么办？

消极的人选择离职，但离开这家公司就意味着之前的努力白费了。所以，积极的人会选择自己为自己创造一个职位，有效地提升自己，吸引上司加入。有各种各样的方法可以让你用来实现这个设想，要稍微有点创造性思维，积极思考。

当你的同事请病假或离开时，你可以接管他们的工作，并以绝对认真的态度完成任务。关键时刻你将是无价之宝。简而言之，这将有利于你的加薪。

工作于一家财务公司的陈丽获悉自己将接任客户服务经理的位置。然而，她只是被分配去做一般的客户服务，却不能做最核心的客户财务培训。

两个月后，公司有一份新的培训大纲，由她的上司负责。但上司要出国，而那家客户公司又是新的行业，其他人不敢贸然尝试。于是陈丽毛遂自荐："我相信自己的创意能力，而且我又有设计和写作经验，不如让我试一下。就算不尽如人意，也有益于之后的学习。"在深入的调查后，她完成了此项工作，她的培训材料也受到了欢迎。没多久，陈丽便被提升为所在部门的副经理。

你的同事离职了，你向老板提出你可以处理他们的工作和你自己的工作，并让助手帮助你。这样，老板就拥有两个懂得如何处理这些工作的在位的人——有个助手为你工作，你便能成功升迁了。

此外，最简便的方法就是发问。你可以对老板说："我想学习如何运作买卖账目。我可以与××坐在一起向她学习这些知识吗？"老板一般很难拒绝这种要求，并且你可以指出，在将来出现紧急情况时，这种学习会更有利于之后的工作安排。

除了增加你的技能以外，还需要适当增加责任，你承担的责任大小往往能够决定你的级别。因此，不要放弃任何适当的机会。"我可以做那件事。"这句话应该时时挂在你嘴边。自愿担负与客户的谈判事务，或者自愿处理贸易展销事务——预订场地、组织印刷、预订旅馆等。

历史上也有此案例：

萨克斯顿在著名的传播机构贝尔霍韦公司任职时，他把注意力集中于维尔丁电影制作公司。虽然该公司一直在亏损，但萨克斯顿知道如何盈利。为此，他提出了一个计划，建议维尔丁公司卖掉电影制片厂，同时增加多媒体咨询业务。上司极为同意，并任命他为新的多媒体部门的主管。就这样，萨克斯顿为自己凭空创造了一个职位。

若没有适当的职位升迁，这种方法怎样帮助你呢？一旦这些新责任被确定成你工作责任的一部分时，你便有必要与老板面谈，向老板说明你认为你的工作头衔并不能表现你从事的工作。与其说你是公关部门助理人员，不如说你是公关部门管理人员。你已经对所做的工作增添了许多价值，有希望通过改变称号以增加价值。

你没有要求晋升，但工作头衔的级别提高了。这便是省钱了。你也可以同时要求加薪，这要看情况而定。你可以要求一个更好的工作头衔作为工资审查的一部分——也许你以这一头衔来做交换,以降低工资为条件。不过,你同样可以把它作为一个独立的请求。假如你认为本阶段没有合理的请求加薪的理由,要求头衔更合理。那么,头衔便是你依靠的。

为自己创造一个合适的位置,这种方法放之四海而皆准。你的任务就是找出一个原本不存在的职位,让自己负责。比如,如果你在营销部门工作,而且你在讲解方面很有经验,你就可以对你的老板说:"汪某有希望成为一个很有前途的推销员。如果我把他带在身边,给他多一点指导,会有益处。这样的话,把他变成对部门真正有用的人就不再是一件困难的事了。"

一旦你改善了汪某的绩效,你同样也可以对张三和李四这样做。若进展顺利,你便可以当上司。

处世小秘笈

晋升并不是一个坐在那里等来的结果,除去以业绩换得升迁外,你还要主动把晋升当做工作任务来做。晋升之道,和我们说服一个客户、得到一份合同本质上没什么两样。

第十二章　释放职场压力的智慧

职场中的各种压力

社会的发展要求从业者有更高的能力。在充满竞争和压力的环境下,人们加班加点刻苦工作,寻求自我价值。但因超负荷工作、个人发展晋升机会以及投资回报等原因导致的压力,困扰着年轻的你。

1. 你在承受哪些职场压力

职场压力又称工作压力,指的是在工作要求与工作者自身的能力需求不能契合时,个体产生的不良情绪和心理反应。那些来自工作环境的压力会让人感受到威胁的状况,心理学家称之为职场压力。有几种职场压力需要注意:

(1)不明确的角色规定

在工作中常有这样的事:得不到明确的工作指令。我们甚至不清楚应该干什么、负责到什么程度、下一个人该从哪里接手工作。这种不确定让我们负责更多,却也因工作出了差错而受责备。许多同事会因此感到强烈不满和苦闷,有时还夹杂着负罪感,连我们自己都觉得那件特殊的工作确实应由我们来承担,至少应该事前预见,有所行动。

这种不确定性会扰乱情绪,假如无所事事,会被指责为碌碌无为;假如积极主动,又会被指责为越俎代庖、拆同事的台或是窃取成果。这样的例子俯拾皆是。不明确的职责规定使我们不能理智地安排时间。于是,压力便产生了。

(2)角色定位出现矛盾

当职业的两个方面互不兼容时,便会产生压力。如对学校的教师而言,其角色之一是学生行为的引导者,角色之二却是纪律的执行者和学校权威的维护者,显然二者不相融。一个人不论做什么,总会看到自己的不完善,从而产生内心矛盾,害怕那些不完善会被上司发现而受训斥,最终对自己有不当评价。

(3)缺乏相应的权力

就多数人而言,在生活中拥有一定的发言权会缓解其潜在的压力。大多数人在工作中都希望自己拥有左右形势的权力,希望有人能倾听自己的意见。

(4)缺少和他人的交流

无论一个人工作多么出色,也会因人际关系不佳而感到有压力。交流渠道不畅常常使工作缺乏准确依据，没有掌握重要信息，对事情的控制能力也就会减小。由于得不到来自同事的评价反馈，一些人会感觉孤独，致使感情变得脆弱，缺乏自信。孤立感还会造成工作中额外的压力，若没有其他人了解你的工作，如果你因生病或急事请假，便无法找人接替你，这的确是一个沉重的负担。

(5)职业状态缺少变化

丰富多变的工作有利于保持清醒，并富于创造力。从事单调乏味的工作的人会产生一种“饱和”心态，从而出现职业厌倦。若每天周而复始，一定会使人恐慌，生活就会变得枯燥无味、令人压抑。长期不变的工作模式，唯一的区别仅仅在于年龄增长。这样下去，不仅消磨工作热情，内心的恐慌也会带来无形的压力。

(6)知识更新太快

以拥有知识为荣的办公室一族其实很害怕知识更新。对于他们来说，知识更新得太快是其产生工作压力的罪魁祸首。许多高学历者认为自己的工作压力既不是竞争对手所致，也不是工作加班加点引起的，而是“专业知识更新快、知识结构不完整”造成的。这其中又有两成多的人认为“公司无法给予培训和学习的机会”，于是更加剧了焦灼感。

(7)与上司冲突

与上司不和是压力的一个重要来源。可以说，上司经常性地施加压力，控制我们的职务和工作权限，给予或撤销我们的提升机会，提供或解除我们的职位任务……毫无疑问，老板是员工对工作投入热情的一大阻碍。

另一种产生于员工与上司关系中的压力是：勤奋工作了，上司却不给予赞赏，所以感到被轻视，其对工作的热情以及积极进取的精神受到了挫伤。如果上司不断地批评人，直接损坏下属的声誉，极易损伤员工的创造力，并打消员工的投入热情。

(8)与同事冲突

工作在整日相处的同事之间制造了大量的冲突机会，为机会和金钱而产生的矛盾几乎发生在每一个写字间里。于是，原本善良的人却相互诋毁，置身于一个充满指责与反指责的工作氛围中，很容易忽视自我检讨。有时，人们不仅要面临与工作相关的合法竞争，还要面对暗中纷争。

(9)工作过度劳累

劳动成果能增强幸福感，倘若不断地被迫在一项工作尚未完成之前又转做另一项工作，将极大地降低这种满足感，从而导致失意和痛苦的情绪，影响工作进度。如果无法自始至终地完成一项工作，就无法评估自己在工作过程选用的策略有何价值，也就无法改进今后的工作。在压力下，任何人都无法正常工作。工作的间隙，也需要一些短暂的时间喘口气，欣赏一下周围的景色，重新调整自己的思维……若没有空闲时间思考自我，我们就会像陀螺般旋转，最终失去自我。

2. 职场压力过大危害身心健康

适度的压力有一定的积极意义。压力过度则有害于身心，其危害健康的表现形式多种多样。例如，承受压力过多的人可能会血压升高、尿频、易怒，决策时容易失误、缺乏食欲、易出事等。在医学上有专业分类，即生理症状、心理症状和行为症状。

(1)生理症状

压力感出现初期，最先出现生理症状。这主要是因为这些症状是最明显的，而且比较容易描述。压力过度会影响新陈代谢，心率、呼吸频率加快，血压升高，头疼，易引发心脏病。加拿大学者舍利曾研究持续的高压力对身体的影响，证实了压力会影响身体健康，这个反映包括三个阶段：警觉反应阶段、抗拒阶段和耗竭阶段。

①警觉反应阶段

个体的生理会产生各种改变，这会威胁个体的正常功能。不论压力来源是生理性的还是心理性的，都会引发生化改变，出现相同的症状，如头痛、发烧、没有胃口等。

②抗拒阶段

持续在压力下生活，就会进入抗拒阶段。此时，警觉阶段的生理反应渐趋正常，对原先的刺激抗拒力增加了，但不能有效抗拒其他压力。

③耗竭阶段

当伤害性压力持续过久，个体便走入了耗竭期。个体无法再适应这些压力，第一阶段的许多症状又重新出现。再继续的压力甚至会导致个体死亡。美国医学界认定七种疾病与心理压力过大有关：甲状腺功能亢进、支气管气喘、风湿性关节炎、神经性皮肤炎、胃溃疡、溃疡性结肠炎及原因不明的某些高血压。

心理学研究表明，很多疾病与心理压力有关。心理学家对动物的实验研究表明，面临压力而长期情绪紧张，会影响动物消化系统，产生溃疡病。

有关研究显示：一周后将面临考试的医学院学生，其免疫系统的功能与平时相比大为降低，当然不同个体有不同差别。一项对 117 位住院心脏病人所做的调查显示，有 20% 的病人在心脏病发作时并没有明显的器质性疾病，但他们在发病前 24 小时内均有突发性的心理现象，如愤怒、恐惧、过于激动等情绪反应。

这说明，压力与身心疾病关系密切。现在，人们越来越重视心身疾病的研究。心身疾病是指心理社会因素在疾病发生、发展、变化过程中占据主导作用，并显著影响生理结构和功能的疾病，而压力引发的持续紧张状态常常是致病的主要原因。

(2)心理症状

压力的生理反应是自发的和可测的，往往不能用意识预测它。而心理反应则不同，它常常决定我们的知觉，影响我们对事件的决策能力。由压力引起的心理反应有警觉、注意力集中、思维敏捷、精神振奋，这些有益的心理反应有助于个体对环境的适应。但过度的压力会产生消极的情绪，如焦虑、愤怒、沮丧、抑郁等，从而使人的思维狭窄，自我评价降低并且减弱记忆力，分散注意力，缺乏自信心。

工作压力的心理症状主要有以下表现：

①情绪症状

压力往往会带来不愉快的情绪，表现为忧郁、焦虑、紧张，还有易怒、暴躁的表现。当受过一些过度压力事件的刺激(如空难)后，还会产生心理创伤和异常。

②认知症状

当一个压力源被认定对个人有威胁时，智力功能也会受损，压力越大，认知的功能和理性思考能力就会越差。压力影响人们对问题的解决能力。在压力状况下，我们的知觉范围缩小了，思维比较刻板、固执，故很难产生有创建性的意见。

(3)行为症状

压力感的行为症状包括饮食习惯的变化、嗜烟、嗜酒、生产率降低，长久压力下的人行为刻板，对环境的反应力减弱。在压力下，人们还会出现以下症状：

拖延和逃避工作；

工作效率下降，产出减少；

容易吸毒酗酒；

工作完全破坏；

身体功能有所下降；

易暴饮暴食，得肥胖病；

饮食不当，产生抑郁；

没胃口，瘦得快；

冒险行为增加，包括不顾后果地驾车和赌博；

形成偷盗习惯；

家庭关系不稳定；

自杀或试图自杀。

处世小秘笈

就多数人而言，在生活中拥有一定的发言权会缓解其潜在的压力。大多数人在工作中都希望自己拥有左右形势的权力，希望有人能倾听自己的意见。

要试着理解适应老板

在巨大的压力之下会产生极大的疲惫，马不停蹄地工作会让自己劳累不堪。有时候，你一边恨得牙根痒痒，一边还要承受、顺应，没有成绩会焦灼，看到老板总是拧着的眉头又深感疲惫——这种让你无所释放的感觉便是压力。

如果老板本人就是工作狂，那么，他会要求员工也一样视工作如生命。他们仿佛吝啬鬼收集宝物一般地收集工作，将大量工作分配给下属，仿佛在向别人赠送心爱的礼物。这种馈赠型老板相当难对付。在通常情况下，他们疏于考虑自己分配下去的任务量有多少，下属需要花费多长时间才可以搞定，他们只关心你是否加班到很晚，是否日日夜夜伏案工作。在他们的字典里，休提“休息”二字。

这个时候，下属应该主动与老板沟通交流，与其进行口头说辞，不如书面呈送工作时间安排与流程，靠数据来说明工作过多，让老板了解工作过多会影响效率，工作完美度会直线下降。良好沟通能表达意见，让老板适当调整任务量及完成时间，或选派更多的同仁来帮你分担。

世界上有没有好好先生不知道，不好的老板却到处都有。所谓“不好”的老板，就是不管你做何努力，他都说“不好”！

做广告方案工作的小昭最近很是头疼，因其老板事事不满。“当我低眉顺眼地请教哪里有问题时，他倒是很直接：‘我也不知道到底哪儿不好，但我就是觉得还有不完美的地方。总之你再修改吧。’”每当小昭递交方案后从老板的办公室里走出来时，心情都会跌落到谷底。“他总是非常挑剔，经常让我一次又一次地重新做方案，这让我认为自己的才华能力没有用处。渐渐地，我都要失去对工作的兴趣了。”

小昭清楚地意识到，如果再不调整，自己最终会从公司辞职离开。“逃，不是我的性格，但我还是独自跑到一个山清水秀的地方待了一阵，思考我哪来的压力。终于，我明白，对一个追求完美的老板来说，他们的挑剔会产生巨大的压力。于是我决定从下一个方案开始，我要挑战他，一定要让他说出‘好’字！”小昭自我对比，精心地准备了3套方案，在这3个侧重点不同、宣传风格迥异的方案中，小昭把自己的视角调整成了一个挑剔者。几个通宵过后，“虽然面对提交的方案，老板还是摇头，但当我说出最后的思路：把3份方案的亮点结合在一起时，他终于笑着点头了。借此机会，我明确地表示希望他以后尽量从我的尽善尽美中找出不那么令他满意的地方来。要知道，这也大大出乎老板意外呢！终于，我的压力释放了，我终于把压力扔到了一边，并从中品尝到了超越压力的无限快乐。”

有一种老板觉得临时出现的事情是大事，准备已久的事反而可以推迟。遇到这样的上司，你永远会被莫名其妙的事情打乱自己的部署与计划，不得不赶着新的计划，等回来再坐到办公桌前，不得从头再来。这种喜欢无时无刻不面临“危机”的老板，会让下属担惊受怕。

要懂得吃一堑长一智，既然改变不了老板的行事风格，便要自我改变，解决问题。现在，在老板布置工作时，要很认真地做个记录，这样一来，就会把这项工作的方方面面都领会清楚；二来，白纸黑字，桩桩件件都是对工作的付出，即便面对喜欢挑刺的老板，这些证据也可以证明你到底有没有做事情。

有些老板的高压仿佛带有某种可怕的“辐射”一般，在他的范围之内，从办公室到蜗居，“辐射”的威力无处不在，让人气馁。

抱怨本身不能解决任何问题。心存感激地工作，才能摆脱过去的糟糕体验，仿佛注入了很强的动力。这种心态可以营造出一种良好的气氛，一切发展都会顺利起来，渐渐地体验到超越自己的快感，越理解老板，就越能快乐轻松地工作。

处世小秘笈

谁也不是永远转动的机器，面对来自老板的“重压”，如果不想在压力下消亡，那就要寻找在压力下的“抗争”。也许来自老板的压力多种多样，但只要你学会转化和排解，同样可以快乐生存。

如何排解职场压力

这方面可分成两部分：第一是针对压力源造成的问题本身去处理；第二是处理压力所造成的反应，即主张对情绪等方面的了解。

1. 把握问题处理技巧

一般人面对自己无法顺利处理的压力源时，往往会付诸非理智的情绪，如逆来顺受、逃避、紧张或鲁莽行事。然而，这种方法不仅难以解决实际问题，有时还会惹来更大的麻烦。由于问题处理过程对于压力调节至关重要，一旦处理过程出了问题，压力严重程度就可能大增或持续时间更久，可能造成严重的情绪、生理及行为的伤害，造成各种身心疾病，甚至引发精神病体质，以至于引发精神病。

较理智的处理问题的态度为保持冷静并加以解决。解决问题过程大致如下：

理清事件性质；

分析事件来龙去脉；

确认个人能力；

累积寻求能帮助解决问题的资讯，选择家庭、社会的支持力量；

按照计划，设置解决方案；

积极处理问题。

若已完全尽力，而问题仍没有在短时间内解决，便要有长期奋战的心理准备。除了必须培养坚忍不拔的斗志之外，还需要发挥其他力量。

2. 压力反应处理

无论问题处理的结果如何，处理期间难免会产生压力，以致影响身心。因此，如何适当处理身心的反应，也是克服压力的一种考查。

(1)情绪缓解

情绪的不恰当表现常会干扰问题解决的过程，甚至导致事与愿违。如果无法有效地处理情绪，认清或解决问题就会变得更加困难。在处理过程中要适当缓和情绪，否则，即使拟好理想的问题解决计划，也会因实施不当使成效大打折扣。在接受任何形式的心理治疗初期，疏通情绪是最重要的步骤，只有平静心情才能分析问题。情绪缓解的办法如下：

要勇于接受不良情绪。情绪经验的发生是相当正常的，因此，觉察自己的情绪，并接受自己情绪的过程，会使自己正面去看待情绪本身，这样才能采取适当措施。问题的根本不在情绪本身，重要的是当事人对情绪的扭曲及压抑，而后发生种种问题，若以不良情绪处理，反而可能为情绪所奴役。

(2)情绪调节

适当的情绪宣泄，有助于恢复思绪的平衡，找知心者聊天，对方也可以给予精神上的支持与关怀。另外，也可以在不干扰别人的前提下，痛哭一场或击打枕头，把抑郁大声地发泄出来，以避免在解决问题时受不良情绪干扰。

(3)保持乐观

危机即是转机。会遇到困难，一方面说明自己能力不足，因而整个问题处理过程就成了增强自己能力、发展成长的重要机会。另一方面也说明环境和他人的变化，这可以理性地沟通解决，如果无法解决，也可宽恕一切，只有保持乐观的心态才能解决问题。有人研究所谓的“乐观系数”，发现在良好的心态下处理问题，会比一般人多出20%的机会得到满意的结果。因此，正面乐观的心态不仅会平息紊乱的情绪，更容易摆平事件。

(4)行为上的调适

改掉陋习，如滥用药物、酗酒、大量抽烟及涉足不良场所等，进行正当的休闲娱乐，如与朋友聚会、登山、参加团体活动或学习班。特别是运动，可以有效地使生理、心理状态平静下来，因为压力会促进肾上腺素流动，而运动则可以减低并消散其作用。因此，建立长期规律适当的运动习惯，能有效克服压力。

(5)生理反应的调和

当一个人静坐或做有氧运动时，如肌肉松弛训练、瑜伽、打坐等，在体内会产生一种宁静的气息，使得心跳、血压及肺部氧气的消耗降低，从而休养身体各器官。对于常不自觉使自己神经紧绷、放松时刻还要紧张兮兮的人，这是相当重要的放松方法。下面是具体的办法：

首先，闭上眼睛，用手掌将眼睛捂住，但是不要压迫、按摩、揉搓眼球，避免眼睛接触光线。然后，想着令自己愉快的事，将眼睛依次移动到这一景象或事件的各个部位。比如，想象自己看到了北京的北海公园，首先来到湖岸，再看到了湖面，湖面上有游船、白塔，然后看湖边的树木，最后想到远处的景山。

在运用这个方法时，要适当移动眼睛。大概只需要几分钟就可以身心放松了。无论什么时候，自己感到紧张时都可以尝试这个方法。

处世小秘笈

每个人都有压力，职场人一旦产生了心理压力，先要学会调节和缓解。

用另类的方法释放职场压力

1. 暴力减压

“随身带个小皮球，郁闷时偷偷捏一捏。”这个提议是美国一家服务网站提出的。随身携带一个网球、小橡皮球或别的软质物品，压力过大时捏一下，显然要比暴力入侵好得多。

据说，在法国有一家“减压餐馆”，就餐者可以随意打砸桌椅。北京一家外企办事处的办公室角落里放置了很多玩具，专供员工们拳打脚踢。一项调查显示，84%的男受访者观看了2010年的足球世界杯比赛，女观众数量也在增多。由此可见，人们越来越要求释放感情。

2. 食物减压

一项最新医学研究发现，一些食物有助于缓减压力，比如含有DHA的鱼油，鲑鱼、白鲔鱼、黑鲔鱼、鲐鱼是其主要来源。此外，硒元素也能有效减压，多吃金枪鱼、巴西栗和大蒜同样可以起到减压的作用。维生素B家族中的B2、B5和B6也是减压好帮手，谷类、蔬菜富含维生素。工作的间隙，不妨来一杯冰咖啡，能够很好地舒缓心情。所以说食疗可谓至宝。

当然了，如果饭局应酬太多，饮食不当，或者吃得太多，肚里再也装不下了，那就在包里放盒维生素片或鱼油丸之类，随时补充。不过，若依靠食疗和药物缓解压力，必须持之以恒，最好形成习惯。大约一月后即可见效。

3. 写作减压

有一项测试，把一部分白领分成3组进行测试：第一组写失业带来的痛苦感受；第二组写今后的计划以及如何找新工作；第三组不采取行动。结果，在连续5天每天30分钟的写作试验之后，在接下来的 1 个月内，抒写痛苦的失业者往往更容易找到工作。

这项测试说明了一个道理：写作是一种效果显著的减压办法，写下抑郁思想有助于发泄。在美国，不仅医院大夫鼓励病人记病床日记，一些书店还出售空白病历日志本，甚至有专门的书籍和杂志指导病人如何记病床日记。

4. 工作减压

许多身居高位的经理人往往喜欢事无巨细地亲自操劳。可一个人的精力是非常有限的，企业的方方面面不可能都能兼顾。某网站的专家指出，放权下属可以避免积虑。当然，前提是企业要有所准备：花一些时间悉心调教属下，让他们能够领悟你的经营之道——其实，在这个过程中，能为公司培养后继者。

那些普通白领，在那么多 deadline 堆在面前要完成的时候又该如何应对呢？可以这样：工作安排一定要得当，可以列一个电子报表，每天更新，现在做什么，之后接什么，哪些是必须马上送到客户手里的活儿……使工作安排一目了然。

5. 睡眠减压

有了旺盛的精力，才能抵制压力的侵袭，良好的睡眠有助于减压。美国心理学会的专家给出了以下别出心裁的小贴士：

如果外界噪声让你难以入眠，那么，便可以保持一些细小声音，比如让电视机一直小声地开着，盖过讨厌的噪声。

睡觉前少量吃些小点心，只一点点是不会发胖的，夜里便不会饿得醒来。

金枪鱼、火鸡精肉、香蕉、热牛奶、中草药茶等食物都可以催眠。辛辣、油腻的食物则会消化不良。

如果上床后脑子里还在想事情，最好床头放一个记事本。想到什么就马上记录下来，不用担心第二天醒来会忘记。

不要羡慕那些吹嘘自己压力有多大、缺乏睡眠、时间不够用的同事。也许有一天他们会失力倒下。

处世小秘笈

排释工作压力的方法有很多，要及时释放不良情绪。释放的方法除了常规的阅读、倾诉、在家看电视、蒙头大睡、与朋友出游、大吃一顿等，还有一些另类的职场排压智慧，你不妨一试。

用第一天上班的感觉来激励自己

我们应该养成经常“回味第一天上班的感觉”的习惯，经常提醒自己：我们改变了什么？我们创新了什么？我们是进步了还是退步了？我们最初的理想是什么？

回味第一天上班的感觉，会帮助我们追求卓越，促进日后的努力进步。一个人要想成功，追求卓越必不可少。在追求卓越的过程中，无论你做什么，都要有积极的心态。为了事业的成功，一定要有勇气有魄力，不随便妥协，也不随便放弃，并不过分自傲，对事务非常执著，敢于追求卓越。即使失败了，也会有人佩服你的勇气。这才是有激情的工作。只要勇往直前，就一定会登上巅峰，享受“一览众山小”的乐趣。

经常回味第一天上班时的感觉，便不会把工作当做谋生的手段，或者只把目光停留在工作本身，这样就可以始终保持对工作的激情。把工作看成事业，情况就会完全不同。

回味第一天上班时的感觉，你就会发现，最初只因感兴趣才做这份工作，但现在使你充满激情地做下去的不再只是初始的兴趣，更是一份沉甸甸的责任，一种因为热恋而产生的眷恋，一种得到回报追求卓越的决心。这个时候，兴趣已经转化为一种更加深厚的激情了。

回味第一天上班时的感觉，你会发现今天的成就就是昨天的积累，今天努力明天才能成功。你已经把工作和自己的职业生涯联系了起来，为未来而奋斗，你会容忍工作中的压力和单调，认为自己的工作有意义，并且从中感受到使命感和成就感。

回味第一天上班时的感觉，你会不断树立新的目标。保持长久激情的秘诀，就是树立新的追求目标。在你解决了一个又一个的问题之后，成就感便降临了。这种成就感是让激情每天都陪伴自己的良方。

回味第一天上班时的感觉，你便学会了如何释放压力。面对压力，你已经学会了管理压力，并科学地释放压力，减轻了对工作的恐惧感，心情舒畅，激情四射。

回味第一天上班时的感觉，你会时刻提醒自己切勿自满。你不会停滞于此，而忽略了开创未来的重要性。你会将过去作为未来的基石，试图超越以往的表现。

回味第一天上班时的感觉，点燃你心中的激情，发现工作的乐趣和情趣，在工作中发挥特长，创造人生的奇迹吧！

如果说憧憬、希望和彷徨是你第一天工作时的感觉，那么，在经历过憧憬、希望和彷徨之后，长时间占据你的心灵的，便是如何在工作中保持激情。

“态度决定一切，细节决定成败。”回想自己第一天上班的感觉，你更容易找到正确的心态，也更容易找到适应环境的方法，从而便会充满热情地继续工作。你的生活和工作一定会百尺竿头，更进一步！

处世小秘笈

回味第一天上班时的感觉，回味激情四射的状态，可以帮助现在的你较快地恢复工作激情。

从另一个角度思考

在平时的聊天中，不少同事都感到工作压力大，事情繁杂，无从下手。的确这样，这是当今社会激烈的竞争造成的。但是，如果我们用不同的心态看同样的事情，感受也会不同。

做一行怨一行的例子正好反映了现在年轻人的普遍思想：钱多事少离家近。难怪工作时间比较长的员工和人事管理工作者总感叹一代不如一代，现代很多年轻人对于工作的真正意义及目的全然不知，更没有使命感。

他们换工作全凭自己的“喜好”，心情好就什么都好。所以，在工作时常常会听到这样的谈话：“我最近心情不好，想换换工作。”“压力大，心情不好，换工作吧。”

其实，任何工作与环境都无法尽善尽美，现实与理想永远都存在着或多或少的距离。

然而仔细想想，自己从事过的每一份工作或经历过的每一个环境，都有过经验和教训，也都曾经有过收获，诸如失败的体验、自我成长的喜悦、稳定的收入、善意的伙伴等。

此外，不管你是否喜欢老板、主管或同事，他们都是你应学习的对象。因此，每天怀着感恩的心工作，相信你的心情也会愉快，且态度更趋积极。

一般人在工作不如意时，常不知去追根究底，不知道反省自身问题，总期待环境能为自己而改变，期待别人改变，当确定环境或他人不会因自己而改变时，心中会产生失望与无助，并因而失意、愤慨，使工作热情受到打击。事实上，在现实的生活里，只有靠自己的调节，改变自己的思考及态度，才能适应环境，而这种调节既是将负面思考调整为正面思考的重要枢纽，也是左右心情的关键。当你想换工作时，应先考虑清楚，尝试去调适自己的心情，再检视离职原因能否被排除。总之，没有一件工作会令人天天愉快、年年顺心。任意改变工作的结果，只能是从头再来。当你内心兴起“另起炉灶”或“此地不留人，自有留人处”的念头时，转换心态，以新的角度看待工作、看待事情，可能会消除你的疑虑。

在经济不景气的时候，因为害怕丢掉饭碗，便坑害别人，将其他同事踩在脚底下，以证明自己“能力最强”。这些不好的做法会带来极大的负面影响。愈是经济不景气，企业求生存愈要强调向心力与团队精神。遇到危机，就出现“各人自扫门前雪，休管他人瓦上霜”的态度，企业效益是不会高的。

这些因害怕丢掉工作而极力表现的人，其实很焦虑。以这种心情来工作，往往无法发挥效率。即便效率极高，也无法维持长久。长期处于高度压力下，对身心健康也有负面的影响。

面对这类压力，首先要对工作热情，同时也要保持着热爱工作的心境。强烈的热情是进步的原动力，积极进取，活力四射，会让我们在工作中不断创新学习，并在学习中不断成长进步，这样才能肯定自我价值。

如果没办法突破压力的困境，就换个角度想想，工作便是幸福。因此，让自己热爱工作，时常给自己点成就感，同时告诉自己，上班就是将时间转为薪水的过程。每天上班前，要有一个小小的目标，将被迫完成工作的心情转换成自己主动去工作，这样工作便是快乐。无论是生活还是工作，都是靠自己经营创造的。所以，当无法选择时，不妨尝试换位思考。

处世小秘笈

任何工作都不会一顺到底。当你觉得工作乏味、身心疲惫，甚至产生换工作的念头时，就要尝试换种心态工作。

学会感恩

我们有幸来到世上，首先要感恩父母，父母在我们身上倾注了无私的爱和毕生的心血，并对我们寄予厚望。然而，人生有限，子女往往难以尽孝，我们内心是惭愧的。我们更多的时间是生活在陌生人中间，在社会上争取空间，我们唯一尚可弥补的是靠我们在社会上拼命工作而有所成就，让父母为我们骄傲，我们自己也可以稍稍心安。

一个人不荒废有限的人生，并不是一件简单的事情；有些人努力了但没有机会，有些人则面对机会而不抓住，两者皆是一种悲哀。除了我们自身的努力之外，在人生规划里，能够有机会、有计划、有目标地如愿选择理想的工作岗位与职业，按部就班地推进，的确不易。被一流的知名大企业或喜欢的行业机构所接纳，做着自己喜欢的工作，难道不是一种幸运吗？它不仅让你找到了发展的广阔空间，同时也是你学习新经验的宝藏，对于人生积累、知识储备、今后谋求突破性发展，实在难得和宝贵！

感激之心是一种谦让，因为谦让，才能取长补短；因为谦让，你才会与人为善，尊敬友好地对待别人；因为感激，才能知恩图报，珍惜友谊；因为感激，我们在工作当中不是只讲条件不讲奉献，只讲待遇不讲努力；因为感激，我们不是仅仅要求别人该怎么样，而是更关心我们做出了什么贡献。

对于那些懂得感恩的人，生活充满了机会。你的生活充满感恩，你就会吸引同样积极乐观的人。

当我们懂得感恩的时候，便会感激我们已经拥有的，就会自然地、快乐地与别人分享你的幸福，分享意味着得到，你就有更多的幸福与别人分享。心存感激就会在任何情况中，包括在困难、缺乏、危险中，发现有益的因素，并从中得到益处。心存感激打开了富足之门，它把参观变成财富，把对峙变成合作，将一餐饭变成盛宴，将一个房子变成一个家，将一个陌生人变成朋友。心存感激使我们理解过去,以平静的心面对现在,期盼美好的未来。

在生活和工作中,简单的方法便可培养感恩。你所要记住的是:生活的每一天都是一份贵重的礼物,我们要让每一天都过得有成就。你所要抓住的是:及时捕捉到你抱怨的情绪和行为,并及时消除它们。你所要写下的是:每天所有令你感激的事,即使是最轻微的感激。你所要表达的是:表达对家人、朋友、同事的感激,确切地告诉他们:他们为你做了什么,你的感受如何。

中国古语有“滴水之恩,当涌泉相报”,西方人有“感恩节”,东西文化相通,都是旨在倡导与人相处时一定要有“感恩互爱”“知恩图报”“助人为乐”的心理;或者拥有并享受人世间那么多美好是一种感激;如今经济萧条造成了大量失业,有一份理想的职业,员工得到各项保险,享受各类奖金福利待遇,真正成为企业的主人,难道我们不该为这种幸运感到感激吗?!

感激不是一句口号,也不是形式及勉强,它藏在我们内心。因为时常心存感激,我们才会时时提示在我们的工作和生活当中,努力做应做的事;珍惜我们在世的每一时每一刻,珍惜任何一个机会和相遇,珍惜我们所从事的每一份工作以及与我们朝夕相处的每一位同事;永远以感激和美好的心理对待人和事,此种人生才有价值,才应该高歌赞美!

处世小秘笈

人的一生长不过百年,掐“头”去“尾”,只有中间二三十年从事工作。这样一想,我们真的应该珍惜这几十年的光阴。其实,哪来的事事满意呢?我们要善于看到生活的光明之处,这样才能发现真正的快乐。